U0238272

通济堰大坝上游

通济堰块石砌拱形大坝

通济堰大坝全景

南宋重修通济堰规碑额

通济堰水利碑刻 1

通济堰水利碑刻 2

通济堰进水闸上则

通济堰大坝排沙闸

通济堰大坝过船闸

通济堰大坝中南段坝体及护坦

堰头"节孝流芳"石牌坊

堰头詹南二司马庙（俗称龙庙）

堰头文昌阁驿亭

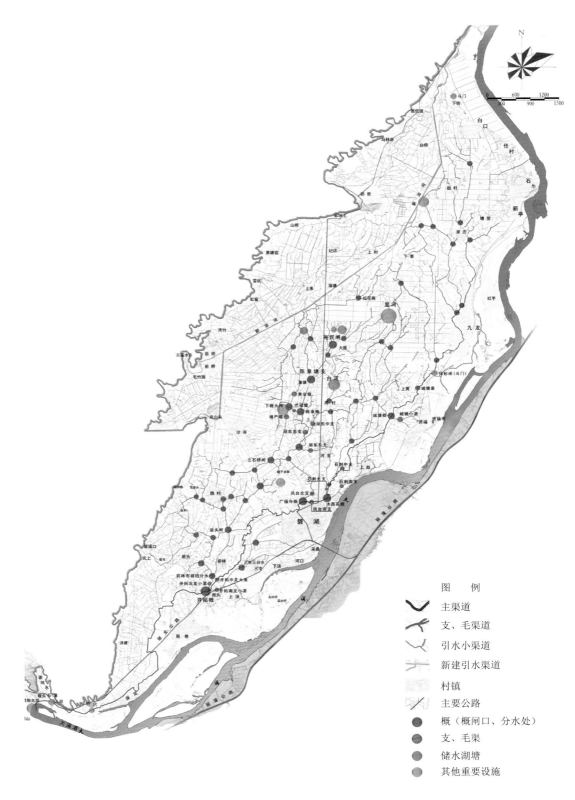

图　例

ꝩ　主渠道

ꝩ　支、毛渠道

ꝩ　引水小渠道

ꝩ　新建引水渠道

　　村镇

ꝩ　主要公路

●　概（概闸口、分水处）

●　支、毛渠

●　储水湖塘

●　其他重要设施

通济堰灌溉系统示意图

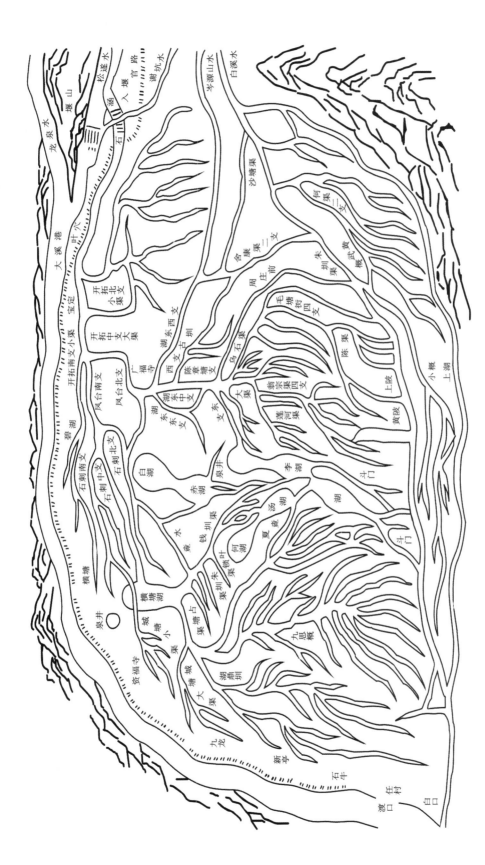

通济堰水系图 [摘于南宋绍兴八年（1138 年）碑刻]

开拓概中北支概闸

开拓概北支概闸

开拓概中支概闸

开拓概南支概闸

通济堰主渠道中段

通济堰首主渠道护堤古樟

通济堰石函引水桥

通济堰中游渠道分支口

通济堰埠亭（官
堰亭）

通济堰埠亭（官
堰亭）梁架

通济堰埠亭（官
堰亭）全景

通济堰八字撑古石桥

古渠·小桥·古樟

通济堰支渠

支堰·水塘·村庄

世界灌溉工程遗产
全国重点文物保护单位

吴东海 主编

浙江丽水瓯江风情旅游度假区管理中心 组织编写

浙江通济堰

中国水利水电出版社
www.waterpub.com.cn
·北京·

图书在版编目（ＣＩＰ）数据

浙江通济堰 / 吴东海主编. -- 北京 ： 中国水利水
电出版社，2023.3
ISBN 978-7-5226-1453-3

Ⅰ．①浙… Ⅱ．①吴… Ⅲ．①堰－水利史－丽水－古
代 Ⅳ．①TV632.553

中国国家版本馆CIP数据核字(2023)第048472号

书　　名	**浙江通济堰** ZHEJIANG TONGJI YAN	
作　　者	浙江丽水瓯江风情旅游度假区管理中心　组织编写 吴东海　主编	
出版发行	中国水利水电出版社 （北京市海淀区玉渊潭南路 1 号 D 座　100038） 网址：www.waterpub.com.cn E-mail：sales@mwr.gov.cn 电话：（010）68545888（营销中心）	
经　　售	北京科水图书销售有限公司 电话：（010）68545874、63202643 全国各地新华书店和相关出版物销售网点	
排　　版	中国水利水电出版社微机排版中心	
印　　刷	北京印匠彩色印刷有限公司	
规　　格	184mm×260mm　16 开本　32 印张　777 千字　6 插页	
版　　次	2023 年 3 月第 1 版　2023 年 3 月第 1 次印刷	
印　　数	0001—2000 册	
定　　价	**280.00 元**	

编 委 会

主 编 简 介

　　吴东海，男，原丽水市博物馆文博研究馆员、全国水利博物馆联盟专家委员会专家、中国水利博物馆顾问、丽水市瓯江风情旅游度假区管理中心顾问。从事文物保护工作及丽水古代水利工程通济堰等地方史研究 30 余年。经多年刻苦自学和努力探索，在博物馆学、文物鉴定、地方历史文化、龙泉窑青瓷、畲族历史文化、通济堰历史研究、展览策划等领域取得一定学术成果，先后发表学术论文 50 多篇，主编、参编学术著作数部。

序一

"丽水十乡皆并山为田，常患水之不足。去县而西迁五十里有堰曰通济"，堰成之后"盈则放而注诸海，涸则引而灌诸田"。多山的丽水，就这样依靠以通济堰为代表的堰坝水利工程，调蓄水患，变害为利，繁衍生息着一代又一代，孕育出浙南山地社会特有的水利文明。

历史上，通济堰的管理颇受重视，留下了十分可贵的文献记载：如宋朝范成大的《通济堰规》、清朝王庭芝的《通济堰志》，都有关于通济堰的管理制度、修筑年代、历代维护等论述，清朝李遇孙的《括苍金石志》中也有关于通济堰碑刻的记载与考订。这些文献是记载通济堰修筑、管理的宝贵遗产。吴东海新著的《浙江通济堰》尽可能全面地将其收录、整理、点校，独立成章；有志书与碑刻相互补正，可读可论：如前引"丽水十乡"句，即有宋碑刊刻"西迁"与《通济堰志》引"西至"之异。

20世纪90年代，通济堰经历了1500多年的风霜雪雨，仍然润泽着郁郁葱葱的碧湖平原。当代对通济堰的研究，由沈衣食率先对通济堰的堰渠结构、堰坝工艺特点、历史研究价值作出评价，其后《通济堰：公元505—1999》（钱金明编著，浙江科学技术出版社，2000）、《通济堰》（邱旭平等著，浙江古籍出版社，2008）、《处州古堰》（梁晓华主编，浙江古籍出版社，2013）、《瓯江古堰》（吴志标，浙江古籍出版社，2015）相继问世。进入21世纪，水利社会史研究方兴未艾，通济堰灌区与社会发展的联系等崭新的角度逐渐受到学者们关注。本书将丽水的地质地理、水文气象、水旱灾祥等单列章节，跳出了以往通济堰研究集中在堰渠结构、相关附属建筑及碑刻、人物传说等囿于历史文化遗产的束缚。同时，《浙江通济堰》对通济堰灌溉面积、堰产支出等资料的收录，潜移默化中吸收了水利、社会史的理念，更加接近史实地还原了通济堰在社会发展中扮演的角色。通济堰资料浩繁，功成一册，实属不易。至于木筏坝结构之争议，恰如百家之争鸣。水利万物，亦润心田。

　　吴东海在丽水市博物馆工作 30 多载，对通济堰感情深厚；退休之后，受邀来中国水利博物馆工作一年有余，对水利文化遗产研究与保护的兴致更为浓烈。《浙江通济堰》尝试兼顾讨论通济堰发生之自然环境与发展之社会环境，也是我们研究浙江乃至全国古代水利工程遗产时需要认真思考的。希冀在不久的将来，水利文化遗产研究呈现出更多更好的作品。

中国水利博物馆馆长　　陈永明

2021 年 7 月 28 日

序二

在丽水市区西部的碧湖镇，建有我国古代大型水利工程——浙江通济堰。

通济堰历史悠久，始建于南朝萧梁天监四年（公元505年），距今已有1500多年的历史，是集引灌、储排功能为一体的大型水利灌溉工程，是我国古代劳动人民创造的伟大杰作。其拱形拦水大坝是世界最早的拱形溢流坝，水工技术出类拔萃，石函引水桥为世界首创水的立交桥，南宋范成大编写的《通济堰堰规》是世界最早的农田水利法规之一，2014年通济堰列入首批世界灌溉工程遗产和联合国教科文组织遗产名录，为第五批全国重点文物保护单位。

通济堰是碧湖平原的农业命脉和处州府城迁设之基，整个灌区流域承载着深厚的历史与文化，养育了世世代代的丽水人民。历朝历代对通济堰均爱护有加，接续修缮维护，堰渠文化得到了世代的传承与发扬，至今仍发挥着巨大的农田水利功能。2005年，莲都区开始建设古堰画乡景区，强化保护的同时活化提升了古堰民俗文化活动，使其焕发出了新的生机与活力。2021年，松荫溪（含莲都古堰）被列入浙江省首批"大花园耀眼明珠"名单。

为了更好地研究通济堰，丽水瓯江风情旅游度假区管理中心、莲都区旅游投资发展有限公司等单位整理挖掘通济堰文献、资源，并聘请丽水市博物馆原研究馆员吴东海先生主持撰写专著《浙江通济堰》。该书以古老通济堰的历史脉络和科学价值为主线，解读通济堰灌区的地理概况、修建维护和科学管理历程及其乡土人情、人文历史，得到了国家相关水利史研究单位专家的高度肯定，是莲都区水利历史研究、文旅融合工作的重要成果。

希望本书的出版能够让更多的人了解并参与到通济堰及

古堰画乡历史文化的研究保护和传承发展中来，在文旅融合促共富的新时代，共同努力将通济堰打造成为浙江人文水脉的金名片，在推进莲都区绿水青山转化为金山银山的征程上，让通济堰绽放出更加璀璨的光芒。

本书编委会

2022 年 1 月

前言

　　丽水地处浙西南山区，这里的人民自古是以山地农耕为主要生活手段，水利建设对农业生产尤为重要，是丽水人民的命脉。浙江通济堰水利工程，创建于南朝萧梁天监年间，距今已有1500余年的历史。通济堰拱形拦水大坝，是已知世界上最早的拱坝，具有重大的科学价值，加上其具有世界首创的水的立交桥、系统有序的管理体系、科学的轮灌制度，以及自明代开始使用通济堰堰坝水利文献编撰《通济堰志》，使其具有极高的历史、科学价值，成为全国重点文物保护单位，2014年作为我国4处灌溉工程之一首批列入世界灌溉工程遗产名录。

　　绿水青山就是金山银山，对丽水来说尤为如此。2018年4月26日，在深入推动长江经济带发展座谈会上，习近平总书记又提出了"浙江丽水市多年来坚持走绿色发展道路，坚定不移保护绿水青山这个'金饭碗'，努力把绿水青山蕴含的生态产品价值转化为金山银山，生态环境质量、发展进程指数、农民收入增幅多年位居全省第一，实现了生态文明建设、脱贫攻坚、乡村振兴协同推进"（《在深入推进长江经济带发展座谈会上的讲话》，人民网，2019－08－31）102字的"丽水之赞"，高度肯定了丽水工作，更是激发了全市干部群众加快绿色发展的信心和决心，凝聚起争先进位大赶超的强大力量，勇当绿色发展的探路者和模范生。丽水在"八八战略"指引下走向绿色发展的之路；通济堰灌区的碧湖平原，是丽水践行绿色发展道路的重要基地之一，必须深刻领会习近平总书记的嘱托，为丽水人民与浙江全省同步走向小康社会而努力。在这个大前景中，古老的丽水通济堰水利工程必将焕发新的青春活力。

　　说起我对丽水大型古代水利工程通济堰的接触，应该从我步入文物工作的第二年开始吧。当时，我也仅是把它作为自己的业务工作而已，并没投入很大精力。但是，随着对通济堰历史文献的收集和研读，越来越感到其所蕴涵历史之深厚、古代科学成就之伟大、管理体制之健全，是其他水利工程无法比拟的，于是乎开始注重对其全面的探索研究，并已经前后经历了 20 余年的时间。

我对通济堰的探索可以分三个阶段：

第一阶段是以完成当时作为省级重点文物保护单位的规范"四有"档案的编制为标志的。为了更好地完成"四有"档案，我不仅全面收集通济堰相关古今文献资料，甚至在 20 世纪 80 年代末把水利部水利研究院档案馆所藏的清同治五年版《通济堰志》全套扫描复制回来，还到丽水县水利局档案室收集 1954 年通济堰大修工程资料、图纸等，并对现存全部碑刻及拓片进行抄录、句读。同时拍摄影像资料进行脚本创作。

第二阶段是推荐全国重点文物保护单位的申报材料撰写，这阶段我们曾邀请清华大学著名水利史专家沈之良、国家文物局著名古建筑专家罗哲文及中国水利学会水利史研究会专家，专门对通济堰进行考察、研判、推荐。通过陪同这些专家及相关讨论，进一步认识到通济堰工程不一般的价值。但由于丽水地处欠发达地区，历史上交通不便，外人对其不了解，地方也缺乏宣传和推广，所以发现对其重视和进行系统研究的人才缺乏，于是我决心投入精力进行探索。

在这一阶段，我除多次到通济堰现场考察、研究、判读碑刻，观察大坝、三洞桥的特殊结构外，还以较大精力对清同治五年版《通济堰志》所收录文献进行释读、研判，正确认识通济堰的历史脉络，深入了解通济堰历史上的修建、管理、水利功能，从而得到感性认识，并进行理性思维。达到真正理解通济堰在中国甚至世界水利史中的地位。

第三阶段是我开始写作本书后，对有些有关通济堰资料中误读史料的失误，我在本书中对木筱坝问题进行分析、更正错误。同时将全部通济堰历史文献进行注释，作为本书的附录一予以公布。

本书撰写先后经历近 20 年，期间根据新发现的资料和研究心得，不断给予充实和修改；后期又有王玉英、余秋午、魏晓明等同事加入，使其更加具有知识性、史料性、科学性价值。在编写过程中得到全国水利博物馆联盟领导、中国水利博物馆领导和专家、丽水市莲都区党和政府领导、丽水市瓯江风情旅游度假区管理中心领导、丽水市博物馆领导的关怀、重视并对书稿进行审阅，由丽水市瓯江风情旅游度假区管理中心组织编写工作并资助，本书才得以顺利出版发行，在此谨致以诚挚的感谢！

吴东海

2020 年 11 月 18 日

凡例

一、本书的通济堰是指浙江通济堰。凡文中仅用"通济堰"三字，就指浙江通济堰。涉及四川通济堰的文字中均会用"四川通济堰"。

二、本书是浙江通济堰研究专著，本着"尊重历史，恢复堰史"的原则，古今通录，探索研究，更好展现浙江通济堰的历史、科学价值。

三、本书以博采众长、独立探索、表述事实、秉笔直书为编纂的基本要求。

四、本书按章、节、条目层次谋篇布局，力求"深入浅出，平铺直书，客观真实"。

五、本书以对浙江通济堰历史、科学、文化的探索研究为重点，同时力争收录历史文献全面，以供其他学者研究时利用。

六、本书涉及时限，上限起于南朝梁天监四年（公元505年），下讫于2006年，事件始末计约1502年。

七、本书所涉及的历史朝代、年号、官职称谓、地名、人名等均按当时记录，并适当注明公元年份及现名。中华人民共和国成立后纪年采用公元纪年。

八、本书文字分两部分，探索研究内容按《汉字简化总表》，古代文献尽量遵照原文献字体，以展现历史本来面目；数字新文体中用阿拉伯数字，古文献中用汉字数字；计量单位，历史文献按原习惯，新文体中采用标准公制单位；海拔高程采用黄海高程。

九、本书中涉及治水人物，按照"生不立传"的原则，采用述事及人，以人系事，直书事件，述而不论。

十、本书中相关机构名称有重复出现时，第一次用全称，并注明简称，其后可用简称。

十一、本书录出的古代文献采用原文，收录历史文献予以注释，文末附作者简介、按语，说明文献价值点。现代文献选择重点收录。

目录

序一
序二
前言
凡例

第一章

概述

我国在历史上是农业古国，水利是农业的命脉。在中华大地上，古代劳动人民创造的许多水利工程至今仍在发挥着作用，例如：都江堰、郑渠、白渠、它山堰等。在浙江省西南山区的丽水市，距市区约30千米的碧湖镇堰头村外的松荫溪上，建造有我国古代大型水利工程——丽水通济堰的拱形拦水大坝。通济堰是一处集引灌、储排功能为一体的系列水利工程。通济堰工程始建于南朝梁天监年间，距今已有1500多年的历史，至今仍在发挥着巨大的水利功能，是碧湖平原的农业命脉，养育了世世代代的丽水人民。2014年列入首批世界灌溉工程遗产名录，是第五批全国重点文物保护单位。

通济堰之名，现存史料中始见于北宋。北宋元祐八年（1093年）处州太守关景晖所撰的《丽水县通济堰詹南二司马庙记》有"去县而西至五十里有堰曰通济"的记载。应该说，始建时间，已经难以确切考证具体到那一年。

丽水通济堰农业灌溉水利工程，是由拱形拦水大坝、进水闸门、石函引水桥、主渠道、"叶穴"、概闸以及数百条支毛渠和与之配套的储水湖、塘、水泊等部分组成的大型系列水利工程，规模宏大。且集灌溉、储蓄、排涝、航运功能于一体。她的最重要的价值是：历史悠久，拱形拦水大坝为已知的世界最早拱形溢流坝，水工技术出神入化，石函引水桥为世界罕见、国内首创的水上立交桥，灌溉系统科学规范，自古管理体系完整，至今仍发挥着巨大的水利功能，是我国古代劳动人民创造的伟大杰作。为了使读者能够系统、全面了解通济堰的历史价值和科学价值，进一步启发各界人士对通济堰的重视和研究，笔者将其地理位置、主体工程、历史渊源作如下概述。

一

通济堰所在的碧湖平原位于丽水市区的西南部，这里是古处州的三大平原之一。古处州地处浙西南山区，山多地少，碧湖平原、松古平原、壶镇平原是这区域内的河谷小平原，各有耕地数万亩至十多万亩，对于山区来说已经是大平原了。三大平原成为处州的主要产粮区，为丽水的粮仓。碧湖平原坦荡丰沃、阡陌纵横。其形呈东北至西南长约20.5千米，南东至北西宽约5.0千米的狭长树叶状，面积约80.3平方千米。其地势西南高、东北低，通济堰工程就是充分利用了这里的地势特点，经规划而营建成的大型古代水利工程。

通济堰的拱形拦水大坝建于碧湖平原西南角的堰头村外的松荫溪上。堰头村原属松阳县区域内，后划归丽水县（现丽水市）莲都区碧湖镇，海拔高程（本书均采用黄海高程基准）约为73米。而在通济堰水系之尾、位于石牛白桥村外白口渠道出口处，这里地面海拔只有53～54米，两地落差达20米左右。通济堰的营建者能因势利导，在堰头村（应该可以肯定地说：先建有通济堰大坝，后有修堰人等居住，聚落成村，故称"堰头村"）外松荫溪上筑坝，横截松荫溪流（上游集雨面积达2150平方千米），引溪水入渠，通过渠网分布，灌溉碧湖平原中南部3万余亩良田，其中，直流灌溉约1.6万亩，提水灌溉约1.4万亩。通济堰的主体工程，据北宋元祐年间处州太守关景晖所撰的《丽水县通济堰詹南二司马庙记》一文记载：通济堰始创于南朝梁天监年间，由詹、南二司马主持建造而成（其中詹司马据上海交大郑闳教授等考证是梁时骠骑将军司马詹彪）。文中记载，曾有唐碑记录其事迹，惜于北宋明道年间因大水漂亡而湮没。关景晖在碑文中还记述了"白蛇示迹"的动人传说，将劳动人民根据自然现象观察启发，通过不断实践而取得的拱形拦水大坝的建筑技术予以神化，更使人们生发思古之情。通济堰拱形大坝建成时间比已知的两个西方早期拱坝早1000多年，成为世界水利史上首创拱形大坝的最新纪录。

据现存史料记载：通济堰大坝从南朝梁天监年间创建，直至南宋开禧元年改筑石坝前，在长达700余年的时间里，均为由巨大松木、筱条构筑填砂土堵漏而成的"木筱坝"。这种"木筱坝"的构筑方式历史上没有详细资料记录，迄今为止在世界范围内也没有发现可以类比的坝型，故其历史原始构造仍然还是一个谜。虽然后人进行过分析探讨，分别提出了不同设想，但终未经实践验证。我们认为其由大原木采用像石拱桥拱券那样构筑衔接而成木筱坝主体，再用筱条、砾石泥沙填塞缝隙而成。笔者也希望能同有关水利科研机构的专家、学者一起，运用电脑分析与模型实验相结合的手段，对其进行模拟研究，重现通济堰原始"木筱坝"的历史原貌。

南宋开禧元年（1205年），郡人（原籍龙泉县）参知政事何澹，"为图久远，不费修筑"，雇请石匠，开山取石，筑石为坝，终于将"木筱坝"改为块石砌筑的拱形大坝。民间还传说：何丞相（参知政事，相当于副丞相，因此民间称何澹为何丞相）为了使通济堰石坝能够稳固持久，还在现场设炼铁炉，用铁水浇固大坝的块石缝隙，使之浑然一体。汤丞相（南宋汤思退）为了陷害何丞相，向朝廷密报说何丞相开铁炉，造兵器，准备造反。朝廷轻信了诬告，将何丞相错杀于栝苍古道的"望城岭"上。后得知事情真相，朝廷赔赐金头36只陪葬。这种民间传说只能说明老百姓对于有益于地方公益事业的所谓"忠臣"的褒奖（传说不是历史，只反映了民间对所谓"忠臣""奸臣"的褒贬意识而已）。至今通济堰石坝在枯水期，石缝中还会渗出一种铁锈色水，民间更信其真。实际上1954年大修水毁大坝大修工程时没有发现铁水浇固石隙的迹象。在这次改"木筱坝"为石坝时，何澹还在坝体上设置了"船缺"（过船筏处的缺口，后改为过船闸）、"小陡门"（排沙门），在坝的北端堰口以下重建了"斗门"（进水闸），分别行使进水、排泄堰口淤沙、过往船筏等功能。现存大坝虽经过历代维修，但维修时均以"以复旧制"为原则，使大坝基本上保持了历史原貌。据现场实测，现存大坝全长275.0米，高2.5米，坝底宽25.0米，坝顶宽1.2～2.0米，呈不规则的圆弧形。

1954年，丽水农业水利部门曾对大坝水毁部分进行大修。在大修中发现，大坝底部敷有两层巨大的松原木作为坝基。现场可见其巨木坝基直接构筑在卵石层上，未见打有固定木桩。在砂砾层上构筑坝基，其基不稳，只有在整平河床的基础上，敷设巨木，在木基之上再压上巨石条，才可以大大均衡坝身重量，稳固坝体。现代水利工程施工中，也有采用类似方法的，称作"卧牛"坝基。《通济堰志》收录的元至正甲申年（1344年）项棣孙所撰的《丽水县重修通济堰记》，文中有"重立事殷，须巨松为基，不可得。巨室乐效材。材用足，于是且健大木，运壮石，衡从次第压之"的记载，是通济堰坝基运用巨松木大石块为基础的最完整早期记载，证明通济堰大坝以木石为坝基，是其历史上一贯的做法，也间接证明木筱坝存在过事实。

丽水先民们在距1500年前，能够在宽度超过230米的松荫溪上成功建造木筱拱坝，是我国古代水利建设史上一个了不起的成就。其水工技术之精到，能在实践的基础上，成功运用拱形结构，是古代在实践中成功掌握符合现代力学原理一件大事，其历史、科学价值极高。根据可查到的资料显示：通济堰拱形大坝，远远领先于西班牙人建于16世纪的爱尔其（Elche大坝位于Vinalopo河流上，修建于1589—1632年）拱坝、意大利人建于1612年的邦达尔多（Pontalto）拱坝❶1000多年，也就是说其是迄今已知世界水利史上最早的溢流拱形拦水大坝。通济堰拱形拦水大坝的坝体是不均等弧度的圆弧形，只要认真观察，就会发现其坝之弧度是有曲折的。笔者认为：这可能是由于原始坝基采用

---

❶　据台湾1979年出版A. Bougin著的《堰坝设计》一书记载，爱尔其坝、邦达尔多坝是国外最早的拱坝。

巨松原木构筑，巨木间相互连接而有曲折所致。拱形大坝巧妙地加长了坝体，增加大坝受力面积，使单位面积所受的压力有所减少；同时单宽面积上流量的减少，消除了部分动能，并成功减轻对大坝的冲刷；还能有效地把大坝负荷分移两端，符合现代力学原理。拱形大坝比直形大坝大大提高了有效负荷能力，承受上游洪水的压力。

通济堰渠道入口处，建有进水概闸，历史上称为"斗门"，亦称"大陡门"。原来建在堰口下约15米处，由概闸及桥组成（桥称为"巩固桥"）；现前移到大坝的北端口，现称为"通济闸"。其是通济堰渠道的进水口总控制闸门。通济堰渠道由此开始。在历史上这是一座三孔木叠梁门概闸❶，采用木质概枋从上至下人工开启方式启闭，控制着通济堰渠道的进水量：涨大水时，从下至上放下概枋启闭闸门，不让洪水进入渠道，防止内涝及淤沙入渠而淤塞渠道；旱时流量过小时则可以从上至下启提概枋开大闸门，使渠内始终保持充足流量，以供灌溉所需。1989年，被丽水县水利部门改为半机械启闭闸门，并前移15米到大坝北端，不仅存在闸上构架体量过大，损害通济堰堰头部位的历史原貌，而且不能有效防止淤沙进入渠道。这个问题只得有待通济堰文物保护规划实施后的复原，提高大坝历史文物品位。

石函引水桥，俗称"三洞桥"。这是一座立体交叉排水、行人的水上立交桥。因为主渠道堰首而下300米处，有一条源自高畲山的山坑（山间小溪流，土名"畲坑"或"谢坑"）横贯渠道。每当山坑水发，带着大量沙石冲入渠道，造成渠道大面积淤塞，影响渠道通水，每年仅此一项清淤就得动用民夫高达万工，民间深恶其病。北宋政和初年（1111—1113年），知县王褆接受助教叶秉心的建议，在此创建一座石函引水桥，将坑水引出注入大溪，而渠水则从桥下流过。这样渠水和坑水各不相扰，有效地避免了坑沙淤塞渠道，从而使通济堰功能更趋于完善。

石函引水桥在始建后的一段时间内，函上两侧挡水枋是木质的。木质挡枋易腐烂，大水时则极易漂失，也时而会引起坑水进入渠道而会造成渠道淤积。南宋乾道四年（1168年）进士刘嘉将木质挡水枋改为石质函壁，并加宽了桥函壁而成为人行桥道。同时建炼铁炉熔铁水浇固石缝，进一步有效防止坑水入渠。现存石函引水桥，仍保持原历史风貌；只是在1988年水利部门在石函内桥面上，即石板条之上加浇了一层水泥面，随时可以清理恢复原貌。在全中国还没有立交桥之时，这里已经建起了水的立交桥。据悉，这是世界水利史上最早的立体交叉排水、交通工程，是中国水工技术史上不朽的杰作。

主渠道两岸，原种植有樟树护堤。现存堰头村主渠道旁的九株古樟，是通济堰唯一幸存的古樟群，树龄高达数百年至近千年。说明古代劳动人民已经掌握了以长寿的樟树巨大的根系固定堤岸的规律。

堰渠从堰首而下约1100米，在历史上建有一座概闸，称"拔沙门"，俗称"叶穴"。这也是木叠门概闸，外直通大溪。大水时，则打开叶穴概闸，在泄洪防内涝的同时，排除渠道内的淤沙。新中国成立后渐被废止，现仅存旧址。

通济堰主渠道自通济闸开始，向下游蜿行4000米的概头村（堰头村至概头村路程约

❶ 三孔木叠梁门概闸：我国古代水利设施之一，采用三道闸孔，以石条砌筑成闸壁，分别用长条的木质概枋启闭。开启时从上而下以人工挑启概枋，可以有效防止大坝上游砂砾泄入渠道，防止渠道淤塞。

2500米），在村北面的田野上建有一座分水概闸，称为"开拓概"。自开拓概开始，渠道进行了分枝析派。主渠道截面呈倒矩形，由渠底河床、渠堤、护坡等组成。渠道宽窄不一，且行经蜿曲，只有这样，才能更好保证渠水的有效供给。

开拓概是通济堰水系三源分流的总控制闸。通济堰水道至此，通过三个概闸的调节，分为中支、南支和北支。先民们根据各支渠道所需灌溉面积的大小，所需水量的多少，开凿三支大小不同的渠道，进行分流灌溉。又根据所处的地理位置，将水系分为上、中、下三源，进行三源轮灌制管理，基本体现了科学用水的管理法则。《通济堰志》收录的文献记载："开拓概中支阔二丈八尺八寸，南支阔一丈一尺，北支阔一丈二尺八寸……开拓概遇天旱时，揭中支一渠，以三昼夜为限，至第四日即行封闸。即揭南、北支，荫注三昼夜。讫，依前轮揭。"

通济堰水系的渠道经过开拓概分流后，其中支主干渠流经原新合乡、碧湖镇、平原乡、石牛乡（历史上称为十五个都，现在这些乡镇统一并归入碧湖镇），至原石牛白桥行政村的白口自然村附近注入瓯江的大溪，全长 22.5 千米。其干支渠以地势高低走向，采用先分上、中、下三源，再析为四十八派。这些干支渠利用数十座（历史上称为七十二概闸）概闸进行分流调节，并在干支渠上分别挖出数百条（历史上称 300 余条）支毛渠，呈竹枝状分布于碧湖平原中南部。并利用尾闸拦蓄余水，同时配套开挖有许多湖、塘、水泊，储蓄余水，以备旱时渠水不足。整个通济堰水系形成了引灌为主，排蓄兼顾的综合水利网络。2005 年，丽水市博物馆承担通济堰文物保护规划的基础调查工作任务。我们在 3 个月时间内，走遍通济堰灌区的 100 多条各级渠道，行程合计 1000 余千米。基本摸清渠道走势及保存现状。通济堰的水利网络保存尚属基本完整，是其他古代水利工程所少见。

二

通济堰水利工程设施完备、功能齐全、历史原貌保护较完好，这些工程硬件具有很高的历史、科学价值。其所特有的历代水利碑刻，明代开始编撰、清代二次续修的《通济堰志》以及通济堰水系附属的历史文物、人文遗存等，也具有较高的文物价值，是通济堰文物的有机组成部分。

通济堰历代水利碑刻：据史料记载，通济堰自唐代开始，历代工程维修的经营者均或多或少地留下碑刻或文稿，记述通济堰历史及其维修工程情况，有的还制定了通济堰管理章程等。历史上有多位知名人物（如范成大、汤显祖等）曾为通济堰留下碑刻和文稿。可惜的是唐碑已在宋明道年间湮没，其他碑刻也时有散失损毁。新中国成立时，堰头村保留有宋、元、明、清、民国等历史碑刻 20 余方。

1962 年，拟在丽水下游建造瓯江水库，丽水县大片区域属于淹没区内。为了保护通济堰历代水利碑刻，将其迁移到当时的专区所在地温州（当时将丽水划归温州专区），保存于江心屿。直至 1988 年，丽水文物、水利部门从温州运回通济堰水利碑刻 16 方。其余数方在温州尚没查清其下落，据温州江心屿知情人说，有的被造反派于 1966 年 6 月 27 日砸碎抛入瓯江之中。1989 年，在堰头村詹南二司马庙内重新竖立从温州运回的碑刻。现存有宋碑 2 方（其中一方为明洪武三年重刊）、元碑 1 方（明洪武三年重刊宋代三份碑文时即用此碑石，在碑背磨平重刊，刊有宋关景晖《二司马庙记》、南宋赵学老《通济堰图》及《堰图碑阴》等）、清代碑刻 10 方、民国碑刻 4 方、1962 年文物标志碑（刊于清代《禁示碑》背面）。1998 年 4 月，笔者又在碧湖镇政府食堂后面，发现了一方清光绪三十三年的《颁定丽水通济西堰善后章程碑记》，使通济堰历代水利碑刻增加到 17 方，计刊刻有碑文 20 篇。

现存宋碑（包括重刊的宋碑文）

（1）北宋关景晖《丽水县通济堰詹南二司马庙记》。北宋元祐八年（1093 年）处州太守关景晖撰文。碑文主要记载通济堰历史及元祐七年（1092 年）大修工程情况。是现存最早的有关通济堰的文献。明洪武三年（1370 年）重刊于元代碑刻的背面。在南宋赵学老《通济堰图》碑之下 1/3 部分的前面。重刊时题名《通济堰记》。

（2）南宋赵学老《丽西通济堰图》碑。南宋绍兴八年（1138 年），丽水县县丞赵学老绘刊。明洪武三年重刊于元代碑刻背面的上部 2/3 处。赵学老之《题堰图碑阴》，刊在下部关景晖《庙记》之后，是现存最早的通济堰水系图像资料，其对研究通济堰水系的历史、变迁及古村庄地名等具有重要的参考价值，弥足珍贵。

（3）南宋范成大《通济堰规》碑。南宋乾道五年（1169 年）刊。由处州太守（知府）主管学事兼管内劝农事范成大撰文。范成大在重修通济堰后，深知通济堰维护之不易，为使后人有规可依，共制定了通济堰管理章程 20 条，称为《通济堰规》，并写了跋文，后同刊一碑。该《通济堰规》对通济堰的组织管理、管理机构人员、用水制度、堰坝维修、渠道疏浚、堰产管理等作了详细的规定，是通济堰管理史上现存最早的系统管理文献（虽有记录说在北宋元祐年间就有了《姚希堰规》，但文已失载），对后世影响很大，堪称古代水利管理史上珍贵的实物资料。

《通济堰志》

据称，通济堰自南宋开始编撰《通济堰志》。而现有史料可考的，是在明万历四十七年（1619 年）由当时的知县樊良枢编撰的《通济堰志》。现存有清同治九年（1870 年）版、清光绪三十四年（1908 年）续修版《通济堰志》，收藏单位有：中央水利研究院档案馆、浙江省图书馆古籍部、浙江省博物馆等单位。明版《通济堰志》是否有单位收藏，有待于进一步检索。

《通济堰志》收录了历代有关通济堰工程维修的碑文、谕札、告示、文稿及通济堰堰产等历史资料，较系统地体现了通济堰宋代以来的历史。志中文稿的作者都是维修工程的经营者、主修通济堰的地方官员和当地文人，资料真实可靠。作为通济堰这种地方性的水利工程，历史上专门修撰志书的，在国内尚属首见，其具有重要的研究价值。

通济堰流域范围内，还留有许多人文景观和文物古迹。如：詹南二司马庙、文昌阁、镇水吉祥物"镇水石犀"、南宋何澹及亲属墓、渠旁清代至民国民宅、宋元明保定青瓷窑址、明概头经幢（惜已被盗）、碧湖镇上街历史文化街区、渠道上的古石桥、渠河埠、宋代黄山陶窑址等。20 世纪 70 年代，还在通济堰流域的白桥村"新治河"工程工地上发现二枚新石器时代磨制的石镞。这一切组成了通济堰古代水利工程流域内的文物景观带，具有较高的研究、开发价值，也是通济堰古堰文化游的高层次文化底蕴。

三

通过对通济堰有关历史文献、资料的认真考证，并结合对通济堰工程多次实地考察，根据现代科学理论和相关原理，通过对通济堰水利工程进行了全面认真探索，初步总结出其主要历史价值、科学价值。

（一）大坝选址的科学性合理性

（1）通济堰大坝选址于松荫溪与大溪汇合口上溯约 2200 米，该处是碧湖平原的制高点，在此筑坝，水流在渠道内可以顺势而下，自流灌溉农田，节约提水的人力物力，是合理的位置。

（2）此处洪水时会有下方大溪的回流，先民们运用这一优势，在此筑坝，运用大溪水回流的自然顶托力，减轻坝上游洪水对大坝的压力，从而增强大坝抗洪能力。

（3）此处河床开阔平坦，其宽度适合，上游有足够的集雨、储水面积，下游又有广阔的泄洪通道。

（二）拱形大坝的主要成就

通济堰大坝，首创拱形结构，符合力学原理，创造世界之最，是先民们观察自然，成功运用于水工技术的典范。其主要成就如下：

（1）距今已有 1500 年历史，创世界拱坝创建时间最早之纪录。

（2）在 6 世纪初，能在宽度超过 250 米的河面上创建拱形拦水大坝，其工程科学意义不容低估。

（3）此拱坝为 275 米的溢流拦水大坝，虽然坝体不高，但是坝身拱形结构能将水流对坝体的负荷有效分移，在坝体均衡转移致两端，增强了大坝的负荷能力。

（4）拱形坝坝体的长度大于截流水面的宽度，增加了坝体面积，从而减轻了大坝单位面积所承受的压力；溢流面大，减少了单宽流量，减轻对大坝的冲刷力；消除了部分动能，进一步提高大坝的抗洪负力性能。

通济堰拦水大坝的不等弧度的拱形坝结构，是先民们受自然现象启发，从劳动实践中总结的成功经验，并在实际中运用的典范。其能符合力学原理，应该说是世界水利史上水工技术的一大奇迹。

（三）通济堰水系渠网竹枝状分布布局的科学性

通济堰水系通过数百条大小渠道，犹如伸展的竹枝，纵横交错，遍布碧湖平原中南部。采用分枝析派方式，开创三源轮灌制度，利用 72 座大概闸及小闸调节、湖塘水泊储余水备不足、尾闸排洪拦蓄余水等手段，形成了以引灌为主、储泄兼顾的水利网络。这整套水利网络，完全符合现代水利干、支、斗、农、毛五级渠道网，运用节制闸与分水闸，实现"长藤结瓜"的布局理念。至今，其水系网络基本保持原状，仍能发挥作用，充分说明其规划布局的合理而科学。

（四）石函引水桥创造了我国立体交叉水利分流工程的最早纪录

石函引水桥在通济堰渠道上顺山坑水流方向架设，斜交约 80° 的立体交叉分水工程，让渠水与坑水互不相扰，避免坑沙淤积渠道，并解决了山水、渠水、行人等交通的复杂问题。初建时间在北宋政和初年，应该说在当时是一个巧夺天工的构思，创造了中国水利史上立交分水工程的纪录，具有很高的历史价值和科学价值。

（五）通济堰历代管理的科学规范性

通济堰自宋代以来就有一套规范的管理体系。其中，南宋范成大《通济堰规》是最早的科学管理章程，起了典范作用。范氏堰规严格管理机构、人员、维修、灌溉放水、岁修等方面的管理，是一部较为全面、实用的管理章程。后人在此基础上不断补充、完善，形成了通济堰管理史上一整套切实可行的体系，迄今仍具有很高的指导意义，也是研究我国水利管理史不可缺少的"标本"之一。

（六）通济堰工程的巨大水利功能

通济堰工程养育了世世代代丽水人民，是碧湖平原的水利命脉（古处州国赋 3500 石，丽水承担 2500 石，主要由碧湖平原完成）。

（七）通济堰的历史文献价值

通济堰历代水利碑刻、《通济堰志》是一套较为系统的通济堰历史文献。像通济堰这样的地方性水利工程，自明代开始编修专门的志书，在我国水利史上尚属罕见。这些文献，对研究通济堰史及我国水利史，都是极具史料价值的材料，其历史价值和科学价值不容低估。

第二章
通济堰历史

要深入探索研究通济堰所蕴存的历史价值和科学价值，真正重视它的保护、开发工作，必须要全面了解其历史。只有在掌握通济堰水利工程的历史面貌的基础上，才能真正发掘其巨大的文化内涵，才会真正地珍视它、保护它，并让其流芳后世。

以往，有关领导和水利农业部门，只看重通济堰的功能和效益，只重视其实际运用价值，而忽略了对其文物价值的深入探讨，没有引起人们对其历史文化价值的足够重视。因此，就会有人不断提出诸如为了提高效益，就要加高大坝；为了要美观、开发，就要砌筑新的渠道护堤等要求。应该说，新中国成立后，丽水的水利部门、碧湖（区）镇政府，对通济堰的保护、维修做了大量工作。但正因为其工作性质决定了不同的思维方式，由丽水县水电局、碧湖区公所编写的《通济堰新史》，及其水利部门原领导钱金明编写的《通济堰》等资料书籍中，虽然亦收录了部分历史材料，也提到了文物保护问题，但还是以功能、效益为主线编辑的。这些情况所能证明，重视通济堰历史研究的重要性，更加迫切需要对通济堰的历史情况、历史原貌有一个全面的探索研究，为今后的保护规划提供依据和基础。

第一节　通济堰的创建历史

一、通济堰流域历史地理概况

据史料记载，丽水通济堰始建于我国南北朝时期的梁天监年间。什么原因促使在丽水修筑通济堰？又怎么会选择在这个地方？

通过查阅历史书籍，人们不难发现：在南北朝时期，中国大地正处于动乱的年代。特别是我国的北方地区，由于群雄争霸，战祸不断，造成人口锐减、经济萧条。北方各统治者只忙于征战，以图自己的霸业，根本无暇顾及农业生产，使老百姓生活在水深火热之中。而此时的江南，则战事相对较少，社会较为稳定，人民安居乐业，生产有了较大发展。加上北方地区的许多劳动人民为了躲避战乱、追求生存而大举南迁，使南方的人口和劳动力更加充裕。

浙西南山区的丽水这个区域，在当时尚没有"丽水"这个建置，而属于扬州刺史所管辖的"松阳县"（应当是后来的处州府范围，称为松阳县。县治设立，有两种说法：一是在现在丽水市所辖的松阳县古市镇一带；二是说在后来的府治所在地，即现在的丽水市区范围）。地处江南偏僻地带，从而尚没有被战祸殃及，人民有时间致力于生产的发展。梁王朝亦提倡奖励农耕，借以增强国力而抗衡北方势力。所以当时的丽水得到了一个很好的发展时期。通济堰就是在这样的历史大背景下应运而得以诞生的。

在那个时候，在今丽水所属的广大地区，是一个多山少地的山区，农业生产条件极为严峻。碧湖平原则是本区域内三大河谷平原之一，是主要的农业生产区域之一。然而，此处虽然广阔平坦、沃土十余万亩，但是没有任何水利设施，是靠天吃饭的地区，故有古籍称之为"雨则溃溢横出，而旱干无以资灌溉"。当地农户虽有大片土地可以耕种，却只能是听天由命，只有在风调雨顺的年份，才能有较好的收成。如果天公不肯作美，一遇上旱涝之灾侵袭，则哀鸿遍野，人民苦不堪言。

碧湖平原的古地理环境：这是一块呈西南高、东北低的狭长树叶状的河谷冲积平原，可耕地面积十余万亩，其内有村庄数十个（清末统计）。松荫溪从西南角入境，下行2500米左右与浙江省第二大江瓯江的主流大溪相汇合，并沿碧湖平原南缘向东北方向流过。平原西南面分布着高低不等的山丘，其中西南侧的高畬山，是此处的最高山。

碧湖平原海拔高程及地势：西南角的堰头村田野70～74米，而平原东北角白口附近田野海拔为54～58米，两地相差达18～20米。整个平原地势向东北角下斜；平原内平坦，没有显著的高丘坡地。通济堰大坝选建在碧湖平原西南角松荫溪之上，其创建者詹南二司马等先哲巧妙地利用了这里的地理条件。

（1）这里是整个碧湖平原的制高点，在此修筑拦水大坝可以将溪水引入渠道，使之顺势而下，实现水利上的自流灌溉。

（2）利用这里与大溪汇合口距离近的优势，运用大溪回流所产生的自然顶托力，增强大坝抗洪能力。

（3）这里溪面宽度适中，坝上有足够的集雨、储水面积，下游有广阔的泄洪通道；

南有山丘起屏障作用，北端为平原起点，正适宜挖凿渠道，所以说这里是建筑拦水大坝的理想场所。

二、通济堰的创建阶段

南朝梁天监年间，是梁武帝萧衍开国初期，史称南朝萧梁。梁王朝急需补充国力，以加强抗衡北方势力的南侵。因此，当朝者比较重视发展生产。而农业是强国之本，有了足够的粮食，就可以强国养兵。注重农业，水利是根本。据现有史料称：当时有詹姓司马，在碧湖看到了平坦的平原，是发展农业生产的理想场所，但缺乏水利设施。为了使碧湖平原永无"枯槔之劳、浸淫之患"，提出了建筑一座堰坝的设想，规划了堰坝、渠道、概闸等水利设施（但当时该堰坝采用什么名称，尚待进一步考证），得到了朝廷的允许，于是又派遣南姓司马共襄其事。詹南二司马，通过实地勘察和调查研究，选定修筑了坝址，布局了水系，修凿了渠道，配置了湖塘水泊，使通济堰初具规模。

在当时的历史条件下，要在宽度超过250米的溪流上修筑拦水大坝，谈何容易。在经过筹划后，投入了大量人力，奋力修筑。可是这看似平稳的溪水并不那么驯服，到了快合龙时，湍急的溪水将直坝一冲而毁，修筑了几次均没有成功，故堰史载有"溪水暴悍，功久不就"。正当大家束手无策之时，有一位老人提醒说："过溪遇异物，即营其地。"果然二司马通过观察白蛇在水中游动的蜿曲痕迹中得到了启发，大胆地把大坝修筑成由圆弧形结构的拱形坝而取得了成功。这种说法来自通济堰的史料，并经历代流传，而成为通济堰流域人民口中的"信史"。

通济堰是个系统的大型工程，根据当时的"丽水"碧湖的实际情况，不可能承担这么大的人力物力支出。修建通济堰是梁王朝，至少是扬州刺史府决定修建的工程，根据如下：

（1）司马一职，是朝廷或刺史府统理事务的官职，修建通济堰就动用了二位司马，说明朝廷官府的重视。

（2）既然派出二位司马主持工程，不可能单枪匹马，应该配备有相应的组织机构。

（3）这时是战争年代，梁王朝对地方的管理采用军事化，再说修坝采用的工具也是可以生产兵器的军用物资，因此必须进行军事化管理。从这些分析，我们不难得出这样的结论：通济堰工程至少是由扬州刺史府统领，并派出司马二人带领兵士到丽水建筑的大型工程，目的是稳定获得粮食生产，增强国力。在《梁书》中就有天监十三年采用修建"浮山堰"❶水攻寿阳城的记载，这充分说明梁王朝具有修筑大型堰坝的能力。

三、宋代通济堰的几件大事及工程

通济堰自创建后，人们就不断对其维护和完善。唐代及之前的重大工程缺乏可考证的文献资料，而宋代却有了较完整的资料，其几件有关通济堰的重大事件及工程，使通

---

❶ 浮山堰，是南北朝时期淮河上修建的拦河大坝，位于安徽省五河、嘉山及江苏省泗洪三县交界的淮河浮山峡内，是淮河历史上第一座用于军事水攻的大型拦河坝，也是当时世界上最高的土石坝工程。梁天监十三年（514年），梁武帝萧衍为与北魏争夺寿阳（今安徽省寿县），派康绚主持在浮山筑坝壅水，以倒灌冲淹寿阳城来逼魏军撤退。

济堰体系功能日趋完善。宋代的几项重要工程，对通济堰整体来说，是一个创建后的完善过程，也就是创建与续建的关系。而对于单体工程讲，则在通济堰中又是个创建过程。宋代有关通济堰的几个重大修建工程是十分重要的，现分述如下。

1. 北宋元祐七年（1092 年）

明万历三十九年，樊良枢在其《丽水县文移》中称：北宋元祐七年（1092 年），处州太守（知府）关景晖"建叶穴走淤沙"。通济堰渠道在溪水暴涨时，会带来淤沙，加上山坑水入渠也带来坑沙，所以渠道常有被淤塞的情况发生，致使渠水不通，无水灌溉农田。关景晖在丽水县尉姚希的协助下，组织工匠民夫，选择距堰首约 1100 米处的宝定（现称保定）村外的田野渠道南侧上建造了一座概闸，其外直接与大溪相通（因其修建在叶姓人田边，故俗称为"叶穴"）。这座概闸设有木叠梁闸门，在溪水暴涨之时，渠水涨满流量大时，挑开概木打开闸门，在承担泄洪防止内涝的同时，排除渠道中的淤沙（故本概闸又称为"拔沙门"）。平时，特别是灌溉期间，闸门紧闭，不得随意开闸，防止泄漏水利。

2. 北宋政和初年（1111—1113 年）

丽水县知县王禔"建石函以避坑沙"。主渠道堰首下约 300 米，有一条源自高畲山的畲坑横贯渠道。因为坑水常挟带山砂冲入渠道而造成渠道淤塞，阻滞水利，每年要费民夫万余工挑拔淤沙，民深病其祸。北宋政和初年，王禔来丽水任知县，通过调查考察，了解碧湖人民"利堰而病坑"。他就下决心要去害兴利。丽水县助教叶秉心，根据知县安排协助督修通济堰，深入工地观察和调查研究，设计了在渠道上架设石函将坑水引入大溪的方案。根据叶秉兴的建议，王禔批准实施了建筑石函的方案并亲自督造。王禔"营度石坚而难渝者，漠如桃源之山，去堰殆五十里"。于是他还造作手车两辆用于运石，常常随车往返，始终关注石函的建造。石函引水桥建成后，使渠水由桥下走，而坑水在石函上行，直接注入大溪，有效避免了坑沙淤塞渠道。史料记载：自"石函建成后，五十年无夫役之扰"。同时还记载"函（涵）告成，又修斗门，以走暴涨彼潴"。这里的"斗门"，应该是指"排沙门"，说明在北宋时的"木筱坝"北端边上已经建有排沙门。

3. 南宋绍兴八年（1138 年）

丽水县县丞赵学老绘刊《通济堰图》碑。通济堰水系分布范围广泛，设有上、中、下三源，计有大小概闸 72 座，渠道分有 1 主渠、3 干渠、72 支渠、304 条毛渠之多，灌溉渠网犹如竹枝状分布。为使后人对通济堰水系有全面而系统的了解，留下形象记录，县丞赵学老走遍了整个流域，勘察水道、概闸、湖塘水泊、村庄农田，并一一绘图记录，最后绘刊了《通济堰图》碑，为通济堰留下了最早的图像资料。

4. 南宋乾道五年（1169 年）

郡守范成大制定《通济堰规》二十条。处州太守范成大会同军事判官张澈于乾道四年全面大修通济堰。深感通济堰维护管理之难，为使后人有一个可以遵循的原则和操作方法，主持制定了《通济堰规》二十条。据史料记载，郡守范成大"修复旧制，创立新规"，说明范成大前已有旧堰规存在，后惜湮没。范成大堰规对通济堰的整修、管理、堰产等制度进行了详细的规定。为通济堰现存可见最早的堰规，后来明、清两代均有过修订新规的举动，但均是以"范规"为基础，终未脱其臼穴。

5. 南宋开禧元年（1205 年）

参知政事何澹"改木筱坝为石坝"。通济堰大坝自建成至此 700 余年，均以"木筱坝"沿用，其间每年洪水均会对大坝造成损坏，所以年年都得投入大量的人力物力修筑，劳民伤财，设有堰山以供木材筱条。郡人参知政事何澹奉祠禄回籍。回到丽水后，他很快了解到通济堰对碧湖平原农业生产的重要性，也为大坝由木筱结构而需年年大修所造成的大量损失痛心。为了解除当地人民的疾苦，他决心将通济堰大坝改筑为石坝。于是雇请石匠，借助洪州兵士，并动员组织当地民夫，开山取石，筑石为坝。并在坝上增设陡门，以利走船舟。石砌坝完成后，免除每年夫役无数，且能确保渠水四季长流。因而史载：郡人参政何澹"为图久远，不费修筑"，"砌石坝设陡门，功绩甚伟"。

第二节　通济堰相关历史考证

一、通济堰始建年代的考证

关于通济堰的始建年代，现有史料记载，自宋代始历史上一直就认为其始创于南朝萧梁天监年间，现代人所写的有关介绍通济堰的文字也认同这一说法。笔者认为，有必要进行严肃的文献考证，以确认其说法的科学性。

有关通济堰的文献，现存最早的记载是北宋元祐八年郡守关景晖所撰的《丽水县通济堰詹南二司马庙记》。其他文献资料有同治版《通济堰志》（王庭芝编撰）及光绪版《通济堰志》（屠维作、沈国琛编撰）。这二部堰志，收入了自北宋至清宣统年间的有关史料。其他散见于府志、县志、宗谱、杂记等书籍上的资料（本书附录部分尽可能收录）。这些资料在谈到通济堰的历史沿革时，都认为是南朝萧梁天监年间詹、南二司马始创了通济堰，众口一词沿用"萧梁说"。

笔者经过对文献的探索，提出如下看法，考证其可信性。

（1）最早提出"萧梁说"的，现存资料首推北宋元祐八年处州太守关景晖。其撰的《丽水县通济堰詹南二司马庙记》中，记载了元祐七年，县尉姚希奉其命，督修通济堰工程的情况及北宋明道年（1032—1033 年）叶温叟修堰之事，并明确记载，通济堰原已有堰渠"四十八派……溉民田二千顷""堰旁有庙，曰詹南二司马"。由此，可以确认通济堰建设早于宋之前的事实。

（2）同文还记载了姚希访问录："常询诸故老，谓梁有司马詹氏始谋为堰，而请于朝，又遣司马南氏，共治其事。""明道中，有唐碑刻尚存，后以大水漂亡数十年矣。"根据此记载，说明北宋明道年间尚有唐代碑刻记载通济堰历史，证明此堰在唐代已经存在。虽然唐碑湮没，但姚希访问时，相距仅 60 年，知道唐碑存在的人尚有健在，故而是确实可信的。

（3）文中提到堰旁有詹南二司马庙（祠），是祭祀萧梁天监年二司马的。姚希访问得知，是堰区人民为报二司马建堰的功德而建的。詹、南二司马，在《梁书》中无传，其创堰之功虽是传说，但是民间将事实演化为传说，世代流传于劳动人民口中，是不乏其例的。应该说通济堰传说的流传经久而有序。唐碑记载可信、民间传说有序,进一步增加了萧梁天监年间说法的可靠性。

（4）通过对南朝时期"司马"一职的文献考证,从中得知:司马,是古代职官的称呼,自汉武帝始定制:司马,主武也,掌管军事之职。大将军所属军队分为五部,各置司马一人领之。到魏晋南北朝,诸将军开府,府置司马一人,位仅次于将军,掌本府军事,相当于后世的参谋长。在梁王朝,司马有两种位职。一是朝廷工部营缮司郎中的最后一级官员,承担管理国家营造、修理事务的官吏。二是梁王朝下派将军府（刺史府）的幕官,代理将军府具体事务。这两种职官均有承担营建通济堰工程的可能。

梁天监年间是梁武帝萧衍开国早期,朝廷急需发展农业生产,增强国力,借以抗衡北方敌国。据《梁书·本纪第二·武帝中》记载:天监四年,"冬十月丙午,北伐以中军将军、扬州刺史、临川王（萧）宏,都督北伐诸军事……是岁以兴师费用,王公以下各上国租及田谷,以助军资"。这是梁征魏之战,督军的临川王萧宏,即是扬州刺史。七年两次下诏,激励农耕。"耕耘雅业,傍闸艺文而成器。""薮泽山林,毓材是出。斧斤之用,比屋所资,而顷世相承,立加封固。岂所谓与民同利,惠兹黔首。"足以说明萧梁王朝十分重视农业而修堰兴水利,从侧面证明通济堰诞生于萧梁天监年间的可能性。

天监十四年,诏示天下"贤良、方正、孝悌、力田,立即腾奏具以名"。十五年春又诏曰:"兼而利之,实惟务本。"要求各级官吏清洁为政,黜陟"侵渔为蠹"的长吏。"勤课躬履堤防,勿有不修,致妨农事。"说明梁王朝注重农田水利的修筑,发展农耕,以利国赋民生。

综合上述考证,通济堰工程的"萧梁始创说"应该是确实可信的。

二、通济堰之名始见年代考证

通济堰工程首创于萧梁天监年间的问题得到了验证,但是通济堰之名始见于何时,则有必要予以考释。

通济堰始创时以什么名称面世的?由于没有史料记载,稽考已经十分困难。虽说曾有唐碑记事,惜已湮没,无以弥补。唐碑上称此堰叫什么名称,也已成为千古之谜。但愿上苍见恤,让唐碑在某日的某个地方重见天日。

近几十年来,有关介绍通济堰的文字资料中,关于通济堰之名始见年代的问题,出现了两种说法:一是北宋元祐八年始见说,如《中国大百科全书·农业卷》等;二是南宋绍兴八年命名说,如《通济堰新史》《通济堰》等。

第一种说法的根据是从《通济堰志》收录文献中,有北宋元祐八年关景晖所撰的《丽水县通济堰詹南二司马庙记》一文,其中有"去县而西至五十里,有堰,曰:'通济'……"的记载。说明在北宋元祐八年就有通济堰之称。所以说通济堰之名现存所见资料为北宋元祐八年,实际通济堰之命名则应在元祐八年之前。

第二种说法是根据清宣统二年（1910年）浙江咨议局议员、庚子科恩贡生、丽水县教谕、通济堰总理堰务绅董沈国琛所写的《重修通济堰志序》一文,其中有"南渡后,汶上赵学老分宰县事,深羡是堰之利民甚溥也,赐名'通济'以美之……"的说法,即认为是南宋绍兴八年由县丞赵学老命名了"通济堰"。

笔者对此两种说法进行了深入探讨，通过对《通济堰志》等相关史料深入研究，证明第一种说法比较可靠。根据有：南宋绍兴八年赵学老在绘刊《通济堰图》碑（原称《丽西通济堰图》碑，明洪武三年重刊时改现碑名）时，还撰写有一段跋语，即原刊在该堰图碑碑阴的文字，原称《题堰图碑阴》（明重刊时刻在《堰图》碑下 1/3 部分的后段）。赵学老在本人撰写的这段文之中，并无由自己命名通济堰的说法，反而记载有："访于闾里耆旧，得前郡守关公所撰记，略载前事"一句话，说明赵学老本人已经知道关景晖的《詹南二司马庙记》一文，了解通济堰之名早就存在。

因此，第一种说法是较正确的，实际上还应该在宋元祐八年之前就已经有"通济堰"之名更正确。

三、通济堰木筱坝改建石坝问题考证

通济堰由木筱坝改建为块石砌筑大坝的记载，在历代文献中元、明以后的资料中，一直记录为南宋开禧元年由郡人参知政事何澹所为。但是，通济堰改建石坝这样重大的修建工程，为什么何澹本人在当时没有留下文字记录？当时其他士绅也没有对此行为赞誉之词呢？一直是个谜题。人们纵观《通济堰志》时，就会有这个疑问。

笔者就此问题，考证了许多史料文献，从中发现了其中主要的原因。根据《宋史》等史料明确记载，丽水龙泉人何澹，官至南宋参知政事，但是，他在当朝为官时，在对外问题是属于追随秦桧路线的大臣，也就是说，是一个犯有"大错误"的大臣，在当时受到众多"太学生"物议之后，才不得已极力辞官，而得奉祠禄回籍。也就是说他是个犯错误、受处分、回乡养老的大臣。但何澹回到丽水故土之后，则能够重视地方公益事业，主持了这项重大的工程。但是他也不敢张扬，所以没有树碑立传留下记录，其他官府同僚、地方士绅们，或本来没有，或者被其劝阻，也没有留下什么赞颂之辞。何澹在故乡除改建通济堰石坝外，还做了修纂《龙泉县志》，重建平政桥，创建应星楼、烟雨楼，修洪塘资灌溉等一系列有益地方的事，所以到了元、明以后，人们看到他不忘乡土公益，兴办了"为图久远、不费修筑"的石坝等，不计前嫌，仍奉其为乡贤，明代之后的史料及《何氏宗谱》有这方面记载，可以认定何澹有能力动用力量将通济堰木筱坝改建石砌大坝。

四、排沙门的初建年代考证

通济堰大坝上的"排沙门"建设，具有很高的科学价值，引起水利专家的重视。但是，关于排沙门创建于何时，却有不同的意见。有人认为：排沙门是因为主渠道上的"叶穴"（拔沙门）功能逐步丧失之后，才予兴建的，也就是说，其建设年代在清末、民国时期。

笔者认为，事实并非如此。根据史料，在通济堰历代文献中，虽然没有直接用"排沙门"这个名称来记载，但是具有其功能的设施早已存在。没有文字记载之前我们尚且不论，有文献资料以来，我们知道至少在木筱坝改为石坝之始，就已经设计建造了该设施。

根据是：古代文献对水利工程的称呼与现代不同，其名称的使用有时会出现混乱，

但只要根据文献记载的各个设施的功能，是可以明确它的所指具体的工程设施。如"船缺""堰门"，是指过船处（闸）等。在历代通济堰文献中，历代维修通济堰工程，有过多次重修"陡门"的记载，分别用"陡门""大陡门""小陡门"等不同的名称。其中明确指"进水闸"的，称为"大陡门"的有两次，有其他记载的，分别用"小陡门""陡门""堰口"，甚至"斗门"，根据记载所描述的功能，就是指重修"排沙门"这项设施。北宋乾道四年（1168 年），叶份在其《丽水县通济堰石函记》一文中，有"函成，又修斗门，以走暴涨陂潦，派析使无壅塞"的记载。这里的"斗门"，其功能是"走暴涨陂潦"，而不使渠道有淤沙"壅塞"，显然是指"排沙门"这类设施。

因此，笔者认为，在北宋乾道四年前，通济堰大坝北端之上已经有了"排沙门"。到了南宋开禧元年，何澹改建石坝时，大坝上就正式建有永久性的"排沙门"，不过名称不同而已。

五、过船闸的历史考证

大坝上的过船设施称为"过船闸"。据现有资料考证，其历史渊源如下：

通济堰初建时期的"木筱坝"上，没有专设的过船设施，舟船只得从稍低处，以人力牵过或抬过。十分不利于舟船往来和水利。

改建石坝初期，于坝的中部靠北一侧留有一个"船缺"，即在筑石坝时有设计的在大坝中靠北段特留的、块石砌筑较低的地方，用于通行舟船。但是，这时的"船缺"没有启闭设施，易于泄漏水利，对引灌不利。

真正的过船闸建于明代的万历十二年（1584 年）春。当时丽水知县吴思学，在修复通济堰大坝水毁工程时，"创为堰门，以时启闭，便舟楫之往来"。从此"过船闸"功能完备。

六、"叶穴"的历史考证

前期叶穴指渠系中的蓄水塘、水泊；后期叶穴指主渠道旁通大溪泄水排沙的概闸。这里指后者"叶穴"，是一座建在主渠道上直通大溪的木叠梁门概闸，主要功能是大水时，在开闸泄洪防内涝的同时，利用水力排除主渠道上的淤沙，故史称"拔沙门"。因其修建在宝定村外西侧的叶姓田边，故俗称为"叶穴"。

其始建历史没有定论，元代叶现在其《丽水县重修通济堰记》中写道："在昔梁时，司马詹南二公相土之宜，截水为堰，架石为门……旁通叶穴。"即提出了叶穴在通济堰始创之时就已经建有的"创堰即建穴"说。

明代万历三十九年樊良枢在《丽水县文移》中，记有"元祐年间，知府关景晖虑渠水骤而岸溃，命县尉姚希筑叶穴，以泄之"，即主张"北宋元祐年间关景晖筑叶穴"说，今人也多从其说。

笔者经过考证分析认为，实际上"叶穴"的始建年代两种说法各有所指。前者"创堰即建穴"说所指的"叶穴"并不是后来所指的概闸类叶穴，而是渠道旁用于储水的湖塘水泊，在渠旁像藤蔓上悬着"叶子"一样的"穴"，而俗称为"叶穴"。而"北宋元祐年间关景晖筑叶穴"说，也不能令人信服。证据是：关景晖在自己所撰写的《丽水县通济堰詹南二司马庙记》中没有这种说法。像这么重大的事件，在自己撰文不予记载，应该说是不可能的。直至明代万历年间才有这种说法，其可信度也就大大降低。

笔者认为，其始建年已无确史可考，也不奇怪。但其功能自始建至清末，虽然经过多次冲毁而重建，但仍能按旧制修复，一直发挥正常排淤功能，就是一项水工技术上的巨大成就。叶穴现已废止，仅在现场留下遗迹，供人们去探究。

七、分体工程历史名称考释

在现存有关通济堰的历史文献中，对通济堰各个分体工程会有多个名称，并且与现代水利设施的名称有着明显的差别，不予以解释，读者在阅读其历史文献时会有困难。有的相同建筑设施甚至有不同的称呼，更有甚者，在不同文献中，一种名称所指几种不同的设施，从而极易造成阅读困难而产生迷惑，或产生误解。笔者对这些历史名称进行考释，供读者参考。

堰堤：是历史文献中对通济堰拱形大坝的称呼之一。有的文献中，仅用一个"堰"字来指大坝。亦有指渠堤者。

通济圳："圳"字本地方言读"yàn"，这里通"堰"字。

斗门：在通济堰历代文献中出现频率较高，它具体所指通济堰的结构设施有两个方面：一是南宋乾道范成大《通济堰规》、南宋乾道叶份《丽水县通济堰石函记》、明万历车大任《丽水重修通济堰碑》中，"斗门"据文意应该指的是"排沙门"，亦称"大斗门"。二是指"进水闸"，如明万历樊良枢《丽水县文移》《丽水县通济堰新规八则》等文献，有时亦称"小斗门"。

圳：通"堰"，即堤，有时指大坝，有时指渠道的堤岸；原意指田间水沟。本书指渠道。元至正叶现《丽水县重修通济堰记》中采用"圳"来指修筑大坝浚通渠道。

渠口：指进水闸上方进口部位，有时也称渠首。

石堤：明万历樊良枢《丽水县文移》中的"石堤"，指石砌大坝。其他文献中的"堤"，有指大坝，也有指渠道的堤岸。

水仓：用于围障溪水，以便修筑大坝。所谓水仓，即在坝的上方、下方挖除砂石，置入木框，再用篁条围成圈，在圈内填入砂石，以障水流进入，然后排尽圈入范围的水，挖掘修筑均在此排水后所障的作业面内，这些水障即称水仓，近似现代水利施工时所用的围堰。

堰门：明万历郑汝璧《丽水县重修通济堰记》中的"堰门"，据文意是指"过船闸"。

崖：原指山崖，而在明万历汤显祖《丽水县修筑通济堰记有铭》一文中，用"筑崖"及明万历车大任碑文中用"崖石"来指修筑大坝和筑坝的块石。

船缺：在通济堰早期木筱坝及改建石坝初期，在坝体中偏北部留有一稍低处，用于过往舟船，称为"船缺"，即后来的过船闸。范成大《通济堰规》中有此专条。

堰身：清嘉庆《重立通济堰规》中，用"堰身"一词来指石砌拱形大坝。

闸口：清嘉庆《重立通济堰规》中，"闸口"一词指进水闸。

堰口：清嘉庆《重立通济堰规》中，"堰口"一词指过船闸。

陡门：其用法同"斗门"，一般在清代文献上出现"陡门"之称。其具体所指的通济堰分体设施：一个是指过船闸，有的文献上称为"大陡门"；另一个是指进水闸，有的资料中称其"小陡门"。

坝门：清宣统知府常《为坝门商船示谕》一文中，把过船闸称为"坝门"。

叶穴：常见的是指主渠道在保定村外的一座概闸，直通大溪，用以大水时开闸排涝及排除主渠道上段淤沙，亦称拔沙门。早期文献中将渠道旁的储水湖塘水泊亦称为叶穴。

第三节 通济堰维修史

提起通济堰历史，自然要包括其历代维修史。在整理通济堰历代维修资料的过程中，可以获得许多有用的历史资讯：旱涝灾患资讯、灌区生产丰歉资讯、相关历史时期的社会政治经济资讯等，为丽水地方史研究提供参考。当然，本书的目的是研究通济堰历史。

一、宋代以前的修建

梁天监年间（502—519 年），通济堰始建阶段。

概述：据现存资料显示，认为通济堰始建于南朝萧梁天监年间，约在天监四年，由詹姓司马提出设想，请命于朝，得到梁王朝的认可，于是又派遣南姓司马共治其事。在当时扬州刺史府所辖的松阳县属碧湖西南角的松荫溪上，以巨松木、筱条筑了拱形拦水大坝，障松荫溪水，引入渠道。所筑木筱坝全长四十八丈（鲁班尺）；渠道自大坝北端进水斗门起，直至白桥村白口附近注入大溪（瓯江），全长迂回约五十里；分凿数百条（古称 321 条）支毛渠，按地势走向，主要分水点 14 处，尤以开拓概、城塘概为要；并通过数十座（古称 72 座）概闸调节，附筑储水湖塘水泊，以调节储蓄水量，可灌溉良田三万余亩（古称二千顷、二十余万亩）。

主修人：詹、南二司马（佚名，考证另详）。

自梁天监年间创始至唐，无资料可考。唐碑且已湮没。

至北宋明道年前，仅见有唐碑记事的记录，但明道年唐碑已被大水漂亡。因此通济堰自始创至明道元年缺 520 年的维修史料。根据资料和后来的文献叙述，这段历史时期，通济堰大坝是木筱拱坝，每年需要大量民夫整修大坝，并设有专门的堰山供应松木、筱条。

二、宋代的修建

（一）宋明道年间（1032—1034 年），重修通济堰

概述：据史料获悉，明道年间，丽水县令叶温叟主持重修通济堰。具体维修项目尚不可知。碑文曰："宋明道间，叶令独能悉力修堰。"可能是宋明道的特大洪水对通济堰造成了巨大的损坏，所以他这次进行的大修活动在后人的文献中被记载。

主修人：丽水县县令叶温叟。

（二）宋元祐七年（1092 年）冬，大修通济堰，建叶穴以排淤沙

概述：因溪水暴涨，大坝所用的巨木、筱条被大水漂失，另外淤沙大量冲入渠道造成淤塞。该年栝州太守关景晖，主动承担主持修复。在丽水县尉姚希的协助下，集民力，重筑大坝。明代樊良枢称关景晖在堰首下 1100 米左右的主渠道旁修筑了一座概闸，用于

泄洪排淤沙，俗称叶穴。工程结束后，在姚希访寻故老的基础上，修复了詹南二司马庙，并亲自撰写了《丽水县通济堰詹南二司马庙记》，刊刻于石，是现存史料中最早的通济堰文献。姚希还曾制订过"堰规"，惜已佚。

主修人：栝州太守会稽人关景晖。

监修人：丽水县尉姚希。

（三）北宋政和初年（1111—1113年），建石函以避坑沙

概述：见第二章第一节"三"中的"2."（第15页）。

主持人：知县维扬人王褆。

督修人：助教丽水人叶秉心。

（四）南宋绍兴八年（1138年），重修通济堰，绘刊堰图碑

概述：宋王朝南迁，建都临安（杭州）初期，战事不断，常常波及丽水，无暇顾及兴修水利。故通济堰坝损坏，渠道淤塞，水利不通，原有碑刻也有湮没。汶上赵学老来丽水，任县丞，经管碧湖农耕。看到通济堰这一情况后，感到是自己职责所在，故而组织民夫修堰，恢复水利功能。根据堰系范围大、水利设施多而杂，渠网体系犹如竹枝状分布。为使后人能够对堰区有个系统而全面的了解，决定绘刊《通济堰图》碑。共用数月，遍访水利故道，采录故史，完成《丽西通济堰图》，命匠刊刻成碑。

主持人：丽水县县丞汶上人赵学老。

（五）南宋乾道四年（1168年），石函拦枋以石易木，并加宽函桥壁成人行通道

概述：政和初始建的石函引水桥，其两侧涵上的挡水枋（石函之上的函桥壁），一直是木质的，易腐朽，遇大水时则漂失。此年，本县进士刘嘉，将挡水枋改为石板拼砌的涵桥壁，并加宽到其上部可以通行人和手拉车，利于村民过往。并将石函的石板之间的空隙处用铁水浇固，进一步免除了坑砂漏入渠道。

主修人：进士丽水人刘嘉。

（六）南宋乾道五年（1169年）冬，重修通济堰，并立堰规二十条

概述：通济堰南宋期间，年久失修，至此时几近芜废。该年冬，处州郡守范成大，与军事判官张澈，主持重修通济堰全部工程，恢复其水利功能。为了后人更好的保护维修通济堰，主持修订了通济堰规二十条。据史料称：范成大以"修复旧制，创立新规"（相对于姚希的堰规而言），因而著称于世。

《宋史》卷三百八十六记载："处多山田，梁天监中，詹、南二司马作通济堰在松阳、遂昌之间，激溪水四十里，溉田二十万亩。堰岁久坏，成大访故迹，叠石筑防，置堤闸四十九所，立水则，上中下溉灌有序，民食其利。"

主修人：知府吴县人范成大。

委员（监修人）：军事判官兰陵人张澈。

（七）南宋开禧元年（1205年），改木筱坝为块石砌筑拱坝

概述：见第二章第一节"三"中的"5."（第16页）。

主修人：郡人参知政事何澹。

三、元代的维修

从南宋开禧二年（1206年）至元代天历三年（1330年），缺少124年的维修史料。在这段时间内也应该有过岁修及大修，但缺乏史料记载。

（一）元至顺初年（约1331年），大修通济堰工程

概述：到了南宋末年至元代初期，由于连年战乱，加上元朝政权初期采用高压政策统治原南宋所辖地区，连铁菜刀都在控制范围之内，更不要说大型铁制工具、农具了。由于不重农耕，致使通济堰年久失修，导致石坝溃决，渠道淤塞，故迹湮没。下源农户，常因争升斗之水而发生斗殴事件。郡守虽有修堰之念，而堰首、经董则漫不经心，从而多年不能如愿。直至至顺初年，始行修筑，修复溃决的石坝，疏浚了渠道，并恢复通济堰旧观。

主修人：部吏（使），行栝郡咨访农事中顺谦斋。

赞修人：郡长也先不花。

协修人：知府（郡守）三不都。

监修人：县尹（知县）卞瑄。

（二）元至正二年至三年（1342—1343年），大修石坝，并疏浚渠道

概述：元至元六年（1340年）六月，大水冲决石坝的十分之六七，平原土地干旱严重，粮谷颗粒无收，民深痛其害。至正二年十一月，中议公捐金百五十缗，县尹梁顺倡议修筑。以巨松为基，压上大石板，并加宽坝基十尺，加固大坝。同时修复斗门，疏浚渠道，直到至正三年八月才苦修而成。可见工程之艰难。

主修人：县尹大名人梁顺。

赞修人：监郡北庭人举礼禄。

督修人：知府韩斐。

委员：主簿吕塔不友、典史赵常。

四、明代的维修

从元至正四年（1344年）至明永乐九年（1411年），缺少68年的维修史料。

［△明洪武三年（1370），重刊宋关景晖《詹南二司马庙记》、南宋赵学老《通济堰图碑》《堰图碑阴》。］

（一）明永乐九年（1411年），大修通济堰工程

概述：《明史》志第六十四·河渠六·直省水利中记载，丽水民言："县有通济渠，截松阳、遂昌诸溪水入焉。上、中、下三源，流四十八派，溉田二千馀顷。上源民泄水自利，下源流绝，沙壅渠塞。请修堤堰如旧。"部议从之。

主修人：不清。

（二）明成化年间（约1474—1478年），大修通济堰工程

概述：据《通济堰志》载李寅撰文中提及，明代成化年间，处州通判桑君大修通济堰，越三四年而苦修竣工。但其时没有留下文字资料。

主修人：处州府通判桑君。

（三）明嘉靖十一年（1532年），大修石坝，疏浚渠道

概述：明嘉靖壬辰七月二十八日，大雨引起溪水暴涨，"襄驾城堞者丈余，坏农田民舍不可胜计，而兹堰为特甚"。是年冬十月至十二月知府吴仲，集民力、请库银，大修水毁工程。修复了水毁石坝，并疏浚了渠道，恢复通济堰之旧制。

主修人：知府武进人吴仲。

协修人：知县晋江人林性之。

赞修人：监郡卢陵人李茂。

监修人：主簿福清人王伦。

（四）明隆庆年间（约 1572 年），修石坝、浚渠道

概述：明隆庆二、三年（1568—1569 年），丽水大水成灾，通济堰大坝二次被水冲坏，从而水毁待修，渠道淤塞也十分严重。约在隆庆四至五年，由知府劳堪发动，通过请官帑，请工匠，修复大坝；发动民夫疏浚渠道，使通济堰恢复了功能。

主修人：孙令烺。

赞修人：知府浔阳人劳堪。

（五）明万历四年（1576 年）秋，建水仓，抢修大坝，渠道清淤

概述：通济堰几年失修，加上万历二年洪灾，使其水利功能明显下降，影响灌溉，民常有缺水之忧。该年由郡守熊应川（字子臣），"奏记监院，请发帑金，绝科扰"。发动修筑通济堰。因之"而民忘其劳，皆不逾时而有成绩。其加惠元元，规摹益宏远"。"成筑者，堰南垂纵二十寻，深二引；堰北垂纵可十寻，深六尺许。渠口浚深若干尺，广五十余丈。口以下开淤塞者二百丈有奇。口以内咸以次经茸。""羡里人自为水仓，以于堤者二十有五。"这么大的工程仅用了 51 天而竣工，实在是通济堰维修史上的一个纪录。

主修人：知府新昌人熊应川（号子臣）。

协修人：知县无锡人钱贡。

监修人：主簿歙县人方煜。

（六）明万历十二年（1584 年）春，造水仓，修石坝；创建坝门，资启闭以利舟船；疏浚渠道，通淤塞，行水利

概述：通济堰因多年失修，堤坝被水冲决，渠道淤塞严重，已失水利功能。万历十二年春，知县吴思学请修之，于是"出官帑数百金"。但是，修建工程刚开始不久，就遇上了大雨连日，溪水溢涨，一时无法施工。民工们创建水仓百余间，"障此狂流"，才能运石修筑，恢复大坝原貌。大坝上原来只有船缺，用于过往舟船。但这只在坝体中北部留下一处稍低部，过船困难不说，还泄漏水利。本次大修石坝时，"创为堰门（坝门），以时启闭，便舟楫之往来"。同时全面疏浚了支渠所淤塞处达 36 处。

倡修人：参政豫章人胡月川。

主修人：知县江右人吴思学。

赞修人：瓯栝监郡湖南人章明。

协修人：同知华亭人俞汝为。

监督人：主簿南漳人丁应辰。

委员：典史丰城人罗文。

（七）明万历二十五年（1597 年），拨寺租余银修筑石坝，疏浚渠道

概述：万历乙酉年间（1585 年），洪水冲决大坝十分之四五，造成灌区无水。直至丁酉年，始拨寺租余租银两，备办木石，充以亩捐，全面兴工，修复通济堰工程：修筑大坝，并疏浚了渠道，排除淤积。直至戊戌年春竣工。

主修人：知县云梦人钟武端。

赞修人：知府怀宁人任可容。

委员：司农丹徒人夏禹卿、县丞番昌人陈一、主簿大庚人龙鲲、典史凤阳人马洋。

（八）明万历三十六年（1608年），拨寺租余银及库存，修石坝、浚渠道，修闸概游枋。定新规，制条例。官修《通济堰志》

概述：通济堰石坝损坏、堰渠淤塞。这年丽水知县樊良枢到任后，关心农业生产，体恤民情。对通济堰工程进行了全面勘察、规划，呈报后得到监司车大任、知府郑怀魁的批准和支持。拨出废寺租银及府库存银，开始修筑石坝，疏浚渠道，修复概闸，换置游枋，使通济堰全面恢复了水利功能。樊良枢还根据新情况，制订了新堰规八则、修堰条例四则。后人评其"樊公良枢其大彰著者也，顾兴作自官工匠率多冒破"。同年开始，由樊良枢主持官修《通济堰志》，汇辑史料，留下了珍贵的历史文献。

主修人：知县进善人樊良枢。

赞修人：瓯栝监司楚湘人车大任。

协修人：知府龙溪人郑怀魁。

监督人：县丞卢陵王梦瑞、主簿泰宁叶良凤、典史侯官林应镐、邑绅嘉靖壬子举人通判高冈。

（九）明万历戊申年（1608年），制定《三源轮放水期条规》。注明轮灌田庄名称。为三源轮灌制度确立奠定了基础

（十）明万历四十七年（1619年）冬，重修石坝

概述：万历戊午年（1618年）夏秋之季，淫雨过旬日，洪水呈"茫茫巨浸"，堰堤倾塌。这年冬，知府陈见龙"不惮驰驱，躬往相视，爰发谋虑"，"因而发官帑达千金"。发动民夫重修石坝，数月而工竣，大坝"如屹然砥柱"。

主修人：知府潮阳人陈见龙。

督修人：主簿丹徒人冷仲武。

五、清代的维修

从明万历二十年（1620年）至清顺治五年（1648年），缺少28年的维修史料。

（一）清顺治六年（1649年）春，重修通济堰

概述：因久没大修，堤坝被蚀，"或溢或涸，堰水不复由故道"，渠水断流，因而碧湖平原农田失灌溉，粮食生产大受影响。顺治六年丽水县知县方享咸，主持维修通济堰水利工程，重修石坝，疏浚渠道，恢复水利故道。约经过三个月而竣工，共用经费达万缗。

主修人：知县方享咸。

（二）清康熙十九年（1680年）冬，疏浚干渠、支渠

概述：闽变蹂躏❶，而无暇修堰，故而年久失修，大小渠道淤塞，渠水不通；其

---

❶　闽变蹂躏：指康熙十二年起的"三藩之乱"中的靖南王耿精忠。他起兵于福建（靖南王的封地），曾多次波及丽水。由于兵戈相见，丽水官府也就无暇顾及农业水利之事，使通济堰失修。

他设施也有损坏，农田失去灌溉，粮食收成减低。是年冬季，知县王秉义"擘画既定，遂捐俸为士民倡"。动员民夫全面疏浚渠道，修复损坏设施，使通济堰水利得以重兴。

主修人：知县奉天人王秉义。

监督人：典史顺天人钱德基。

（三）清康熙三十二年（1693年），大修堰坝四十七丈

概述：康熙二十五年五月二十六、二十七两天，暴雨如注，洪水为灾，冲垮石坝达四十多丈。使下游两乡八年里粮食无以收成。直到三十二年冬，郡侯刘廷玑轸恤民瘼，捐出俸银五十两为倡议，发动官吏捐俸倡修水利。经费不够敷出，又以每亩受益农田派银五厘的办法来筹集资金。十月初九日，正式开工维修。派人夫砍树，木匠造木水仓、铁匠打锹撬（音 qiào，通"撬"），每村公正自备篾皮一条，放在水仓之内，人夫挑砂石填满，拦住溪水，始能进行修筑石坝。雇请青田、景宁两县的石匠作技术工匠，分头砌筑，不日告成。

主修人：知府辽海人刘廷玑。

监修人：经历桐城人赵鍠。

经理绅董：何源浚、魏可久、何嗣昌、毛君选。

（四）清康熙三十九年（1700年）冬，重修石坝二十七丈

概述：经历了自康熙十二年起至康熙三十七年的共二十多年的兵荒之后，加上康熙三十七年七月二十七、二十八两日大雨，大水冲坏石坝二十七丈。三十九年冬，仍雇用青田石匠十六名，修筑水毁石坝。经费来源是以受益田每亩派银八厘的方式筹集。

主修人：温处道刘廷玑。

监修人：委员经历徐大越。

督修人：绅董何源浚、魏之升。

（五）清康熙五十八年（1719年），修筑石坝，重建叶穴

概述：康熙五十三年，上游连日大雨，洪水冲决石坝，冲毁叶穴，造成渠水外流，不能归渠。灌区无水，枯旱五年，西乡良田成焦土一片，粮食颗粒无收。直到康熙五十八年，重修水毁石坝，并重建叶穴一座。同时疏通渠道，使渠水归复故道。

主修人：知县襄阳人万瑄。

监修人：典史广西人王荆基。

监理绅董：邑人魏之升。

（六）清雍正三年（1725年），重修石坝

概述：康熙六十年，丽水又发洪水，溪水冲决石坝，是年晚禾无收。直至雍正三年，知县徐倡修，碧湖广福寺僧延修捐银十两，帮助修堰，民夫尽力修筑水毁石坝，恢复旧制。

主修人：知县　徐（名佚载不知，下同）。

监督人：处州总镇　王、城守　蔡。

（七）清雍正七年（1729年），重修石坝

概述：雍正六年，丽水洪灾，又冲决通济堰石坝。次年，知县王钧，再集民力重修水毁工程。

主修人：知县高阳人王钧。

赞修人：知府黄平人曹抡彬。

（八）清乾隆三年（1738 年），重修大坝

概述：该年丽水发生洪水，通济堰大坝石堤被冲决，影响灌溉。知县黄文维决定重修。他集民资，抽民夫奋力抢修，不久竣工。

主修人：知县黄文维。

督修人：绅董魏作高。

（九）清乾隆十三年（1748 年），修筑大坝

概述：乾隆八年，上游洪水冲决石坝，使灌溉受到了严重影响。直至乾隆十三年，始行修筑，修复水毁工程。使通济堰水利功能得到了恢复，灌区重有了生机。

主修人：温处道　吴、知县冷模。

监修人：绅董邑人魏作高、魏作岐、魏作森。

（十）清乾隆十六年（1751 年），修筑大坝，重修高路渠堤

概述：乾隆十五年，大水冲决石坝及高路堰渠的堤岸，使渠水不能归渠。乾隆十六年冬，县令始倡修复。随后旋修旋毁。史载：拨普信、寿仁二寺租田为岁修。

主修人：知县贵州人梁卿材。

协修人：邑绅举人林鹏举、岁贡汤炜。

（十一）清乾隆三十七年（1772 年），重修堰渠

概述：因年久失修，堰坏渠淤，水利不行。本年冬，按田亩派捐，并补府库存银，动用工匠民夫数千，开始重修，直至次年春修复，恢复通济堰水利功能。

主修人：知县直隶人胡嘉栗。

（十二）清嘉庆十八年（1813 年）冬，大修石坝、堰渠

概述：嘉庆五年夏日，上游洪水大发，冲决石坝，堰渠崩溃，使水不能归渠，十五年来，西乡旱灾严重，粮食常常绝收。本年以知府涂以辀力倡，始行重修，直至次年春竣工，恢复旧制。知府涂以辀据新情况制定了新的堰规四条。

主修人：知府新城人涂以辀。

协修人：知县金匮人邓炳纶。

督修人：县丞宁河人杜兆熊。

监修人：绅董里人叶郭。

赞修人：捐助租田魏有琦、吴钧、叶维乔。

（十三）清道光四年（1824 年），修堤坝、疏渠道

概述：是年知府雷学海主持重修通济堰堤坝，全面疏通渠道，恢复水利功能。并根据新环境情况订立新堰规八条。

主修人：知府顺天通州人雷学海。

协修人：知县桂阳人范仲赵。

监修人：县丞桐城人崔进、邑绅叶云鹏、周景武、赵文藻、叶全。

（十四）清道光八年（1828 年）秋，重修堰堤

概述：道光七年春，松荫溪洪水，冲塌堰堤，堰水外流，农田失去灌溉。戊子孟夏至秋间，知县黎应南，带领民夫，进行修筑。修复朱村亭边堤岸（渠道堤岸）二百五十余丈。先后阅时四个月，"父老共图是役，众皆乐输鸠工"。并且疏浚了斗门前砂砾壅塞。这次重修工程共耗费用八百二十千文。

主修人：知县顺德人黎应南。

督修人：知府定远人李荫坏。

监修人：县丞龚振麟、邑绅魏乘、魏锡龄、周锡旗、沈士豪。

（十五）清道光二十四年（1844 年），全面大修通济堰

概述：道光二十三年夏秋之交，洪水暴涨，石坝冲决，叶穴、石涵及概闸多处被淤塞。二十四年三月开始兴工，由知府恒奎主持，先后修复了大坝、叶穴，并对石函、概闸、渠道进行清淤疏浚，恢复了通济堰的水利功能，直至六月份才竣工。

主修人：知府长白人恒奎。

协修人：知县蒙化人张铣。

督理人：三源绅董郑耀。

（十六）清同治四年（1865 年），大修通济堰工程

概述：咸丰八年及十一年，因战事殃及丽水（太平军两度攻陷处州府城，清军多次围剿），通济堰久未能疏浚岁修，因此渠道淤塞，堤岸倾塌，并失故道，使堰渠断流。给碧湖平原农业生产造成重大影响。同治四年，知府清安主倡修堰。夏季开始动工修复，"水利故道，凡所规画悉仍其旧"。并将石涵之涵面石板全部改为雌雄缝铺设，再用铁水浇固，进一步防止坑砂漏入渠道。至次年春修筑工程才得竣工。清安知府又主持订立三源大概新规十条。本次大修共用工费计达 1500 余缗。

主修人：知府长白人清安。

赞修人：知县宁湘人陶鸿勋。

监修人：县丞大兴人金振声。

督修人：典史元和人沈丙荣。

总理人：绅董训导叶文涛。

经董：叶瑞英、曾绍先、林钟英、吕礼耕等。

（十七）清光绪二年（1876 年），重建陡门、叶穴

概述：经年已久，通济堰工程中的陡门、叶穴等设施已出现明显的损坏。直至光绪二年，知府潘绍诒开始筹款，并主持重修损坏的设施，并疏通了淤塞的渠道。从而使通济堰重新焕发青春。

主修人：知府元和人潘绍诒。

协修人：知县黄平人彭润章。

监修人：县丞武进人董任谷。

经董：林余庆、王景义、王赞尧、林时雨。

（十八）清光绪三十二年（1906 年）冬，全面大修通济堰

概述：光绪二十六年、三十年二次大洪水，石坝被冲决一个大缺口，陡门、渠道均被砂砾淤塞，使渠水不流，平原农田连年粮食无收。直至光绪三十二年冬，知府萧文昭会同丽水知县，全面勘察，并捐廉筹款，准备全面大修以治本。委托县丞朱丙庆等人督工修筑。"规复石坝，以治病源；补石涵、修叶穴、疏渠道，以去外感"。"斗门水道拨民夫四千余以复旧"。工程连续施工到次年春才得完成。本次全面大修共动用民夫 3 万余工，共用去款项达银洋 2500 余元。竣工后，萧知府还制定了《颁定通济西堰善后章程碑记》，为以后修缮制定了规范。

　　主修人：知府湖南人萧文昭。

　　协修人：知县黄融恩。

　　监修人：县丞朱丙庆。

　　赞修善后事宜：补用道处州府常觐宸。

　　督理岁修：丽水县知县兼办营务顾曾沐。

　　弹压民夫委员：处标丽水营碧湖讯副府杨增喜。

　　总理堰务绅董：教谕沈国琛。

　　经理收支绅董：贡生王赞尧、廪生叶大勋。

　　监督绅董：林钟祥。

六、民国时期的维修

（一）民国元年（1912 年），大修石坝，疏浚渠道

　　概述：本年七月，丽水遭受特大洪水袭击（据记载本次洪灾是丽水百年一遇的特大洪水），通济堰工程首当其冲，损坏严重，其中石坝中段被冲决了长达三十余丈（鲁班尺）的缺口，进渠的堰口砂砾淤塞如埠，使溪水不能归渠，将影响农田灌溉。三源民众请拨工赈，并派亩捐，进行修复：大修了石坝，疏通渠道的淤塞。同时又在堰头大坝的上游对岸山脚用块石砌筑水障一座，用于大水时，水势可由对岸从水障挡折而斜冲过来，顺势淘走斗门上游的砂砾，减少淤砂进入渠道，有效减轻渠道的淤塞。

　　主修人：无记载。

（二）民国二十七年（1938 年）冬，修浚渠道

　　概述：由于年久失修，渠道淤塞严重，堰水断流。一遇大旱，灾像立显。本年冬由省建设厅主持进行了修浚，并改善了渠道的坡度。同时全面修筑了全渠系统的概闸。本次工程共用去经费二万七千元（民国法币）。

　　主修人：浙江省建设厅（所）长廷飏。

　　协修人：专员杜伟。

　　监修人：县长朱宝章。

　　督修人：浙江省农改厅（所）。

（三）民国二十五年（1946 年）冬，疏浚渠道，修筑坝闸

　　概述：抗日战争期间，遍地烽火，丽水成为浙江省抗战后方基地。日寇为了扫荡抗战根据地，日军先后二次入侵丽水，实施三光政策。使通济堰失修，造成渠道淤塞，进水量减少，灌区用水明显不足。该年冬季由处州专员主持，动员民夫始行疏通渠道，修筑坝闸等设施，至次年春工竣，使通济堰功能再一次得到恢复。

主修人：专员徐志道。

协修人：县长侯轩明。

督修人：县建设科。

新中国成立后的维修情况，将在附录三"新中国成立后通济堰大事记"中予以记述。

第三章

通济堰主体工程

通济堰是一处集引灌为主，兼顾储、泄功能为一体的古代大型水利工程，其主要的历史、科学价值亦体现在其在长达1500年来仍能发挥巨大的水利功能上。因此其主体工程，不言而喻的是指其与水利功能有关的一系列工程建筑设施。

在第一章"概述"中，已介绍过通济堰主体工程由拱形拦水大坝、进水概闸、主渠道、石函引水桥及调节概闸等设施组成。本章将重点介绍各项设施的历史情况及现存建筑构造要素资料，提供数据资讯。因此本章是通济堰工程资料中主要的信息载体，为下一步通济堰保护、研究、维修留下必不可缺的资料基础。

第一节　通济堰拱形大坝

一、坝址选择及地质要素

根据现有史料记载，通济堰大坝自创建至今，其坝基未曾移动过，并且从初建的"木筱坝"到后来的块石砌筑大坝，均呈不等弧度的拱形坝。历史上有关通济堰大坝是根据"白蛇示迹"而建成的传说，说明了通济堰大坝的建成是先民的智慧结晶。创建通济堰的先辈们，在生产劳动中，受自然现象的启发，创造性地创建了拱坝，这个了不起的发明在人类文明史的进程中起了积极作用，使农业水利文明在中国这样的农业古国中起了积极促进作用，甚至可以与我国古代的四大发明相媲美。

在拦水大坝坝基的建筑中，选址是关键因素，也是水利工程的先决条件。没有科学、合理的坝址，就不可能建造合格的拦水大坝。通济堰坝址选择上的科学性和合理性，是所有参观考察过通济堰的水利专家、学者所共认的。

拦水大坝的建筑，在坝基地质要求中，主要是指坝址选定后，其地是否具有适宜筑坝的地质条件。现代水利工程也是要十分注意坝基的地质要素，这是因为只有符合地质条件的地方筑坝，大坝才能安全。通济堰建在 1500 年前，没有现代科学设备，不可能进行现代科学这样的地质勘探。但是，先民们以世代积累实践经验，他们尽可能地选择符合筑坝之处，在地质条件不够具备时，采用通过人工辅助的方式，创造条件，使之符合筑坝的地质要求。

通济堰拦水大坝的坝址，选择在堰头村外的松荫溪之上，在地质上可以依托南岸山丘基岩，有利于筑坝后承受大坝分移的负荷；北岸是碧湖平原的制高点，地势较高，可以承受大坝分移负荷的压力，不使水流改道。在这段溪面上，河床中没有礁岩突现，也没有巨大的卵石存在。较为宽广而又平坦的河床，十分有利于在建设时清基找平基面，使之符合最起码的筑坝要求。

通济堰拦水大坝是溢流性拱形坝，与现代截流性拱形坝相比，自然不用承受很大的负荷，因此对坝基的要求也不会十分高。该坝初建时为"木筱坝"，不需要十分严格的坝基条件。但是，该段溪面是砂砾性河床，在砂砾层上筑坝并不十分稳固。如果不把坝基清理平整，筑坝将会是十分困难的。所以，通济堰大坝坝基的要求条件及处理还是十分清楚的：

（1）此处坝基不是泥质河床，不能使用打木桩式的方式稳固坝基（1954 年大修中发现巨大松原木"卧牛"坝基，没有发现打桩固定的痕迹，证明此说正确）。

（2）此处坝基设在河床的砂砾层上，只能在清平坝基层面之上，采用木基质巨木平铺修筑而成为大坝基础（现代截流性拱形坝的坝基必须建设在坚硬的基岩之上）。

二、木筱坝问题研究

（一）相关文献

关于通济堰大坝最初"木筱坝"结构，没有宋代以前详细的文献记载，宋文及以后文字只有零星记录，故而引起后人对其猜测纷纷。现可找到的相关说法主要有下列两种：

（1）沈衣食先生在《通济堰刍议》一文中认为：通济堰在宋开禧以前的堰坝基本结构应是一种多层柴木编桩结构的土砾坝心的堰坝，称为"编桩土心坝"。其做法是在选定的坝址上打几排坝桩，并以圆木钉固，再以柴木编成的长辫缠绕在坝桩上固定，形成上游挡水坝面和下游挡土坝面。最后在两者之间充实砾土，筑成坝心。再在坝顶的桩头上用圆木前后错综相连钉结实，并以卵石压顶，堰坝下游用圆木支撑。

（2）李梦卉、梁晓华主编的《通济堰》，梁晓华主编的《处州古堰》二书中，均记载了通济堰早期拦水大坝以"木框填石"法筑成，此即为置"水仓"填石围堰就是"木筱坝"这样的结论。

（二）不同观点分析

人们在进行长期通济堰历史文献收集探索后，对通济堰初期的"木筱坝"有与上述不同的认识，但是还不能妄下结论。下面就上述两种观点分析如下：

1. "编桩土心坝"营造方式

沈衣食的"编桩土心坝"营造方式，在通济堰不可行。通济堰坝址是一段卵石砂砾溪滩的河床，以卵石为主的溪底基层基础较硬，有人曾在相似河床做过实验，通过实验证明直径10多厘米的木桩都难以打下，更不要说更粗的木桩，所以不能实现在此地打木桩编桩。且1954年大修时，发现坝基由两排巨大松原木两层相叠，排列在卵石坝址上，松木之上压着巨石为坝基，并没有见到打桩固定的迹象。

2. "木框填石"筑法

对"木框填石"筑法，即"水仓"内填石就是"木筱坝"之说，发现其更是对文献史料的误读。此假说设想的"筑坝时，将一个个'水仓'布置成弧状，不易被水冲垮，从而形成拱坝""所以，'木框填石坝'，应该就是南朝初创时的木筱坝的堰坝形式"。这样得出的这个结论缺乏科学性。其引用文献：

（1）明嘉靖何镗《丽水县重修通济堰记》："里人自为水仓，以干堤者二十有五。"

（2）明万历十四年郑汝璧《丽水县重修通济堰记》："先为水仓百余间，障此狂流，始下石作堤，凡数百丈。"

（3）明万历三十六年樊良枢《丽水县修金沟堰记》："余既治通济大堰，诸堰小矣，旁有金沟堰，距大堰五里……因其故址于岸西，刻日鸠工，斩木驱石，置水仓四十所。实以坚土，包以巨石，若层垒然。"

（4）清康熙三十二年《刘郡侯重造通济堰石堤记》："又令人夫挖树，木匠造水仓，铁匠打锤擻，每源公正各备箪皮一条，放围水仓之内，人夫挑砂石填满。"后面还有"青景二县石匠，分东、西两头砌起，不日告成"。其所选取文献均是距宋开禧年代久远的材料，对"木筱坝"缺乏客观详细的记载，而该说法的作者只看文献中有"木框"式"水仓"，就认为是木筱坝的结构。其实在他引用的文献中就已十分明确说"先为水仓""障此狂流""始下石作堤"……这些文献所记载的"水仓"，是历代修筑大坝工程过程中使用的围堰，根本不是大坝本身的坝体。

古代水利工程中所用"水仓"技术，即现代水利工程施工中使用的"围堰"的前身。而"围堰"的定义是：在水利工程建设中，为建造永久性水利设施，修建的临时性围护结构。其作用是防止水和土进入建筑物的修建位置，以便在围堰内排水、开挖基坑，修筑建筑物（如拦水大坝）。主要用于水工工程中，围堰在用完后之后是要拆除的。

综合通济堰文献探索，结合现存大坝形状，笔者认为，早期木筱坝采用的技术可能是像石拱桥拱券结构那样，经改良将用木拱做法侧倒而成，即像砌筑石拱桥拱券块石楔合驳接那样，将原木楔合驳接排列。看通济堰的大坝不是顺弧形，而是略有曲折的拱形。当然，每个楔合驳接端口之间的受力点怎么解决，还是没想到最佳方案，到底怎么衔接而成拱形木筱坝，需要实验模型来探讨。1954 年大修时所见坝基由两层相叠的巨松木"卧牛"式，为思考提供了很好的理论根据。当然，我们所提出的以"石拱桥拱券式"创建木筱坝，也只是个设想。

三、木筱坝实验模型设想

通济堰大坝初期以"石拱桥拱券式"创建的木筱坝，就此具体做法本书编者提出个实验模型设想，供有关研究者参考。

（一）模型坝基处理

（1）选定准备筑坝的位置后，确定南北两岸接驳点位，准备放下木质框内填泥砂土的水仓围成围堰，排净围堰内的水而控干坝基。

在南岸，以山岩突入溪中部位为接驳点，首先清除该处的杂木泥土，再按接驳要求由石匠凿去外表风化岩，临水面及上游面打造上游深下游浅的斜面接驳部位，见图 3-1。

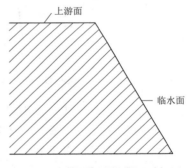

图 3-1　南岸接驳岩俯视平面图

（2）南岸用木质框内填泥砂土为水仓，作业面约为南北长 100 米、宽 30 米的围堰。北岸作业面约为南北长 80 米、宽 30 米的围堰。然后南岸河床石砾层开挖 100 米×10 米的弧形、河床下深 1.2 米的坝基沟槽。

而北岸接驳面为泥质，按要求开挖 80 米×10 米的弧形、岸土挖至河床下深 1.2 米的坝基沟槽，并在泥质岸沟槽内，用巨块石砌筑约需 9 米×2.5 米×4.2 米的楔状砌体。在向南约 30 米的沟槽内及 35 米的沟槽内同样 9 米×2.5 米×4.2 米的两座楔状砌体，并在两座砌体相向面打造与南岸相同的上游深下游浅的斜面接驳部位。

（二）筑坝材料及修制

采用胸径为 50～80 厘米松原木为原料，铲去外皮，取直，分下列规格修制：

（1）基底用材。取直径 70～80 厘米的为最底层坝基用材，分 5 米、10 米长两种规格，安放挖好坝基沟槽下侧面砍平，加大接触基底面，提高摩擦力；并且每段木料两头按接驳要求锯成上宽下窄的斜面，见图 3-2。

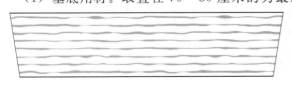

图 3-2　坝体大木两头斜面图

（2）坝体用材。取直径 50～60 厘

米的铺砌坝体用材，分成 5 米、10 米长两种规格，同样每段木料两头接驳要求锯成上宽下窄的斜面。

（3）接驳楔形木柱。取直径 70 厘米的原木，按在坝体中的接驳高度要求分别截成不同高度的木段，并修成朝上游侧宽下游侧窄的楔状柱，见图 3-3。

（4）牵拉木条。取直径 40～50 厘米的原木，按牵拉长度要求分别截成不同长度的木段，每段两头按牵拉要求锯成上宽下窄的斜面。

（5）连接固定扒钉（蚂蟥钉）。二尺一寸长的钢铁打制的扒钉，粗半寸，两头弯钉尖长一寸，见图 3-4。

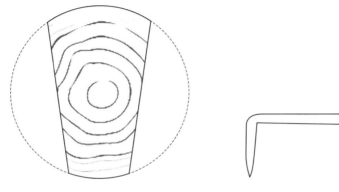

图 3-3　楔状柱俯视平面图　　　　　　　　　　图 3-4　扒钉

（6）筱条。长一丈，围七尺为一束，柴藤为绳来捆束。

（7）捆束筱条的柴藤。以绞缠粗达一寸的黄藤、葛藤为材料。

（8）填入大坝的砂石料。以 1：1：1 的混有砂石粒、砂料、山泥等混合为填充料。

（三）拱架排列模式

（1）坝基铺筑。以经过整修好的直径 70～80 厘米的基底用材，从上游往下游铺筑，第一排长度为 10 米的原木料，每两根之间用楔木柱楔合，一直排铺；第二排长度为 5 米的原木料同样铺筑；第三排、第四排同前面互相交错铺筑……直至第十八排坝基用材。每两排用材间每隔 2 米打入一枚连接固定扒钉，依次固定，见图 3-5。铺设相同两层紧靠挖好的坝基沟槽边为河床之下坝基。

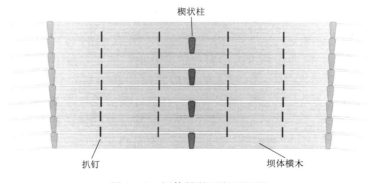

图 3-5　坝体铺筑局部平面图

（2）坝体铺筑。以下层粗上层细的序列从上游向下用相同方式铺筑，第二层铺 16 排用材，第三层铺 14 排，第四层铺 12 排，第五层排 10 排，第六层铺 8 排，第七层铺 6 排（或坝基二层 18 排，以上每层减三排的铺筑法，即第一、二层铺 18 排，第三层铺 15 排，第四层铺 12 排，第五层铺 9 排，第六层铺 6 排，第七层铺 3 排）。平行用材间每隔 2 米左右打入一枚连接固定扒钉固定，且上下层间同样每隔 2 米左右打入一枚连接固定扒钉来固定，见图 3-6。木坝铺成后，上游第一排的每一楔状柱与最下游的坝基木上楔状柱用纵、斜二根牵拉木条，并与每相连楔状柱两侧均打入扒钉固定，见图 3-7。

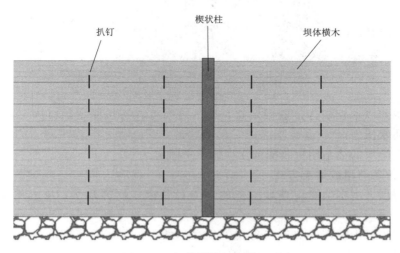

图 3-6　坝体铺筑局部立面图

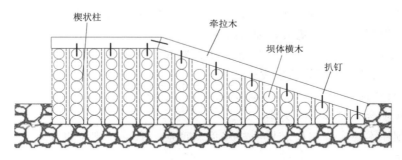

图 3-7　坝体铺筑楔状柱与牵拉木固定图

（3）铺筑完七层，总高度约 3.2 米（河床下 0.9 米为坝基），护回泥沙后，坝高约距河床 2.3 米，达到设计高度。大坝北侧近中部船缺则由底向上铺五层巨木坝料，上二层不铺，以走舟船，为船缺；北端开口处由底部向上铺二层巨木坝料，与河床平，以上五层不铺，以引水进渠，为进水口，见图 3-8。

（4）完成南北两段大木坝的铺筑后，撤除北段围堰"水仓"。余下部分的坝基处如前再做"水仓"围堰，清基挖沟槽如前。同南段大坝一样，铺筑大木坝体，直至合龙。

（四）固定与维系考虑

（1）南岸以岩基为接驳固定点，北岸及中间船缺间以巨石楔状砌体为接驳固定点。

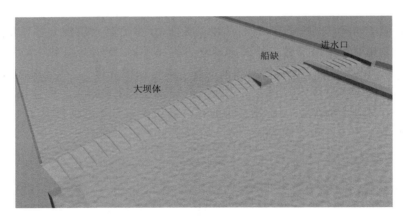

图 3 - 8　坝体结构示意图

（2）巨木间以木楔柱为接驳固定点，原木之间打入连接固定扒钉固定，确保坝体为一整体承受溪水压力。

（3）坝上游填的筱条用树藤捆绑在坝体上来固定。

（五）填筱条与填胶质土方式

（1）在每层大坝木架间用整理整齐的适当筱条束，捆绑结实，压入木坝大缝隙间，压紧致密。

（2）挑运大量山胶泥料捣填于每层木坝之间的空隙中，并不断填充夯实，防止漏水（撤围堰后发现有漏水处还需再用山胶泥料填充补漏，直至没有大漏洞为止）。每层填泥完成后，清理层面干净，再铺上层。

（3）筱条捆再置于木坝之上游，捆绑结实，压实用藤维系在大坝上防止冲走，其内也可以填入砂石泥料，不断捣实，加大防漏能力。

（4）成功合龙后，木坝空隙内填好筱条、捣入山胶泥料，尽力保证大坝不漏水，拆除所有围堰"水仓"，大坝修筑告成。

（六）分析讨论

（1）木筱坝合龙技术有待实验。

（2）筑坝原木两头修斜度和楔状柱修面斜度应一致，否则难以楔合接驳，斜角多大有待实验分析。

（3）如上实验模型的抗力多少，是否符合通济堰径流量压力，有待于电脑模拟实验数据论证。

四、坝基的基本情况

通济堰拦水大坝，直接在河床卵石砂砾层上，构筑难度较大。这是因为，坝基筑在砂砾层中，不稳固是其根本因素。而初筑时以巨木筱条为坝，又没有详细的文字记载可供考证，细部结构也不得知。根据现代水利工程拦水大坝建设的程序设想：先民们在选定坝址后，首先应该在准备筑坝的河床上方，建设许多"水仓"拦截溪水（引导另流），排水后露出河床，挖掘清理砂砾层，找平坝基平面，再使用巨大的松原木排筑在坝基之上，才能筑稳坝基。如果不是这样，河床或有较大卵石存在而造成上下不平，一定不可能顺利筑坝。

松原木有其特性，如果能完全泡在水中，一般情况下不会腐朽，甚至几千年不坏。所以，用松木做筑坝的基础是理想的木材。但是，在洪水时，巨大的水流会漂走松木，筱条就更不在话下。因此，在南宋开禧元年改为石坝之前，通济堰"木筱坝"经常需修筑，耗费大量的人力和木材，故只得在周围专门置办了堰山作为提供松木、筱条之用。

改筑块石砌筑拱形大坝，是选用原来的坝基做基础，在其上砌块石而成。因此，其坝基还应该是原来的松木坝基。1954年大修水毁大坝时发现坝基上仍铺有巨松木的坝基：以铺设横截于溪流的河床的一排松原木，上面压有纵向排列的石板材（石板之间有覆缝）的坝基，就是最好的证明。在历史文献上也有记载：《通济堰志》中，元至正甲申年（1344年）项棣孙撰《丽水县重修通济堰记》："大抵采木筱籍土砾截水，水善漏崩，补苴岁惫甚。"大量征用民间巨松木为基。明万历丙戌年（1586年）岁夏，郑汝璧撰《丽水县重修通济堰记》有："先为水仓百余间，障此狂流，始下石作堤，凡数百丈。"明万历戊申年（1608年）樊良枢《丽水县修金沟堰记》载："因其故址于岸西，刻日鸠工斩木驱石，置水仓四十所。实以坚土，包以巨块，若层垒然。"清康熙三十二年（1693年）的《刘郡侯重造通济堰石堤记》，"又令人夫挖树木，木匠造水仓，铁匠打锥撬，每源公正各备篁皮一条，放围水仓之内，人夫挑砂石填满……"等记载。

五、通济堰现存拱坝结构资讯

现存通济堰大坝，是1954年大修时，在历史原坝的基础上加筑而成的。也就是说，现存的大坝坝体，其内部是历史上经过多次维修的原坝，1954年大修中在修复水毁部分的同时，加筑了原存坝体，而成现存模样。

历史遗存原坝，现在仍包含在大坝之内，在其部分段落上尚可窥见。历史原坝结构没有现存大坝的体积那么大。1954年的大修中加宽了大坝的坦底、坝体，部分坝体加高了0.45米，大坝加长了45.0米，从而提高水位0.40米。当时这样做，是水利、农业部门基于两个方面的考虑：一是为了提高灌溉效益（详见有关"通济堰的效益"章节中的论述）；二是为了提高大坝的抗洪能力。通过这次大修，洪水对大坝的破坏作用明显减弱，迄今再也没有发生过洪水冲决大坝事件。

现存大坝实测主要数据：

通济堰拱形大坝，全长275.0米（原坝235.0米），坝高2.50米（原2.05米），坝顶面宽2.50米（原1.50~2.0米不等），坦底宽25.0米（原不清），大坝总弧度为120°。整座大坝从南至北在拱形框架上呈不规则的弧度曲线，其中变化最明显的折角有两处，在大坝中部靠北侧（见大坝平面图）。大坝截面呈不等边的梯形，前底面向下游倾斜成坦底。

六、大坝相关设施结构

（一）坝体

大坝南端是与南岸山岩相驳接的。据观察，其由坝基部直接嵌入经过凿制的基岩面上。其基岩内凹，坝体嵌入其中，上部再用块石砌成马头墙式，南岸基岩上已有覆土，并长有小杂木、茅草等。南岸还曾修砌过堤岸，也是直接砌筑在岸边的岩基之上，并覆土填实。水势在近南岸侧平稳，不易形成激流，故南岸坝体堤岸没有冲毁重修的痕迹，说明是历史原貌。

大坝北端，是碧湖平原西南角，此处地势高出溪面近 4 米，建有排沙门、进水闸等设施。

（二）过船闸

大坝创建初期的木筱坝时，没有设置过船设施的记载，船筏只能从坝体的稍低处用人力牵过。南宋开禧元年改砌石坝时，特意留有船缺，其位置在大坝体中部的偏北一侧。当时船缺没有启闭闸门，不利于拦水灌溉。到明代万历年间，才在原船缺之处改建了一座坝门（又称大陡门），采用木叠梁方式结构。遇天旱灌溉期，则紧闭闸门，每日定为黎明时开闸过舟船，平时无论官船、商船均不得私自开闸放行，防止泄漏水利。1954 年大修时，将过船闸移至更近大坝的北侧，即现在两孔排沙门南侧的大闸门。过船闸闸孔净宽 5.0 米。现存过船闸的实测数据：闸高 2.50 米、宽 5.0 米，闸底有高约 1.50 米的闸底坝基。闸壁开槽，槽口宽 0.15 米，直接用木质概枋闸入，即可闭闸储水引灌。

（三）排沙门

历史上早期（木筱坝时期）的通济堰大坝上没有排沙门，淤沙入渠后靠人工疏浚。其后建"叶穴"后，靠大水时开叶穴排沙，故称叶穴为拔沙门。

最早记载排沙门的是南宋乾道四年（1168 年），叶份在其《丽水县通济堰石函记》一文中，有北宋政和初年王褆修堰，石函建成后，"又修斗门，以走暴涨陂潦，派析使无壅塞"的记载。这里的"斗门"，据功能分析，即指排沙门。

南宋开禧元年，在修建石坝时，正式设置排沙门，史称小陡门，位于大坝北侧进水口的南面，也为木叠梁门结构的闸门。大水前由闸夫挑开闸门，在泄洪的同时排除砂砾，防止淤沙入渠。拱坝同时会使水流产生一种螺旋涡流，可以淘去闸口上方的淤沙，这些淤沙可以从排沙门顺流而下，防止进入入水口，造成渠道淤塞。

现存排沙门，已在 1954 年大修建筑的基础上，于 1988 年由水利部门改为半机械启闭的闸门。闸门有二孔道，每孔净宽 2.0 米、高 2.50 米。原应与过船闸相同，由半机械提闸枋启闭。启闭方式：大水时，进水闸关闭，排沙门大开，以洪水流的力量淘去进水闸前的淤沙；水量小时，关闭排沙门，打开进水闸，引水入渠，以利灌溉。

第二节　通济堰渠道及水系分布

一、进水闸门——通济闸

通济堰的进水闸门，是通济堰水系进水量的总控制闸，历史上称为"斗门""小斗门""陡门""小陡门"，现称为"通济闸"。

历史上的斗门位置是在现在闸门的下方，即距大坝进水口下方约 15 米处，是一座由木叠梁门概闸和提概枋的桥连体的建筑，这座桥历史上称巩固桥。桥下方的概闸是一座二孔每孔净宽为 3 米的木叠梁门的大概闸，以木质概枋人工提吊启闭。

1954 年大修时，将斗门从原址向前提至靠近大坝的位置，即现通济闸之处，改建为三孔、每孔净宽 2 米的木叠梁门概闸，使之与大坝连为一体，更有利于大坝整体的稳固性。

1989 年，通济堰又在水利部门的主持下，进行了大整修。其中最主要的问题就是将通济闸改为半机械启闭的三孔水泥闸门，且上面建造了体积过大的构筑物——钢筋水泥启闭平台。这个平台挡着了大坝的视野，且式样太新，明显损坏了通济堰工程的历史原貌。加上半机械启闭的水泥闸门，开启时从底部上升，无法避免淤沙进入渠道的弊病（而历史上的木概枋启闭，开启时从上部提启枋木，可有效阻止淤沙入渠）。实践证明，现存改建的通济闸存在许多问题。文物管理部门多次提出恢复历史原貌的要求。丽水市人民政府已正式委托古建研究设计部门进行通济堰保护规划的编制，恢复堰头通济堰工程历史原貌就是规划的任务之一。

二、主渠道

通济堰主渠道由通济闸开始，至概头村的开拓概止，是一条输水渠道。其上极少分支，即使有，也是极短的小毛渠。通过开拓概后，渠道开始分为三支，分别是中支、南支、北支，其中以中支为最大，属于二级主渠道，北南支较小，已是支渠。其中支二级主渠道通过木樨花概、城塘概等再行分支，分属于中、下二源的干渠。下行到白桥附近的白口，总长达 22.5 千米（直线距离，非渠道的长度）。

主渠道从大坝开始，在堰头村的西南部流过，约经过 300 米，到达石函引水桥（三洞桥）。这 300 米的主渠道，其流过路线稍有曲折，且宽窄并不十分一致，这应该是初建时有意而为之，避免使渠道过于平直统一，让渠水一流而下，而不利于渠水平稳通行。主渠道直接开挖在田土上，呈倒梯形河床，用卵石、块石驳坎。历史上主渠道也有多次损坏，但每次均能按原始路线修复，基本上遵循"以复旧制"的原则进行渠道维修工程。

据村民回忆，主渠道以前是很深的，在三洞桥的桥洞下，可以通行载着货物、上面还站着一个撑着雨伞的人的小船通行。现在不要说站着撑伞，就是卧在船上通过也不是易事。从而说明，渠道深度已经明显改变。

现存 300 多米主渠道旁，有泥筑堤岸、石驳坎。沿村的渠旁有踏埠、洗浣埠头，供村民取水、洗涤。在堤岸之上，历史上种有樟树，以粗大的树根护堤。现仍存有近千年树龄的古樟树 9 株，排列渠旁，是丽水罕见的古樟群落。三洞桥边的古樟树的巨大根系牢牢地护围着堤岸，没有堤岸损毁重修的痕迹，充分证实了古樟树护堤作用。

从三洞桥而下，主渠道顺势向北曲折了一个大弯，转而向东南流去，约再经过 700 米处，即是保定村（历史上称宝定村）的西侧村外，历史上的"叶穴"即修建于此。现叶穴虽已废多时，但旧址尚存。

再由此向东北流过保定村，曲折流至概头村的开拓概。主渠道的分布，在历史上就安排开凿成曲折的、宽窄不一的，只有这样，渠道内才有足够平稳的水量供应下游灌溉。

据泉庄村村民回忆：通济堰自开拓概中支而下，直到水系下源的泉庄村，其渠道虽然曲折且宽窄不一，但平均宽度不小于 3.5 米，水深度不小于 1.5 米。20 世纪五六十年代，还能放 9 根树（平均胸径不小于 12 厘米、长度不小于 7.0 米）组成的木排，从堰头进渠，直达泉庄村，除弯曲度十分大的地方要抬一下排尾外，完全可以顺渠而下。说明那时的中支渠有多宽多深、水量有多大。

现在有的地方将渠道修成既平直又宽窄一致的"美观"的现代化渠道，如 20 世纪七八十年代碧湖平原另一水利工程——新治河。但是渠水直泄而下，往往不是水量大直达渠尾，浪费渠水，就是没有足够的水位以供灌溉。说明历史上曲折迂回、宽窄不一的渠道网络设计具有充分的科学性和实用性。因此，我们除了要认真探索古代水利工程水工技术成就，了解古代水利设施布局的内在理论根据，更好地为现代水利建设服务。所以，通济堰作为国家级重点文物保护单位，不仅仅是保护大坝等堰头部分，而是保护所有渠系湖塘水泊，全面研究其历史功能及其重要意义。

三、通济堰中心调节闸门——开拓概

开拓概，位于通济堰主渠道堰首下约 4000 米的概头村（村间距离约 2.5 千米）北侧的田野中。开拓概是通济堰水系的中心调节闸门，也就是通济堰的水利枢纽控制中心。

堰水系分为三支，其中支概闸的闸门最大，南、北支闸门稍小。这些概闸历史上是采用木叠梁结构建造的闸门，是采用巨石条构筑闸座，以木质概枋人工启闭。闸门底部有横置的平水石或平水枋木，以确保各支渠进水量达到规定要求。

早在范成大的《通济堰规》中就有有关开拓概的规定（详见附录中的有关文献）。

现存开拓概是 1988 年改建而成的水泥概闸，闸板是钢筋混凝土的，以吊揭方式开启。

开拓概相关数据信息如下：

历史上的尺寸：中支概闸口宽二丈八尺八寸，南支一丈一尺，北支一丈二尺八寸（以上均为"鲁班尺"）。

现在开拓概尺寸：中支概闸口双孔，各闸宽 3.0 米，壁高 1.95 米；南支闸宽 2.90米，壁高 1.90 米；北支闸宽 1.90 米，壁高 1.90 米。

四、开拓概分流后的水系分布

通济堰水系的主渠道流至开拓概，由三座概闸分流调节，然后再向下游前进。通过渠网中数十座大小概闸的多次分流调节，通过干渠、支渠、毛渠的分级布局，以竹枝状形式，把水利功能发挥到很高的地位。通济堰水系分布示意图形象地说明了渠网分布的实际情况。

（一）开拓概分流后的中支渠道

开拓概分流后，以中支渠道容量最大，流过的地域最广，灌溉农田面积最多，最后注入瓯江主流的大溪，流经全水系。其直接关系到中、下二源，是通济堰水系的主脉。

中支主渠道自开拓概中间闸门开始，流经凤台概，再分南、北二支。

凤台北支经过广福寺分为湖东中支、东支及西支，其中中支到陈章塘概分为大渠、乌石渠及东支，大渠下行分翁宗渠四支、莲河渠、毛塘四支；通过陈渠，经上陂、黄陂下行。

凤台南支到石刺概，分为中支、北支及南支，石刺北支经水岙分为占塘渠、朱圳渠、叶锁渠，经钱圳渠，注何湖、汤湖下行大湖，过斗门进入汇白口渠（溪）中。石刺中支经横塘湖、占塘渠，至城塘大渠，至九龙，大支经湖鼎圳到新亭下行石牛、任村；另一支下行到九思概，分支流至下行各村庄农田。石刺南支经城塘小渠，到资福等村的农田。石刺中支中的主流，最后经夏斋入大湖，通过斗门汇入白口渠（溪）中。白口渠（溪）最后出白口的下圳，注入大溪。

（二）开拓概分流后的南支

开拓概南支是小渠道，流经碧湖到达横塘，沿途分出支毛渠（多数小支毛渠无名），灌溉各村庄农田。

（三）开拓概分流后的北支

开拓概北支，向北流行灌溉保定以北、广福寺以西沿途各村庄的农田。也就是说，开拓概始从干渠上分别挖凿出数百条支、毛渠（历史上称为321条），按地势走向，分出水域分类，疏为48派，并由大、小概闸（历史上称为72闸）来实现分水，成为布局合理的灌溉网络。三源分派中，开拓概中支支配着中、下二源，而南、北支基本上归于上源。

五、其他主要概闸

通济堰灌溉系统的概闸，除了上述的开拓概外，还有数十座大、小概闸（史称72座，实际并没有如此之多），利用这些概闸对不同的支毛渠进行分水调节，实现三源轮灌。历史上认为：开拓、凤台、城塘、陈章塘、石刺概皆系利害之处，为推行三源轮灌制度发挥十分重要的作用。

通过现场调查勘察，经分析认识到通济堰水系的主要分水点共有14处：①丰产圳（"圳"此处读为"堰"，下同）与大圳分水；②开拓概三支分水；③龙子殿、广福寺木樨花概分水；④木樨花概中、东、西三支圳分水；⑤金丝概、河塘概分水；⑥城塘概三支分水；⑦西圳口东、西两支分水；⑧泉庄、赵村分水；⑨河潭桥三支圳分水；⑩下概头三支圳分水；⑪竹园头两支分水；⑫大陈三支分水；⑬前林布裤裆分水；⑭汤村、阳店分水。

现将其中主要概闸分别介绍如下：

1. 凤台概

凤台概属于开拓概中支的中游，位于碧湖镇西北侧，广福寺南面的田野中。干渠大支至此由该概闸分为南、北二支。概闸历史尺寸：南支概口宽一丈七尺五寸，北支概口宽一丈七尺二寸。

南支向东至碧湖镇东北侧外，到达木樨花概。北支经广福寺向东到下概头，经下概头三支圳分水，流向章塘、白河、大陈、蒲塘等村庄农田。大陈概分水在此北支之上。

2. 木樨花概

木樨花概古称石刺概，历史上阔一丈八尺。此概有三支圳分水，位于碧湖镇东北角外的田野中。分为中支、东支及西支。中支为主流，向北偏东流至黄畈村，东侧的城塘概分水。东支流向新农村至上赵村，上赵村附近分出支毛渠，其中一支向西流，然后归向中支。西支经井坟头村东面，分二支向北流向河东村及黄畈村的农田。在河东由河东概分为三支，分流至周村、白河等村庄的农田。在周村东北面有支渠直向里湖流去，由里河村向北。

3. 城塘概

城塘概位于资福村西北、下黄村南侧的田野之中，历史上阔一丈八尺。此概为三支圳分水，分为中支、东支、西支。

中支为主流，经至西圳口，分为东、西二支。东支向东流向资福、上各等村庄的农田。西支向西再分成若干支毛渠，向东西方向农田辐射分布，灌溉面积较大。

4. 西圳口概

西圳口概位于九龙村西南面的田野中。为二支圳分水，分为东支、西支。东支为主流，向东流过九龙村，折向北流，至金丝概、河塘概。西支向北后分成若干支毛渠道，分别灌溉各村庄农田。

5. 金丝概

金丝概位于平原九龙村北侧的西面田野中。渠道至此概后分挖出多条支毛渠，灌溉九龙西北面大面积的农田。

6. 河塘概

河塘概位于平原下叶村西南面的田野中。分支向东北方向流去灌溉沿途农田。其中一支流向塘里村，后分成若干支毛渠，分别灌溉新亭、石牛西北方面的农田，并分支流向任村、白口，至下圳村北侧注入大溪，并设有尾闸，拦截余水，防止渠水外泄。

7. 泉庄概

泉庄概位于泉庄村西北面的田野中。此渠由里湖东渠道向北流注，在此概分为东、西二支。东支向北，并分成若干支毛渠，灌溉泉庄北面农田，至白口，一支汇入小溪，最后注入大溪。西支流向西北，前往下赵村，并在下赵村分支灌溉下赵村东西方向的农田。

8. 前林布裤裆分水

前林布裤裆分水位于前林村北面的农田之中。另开拓概西支也有至此分为三支，东支向东，并汇入开拓概中支；中支向北，分支分别流向大王庙、魏村、瓦窑头等村庄农田，并有从大王庙附近分支，流向汤垄等村的支毛渠；西支向西南流向岩头等村庄的农田。

通济堰水系现存部分概闸堤坝见表3－1。

表3－1　　　　　　　　　通济堰水系现存部分概闸堤坝简表

序号	名称	地点	现状情况	备注
1	通济闸	堰头村	原为木叠梁门三孔闸，20世纪80年代水利部门改建为二孔的半机械提升水泥闸门	
2	新堰口闸	周巷村西北侧，新堰渠分支处	混凝土提升闸门，两侧为块石浆砌	
3	开拓概	概头村	通济堰主渠道至此分为中支、西支和东支，分别建有调节闸门。原为木叠梁门概闸，现改为混凝土提升闸门。中支有两孔闸门，东、西二支为单孔闸门，均已用块石浆砌渠道堤岸	

序号	名称	地 点	现 状 情 况	备 注
4	凤台概	广福寺南侧	原为木叠梁门概闸，现改为混凝土提升闸门。中支有两孔闸门，西3分为单孔闸门	
5	木樨花概	碧湖镇东北角	原为木叠梁门概闸，中支现仅存两侧概柱，东3分为双孔混凝土提升闸门	
6	城塘概	资福村西北面	原为双孔木叠梁门概闸，现已废，两侧概柱石尚存	
7	上地金坝概	上地村东南侧	已改为单孔混凝土提升闸门	
8	金丝概	平三村（九龙村）西侧	仅存遗址	
9	河塘概	平三村（九龙村）西侧	概柱石尚存	
10	涵头概	前林村北侧	新建	老闸改造
11	广福寺概	碧湖广福寺旁	留有原概柱石	
12	下概闸	下概头		
13	周村概闸	周村外		
14	概闸	周村北侧		
15	下桥小闸	白河村东侧		
16	大陈裕民闸	大陈村		民国28年（1939年）
17	白河坝	白河村东侧	新改建	
18	启河坝	启河外	新改建	
19	里河水碓坝	里河村外	新改建	
20	下季官坝	下季村外	块石砌筑，高约4米	
21	下圳斗门	下圳村外	两侧概石尚存	拦尾闸

六、水系中的储水湖塘水泊

通济堰水系流域中，还或利用低洼地，或配套开挖了许多湖、塘、水泊，并与支、毛渠相连，用于拦储堰水的多余部分，以备干旱之时渠水流量之不足。这些湖塘水泊，早在南宋绍兴八年赵学老绘刊的《丽西通济堰图》碑中，就已经明确绘刻，说明这些湖、塘、水泊等设施在通济堰早期历史中就已经存在。

通济堰水系中的湖、塘，均是人工挖掘而成的。一般面积大的称为湖，面积小些的称为塘。湖、塘根据水系走向，在支、毛渠端设置，直接开挖在平原的田野上，尤以在村庄周围分布有众多湖、塘为特点（或者是村庄后来依湖、塘而居所形成的），说明这些湖、塘不但有储水功能，而且还承担村民生活用水的功能。这些湖、塘与现代的山塘、水库是有差别的，即山塘由聚天降雨水储蓄而成，水库是为拦截山溪水而建成。而通济堰的湖、塘是由通济堰水系渠道送来多余渠水储存而成。天旱渠水不足时，可以从这些储水湖塘中用车水方式灌溉农田。

而通济堰水系中的水泊，是先民利用平原之中的低洼之处，引入支、毛渠道，将余水注入，用以储水之处，很少有人工挖掘痕迹。也就是说水泊是先民运用天然低洼处储水的地方。水泊有的面积较大，可以达数亩甚至十多亩。水泊一般没有名称。据考察，最大的水泊位于赵村南侧一带，呈长条形，面积达数百亩。

（1）通济堰水系中的湖有：①白湖。②赤湖。③何湖。④汤湖。⑤李湖。⑥横塘湖。⑦毛湖，又称大湖。

（2）通济堰水系上的塘有：①官塘。②便民塘。③山塘。④洪塘：在保定村北侧外的田野上，历史上据称面积达三顷七十亩，现有面积80余亩。据某些文字资料称，洪塘是在南宋开禧年间由郡人参知政事何澹主持，派夫开挖的，有此塘，保定村北农田可以不用通济堰水。也就是说，何澹为减少通济堰在上游的渠水支出，让足够水量供应中下游而有意设计开挖的。另有一说，认为洪塘是由于保定窑烧造青瓷，发现这块田下层是瓷土矿，所以开采瓷土，经岁月积累（保定窑烧青瓷自元代至明代，历时数百年）而形成为水塘。这两种说法均没有很多史料佐证，故均录而存疑。⑤潘塘。⑥驮塘。⑦许塘。⑧金川塘。⑨五池塘。⑩丝齐塘。⑪樟树塘。⑫水厏塘。

其他尚有众多的水塘在通济堰流域存在，有的有支、毛渠相连，是属于水系之内；也有天然水塘，则不在水系范围内，但发挥着相同的作用。

通济堰水系现存湖塘见表3-2。

表3-2 　　　　　　　　　　　　　通济堰水系现存湖塘简表

渠系	序号	名称	地点	现状
开拓概之西干渠	1	湖塘		基本原生态，周围种有茭白
	2	湖塘		塘中央横穿简易公路，分为左右侧
	3	湖塘		原生态，两边植被较密
	4	湖塘		在村中
	5	湖塘		干枯，现在种茭白
凤台概、开拓概	1	金凉塘	赵树岗	面积较大，原生态，水质较黄
	2	上东河塘	河东村旁	原生态，面积较大，种有莲藕，两边部分长有水生植被
	3	下概头村中塘	下概头村中	原生态，周围长有部分树木
	4	下概头塘	下概头村边	淤积严重，现在种茭白
	5	章塘南塘	章塘村南侧	淤积严重，树木水生植被较多，现被民房围墙分隔为两边
	6	章塘边塘	章塘村边	干枯，现在种茭白
	7	章塘外塘	章塘村边	部分被垃圾淤积，种茭白
	8	章塘北湖	章塘村北侧	湖塘淤积严重，被大量水生植被覆盖，已失功效
	9	湖塘	章塘村外	基本丧失湖塘功效，植被覆盖严重
	10	湖塘	章塘村外	已被改造为水田
	11	湖塘	章塘村外	已干枯，淤积，现在种茭白
	12	湖塘	章塘村外	淤积严重，被大量水生植被覆盖
	13	湖塘	章塘村外	改种农作物
	14	章塘东湖	章塘村东侧	原生态，水生植被较密集，水面浮萍。两岸种有大豆、柑橘等农作物

续表

渠系	序号	名　称	地　点	现　状
凤台概、开拓概	15	章塘东塘	章塘村东侧	基本干枯，淤积严重，改种茭白
	16	大陈南湖	大陈村南侧	原生态，改种水菱
	17	大陈外塘	大陈村外	原生态，有部分淤积，种有莲藕和茭白
	18	白河村头塘	白河村头	有部分淤积，种有茭白
	19	白河塘	白河村头	有部分淤积，种有茭白
	20	白河外塘	白河村头	有部分淤积，种有莲藕
	21	白河渠边塘	白河村边	渠边湖塘，改种茭白
	22	白河湖	白河村边	有部分淤积，种有茭白
	23	湖塘	白河村外	基本原生态，改种水菱
	24	里河湖	里河村	基本原生态，改种水菱
	25	湖塘	里河村外	原生态，种有莲藕，部分改为养殖场
	26	河东塘	河东村边	原生态，有部分淤积，种有水菱
	27	周村塘	周村村边	原生态，水生植被较密集
中干渠	1	湖塘	Z200	淤积严重，被大量水生植被覆盖
	2	湖塘	Z206	原生态，块石驳岸
	3	湖塘	Z208	卵石驳岸，塘中水生植物密集
	4	下叶湖塘	Z231	面积较大，基本原生态，岸边植物生长茂盛
	5	湖塘	Z255	水质较黄，边上种有茭白，岸边植物生长茂盛
	6	官塘	Z259	面积较大，水质较黄，两岸种有农作物
	7	长塘潭	Z263－3	湖塘已堵塞，种有少量农作物，植物生长茂盛
	8	孤魂塘	Z265	湖塘边种有毛竹，塘中有水生植被
	9	湖塘	Z291	湖塘淤积缩小，水生植物密集
	10	湖塘	Z307	湖塘有淤积，种有莲藕
中干渠分支	1	湖塘	中干108—西4分034	塘中种有莲藕，岸边种有柑橘等农作物
	2	湖塘	中干108—西4分042	湖塘基本淤积，种有茭白、莲藕
	3	湖塘	中干108—西4分29—西2分012-3	湖塘基本原生态，种有少量莲藕
	4	湖塘	中干108—西4分35—西3分003	湖塘淤积缩小，塘边水生植物密集
	5	湖塘	中干108—西4分35—西3分005	湖塘有淤积现象，塘边种有茭白
	6	湖塘	中干109—东3分030	湖塘淤积缩小，塘边水生植物密集
	7	湖塘	中干109—东3分25—西3分007	块石驳岸，塘中种有莲藕，岸边种有部分树木
	8	新挖湖塘	中干137—东4分001	面积较大，基本原生态，岸边有农作物
	9	湖塘	中干137—东4分010	湖塘有淤积现象，塘中种有莲藕，塘边水生植物茂盛

渠系	序号	名称	地　　点	现　　状
	10	湖塘	中干 151 - 3—西 5 分 051	湖塘已淤积，种有农作物
	11	湖塘	中干 151 - 3—西 5 分 065	面积较大，岸边种有部分树木
	12	湖塘	中干 151 - 3—西 5 分 59—东 2 分 009	湖塘改种农作物
	13	湖塘	中干 151 - 3—西 5 分 63—东 3 分 005	湖塘已淤积，种有莲藕、茭白
	14	湖塘	中干 151 - 3—西 5 分 63—东 3 分 007	湖塘已淤积，改种茭白
	15	湖塘	中干 173—西 6 分 01 - 012	湖塘大部分已淤积，种有少量莲藕、茭白，植物茂盛
	16	湖塘	中干 173—西 6 分 01 - 013	湖塘面积较大，岸边植物茂盛，种有毛竹
	17	湖塘	中干 173—西 6 分 01 - 030	湖塘淤积面积缩小，塘边水生植物密集
	18	湖塘	中干 173—西 6 分 01（38）—东 1 分 012	湖塘已淤积干枯，改种农作物
	19	湖塘	中干 173—西 6 分 01 （38）—东 1 分 028	湖塘已淤积，种有莲藕
中干渠 分支	20	湖塘	中干 173—西 6 分 01 （38）—东 1 分—西 1 分 012	湖塘块石驳岸，有淤积现象
	21	湖塘	中干 173—西 6 分 01 （38）—东 1 分—西 1 分 013	湖塘岸边植物生长茂盛，塘中水生植物繁密
	22	湖塘	中干 173—西 6 分 01 （38）—东 1 分—西 1 分 014	湖塘中种植莲藕，岸边种有部分树木
	23	湖塘	中干 216—西 8 分 060	湖塘有部分淤积，植被生长茂盛
	24	湖塘	中干 216—西 8 分 068	湖塘有部分淤积，植被生长茂盛
	25	铜钱塘	中干 216—西 8 分 31— 东 1 分 012	湖塘有淤积现象，塘边水生植物密集
	26	麻车塘	中干 216—西 8 分 31— 东 1 分 013	湖塘有淤积现象，部分块石驳岸，岸边植被生长茂盛
	27	湖塘	中干 216—西 8 分 31— 东 1 分 020	湖塘有淤积现象，部分块石驳岸，岸边植被生长茂盛
	28	孤魂塘	中干 216—西 8 分 31— 东 1 分 021	岸边种满毛竹，水生植物密集
	29	湖塘	中干 251—东 7 分 018	湖塘块石驳岸，岸边种有部分树木
	30	湖塘	中干 251—东 7 分 019	湖塘有淤积现象，岸边植被生长较密
	31	湖塘	中干 251—东 7 分 020	湖塘有淤积现象，岸边植被生长较密
	32	湖塘	中干 251—东 7 分 022	湖塘有部分淤积，植被生长茂盛
	33	湖塘	中干 251—东 7 分 023	湖塘面积较大，基本保持原生态

续表

渠系	序号	名称	地　点	现　状
中干渠分支	34	湖塘	中干 251—东 7 分 024	湖塘面积较大，有淤积现象，塘边植被茂盛
	35	湖塘	中干 251—东 7 分 027	湖塘有淤积现象，水生植被覆盖
	36	湖塘	中干 269—西 10 分 021	湖塘旁已是农田
	37	湖塘	中干 269—西 10 分 023	湖塘已淤积，块石驳岸，塘边植被茂盛
	38	湖塘	中干 269—西 10 分 029	湖塘已淤积，块石驳岸，岸边种有部分树木
	39	湖塘	中干 269—西 10 分 032	湖塘淤积，塘中水生植物繁密
	40	湖塘	中干 269—西 10 分 034	湖塘有淤积现象，塘中种有茭白
	41	湖塘	中干 269—西 10 分 036	湖塘已淤积干枯，塘中改种农作物
	42	湖塘	中干 269—西 10 分 022 —东 1 分 004	湖塘有淤积，塘中水生植物繁密
	43	湖塘	中干 269—西 10 分 022 —东 1 分 005	湖塘有淤积现象，岸边种有柳树
	44	湖塘	中干 269—西 10 分 022 —东 1 分 006	湖塘有淤积现象，岸边植被生长较密
	45	湖塘	中干 269—西 10 分 022 —东 1 分 007	湖塘种有莲藕

第三节　石函引水桥（三洞桥）

一、石函概述

通济堰工程的创建，其水利功能为碧湖平原带来不少利益，人民深得其利。应该说，通济堰自创建开始，就深得人民的肯定。但是，初创阶段总会存在这样那样的不足，有些是事前没有预料到的问题，也会相继出现。只有在不断的改良、修建中得到充实和完善。其中"石函引水桥"即是一个十分典型的实例。

在碧湖平原的西北面有一座高山，它就是名为"高畚山"，从其山上而下有一条小山溪，发源于高畚山的东侧山谷，故名"泉坑"❶。在通济堰始创时，人们根本对这条不起眼的小山坑不重视，因为它很小，即使发大水时也只不过滚滚流入松荫溪而已，并没有什么危害。所以，通济堰建成后，其输水的主渠道正好穿过畚坑。并且渠道挖得深，明显低于"畚坑"溪流的河床。在平时，坑水流入渠道也没有什么大碍。但是，一旦畚坑水发，山洪就会挟带大量砂砾，直接泄入渠道，造成渠道大面积淤塞，甚至使通济堰渠噎而不通。

自通济堰建成后，至北宋政和初年建成石函之前的 600 余年间，通济堰流域由于"畚坑"水发淤塞是常有的事，甚至每年需要大量的民夫疏浚，有时一年间再次水发，又得

---

❶　"泉坑"，历史相关文字资料上又称为"谢坑""畚坑"。为什么会一坑多名，究其原因，在于丽水的方言中"畚""谢"是同音；而"畚""泉"在当地方言中又是近音读法，故旧时文人在书写时一般闻音书写，而造成了这种一坑多名的现象。现在新版的《丽水市地图册》中则称此坑名为"金坑"。

重派民夫掏排，年均派夫量就达万工以上，劳民伤财。此小小的一条山坑，增加了通济堰流域人民的沉重劳役负担，投入了无数人力物力，故民深恶其病。

北宋政和初年，王褆到丽水就任县令，他通过勘察调查，认识到"畲坑"对通济堰的危害。他经过走访，决心要解决这个大患，给灌区人民带来更大的利益，但却一时苦无良策。县衙中有一位名叫叶秉心的助教，他正协助王褆治理通济堰，得知县令的心思后，也时时在思考如何排除"畲坑"对渠道的危害。

叶秉心是丽水本地人，对通济堰有深厚的感情，民间至今是这样传说的：叶秉心日夜思考解决畲坑水害的良策。有一天，他一路思索信步走到通济堰的渠道边，不经意地向下看，突然，发现有一位姑娘正在堰渠的埠头上浣纱，洁白的纱布漂在水中。这时正巧一股水流把附在纱布上的细砂顺纱漂走了。正好看到这一幕，叶秉心一怔，脑子里突然闪出一个念头：建一座引水桥，像纱布一样把坑沙引出去，不就可以避免坑沙淤塞之害了吗？再看时，姑娘已悄然消失，民间说法是观音菩萨显灵来指点迷津。于是，叶秉心立即赶回驻地，埋头画起了设计草图。不久，他向县令王褆献上了石函的设计。根据叶秉心的建议，王褆立即组织能工巧匠，筹备修建石函。为了石函的坚固，通过考察认为距堰五十里的桃源山石质最适合。为了开采到最好的石料，王褆亲自督造了两辆手车，随工匠一同往返于采石场和堰头村之间运石料。在"畲坑"与渠道之间建筑成一座上面石函面引流坑水、桥下通行渠水的立交桥。

故民间还有人称此桥为"脚纱桥"，就说明我们祖先中的能工巧匠受生活中的一些自然现象的启发，成功运用于水工技术，创造出水的立交桥这样的杰作。中日农耕民俗文化考察团参观通济堰后专家们都赞不绝口，其中日方团长说：在世界上尚没有立交桥之时，通济堰却创造了水的立交桥，是了不起的成就，应该很好地保护、广泛地宣传，让全世界人民都知道。

石函之意，即以条状石板建成的可以引水的桥函。有人认为，石函初建之时是木质的渡槽，是不确切的。根据已知史料，应该说石函引水面历来就是条状石板砌筑的。但是，石函初建时，石函上面的两侧挡水板则是木质的，即以大块木料制成的板枋，挡在函上两侧，作为石函的挡水板，阻止经过函面的坑水入渠道。木质的挡水板易于腐朽，遇大洪水时木质函板还可能会漂失，难免还得常常进行维修，也会产生不时有坑沙冲漏入渠道而使之淤塞等弊病。

到了南宋乾道四年（1168年），才由丽水县的进士刘嘉提出改建石函方案，他采用条石改建挡水木板为石质挡水壁，并将石质挡水壁加宽，面上用条石铺成两侧桥壁路面，宽达可以拉手车行人，以利村民往来。据说也有建炉熔铁浇固石缝之举，使石函引水桥浑然一体，坚固耐用，进一步确保防止坑水入渠，而避免淤塞渠道。

现存"石函引水桥"，虽然经过历代多次维修，但却基本上保持了南宋时的原貌。只是在1989年石函内引水面被水利部门铺上了一层钢筋混凝土，但下面错缝条石函面仍是原物，只要铲除上铺面，即能恢复历史原貌。

二、石函的结构及数据

石函引水桥由桥墩、桥函面、挡水桥壁及壁面等部分组成。其上面的北侧约 3.5 米处，还建有一座跨"畲坑"的古驿道桥，从而形成了桥下通行渠水、桥函面引出坑水、两侧通行人车，上方再建行人桥的三层四通立体交叉桥函体系。

石函引水桥桥墩做法：两头以渠道堤岸加大石块砌筑，成为架桥的堤岸桥脚。渠道中有两座桥墩，以长方形的块石砌成，墩基深在渠道底下，结构尚不十分清楚。正由于渠道中有两桥墩，故而形成了三个过渠水的桥洞，从而此桥被民间俗称为三洞桥。

桥函面的做法：桥函面以长方形条石板铺成，具体做法：分成三段铺设，斜铺于桥墩之上（应该说桥墩即为斜置的）。条石的两边凿有覆缝（古称有雌雄缝），而呈仰覆合缝连接，加上缝间原石有的用铁水浇固，所以应该说函面是连为一体的，以减少漏水沙的可能性。1954年大修时，函面石条采用水泥暗浆砌铺。1989年其上面又加了一层钢筋混凝土现浇函面。这样改变了原来的可见条石桥函面的历史风貌，应该剥除水泥覆面，用传统方法恢复历史原貌。

桥函壁的做法：现存石函两侧的桥壁，以条状块石砌筑而成，上面纵铺条状石板，成为可以拉车行人的桥壁面。

现存"石函引水桥"实测数据如下：

桥全宽16.75米，桥全长11.00米；桥函面长8.90米，桥函宽13.25米；桥壁高2.10米，桥壁面宽1.75米；桥墩高（探挖测量）4.75米，桥墩宽1.00米，桥墩长（通长）17.00米；三洞间距2.20～2.35米；现桥函面底至现渠底深1.85米，被淤积深度达2.90米。石函与渠道呈80°斜交。

三、石函北部的古驿道石桥

石函引水桥的北部，距石函北端约3.50米处，还有一座东西向横跨"泉坑"的条石单墩延臂石桥。这是架在一条历史上遂昌、松阳两县通处州府的"通京大道"之上的驿道石桥，即现称为古驿道，民间亦称为"官路"上的一座路桥，现在与石函引水桥巧妙地结合在一起，其内涵极具历史科学价值。

前文曾提过，石函引水桥与这座古驿道桥在通济堰主渠道上形成了三层立交、四向引水行人的大型立体工程体系，在北宋时期的历史条件下，能够取得如此的建筑成就，是一件了不起的大事。这样说，是对其历史科学价值的肯定，但并不是确认这座古驿道石桥亦始建于北宋。

我们认真考察过该桥，但是，这座古驿道桥，本身无铭名，历史文献上亦未见记载，我们姑且称其为"畲坑古驿道桥"吧。其始建年代已经无考。现存桥南侧桥面石上发现有重修题刻，刻有"道光十五年五月重修"九字。根据常理推测，这座古石桥应该在古驿道修筑之年就应该建有的。所以通过对其他地方史料的考证，探索出这条古道的始建年代，那么该桥的创建时间问题也就解决了。

该桥只建有一座桥墩，其做法是：在坑底清平河床，然后用方形巨石块为基，并用长方形的巨大石块逐渐延长墩臂，再在上面分东西两侧铺设条石桥面而成，故称为单墩延臂石桥。

"泉坑古驿道桥"实测数据：桥全长11.0米，通宽1.2米。

第四章

通济堰的水利功能

通济堰之所以具有重大的历史、科学价值，不言而喻，着重点就体现在她自创建以来，发挥着巨大的水利功能。通济堰水利工程，在1500余年的历史中，不仅是碧湖平原的水利命脉，同时也为创造、哺育出灿烂的丽水文化作出不可估量的贡献。可以说，丽水的文明发展史中，通济堰是不可或缺的重要一笔。

第一节　通济堰历史上的水利效益

碧湖平原自从有了通济堰水利工程，就从根本上改变了其农业状况，使原来靠天吃饭的土地，变成了能够抵御自然灾害中两个最普通的问题——旱与涝，让农田变成旱涝保收的良田。西乡坂从此成为古处州最富饶肥沃的原野之一。

北宋元祐八年（1093年）处州太守关景晖所撰的《丽水县通济堰詹南二司马庙记》中，有这样的记载："障松阳遂昌两溪之水，引入为堰渠，分为四十八派，析流畎浍，注溉民田二千顷。又以余水潴而为湖，以备溪水不至。自是岁虽凶而田常丰。"南宋绍兴八年（1138年），丽水县县丞赵学老绘刊《通济堰图》碑，在《题碑阴》中也有："通济为堰，横截松阳大溪，溉田二千顷，岁赖以稔，无复凶年，利之广博，不可穷极"的文字。说明通济堰自萧梁创建到两宋时期，其水利效益就已经相当显著。

明代著名剧作家，时任遂昌县正堂知县的汤显祖，也曾欣然为通济堰撰文，在其《丽水县修筑通济堰　有铭》碑记一文中，也提及"而通济堰在丽水西界，中其土候有龙祠可以荫堰源。一断为三，所溉田百里，最为饶远"。从《通济堰志》所收录的众多记载中可以看出，通济堰水系灌溉着碧湖平原中南部大部分农田。广大农民依赖此堰才能获得好收成，"受堰之田，永为上腴。"显著减轻了旱灾对农业生产的影响，真正能够多产粮食，从而促进了丽水社会的发展。

从相关史料中得知：古处州位于浙西南山区，山多田少，农业生产形势十分严峻。许多地方下雨则洪水横溢，稍晴几天又旱象立显。这是因为，山区之溪流湍急，水土涵养困难，从而导致旱涝歉收，生活十分艰辛。在水利条件没有改变的情况下，先民们只有在风调雨顺之年，才能有所收成，故而国赋短缺、民不聊生，社会发展缓慢。丽水西乡虽是一片河谷平原，可以说旷野辽阔，田地达十数万亩。但是，在没有通济堰之前，没有其他水利设施，只能靠天吃饭，田中出产很少。南朝时期的梁国统治者，面对北方的连年战乱，急需鼓励农耕，发展农业生产来增强国力。通济堰，也就是在这样的历史大背景下应运而生的。詹、南二司马创建通济堰，一是代表了朝廷、官府重视农耕；二是劳动人民急需改善生产条件的必然结果。通济堰的诞生，对国计民生多有裨益。

在通济堰相关历史文献中，对通济堰水系灌溉面积记载不一：有的说二千顷，有的说二万余亩，更有说二十万余亩各种不同的说法。笔者查考探索相关文献后，得出这样的结论，这几种说法，当时提的都是一种概数，绝不是实数的表述。其中的二万亩是比较接近实际的，而二千顷（一顷有等于50亩、100亩两种说法）、二十万余亩，则均是一种夸张的说法。根据实际计算，历史上通济堰灌溉农田面积是现在的12000余亩至2万余亩，并时有扩大和缩小的变化。这些均与通济堰工程的保养好坏有内在关系。

第二节　通济堰水利效益的提高

一、通济堰灌溉面积变化

通济堰水利工程历来是碧湖平原农业生产的根本条件，沿袭而来的历史上各个朝代，不断对其进行整修、管理，甚至开发，因此，其灌溉功能一直比较稳定，受益农田面积也是稳中有升。

当然，通济堰在历史上也曾时有湮塞、溃坏，使水利功能一度明显下降，但那只不过是个阶段性的问题。因为从事水利公益的历代官绅，均以恢复通济堰水利功能为己任（当然这些人也是为他们自己从政期间的政绩、国赋及自身利益来考虑的），常常组织三源民夫奋力修筑，以复旧制，使通济堰在损坏之后又能一次次起死回生，并延续1500年仍在发挥作用。

中华人民共和国成立后，通济堰回到了人民手中，成为发展碧湖平原农业生产、提高效益的先决条件。故而各届人民政府均十分重视通济堰的保护和维修，使其灌溉面积迅速扩展，越来越大地发挥着巨大的水利功能。

据现有资料显示：在1949年，通济堰水系受益农田面积为1.2万亩；到1951年，通济堰水利管理委员会第一次会议时，统计受益农田为1.39万亩，其中5亩以上的896户，5亩以下的1945户。

通济堰经过1954年、1956年两次大修，到1956年时受益范围达两个大乡、一个镇，共有19个受益农业合作社，受益农田面积扩大到1.87万亩（包括二节水车车水灌溉面积），比1949年扩大了6700亩，增长55.8%。

1963年统计，通济堰灌溉区域达4个公社（镇）、32个大队、227个生产队，受益面积1.9万余亩，其中自流灌溉1万余亩，提水灌溉9000亩，灌区内的1.5万亩农田抗旱能力达80天以上，基本上实现了旱涝保收。例如：新合公社岩头大队452亩水田，原为有名的怕旱农，俗称为"火烧畈"，晴20天就受旱，产量极低，亩产仅100千克。后来整修了通济堰渠道后，并安装了抽水机帮助提灌能力，80%的农田改种了双季稻，单季亩产达367.5千克，是1955年的3.3倍。

1973年，通济堰流域的灌溉面积已增加到了2.3万亩，亩产量有大幅度提高，其中水稻单季田产就达475千克。

1981年，通济堰流域进行了大规模的清淤整治，改善了渠道通水能力后，经调查，受益水田面积已达29817亩，其中自流灌溉10252亩，提水灌溉19565亩。旱涝保收面积达10000余亩。从此，通济堰的灌溉面积一直保持在3万亩左右。

二、通济堰效益提高的原因

从上述资料中，可以看到通济堰灌溉效益在不断提高，灌溉功能得到进一步加强。经分析，其主要原因如下。

（1）生产发展和生活水平提高，促使通济堰效益的增强。1949年通济堰灌区只有受益农田1.2万亩，并且只能种植单季稻，也即是水、旱作物轮作。到了1969年，单季稻全部改种双季稻，即水、水、旱轮作制。同时还将4000余亩的旱地改成为水田。1981年通济堰流域水田面积达3万余亩。碧湖平原人口也在不断增加，加上又接收了紧水滩水电站、石塘电站库区移民，人口从新中国成立之初的2万人发展到1989年的6万余人，农业用水和生活用水大量增加。这些因数，促使加强了通济堰工程的利用率，强化了其灌溉功能，提高了灌溉效益。

（2）灌溉系统的变化，发挥了巨大的作用。原石牛乡、平原乡、碧湖镇、高溪乡、新合乡的平原水利区，归属于碧湖蓄引提灌区，总耕地面积为 4.82 万亩，其中水田 4.3 万亩。1958 年前，农田用水部分由山塘、小水库提供外，主要依赖于通济堰，靠通济堰单线引水灌溉。1958 年春，建成了高溪水库，蓄水量 205 万立方米，1972 年增容到 820 万立方米。1986 年又建成了总库容为 272 万立方米的郎奇水库。这样，就形成了一个以通济堰、高溪水库、郎奇水库为骨干的蓄引提相结合的灌溉系统，并划分通济堰水利灌区的域分：后畈 2.3 万多亩耕地以通济堰引水灌溉为主，配合瓯江提水为辅，配有机电灌溉功率 2605 千瓦，其中电力灌溉 1189 千瓦。

（3）机械提水增加，补充了通济堰流量。通济堰的渠道，以碧湖平原南高北低、东西两头高中间低这一独特自然地理条件，进行构思设计而营建的。因此，古代通济堰渠道系统的安排，是以碧湖平原中部实现自流灌溉的耕地为其主要的灌溉对象，这是其渠道体系安排的基本思路。这一范围内的农田，通济堰的干渠通过概闸分水到支渠，再经过小概闸人为调节，将渠水按人的意愿注入相应的支毛渠，通过小毛渠直接灌溉农田。但是，其他农田，则由于渠道各地段自然落差的不同，往往由于渠水低于农田，而不可能实现自流灌溉，造成了自流灌溉面积比较少的局面。

不能实现自流灌溉，则必然需要通过提灌的手段，才能实现灌溉。在历史上，江南农耕提灌一般借助于车戽等工具来提水而辅之。丽水农村所用的木龙骨水车，也就是通济堰流域所常用的提水工具。这种水车，需要用两人的人力，用脚踩动力驱使水车提水，费力而效力不高，因此，使用水车车戽堰水灌溉，是农民的强体力劳动，故而也难以提高灌溉效益而增加灌溉面积。

1956 年下半年，丽水县开始发展机械提水设备。据农业部门现有资料记载：1956 年抗旱期间，丽水全县共引进安装机械提水设备 10 台，功率共计 143 千瓦，其中柴油机 4 台，计 52 千瓦；煤气机 5 台，计 87 千瓦；蒸汽机 1 台，计 6 千瓦。而通济堰流域占了 3 台，其中同心公社 6 千瓦柴油机抽水机 1 台，扬程 10 米，灌溉面积 750 亩；保定公社 15 千瓦煤气机抽水机 1 台，扬程 10 米，灌溉面积 450 亩；石牛公社 19 千瓦煤气机抽水机 1 台，扬程 10 米，灌溉面积 300 亩。1957 年丽水全县机械提水设备有了新发展，新增功率 124 千瓦，并建立了碧湖抽水机站。

1967 年，通济堰流域电灌、机灌设备已达 70 台。1968 年又增加电动抽水机 13 台。到了 1971 年，通济堰流域电灌、机灌设备共计 214 台，功率共计 891 千瓦。电动提灌 32 台，功率共计 356 千瓦。同时还在沿大溪一带建造了一批抽水机埠，从瓯江翻水，扩大水源，减轻了通济堰流域的用水负荷。

1980—1986 年，通济堰流域电灌设备已达 391 台，功率共计 2605 千瓦，受益灌溉面积 31436 亩。

（4）1954 年的大修，增高大坝 0.45 米，提高了进水能力。在 1954 年的通济堰大修工程中，在历史原坝的基础上，以块石浆砌，增高了坝体 0.45 米，使大坝拦水能力显著提高，进水量增加了 3 倍多。开挖了通济堰的新支渠，如黄金圳、爱国圳、丰产圳等，同时加强了通济堰有关坝、概、渠的科学管理，促进灌溉面积的有效增加，并坚持正常的习惯性岁修，发动灌区干部群众，进行清除淤积，畅通渠道；砌坝护堤，使通济堰的灌溉功能常在，永葆青春。

三、通济堰的其他水利功能

通济堰除了灌溉功能之外，还具有许多其他方面的功能。

（1）蓄水功能。通济堰流域在历史上即开挖有众多的湖塘、利用水泊，用于蓄储余水，一方面以备渠水不足时的灌溉补充；另一方面，这些湖塘水泊大多在村庄附近，因此还有净化环境、美化村庄的作用，还兼有洗涤功能，为许多村庄农户生活带来了方便。

（2）排涝功能。通济堰水系不但考虑到引灌蓄水作用的发挥，还在设计中开设了多个直通大溪小溪的闸概，在发生洪涝时，可以开启这些闸门，排泄灌区内的洪浸，促使排涝速度提高，减少涝灾损失。

（3）养殖功能。通济堰流域众多的湖塘水泊，除了蓄水灌溉、净化美化作用外，也是农户进行养殖的好场所，可以养水生动植物，如植莲、养鱼虾、菱角等，也可以放养鹅鸭，以增加农户收入，提高生活质量。

（4）渠道运输功能。通济堰流域干渠在历史上可以通行小舟船、木竹排等，发挥水运功能，减轻劳动人民的劳动强度。例如，在干渠旁的保定村（历史上也称宝定），即得通济堰水利之利，在元、明时期而孕育了灿烂的青瓷文化，成为元、明时期龙泉窑系青瓷的大窑场之一。充分证明了利用通济堰水源、通济堰水运等功能，开发生产的功能效果。

（5）生活用水功能。通济堰水系给沿渠村庄带来了生活用水的方便，甚至有的村庄就是因为有通济堰渠道而聚居形成的。历史上，通济堰渠道输送着源源不断的清澈甘冽的溪水，是沿渠村民们的饮用水源，也是洗涤及推动水碓臼米碾麦的主要水源和动力，也就形成了沿渠村庄密集的原因之一。

第五章

通济堰的管理

作为一处大型的水利工程，如果没有良好的管理，就不能很好地发挥作用，更不可能历经1500年而长盛不衰。应该说，通济堰有史以来，就逐步建立起一整套的管理体系，从而确保了通济堰工程的正常运行。探索通济堰管理历史，总结其经验，对今后通济堰水利工程的管理不无裨益。

第一节　通济堰历史上的管理

通济堰工程自创建以来，历代的工程经营者都比较重视通济堰的管理。通过不断地探索、制订、修改，形成了一套完整的管理体系。

据有关史料记载，现在能知道的最早成文的管理方面的文献，是北宋元祐八年（1093 年）处州太守关景晖主持、姚希制定的"通济堰规"，惜已佚而没有留下文本，我们不能窥其全貌。这主要原因是：通济堰自梁天监年间至宋末，长达五六百年间，尚未重视通济堰文献的收集汇辑，特别是唐碑的湮没、南宋赵学老《通济堰图》碑的损失（赵学老曾将姚希的"通济堰规"刊刻于堰图碑阴），失落了珍贵的通济堰历史文献，从而使通济堰的早期历史资料散失殆尽，已无法弥补而无从稽考。

现存通济堰管理方面的最早文献，是南宋乾道五年由处州太守范成大制订的《通济堰规》为代表，影响深远。

一、范成大《通济堰规》

处州太守范成大制定的《通济堰规》，为现存通济堰管理史上的最早堰规，其内容全面，是切实可行的管理章程。这样的古代水利管理文献，在我国水利史上尚不多见，为我们提供了珍贵的古代水利管理体系和清规戒律。应该说其在通济堰的保护管理等方面，起着极为重要的作用。

范成大的《通济堰规》，原文有规文 20 条，并且有自题的跋语。原碑现仍在堰头村詹南二司马庙内。但由于碑石石质属于砂积岩，含细砂量大，看上去如似细砂水泥板，加上年代久远，在自然风化，人为拓摸等因素下，造成碑文大多漫漶不清，只有跋文尚可识读，甚为可惜。幸好《通济堰志》《处州府志》《栝苍金石志》等相关书籍史料中，均著录了该碑文字，让我们能够研究范成大《通济堰规》的全貌。各著录本在收时，均已删去了其中的"堰山"一条，仅留 19 条。据称，是因为通济堰在南宋开禧元年由郡人参知政事何澹改木筱坝为块石砌坝之后，不需要大量的巨木筱条来修筑坝体，故将堰山归为何氏产业，而从堰产中剔除，因此堰规中也删去堰山条不予记载。

范成大的《通济堰规》的主要内容包括有五个方面：

（1）管理人员设有堰首、田户、甲头等。堰首为一堰之首，总理堰务；田户辅佐堰首管理堰务；甲头监督堰务管理。这些人选必须由有相当家产和有德望的人来充任，并对他们的产生、任期、轮换、任职报酬及违规错误应得处罚均作了明确的规定。

（2）通济堰灌溉用水管理制度，实行集中轮灌制。具体采用各大小概闸轮揭来进行控制。并对各个主要大概闸的尺寸、启闭先后、时限等均作了严格的规定，不得随意改变。

（3）通济堰设日常堰夫，对坝、概、渠进行看守巡查；主要概闸和相关建筑设有专人管理。石函、斗门、堰渠、叶穴，必须随时疏浚淤积。若需兴大役时，可以向上申报。

（4）夫役经费及岁修开支由受益田摊派。夫役必须按时上工，早晚点名发签，执行岁修派夫制。

（5）设立堰簿，由堰司收执，记载受益田名、户名、派水及派夫情况，以便于岁修按亩派捐。

范成大的《通济堰规》制定以后，通济堰管理走上了按规章制度管理堰务的轨道，并产生了深刻的影响。为以后历代堰规、管理制度的制定打下了良好的基础。

二、三源轮灌制度的确立

三源轮灌制度是通济堰古代用水管理制度的核心。第一，通济堰水系的灌溉渠道体系，即所谓的竹枝状渠道网络，就是为实现三源轮灌的基本条件。第二，先民们通过几百年灌溉实践，明确了必须要有一个合理的灌溉方案，才能使更多的农田受益，从而避免了"执多执少"的问题，真正体现通济堰灌溉功能的广博性。第三，根据碧湖平原的地理因素，只要通过相关概闸的控制调节，即可调度渠水按人的意志，实现分片轮灌。

其所谓三源轮灌制度，就是先民们分片轮流灌溉方法的经验总结，上升为成熟的用水管理规章制度。在通济堰的长期运用中，按实际情况，分三个阶段灌溉。由于早期文献的散佚，三源轮灌起于何时，已无可考证，但在南宋乾道五年范成大的《通济堰规》中，已经有了轮灌的明文规定。

范成大的《通济堰规》之"堰概"条中，明文记载："内开拓概遇亢旱时，揭中枝一概，以三昼夜为限。至第四日即行封印，即揭南北支概，荫注三昼夜。讫，依前轮揭……"从这个记载来看，实际考证起来，只能说是分别轮灌，并不是后来真正的三源轮灌制度所确定的方法。根据这条规定，再从通济堰水系的实际情况看，这种轮灌方案只能称为三源轮灌的初级阶段：中枝概闸，其渠道而下是中、下二源，只要闭中枝，则控制了二源的水流。只输水三昼夜，那是绝对不够的。而南北二支概控制的是上源，需水面积少，也灌三昼夜，显而易见是不合理的。因此，这部分文字记载或许著录有误，或许漏录部分文字，否则按此执行是达不到轮灌目标的。现可设想：是否范成大当时所修建开拓概中枝概及以下渠道特别阔而深，所以三昼夜水量足够灌溉中、下源的广大农田亦未必不可。这只是设想，没有史料文献佐证。

那么，真正的三源轮灌制度是在什么时候确立的呢？根据史料记载，应该在明代万历三十六年开始，是由丽水县知县樊良枢在《通济堰新规》中明确制定的。樊良枢新堰规八则，其中专设"放水"一条，文中规定"每年六月朔日，官封斗门，放水归渠。其开拓概，三源受水咽喉：以一、二、三日上源放水，以四、五、六日中源放水，以七、八、九、十日下源放水。月小不替，各如期。令人看守，初终相一，勿乱信规。其凤台概以下等概，具载文移，下源田户亦如期遵规收放"。

这种三源轮灌制度，在通济堰灌区实际应该怎样具体操作调度呢？方法如下：

一、二、三日轮上源，于先一日的戌刻中支概上概枋截流，让渠水分南北二支流注灌溉上源农田。至第三日戌刻，上源已灌足三昼夜。即行揭去中支概枋，将南北二支概吊入概枋截流，水流尽归中支，流注中下二源共七天。这七天中，中源用水三天，下源用水四天，其方法以为定期启闭城塘概：每逢第四天戌刻，城塘概中支再加游枋，使水流注东西两支，灌溉中源田亩，逢第六日戌刻，则揭城塘概中支二枋，闭其东西概枋木，让渠水尽归下源，灌溉下源田亩。

三源轮灌制度在执行过程中，也曾有过几次更改，但终因难以平衡用水矛盾，还是以上述轮灌方式为最可取，故又尽复旧制，沿用了300多年。因此，可以说三源轮灌制是通济堰用水管理史上一种使用较长历史时期的灌溉方法。直到20世纪50年代末才被一种新总结出来的称为"平水推"的灌溉制度所替代。

要执行三源轮灌制度，放水定期是一种时间上的限制，在水利设施上也要具备一定的条件，即各概闸的宽窄、用枋木的高低尺寸，以及渠道的宽深度、走向、通畅与否，是其根本要素，缺一不可能实现。因此，为了配合实施这种灌溉制度，在通济堰工程管理体系中，对各概闸的尺寸均做了定制，枋木、游枋、概石的高低均有明确的标准。在维修中必须由官府派员测量厘定，不得随意更改。每次修整中均强调"以复旧制"为原则，才能确保三源轮灌制度得到长期的实施。

三、通济堰岁修制度

通济堰既然是一处拦水灌溉的水利工程，其主要功能发挥的正常与否，主要看其堰渠通水功能是否正常，有否淤塞。

但是，水利工程毕竟是一种人与自然作斗争的产物。自然界每年必有一定的洪涝旱灾等情况出现，对通济堰坝、概、渠均会产生一定的影响。例如：冲毁大坝、渠道堤岸，还会淤塞渠道，阻碍渠水通行。古代劳动人民和通济堰的历代经营管理者，在与自然的抗争中，发现了一些自然界规律性，总结出水利工程的岁修，是维护水利工程的主要手段这一经验，开始从被动的每年组织维修，逐渐形成了后来的岁修制度。就这样，通济堰工程产生了岁修管理制度。

所谓岁修，就是有规律地每年冬闲时，利用枯水期，安排人力物力对通济堰工程进行常规性维护、修理：或补葺堤岸的缺溃，或挑拨堰口、渠道的淤砂。通过岁修，整理通济堰水系，使之以完整、完善的水系系统，迎接下一年灌溉期的到来，保证其功能的正常发挥。只有通过岁修，才可能预防其年久失修而出现积重难返的局面。岁修，所花的人力、物力、财力有限，又能使水利工程常葆青春。因此，历代官府在正常情况下，都重视通济堰的岁修，以保证国赋民生的充裕。

考证通济堰史料，其自始创起至今，应该说岁修是保证通济堰没有被漫漫历史所湮没的重要因素之一。如果岁失所修，则损坏会逐步加重，慢慢就会造成严重后果。《通济堰志》记载因朝代更替、战火侵扰等种种原因造成通济堰失修而灌区粮食歉收甚至绝收的情况，均充分说明岁修的重要性。

范成大的《通济堰规》中专门设有一条"开淘"条文，其文记载："切虑积累沙石淤塞，或渠岸倒塌阻遏水利。今于十甲内逐年每甲各椿留五十工。每年堰首将满，于农隙之际申官，差三源上田户，将二年所留工数并力开淘，令深阔。"而在"堰渠"条中，对下游渠道淤塞，要进行岁修开淘也作了明确规定。

明万历年间樊良枢在《通济堰新规》中，专门设有"修堰"条目，其中规定："每年冬月农隙，令三源堰长、总正督率田户，逐一疏导，自食其力，仍委官巡视。"这条规定，确定了岁修是以堰首为主组织的民间维修行为，并不是官府举办的大型整修工程，只是要由官府对工程质量进行巡查、校量而已。

到了清代，通济堰的岁修管理制度更趋完善，和平岁月，岁修不断。

四、通济堰大修管理制度

大凡水利工程年久失修，或遇到大洪水袭击等严重自然灾害，势必造成重大的损坏，通济堰工程当然也不会例外。遇到这种情况，小修葺根本解决不了问题，就一定要进行大修。大修工程是个动用人力、物力、财力较大的项目，一般情况下需要由当地政府组织实施。

通济堰在历史进程中，曾经经历过多次大修。因为大修工程涉及面广，投入巨大，如果没有一个管理方法，就容易造成混乱，影响工程进度和质量。通济堰水利工程的大修，幸好早有一套管理体系进行约束管理，故而每次大修均得以顺利进行。范成大在《通济堰规》的二十条中，设有"请官"专条，规定了"如遇大堰倒损，兴工浩大，及亢旱时工役难办"的情况下，允许田户"申官"督办。至此开始，事实上每次大修工程，均由府县官府会同当地绅董经办。官府委员协同通济堰经董，对大修工程自始至终参加监督管理，确保工程严格按照规定进行派夫、采办石料、督工修造。

在通济堰大修管理中，工程经营者注重规划，遵循以复旧制为原则。大修之前，必须先行勘踏筹划，提出大修计划意见，由府县主管官审查批准后，委员监督施行。只有这样，才能保证在大修时不会随心所欲，乱修一气。"以复旧制"的原则，使通济堰历史原貌得以全面保留。有时增开一二条支毛渠，虽然只从有利于发挥水利功能考虑，却时时注意保护通济堰历史原貌和合理分布及利用，与现在所提倡的文物保护意识不谋而合。只有在世世代代工程经营者这种有意识的保护通济堰历史原貌的情况下，才能让子孙后代看到祖先创造的、原汁原味的文物古迹。

在大修管理上，还制订规条，注重派夫、料费开支的核算、概闸枋木的官方校量等具体问题的管理。特别是明万历三十六年由樊良枢、清同治四年由清安等人主持的大修工程中，更是做了周详的计划，制定了一套完整的管理条规，留下了详细的文献记录，是通济堰管理史上难得的文献资料。

五、明、清时期通济堰新规概述

自南宋范成大《通济堰规》重新制订实施以后，明、清两代的工程经营者，又根据不同时期出现的新情况、新经验，继续制定了一些新规，使通济堰管理体系更加完善。这些新规，虽然均是以范成大《通济堰规》为范本，但是有所创新、突破。下面摘要概述，供研究参考。

（一）明万历三十六年樊良枢《通济堰新规》《修堰条例》

樊良枢来丽水任知县后，询访民情，深感通济堰工程的重要性。为了确保通济堰水利功能，促进碧湖平原农业生产，针对当时由于通济堰年久失修，堰渠不畅，争水问题日趋严重的情况下，提出"计在久远，不徒垒石奠木争尺寸也"的想法。通过勘踏、规划，组织大修通济堰，尽复水利旧制的基础上，将各堰渠、各源水利分数详细厘定，并撰为新规，记载刊石立碑，有利于三源民众取信，不作升斗之争。这个新规中首次确立了真正通济堰三源轮灌制度，使灌溉方式更趋合理。随后，为之后修堰工程有章可循，樊良枢又制定了修堰条例。

1.《通济堰新规》

樊良枢的《通济堰新规》，共计八则，主要内容有：

（1）修堰，每年冬月农隙，三源堰长率田户逐一疏导（即岁修内容）。

（2）放水，每年六月朔日，官封斗门（过船闸），放水归渠，实行三源轮灌。

（3）堰长，每源于大姓中择一人为堰长，三年更替；每源总正一人、公正二人。

（4）概首，每大概立概首二名，二年更替，揭吊如法，放水依期。

（5）闸夫，斗门等闸夫责任、报酬、违规处罚。

（6）庙祀，詹南二司马庙的祭祀活动。

（7）申示，每年十一月修堰，应预先给示，告示放水归渠之日。

（8）藏书，堰志等改民间私修私存为由官府修志存书。

2.《修堰条例》

《修堰条例》共四则：

（1）修堰听从堰首提调，违者枷治。

（2）修概用木分寸、用石高低，听官较（校）量。

（3）修堰费银计核入账，明记出入。

（4）修筑起工，计日克成。

（二）清嘉庆十九年涂以辀《堰规四则》

涂以辀于清嘉庆年间任处州知府，其间他曾主持了组织大修通济堰工程。他在总结大修经验的基础上，制定出了《堰规四则》。其规主要内容是变更部分堰务上的规定。例如：每年挑拨淤砂，旧规中规定以三源派夫，而新规则改为：以民输田租的钱粮，由堰上闸夫自雇壮夫清淤。只有在用夫数需超过十名者，则照旧制申官派夫。确定挑拨民夫应该每日酌给饭食钱。这四则新规进一步完善了通济堰用工及报酬制度。

（三）清道光四年雷学海《通济堰新规八则》

知府雷学海于道光四年组织修浚通济堰后，立新堰规八则，《通济堰志》上没有收录，而清道光二十六年版《丽水县志》予以著录，在"水利"卷文中，名"雷学海续增规条"。《通济堰新规八则》主要内容：

（1）三源轮灌揭吊游枋、车水日期等有明确规定。

（2）祭祀龙神及詹、南二司马，由知府及水利同知率众祝祀。

（3）概首、闸夫责任及其新定报酬。

（4）渠道修浚分段施行，由各源堰长公正督率就近疏通。

（5）大修申报、开工、报酬。

（6）渠岸不准侵占垦种。

（7）庙祝任务、报酬等。

实录七条，因其原来的第二条为田亩租谷数目，已另有专项收录，故从此文中删除。

（四）清同治五年清安《通济堰新规》《十八段章程》

在清同治五年，由知府清安、知县陶鸿勋、县丞金振声等合力，率领绅董民夫大修通济堰，竣工之后，为便于后人同心协力维护通济堰，特别制定了《通济堰新规》《十八段章程》。清安的《通济堰新规》多达 24 则，内容详细规定了通济堰的各组成部分的规制，维修开支、派夫等工程管理制度。还规定了堰长、概首的职责，三源放水、概木尺寸、揭闭次序、重修工程条例等规章制度，是一部适宜当时情况、系统又完整的通济堰管理制度。《十八段章程》则是核定了通济堰渠道系统分为 18 段的起讫地段，并审定各段监修人、督工、公正等内容，以利于各段所属村庄的派夫疏浚维修。

（五）清光绪三十三年萧文昭《颁定通济西堰善后章程》

清代光绪三十三年知府萧文昭组织大修通济堰之后，根据当时实际情况制定了本章程。萧规有 12 条，其主要内容如下：

（1）在堰头村詹南二司马庙后建立西堰公所，用于办公及执收堰租。

（2）清查堰产的基本田亩，注明土名丘段、租数亩分，以便稽征。

（3）西堰公所中堂祀历朝有功堰务的名宦先贤。

（4）岁修管理绅董分甲、乙两班，轮值堰务，并规定了结算移交日期。

（5）堰产租谷收取时间为早谷每年八月底，糯谷十月底，值年董事岁修准备。

（6）官府办理堰务及费用。

（7）大陡门（过船闸）每年三月初一日木枋盖闭，开始引水入渠，三源轮灌定规。

（8）原由庙祝、闸夫所种堰田，一律归堰完纳，庙祝、闸夫改给工食谷。

（9）堰头闸夫经管大小陡门及三洞桥等处，并定给报酬，其他概闸夫、庙祝等人数、报酬食谷等。

（10）岁修值年经董饭食规定，申明不得靡费，以示大公。

（11）府县厅三署书办西堰文牍等书写费定额。

（12）堰产租谷变价完粮后，一应收支数目应立簿核实记明，并汇算后榜示公所。

第二节　历代堰产及修堰支出

作为古代地方大型水利工程的通济堰，自古就有自己的产业，以堰产租谷折银来维系通济堰岁修等维修工程。但是关于堰产的记载，在《通济堰志》等文献中到明、清才有部分记载。早期文献对通济堰大修工程支出记录不详，也到明、清才会有些记录。虽然资料不全，但对已知资料进行分析，对通济堰历史研究也必不可少。因此，笔者结合文献资料进了初步探讨，供学者研究参考。

一、堰产来源

（一）原始划定的堰产

此类堰产在文献记载的很少，有据可查的是早期木筱坝时期的堰山。木筱坝每年维修需要大量的木材和筱条，所以自通济堰创始时起，就由官府划定了大片山林作为堰山，禁止民间樵牧。到南宋开禧元年，郡人参知政事何澹把木筱坝改建块砌筑大坝之后，不需大量的木材和筱条，所以把堰山归为何澹私产而取消。

（二）废寺观田产划归堰产

根据文献记载，当时地方官府把废弃的寺观田产大部分收归官府，所得租息通济堰有重大修理工程时拨给。还有小部分归通济堰堰产，立户完纳，多余款项用于通济堰维修。

（三）无主遗产田划归堰产

在我国古代，人口增长较慢，有的农户夫妇无子女，去世后成"绝户"。当时处置绝户田产有两种方式：一是收归官府再出租，二是划归相关方面管理。通济堰堰产中就有绝户田产划归的记载，并可能不在少数。

（四）捐助堰田

有的农村仕绅急公好义，为确保地方公益事业，而捐赠自己私产作为公产。这类捐赠田在堰产中占一定份额。

（五）处罚所得田产归堰产

根据堰规及后来管理规条，侵占水利、违规车水、霸占堰基等被告发，本应按堰规送官府惩办。经相关人员劝阻教育，违反人认识错误，愿以罚款罚田而免去提官惩处、革去学籍等处理，所罚没田产收为永久堰产。

（六）侵占堰基耕种田查获没收归堰产

在民间常有近渠农户侵占堰基、围造私田耕种，经查获，即予没收，对不碍水利的则收归为堰产，但有碍水利的则坚决拆毁恢复水道。

二、历代堰产记载

《通济堰志》中关于堰产的记载，可查最早的是清代同治年间，具体如下。

（一）同治年间记载堰产

1. 捐助田

（1）同治五年乐助田：六都郎奇庄周圣谟，乐助蒲塘庄田四亩五分，土名莲塘堰田二丘，计租谷五石五斗。

（2）同治七年乐助田：十六都南山庄陈张宝，乐助坛埠庄田一亩九分九厘一，土名百湾田二丘，计租谷三石二斗。

（3）同治六年，侵占堰基田，五都石牛庄任芝芳，淤塞堰基开种。石牛庄，土名黄泥井，田三丘，计租谷四石八斗。

（4）同治七年，十七都概头庄梁国梁概头庄淤塞堰基开种，土名黄家堰田一丘，计租谷一石。

（5）同治九年，十七都魏村庄魏林元等罚捐田三丘，计租谷一十二石。

（6）稽查到三源占堰基开种兴租共有田二十八处，共计租谷二十一石九斗。业经报销在案。日后兴修仍疏为圳故也。

2. 废寺田划归

（1）乾隆二十年乙亥，收三十二都庐衙庄寿宁寺田六十二亩四分九厘八毫六丝一忽。

（2）乙亥收三十都社后庄普信寺田七十八亩八分五厘七毛零。

二共计租谷一百五十九石三斗四升。共地租银八两四钱六分。

3. 乡夫拨沙工食租食、租息田

嘉庆二十年乙亥，收碧湖上保叶抢元户田四亩三厘零。

4. 查修理龙神庙并二司马祠租息田

嘉庆二十四年己卯，收里河庄吴钧户田三亩七分七厘。

5. 庙祝奉值香灯租息田

嘉庆二十年乙亥，收十七都魏村庄魏永迪户田五亩五分一厘五毛零六忽。

6. 闸夫耕种旧管田租

松邑堰头庄（现丽水莲都界内）龙庙下田六丘，计额六亩。

7. 查旧管田亩

（1）号字1826号，十七都宝定庄，土名季宅后田三分。

（2）号字1828号，十七都宝定庄，土名季宅后田八分七厘三毫三忽。

8. 开新增田亩

（1）同治九年，收六都郎奇庄周作孚户田四亩五分。

（2）十六都南山庄陈仁彪户田一亩九分九厘一毫零。

（3）十七都魏村庄魏裕丰户田二亩八分六厘四毫七忽。

（4）十五都上保庄叶汤印户田二亩七分三厘九毛一丝七忽。

（二）光绪三十二年记载堰产

1. 县城周围西堰户之田

（1）卢衙东塘口，三丘，计额一亩二分零，计租谷一石二斗。

（2）西塘口，田三十四丘，计额十一亩零，计租谷十二石三斗。

（3）西塘下，田五丘，计额二亩七分零，计租谷三石零。

（4）大坂田，八丘，计额十二亩五分零，计租谷十二石三斗五升。

（5）门前畈，田三丘，计额三亩八分零，计租谷三石八斗。

（6）黄塘何家山，田十六丘，计额五亩九分零，计租谷五石九斗。

（7）水口圩，田四丘，计额三亩零，计租谷三石。

（8）叶墩西畈，四六丘，计额九亩三分零，计租谷十二石八斗。

（9）新坟后，田一丘，计额八分零，计租谷一石二斗八升。

（10）溪下，水田一丘，计额八分零，计租谷三石九斗七升。

（11）葑洋，水田二丘，计额二亩七分零，计租谷三石九斗七升。

（12）双桥，水田四丘，计额三亩五分零，计租谷三石零四升。

（13）叶墩，水田一丘，计额一亩一分零，计租谷一石一斗。

（14）蛙坑，门前田二丘，计额三亩五分零，计租谷八石六斗五升。

（15）西坂，田三丘，计额四亩二分零，计租谷六石二斗八升。

（16）石碛路，田二丘，计额一亩六分零，计租谷二石零四升。

（17）中塘，水田一丘，计额一亩八分零，计租谷一石五斗。

（18）龟头窟，田二丘，计额三亩六分零，计租谷五石三斗一升。

（19）步里岗，田四丘，计额六亩零，计租谷八石九斗。

（20）上堰坳，水田一丘，计额一亩五分零，计租谷二石七斗。

（21）奚渡朱烟墩，田二丘，计额二亩六分零，计租谷三石四斗。

（22）关下横堰，田七丘，计额六亩零，计租谷八石四斗五升。

（23）大猫坟，田一丘，计额八分零，计租谷七斗。

（24）夹沟墩，田二丘，计额一亩二分零，计租谷一石二斗。

（25）东门坑，田三丘，计额四亩零，计租谷五石五斗八升。

（26）黄毛庄梁塘，田一丘，计额八分零，计租谷九斗。

（27）黄毛坟后，田十三丘，计额十三亩五分零，计租谷十二石三斗。

（28）双塘口，水田三丘，计额一亩九分零，计租谷一石九斗。

（29）青林坂，地改田二丘，计额二亩零，计租谷二石五斗。

（30）青林坂，地一丘，计额五分零，计纳银三钱。

（31）青林坂，地一丘，计额三分零，计租谷二斗。

（32）东地后，地一丘，计额二分零，计纳银一钱一分。

（33）天宝圩，地一丘，计额三分零，计纳银五钱四分。

（34）社后，门前地一丘，计额九分零，计纳银四钱二分。

（35）寺后亭，地一丘，计额二分零，计纳银一钱一分。

（36）鳌项颈，地五丘，计额二亩七分零，计纳银二两二钱三分。

（37）关下油车前后，地二丘，计额一亩六分零，计纳租银八钱。

（38）高路，水田一丘，计额五分零，计租谷七斗。

（39）关下前，田一丘，计额一亩五分零，计租谷二石三斗七升。

（40）叶墩村头，田一丘，计额一亩二分零，计租谷一石八升斗。

（41）油车边，田一丘，计额一亩十分零，计租谷一石九斗四升。

（42）梁塘沿，田一丘，计额一亩二分零，计租谷一石二斗。

（43）关下片，地一丘，计额四分零，计纳银一钱五分。

（44）叶墩后，地三丘，计额一亩三分零，计纳银八钱八分。

（45）社后，地一丘，计额二分零，计纳银二钱。

（46）三角圩，地一丘，计额八分零，计纳银四钱二分。

（47）八亩园，地一丘，计额二亩四分零，计纳银一两一钱三分。

2. 坐西乡各庄堰田

（1）松邑龙王庙户之田额租数：堰头龙庙后，田七丘，塘一口，计额六亩正，计租谷十二石正。

（2）通济堰户之田地租数：

1）宝定庄季宅后，地一丘，计租谷二石正。

2）高路下，圩地一丘，计纳租银一两二钱五分。

（3）通济堰费户之田租数：

1）周村杨毛坟，田一丘，计租额四石，计租谷一石五斗。

2）同处后岗，田二丘，计租额四石，计租谷一石五斗。

3）均溪坳里垄等，田四处，共计租谷七石五斗。

（4）西堰庙费户之田租数：

1）毛田上坂，田二丘，计租额一石五斗，计租谷一石四斗。

2）中坂，水田二丘，计租额三石，计租谷二石七斗。

3）四大水田一丘，计租额一石，计租谷九斗。

4）杨三潭坪，田一丘，计租额五斗，计租谷四斗。

5）白坛下山，田一垅，计租额三石，计租谷二石七斗。

6）张山杨公岗，田一丘，计租额三石，计租谷二石七斗。

7）张家寨脚，水田二丘，计租额三石，计租谷二石四斗。

（5）开拓概户之田租数：

1）前林西河，水田一丘，计租谷六石正。

2）同横堰，水田一丘，计租谷三石六斗。

3）金村桥头，田一丘，计租谷二石四斗。

（6）西堰岁修户新旧田地租数：

1）弦埠庄百湾，水田二丘，计租谷三石二斗。

2）蒲塘庄莲塘，堰田三丘，计租谷五石五斗。

3）宝定庄吕庵前，田一丘，计租谷二石田斗。

4）岱头，水田一丘，计租谷三石六斗。

5）郭山边，田一丘，计租谷二石一斗。

6）外堰，水田二丘，计租谷一石五斗。

7）红塘西，田二丘，计租谷四石五斗。

8）周项枫树垅，田一丘，计租谷二石七斗。

9）丹水，田一丘，计租谷一石五斗。

10）平地皇恩前，田二丘，计租谷一石正。

11）龙窟垅顶，田五丘，计租谷三石零。

12）水磨后，水田六丘，计租谷一石八斗。

13）洪塘西，田二丘，计租谷三石六斗。

14）泉庄大路，地二处，计租银一两二钱。

15）泉庄祠堂边，屋半座，计租银六钱六分。

（7）松邑西堰岁修户之田租数：

1）堰头庄过坑，田一丘，计租谷四石。

2）大林源招垅，田一丘，计租谷三石五斗。

3）大林源毛陇，田三丘，计租谷三石正。

以上土坐西乡，共计租谷九十九石四斗正。外又地、屋租等，共计银三两一钱一分。

（8）各庄占堰基之田，因碑石幅限，未能备刊，另列粉圃，详细租数，以便查考。

（三）通济堰新旧田额户名

（1）旧管堰头庄龙王庙后，田七丘，塘一口，共计额六亩正。

（2）旧管宝定庄季宅后，地二丘，计额一亩一分七厘三毫三忽。

（3）乾隆二十年乙亥，城局东乡各庄等田：收一十二都卢衙庄寿宁寺田，计额六十二亩四分九厘八毛丝一忽。又收三十都社后庄普信寺田，计额七十八亩八分五厘七毫。此二项共计额：一百四十一亩三分五厘。

（4）乾隆二十年乙亥，碧湖叶维乔捐租之田，收十五都上保庄叶伦元户田亩三厘。

又二十四年，里河贡生吴钧捐助之田，收十都里河庄吴钧户田三亩七分七厘。此二项计额：七亩八分一厘。田五亩五分一厘五毫六忽。

（5）嘉庆二十年乙亥，魏村生员魏有琦捐助之田，收十七都魏村庄魏永迪户田五亩五分一厘五毫六忽。

（6）同治五年丙寅，郎奇庄周圣谟捐助之田，收六都郎奇庄周作孚户田四亩五分。六年丁卯，南山庄陈张宝捐助之田，收十六都南山庄陈仁彪田一亩九分九厘一毫。此二项，共额六亩四分九厘一毫。

（7）同治九年庚午，魏村魏林元捐助之田，收十七都魏村庄魏裕半户，十一都上保庄叶汤印户，二项共田额五亩六分三毛。

（8）光绪三十三年丁未，宝定吕得麒拨助之田，收十七都宝定庄吕礼荣，吕停云二户，共额，田一十四亩。

（9）光绪三十三年戊申，泉庄徐潘氏助入花地，收九都泉庄徐周堂，十都上地徐造有二户，共计二亩九分正。

（四）查通济堰每年应完粮户，银米总录

（1）丽邑十七都宝定庄西堰，上下忙，共银十二两三钱四分二厘。又秋米一石八斗九升七合。此系乾隆二十年寿宁，普信二寺，所拨西堰之租。

（2）丽邑十七都室定庄，通济堰费户，上下忙，共银四钱八分二厘。又秋米一石零五合。此系嘉庆二十年，碧湖叶维乔、里河吴钧二户捐助之田。

（3）丽邑十七都宝定庄，西堰费户，上下忙，共银四钱八分二厘。外又秋米七升四合。此系嘉庆二十年，魏村生员魏有琦捐助之田。

（4）丽邑十五都中保庄，西堰岁修户，上下忙，共银一两八钱四分二厘。又秋米二斗八升三合。此系同治五年，郎奇庄周圣谟，南山陈张宝，及光绪三十三年，宝定吕得麒、泉庄徐潘氏等四户捐助之田。

（5）丽邑十七都概头庄，开拓概户，上下忙，共银四钱八分九厘正。外又秋米七升五合。此系同治九年，魏村魏林元捐助之田。

（6）丽邑十七都宝定庄，通济堰户，上下忙，共银一钱零三厘。外又秋米一升六合。此系龙王庙先年旧管，土名季宅后之田。

（7）松邑二十六都堰头庄，龙王祐殿户，上下忙，共银四钱八分一厘。此系龙王祠先年旧管，后交闸夫耕种之田。

（8）松邑二十六都堰头庄，通济堰岁修户，上下忙，共银四钱四分一厘。此系光绪三十三年，宝定吕得麒拨助之田。共计银十六两八钱六分二厘。大年加闰，秋米共计二石四斗五升。

三、修堰支出

通济堰历次大修及岁修的开支，在《通济堰志》中到明代才有大略记录，清代有些有详细记录。

（一）明万历二十七年开支

知县钟武瑞申请寺租二百二十两修筑，大略开支：

（1）大坝斗门闭闸概板朽坏，需置换。且大坝北头大石冲坏数处，即修补，费木石采办不过三金而足。

（2）石函石冲坏且下淤塞，急需修砌疏浚，此项开支工匠费不过二金而足。

（3）叶穴闸板尽坏，需用大松木置换，其费不过一金而足。

（4）开拓概损坏、闸木朽坏，需全面修复，开支费采办木石、工匠费计五金而足。

（5）凤台概以下等概均有不同损坏，急宜仿古修理，官司较量。此项开支：每概的木石工匠费一金而足。

（6）龙王庙颓废毁坏，需增建前槛、修葺垣舍等，大率十余金而足。

合再申请，将本年寺租官银动支二十两。尤恐经费不足，乃从三源之民，每亩愿各出银三厘，以为工匠之费。

（二）清道光八年捐修朱村亭堰堤民间资助

1. 上源乐捐芳名

丽水县黎捐廉伍拾千文。

魏乘 80 元，周锡旀 55 元，魏锡龄 40 元，魏德馨 20 元，魏庭璠 12 元；

魏庭楠、魏庭佐、叶国泰、魏庭璜，以上各 10 元；

魏庭星济共 8 元，陈金鉴 7 元；

周作栋、周作梁、周作桢、周发达，以上各 6 元；

魏际熙、周义正、周义起、周应元、周智福，以上各 5 元；

魏庭梓、荫姜、魏庭森、宋义先、方耀道、方茂贤、周金甲、周齐州、周礼鉴、周国梁，以上各 4 元；

周长有、周齐发、郑义忠、郑根工、叶根祖、叶王祖、叶显祖、梁海水，以上各 3 元；

周田妹、吴金龙、清备庵、梁畏明、汤张贤、梁贞清、梁章隆、周良松、梁章权、梁吴贵、汤志仁，以上各 2 元，周义发、蔡仁宝、周长发、梁大茂、万长元、梁大芳、项何牲、梁方盛、项启魁、叶土儿、张新茂、张新寅、王金和、周景文、周长根、项温州、吴有德、吴国芳、梁永昌、陈发进、汤科儿、吕吴有、王宗元、项满庭，以上各 1 元。

2. 中源乐捐芳名

沈士杰、豪 50 元；

叶维乔 30 元，程聚泰 30 元；

叶云鸿 20 元；

林赵氏 18 元；

林凤葆 10 元；

胡见龙、陈合发、叶贞干，以上各 8 元；

叶利秦、魏庭镛、汪持德、王恂、王长利，以上各 7 元；

汤佐、程定三、任裕利、赵文藻、赵秉玛、章有伦，以上各 5 元；

叶亨通、程福照、程朝葆、赵邦扬、潘金宝，以上各 4 元；

何履鳌 3000 文，毛盛锦、叶正三、林开宗、叶文涛、陈登朝、阙生盛、陈协培、陈开招、曾有贤、郑秉瑶、王大兴、陈官培、陈永利、魏永晋、赵敬祖，以上各 3 元；

刘大成 2.5 元；

王荣、叶兰清、叶方清、王有兰、王育菽、黄志盛、施永兴、郑庆宝、吕钧调、陈正根、倪义盛、王滫、郑国模、郑邦才、何茂才、叶海南、何王标、叶初芳、程金水、王开元、叶仁祖、郑茂川、王培芝、郑秉璠、梅元利、叶惟茂、雷震炜、黄老克、陈国华，以上各 2 元；

章支红、彭贤耀、邵廷芳，以上各 1.5 元；

彭正扬 1000 文；

叶汉清、梅叶明、王良珠、王土宇、林昌利、何赵金、赵光远、赵秉诚、赵载阳、何仁水、陈金家、章连松、章洪贵、柳高儿、吕叙美、梅德春、王一美、吕郭氏、吕亦说、林际昌、陈茂魁、赵敬修、何良才、赵满阳、赵三嬋、徐玉魁、陈宗茂、程世圣、叶云峰、王维泰、何根儿、卢光魁、卢光华，以上各 1 元；

郭岱 500 文，吕亦诚 450 文。

3. 下源乐助芳各

郑耀廿 6 元；

叶加恩 16 元；

何戴嬙 7 元，纪光寅 6 元；

周作霦 6 元，吴钧 5 元，徐绍典 5 元；

王梦熊、王梦龄，各 4 元；

叶恺、周垣、吴林瑞、周和美、纪光祚、吴琅、黄资生、谢英广、纪启瑞、黄秉乾、叶承秀、杨春芳、何国权、叶冠奎，以上各 2 元；

刘秉谦、刘上增、叶登龙、纪裕满、刘上统、刘永堂、刘水朝、黄祖瑞、徐茂生，以上各 1.5 元；

李林麒、何焕星，以上各 1 元；

三源共捐洋钱 958 元，结钱 862200 文，除筑堤经费外，余钱 42000 文，用在勒碑修亭，零费内 1 元存余，谨白。

（三）清同治五年修堰开支

（1）三洞桥，计钱 284162 文。

（2）龙神祠，计钱 39991 文。

（3）大陡门，计钱 10772 文。

（4）叶穴，计钱 20684 文。

（5）高路，计钱 37010 文。

（6）开拓概，计钱 19142 文。

（7）凤台概，计钱 23763 文。

（8）石刺概，计钱 18040 文。

（9）河潭概，计钱 17329 文。

（10）潭下平水闸，计钱 1270 文。

（11）陈章、乌石东西二概，共计钱 11380 文。

（12）城塘概，计钱 37495 文。

（13）九思、河塘二概，计钱 9650 文。

（14）夏觅滛，计钱 6090 文。

（15）乡夫及公正等，计给点心钱 437432 文。

（16）堰局伙食器具杂用，共计钱 422046 文。

（17）总结费用共并计钱 1396254 文。

（四）议定堰租开支

光绪三十二年兹颁定每年应需各款到后：

（1）丽松两邑，上下忙粮银，并秋米等，按照近年市价申给，约计英洋 66 元零。此款上下忙分期承完。

（2）春夏间大水，雇工淘沙及旱水买茅草浮坝，约计洋 10 元之则。此款春夏间随时开支。如工程过多，会禀勘明，照给。

（3）堰头龙王庙，六月初一日诞辰，兼祭龙女庙，官绅自备夫马，上堰头致祭。应办五牲一副、三牲二副。张灯设祭、鼓乐，即午散胙，约共计洋 10 元。此款于三月前开支应办。

（4）碧湖报功祠春秋二祭，贴值年岁修董事，办祭礼香烛等，需给洋 4 元。至期由值年 6 人，请厅主礼，即午散胙。此款春秋二期开支分给。

（5）立秋后，西乡开局收租，并造租券、簿账纸料，及出乡舟力、雇工、差役工食等，均归值年经理议定，每年共计酌给洋 10 元。此款立秋前支给。

（6）处暑后，郡局征收租谷，议贴值年等经董用费、伙食、雇工，及上下川资等，局内每年贴需费洋 24 元。此款处暑前支给。

（7）碧湖县丞，办理堰务事宜，遇事自备夫马上堰，奉公遵章。定明每年给送夫马费洋 8 元。此款於端午、年节二期分送。

（8）粮署秋收租券、与冬岁修夫票，均须用印，以昭信守。遵章每年给油朱费洋 2 元。此款秋冬用印时分送。

（9）府、县、厅三署，房科办理堰务公牍告示等，遵章颁定，每年共给纸笔费洋 8 元。府书 4 元、县书 2 元、厅书 2 元。定年终时分给。

（10）总理局雇工，经理收发、会商堰务事务，并雇工书记缮写禀摺等，每年酌给润笔纸墨费洋 4 元。此款定放年终时给发。

（11）值年岁修 6 人，办理堰工，并收城、乡租谷事宜。遵章订明，每年共给薪水、夫马等洋 24 元。此款年终时分给。

（12）每年四、五、六等三月，颁定值年董事六人，各轮五天，上堰监督，每五天给洋 5 角，计三越月，共应给洋 9 元。此款按期照给。

（13）堰头概夫，经管大小陡门、三洞桥等处，概石、木枋按时启闭等事。每年共给工食谷 12 石，将庙后之田 6 亩，交（其耕）种，以租抵给。又（给）大钱 4000 文，此钱定年终时给发。

（14）堰头龙王庙庙祝，承值香火，兼使役差遣等。每年给谷 12 石。此谷定十月给发。

（15）经管宝定庄叶穴淘沙门概枋，并龙女庙香火，及高路等处概夫 1 名，每年按章计给食谷 2 石。又给大钱 2000 文。此谷定于十月发，钱年终时给。

（16）经管上源概头庄开拓概闸枋，按时启闭概夫 2 名。每年共给工食谷 12 石。此谷定十月给发。

（17）经管中源碧湖凤台、石刺二概闸枋，按时启闭概夫 2 名。每年共给工食谷 12 石。此谷定十月给发。

（18）经管下源资福庄城塘概闸枋，按时启闭概夫 2 名。每年共给工食谷 12 石。此谷定十月给发。

（19）经管下源陈章、乌石二概，亦属关要，议择就近正直居民经管。每年酌给薪水大钱 2000 文。此钱年终时给。

（20）堰头年终岁修值年经董，办理夫票、器具，差地保、公正催夫。工食并开局伙食等款，共计约需洋 40 元。此款十月底开支照办。

（21）岁修民夫，三源各庄派定，计有 3000 名之多，照章每名给点心钱 24 文。约共立需大钱 78000 文。此款十一月开局岁修，开支照发。

（22）碧湖西堰公所，使役、承值香人，看守祠宇、仓廒、差遣等事。每年给工食谷 4 石正。此谷定年终时给发。

（五）按亩派捐（光绪三十二年定）

1. 定则

（1）三源受大堰水利之田地，为上则。

（2）三源受大支堰水利之田，为中则。

（3）三源受小支堰水利之田，为下则。

2. 捐额

（1）上源受水之田，每亩上则捐洋二角，中则捐洋一角六分，下则捐洋一角。

（2）中源受水之田，每亩上则捐洋一角六分，中则捐洋一角正，下则捐洋六分。

（3）下源受水之田，上则捐洋一角，中则捐洋六分，下则捐洋四分。

四、三源各庄派夫名额

在通济堰早期历史文献中，没有就大修、岁修动用民夫数的详细记载。只见到在石函三洞桥建设之前，单就畲坑发水带入渠道的砂石淤塞每年清淤开淘就用民夫万余工，如重复发大水则用工更繁，可见早期每年岁修动用民夫就很大，更不要说大修工程了。清代后略有记载，整理如下。

（一）清乾隆年间派夫

1. 上源

（1）魏村，每日派夫 12 名。

（2）金村、岩头、义埠街三地方，每日派夫 3 名。

（3）周项、新溪、下梁、箬溪口四地方，每日派夫 10 名。

（4）采桑、下汤，每日派夫 8 名。

（5）山峰，每日派夫 12 名。

（6）概头、汤村、杨店，每日派夫 10 名。

（7）碧湖、上中下三保，每日共夫 18 名。

（8）霞岗，每日轮夫 5 名。

（9）宝定，柴火夫 2 名，以作浣洗之故。

（10）吴村，每日轮夫 3 名。

2. 中源

（1）峰山、朱村、大陈、里河，每日共夫 18 名。

（2）上黄、上地、西黄，每日派夫 7 名。

（3）资福、后店、张河，每日共夫 7 名。

（4）白河、下概头、章塘，每日派夫 10 名。

（5）河东、周村，每日派夫 10 名。

（6）赵村，每日拨夫 15 名。

（7）横塘，每日拨夫 12 名。

（8）上阁、下河，每日派夫 12 名。

3. 下源

（1）纪叶、周刘、下叶，每日共夫 16 名。

（2）季村、章庄、塘里、土地窑、叶村，每日共夫 7 名。

（3）泉庄，每日派夫 15 名。

（4）蒲塘、纪店、下陈，每日共夫 11 名。

（5）任村，每日派夫 3 名。

（6）白口，每日派夫 5 名。

（7）石牛，每日派夫 5 名。

（8）赵村、下堰、每日派夫 6 名。

（9）郎奇、白桥、黄山，每日派夫 6 名。

（二）清同治五年派夫

1. 上源

（1）宝定，计夫 220 名。

（2）义埠，计夫 18 名。

（3）周项，计夫 124 名。

（4）下梁，计夫 46 名。

（5）概头，计夫 50 名。

（6）杨店，计夫 24 名。

（7）三峰，计夫 80 名。

（8）新溪，计夫 38 名。

（9）吴村，计夫 30 名。

（10）上汤村，计夫 38 名。

（11）下汤村，计夫 11 名。

（12）前林，计夫 40 名。

（13）岩头，计夫 20 名。

（14）魏村，计夫 130 名。

2. 中源

（1）碧湖上保，计夫 260 名。

（2）中保，计夫 140 名。

（3）下保，计夫 90 名。

（4）柳里、上埠，共计夫 70 名。

（5）采桑、河口，共计夫 68 名。

（6）霞岗、下埠，共计夫 40 名。

（7）横塘，计夫 24 名。

（8）赵村，计夫 80 名。

（9）张庄，计夫 12 名。

（10）九龙纪保，计夫 81 名。

（11）周保，计夫 21 名。

（12）中叶，计夫 24 名。

（13）刘埠，计夫 9 名。

（14）吴圩，计夫 40 名。

（15）下叶，计夫 60 名。

（16）唐里，计夫 30 名。

（17）白河，计夫 55 名。

（18）下概头，计夫 26 名。

（19）章塘，计夫 43 名。

（20）大陈，计夫 52 名。

3. 下源

（1）蒲塘，计夫 30 名。

（2）里河，计夫 90 名。

（3）下季村，计夫 30 名。

（4）上各，计夫 36 名。

（5）下河，计夫 24 名。

（6）资福，计夫 102 名。

（7）新坑、黄畈，共计夫 15 名。

（8）上黄，计夫 40 名。

（9）上地，计夫 12 名。

（10）河东，计夫 55 名。

（11）周村，计夫 21 名。

（12）泉庄，计夫 100 名。

（13）新亭，计夫 50 名。

（14）石牛，计夫 100 名。

（15）白口，计夫 80 名。

（16）任村，计夫 60 名。

（17）下赵村，计夫 60 名。

（三）清光绪三十三年定岁修民夫额数

1. 上源各庄民夫

宝定庄 152 名，义埠庄 14 名，周项庄 168 名，下梁庄 48 名，上概头 78 名，三峰庄 90 名，新溪庄 34 名，上汤村 34 名，下汤村 15 名，吴村庄 10 名，前林庄 58 名，岩头金村 24 名，魏村庄 135 名。

2. 中源各庄民夫

碧湖上保庄 286 名，又中保庄 168 名，又下保庄 102 名，柳里 45 名，瓦窑埠 65 名，霞岗 6 名，采桑庄 64 名，河口庄 12 名，横塘庄 25 名，上赵村 90 名，上各庄 45 名，下河庄 35 名，资福庄 92 名，新坑黄畖 6 名，上黄后店 40 名，上地西黄 14 名，河东庄 48 名，周村庄 17 名，白河庄 44 名，下概头 20 名，章塘庄 34 名，大陈庄 38 名。

3. 下源各庄民夫

蒲塘庄 34 名，里河庄 60 名，下季村 20 名，章庄 12 名，九龙纪保 162 名，周保 38 名，中叶纪保 12 名，周保 38 名，中叶庄 25 名，刘埠 16 名，吴圩庄 40 名，下叶庄 60 名，塘里庄 15 名，泉庄 80 名，新亭庄 20 名，石牛庄 88 名，白口庄 65 名，任村庄 55 名，下赵村 55 名。

以上三源派定各村庄，民夫共计 3010 名。

第三节　新中国成立后通济堰的管理

一、水利功能的管理

新中国成立以后，各届各级人民政府十分重视通济堰的保护和管理。对其水利功能方面的管理，主要由镇（区）、县（市、区）的水利农业部门承担。

（一）通济堰水利功能管理上的特点

在水利功能的管理上，通济堰的管理组织机构比较健全。配套成系列的条例、章程等管理制度比较完善。分水、用水等灌溉方式上不断改正提高。在 1954 年大修及 1955 年、1956 年两次续修后，通济堰的管理重点上作了战略性重点转移，立足于管理和养护这两个基本点上。在配套的管理制度保证下，通过合理养护，再以岁修等辅助手段，确保了通济堰灌溉功能的正常发挥和不断提高。

（1）在管理机构设置上，不断适应生产的发展。1949 年，以新旧接转时期的"有限责任丽水县通济堰灌溉利用合作社（董事制）"，过渡到 1951 年的"丽水县碧湖通济堰水利委员会"。1957 年更名为"丽水县碧湖通济堰管理委员会"。1968 年，随着碧湖水系的发展和变化，初步形成通济堰、高溪水库两大水利灌溉网络，为了适应协调这两个灌区的灌溉操作，通济堰水利管理组织又更名为"通济堰灌区委员会"，隶属于"丽水县碧湖区水利委员会"。20 世纪 70 年代后期，碧湖水利得到进一步发展，1978 年开挖了新治河排水工程。1983 年通济堰水利管理机构又改名为"通济堰管理站"，与高溪水库管理站一起隶属于碧湖水利管理委员会。通济堰水利管理组织健全，连续性强，发挥了很大的作用。至 1997 年，通济堰水利管理组织已历经 11 届，每届水利管理组织较好地完成了整修、管理、养护等各项任务。

（2）通济堰水费负担比较合理，因时因地制定水费标准。1949 年通济堰水利利用合作社经费来源是 170 多亩公田之产出为水利经费，用于岁修。土地改革以后，堰产公田被征收，通济堰经费开始向受益田面积摊派筹措过渡，详见表 5-1。

表 5-1　　　　　　　　　　　新中国成立后通济堰受益田亩水费标准

年份	水费类型	收费标准						其中收谷/千克
		统收		提水灌溉		自流灌溉		
		稻谷/千克	现金/元	稻谷/千克	现金/元	稻谷/千克	现金/元	
1949	以 170 多亩公田为水费							
1952	按受益面积摊派		0.06					
1956	按受益面积摊派		0.10					
1968	按水系类型及用水等级	1.5						100
1973	按受益面积摊派	1.25						250
1981	按水系类型及用水等级			0.25	0.20	0.5	0.40	
1984	按水系类型及用水等级				0.50		1.00	
1987	按水系类型及用水等级				0.60		1.20	

注　资料来源为钱金明《通济堰》一书。

（3）有一套较为健全的管理规章制度，确保通济堰水利功能正常发挥。几乎每届水利管理委员会都会根据当时通济堰的新情况、新问题来制订、修改、补充有关养护管理的规章制度。比较而言，以 1957 年《通济堰管理和养护章程》、1968 年《碧湖区水利工程管理章程》、1983 年《碧湖灌区章程》、1987 年《碧湖灌区水利管理条例》《碧湖灌区组织章程》等，内容较为全面，作用和影响较大。

（二）1949—1959 年的管理养护

1. 组织机构

通济堰管理机构在新中国成立前采用董事制，设有公田（堰产）170 余亩，其租谷收入作为通济堰管理维修经费。董事制管理机构由绅董组成，系由拥有大量田产的大户（地主）所控制。

1949 年的接转期，为"有限责任丽水县通济堰灌溉利用合作社（董事制）"，由 12 人组成理事会管理，设有主席、经理、协理、理事等职。首届主席由王王光出任，叶乐筌为经理，协理是叶伯棠，理事有：陈绍裘、魏焕然、汪焕勋、阙达甫、叶景林、纪南金、刘石卿等。

监事主席由周俊卿担任，监事有：魏显芝、叶介生、王月明、沈耀光、何洪水、卢守真。

合作社在 7 个较大的概闸配有闸夫，专事管理分工：大小陡门由叶荣高负责，拔沙门由叶炎火负责，开拓概由吴邦田、魏焕荣负责，凤台概、石刺概由夏文福、程瑞满负责，城塘概由陈炳谦、李子道、章焕庭负责，三桥概由朱章林负责。

1949 年留下田产为：水田 161.18 亩，地 12 亩，分别位于东、西两乡，当年可收租谷为东乡 3433.25 千克，西乡 3524.75 千克。

1949 年 5 月丽水解放，7 月碧湖区民主政府立即将通济堰灌溉利用合作社有关组织、管理问题向丽水县民主政府报告，要求改选，产生新一届理事会、监事会，以便催收堰租，举办岁修。县长刘冠军于 8 月 19 日就通济堰有关问题作了六点批复。1950 年下半年建立通济堰新中国第一届水利管理组织"丽水县碧湖通济堰水利委员会"，设主任 2 人、委员 15 人、管理员 9 人。

1956 年 4 月，调整、充实通济堰水利管理组织，更名为"碧湖区通济堰管理委员会"，下设财经股 3 人、管理养护股 7 人、工程技术指导股 3 人，另设有委员 9 人，共 25 人组成。

1957 年 1 月 4 日召开碧湖区水利代表大会，确认了 1956 年 4 月的调整充实方案，并制定了《丽水县碧湖区通济堰水利管理和养护暂行办法章程》。

2. 管理人员工资标准

根据当时闸门的启闭次数、难易程度，定了五个档次的工资标准，即每年 25 千克、75 千克、125 千克、175 千克、300 千克的稻谷。每年于 4 月、6 月、10 月三次发放。看水员报酬为全年工资不低于底分（记工分制），每天至少看水二次。

3. 水费负担

1949 年通济堰日常费用全部依赖 170 余亩公田田租收入来维持。自土地改革之后，此项田产被征收分配：东乡全数被征，西乡及松阳境内也大部分被征收，仅留三峰村、堰头村等约 10 余亩田产。1951 年丽水县政府核准，留村政府的 10 余亩田予以保留。通济堰所用款项按受益面积摊派。1950 年岁修加日常开支费用，需要经费计谷 3750 千克，仅靠 10 余亩田产之费已不敷所，曾筹措借谷 1331.2 千克。1951 年 11 月通济堰水利委员会提出按受益面积负担水费的具体意见，1952 年决议实施：通济堰按受益面积每亩负担水费 600 元（第一版人民币的面值，为现行人民币的 0.06 元）。

通济堰维修用工和贷款偿还也按受益面积摊派：1951 年整修费用按受益面积 13900 亩摊派。分为 5 亩以上、5 亩以下两档：5 亩以上的有 598 户，每户出 2 工；5 亩以下的有 1945 户，每户出 1 工。1954 年大修用工，受益面积 2 亩以下的负担 1 工；2～4 亩的负担 2 工；4～7 亩的负担 3 工；7～10 亩的负担 4 工；10 亩以上的负担 5 工。这次大修向国家贷款 39500 元（换算为现在的面值），分三期还款。受益面积派工和分摊贷款分别对待，不搞均摊。自流灌溉与一节水车为一等田，二节水车以上提水的为二等田。

1956 年开始，通济堰养护经费不分田亩等级，均以受益面积每亩 0.01 元计收水费。

1957 年确定水利经费使用范围，主要用于通济堰管理养护及工程损坏的修补。支付进水闸等主要闸门专管员和脱产干部报酬，为每人每月 21 元，会计每月 20 元。

4. 总结推行"平水推"分水法

通济堰自 1954 年大修、1955 年、1956 年较大规模的续修之后，大坝加高了 0.45 米，进水量大幅度提高，促使灌区的水田面积迅速增加。1955 年起，碧湖平原又开始大面积推广种植双季稻，改"一水二旱"为"二水一旱"耕作制，农田所需要的用水量成倍增长。在这样的生产条件、生产方式激剧改变的情况下，再继续延用三源轮灌制的灌溉管理方式，势必造成困难，而不能适应新的耕作制度，将会产生众多问题，严重影响农业生产的发展。为了解决这一矛盾，1956 年碧湖区公所和通济堰管理委员会，通过深入调查研究，广泛征求灌区群众意见，摸索总结出一套称为"平水推"分水法的新的灌溉分水方法。推广实施后，保证了碧湖平原 1956—1957 年大面积播种双季稻的用水，较好地解决了用水矛盾，获得了初步成效。

所谓"平水推"分水法的新的灌溉分水管理体系，是一种按公正公平的正确原则，以有一定科学依据的各概闸闸板，进行调节拦水高度，从而实现水量分配、控制用水份额的灌溉方式。这种方法，不像轮灌制那样关闭某些渠道系统，停止这些渠系供水，集中水量供应另一些渠系，灌溉这些渠系农田；而是一种无须关闭闸门，使渠水长流的一种分水方法。

"平水推"分水法的具体做法是：首先评定总渠系可用于"平水推"的水量，再根据需要确定分水方案，实施长流分水。1956 年试行时做法是：先将所有概闸开放，自由放水三天，然后通过各社（村）代表与管委会技术人员一起，实地检查，评定各概闸所需水量。在保证合理用水不浪费的原则下，根据面积、作用、土质等情况，予以分量用水。通过客观地调查分析、科学计算，最后确定各概闸的挡水枋高度，采取加高或降低闸板的方法来控制分水。例如：当时木樨花概闸用"八寸闸板"控制水分，而开拓概则全部不用闸板。

在 1956 年试行的基础上，经实践检验，并总结经验后，1957 年在全灌区作了较大的概闸枋木调整工作：城塘概枋木，不论水期，一律由"四寸平推"改用"六寸枋木"；木樨花概由"八寸平推"改为"七寸概枋"；下概头枋全闸改用"一块枋木"；对章塘概枋、大陈新开堰等概枋均作了调整，使"平水推"更趋于合理。其后，又根据生产条件、生产方式发生的变化和水流量的变化，因地因时制宜调整概枋，使"平水推"成为更加科学的分水灌溉方法。

在实施"平水推"分水灌溉法的同时，也建立了与之相适应的规章制度：

（1）各概闸概枋不得擅自乱动，不随意加高或降低，违者即行处罚。

（2）开展经常性的补塞漏洞，枯水期所有尾闸紧闭，做到不漏水；出溪水碓严加管理，旱期严禁使用。

（3）大坝进水闸掌握"二无""三看"：洪水时无水过闸（进水闸）；旱时无水过坝；看天气，下雨下闸、晴天上闸；看上游，上游有雨下闸、无雨上闸；看水色，混水下闸、清水上闸。采取这些辅助措施后，促进了灌溉效益的提高。

5. 管理养护制度

1949—1959 年，通济堰养护管理可分为两个阶段。

第一阶段，由 1949—1957 年制订的新制度为标志。这一阶段着重抓好 1954 年大修及 1955 年、1956 年两次续修，奠定通济堰工程维护保养的坚定基础。同时，通济堰养护管理的制度也逐步制订而得到改善。如制定实施"平水推"分水灌溉法及配套制度，局部地制订了一些管理上的规章制度。但是，这一阶段应该说尚处于探索阶段，是新旧体制转换的产物。

第二阶段，是 1957—1959 年稳定成熟阶段。这一阶段通济堰养护管理趋向稳定，并逐步成熟，集中体现在 1957 年 1 月 4 日通济堰管理委员会制定的《丽水县碧湖区通济堰水利管理和养护暂行办法章程》中。这个章程的制定，使通济堰管理养护工作走上了正规化、制度化的轨道。因此说这一阶段是新中国通济堰管理养护史上逐步成熟规范的阶段。

（三）1960—1969 年的管理养护

这一时期，通济堰在养护管理上，可划分为三个阶段。

1. 第一个阶段（1960—1963 年）

在 1961 年，丽水遇到了新中国成立后的第一个最严重的"百日大旱"。此时，正值早稻将熟、中稻孕穗、晚稻育秧的关键时刻。通济堰进水流量仅有 1.7 立方米每秒，而灌区内 20 台抽水机（不计自流灌溉、人力、畜力车水量在内）就需要 2.0 立方米每秒的流量。故供水量严重不足，将影响作物生长。通济堰管委会多次召开紧急会议，采取节水措施，堵塞了 7 个大漏水处。并采用笼衣（一种山生蕨类植物，当地俗称笼衣）、黄泥在大坝上临时加筑草泥坝，抬高水位，加大进水流量，使灌区用水得到了基本解决，从而在大旱之年获得了较好收成。

2. 第二个阶段（1964—1966 年）

这一时期，通济堰管委会着重抓自身建设工作，强化职能，做好本职工作。进一步明确了管委会的六条职责：

（1）负责工程维修测量、设计和施工管理。

（2）负责执行上级有关政策，制定受益面积合理负担水费标准和征收水费。

（3）负责执行并检查、监督碧湖区水利代表大会作出的各项决议及制度、条例、细则。

（4）负责全线工程的防汛。

（5）负责对水利物资、资金的保管和使用。

（6）负责发动、组织群众进行岁修和日常整修活动。

3. 第三个阶段（1967—1969 年）

这一时期，通济堰管委会克服"文化大革命"的种种干扰，坚持抓水利促生产，水利管理养护上比较正常，工作成效一直比较大，使通济堰水利工程没有受到严重损坏。

1967 年 7—8 月，丽水旱情严重，造成蒲塘、纪店、山根、九龙、红圩等大队水田大部分没有插上连作稻秧苗。管委会于 8 月 13 日召开水利会议，形成三项决议：①概头闸由下游派代表参与管理，共同掌管启闭操作。②碧一大队抽水机对下游进水有影响，决定向上游移至三支分水闸以上，并立即疏通好原抽水机处的渠道淤积。③根据当时后畈旱情重、用水困难的实际情况，前畈的水利委员一致同意让出部分水给后畈田畈。

1968 年 1 月 24 日，通济堰灌区委员会就冬修问题进行研究，确定修理大坝马路口及排沙门，并安排了冬修时间。

1968 年 3 月 1 日，召开碧湖区水利代表大会，选举产生了第四届碧湖区水利管理委员会。这次大会有三个特点：①通济堰与高溪水库两水系已在整个碧湖平原形成了纵横交错的灌溉网，为适应这一情况，组建全区统一的水利管理组织，从而决定成立"碧湖区水利管理委员会"，进行统一领导、统一管理。碧湖区水利管委会下设置通济堰灌区委员会、高溪水库灌区委员会。②在制定《丽水县碧湖区水利管理委员会水利工程管理章程》的基础上，还分别制定了《通济堰灌区管理养护办法》《高溪水库灌区养护办法》。③确定了受益面积按水系及用水等级合理负担灌溉水费，并确定了收费时间。

这一时期，通济堰灌区在管理及养护上有了较大的改进。用水分水制度，继续施行"平水推"分水灌溉法，并按照实际情况，进一步调整了有关支堰的闸门，使分水更为合理有效。

在这段时期，由于双季稻种植的发展，加上水利条件的改善，旱地改水田的面积较大、较快，造成枯水期用水紧张的局面，只得开始限制旱地改水田的速度。

1969 年 5 月 24 日，碧湖区水利管理委员会和通济堰灌区委员会组织实施了通济堰渠道疏浚工程，从石水牛位（保定村外）起至界牌止，进行了全线清淤，并对界牌处水毁堤岸进行整修。

（四）1970—1979 年的管理养护

在这一时期，通济堰管理养护受到"文化大革命"运动的较大影响和冲击，管理养护滞后。但是，从总体上讲，由于通济堰历来有一套健全的管理制度和措施，流域的干部群众把通济堰看作关系到自身生活的大事，所以养护通济堰仍有积极性。因此，不论形势怎样变化，通济堰的维护有着较为正常的工作程序，使其保持正常的水利功能。

这个时期，通济堰在管理和养护上主要做了三方面的工作：①组织开展每年的岁修，修补渠道堤岸，砌坎护堤；每年年底对渠道进行清底清淤，保证渠水畅通。②调整水费标准。③改选产生了第五、第六、第七届水利管理委员会。新的水利管理委员会由 25 人组成，下设财政股、管理股、调解股。

1978 年，碧湖区在碧湖平原的中北部开挖了一条新的排涝工程——新治河，使通济堰发挥更大的灌溉效益和解决排涝问题。

（五）1980—1989 年的管理养护

在这一时期，碧湖平原的灌溉、排涝工程日益完善，形成了通济堰、高溪水库、新治河及 1986 年建成的郎奇水库等四系统之间既各自独立的，又不可分割且互相联系的、完整的灌溉排涝体系。在碧湖平原形成了水网纵横交错、排灌功能齐全的全平原区域水利网络。

1. 管理机构

通济堰、高溪水库、新治河及郎奇水库等四项水利工程的受益范围合并，通称碧湖灌区。1983 年颁布了《丽水县碧湖灌区组织章程》，具体对碧湖灌区各水利分会和基层水管小组、灌区管理站等的组成、性质、职权范围及职能作用等均作了详细的规定。

1983 年起，碧湖灌区下设有通济堰管理站，配备有专职管理人员，实行统一领导、分级管理、专管与群管相结合的管理模式。

1983 年 7 月 5 日，召开了碧湖区水利代表大会，选举产生了第八届水利管理委员会。

1987 年 4 月，选举产生了第九届水利管理委员会。

2. 分段管理维修

通济堰的拦水大坝、进水闸、干渠、开拓概分水闸、龙子庙分水闸、木樨花概、城塘概、下概头概等主要工程，由碧湖区水利管理委员会管理，工程养护维修由区水管会组织，全灌区统一负担。灌区其他支渠、概闸、机埠等，原则上谁建、谁用、谁管、谁修。涉及多个受益单位的，则以共同负担的原则进行管理养护。

3. 水量分配

仍采用"平水推"分水灌溉法配合轮灌的办法，实现分水到各用水单位，后期逐步推广实施放水到田的灌溉管理制度。

4. 水费标准

1981 年规定自流灌溉的收费标准为每亩 0.40 元，稻谷 0.5 千克，提水灌溉的收费标准减半，旱地不收。1984 年改为自流灌溉的收费标准为每亩 1.00 元，提水灌溉的收费标准减半，不收稻谷。1987 年又改水费标准，自流灌溉的收费标准为每亩 1.20 元，提水灌溉的收费标准减半。

5. 开发利用

利用通济堰的自然资源，在确保工程安全、农田灌排水功能的前提下，开展多种经营：设栅养鱼、堤岸种植柑橘等。

（六）1990—1999 年的管理养护

1993 年丽水根据上级指示，撤区（县下属区）扩镇，原碧湖区被撤销，新合乡、平原乡、石牛乡被归划到扩大了的碧湖镇行政区划。这年根据新形势，召开了水利代表大会，会上选举产生了第十届碧湖水利管理委员会，并相应修订了《碧湖灌区水利管理条例》《碧湖灌区组织章程》等管理制度。

1997 年选举产生了第十一届水利管理委员会。

新中国成立后通济堰水利管理机构及负责人见表 5-2。

表 5-2   新中国成立后通济堰水利管理机构及负责人

届别	年份	主任	副 主 任	组成人数
第一届	1950	李级三		17 人
第二届	1957	李成富		25 人
第三届	1963	陈旭贞	张一心、王如林	17 人
第四届	1968	梅景冬	张一心、魏以取、王如林	25 人
第五届	1973	梅景冬	张一心、魏以取、王如林	25 人
第六届	1976	梅景冬	张一心、魏以取、王如林	25 人
第七届	1979	张一心	李一琛、叶楚朝	
第八届	1983	陈德富	魏以取、郑永树	24 人
第九届	1987	汤亮远	叶跃平、雷坛根	14 人
第十届	1993	王长华	管永林、雷坛根	16 人
第十一届	1997	季伟清	邓铭华、雷坛根	18 人

注 资料来源为钱金明编著的《通济堰》，浙江科学技术出版社，2000。

二、通济堰的文物保护管理简史

新中国成立后，各级政府十分重视通济堰的文物保护和管理工作。

对于通济堰这样的千年古堰，其文物价值的认识是有一个过程的：1958—1959 年，丽水拟建大型的瓯江水库，丽水城区一带将被淹没，水线将至通济堰一带。浙江省文物管理委员会组织瓯江水库文物工作组，深入现场进行调查、考察，对通济堰的历史、科学价值有了一定认识，并写出了专门的调查报告。为了保护通济堰历代水利碑刻等文物，决定将其迁移至当时的专署所在地的温州江心屿内保护。

1961 年，浙江省人民委员会鉴于通济堰具有重要的历史、科学价值，将其公布为第一批浙江省重点文物保护单位。通济堰从此走上文物保护管理的轨道。

1962 年，丽水县人民委员会根据浙江省人民委员会公布的名单，在通济堰源头的堰头村，竖立了"古代水利建筑工程——通济堰"文物保护标志碑一方，确立通济堰是受国家法律保护的省级重点文物保护单位的地位。

1980 年，丽水地区行署、丽水县政府要求文物水利部门将运往温州保护的通济堰水利碑刻运回丽水。经过丽水、温州两地文物工作者的共同努力，运回碑刻，并重新竖立于通济堰大坝旁的詹南二司马庙内，供人们观赏、研究。

1981 年，浙江省人民政府在重新公布第一批浙江省重点文物保护单位名单中，通济堰名列其间，成为调整充实后的首批省级重点文物保护单位。

1983 年，丽水县人民政府根据新公布的第一批省级重点文物保护单位名单，在通济堰大坝旁重新竖立"浙江省重点文物保护单位——通济堰"文物保护标志碑一方，背面镌刻简介。

1986 年，浙江省文化厅、浙江省城建厅批复确定了通济堰的保护范围和建设控制地带，使通济堰文物保护管理进一步正规化。

1990 年，建立了通济堰文物保护管理小组，其成员由丽水市文化局、市水电局、碧湖镇、新合乡、堰头村等相关部门单位负责人及丽水市博物馆业务人员、通济堰业余文物保护员等组成，负责通济堰大坝、石函、主渠道、概闸、詹南二司马庙、通济堰历代碑刻、文昌阁、古樟群、古桥梁及古民居等文物古迹的保护管理。

1991 年，丽水市文物管理委员会办公室与碧湖区水利管理委员会签订了《通济堰文物保护责任书》，明确了各方在通济堰文物保护工作中的义务和职责。

1994 年，浙江省文物局拨专款，由丽水市博物馆组织对通济堰附属文物文昌阁进行了维修。

1994 年开始着手进行通济堰规范化"四有"档案材料的收集、整理和编制工作。经过一段时间的努力，初步完成编制任务。通济堰"四有"档案包括有主卷、副卷、备考卷等三大部分，档案收录文字材料、历史文献、相关图纸、照片、拓片，并拍摄了音像资料《古代水利工程——通济堰》电视片。

1999 年，成立了丽水市通济堰文物保护管理所。负责通济堰文物及其流域、生态环境的保护管理和相关课题的研究。当年 3 月，丽水市人民政府在通济堰竖立规范的通济堰文物保护标志碑一方。

2000 年 3 月，丽水市（县级）人民政府首次委托浙江省古建筑设计研究院编制《丽水通济堰保护规划》。

2000 年 5 月，进入第五批全国重点文物保护单位推荐工作准备阶段，制定申报工作具体方案。

2000 年 6—7 月，邀请有关部门、相关文物、水利专家对通济堰的历史、科学价值进行全面评估。

2000 年 7 月 15 日，浙江省文物局发文，向国家文物局推荐通济堰为第五批全国重点文物保护单位。

2001 年 7 月 16 日，国务院公布第五批全国重点文物保护单位名单，通济堰名列其中。

2005 年，丽水市（地级）人民政府委托浙江省古建筑设计研究院编制《浙江丽水通济堰文物保护规划》。

2006 年 3 月，《浙江丽水通济堰文物保护规划》初稿完成。

第六章
通济堰相关文物及古迹

通济堰流域是丽水开发较早的地方，历史上由于碧湖平原平坦、丰沃，从而成为主要的产粮区和人类聚居地，村庄较多；加上历代官府和劳动人民都注重通济堰的保护和开发利用，因而留下了许多通济堰相关的文物。同时，由于社会生活环境较为优越，生活、生产较为发展，在流域范围内留下了众多其他人文古迹。

在这些众多的文物和人文景观中，又以通济堰历代水利碑刻、《通济堰志》、詹南二司马庙、何澹及其亲属墓、文昌阁、古驿道、宋元明保定青瓷窑址、古樟群、清代民宅群、通济堰渠道上的古桥、古水埠、吉祥物镇水"石犀牛"等主要历史遗存。其他还有：沿村渠道取水踏埠、瓦式埠亭、概头经幢、白桥石镞出土地点、宋代黄山窑址等等。

下面择要分别予以介绍，以揭示通济堰流域深厚的文化底蕴。

第一节　通济堰水利碑刻

一、通济堰水利碑刻历史

据史料记载，通济堰自唐代开始就有碑刻传世，只是唐碑在北宋明道年间被大水漂亡湮没。

宋代开始，通济堰的碑刻逐渐多了起来，元、明、清及民国各代均有碑刻留传。民国晚期仍建有一座修堰纪念碑。这当然与中国历史上的历代封建社会官府及官吏，遇有机会就大肆树碑立传、为自己歌功颂德的风气分不开的。当然，只要我们剔除其间的封建糟粕，就能从这些碑刻中得到有价值的历史资料。第一，这些碑刻为我们留下了通济堰维修的原始记载资料；第二，这些碑刻的竖立证明了通济堰历史源远流长；第三，这些碑刻的存在，为地方水利史及生活、政治、经济等方面的研究留下了珍贵的文献，弥足珍贵。

新中国成立后，虽然也进行过几次大修，并经历了数次重大事件，但却没有留下记事碑刻，只竖立过三次文物标志碑。这是基于下列原因：①共产党人不提倡为自己歌功颂德；②新中国进行的水利维修工程是政府行为，不允许归功某些个人；③人们有了纸张记录历史的习惯，不时兴刊碑，故而竖碑的意识已十分淡化。因此，在通济堰的历代水利碑刻中，新中国只有文物标志碑，用以说明文物保护单位的档次、名称、地点、公布单位等简单的内容。

二、宋代碑刻的情况

根据史料的记载，通济堰工程在宋代曾刊刻有碑刻四方，即：①北宋元祐八年关景晖所撰《丽水县通济堰詹南二司马庙记》碑；②南宋绍兴八年赵学老《丽西通济堰图》碑；③南宋乾道四年叶份《丽水县通济堰石函记》碑；④南宋乾道五年范成大《重修通济堰规》碑。这些碑刻具有很高的史料价值。

这四方宋碑，至明代洪武年间只留下一方范成大《重修通济堰规》碑。鉴于宋碑对通济堰工程历史的重要性，于是，在洪武三年重新摹刻了关景晖的《丽水县通济堰詹南二司马庙记》碑、赵学老的《丽西通济堰图》碑及题碑阴，将它们同刊在元至顺辛未年叶现《丽水县重修通济堰记》碑的背面，从而形成了四份碑刻文献同刊一方碑的现象。而叶份的《丽水县通济堰石函记》没有再予以重刻。

新中国成立时，原始记录中，通济堰尚留有历代水利碑刻20余方，其中统计有宋碑2方（其中一方明洪武三年重刊），但实际上关景晖的《丽水县通济堰詹南二司马庙记》（重刊）还在，只是当时没有人详细调查，故在重刊碑题改变的情况下没发现，统计时没包括在内而已。因此，实际上四方宋碑，确存原刻者一方、明洪武重刊者二方、失碑一方。

现将三宋碑情况介绍如下：

南宋乾道五年范成大《重修通济堰规》碑，现存碑编号：通堰01号。高168.0厘米，宽92.0厘米；碑石取材为砂积岩。正由于碑体采用了砂积岩，故像粗砂水泥浇制的一样粗糙。原碑两面均刻有碑文，正面碑额刻有隶书"重修通济堰规"6字，字径约16.0厘米×15.0 厘米～16.0 厘米×19.0 厘米，清晰可见。碑文正文部分字径约 1.0 厘米×1.0 厘米，大部分已经漫漶不清。碑背除有正文外，其下部还刊有字迹较深、字体较大的"跋语"部分，字径 3.5 厘米×3.0 厘米，尚可识读。1988 年在堰头村詹南二司马庙内重新竖立时，由于当时经手人没有认真观察，或可能考虑让人们能看清跋语碑文，而将碑竖反了（即将正面反为背面，而原背面作为正面朝外竖立）。且竖立的位置也不适当，现碑后只留有 60 厘米左右的空隙，使研究人员无法拓片和观察，普通参观者阅读也不方便。

三、其他碑刻

（一）元代

据史料记载，通济堰元代应刊刻有碑刻二方，现存一方，即现存《通济堰图》碑背面；另一方下落不明。

元至顺辛未年（1331 年）叶现《丽水县重修通济堰记》碑，现存碑编号：通堰 02 号（背面）。高 168.0 厘米，宽 92.0 厘米。据考证，此碑石应是元代以前的碑石，在其另一面即现明代重刊宋碑的一面，原有碑文，是何碑不清。因此，此碑是元代至顺辛未年利用旧碑背面磨平刊刻的。后人多认为此元碑已佚，即二方元碑均已无存。但笔者在堰头村司马庙进行碑刻调查时，发现了此元碑的秘密。可惜重竖时，经手人员只考虑到《丽西通济堰图》碑的可观赏性，而没有注意碑背面还有碑文存在，所以竖立位置不当，后面仅留 60 厘米左右空隙。因此，该元碑无法重新拓片，游人也不能发现，对此考察探讨也十分困难。幸有 1959 年拓片存馆。元碑碑额题写楷书大字"重修通济堰记"，字径 13.0 厘米×8.5 厘米，碑文楷书，刊刻较浅，字迹少部分剥蚀漫漶，大部分尚可识读，字径 3.0 厘米×2.5 厘米～3.0 厘米×2.7 厘米。

（二）明代

在明代，通济堰曾刊刻碑刻十余方，但到新中国成立时，据记录仅留下一方明代碑刻。故除明洪武三年重刊《丽西通济堰图》碑之外，真正明代撰文的碑刻已经散失，也没有明代碑刻的拓片传世。幸好《通济堰志》明代有过编修，所以清同治五年《通济堰志》对明代文献有了较为全面的收录。研究人员可以从《通济堰志》录文中探索通济堰的维修历史。

明洪武三年重刊南宋绍兴八年赵学老《丽西通济堰图》碑，现存碑编号：通堰 02 号。高 194.0 厘米，宽 86.0 厘米；酱色细石质。刊刻在元至顺辛未年（1331 年）叶现《丽水县重修通济堰记》碑的背面上部。即在元碑之背面摩平，磨制较细，有乳白色斑点。碑额题楷书大字"通济堰图"（字径 11.0 厘米×9.0 厘米）四字，部分已被碰损，损及"图"字左上部。该碑占碑面上部的 2/3 左右，图中较详细绘了通济堰水系的分布情况。其中有人工渠道、大坝、概闸、湖塘、村庄、山脉等形象，并注有当时的天然水系、溪流名、概闸名、村庄名、湖塘水泊名等。资料系统完整，是宋代通济堰流域的实况图像记录，对研究通济堰历史及其水系变迁，具有极高的价值。

在明洪武三年重刊碑下 1/3 段前部，重刊有北宋元祐八年关景晖《丽水县通济堰詹南二司马庙记》碑文。分栏，栏高 54.0 厘米，宽 85.0 厘米。该关景晖《庙记》，前面题写楷书"通济堰记"竖 1 行（字径 2.0 厘米×2.3 厘米），其后碑正文竖排 20 行，满行 21

字，楷书碑文（字径 2.0 厘米×1.8 厘米），文末注"关景晖记"四字。其后面跟着刻赵学老的"题堰图碑碑阴"，无题，紧接前文，竖排 12 行，头空三格（以示与《丽水县通济堰詹南二司马庙记》区别），满行 18 字，碑文楷书（字径同《丽水县通济堰詹南二司马庙记》碑文）。文中记载了赵学老访得关景晖《丽水县通济堰詹南二司马庙记》情况外，并记载了在南宋《通济堰图》碑的碑阴，刊刻了北宋元祐八年间县尉姚希的《通济堰规》这份重要文献。惜南宋原碑已佚，明洪武重刊时可能已没有原文拓片（《通济堰志》中也未收录），所以没有再刊，使之失载，从而丧失了通济堰最早的管理文献。

据笔者实地观察，在上述重刊《丽西通济堰图》《丽水县通济堰詹南二司马庙记》《堰规碑题碑阴》所刻的碑面上，以前似曾另刊刻过碑文，虽被磨去，但尚留有部分文字的残迹。但是，到底会是什么碑文呢？会不会是其他宋碑，甚至就是唐碑呢，则无从稽考。因为残留的字迹实在太少了，不能判断其内容，且残留痕迹很浅，拓片也难以再现其文字，甚为可惜。期待能有现代科学方法，再现一些原碑文字，以便能深入探索其前身，解开原碑之谜。

（三）清代

在清朝历史时期，通济堰曾刊刻了各种碑刻 17 方。新中国成立时，仅留有清代碑刻 10 方。现存堰头村二司马庙的有 9 方，加上在碧湖镇政府食堂后面的一方（此碑没有被运往温州）。现分别介绍如下：

（1）清康熙三十三年（1694 年）刘廷玑《重建通济堰碑记》，现存碑编号：通堰 03 号。高 220.0 厘米，宽 108.0 厘米。石质为酱色细石质（层积岩），磨制精细，碑石细腻，碑文清晰。圆形碑额，周围线刻"云龙"纹图案。额题有篆书"重建通济堰碑记"7 个大字（字径 12.0 厘米×9.0 厘米）。碑文前面题书"栝郡刘侯重建通济堰碑"，楷书。碑文楷书（字径 2.0 厘米×2.0 厘米）。碑石中段旧被折断，现予修复固定。折补处损及个别文字。刻碑文字《通济堰志》中漏收。

（2）清嘉庆十九年（1814 年）韩克均《重修处州通济堰碑记》，现存碑编号：通堰 04 号。高 185.0 厘米，宽 112.0 厘米。石质为青色细石，磨制精细，斜式碑额。碑额题隶书"重修处州通济堰碑记"9 字（字径 6.0 厘米×9.0 厘米）。碑文隶书，分为四节排列，竖排。每节排 18 行，满行 7 字（字径 2.3 厘米×3.5 厘米），碑后落款"赐进士出身钦命巡浙江温处兵备道　新升云南按察使汾阳韩克均撰　处州府青田县学训导四明张慧书"。

（3）清道光九年（1829 年）黎应南《重修通济堰记》碑，现存碑编号：通堰 05 号。高 188.0 厘米，宽 88.0 厘米。石质细腻，磨制较细，平方式额。碑额题篆书"重修通济堰记"6 字（字径 9.0 厘米×7.0 厘米）。碑文楷书（字径 3.5 厘米×3.5 厘米）。碑文后落款"道光九年岁次己丑立夏前一日　知丽水县事顺德黎应南撰并书"。

（4）清道光九年（1829 年）竖立的《捐修朱村亭堰堤乐助缘碑》，现存碑石编号：通堰 06 号。高 186.0 厘米，宽 88.0 厘米。石质为酱青色细石，磨制较精细，方平式额。碑额题篆书"捐修朱邨亭堰堤乐助缘碑"11 字（字径 9.0 厘米×6.0 厘米）。碑文楷书（字径 1.5 厘米×1.5 厘米）。分成三节排列，竖排。第一部分记述捐修缘由，其后刊刻乐助人捐助数额。碑文后落款"道光九年岁次己丑孟秋上浣谷旦"。

（5）清同治五年（1866 年）清安《重修通济堰记》碑，现存碑编号：通堰 07 号。高 188.0 厘米，宽 89.0 厘米。碑石为细石质，磨制较细，平方式额。碑额题楷书"重修通济堰记"6字（字径 7.0 厘米×8.0 厘米）。碑文楷书，分两种大小不同的字体（字径分别为 3.0 厘米×4.0 厘米，2.0 厘米×2.5 厘米）。碑文后落款"同治五年岁次丙寅秋九月之朔　谷旦　钦加道衔知浙江处州府事长白清安撰　丽水县拔贡生王廷芝书"。

（6）清同治六年（1867 年）《开拓概碑》，现存碑编号：通堰 08 号。高 177.0 厘米，宽 87.0 厘米。石质是青色细石，磨制较细，平方式额。碑额题楷书"开拓概碑"4 字（字径 8.0 厘米×6.0 厘米）。碑文楷书（字径 2.5 厘米×2.0 厘米）。碑石右额题书处有缺损，左下角有剥脱，损及 8 字，其他碑文尚清楚。

（7）清同治六年（1867 年）西乡士民公叩《郡守清公大修通济堰颂》碑，现存碑编号：通堰 09 号。高 171.0 厘米，宽 93.0 厘米。石质细，磨制较精，平方式额。碑额题隶书"郡守清公大修通济堰颂"10 字（字径 12.0 厘米×8.0 厘米）。碑文隶书（字径 3.5 厘米×3.0 厘米）。内容记述清安修堰事略，并有颂词。碑文后落款"大清同治六年岁次丁卯仲秋朔　谷旦　丽水县西乡士民公叩"，并附录有三源董事姓名。

（8）清同治十三年（1874 年）《丽水县正堂示》碑，现存碑编号：通堰 10 号。此碑为丽水知县处理新亭村孙姓村民自行私挖小渠引水事件所立的告示碑，现存于新亭村。

（9）清光绪二十四年（1898 年）《处州府正堂谕》碑，现存碑编号：通堰 11 号。高 138.0 厘米，宽 87.0 厘米。酱紫色细石质，磨制尚精细，平方式额。碑额部缺损，原题楷书"告谕"二字，现仅留"谕"字下半部分。碑文前有"处州府正堂　谕"6 字（字径 5.5 厘米×5.0 厘米）。碑文字径 3.0 厘米×2.5 厘米，楷书。

（10）清光绪二十六年（1900 年）《禁示》碑，现存碑编号：通堰 12 号。高 100.0 厘米，宽 62.0 厘米。青石质，磨制尚好，平方式额。碑石完整，字迹清晰。文前竖题书"钦加道衔赏戴花翎在任候升道特授处州府正堂　赵　为"等字（字径 2.5 厘米×3.5 厘米），楷书。碑文楷书，字径 1.5 厘米×2.0 厘米。

（11）清光绪三十三年（1907 年）萧文昭《颁定通济西堰善后章程碑记》碑，现存碑编号：通堰 13 号。高 170.0 厘米，宽 83.0 厘米。青石质，磨制较细，斜式碑额，外周有线刻"云龙"纹装饰。碑额题隶书"颁定通济西堰善后章程碑记"12 字（字径 6.0 厘米×8.8 厘米）。碑文行楷书体，字径 1.6 厘米×1.8 厘米。字体多变，常有异体字、简体字出现。该碑在笔者调查中发现于碧湖镇政府食堂后面的一个角落里。据称，早在新中国成立之初就在此处。据说是在碧湖镇内的龙子殿挖出的，后来一直没有记录。此碑记载的是：光绪三十二年大修通济堰后，为确保通济堰的水利功能，萧知府组织制订了有关管理章程。其为通济堰历史上管理文献的最后一份资料。据此碑文记载，清光绪三十二年在詹南司马祠后隙地上建房设西堰公所，并将此祠头门改名报功祠。

（12）清《禁示》碑，现存碑编号：通堰 18 号（背面）。高 115.0 厘米，宽 66.0 厘米。酱紫色细石，磨制尚平整。碑额题楷书"府正堂示"四字。碑文楷书，竖式三行，第一行"谕船筏闸夫人等知悉"，第二行"大陆门上概后每日只"，第三行"准黎明开一次如违重究"等字，没有刊刻日子、出示人名等。不知是清代哪一位知府所刊。

（四）民国时期

民国时期在通济堰刊刻有碑刻四方（包括一座方柱形纪念碑）。

（1）民国十九年（1930 年）《丽水县公署谕》碑，现存碑编号：通堰 14 号。高 127.0

厘米，宽71.5厘米。酱紫色细石。碑文竖书，前题有"丽水县公署谕"六字（字径7.0厘米×3.5厘米）。碑文楷书，字径2.0厘米×2.5厘米。

（2）民国二十八年（1939年）《大修通济堰纪念碑》，现存碑编号：通堰15号。是一座截面为正方形的长方柱形纪念碑。截面约36.0厘米×36.0厘米，高280.0厘米。麻石质，碑石完好，碑文清晰。正面竖排大字"大修通济堰纪念碑"8字，行楷体，字径13.0厘米×14.0厘米。其他文字是记载该年大修通济堰概况，并附录三源绅董姓名，楷书，字径7.0厘米×6.0厘米，3.0厘米×3.0厘米两种。

（3）民国三十六年（1947年）《重修通济堰记》，现存碑编号：通堰16号。高157.0厘米，宽80.0厘米。酱色细石。碑额行楷书，题"重修通济堰记"，字径6.0厘米×4.5厘米。碑文行楷书，字径2.5厘米×2.0厘米。碑石完好，碑文清楚。

（4）民国三十六年（1947年）《浙江省第九区行政督察专员兼保安司令公署告示》，现存碑编号：通堰17号。高143.0厘米，宽67.0厘米。酱紫色细石质，碑面粗糙，未经磨平。但字迹深且字体大，故碑文清楚，字径7.0厘米×8.0（9.0）厘米两种。内容是关于过船闸启闭的规定。

四、新中国时期

新中国在通济堰竖立过三次文物标志碑。

（1）1962年《文物保护标志》碑，现存碑编号：通堰18号。系采用清代《禁示》碑背面，经稍打制而未经磨平，即刊刻本碑文。额书"文物标志"四字，碑文略介绍通济堰简况。该碑碑文是原丽水市（现莲都区）政协干部毛传书书写的。

（2）1982年《浙江省文物保护单位通济堰》标志碑，现存碑编号：通堰19。麻石质。原竖大坝旁，现收归詹南二司马庙内保存。

（3）1999年《省级文物保护单位通济堰》规范化文物标志碑，现存碑编号：通堰20。青石质，经精磨制抛光，碑文采用电脑喷砂制作，现竖立在大坝北端通济闸旁。

通济堰历代水利碑刻调查情况见表6-1。

表6-1　　　　　　　　　通济堰历代水利碑刻调查情况

编号	刊刻年代	碑名	包含内容	规格（高×宽）/cm	碑石保存现状	备注
通堰01	南宋乾道五年（1169年）（疑明代重刻）	通济堰规碑	1. 范成大《重修通济堰规》；2. 范成大《堰规跋语》	168×92	石质粗糙，碑文大部漫漶不清。跋语可识读	位置不当，背面不可读
通堰02	元至顺辛未年（1331年）	丽水县重修通济堰碑	1. 元叶现《丽水县重修通济堰记》；2. 南宋赵学老《丽西通济堰图》及碑阴；3. 北宋关景晖《丽水县通济堰詹南二司马庙记》	194×86	元碑碑文有部分已经漫漶不清。明洪武重刊宋碑碑文在背面（现正面），有损坏，下部文字部分不清	位置不当，背面元碑不能阅读
	明洪武三年（1370年）重刊宋碑	通济堰图碑				

编号	刊刻年代	碑名	包含内容	规格（高×宽）/cm	碑石保存现状	备注
通堰 03	清康熙三十三年（1694 年）	重建通济堰碑记	刘廷玑《重建通济堰碑记》	220×108	碑石中部折断，修复固定。碑文清晰，内容基本完整	《通济堰志》未收录本碑文稿
通堰 04	清嘉庆十九（1814 年）	重修处州通济堰碑记	韩克均《重修处州通济堰碑记》	185×112	碑石完好，碑文清晰	
通堰 05	清道光九年（1829 年）	重修通济堰记碑	黎应南《重修通济堰记》	188×88	碑石完好，碑文清晰	
通堰 06	清道光九年（1829 年）	捐修朱邨亭堰堤碑	叶楚《捐修朱村亭堰堤乐助缘碑》	186×88	碑石完好，碑文清晰	
通堰 07	清同治五年（1866 年）	重修通济堰记	清安《重修通济堰记》	188×89	碑石完好，碑文清晰	
通堰 08	清同治六年（1867 年）	开拓概碑		177×87	碑石左下角剥脱损 8 字	
通堰 09	清同治六年（1867 年）	重修通济堰颂碑	西乡士民公叩《郡守清公大修通济堰颂》	171×93	碑石完好，碑文清晰	
通堰 10	清同治十三（1874 年）	丽水县正堂示碑			碑石完好，碑文清晰	现存新亭村
通堰 11	清光绪二十四年（1898 年）	处州府正堂谕碑		138×87	碑额损坏，"谕"字仅留下半字	
通堰 12	清光绪二十六年（1900 年）	处州府禁示碑		100×62	碑石完好，碑文清晰	
通堰 13	清光绪三十三年（1907 年）	通济堰善后章程碑	萧文昭《颁定通济西堰善后章程碑记》	170×83	碑石较完好，碑文清晰	现存碧湖镇政府食堂
通堰 14	民国十九年（1930 年）	丽水县公署谕碑		127×72	碑石完好，碑文清晰	
通堰 15	民国二十八年（1939 年）	大修通济堰纪念碑		长方体石柱高 280，截面约 36×36	碑石完好，碑文清晰	
通堰 16	民国三十六年（1947 年）	重修通济堰记碑		157×80	碑石完好，碑文清晰	

编号	刊刻年代	碑名	包含内容	规格 (高×宽)/cm	碑石保存现状	备注
通堰 17	民国三十六年 （1947 年）	专员兼保安司令公署告示		143×67	碑石完好，碑文清晰	
通堰 18	1962 年	文物标志碑（丽水县人民委员会立）清大陡门禁示碑	1. 1962 年文物标志； 2. 清代《大陡门禁示碑》	115×66	清碑面平整，清晰。标志碑面粗糙，字迹较浅	背面为清代碑文
通堰 19	1982 年	浙江省文物保护单位通济堰标志碑			碑石完好，碑文清晰	
通堰 20	1999 年	浙江省重点文物保护单位通济堰标志碑			青石磨平抛光，电脑喷砂制作	
通堰 21	2002 年	全国重点文物保护单位通济堰标志碑			青石磨平抛光，电脑喷砂制作	

五、碑刻现状及保护

（一）碑刻现状

现存通济堰历代水利碑刻，经历了历史的风霜，已有不同程度的损坏。

通济堰水利碑刻，在历史上曾经过战乱、自然灾害、人为破坏，从而造成了湮没、散失，有所损坏在所难免。随着时间的推移，自然风化、人为刻划、手摸物碰等，更加速了碑刻的损坏。特别是其中 01 号宋碑，本身采用的材料为砂积岩，已是先天不足；加上正文字体小，刻痕浅，经过数百年风化脱剥、捶拓损坏、人为划写，使碑文已大部分不可识读，只有少部分（如大字的跋语）尚可识。虽然此碑十分重要，但也只能望碑兴叹了。

其他碑刻也或多或少地有风化、剥脱、折断、缺损、漫漶、划痕等不同程度的损坏。在 1989 年重新竖立时，又由于 01 号、02 号碑竖立位置不适当，使人们难以观察碑背面上的文献。部分碑的下部文字被水泥覆盖，有损碑文资料的完整性和观赏价值。

（二）文物保护

随着人们文物保护意识的加强，社会经济实力的提高，政府对文物保护的重视程度会不断提高。要从以下方面及时对通济堰碑刻加强保护和整理研究：

（1）根据实际情况，依靠科学技术手段，寻求通济堰碑刻的最佳保护方案。如采用高分子渗透技术，保护风化碑刻，阻隔有害气体的侵袭。从而极大地延长通济堰历代水利碑刻的寿命。

（2）小心剥除新近竖石碑时采用的混凝土，并清理石碑上的混凝土残痕。重新以最佳方案竖立这些历史碑刻。

（3）在通济堰文物保护总体规划中，确定保护方案。在詹南二司马庙按规划修复后，采用正确方法和传统材料，安排通济堰水利碑廊，重新科学规范竖立碑刻。并采取切实保护措施，防止碑刻被自然、人为等破坏。

（4）应对现存的重要历史碑刻，在采取科学保护措施后，安装玻璃保护罩，更有效地防止游人抚摸、划痕及私下拓片造成的损坏。

（三）重新刊刻

有关部门曾计划拟重新摹刊已佚的所有历史上通济堰的水利碑刻。对这项计划，必须慎重对待。按文物定义原则，重新刊刻的碑刻，不是历史原物，因此没有文物价值。为了重现通济堰历史碑刻之规模，一定要重新刊刻的话，必须要按照文物保护要求，提出切实可行的方案，并经专家论证、文物主管部门审批后才能实施，并应遵循以下原则：

（1）一定要选择传统碑石材料，按传统碑石磨制要求制作。

（2）碑文书写者必须具有深厚的书法功底、有一定知名度的书法家，按传统碑刻碑文书写体例书丹。

（3）碑文材料应按《通济堰志》收录的文献，作底稿进行仿刻，不得随意增减，确保文献的准确性。

（4）刻工技巧必须熟练，并以传统手法刻制。不能粗制滥造。

（5）重新刊刻的碑刻，应该在碑后注明以下内容：重新仿刻单位、仿刻时间、书丹者姓名、刊刻工匠姓名等，并撰刊一方重新刻制历史碑文题记，记载事情缘由始末。只有这样，通济堰由历代水利碑刻及重新刊刻碑组成的水利碑林才能重放异彩，吸引更多的人去观赏她、研究她，提高通济堰的历史研究价值。

（四）附记

据温州文化系统知情人介绍："文化大革命"初期（即1966年8月27日），温州地区（专署）文化系统社教组到江心屿"破四旧"砸碑，当时在江心屿的文物工作者说通济堰水利碑刻有历史价值，不能砸。于是社教工作组让他们选出有价值的可以不砸，于是选择了一部分保留，其他一律砸碎了，并抛入了江中。据说当时还派了民兵小分队，封锁了渡轮，不让人上岛。故此，送存温州江心屿的通济堰水利碑刻仅留16方运回丽水。

第二节 《通 济 堰 志》

一、《通济堰志》概况

有关通济堰撰编堰志的历史，虽然有南宋即开始编撰《通济堰志》的说法，但没有发现存世版本及确切文献以资证明，故只是个存疑的传说而已。笔者经考证，认为宋代通济堰虽进行了多次整修、创建工程，取得了极为重要的成就，但是，通济堰自始建至宋代留下的资料文献并不多，当时的人们不会因不多的文字资料编修一部《通济堰志》。再则，当时官府注重通济堰水利功能的拓展，有所成就立一方石碑是必要的，但不至于编修成志，所以笔者认为南宋编修《通济堰志》的可能性不会很大。

《通济堰志》出现有确切记载的，其开始编修的时间是明万历三十六年（1608 年），由当时的丽水县县令樊良枢在主持大修通济堰工程后，为保存通济堰历史文献，决定汇辑宋、元、明历代碑记、文稿等，撰编成了首部《通济堰志》。根据文献分析，在樊良枢编《通济堰志》之前，民间曾有私编堰志情况存在。所以樊良枢在修志时明确规定了通济堰"堰书"由官府编修、颁布、收藏，防止民间私下修志而篡改堰史、荫埋堰产。

后来，直到清乾隆三十一年（1756 年）、道光二十四年（1844 年）、同治九年（1870 年）三次重修。光绪三十四年（1908 年）又修了一部《通济堰志》续志，作为同治九年堰志的续编。在清宣统二年（1910 年）曾予以重印。

《通济堰志》同治九年版以前的三个版本，在国内已不见流传，不知国外是否有收藏。但幸好每次重修，均是在原志的基础上进行的，因此，保存了历史上原有的文献资料。现代人们才得以了解通济堰创建维修历史。

清同治九年版《通济堰志》，由王庭芝编撰。其版本现在已经很稀少，据悉，仅在以下单位尚有收藏：中国水利水电科学研究院水利史研究室（图书馆）、浙江省图书馆古籍部、浙江省博物馆等。清光绪三十四年版《通济堰志》续志，由沈国琛为主汇辑。现在浙江省图书馆古籍部、浙江省博物馆等处有收藏（宣统二年重印本）。

应该说，在我国历史上，有关水利的专著、文献为数不少，其中山川河湖的专志也有多部。但是，像通济堰这样的地方性水利灌溉工程，单独修志成书的则至今罕见。《通济堰志》无疑是研究地方水利史、农业灌溉史、水工技术发展史和水利工程维修管理史上的重要历史文献，其中所记载的水利工程经营方法和管理经验，具有较高的研究和借鉴价值。

《通济堰志》同治九年版本，不分卷，木雕版印刷，线装成四册，共有 136 叶（即 272 页），40000 余字。收录范围：自宋以来至清同治九年前的有关通济堰维修碑记、条例、告示、禁令、堰资、堰产，以及相关编撰的序、跋等文献。基本上反映了宋代以来通济堰的发展、历史沿革及其维修工程情况。宋代以前的文献已散失湮没；收录中尚有少部分文献漏收。

清光绪三十四年版《通济堰志》续志，收入了清同治五年至光绪三十四年的相关通济堰维修工程的告示、文移、批示、堰工、碑记、禁示等文献。

全套《通济堰志》共记载了通济堰自宋代至清代末年的大修工程 20 多次，对工程规模、兴修始末、经费筹措、民夫派额及工程管理等方面均有较详细的记录。其中，明万历三十六年丽水县令樊良枢主持的大修工程、清同治四年处州知府清安主持的大修工程的文献材料收录最详，各占一册（分别是第二册、第四册）。其特点是：不但叙述沿革，而且重视管理文献。对通济堰历史上的几次重要管理文献，如：南宋乾道四年郡守范成大订立新堰规二十条；明万历三十六年樊良枢的立新规八则、修堰条例四则；清嘉庆十八年知府涂以辀的新立堰规四条；清同治五年知府清安的立新规二十四条，并订立十八段章程等，均予以全部收录，真实再现了古代水利管理法规。

收入《通济堰志》的文稿，其作者一般均是当地官员、工程经营者和绅士文人，因此，所收录的史料准确性较高。但是，《通济堰志》经多次编修，虽名以官修，实际还是以民修为主的。除明万历三十六年樊良枢编及清同治九年版可称官修外，以前版本多为民修性质。因此，堰志中也存在以下不足：

（1）《清郡守规条》，目录中列有 24 条，而实际收录中只有 23 条。

（2）未收录清康熙三十三年（1694 年）的《重建通济堰碑记》。

（3）未收录清道光四年（1824 年）知府雷学海的《新规八则》。

（4）未收录清同治十三年（1874 年）的《丽水县正堂示》碑等。

二、《通济堰志》目录考记

清同治九年版《通济堰志》、光绪三十四年版《通济堰志》续志二种合在一起，就是一套完整的《通济堰志》，其收录资料极为丰富。笔者就其目录内涵作一个全面考记，供古代水利史学界参考。

本考记按原本顺序，逐项考记其目录名、文题（名）、撰文人及书丹者，并略述该文献的主要记载内容。对于《通济堰志》漏载的历史文献，亦在其相应时序位置上予以注明，以尽量完善通济堰历史文献的目录。

（一）清同治庚午年版《通济堰志》文献目录

1. 宋文

（1）目录名：二司马庙记。收录文献题目名：丽水县通济堰詹南二司马庙记。北宋元祐年间刊刻碑文。原碑已佚，明洪武三年曾重刊。

前梧州太守会稽关景晖所撰文。收录的该文，是通济堰现存最早的文献资料。文中记述了北宋元祐年间大修通济堰，重建詹南二司马庙的情况。还记录了通济堰始建的历史和传说。特别重要的是，该文说明了通济堰始创于南朝梁天监年间，由詹南二司马共主其事的历史，是通济堰史研究的重要文献。

（2）目录名：堰图碑阴。收录文献题目名：丽水县通济堰规（应是指北宋元祐县尉姚希的"堰规"）题碑。南宋绍兴八年立碑，明洪武三年曾重刊。

丽水县丞汶上赵学老撰书。该文说明刊刻《通济西堰图》碑，以使之"庶几来者知前修勤民经远之意不坠垂无穷"。还说明了赵学老为了绘刊堰图，咨访间里，得到北宋关知府的"庙记"，并将访得的北宋元祐县尉姚希的"堰规"刊于堰图碑阴的事实。可惜到明代重刊时，姚希"堰规"已失传，姚希"堰规"《通济堰志》实漏载。

（3）目录名：无。收录文献题目名：丽西通济堰图。南宋绍兴八年立碑，明洪武三年曾重刊。

丽水县丞汶上赵学老绘刊。该文是通济堰水系分布的最早形象记录，对通济堰流域水利网络的历史原状研究具有重要参考价值。

（4）目录名：石函记。收录文献题目名：丽水县通济堰石函记。南宋·乾道四年刊碑。原碑何时失落不明。

左从事郎新大学博士叶份撰文。该文是现存最早的有关石函引水桥的历史文献。其中记载了北宋政和初年（1111—1113 年），知县王禔接受助教叶秉心的建议，为避免畲坑水发淤塞渠道而架设石函引水桥，引坑水过渠道入溪的经过。并记述了乾道四年本邑进士刘嘉将石函木质挡水枋板改为石砌挡水桥壁等情况，从而证明了石函引水桥是我国现存最早的立体交叉分流排水工程。

（5）目录名：范成大堰规。收录文献题目名：丽水县修通济堰规（应为堰规跋语）。南宋乾道五年刊碑。现碑存堰头村二司马庙内。

左奉议郎权遣处州军主管学事兼管内劝农事范成大撰文并书。该文是范成大于南宋乾道五年制订通济堰规时所撰写的"跋语"部分。文中记载了制订堰规的原因及目的，同时也记录了范成大与军事判官张澈主修通济堰的事实。而真正的范成大"堰规"正文，在《通济堰志》中又另立题为"堰规古刻"，置于"明文"项下。

2. 元文

（1）目录名：叶现记。收录文献题目名：丽水县重修通济堰记。元至顺辛未年（1331 年）撰文立碑。

将仕郎前温州路瑞安州判官叶现撰文。该文记载了元代至顺辛未年春大修通济堰的事实。

（2）目录名：项棣孙序。收录文献题目名：丽水县重修通济堰记。元至正甲申年（1344 年）撰文立碑。原碑何时失落不明。

承务郎前福州路推官项棣孙撰文。丽水县监县别怯、主簿吕搭不友、典史赵常庚立石。该文记载了元至正壬午（1342 年）、癸未（1343 年）大修通济堰之事，并且明确记载了大修时采用巨大松木为坝基、巨石依次压之筑坝的事实。

3. 明文

（1）目录名：李寅序。收录文献题目名：丽水县重修通济堰记。明嘉靖癸巳年（1533 年）撰文刊碑。原碑已失。

通议大夫广西布政使缙云李寅撰文。该文记载了明嘉靖壬辰年（1532 年）七月二十八日洪侵及次年大修通济堰水毁工程之事实。

（2）目录名：何镗序。收录文献题目名：丽水县重修通济堰记。明万历四年（1576 年）撰文刊碑。原碑已失。

嘉议大夫广东按察使丽水宾岩何镗撰文。该文记载了明万历四年知府熊应川主持大修通济堰之事。

（3）目录名：郑汝璧序。收录文献题目名：丽水县重修通济堰记。明万历丙戌年（1586 年）撰文刊碑。原碑已失。

太常寺少卿昆岩郑汝璧撰文。该文记载了明万历丙戌年由官府出官帑数百金并派亩捐重修通济堰工程事宜。

（4）目录名：汤显祖铭。收录文献题目名：丽水县修筑通济堰记 有铭。明万历三十七年（1609 年）撰文刊碑。原碑已失。

赐进士出身承德郎前南京礼部祠祭清吏司主事知遂昌县事临川汤显祖撰文。该文汤显祖以优美的笔墨概述了通济堰历史，描述堰渠对丽水之业绩，礼赞通济堰重要水利功能，并记述了明代万历年以前的修堰历史。文后附有赞铭。

（5）目录名：车道宪序文铭。收录文献题目名：丽水县重修通济堰碑。明万历戊申年（1608 年）撰文刊碑。原碑已失。

赐进士出身亚中大夫浙江等处承宣布政使司右参政前按察司副使奉　敕整饬嘉湖兵

备南京礼部精膳司郎中知福州嘉兴二府事楚人车大任撰文。该文记载了明万历戊申年大修通济堰事宜，并有铭记。

（6）目录名：高闶堰规叙。收录文献题目名：通济堰规叙。明万历戊申年（1608年）撰文刊碑。原碑已失。

治下九十老人高闶序。丽水县令豫章樊良枢编次。该文是明万历戊申年樊良枢重订通济堰规的序文，并记录有编修人员职名等。

（7）目录名：通济堰石刻。收录文献题目名：通济堰。该文记述通济堰地址、历史等。

（8）目录名：好溪堰。述好溪堰地址、灌溉田亩数。

（9）目录名：司马堰。述司马堰方位。

（10）目录名：均堰。记述均堰距县城里数。

（11）目录名：黄山堰。述黄山堰距城里数。

（12）目录名：三源水利。分述上、中、下三源各都坐分水利及堰系各塘位置。

（13）目录名：丽水县文移。收录文献题目名：丽水县文移。明万历三十五年（1607年）撰文刊碑。原碑已失。

丽水县令豫章樊良枢、主簿叶良凤、典史林应镐等分撰。该文是明万历三十五年丽水县议修通济堰的向上呈文。文中概述通济堰渊源、历史及这次损坏情况、应修工程、所需工数、开支来源。并拟有工程计划、人选安排等。其后附有各级官府的批示。

（14）目录名：府道批示。内容即对上文的批示。

（15）目录名：处州府牌示。

（16）目录名：温处道车牌示。明三十六年刊刻。关于丽水县文移的府道批准牌示。

（17）目录名：丽水县樊告示。收录文献题目名：处州府丽水县知县樊告示。明万历三十六年（1608年）撰文刊碑。原碑已失。

该文是樊知县于明万历三十六年，根据府道批准重修通济堰的开工告示。文中载明给官银20两置木石材料，不足由三源民众照受益田亩公派，及开工调度事宜。

（18）目录名：修堰条例四则。收录内容实为上述樊知县告示中的四条通告。文前没有另设的文题。

（19）目录名：堰规古刻。收录文献题目名：通济堰规古刻。南宋乾道己丑（1169年）年撰，明代据史料收录于此。

南宋乾道范成大撰文。该文是范成大堰规的抄文，文中详细制订了通济堰的管理问题，内容分别有：堰首、田户、甲头、堰匠、堰工、船缺、堰概、堰夫、渠堰、请官、石函斗门、湖塘堰、堰庙、水淫、逆扫、开淘、叶穴头、堰司、堰簿及堰山（此条后删去）。

（20）目录名：二十则石刻。该条目录文中无题，只说明20条堰规，去掉堰山一条，止存19条。实为堰志中通济堰规收录问题的附记。

（21）目录名：樊良枢叙。

（22）目录名：新规八则。志中收录实为上二条合一，收录文献题目名：丽水县通济堰新规八则有引。明万历戊申年（1608 年）撰文刊碑。原碑已失。

丽水县令豫章樊良枢撰写。该文是明万历戊申年丽水县知县樊良枢在大修通济堰后，根据新情况而重新制订的新堰规，共有 8 条：修堰、放水、堰长、概首、闸夫、庙祀、申示、藏书等。

（23）目录名：西堰新规跋。收录文献题目名：西堰新规后跋。明万历戊申年（1608 年）撰文。

卢陵王梦瑞撰文。该文是上文樊良枢新堰规八则的跋文，述新规成由。

（24）目录名：修金沟堰志。收录文献题目名：丽水县修金沟堰记。明万历戊申年（1608 年）撰文。

赐进士第文林郎知丽水县事进贤樊良枢撰文。该文记载了距通济堰首五里许的金沟堰重修事宜。金沟堰是通济堰水系上的附属工程。

（25）目录名：宝定铺前田被灾记。收入文前无题。记载了明崇祯八年（1635 年）间，洪水荡洗宝定下铺前田的事实，使此处田分厘无存

（26）目录名：三源分水地名。收录文献题目名：是年工成议定上中下三源轮放水期條规。明崇祯八年（1635 年）记载。记载通济堰三源地名及轮灌天数。

（27）目录名：钟武瑞志。收录文献题目名：重修通济堰记。明万历戊戌年（1598 年）撰文刻碑。原碑已失。

典史马君洋撰文并书丹。该文记载了明万历年间郡侯钟武瑞于丁酉、戊戌年（1597—1598 年）大修通济堰事宜。

（28）目录名：王一中序。收录文献题目名：重修通济堰志。明万历四十七年（1619 年）撰文刻碑。原碑已失。

进士县人王一中撰文。该文是明万历四十七年王一中所作的重修通济堰碑文，记述了重修起因、经过。

4. 清文

（1）目录名：方享咸序。收录文献题目名：重修通济堰引。清顺治六年（1649 年）撰文刻碑。原碑已失。

丽水县知县桐城方享咸撰文。该文记载了清顺治六年重修通济堰，恢复通济堰水利功能的事实。

（2）目录名：王继祖序。收录文献题目名：重修通济堰志。清康熙十九年（1680 年）撰文刻碑。原碑已失。

丽水县人王继祖撰文。该文记载了清康熙十九年重修通济堰事宜。

［堰志漏收：清康熙三十三年（1694 年）徐潮撰文的《重建通济堰碑记（题书：栝郡刘侯重建通济堰碑）》一文。原碑现存堰头二司马庙。文中记载了清康熙三十二年郡守刘廷玑重修通济堰历史。本《通济堰研究初论》予以收录。］

（3）目录名：刘郡侯石隄（堤）记。收录文献题目名：刘郡侯重造通济堰石隄（堤）记。清康熙三十九年（1700 年）撰文刻碑。原碑已失。

丽水县人毛选等人撰文。该文记载：清康熙二十五年（1686 年），水毁石坝达四十八丈（鲁班尺）。康熙三十二年（1693 年）以及康熙三十七年（1698 年）先后多次大洪水，

造成堰坝损坏严重。直至康熙三十九年（1700 年）由郡守刘廷玑主持修复水毁工程。文中还记录了刘郡侯捐俸银五十两为倡，动员官员捐银修堰的情况。

（4）目录名：得覃字二十四韵诗。收录文献题目名：修通济堰得覃字二十四韵。清康熙三十九年（1700 年）撰文刻碑。

梧州守者刘廷玑撰写，属教谕王瑾跋文。这是知府刘廷玑在康熙三十九年所写的赞颂大修通济堰的诗，用覃字韵，共为二十四首。在诗中，刘廷玑赞咏通济堰历史功绩，描述重修通济堰的艰辛。

（5）目录名：王珊（此误，应是"瑾"字）叙。即上文的跋文，在目录中另立一题。

（6）目录名：林鹏举修叶穴叙。收录文献题目名：丽水县修浚通济堰重扦叶穴记。清乾隆二十九年（1764 年）撰文刻碑。原碑已失。

乾隆壬申科举人林鹏举撰文。协同岁贡汤伟钦、恩贡魏王亮、邑庠叶凌云、叶风翥、梁大智、里人魏可远、魏际鹏、魏王卿记。魏王豪刊立。该文记载：康熙五十三年（1714 年），洪水冲决叶穴；五十八年改扦新叶穴，疏通堰渠。康熙六十年（1721 年）洪水再次冲决石堤（坝），雍正三年修复。雍正六年（1728 年）大水又次冲决石堤（坝），七年重修。乾隆八年（1743 年）石堤又被洪水冲决，即予以修复。乾隆十五年（1750 年）又被决堤，并坏宝定下高路渠堤。其后旋修旋坏直至乾隆二十一年，重新大修通济堰水利工程，并重新扦建叶穴。

（7）目录名：三源各庄夫数。收录文献题目名：计开三源各庄民夫名数。记载通济堰灌区各庄分源民夫数额情况。

（8）目录名：洪塘水利。收录文前无题。记载洪塘面积为三顷六十亩，储水以助堰水不及时灌溉。故隔岗民田用塘水，说明宝定无民夫之事由。

（9）目录名：韩克均叙。收录文献题目名：重修通济堰记。清嘉庆十九年（1814 年）撰文刻碑。原碑名《重修处州通济堰碑纪》，现存堰头二司马庙内，现存碑编号：通堰 04 号。

赐进士出身钦命分巡浙江温处兵备道新升云南按察使司按察使汾阳韩克均撰文。处州府青田县学训导四明张慧书丹。该文记载：嘉庆庚申（1800 年）夏，梧州大水，决堤圳崩。至嘉庆十九年始行重新修复。

（10）目录名：涂郡守修堰序。收录文献题目名：重立通济堰规。清嘉庆十九年（1814 年）撰文刻碑。原碑已失。

知府新城涂以辀撰文。丽水县拔贡生候选直隶州判董凤池书丹。该文是知府涂以辀于嘉庆十九年制订的维修通济堰的新规。记载：堰田租、开支定项定额、修堰责任人、尝年清淤、大水开闸冲砂、遇大损禀报派夫大修等内容。

［《通济堰志》在此年间文献中漏收录：清道光四年（1824 年）《雷学海新规八则》。本《通济堰研究初论》中另行收录。］

（11）目录名：黎邑侯序。收录文献题目名：重立通济堰记。清道光九年（1829 年）撰文刻碑。原碑现存堰头二司马庙内，现存碑编号：通堰 05 号。

知丽水县事顺德黎应南撰文并书丹。该文记载了清道光九年重修通济堰事项。

（12）目录名：朱村亭堰堤记。收录文献题目名：捐修朱村亭堰堤乐助缘碑。清道光九年（1829 年）撰文刻碑。原碑现存堰头二司马庙内，现存碑编号：通堰 06 号。

松邑贡生叶楚书丹并篆额。该文记载如下内容：朱村亭堰堤是通济堰干渠之堤坝之一，道光丁亥（1827 年）春被洪水冲毁，渠水外泄。戊子年秋始修复。此为三源士民助缘碑记。

（13）目录名：恒郡守序。收录文献题目名：重立通济堰记。清道光二十四年（1844 年）撰文刻碑。原碑已失。

浩授朝议大夫知浙江处州府事长白恒奎撰文。该文记载了道光二十三年夏秋洪灾，造成坝决、叶穴涵桥淤塞，次年三月兴工修复之事。

（14）目录名：吴邑侯碑文。收录文献题目名：丽水县知县吴告示碑。清咸丰十年（1860 年）撰文刻碑。原碑已失。

特授处州府丽水县正堂　加六级记录十二次　吴　谕示。收录本谕示是咸丰十年丽水知县关于通济堰用水派夫规定的告示。

（15）目录名：清太守修堰碑文。收录文献题目名：重立通济堰记。清同治五年（1866 年）撰文刻碑。原碑在堰头二司马庙内，现存碑编号：通堰 07 号。

钦加道衔知浙江处州府事长白清安撰文。丽水县拔贡生王庭芝书丹。该文记载：通济堰渠"岁久失修，淤塞倾圮，半失故道"。同治四至五年修复之。

（16）目录名：三源大概石刻。碑名：三源大概规条石刻，志中文前无题。清同治五年（1866 年）撰文刻碑。原碑已失。

知浙江处州府事长白清安撰文，该碑是同治五年清安在修复通济堰后，制定的新规，主要为堰渠各主要分水大概闸的规制。

（17）目录名：开拓概碑文。

（18）目录名：三源分放水期。

（19）目录名：三概闸夫。

（20）目录名：上源轮水定规。

（21）目录名：三源搬水。

（22）目录名：开拓概东支分水定规。

（23）目录名：凤台概枋开闭定例。

（24）目录名：石刺概开闭定期。

（25）目录名：城塘概重修分水。

（26）目录名：九思河塘二概规。

（27）目录名：三洞桥工程。

（28）目录名：石函工程。

（29）目录名：各概木枋。

（30）目录名：开拔淤泥。

（31）目录名：湖塘蓄水。

（32）目录名：唐里庄分水。

（33）目录名：陈章塘概分水。

（34）目录名：大陈庄分放水期。

（35）目录名：三源车水条例。

（36）目录名：三源亩捐。

（37）目录名：修理费用。

（38）目录名：岁修董理。

（39）目录名：置造小船。

（40）目录名：大陡门开闭条例。

以上在清文目录条中清17～40，在堰志内实际上是一篇文献。其中清24～40条在堰志中另有立题，其收录文献题目名：重修通济堰工程条例。清同治五年撰成。

知浙江处州府事长白清安撰文。该文是清同治五年知府清安制订的修理通济堰工程的条例章程。文中全面计划安排了工程任务，是一份通济堰维修史上十分难得的历史资料。

（注：以上清文17～40条，目录共列24条，实际收录仅23条。）

（41）目录名：十八段章程。收录文献题目名：重修通济堰引。清同治五年（1866年）撰文刻碑。原碑已失。

该文是清同治五年制订的修理通济堰工程分段岁修的条例，将通济堰水系分解为十八段，记载每段起止地址，及其监修人等安排。

（42）目录名：岁修轮源民夫。清同治五年（1866年）。录文前无题。记载三源岁修各庄轮派民夫数。

（43）目录名：清郡守堰基告示。清同治五年（1866年）。录文前无题。是清同治五年处州府知府清安关于查勘堰基及处理侵占堰基问题而发出的告示。

（44）目录名：城塘概告示。清同治六年（1867年）拟文发帖。录文前无题。为清同治六年知府清安就关于查处生员纪宗瑶等人阻挠城塘概贴白违章事宜的告示。

（45）目录名：王宗训叙。收录文献题目名：郡守清公重修通济堰志。清同治六年（1867年）撰文刻碑。原碑已失。

试用训导郡人王宗训撰文。文中记载了咸丰戊午及辛酉（1856年、1861年）"粤匪"（太平天国太平军）攻克梧州，由于战火而造成田地荒芜、堰渠淤塞；同治甲子（1864年）秋起重修，历时三年苦修而竣工的史实。

（46）目录名：士民颂。收录文献题目名：郡守清公大修通济堰颂。清同治六年（1867年）撰文刻碑。现碑存龙庙。

丽水县西乡士民公叩。该碑文为颂赞郡守清公大修通济堰的功绩而撰刊。

（47）目录名：开拓概永禁碑示。收录文献题目名：上源开拓概建造平水亭禁碑示。清同治八年（1869年）撰文刻碑。现碑存龙庙。

处州府郡守长白清安撰文。该文是知府清安于同治八年，在解决开拓概争水事件中，以罚没钱款建造平水亭，为公平用水防止类似事件再发生而树的禁示碑。

（48）目录名：冯郡守序。收录文献题目名：重修通济堰志序。清同治九年（1870年）撰文。

署部事端州冯誉聪撰文。该文是清同治庚午版《通济堰志》的序文之一。文中叙述了堰史及修志目的。

（49）目录名：刘邑侯序。收录文献题目名：重修通济堰志序。清同治九年（1870年）撰文。

知丽水县事睢阳刘履泰撰文。该文是清同治庚午版《通济堰志》的序文之一。

（50）目录名：叶文潮跋。收录文献题目名：郡守清公大修通济堰跋。清同治九年（1870年）撰文。

候选训导里人叶文潮撰文。该文记载了清同治年郡守清公及陶公修理通济堰的事迹。

（51）目录名：王庭芝志。包括以下清52～57条目录名。

（52）目录名：三源董事姓名。

（53）目录名：助捐田亩。

（54）目录名：堰基田租数。

（55）目录名：旧管粮额。

（56）目录名：新增粮额。

（57）目录名：三源公正姓名。收录文献题目名：续修通济堰三源堰道分派一十八段附录各庄增助田亩查复侵占堰基并罚捐田亩条款。清同治九年（1870年）撰写。

辛酉科拔贡生候选教谕王庭芝撰写。该文记载了通济堰三源十八段董事、助捐田亩、堰基租数、堰产粮额、公正姓名等资料。是旧时堰资堰产的重要详细资料。

（二）清光绪戊申版（宣统二年重印）续编《通济堰志》文献资料

（1）文献题：重修通济堰志。清光绪三十三年（1907年）撰文并书丹。

朝议大夫升用道署处州府前充会兴馆协修兼画图处详校刑部主事楚南善化萧文昭撰文。该文是光绪三十三年重修通济堰的碑记。文中记载了处州府知府主持全面重修通济堰的经过。并作为续堰志的序文之一。

（2）文献题：重修通济堰（志）序。清宣统元年（1909年）撰文。

丽水县县丞大兴朱丙庆撰文。作者是光绪三十三年重修通济堰工程的主管（实际负责人）。该文是作者于宣统元年重印光绪戊申版续堰志时所写的序文。文中记述了光绪三十三年重修通济堰工程情况。

（3）文献题：重修通济堰志序。清宣统元年（1909年）撰文。

新选浙江咨议局议员、庚子科恩贡生沈国琛撰文。该文是续堰志的序文之一，其人为续堰志的编辑人。文中有对南宋赵学老赐名"通济"堰的溢美之词，从而造成部分人认为通济堰之名始于南宋绍兴八年的误解。

（4）文献题：丙午大修通济堰记。清宣统元年（1909年）撰文。

丽水县学优廪生高鹏撰文。文中记载了光绪三十三年重修通济堰事迹。

（5）文献题：朱县丞估修堰工略摺。清光绪三十二年（1906年）编写。

丽水县碧湖县丞大兴朱丙庆撰文。该摺是朱县丞于清光绪三十二年（1906年）所制订的大修通济堰用工计划书，上报州府核准。

（6）文献题：处州知府萧委绅董兴修通济堰谕。清光绪三十二年（1906年）下发。

处州知府萧文昭撰文。该文是萧知府委派修堰绅董的谕札，即现在的委任信。

（7）文献题：朱县丞奉委札。清光绪三十二年（1906年）下发。

处州知府萧文昭撰文。该文是萧知府委派朱县丞督工修堰的谕札。

（8）文献题：丽水县知县黄修堰兴工示。清光绪三十二年（1906年）告谕。

丽水县知县黄撰文。该文是黄知县遵府委令，兴修通济堰的开工通告。

（9）文献题：朱县丞督修堰工示。清光绪三十二年（1906年）谕示。

丽水县碧湖县丞大兴朱丙庆撰文。该文是朱县丞遵知府、知县谕令，兴工大修通济堰的告示，同时通告修堰规章七条。

（10）文献题：禀请筹捐接济堰工禀　批。清光绪三十二年（1906年）禀报、批示。有绅董总理沈国琛的禀摺和知府萧文昭的批示札。主要涉及筹措修堰经费问题。

（11）文献题：处州知府萧为征收修堰亩捐与朱县丞札。清光绪三十二年（1906年）下发。

处州知府萧文昭撰文。该文是萧知府同意照章征收修堰亩捐而给朱县丞的谕札。

（12）文献题：丽水县知县黄关于吕姓捐田充堰工之告示。清光绪三十二年（1906年）告谕。

丽水县知县黄撰文。该文是黄知县关于丽水十七都宝定庄吕姓族人捐租田十八亩五分充堰工的告示。

（13）文献题：朱县丞关于亩捐规章之告示。清光绪三十二年（1906年）谕示。

丽水县碧湖县丞大兴朱丙庆撰文。该文是朱县丞遵知府谕令，征收亩捐规章的告示。

（14）文献题：朱县丞关于三源分段兴修之告示。清光绪三十二年（1906年）谕示。

丽水县碧湖县丞大兴朱丙庆撰文。该文是朱县丞遵知府谕令，实行三源分段兴工修浚的办法而发出的告示。

（15）文献题：处州知府萧为修堰善后建西堰公所示谕。清光绪三十二年（1906年）下发。

处州知府萧文昭撰文。该文是萧知府为修堰善后，定在碧湖堰头建立西堰公所的指示。

（16）文献题：处州知府萧为大陈庄水利批谕。清光绪三十二年（1906年）下发。

处州知府萧文昭撰文。该文是萧知府关于大陈庄村民禀称车水争拗事件的处理批示。

（17）文献题：处州知府萧关于通济堰善后示谕碑。清光绪三十二年（1906年）下发。原碑存于碧湖镇政府食堂后。其上题为"颁定通济西堰善后章程碑记"，刊刻日期：光绪三十三年八月二十九日。

处州知府萧文昭撰文。该文是光绪三十二年大修通济堰后，萧知府根据新情况，组织制定了新的善后章程十二条。为现存历史文献中最后一份堰规。

（18）文献题：修堰竣工册报外催绘图报府谕。清光绪三十二年（1906年）下发。该文是萧知府催办竣工册报并要求绘报图报府的谕札。

（19）文献题：通济堰各庄田租土名丘段碑。清光绪三十二年（1906年）立。原碑已失。该文记载了通济堰堰产及其位于各庄田租土名丘段等内容。

（20）文献题：通济堰新旧粮额户名。清光绪三十二年（1906年）核定。该文记载了通济堰堰田粮额新旧户名及地段、田亩、完纳粮户等内容。

（21）文献题：三源修堰民夫计数。清光绪三十二年（1906年）核定。该文记载了通济堰三源各庄修堰民夫核定计数，登记在志内。

（22）文献题：朱县丞三源水利输期告示。清光绪三十二年（1906年）谕示。

丽水县碧湖县丞大兴朱丙庆撰文。该文是朱县丞遵知府谕令，核定三源分水输流轮灌日期之办法而发出的告示。

（23）文献题：堰租开支约章。清光绪三十二年（1906年）核定。该文记载了堰租开支的规章制度，并附录每年所需各种开支的约定额等内容。

（24）文献题：历朝修堰有功官绅题名。清光绪三十二年（1906年）整理。奉府宪谕示，查考登录历代修理通济堰有功的官绅，并列名公布，留传百世。

（25）文献题：光绪丙午冬大修三源堰渠捐助堰工芳名登录。清光绪三十二年（1906年）整理。记载本次大修捐助堰工士绅芳名。

（26）文献题：朱县丞为公正催夫示谕。清光绪三十四年（1908年）谕示。

丽水县碧湖县丞大兴朱丙庆撰文。该文是朱县丞于光绪三十四年为公正催派修堰民夫的谕令。

（27）文献题：处州知府常　为坝门商船示谕。清宣统元年（1909年）谕示。该文是常知府关于堰坝过船闸定期开启放行商船的告示。

（28）光绪年重修《通济堰志》修纂人职衔名。

第三节　通济堰附属文物古迹

一、堰头村环境风貌

堰头村是碧湖平原西南角靠山的一个小村。其南面有松荫溪流过，溪南为连绵的山丘，自然环境保护良好。再往东南方不远，有大港头镇、平地村等风光独胜的集镇和山村。山上绿树成荫，翠竹簇簇，一派绿油油的大好风光，现共同组成了"古堰画乡"景区。

堰头村的东侧，为碧湖平原的西南角起点。站在该村外东山坡上向东北方向眺望，碧湖平原一马平川。通济堰拦水拱形大坝犹如一条彩虹，静卧在松荫溪面上。丰水期，越坝溢流的溪水像一匹蜿蜒的白色绸缎，给人以动感美的享受；清亮的水流声，犹如丰收的交响曲，令人陶醉。枯水期，一道古朴的拱形石砌大坝静卧在青山绿水之间，让人们领略到自然淳朴及其高超的古代水工技术。让人们在游览中缅怀先民们战胜自然、创建伟大的水利工程、创造世界水工技术之最的业绩。

通济堰干渠通过进水闸，沿村南向东流过，渠旁是成群的清代-民国古建筑民宅、祠堂、牌坊，已有用卵石拼砌成的古驿道路面。渠周古樟簇拥、小桥流水，古埠渠堤相映成趣，给人一种回归原始自然的崇高境界，在这空气清新、民风淳朴的环境中，人们心情特别舒畅。

在通济堰坝渠周围，还点缀着众多的自然人文景观，如绿岛的自然景观、文昌阁、詹南二司马庙、三洞桥等，均集中在堰头村内外，游人犹如徜徉在如画般的仙境中。因为其景色独特，1984年上海电影制片厂曾选这里为故事片《女大当婚》《蓝天鸽哨》的电影拍摄外景地。

二、詹南二司马庙

詹南二司马庙位于堰头村面角，通济堰大坝的北端，民间俗称"龙庙"。该庙始建于何时已无法考证。据现有史料记载，北宋元祐七年（1092年），栝州太守关景晖命县尉姚希在重修通济堰后，就重建了詹南二司马庙。据称，当时该庙已相当残破，失去报功之意，故而全面重修。关景晖在《丽水县通济堰詹南二司马庙记》中写道"元祐壬申堰坏，命尉姚希治之。明年帅郡官往视其成功。堰旁有庙，曰：詹南二司马，不知其谁。何墙宇额圮，像貌不严，报功立意失矣"。后经姚希咨访，得知为梁朝司马詹氏与南氏共举是堰，百姓铭其德而树庙祭祀。从而说明，至少在北宋元祐七年前，这里已经有了詹南二司马庙，其中还塑有二司马的塑像。

南宋乾道四年（1168年），处州军主管学事兼管内劝农事范成大，在其制订的《丽水县修通济堰规》中，设有专条记述其管理规定："堰上龙王庙（即詹南二司马庙，因其内也祭祀龙王，故又称龙王庙、龙庙）、叶穴、龙女庙并重新修造，非祭祀及修堰，不得擅开容闲杂人作践……众议依公派工钱修葺，一岁之间四季合用祭祀。"

明万历三十六年（1608年）樊良枢在其新制定的《丽水县通济堰新规八则》中，第六条专门规定了"龙庙"的祭祀："庙祀龙王、司马、丞相，所以报功。每年备猪羊一副，于六月朔日致祭，须正印官同水利官亲诣，不唯首重民事，抑且整肃人心，申明信义，稽察利弊。"

清光绪三十二年（1906年），在其后面的隙地上建立了西堰公所。历代均将二司马一庙作为修堰公事的商议点和办事处，实际上起到通济堰堰务中心的作用。

从上述情况不难看出，历代官府、民间，均注重詹南二司马庙的管理保护，在重申报功之意的同时，作为通济堰管理机构的住地使用。

但自民国至新中国成立前夕，詹南二司马庙原貌已严重损坏，其他如在其内的詹南二司马塑像等均已毁不复存。

1961年通济堰被浙江省人民委员会公布为首批浙江省重点文物保护单位后，于1962年县政府拨出专款加以维修。1963年丽水县政府又进行重修。修建后其式样已与民房差不多，作为通济堰管理房使用。

20世纪80年代中，丽水县文物管理委员会和碧湖区水利管理委员会从温州运回了通济堰历代水利碑刻，并在詹南二司马庙内予以重新竖立，供游人、学者参观研究。

新的通济堰文物保护规划，应该提出对詹南二司马庙予以修复，建设通济堰水利文化博物馆、重塑詹南二司马像等方面的设想，以恢复这一重要的人文景观。

三、主渠道护堤古樟群

在通济堰源头的堰头村，其主渠道两岸原来应该均植以樟树，以其粗大繁茂的根系来固护渠道堤岸（历史上应该在通济堰主渠道旁均植樟护堤，惜大部分已不复存在）。现尚存9株，大的有几人合抱粗，这些古樟树少说也有800年的树龄，有的甚至达千年以上。其中在石函（即三洞桥）周围，就屹立着四五株古樟，有的苍劲挺拔，有的古朴奇特，树冠遮天盖地，绿树浓荫，更加衬托出通济堰古老、宁静的美丽自然风韵。

古樟树群的存在，不仅使堰头风景更加优美，而且在几个世纪以来，伴随着通济堰经历了风风雨雨，捍卫着堰渠堤岸，有效地防止了洪水冲决渠堤，起到了至关重要的作用。据考察，有古樟护堤的这段 300 米堰首主渠道上，没有发现明显决堤重挖渠道的痕迹。

笔者在考察研究后认为，这是因为通济堰主渠道是直接开挖在田泥中，渠道堤岸也是泥筑而成，大洪水时极易造成决堤、溃渠，致使渠道冲毁，渠水外溢。先民们在堤岸上种植樟树，是因为樟树根系巨大而盘根错节，生长旺盛，可严密护住渠道的堤岸。三洞桥左岸，即可见到巨大的樟树根系严密地保护着堤岸，使石砌护坎稳固结为一体，即是明证。

历代劳动人民均十分爱护这些护堤古樟，不论出什么情况，绝不允许砍伐古樟，所以才得以延续长达千年。但是，这里的古樟群，在 1958 年也曾经历了一场风波：在当年极"左"思潮的影响下，加上"大跃进"运动的开展，全国各地都在熬制香樟油，叫出的口号是"要赶超世界一流的樟脑大国"。于是，全国各地的古樟树纷纷被砍伐。丽水也不例外，大量的古樟树被砍伐而毁灭。最后，又有人动起了砍堰头村古樟树的念头。消息传来，堰头村民立即行动起来，保护古樟群。他们联名写信、打报告，向各级人民政府提出保护护堤古樟群。但各级政府谁也不敢做这个主。最后，报告一直到了国务院，阐明了通济堰古樟群保护通济堰渠道的重要作用，是保护碧湖平原水利命脉的重要措施，要求坚决制止砍伐护堤古樟。国务院批复不准砍伐古樟树，才使通济堰这批古樟逃过了一劫，得到保留，而成为浙江省内罕见的古樟群落。

1996 年，丽水市林业局、市绿化委员会对通济堰古樟树进行调查、建档、挂古树名木保护标志牌，确定这些古樟树是受国家保护的古树名木。

但是，由于树龄长，加上病虫害、雷电等自然损害，以及周围环境的改变，使部分古樟树出现了衰败现象，部分枝条已枯死。其中一株就因为其北侧建了猪圈，猪粪水渍害而枯死，甚为可惜。丽水市文物、林业部门联合进行了会诊，将研究制订保护措施，采用复壮技术，尽最大努力，使这些"老寿星们"延年益寿。

四、文昌阁

通济堰旁有一座文昌阁，俗称八角亭。位于通济堰堰首下 300 米主渠道三洞桥北侧，堰头村东侧村口。始建年代不清，现存建筑系清末宣统年间重修的。

文昌阁系雕木二层重檐歇山顶式亭榭结构的建筑。阁南北向有山墙，东西向敞开为通道，是建于丽水至松阳遂昌古驿道上的一座亭榭，供行人在此小憩。文昌阁在历史上是不是驿站的组成部分，尚不能得知。

文昌阁历经风雨侵袭，加上年久失修，已多处损坏。1963 年 7 月，丽水县政府曾拨款进行过一次维修：置换角柱 1 根、沿口柱 2 根、柚木 2 块、桁条 3 条，换造亭内坐凳10 条，换修部分瓦椽、封沿板，修理了天花板。

1984 年，为配合上海电影制片厂拍摄《女大当婚》《蓝天鸽哨》等故事片，对文昌阁进行了修葺、粉刷。

1994 年，浙江省文物局拨专款 8 万元，由丽水市博物馆组织，从 6 月 28 日开始，至

9 月 28 日竣工，对文昌阁进行了一次按文物保护原则的维修，恢复了其历史面貌。

文昌阁实测数据资讯如下：

面积为 8.82 米×8.75 米，布周柱 12 根、檐柱 4 根。穿斗式梁架。通高 8.34 米，一层檐下高 3.63 米，二层檐下高 6.06 米。

屋脊为戗脊。门额上有墨书题字"光辉壁奎"。屋面清水瓦，苫背加做望板屋面。檐沿有博风板，连檐。以杉木纵排楼栅，上铺楼板。檐柱有牛腿、雀替结构，并饰有雕花板。檐外沿有封沿板。阁内有藻井天花板，画有纹饰图案。地面三合土夯筑。阁内四周置有木条坐凳，供行人休息。

据村民介绍，其二楼原塑有"文昌星君"像，故称文昌阁。笔者认为：根据其所处的位置和建筑功能，在历史上应该是个路亭，作为供行人（从古驿道上来往的人）歇脚。因其处于通济堰三洞桥附近，建造时给予了重视，因而比其他路亭要精致得多，也不足为奇。主持修造者为文人，在阁上供奉了文昌星君像，从而有了文昌阁之名。

文昌阁、三洞桥、古驿道及桥、主渠道、古樟群等集中在同一区域，形成了堰首密集的古迹群。其科学价值和人文学上的意义，有待进一步考证、阐述、发掘。

五、主渠道旁清代、民国时期的民宅

通济堰主渠道流经的堰头村、保定村等，渠旁保存着一批清代和民国的民宅、祠堂、牌坊等古建筑，具有一定的特色，是通济堰的人文景观之一，有一定的历史、艺术价值。现择要介绍如下：

（1）"南山映秀"民宅：清代中后期建筑，位于堰头村通济堰主渠道旁。其建筑为二进四合院式江南古民宅，青瓦马头墙。其外墙门额有砖雕"南山映秀"四字，占地面积近千平方米。

（2）"贻远堂"民宅：清代乾隆年间建筑，位于堰头村通济堰主渠道旁。其建筑为三进四合院式江南古民宅，青瓦马头墙。其特点是木构件雕刻有精细的纹饰，其中正堂的楼枋及梁下均雕有纹饰，确为少见。牛腿、雀替、月梁、花板、窗户等均精工制作，雕花突出。堂屋中还保留有清代匾额两块：一是铭为"贻远堂"，另一块书"一经传德"。贻远堂占地面积 1100 平方米，二层共建筑面积约 1300 平方米。天井及大门外地面，均采用经过精心挑选的卵石拼砌图案而成，有一定的艺术观赏价值。

（3）宗祠牌坊：清代嘉庆年间建筑，石质牌坊，位于堰头村通济堰三洞桥前的主渠道旁。牌坊系砖石仿木结构，下半部分为青石结构，上半部分为砖嵌石结构，四柱三间五楼，歇山顶，通高 6.50 米，通面宽 5.40 米。明间宽 2.50 米，净高 3.40 米。明间自下而上设下枋、花枋、中枋、上花枋、定盘枋。下枋素面，花枋为仿木月梁式，左、右刻出云卷。中枋较薄，中间阴刻"大清嘉庆三年無射月吉旦为國學生葉成發妻梁氏建"等 22 个小字。上花枋中间为砖雕阳刻"節孝流芳"四字匾额，用连续花格纹饰四周，匾额两侧设穿枋柱。曾改作堰头小学的大门，用石灰填抹原有铭文、纹饰处，坊额正上方画有一个大的红五星，门额上用红漆题书"堰头小学"，两边有红漆"好好学习，天天向上"的题词。牌坊原来的铭文内容自上而下分别是："旌表""節孝流芳""大清嘉庆三年無射月吉旦为国学生叶成发妻梁氏建"等字。因家主叶成发英年早逝，其妻梁氏坚贞不渝，一生恪守贞节，挑起培养子女的重担，使其子孙都考取功名。皇帝为了表彰其德行，建贞节牌坊，流芳后世。

六、南宋参政何澹及亲属墓

距堰头村2.5里的东北侧有一座土名凤凰山，原是通济堰堰山之一，后归何澹所有。这里有一座南宋开禧年间参知政事何澹及家人的坟茔。

在南宋开禧年间（1205—1207年），参知政事何澹奉祠禄返回故里（祖居龙泉，迁居丽水），民间俗称"何丞相"。何澹回乡后，得知通济堰对碧湖农业的重要性，看到木筱坝每年均要耗费大量的人力物力进行修葺，民深受其扰。"为图久远"，他毅然决定改木筱坝为块石砌筑大坝，使通济堰功能得到更好发挥，乡民尊其为乡贤（民间俗称"忠臣"）。

1959年6—7月，浙江省瓯江水库文物工作组（浙江省文物管理委员会组织）在丽水发掘了一批古墓葬，其中有何澹及亲属墓4座：①参知政事何澹及妻朱氏墓（在凤凰山，属保定村地界）；②朝散大夫直焕章阁新知袁州少卿何处仁（何澹长子）及妻陈氏墓（在凤凰山上）；③赠太师楚国公何称（何澹之父）及妻石氏墓（在堰头村西北侧轿马郑村山上）；④给事中王信（何澹亲家翁）及妻郭氏墓（在堰头村的溪南岸，即大坝南岸的原南堰山，属现大港头镇平地村后山麓）。四墓前均有墓园，设有祭坛。除何处仁及妻墓外，其他三墓的墓园之内均有石马、石将军、石羊、石虎等石像生1～4对，对称排列。何澹及妻墓的墓室位于墓园后的高坎之下，为长方形石椁墓，分东、西二室，长3.75米，合宽2.90米。出土遗物有：黄绿地绛褐彩绘牡丹纹瓷瓶、青瓷坛、铁牛等。四墓均有墓志铭出土。

现何澹墓前的石像生，在20世纪70年代"文化大革命"中，受到不同程度的损坏，出现断头残臂、倒翻剥落等。近几年又发生盗窃石像生案件，损失不少；随后何澹墓地石像生及残件全部被盗走。现丽水市博物馆仅收藏一件何澹墓地石将军像头部残件。

轿马郑村何称墓前的石马、石将军等两对石像生，已被丽水市园林部门运到城区万象山公园内烟雨楼旁。

平地村王信墓的石像生散落在田野及墓前水塘内。据悉平地村王信墓的石像生亦均被盗。

何澹及其亲属墓三足鼎立于通济堰拱形拦水大坝附近，是通济堰范围内具有重要历史价值的人文景观。加上何澹本人是通济堰工程的重要修造者之一，恢复其墓地，有着重要的文物价值和旅游价值。因此，在通济堰文物保护规划中，应该考虑恢复何澹及其亲属墓，将散落在外的石像生收集回来，进行技术保护修复，在原位竖立。这将是一件具有重要意义的工作，对充实通济堰的人文价值十分必要。

七、渠道旁的保定窑址

通济堰主渠道离开堰头村后，向东流去，经过的第一个村庄就是保定村（古时称宝定）。保定村附近曾是丽水元、明时期瓯江流域的窑业中心之一。其主要产品是青瓷器，同龙泉各窑同时期产品可以媲美，是龙泉窑的重要组成部分。

保定窑生产始于宋代，在后窑山（保定村北侧约 1500 米的山麓上）曾发现南宋时期烧制黑色、褐色瓷器的窑址。元代开始，保定窑进入鼎盛期，明代中后期渐衰落，至明代晚期停止烧造。

据考古调查，发现保定村附近在历史上有窑址 13 处，除 12 号窑址为宋窑外，其他均为元、明时期的窑。生产青瓷类碗、盘、瓶、高足杯（碗）、小碟、盏等。现为丽水市市级文物保护单位。

1959 年浙江省瓯江水库文物工作组选择 4 号窑址进行了科学发掘。发掘面积 358 平方米，清理出窑床 3 条，选取标本 589 件。发掘证明：这座高达 8.44 米的土丘，完全是由人工堆砌的窑基、瓷片、窑具等堆积而成。窑床为斜坡式长窑，即龙窑。其两端均已残损，其中一条窑床残长 37.0 米，宽 2.25 米，坡度 10°～13°。窑具有凹底圆形匣钵、垫饼和粉碎釉料用的石臼。装烧方式：一个匣钵装一器，器底置一垫饼；也有数器装一个匣钵，器底不置垫饼而用垫沙的。

保定窑产品上的常见装饰有：

（1）内底印花卉纹，以荷花、葵花为多见。

（2）内底有印吉语文字，如"天下太平""上下太平""和合利市""明大明""平心""山水""金玉满堂""河滨遗范"等。

（3）原有资料中均没有印动物纹的记载，而笔者于 1987 年在保定窑考古调查中，在堆积层中发现一件碗底印鹿纹的标本，说明保定窑也有内底印动物纹的装饰手法。

（4）器壁划纹装饰，有划流云纹，也有印纹、划纹兼施的纹饰。均以抽象的云纹、旋纹加篦纹、点划纹为主组成一周器壁的纹饰，以碗内壁为多；外壁也有，但多数较简单。

（5）少量产于元代的碗、高足杯（碗）内底，发现印有八思巴文。

（6）还发现釉面有细小裂纹近似"百圾碎"为装饰的产品（但不是南宋代薄铁胎厚釉产品，而是元代的灰白胎产品，即所谓的"类哥窑"釉青瓷）。产品造型端庄，胎质细腻厚实，釉色鲜亮，烧造技术成熟。其产品与龙泉窑同期产品没有明显的区别。

保定窑址集中分布在通济堰主渠道两侧，有如下几个主要原因：一是瓷窑烧造需要大量干净的水源，通济堰主渠道正好送来源源不断的清洁溪水。二是可利用通济堰主渠道运输部分原料和燃料，节省许多费用。加上保定村距瓯江大溪不远，产品可以通过船只大量运销外地。当然，当地要蕴藏着丰富的制瓷原料——瓷土矿及釉料矿。从而促使保定形成元明时期的龙泉窑系青瓷窑业中心之一。

保定窑址所产的青瓷归属于龙泉窑系，其产品外观上与龙泉窑其他窑址产品无明显区别，因此，在国内外其他地方出土、发现中，均视为龙泉窑产品，而统称之为"龙泉青瓷"。

八思巴文是元代的官方文字，统治阶级对其使用有严格限制，只能用于官方文件书札、碑记、印章及官方督造的器物上。据考证，其在陶瓷类产品中施用范围甚小，以往只见于龙泉大窑元代窑址及景德镇元代官窑产品上等为数很小的几处；保定窑产品有八思巴文铭文，可见保定窑在元代制瓷业中所占的重要地位。

八、其他文物古迹

通济堰流域范围广，分布的文物古迹众多。这些文物古迹，对提高通济堰的历史人文价值具有重要作用，应该也视为通济堰的组成部分，对其进行统一管理、统一保护、统一开发利用，将是通济堰流域生态农业访古旅游的重要内容，具有深厚的文化底蕴。

下面择要介绍，供读者参考。

1. 古驿道

亦称通济古道。通济堰主渠道旁，有一条古驿道伴随其左右，以往人们不注意，而忽略其存在。只要游客在通济堰主渠道旁加以留意，这条古驿道会带给游客不少收获。其实，现存的古驿道还相当完整，也很漫长。

我们就从堰头村沿古驿道开始游程：古驿道在堰头村是在主渠道北岸旁，以卵石砌筑而成，宽约 2.5 米，走到三洞桥，有驿道石板桥，桥东虽有部分驿道已被毁坏，但再往东走去，又可以沿渠旁的古驿道，或左或右地穿行于渠道之旁，一直走到保定村。保定村东北侧古驿道又伴随渠道延伸，一直沿其道往下游走去，沿途可以欣赏青山绿水、古道古桥、村庄民宅、取水埠头、概闸官亭、镇水石犀牛、古瓷窑址等，令游人心旷神怡。

这条古驿道，历史上千百年来是遂昌、松阳等处通往处州府城的唯一的陆上通道。可想而知，这条驿道在昔日曾是车水马龙、驿马奔驰，商贾货队穿行，书生赶考、上官下访，行走过形形色色的人物……他们有如唐代文学家韩愈、宋代参政何澹、明代著名戏剧家汤显祖等，无不引起人们的遐想。只要我们加强对古驿道的考证、探索、研究、宣传，其历史价值就会突现出来，从而可以形成人们访古探幽的旅游热点。

2. 通济堰渠道上的古代石桥

共计发现有 43 座（现保存 41 座）清代以前的石桥。其中有折边古拱桥 7 座，均在主渠道之上，体量较大。多孔石梁桥 11 座，干、支渠上均有分布。单孔石梁桥 25 座，有的同概闸相结合，桥上行人，桥下概闸调节分流渠水。这些古石桥的存在，其历史上为通济堰流域提供交通方便，也为后人保留下许多古桥信息，应该注意保护，将其纳入通济堰保护体系，不允许拆毁、损坏、改建，会大大提高通济堰流域的文物内涵。通济堰水系现存古桥梁见表 6-2。

表 6-2　　　　　　　　　　通济堰水系现存古桥梁一览表

序号	名称	地点	现　状　情　况
1	巩固桥	堰头村坝下 15 米	原为进水闸门上方提概枋桥，已废
2	小木桥	堰头村文昌阁上方	原为小木桥，已改水泥桥，单墩双孔，桥总长 3.8 米
3	泉坑石桥	堰头村石函北	单墩延臂石板桥，始建年不详。桥墩南侧石板上有"道光十五年五月重修"字样。桥长 11 米，宽 1.2 米
4	三洞桥	堰头村文昌阁前	石函引水桥，详见石函条
5	保定石桥	保定村首	三折边石桥，桥墩为卵石砌筑，桥长 6.5 米，宽 2.25 米，桥东南侧有河埠

序号	名称	地点	现　状　情　况
6	保定村中桥	保定村中主渠道上	三折边石桥，桥墩为卵石砌筑，桥长 6.53 米，宽 1.83 米，桥东南侧有河埠
7	保定石拱桥	保定村中主渠道上	块石砌筑石拱桥，拱墩砌筑在渠堤两岸上，干砌石拱券。桥长 10 米，宽 2.3 米
8	黄山坟桥	保定村中主渠道上	三折边石桥，桥长 6.25 米，宽 1.5 米，净跨 4.4 米，矢高 2.6 米。桥基础为左右四条结构工整的条石斜支撑
9	保定折边桥	保定村中主渠道上	三折边石桥，两侧渠鹅卵石驳坎，桥面三块条石铺成。桥长 4.85 米，宽 1.22 米，净跨 4.9 米，矢高 2.7 米
10	保定平梁桥	保定村中主渠道上	平梁桥，一墩双孔，桥面为两节四条石板铺成，桥墩为块石砌筑。桥长 6.45 米，宽 1.61 米，净跨 5.2 米，高 2.6 米。桥西南、东北有河埠
11	保定下街桥	保定村下街主渠道	三折边石桥，原为条石砌筑，现桥已加宽，桥面已浇上水泥。桥长 5.7 米，宽 1.37 米，净跨 5.7 米，矢高 2.8 米。桥西南、东北有河埠
12	高路石桥	保定村东高路镇水石牛处主渠道上	平梁桥，单孔。原为石桥，现改为水泥桥。桥长 9.8 米，宽 1.6 米，高 2.5 米，两墩块石砌筑
13	三孔石桥	保定村东主渠道上	双墩 3 孔平梁桥，桥墩为两条石直立堰渠中上搁置数块条石成"丌"形。桥长 7.8 米，宽约 1.15 米，高约 1.25 米
14	义步三孔桥	义步村西北侧外主渠道上	双墩 3 孔平梁桥，桥墩为两条石直立堰渠中上搁置数块条石成"丌"形。桥长 7.8 米，宽约 1.14 米，高约 2.0 米
15	周巷石桥	周巷村西侧外主渠道上	单墩双孔平梁桥，用条石砌筑，桥墩为条石成"丁"字形，立于堰渠中，两侧桥墩为块石砌筑，桥面条石仅存 3 块。桥长 2.96 米，宽约 1.5 米，高约 1.8 米。
16	周巷三孔桥	周巷村西北侧外主渠道上	双墩 3 孔平梁桥，桥墩为两条石直立堰渠中上搁置数块条石成"丌"形，桥面 3 节，3 条石铺成，中节中条石已失。桥长 9.5 米，宽约 1.0 米，两侧桥墩为块石砌筑
17	周巷折边桥	周巷村西侧外主渠道上，旁有路亭	三折边石桥，桥面已铺水泥。桥长 4.72 米，宽 1.5 米，高 1.0 米
18	概头石桥	概头村西侧外主渠道上	双墩 3 孔平梁桥，现已倒塌在堰渠中
19	概头三孔桥	概头村西侧外主渠道上	双墩 3 孔平梁桥，桥墩为两条石直立堰渠中上搁置条石成"丌"形立于堰渠中，桥面 3 节，3 条石铺成。桥长 8.45 米，宽约 1.1 米，高约 2.25 米
20	前林三孔桥	前林村东南侧	双墩 3 孔平梁桥，桥墩为两条石直立堰渠中上搁置条石成"丌"形立于堰渠中，桥面 3 节，3 条石铺成。桥长 6.55 米，宽约 1.35 米
21	管庄桥	魏村抽水机房旁，魏村排涝渠与主渠道交汇处	双墩 3 孔平梁桥，桥墩为 3 块条石直立堰渠中，上平置条石成"丌"形，直立堰渠中的条石留有榫卯，原有方木相连，固定桥墩。桥面 3 节，3 条石铺成。桥长 8.2 米，宽约 1.59 米，高 2.5 米

序号	名称	地点	现状情况
22	三好桥	碧湖中学南面	原为石桥，现改为水泥平梁桥。桥长 6.8 米，宽 4.0 米
23	中街古迹桥	碧湖往高溪方向老路口	三折边石桥，桥面 3 节，每节为 5 块石条拼筑。桥长 6.8 米，宽 2.1 米
24	广福新桥	碧湖李汤街往广福寺主渠道上	老桥改为水泥桥，单孔平梁。桥长 5.8 米，宽 5.2 米
25	碧湖石桥	碧湖镇东北侧木樨花概上游	三折边石桥，桥面 3 节。桥长 5.5 米，宽 2.2 米。桥西南、东北有河埠
26	城塘概桥	上阁西北城塘概	一墩双孔，桥面 5 块条石平铺。桥长 3.2 米，宽 1.5 米
27	平一双孔桥	平一村内主渠道上	单墩双孔平梁桥，桥墩为条石成"丌"形，立于堰渠中，桥面为 3 块条石平铺。桥长 1.8 米，宽约 1.3 米
28	下圳石桥	下圳村西侧上水碓坝旁	双墩 3 孔平梁桥，桥长 16.0 米，宽 2.0 米，高 2.5 米
29	石板桥	前林村南侧	"丁"字形桥，桥长 4.6 米，宽 0.8 米。为双条石板两截铺设，中间立两柱支撑。完整
30	前林石桥	前林村	单孔 5 条石板桥，结构变形。旁有新桥
31	前林单石桥	前林村	单条石板铺设石板桥，桥长 2.5 米
32	太夫桥	前林村北侧	单条石板铺设石板桥，桥长 4.2 米，宽 1.05 米，石板顶部有圆孔，基本完好
33	岩头三洞桥	岩头村西侧	桥长 7.8 米，宽 5.2 米，上为山坑水流经入支流，下为通济堰主渠
34	魏村概石桥	魏村南侧	桥宽 1.6 米，净垮 1.3 米，矢高 1.2 米
35	沙岸八字桥	碧湖—沙岸之间	"八"字形支撑桥面，桥长 2.05 米，宽 1.8 米，由 5 块条石组成，桥高 2.0 米。桥两侧以条石砌成阶梯，形似拱背
36	黄大桥		桥长 5.1 米，宽 1.5 米，净跨 4.0 米，矢高 2.2 米，单条石板厚 0.27 米、宽 0.33 米，共 3 条石板，其中两条已塌落
37	广福桥	碧湖广福寺旁	桥长 8.7 米，宽 1.6 米，净跨 5.0 米，矢高 2.1 米，单条石板长 0.52 米，为"八"字形斜撑石板桥，桥面为 4 条石板组成，共 3 截铺成 3 个坡面
38	下概头桥	下概头村南侧	桥长 8.1 米，宽 1.25 米，矢高 1.5 米，单条石板宽 0.4 米，双孔石板桥，桥面由 3 条石板组成，其中一孔桥面已有一块条石断失，仅剩 2 条
39	里河八字桥	里河村南侧	"八"字形斜撑石板桥，桥长 1.4 米，宽 1.8 米
40	合兴桥	里河村南主渠道上	双墩 3 孔平梁桥，桥长 13.0 米，宽 1.6 米
41	高垅桥	高冢村东侧	桥长 6.4 米，宽 0.9 米，净跨 4.8 米，矢高 2.0 米

3. 镇水吉祥物——石犀牛雕像

石犀牛雕像位于保定村外东约 100 米的古驿道与堰渠的交叉地带。石犀牛呈半卧状，基座与卧犀牛为同一石料雕刻而成。基座长 160 厘米，宽 67～73 厘米，高 12 厘米；犀牛体通长 135 厘米，宽 60 厘米。四脚自然弯曲，并刻出了足蹄。头部有残损，尚留有一侧牛角，长 10 厘米，粗 6 厘米。头略向后转侧。雕刻手法简洁、古朴、生动，是作为镇水的吉祥物而特意雕刻放置的。但是，在通济堰历代碑刻、堰志及其他相关史料中均未见提及该石犀牛。据浙江省考古研究所的专家考证分析，其雕刻年代应早于宋代。甚至有学者认为，其是通济堰始创时，即南朝梁天监年间之原物。笔者认为，对其的产生年代，还有待于进一步深入研究、考证，真正发掘其内涵和价值。

4. 保定村等古代民居建筑

位于通济堰主渠道流经的保定村共有清代古建筑民宅 11 幢，建筑面积达 5720 平方米。建筑以民宅为主，也有临街店铺、祠堂等。有一定的历史价值和建筑艺术价值。

5. 概头石经幢

位于通济堰三源调节枢纽开拓概所在的概头村，为明代石雕刻建筑，呈六面柱体，通高 340 厘米。石砌基座为六边形；经幢身为六棱柱体形。每面雕刻有"南无阿弥陀佛""南无多言如来佛"等佛号，字迹较浅，有的已难辨识。柱形身上、下各有覆盘一个，刻仰莲纹。幢顶为宝珠状，下刻有相轮一周，相轮下有覆盘，刻覆莲纹。宝盖做成攒尖顶式样。"文化大革命"中，局部佛号用水泥抹涂，盖着了部分刻纹。惜已被犯罪分子盗走。

6. 瓦式埠亭、取水踏跺

在通济堰干渠流过的村庄，人们为了用水、洗涤方便，在渠旁修有许多取水踏跺，也称埠头。如堰头村，以卵石、块石、石板砌筑为主，有纵向下阶式，也有横向下阶式。而保定村，则以长条石板砌筑为主，大多数较宽敞，以宽面积下阶式为主要形式。其他村庄所砌的踏跺各有千秋。这些踏跺，从一个侧面说明通济堰造福于沿渠村庄，是通济堰文物的组成部分，也应该予以好好保护，不要随意损坏或改造，保持其历史原貌，才能体现通济堰特色。

瓦式埠亭，当地称官堰亭。是一种柱脚用长石条为基础的高架于堰渠之上的木构建筑，作用是为在堰渠洗涤者遮阳挡雨。虽然其结构简单，以长长的石条（方形）、木质梁柱、椽条为基础，上面以小青瓦屋面，但是，具有朴实、自然的江南水乡特色。原来在通济堰渠旁有多处这种埠亭，现仅留下两处了，其中一处在碧湖镇街区北面。因而更需要加强保护，不得损坏，更不能拆除。应该将其视为通济堰附属文物组成部分，也是通济堰流域的特色景点。

7. 碧湖镇清-民国一条街

碧湖镇原有一定规模的清代至民国的建筑群，很有特色。惜近年来已拆除了很多，现仅保留原称上街的一段清-民国街区。这段街区范围内存有清代大宅院及宗祠 3 座，沿街为清-民国街区经营用房，应该很好地予以保护，运用沿街建筑特点，开设特色经营。只要做好保护和开发利用工作，将是大港头-通济堰-碧湖街回归自然特色游中一个特色街区，对大都市游客具有一定的吸引力，会产生不低于新建商业街区的效益。

8. 白桥石镢出土点

在 20 世纪 70 年代后期，碧湖镇决定碧湖平原北部修一条"新治河"。这是一条引高溪水库及北部山坑水，而对平原北部起灌溉、排涝作用的水利工程。施工中，在原石牛乡白桥村外地段中，发现在地下 3.5～4.0 米深度的卵石砂砾层中，埋藏有大量的碳化硬木（俗称水沉木、千年古乌木）、少量鱼类骨架，重要的是发现了两枚磨制石镞。其中一枚已由丽水市博物馆收藏，该石镞磨制精细、锋口锐利，为宽翼柳叶形，是新石器时代晚期——印纹陶时期的石器精品。说明碧湖平原在新石器时代晚期已有人类在此生活和生产活动，这是古人渔猎时所遗留。这是值得考古工作者注意的重要线索。

9. 宋代黄山窑窑址

位于白桥村北面山坡至郎奇村东面山坡上，有 4 处宋代古窑址，因地处土名黄山一带，故称黄山窑址。这些窑在古代以烧韩瓶、执壶、小罐及盘等瓷器，也有釉陶产品。窑具发现有匣钵、垫饼等。烧成品一般无纹饰，极少数发现有刻划符号、记号、数字等。胎质较细腻，釉色以黄褐色、灰黄色为主，烧成温度较高。

通济堰流域其他现存附属文物见表 6-3。

表 6-3　　　　　　　　　通济堰流域其他现存附属文物简表

序号	名称	地点	现状情况
1	朱村亭遗址	堰头村下游	仅存土墙遗址
2	叶穴遗址	朱村亭下游	存叶穴排水渠，渠为卵石驳坎，直通大溪，现被村机耕路截断
3	女神庙遗址		仅存墙脚
4	何澹墓	保定凤凰山	墓 1959 年清理发掘，墓园尚存，石像生被盗
5	保定凉亭	保定村外东南侧	
6	周巷凉亭	周巷村外西北侧	泥木结构，三开间，青瓦屋面
7	前林西埠亭	前林村外	泥木结构，三开间，青瓦屋面
8	官堰亭 1	碧湖中学南侧三好桥	泥木结构，三开间，五架梁，青瓦屋面，亭前有河埠
9	官堰亭 2	碧湖往高溪方向路口古迹桥上游	泥木结构，三开间，五架梁，青瓦屋面，亭前有河埠
10	官堰亭 3	碧湖李汤街往广福寺主渠道上	泥木结构，三开间，五架梁，青瓦屋面，亭前有河埠
11	九龙古井	九龙村	井壁石砌，保存完整
12	红卫亭（小普陀寺）	碧湖苗圃	泥木结构，三开间，青瓦屋面
13	新凉亭		泥木结构，三开间，青瓦屋面
14	张河亭		泥木结构，三开间，青瓦屋面
15	下圳水碓坝	下圳村外	块石砌筑，高 2.5 米
16	下圳下水碓坝	下圳村外	块石砌筑，高 2.5 米
17	西圳亭	沙岸村东侧	泥木结构，三开间，青瓦屋面
18	石引水渠	岩头村西侧	石函长 4.2 米，宽 0.45 米，整石打制
19	里河河埠	里河桥内堰渠旁	呈"一"字形伸入堰渠
20	里河古井	里河桥内堰渠旁	井壁石板围砌，有光绪纪年，在使用

九、相关遗存文物

通济堰除上述尚保存的历代水利碑刻、灌区其他文物古迹外，直接相关的文物藏品不多。经不断寻访，尚发现极少部分文物实物，期望在今后不断有所发现。

这些文物实物以清晚期、民国所遗留，除一件由丽水市博物馆征集入藏外，主要还在民间收藏，希望能早日收归今后的浙江通济堰水利文化博物馆。

1. 清光绪丁未年（1907年）通济堰局官斗（乡桶）

高39.5厘米，口径37.0厘米，足径34.4厘米。木质，圆形桶，加铁箍两道，腹中上装有一只圆铁环。桶身分别刻有空心字：①光绪丁未年（竖排）；②通济堰局置（竖排）；③量入为出（横排）。该官斗是现存仅见有明确"通济堰局"铭文的官斗，为通济堰历史上以田租收入用于维修工程（岁修）的重要实物见证，极其珍贵。（丽水市博物馆收藏）

2. 民国西乡堰田（在县城郊）登记册

为分户竖式列表登记在县城郊区的通济堰（西堰）田产的登记册，分别有承租户名、土名坐落、坵段亩数、租额、完粮等项目，详细记载民国时期西堰在县城郊的堰产。惜破损较多，已不完整，是通济堰部分堰产的实物证据。根据《通济堰志》记载：通济堰堰产在城郭周边也有不少，此登记册的发现，说明《通济堰志》记录不虚。（民间收藏）

3. 民国三十一年修郎奇黄山坝及坑墩费东堰业主派捐收据

民国三十一年西堰郎奇黄山坝修复及修坑墩，派捐到东堰（好溪堰）业主的收据。该派捐户为上则田三坵计三亩一分，派捐计国币13元9角5分。说明丽水东、西两堰是息息相关的，均关乎丽水的国计民生，所以在重要修复工程时互相有派捐义务。（民间收藏）

4. 民国二十九年丽水县通济堰水利工程经费受益田摊派受益费收据（共四份）

民国二十九年分别有叶田彩、季细金两户承租通济堰官田（堰产），位于九龙金桥头、九龙桑下处、九龙天雷坟等地，收取民国二十八年受益田费国币1元9角、1元8角、1元6角、1元2角不等，分别开给收据为凭。这组收据反映了民国二十八年受益田年收费额，具有研究亩捐与通济堰岁修关系参考价值。（民间收藏）

5. 民国二十九年丽水县通济堰水利工程经费受益田摊派受益费收据

民国二十九年分有业主黄其禄、佃户郭细宝承租耕种，位于河东莲塘圳，中源下则田，收取民国二十八年通济堰水利工程经费受益田摊派受益田费国币4元2角，开具收据为凭。（丽水市博物馆收藏）

6. 民国二十八年丽水县通济堰水利工程经费受益田摊派受益费收据

民国二十八年分有业主陈孝武，耕种受益田3分，位于河东三圳桥，中源下则田，收取民国二十八年度通济堰水利工程经费受益田摊派受益田费国币9角，开具收据为凭。附盖蓝色竖双框阳文印，印文"是项受益费奉令分/作两期徵收次年徵/收全额之半数此注"。（民间收藏）

7. 民国大总统题"儒林模範"特褒沈国琛墓碑额

青石雕刻墓碑额，主体空心、款识字实体。空心字隙曾有填朱红色。文字有如下：

①上部（右）大總統題、（中）儒林模範（横）、（左）特褒沈國琛；②中部（右）褒題錫鈞府、（中）福、（左）光寵銘幽宫。

沈国琛，生卒年不详，丽水碧湖绅士，清末浙江省咨议局议员、通济堰绅董。曾受命于清末、民国初总理通济堰大修，并主持修撰《通济堰志二卷》〔清光绪戊申版（宣统二年重印）〕，是通济堰工程清末民国初的重要人物。（丽水市博物馆收藏）

据了解，民间尚有称明代的通济堰碑刻等保存，但其主人在外经商，所以尚没见到实物，有待见实物后作进一步考证。

第七章

通济堰相关资料

通济堰的是浙西南最大的古代水利工程，为了确保通济堰相关资料的系统和完整，为今后编写通济堰史（或志）保留尽可能多的原始材料和相关信息，必须对其相关的文字资料予以一并收录。

下面收录的相关资料，一部分是通济堰工程所在区域的自然资料，如第一节"丽水市莲都区碧湖平原环境概况"，记述通济堰所在的碧湖平原地理环境的具体资料。第二节"松荫溪流域及水文气象"，直接关系到通济堰保护利用的相关水文、气象参数等资料，对通济堰功能研究是十分重要的。第三节"丽水历史上的水旱灾祥"，记录自唐代以来丽水区域水旱灾害，还收录了丽水历史上灾祥资料。第四节"通济堰相关历史人物考记"。

第一节　丽水市莲都区碧湖平原环境概况

一、莲都区地理环境

（一）概况

丽水市莲都区，即原丽水县、丽水市（县级），是丽水市（原丽水地区，即古处州）的行政中心，在浙江省西南部，瓯江流域中游。位于北纬 28°06′～28°44′，东经 119°32′～120°08′。属于亚热带季风气候，四季分明。年平均温度 18.1℃。最冷 1 月，平均气温 6.3℃，极端最低气温达 −7.7℃（1970 年 1 月 16 日）；最热 7 月，平均气温 29.4℃，极端最高气温达 41.5℃，是浙江省夏季高温地方之一，全年日气温在 35℃ 以上的天数，平均 46 天，最多年份为 75 天。无霜期为 255～285 天。多年平均年降水量为 1468.3 毫米，主要降水时间是 5 月、6 月的梅雨期，及 8 月、9 月的台风雨期。灾害性天气有夏季的干旱、暴雨山洪、龙卷风及冰雹。

全区辖境面积 1502.10 平方千米，其中，丘陵占 45.18%，山地占 28.52%，平原占 26.30%。

山脉分属于括苍山、洞宫山、仙霞岭山系。海拔千米以上的山峰有 21 座，最高峰是位于青田县的八面湖（1389 米），其次为水牛相筑（1325 米）、大山峰（1218 米）。中西部的碧湖平原，面积约 80 平方千米；城郊平原，面积约 30 平方千米。这两个河谷小平原的海拔在 60 米左右，地势较平坦，其间河渠纵横、水塘众多，土地肥沃、环境优越，有良田数十万亩，是丽水的主要产粮基地。

河流均属于瓯江水系。瓯江是浙江省的第二大河流，可分为龙泉溪、大溪、瓯江等河段。流经莲都区境内的干流称为大溪，西从云和县入境，自西南向东北贯穿全境，折转东南向流往青田县境内。大溪支流甚多，主要有松荫溪（又称松阳港）、宣平溪、小安溪（又称太平港）、好溪（又称缙云港）4 条。

（二）山地

莲都区高山环抱，群峰峥嵘，按三支山系归属，可分为四个山地区域：

（1）东部山地。在好溪入大溪以东，为栝苍山西部，包括严鸟、黄村及原水东乡范围，呈东南高西北低趋势。海拔 900 米以上的山峰有：五釜山（亦称五府山，1045 米）、天堂山（旧名玉峰山，1010 米）、连尖山（994 米）。这些山地以产毛竹、松木为主。

（2）南部山地。在大溪以南，与青田县界相连，属于洞宫山北上支。从该区南端的大沆山（1232 米），向东北延伸，至富岭乡的大梁山（旧名南屏山，868 米），其间万山叠翠，纵卧境之东南，均向西南倾斜。其中郑地、峰滦两山，在万山丛中，峰峦毗邻对峙，千米以上山峰达 12 座之多。此山地盛产林木、毛竹、油茶、药材。

（3）北部山地。在大溪以北，好溪与宣平溪之间的区域内，与武义、缙云县接壤，为仙霞岭之余脉。其范围有原雅溪区的 8 个乡、原城郊区双黄、联城、丽阳等 5 个乡、原曳岭区的巨溪、永丰、崇义及丽新、苏港等乡的一部分。山脉由北向南奔腾延伸，至城郊平殊的北缘止。高山连绵，海拔千米以上的山峰有：马背尖（1076 米）、上坦湖（1073

米）、陆千岗顶（1070 米）、玉岩（1043 米）、陈寮山尖（1051 米）等。此山地盛产林木、毛竹、油茶、药材及水果。

（4）西南山地。在大溪以西，宣平溪南部至北埠乡西隆地带，属仙霞岭支脉。包括高溪乡、碧湖镇、原新合乡等处的山区，主要山峰有莎衣潭（1003 米）、殿后岗（792 米）、西龙顶（734 米）、青柴山（741 米）。呈由北向南降低形势，从西向东倾斜，为碧湖平原的西、北两面之屏障。

二、碧湖平原地理环境

碧湖平原是古处州（即现丽水市）的三大平原之一，总面积为 80.3 平方千米，是莲都区最大的河谷平原，包括原碧湖镇、原平原乡的全部，原新合、石牛、高溪三个乡的大部分及原联合乡、龙江乡的一部分。整个碧湖平原大致可划分为两大部分：谷线以东的临大溪部分称为前畈；谷线西侧沿山脉部分称后畈。其地质构造，前畈为大溪老河漫滩；后畈为谷口洪积扇；沿溪狭长地段为大溪新河漫滩。碧湖平原顺大溪河流方向呈南高北低趋势，最南端位于通济堰渠道入口处的堰头村及保定、周巷等处，海拔 70.5 米左右；中部在九龙至大陈村一带，海拔约 63.5 米；最北端在白口、下圳等地，海拔 58～60 米。与大溪垂直方向，碧湖平原则为西高东低，西部洪积扇顶部，位于岑口，海拔 75 米左右；中部洪积扇边缘，位于道士畈一带，海拔 65.5 米左右；东部河漫滩海拔在 50 米左右。

碧湖平原自然生态环境良好，气候条件优越。年平均气温为 18.1℃≥10℃，年活动积温为 5400～5700℃，为莲部区热量充足区域；年无霜期为 240～256 天；多年平均年降水量为 1480～1553 毫米。十分适宜经济作物生长，可开发果、菜、花卉、药材等多种种植业；适宜连作稻三熟制耕种。春季回温早，利于果、菜早上市。

碧湖平原土地平坦，土壤肥沃，以冲积砂壤土、黄色培积壤土为主。据在全平原分点取样 34 个样品常规分析结果统计，农田耕作层土壤有机质含量 2.1%、全氮 0.138%、有效氮（碱解氮）126 毫克每千克、速效磷 10.5 毫克每千克、速效钾 49.02 毫克每千克。

碧湖平原经过千百年来广大劳动人民的努力，水利工程众多，从而充分利用了水资源。在这里，除了古老的通济堰灌溉水系纵横交错在平原中南部外，1958 年春建成了高溪水库，蓄水量 820 万立方米；1978 年开挖了长达 7000 米的新治河排水渠道；1986 年建成了总库容量为 272 万立方米的郎奇水库。形成了蓄引提相结合的灌溉和排涝系统。

碧湖平原历史上种植业以粮食生产为主，1978—1980 年平均每亩水田产 648.5 千克，总产量占全县水田产量的 43.6%。随着时代的发展，农业科技有了长足进步，作物品种得到优化，先后建成了一批吨粮田。随着推进碧湖平原农田基本建设，改善水利设施，排除了制约农业生产发展的限制因素，加速了碧湖平原"一优两高"农业的进程。

碧湖平原的耕作制度以"绿肥-连作稻""春花作物-连作稻及蔬菜-连作稻"为主体。复种指数 230% 左右，三熟制占 30% 左右，两熟制占 70% 左右。20 世纪 80 年代以来，碧湖平原以水果、蔬菜等经济作物为主的产业发展较快。水果以柑橘、西瓜等为主，面积 3 万余亩，大部分种在旱地、溪滩圩地、田埂之上。蔬菜于 90 年代开始规模化发展，形成了春夏季蔬菜种植带，主要分布在石牛、任村、白口、下圳等地；食用菌也在 90 年代得到规模化发展，年栽香菇达 400 多万袋，以周巷、保定、沙岸、岚山头、岑口发展最快，形成了规模。在碧湖平原已形成了多处果蔬食用菌集散市场。

碧湖平原土地资源丰富，开发潜力较大。据 1993 年前初步调查，待开发的 7 公顷以上的溪滩圩地有 27 块，共计 636.6 公顷，见表 7-1；7 公顷以上利用不充分的溪滩圩地有 15 块，共计 197.6 公顷，见表 7-2。

表 7-1　　　　　　　　　　碧湖平原连片待开发滩圩地

滩圩地名称	面积/hm²	滩圩地名称	面积/hm²
堰头石圩	9.3	白口圩	26.7
保定村圩	36	港口圩	20
周巷村门圩	25.3	南山渡口圩	46.7
概头圩	9.3	下南山圩	40
吴村圩	25.3	松坑口圩	106.7
下村圩	8.3	丽沙上圩	23.3
上阁圩	6.7	龙石圩	18.7
上阁内圩	11.2	岑山圩	18.7
资福内圩	8	上沙溪圩	18
资福外圩	11	平二堪十圩	10.7
西瓜圩	8	新亭圩	46.7
平一高圩	11.3	石牛村边圩	20
平一内圩	28	石牛溪边圩	26.7
平二外圩	16	小计（27 块）	636.6

注　资料来源：钱金明编著，《通济堰》，浙江科学技术出版社，2000。

表 7-2　　　　　　　　　　碧湖平原利用不充分滩圩地

滩圩地名称	面积/hm²	滩圩地名称	面积/hm²
堰头堰后圩	7.3	石牛溪边圩	16.6
保定圩	20	白口圩	20
概头圩	8.7	港口圩	10
吴村圩	6.7	上南山圩	20
周巷对门圩	21.3	下南山圩	20
平二外圩	7.3	松坑口圩	13
新亭圩	13.3	丽沙圩	6.7
石牛村边圩	6.7	小计（15 块）	197.6

注　资料来源：钱金明编著，《通济堰》，浙江科学技术出版社，2000。

在扩镇之后，现整个碧湖平原均属碧湖镇所管辖，给碧湖平原的发展带来了良好的机遇。今后，碧湖平原一定会更加生气蓬勃，工农业生产、集镇建设更上一层楼，为莲都区进入现代化行列发挥更大作用。

第二节　松荫溪流域及水文气象

通济堰横截松荫溪，拦水入堰以灌溉碧湖平原的良田。因此，松荫溪是通济堰的源泉，其水利、水文条件直接关系到通济堰的功能。因此，加深对松荫溪的了解、探索，更有利于通济堰保护工作。通过对松荫溪全线进行调查、考察、探索，现将有关资料收录于下。

一、瓯江一级支流——松荫溪

松荫溪，又有松溪、松阳溪、松阳港、松阴溪之称。发源于遂昌县坽口乡桂义岭黄峰洞山麓，海拔 1155.6 米，流经遂昌、松阳，进入莲都区，在大港头汇入龙泉溪（自此汇合口起，以下河段开始称为大溪）。

松荫溪干流全长 109.4 千米，从上游至下游，遂昌县境内长 44.3 千米，松阳县境内长 60.5 千米，莲都区境内长 4.6 千米。流域面积 1995 平方千米，河宽 120～160 米（局部宽达 250 米），平均水深 4.8 米，多年平均年径流量 20.3 亿立方米。河道天然落差 8.5 千米，平均坡降 7.8‰。据距离通济堰大坝最近，也是松荫溪最后一个水文站——靖居口水文站实测：1995 年最高洪水位 95.91 米，相应流量 4250 立方米每秒；1967 年 11 月 3 日最小枯水流量 0.82 立方米每秒。洪枯变化悬殊，具有典型的山溪性河流的特性。

松荫溪源头主流，为十四都源，亦称成屏源、上通源。1936 年版《浙江简志》称其为吕川。出源头北流至朱口，纳金吞水，至坽口乡纳垵坑。继续北流至成屏乡境内，在此已建有成屏一级电站、成屏二级电站，装机容量分别为 8000 千瓦、2890 千瓦。过成屏源口，至遂昌县治妙高镇，此上河段称南溪。南溪（包括十四都源）流域面积 237 平方千米，流经叶坦桥时，北溪自左岸汇入。北溪发源于三仁乡井盏架山峰西麓，主流长 21.5 千米，流域面积 115 平方千米，河道落差 320 米，平均坡降 14.9‰，多年平均年径流量 1.3 亿立方米。

南、北溪汇合后称襟溪，继续北流至渡船头，折向东南流至庄山，濂溪自左岸注入。濂溪发源于小龙葱尖南麓，上游称清水源，流域内已建成小（1）型岩后源水库。濂溪流经马头乡纳祥川水。至云峰镇纳天堂源水，天堂源已建成小（1）型天堂源水库。濂溪主流长 35 千米，流域面积 188 平方千米，河道落差 762 米，平均坡降 21.8‰，多年平均年径流量 2.1 亿立方米。

襟溪纳濂溪后，过资口，进入松阳县境内，始称松荫溪，河道豁然开阔，河水直向东南方向流去，至横溪十二都源水自右岸注入。十二都源源出玉岩镇北面之白沙岗村，主流长 26.8 千米，流域面积 85 平方千米，河道天然落差达 1075 米，其中谢村以上河段平均坡降达 54.6‰，是松荫溪流域水力资源最丰富的河流之一，蓄水 1500 万立方米的谢村源水库及电站（装机容量 2.25 万千瓦）已建成。

松荫溪纳十二都源后，折向东流，梧桐源水自左岸注入。梧桐源主流长 19.4 千米，流域面积 62 平方千米，有小（1）型梧桐源水库。

松荫溪纳梧桐源后，折东南向流，至古市镇，十三都源自右岸注入。十三都源流经交塘、新处、樟溪、新兴等 4 乡，沿途接纳有官岭源、球坑、小南坑等诸水。主流长 19.6 千米，流域面积 70 平方千米，有小（1）型杨岭脚水库。

松荫溪纳十三都源后，继续向东南流，经大路纳东关源水，经上河纳庄门水，经和仁桥，六都源水自左岸注入。六都源流经望松、岗寺二乡，流域内有小（1）型六都源水库。

松荫溪纳六都源后，折东南流过叶村乡；折向东至河关村，东坞源自左岸注入。东坞源主流长 13.3 千米，流域面积 33 平方千米，有中型水库——东坞水库，总库容 1460 万立方米。

松荫溪纳东坞源后，继续向东流经寺岭下，竹溪源自右岸注入、四都源自左岸注入。再折东南向流经松阳县治西屏镇，沿途接纳有黄坑源、关溪、黄源等诸水。至港口，小港自右岸注入。小港是松荫溪最大的支流（在瓯江二级支流中，仅次于楠溪江的小源溪），主流长 63 千米，流域面积 500 平方千米，河道天然落差 865 米，平均坡降 13.7‰，多年平均年径流量 5.6 亿立方米。小港源出松阳、龙泉交界的龙虎门岙，流经枫坪、玉岩、交塘、蛤湖、大东坝等 5 个乡（镇），流域内有大、小支流 26 条，其中主要有：安民源，主流长 26.3 千米，流域面积 100 平方千米，河道天然落差 1180 米，平均坡降 24.9‰，多年平均年径流量 1.12 亿立方米；玉岩源，主流长 14 千米，流域面积 73 平方千米；石仓源，主流长 9.8 千米，流域面积 31 平方千米。

松荫溪纳小港后，水量陡增，溪流由东南折东，在南北诸山挟持下，逶迤穿行于低山丘陵地带，至雅溪口，雅溪自左岸注入。雅溪主流长 14.5 千米，流域面积 36 平方千米。

松荫溪纳雅溪后，继续东流纳南坑源、石马源诸水至靖居口，靖居源自左岸注入。靖居源，又名蓉川，主流长 10.3 千米，流域面积 37 平方千米。

松荫溪纳靖居源后，折东南流，沿途接纳有木岱坑源、裕溪源、凤弄源等诸水，直至堰后圩进入莲都区境内，直奔大港头，汇入大溪。通济堰拦水坝在汇合口上游约 2200 米处。

松荫溪流域地形复杂，溪坑纵横，山峰连绵，仅遂昌、松阳县境内，千米以上山峰有 221 座。高山峡谷，河流湍急。上游遂昌县境内，河床多大卵石，直径为 20～30 厘米。在妙高镇等处有小片台地。从资口开始，山势拉开，构成面积达 151 平方千米的松古盆地（约有粮田 11 万亩），溪流穿过盆地中部，长 34.1 千米，最大河宽 300 米，坡降为 1.52‰，多小卵石，直径 5～10 厘米，河床中有浅滩 30 多处。踏步头以下至雅溪口，河床复窄，宽约 100 米，多卵石，最大直径达 100 厘米，并有基岩露头。至赤路圩以下又逐渐展开，宽约 200 米。

松荫溪河道，在古市—西屏河段，历史变迁较大，流向不定。据民国版《松阳县志》记载："古市以下至黄公渡，过去河道经五木、岗下、上河、十五里，折南，由浮桥头而出；今侧向南经力溪折北，由石门至黄公渡。黄公渡以下，过去迤北经小赤壁、塔寺下、石笋脚出汪泉头；今则迤南经叶村直至汪泉头。而塔寺下、石笋脚一带皆已成田。西屏南门大堤下水流，过去由税关前向南直下横山而至青蒙岭；今则经外水碓北入沙口，过青蒙村至青蒙岭脚。"

松荫溪干流河段，两岸村庄连片，人口稠密，常受洪水之患，自古以来，两岸就建有局部防洪工程：在遂昌县境内有胡公堤、下安大堤，古市有保安堤，西屏有城南大堤（原名汤公堤）等。

二、水质、水文、气象

（一）水质

通济堰水系的水源，来自遂昌、松阳两县的松荫溪。由于山高林茂、溪水潺潺，自古以来水质清澈见底，鱼虾丰富。两岸人民以溪水、渠水用于生产和生活，他们以此来灌溉农田、淘洗炊饮、养殖水产品等，松荫溪是大自然赋予人们的好资源。

但是，在 20 世纪五六十年代，在松荫溪上游的遂昌、松阳两县分别建有造纸厂，年生产能力为 4000 吨、7500 吨。虽然造纸厂为当地增加了经济收入，却也给沿溪、沿渠人民带来了严重的水污染，影响了生态环境。由于溪水被造纸废水严重污染，通济堰水系内的鱼、虾、蟹几乎灭绝。滚滚黑酱色的污水，带着刺鼻的臭味，直接影响了沿途群众的生产和生活，给生态系统带来毁灭性打击。

沿途人民的意见，引起了省、地（市）领导的高度重视，经过多方努力，决定对造纸厂进行关停转产处理。1996 年 6 月，遂昌造纸厂率先封存了草浆蒸球，停止了草浆生产；同年 12 月 26 日，松阳造纸厂也全部封存了草浆蒸球，停止了草浆生产。至此，松荫溪上游的造纸厂全部停止了化学制浆，结束了几十年来造纸制浆废水污染松荫溪的历史，还给松荫溪、通济堰青山绿水、鱼虾跳跃的良好生态环境，极大地改善了溪水、渠水的水质。

（二）水文

松荫溪流域水文资料对于通济堰来说是十分重要的参考数据，是通济堰发挥水利功能和创建维护的不可或缺的依据。不断积累充实其水文数据，为通济堰保护利用服务，是资料档案工作的一项重要内容。

松荫溪流域水文数据采集，是一项专业性很强的工作，我们只能够依据专业资料进行采集。根据水文部门的信息，松荫溪流域水文数据均发布在《浙江省浙西南水文数据年鉴》之上，工作及研究需要可以详查该数据库。松荫溪典型年径流量见表 7-3，测站降水量见表 7-4。

表 7-3　　　　　　　　　　　　　　　松荫溪典型年径流量

河名	站名	集雨面积/km²	典型年	发生年份	径流量/（m³/s）		汛期占全年/%
					全年	汛期	
松荫溪	靖居口	1857	偏丰年	1973	24.6	16.2	65.8
			平水年	1961	17.3	9.84	56.9
			偏枯年	1957	14.5	7.16	49.7
			枯水年	1978	11.8	6.45	54.7
			多年平均		18.0	11.5	63.9

注　资料来源：《瓯江志》。

表 7-4　　　　　　　　　　　　　　　松荫溪测站降水量

河名	站名	多年平均年降水量/mm	汛期降水量/mm	汛期占全年/%	最大值		最大值	
					降水量/mm	发生年份	降水量/mm	发生年份
松荫溪	安口	1646.1	994.0	60.4	2459.4	1975	1207.7	1979
	遂昌	1532.4	906.3	59.1	2163.2	1975	1042.4	1979
	西屏	1563.0	954.7	61.1	2167.1	1975	894.6	1979
	五都	1707.4	1038.7	60.8	2357.2	1975	1094.2	1979
	靖居口	1547.1	933.1	60.3	2213.3	1975	885.8	1979

注　资料来源：《瓯江志》。

（三）气象

丽水市（莲都区）气象资料 1971—1980 年统计数据见表 7-5。

表 7-5　　　　丽水市（莲都区）气象资料 1971—1980 年统计数据

测站高程/m		60.8	年降水量/m	1352.8
平均气温/℃	平均气温	18.0	年雨日/d	164
	7 月气温	29.0	暴雨日/d	3
	1 月气温	6.5	日照 年时数/h	1736
无霜期天数/d		258	百分比/%	39

注　资料来源：《瓯江志》。

第三节　丽水历史上的水旱灾祥

水旱灾害，对以农业为生计的古代劳动人民来说，是与生产、生活息息相关的重要问题，也是对水利工程的真正考验。历代统治阶级对于突发的自然灾害往往束手无策，只能听天由命，或是以封建迷信的说法欺骗麻醉人民，来减轻自身的责任。而广大劳动人民是天灾的直接受害者，但是他们面对困难，却爆发出与天地抗争的勃勃动力，力争将自然灾害的损失减少到最低程度。对于受自然灾害侵袭的水利工程，会尽最大努力予以修复。

在《处州府志》《丽水县志》及通济堰历史文献中，分别记载了部分自然灾害，对研究丽水暨通济堰流域的自然、气象、水文等历史具有十分重要的参考价值。通济堰历史上虽然有许多维修缺乏文献记录，但是，我们从自然灾害记录中加以探索，可以体会到：洪水侵袭之后，必然会对水利工程造成损坏，其后必须进行抢修，所以可以从灾害记载中寻找一些通济堰失载维修工程的线索。

笔者对各种史料中的丽水灾祥记载进行了检索，发现各种史籍记载的情况相对应时，会互有出入，说明并没有一种史料能够完整记录历史上一个地方的水旱灾害。因此，只有通过考证，采用互参共收的原则，才能将一个地方的自然灾害完整、客观地记录下来。本书所收录的丽水历史灾祥资料，是从《栝苍汇纪》《处州府志》《丽水县志》《通济堰志》《浙江通志》《浙江简志》《瓯江志》以及其他相关史料、摩崖题刻等综合参收而成的。采用分朝代时序分节编写，始于唐代，收至 20 世纪 60 年代末止。

一、唐朝时期

△显庆元年（656 年），九月丽水大风雨，洪溢丽水，溺死人口无数。

△总章二年（669 年），六月栝州大风雨，洪浸丽水。

△文明元年（684 年），丽水大水侵袭，溺死百余人。

△神功元年（697 年），洪水侵袭丽水，冲坏民居七百余家。

△长庆四年（824 年），丽水七月大水。

△开成三年（838 年），大水，水高八丈，府城平地水深八尺有余。

二、两宋时期

△咸平六年（1003年），八月旱，禾再稔。郡守杨仁上表禀奏。

△大中祥符九年（1016年），丽水大水，朝廷遣使赈灾。

△明道二年（1033年），连降暴雨，丽水受特大洪水袭击，坏民田无数。通济堰原有唐碑记事，在这次特大洪水中漂亡，从而使宋以前的堰史无从稽考。

△元丰二年（1079年），秋天起至次年春不雨，丽水旱灾严重。

△宣和六年（1124年），七月丽水降暴雨，造成大水，水高达六丈有余。

△绍兴十四年（1144年），八月丽水大水，水高达八丈有余，冲毁田庐无数，溺死民众三千余人。

△绍兴十六年（1146年），丽水又发大水，水大同绍兴十四年。这两次特大洪水，在府、县志中仅载绍兴十四年洪灾，而丽水南明山高阳洞有摩崖题刻记事，补志书之缺载。

△淳熙九年（1182年），丽水旱灾严重。

△绍熙三年（1192年），丽水大水。

△绍熙四年（1193年），丽水大旱灾。

三、元明时期

△元至元十六年（1279年），丽水大旱灾。

△元大德九年（1305年），丽水受洪水袭击。

△元至正二年（1340年），六月，丽水受洪水袭击，冲决通济堰大坝十之六七，造成碧湖平原农田缺水，稻谷无收。

△明洪武三年（1370年），丽水大旱灾。

△明永乐七年（1409年），七月，丽水霖雨，山水骤涌，坏田庐，漂人畜。

△明永乐十八年（1420年），丽水受洪水袭击。

△明正统五年（1440年），丽水大水。

△明景泰七年（1456年），丽水大旱灾。

△明成化九年（1473年），丽水大水。

△明正德三年（1508年），丽水多月无雨，大旱灾。

△明正德五年（1510年），丽水大水，城内平地水高五丈。

△明嘉靖四年（1525年），丽水大水。

△明嘉靖六年（1527年），丽水大旱。

△明嘉靖七年（1528年），丽水大水。

△明嘉靖十年（1531年），丽水大水。

△明嘉靖十一年（1532年），七月廿八日，上游暴雨，丽水洪水暴涨十余丈，漂流数百家，通济堰大坝被冲决。

△明嘉靖二十一年（1542年），丽水大旱。

△明嘉靖二十九年（1550年），丽水大旱。

△明嘉靖三十年（1551年），丽水大旱。

△明嘉靖三十四年（1555 年），丽水大水。

△明隆庆二年（1568 年），丽水大水。

△明隆庆三年（1569 年），秋季，丽水洪水成灾。

△明万历元年（1573 年），丽水大旱，旱禾苗尽槁。

△明万历二年（1574 年），丽水大水受灾。

△明万历三年（1575 年），丽水大旱灾，米价高涨。

△明万历十二年（1584 年），丽水大水受灾，冲决通济堰坝堤。

△明万历十六年（1588 年），丽水大旱，并发生疫病流行。

△明万历二十四年（1596 年），十月至次年正月，丽水大雪不止。

△明万历三十二年（1604 年），丽水大地震。

△明万历三十七年（1609 年），丽水大水成灾，漂没田庐。

△明万历四十六年（1618 年），丽水大洪水成灾，冲决通济堰石坝。

△明天启三年（1623 年），四月，丽水大水受灾，麦苗被毁无收。

△明崇祯五年（1632 年），七个月无雨，丽水旱灾严重。

△明崇祯七年（1634 年），洪水成灾，大水漂荡田庐。

△明崇祯八年（1635 年），五月大水入城，淹官署，民房几乎被荡尽。宝定（现保定）下铺前田被冲毁，分厘无存。

△明崇祯八年（1635 年），九月廿五日戌时，丽水发生地震。

四、清朝时期

△清顺治六年（1649 年），上游暴雨成灾，大水冲决通济堰大坝多处，渠水断流。

△清康熙二十八年（1689 年），自夏至冬不雨，井泉皆竭，旱灾严重。

△清康熙三十七年（1698 年），七月廿七、廿八日大水，冲决通济堰大坝达 27 丈，使渠水断流。

△清康熙四十二年（1703 年），丽水旱灾严重。

△清康熙四十九年（1710 年），丽水大风雨，并降大冰雹。

△清康熙五十三年（1714 年），丽水大水成灾，冲决通济堰大坝、叶穴，使渠水断流，五年间西乡沃壤成焦土，稻谷无收。

△清康熙六十年（1721 年），丽水洪水成灾，冲决通济堰石坝，稻谷歉收。

△清乾隆三年（1738 年），丽水洪水成灾，冲决通济堰石坝。

△清乾隆八年（1743 年），丽水大水成灾，冲决通济堰石坝。

△清乾隆十五年（1750 年），丽水大水成灾，冲决通济堰石坝及高路渠堤。

△清乾隆六十年（1795 年），五月十八日大水，坏民田。

△清嘉庆五年（1800 年），六月廿三日洪水成灾，船只逾城，入内施救。

△清嘉庆六年（1801 年），夏四月雪下。

△清嘉庆十六年（1811 年），夏五月至秋七月不雨，旱灾严重。

△清嘉庆十七年（1812 年），丽水大旱成灾。

△清嘉庆二十一年（1817 年），丽水上半年大旱成灾；秋七月廿五日大水成灾。

△清道光七年（1827年），丽水大水成灾，冲决通济堰渠堤，使渠水外流，农田失去灌溉，稻谷无收。

△清道光十二年（1832年），九月十五日下雪，十二月廿四日夜大雪，山中积雪达丈余深。

△清道光十三年（1833年），十二月十二日起，大雪连下三天，山中积雪很深。

△清道光十四年（1834年），五月十四日大水成灾。

△清道光十五年（1835年），丽水大旱成灾。

△清道光二十三年（1843年），七月十二日大雨，洪水暴涨，冲决通济堰大坝，石函、叶穴、概闸等多数被损、淤塞。二十二都、二十三都田庐湮没无算。

△清道光二十四年（1844年），十二月廿四日夜雷电、雨雹，接着大雪。

△清道光二十六年（1846年），洪水暴涨，冲决通济堰大坝，致使碧湖平原土地旱灾严重，连年粮食歉收。

△清道光三十年（1850年），洪水暴涨，冲决通济堰大坝，陡门，渠道被淤塞，平原土地旱灾严重，连年粮食歉收。

五、民国时期

△民国元年（1912年），7月大水，冲决通济堰大坝中段约30丈，堰口被淤塞，渠水不能归渠，使丽水碧湖土地遭受严重旱灾。

六、新中国成立后

△1950年，春季洪水迅猛，冲毁通济堰石函前的20余块，冲坍部分堤岸。

△1952年7月，特大洪水袭击，冲毁通济堰水利工程多处。

△1954年6月中旬，连降暴雨，龙泉溪、松荫溪的洪水汇集大溪；6月15日，大溪洪水倒流冲入通济堰，堤岸较低的大部分田畈水灾严重。进水闸至叶穴堤岸严重倒塌。冲毁大坝长达40米，开拓概、城塘概及九龙长金坝损坏，黄金堰渠岸被洪水冲坍。

△1955年6月19日，特大洪水袭击，平均每小时上涨18厘米。洪水来势凶猛，冲毁通济堰大坝43米，淤积在渠道下游砂石有10000立方米，坝面多处开裂，叶穴被冲毁。

△1964年6月25日，上午溪水暴涨，漫淹通济堰堤岸。冲毁进水闸下游500米的界牌附近被毁岸长30米、宽8米、深3米。堰渠塌方及桥梁、概闸、堤岸被冲损坏数十处，堰内淤塞严重。

△1968年6月24日、7月7日，两次特大洪水袭击，冲毁通济堰，坝、渠、石函均有不同程度损坏。

第四节　通济堰相关历史人物考记

通济堰作为一处大型古代水利工程，在其长达1500年的历史中，与之相关的历史人物不少，应该说是一个需要探索的课题。

在这些历史人物中，有的是通济堰工程的创建者，或者是一些关键性配套工程的创造发明者，我们不应该忘记他们的历史贡献。还有些是通济堰工程保护维修、抢修工程中起组织、主持、协调作用者，也是通济堰能沿用至今的功臣。对那些与通济堰工程息息相关的历史人物，应予以重视，进行必要的考证。

在《通济堰志》等相关史料中，对通济堰相关的历史人物有过一些记述，并曾在通济堰的詹南二司马庙内为有功于通济堰的历代官绅树立牌位，配享祭祀。其中，在清光绪三十二年知府萧文昭撰写的《颁定通济西堰善后章程碑记》的十二条中，第三条即是关于这方面的规定，其中有"西堰新建公所中堂宜设神龛，祀历朝有历于堰务名宦先贤牌位前……中堂先年原塑有詹南司马像……左旁添设神龛，将历来任监修堰工委员牌位序立，右旁添设神龛，将历来绅宦有功人笃牌位序立，以昭功绩而励将来。此祠头门改为报功祠……"的条文，说明当时十分重视历代有功于通济堰的人物，为他们立牌位而享受祭祀。

当然，历史上的记载，大多数是为官绅歌功颂德的，而没有广大劳动人民的地位。事实上，我们透过这些记载去考察，必然说明这些历史人物对通济堰的贡献背后，一定会有大批劳动人民的集体智慧与汗水，以及他们的创造力和对通济堰的巨大贡献。

一、南朝梁天监年间詹南二司马

詹司马、南司马，名佚无考。生卒年、籍贯不详。所谓司马之称，是官职名，历代司马所属官阶、职责有所不同。关于南朝梁时的司马有两种说法：①为汉制，大将军营设五部，各部置军司马一人。魏晋到宋，司马均为军府之官，位在将军之下，综理一府之事。②韩肖勇在《通济堰述略》[1] 一文中认为：司马之职在宋、齐、梁、陈[2]时，是朝廷工部营缮司（专营国家营造、修理事务的部门）郎中之末一级官员。"司马詹氏始谋为堰，而请于朝"，朝廷"又遣司马南氏共其事"。因此韩肖勇认为："可见，当时通济堰是由朝廷出面兴建的。"根据通济堰始创年代，笔者通过对《梁书》等史料的查考，明确了解到：当时在丽水这块土地上还没有"丽水县"的建置，而其地属尚扬州刺史府（治在会稽，今绍兴市范围内）所辖地松阳县（其辖治以后古处州、栝州范围为主。当时县治一说在今松阳古市一带，另一说认为其治在后处州府，即今丽水市莲都区范围之内）。梁天监四年（505 年），扬州刺史是梁武帝之弟、中将军临川王萧宏。天监六年曾由抚军将军、建安王萧伟任扬州刺史。直到天监十四年，临川王萧宏又以司空领中权将军衔仍置任扬州刺史（天监八年曾一度由车骑将军、领太子詹事的王茂授扬州刺史）。因此，无论在天监四年还是十四年，扬州刺史一职官员，同时均是将军。所以，詹南二司马是扬州刺史府亦即将军府下面的属官，承领府内事务。关于堰史记哉中，"詹司马请于朝，又遣司马南氏共治其事"的问题，笔者认为：扬州刺史萧宏、萧伟均是国君萧衍的兄弟，又封为王，也可以说是朝廷的一部分，故记载为"朝中"遣使治事也就不足为奇了。

关于通济堰创始人的探索，上海交通大学郑闰教授、丽水莲都文联邱旭平先生取得

---

❶　见《江西文物》1990 年第 4 期，第 53 页。

❷　指历史上南北朝时期的宋、齐、梁、陈等国。

了一定成果❶。但也有学者认为是无据之论。

二、北宋元祐年间处州太守关景晖

关景晖，会稽（今绍兴）人，嘉祐八年（1063 年）许将榜进士，生卒年不详。

北宋元祐年间，任处州知府。元祐七年，针对年久失修的通济堰，身为知府的关景晖，深知其对国赋民生的重要性。在大水袭击之后，他不辞劳苦，亲自沿线踏勘，了解损坏情况。于是亲自筹划，委托县尉姚希监修通济堰。在工程进行期间，关景晖"夙夜疚心，浚湮决塞，经界始定"，经过数月艰苦施工，至次年春竣工。又率郡县官员前往视察，并亲自主持重修詹南二司马庙，以申报功之意。据称，他还与姚希制定了《通济堰规》，规范管理，惜已佚传。事毕，又亲撰碑文，题为《丽水县通济堰詹南二司马庙记》。文中叹曰："天下之事，莫不有因久则敝，敝则变，变而能复，理之然也。"在文中，把重修通济堰工程的主要成就，归功于其下属官吏县尉姚希，在当时封建官僚之中也属难能可贵。

三、北宋政和年间知县王禔及助教叶秉心

王禔，扬州人，生卒年不详，为北宋政和初年的丽水县知县。

叶秉心，丽水人，生卒年不详，北宋政和初年丽水县助教。

作为本地父母官，王禔自然要关注丽水的农业发展。通济堰建成之后，民获其利，但在主渠道堰首下约 300 米，有泉坑横贯其上，坑沙淤塞渠道，使渠噎不通。每岁开淘淤砂派夫就达万工，如再遇山洪，则动用民夫更甚，民深恶其病。王禔任丽水知县之后，"念民利堰而病坑，欲去其害"。

县助教叶秉心，深知王禔的心愿，于是潜心研究避免坑砂之法。民间传说：叶秉心为了探索避免泉坑淤砂，常常边走边思考。这天他信步走在渠旁，这时有一位村姑正在渠中漂洗纱带，看到叶秉心若有所思徘徊，就问："大人，你是不是遇到了什么事呀？""是呀，我在想怎么避免坑砂淤塞渠道的方法，但就是找不到合适的办法。"这时，村姑抓起一把砂子，撒在纱带上，一面漂动纱带，一面念念有词："砂子带上走，清水带下流。"说也奇怪，砂子真的顺着纱带漂走了。叶秉心眼前一亮，心中有了计划，正欲感谢姑娘时，她已飘然而去。传说是观音菩萨化身村姑指点迷津。

叶秉心急忙赶回住地，埋头设计起来，不久，一套在渠道上架设一座石函，将泉坑水引过渠道的方案出台。于是叶助教向王禔献出了石函之议。知县王禔接受了他的建议，发动民间工匠日夜赶工，终于创造性地建造了中外水利史上最早的立体交叉通排水工程——石函引水桥。

在建造石函之时，为了桥石的坚固耐用，寻找好的石材也花了一定的心思，终于在距堰头 10 里的桃花山发现了最佳的山石。王禔造手车二辆，用于运石料，并亲自随车到山中选石。像这样的古代"父母官"，却也不多见，深受人民的爱戴。

---

❶　最近对通济堰历史进行探索，使始创人詹司马其人其事得到初步落实。据邱旭平、郑闻所撰《通济堰功臣詹司马姓詹名彪》《骠骑司马詹彪公专事筑堰建坝》等考证文章来判读，詹司马名彪，字至彪，梁时为大夫。迁处州。

由于"石函一成，民无工役之扰，减堰工岁凡万余"，使通济堰工程更加完备，并减免了不少民役，故而王褆、叶秉心二人得到丽水人民的肯定，而奉之为乡贤。

四、南宋乾道年间处州知府范成大

范成大（1126—1193 年），字致明，号石湖居士，谥文穆。苏州吴县（今苏州市）人。父范雩，宣和五年进士，南宋绍兴十一年（1141 年）为秘书省正字，终秘书郎；母蔡氏是北宋著名书法家蔡襄的孙女。范成大中南宋绍兴二十四年（1154 年）进士，授户曹。隆兴元年（1163 年）迁正字，吏部郎官。乾道三年（1167 年）起任处州知府。为南宋大文学家，著名南宋诗人、散文家、词人。从江西派入手，后学习中、晚唐诗，继承了白居易、王建、张籍等诗人新乐府的现实主义精神，终于自成一家。风格平易浅显、清新妩媚。诗题材广泛，以反映农村社会生活内容的作品成就最高。他与杨万里、陆游、尤袤合称南宋"中兴四大诗人"。

范成大任处州知府后，了解到西乡碧湖田地干旱，粮食歉收，民疾于无水之苦的信息。于是下马伊始即寻访水利，从而得知西乡农业的丰歉，全凭通济堰水利功能的正常与否，通济堰实系碧湖的水利命脉。通过对通济堰的全面勘访，得知通济堰创建至此，已历 600 余年，加上许多设施已经年久失修，几乎荒废。从而促使他下定决心，恢复通济堰的水利功能。他不辞辛苦，访古迹、察水道、咨耆老。在大量调查研究的基础上，提出了"修复旧制"的决策。因此发动乡绅征集民夫，大兴修浚，浚淤通塞、垒石筑防，重置概闸 49 处，使通济堰灌溉功能得到恢复与提高。

为了使通济堰的维修、用水、管理有章可循，让后人有利于察仿旧制，范成大通过大量的调研、探索，在总结前人经验（姚希堰规）的基础上，重订通济堰规 20 条，刊刻于石，这就是著名的范成大《重修通济堰规》碑。从此，使通济堰的管理走上了循规办事的道路，自此，通济堰流域灌溉有序、修缮有时、管理有规，民得其利甚广。

另外，范成大任处州知府时还做了以下几件大事：

（1）丽水城南面临大溪，旧有济川桥，但年久失修，已不堪过人。范成大组织重建此桥，采用木船 72 艘、横梁 36 条，上铺大块木板，以铁索连贯而成浮桥，改名为平政桥。此桥重建，使大溪两岸有了便捷的通途，旅涉称便；城内农夫可以过桥到水南耕作，而免除了摆渡的风险。

（2）《宋史·范成大传》记载："范成大，字致能，吴郡人。绍兴二十四年，擢进士第。授户曹，监和剂局。隆兴元年，迁正字。累迁著作佐郎，除吏部郎官。言者论其超躐，罢，奉祠。

"起知处州。陛对，论力之所及者三，曰日力，曰国力，曰人力，今尽以虚文耗之，上嘉纳。处民以争役器讼，成大为创义役，随家贫富输金买田，助当役者，甲乙轮第至二十年，民便之。其后入奏，言及此，诏颁其法于诸路。处多山田，梁天监中，詹、南二司马作通济堰在松阳、遂昌之间，引溪水四十里，溉田二十万亩。堰岁久坏，成大访故迹，叠石筑防，置堤闸四十九所，立水则，上中下溉灌有序，民食其利。"

乾道六年，孝宗令范成大为特使，赴金国改变接纳金国诏书礼仪和索取河南"陵寝"事。范成大相机折中，维护了宋朝廷的威信，全节而归，并写成使金日记《揽辔录》和著名的 72 首纪事诗，深得孝宗的器重和信任，回朝后即升任中书舍人。乾道七年，孝宗欲用佞臣张说，范成大拒不草制，曾使孝宗为之变色。成大乃请领闲职返回苏州。

乾道九年，前往静江任广西经略安抚使。淳熙元年（1174 年）改知成都府，任四川制置使。淳熙四年，权礼部尚书，五年正月知贡举兼直学士院，四月参知政事，两月后被谏官以私憾弹劾，罢职归里。淳熙七年起知明州兼沿海制置使；八年，改知建康府兼行宫留守。淳熙十年因病辞归，时年 58 岁。此后 10 年隐居石湖。

（3）诗歌成就。

范成大是一个关心国事、勤于政务、同情人民疾苦的士大夫。他的基本政治理想是儒家的"仁政"和"民本"思想，认为"民惟邦本，本固邦宁"，要想富国强兵，必先安民，"省徭役、薄赋敛、蠲其疾苦"（《论邦本疏》）。在一些奏札中，他力劝孝宗要节省人力、国力，珍惜时间，整顿军纪，训练士卒，慎用刑罚，打击贪吏，以强兵复国为大志。在为地方官时，或尽力铲除弊端、整顿军备，或救灾赈济、兴修水利，为减轻农民负担、解除士兵疾苦做了努力。与此相应，他的忧国恤民的一贯思想在其诗歌创作中得到了充分的体现。

范成大的诗，以反映农村社会生活图景的作品成就最高。他的田园诗概括地描绘了封建社会农村的广阔生活，把《诗经七月》以来的农事诗、陶潜以来的赞颂农村生活恬静闲适的诗和唐代诗人的一些反映阶级压迫的农家词、山农谣一类作品结合在一起，成为中国古代田园诗的集大成者。

范成大涉世甚早，对农村生活的艰辛有较深的了解，20 多岁就写下了一些描绘农村生活景象的诗，如在《大暑舟行含山道中》一诗里，他便表现了"遥怜老农苦"的情感；在《乐神曲》中，写的是农民为丰年有粮交租、免受鞭笞而感到侥幸；《缫丝行》写姑嫂煮茧、缫丝、卖丝的繁忙劳动；《催租行》则描述了农民输租完毕后，吏胥上门勒索的情景。在徽州为官时，他又写下了著名的《后催租行》，诗作对南宋赋敛之重、官吏煎逼之酷和百姓受难之深作了形象的描绘。后来在杭州、桂林、成都等地及家乡苏州，他又写下了大量的农村题材的诗，如《刈麦》《插秧》《晒茧》《采菱户》《芒种后积雨骤冷三绝》《围田叹》等。其中如《黄黑岭》写巢居山农的非人处境，发出"安得拔汝出"的呼声；《劳畲耕》由"峡农"刀耕火种，勉强果腹，写到"吴农"因官租私债相逼而"逃屋无炊烟"；《夔州竹枝歌》9 首继承《竹枝词》专咏风土人情的传统而又注入新的内容：有烧畲种豆的农夫，有背着孩子采桑茶的农妇，还有着绣衣罗裳的富商大贾；而富者自饱，农家自贫："东屯平田□米软，不到贫人饭□中"；揭示贫富悬殊，抨击官吏凶残，同情人民苦难的思想，自始至终贯穿在范成大的诗中，直到晚年退居石湖时，他还在《冬春行》《秋雷叹》《咏河市歌者》等作品里，对下层贫民的悲惨生活予以深切的同情。在《雪中闻墙外鬻鱼菜者求售之声甚苦有感三绝》中，诗人宣称："汝不能诗替汝吟！"真实地说出他为民生疾苦而呼叫的创作意图。

范成大晚年作的组诗《四时田园杂兴》，是他田园诗的代表作品，这 60 首七言绝句分别描绘了春、夏、秋、冬四季不同的田园情景，凡农家生活环境、季节气候、风土民俗、耕织、收获及苦难与欢乐等，都得到了真切生动的展现。"蝴蝶双双入菜花，日长无客到田家。鸡飞过篱犬吠窦，知有行商来买茶。""昼出耘田夜绩麻，村庄儿女各当家。童孙未解供耕织，也傍桑阴学种瓜。"作者用平易如话的语言描绘出了一幅幅农家耕织图。然而这些图画并非历代隐居者所向往的世外桃源，而是充满痛苦和辛酸的现实社会的生动写照。"垂成穑事苦艰难，忌雨嫌风更怯寒。笺诉天公休掠剩，半偿私债半输官。""采菱辛苦废犁锄，血指流丹鬼质枯。无力买田聊种水，近来湖面亦收租！"这些诗，同样对农民的苦难倾注了深厚的同情。诗人在画图中还忠实地再现了贫家的"欢乐"："小妇连宵上绢机，大耆催税急于飞。今年幸甚蚕桑熟，留得黄丝织夏衣。""村巷冬年见俗情，邻翁讲礼拜柴荆。长衫布缕如霜雪，云是家机自织成。"观察之细致，笔力之深刻，高出以前写同类题材的诗人。这一组诗对南宋以后的田园诗产生了很大的影响。

范成大在当时属主战派人物，他的诗中也充满了爱国思想。早在未官时，他就写过"莫把江山夸北客，冷云寒水更荒凉"（《秋日二绝》）的名句，对南宋小朝廷向金国使者夸耀残山剩水的昏聩行径予以批评。此后的许多作品，如《胭脂井》《合江亭》等，都是借描写山川形胜，抒发爱国情怀的佳作。出使金国时写的 72 首七绝，更是集中表现了他的爱国思想。"平地孤城寇若林，两公（唐张巡、许远）犹解障妖□。大梁襟带洪河险，谁遣神州陆地沉？"（《双庙》）"州桥南北是天街，父老年年等驾回。忍泪失声询使者，几时真有六军来？"（《州桥》）这些诗篇通过题咏沦陷区的山川古迹，谴责了宋朝统治者的昏庸误国，为中原父老传达了盼望收复失地的心声，有的诗篇还记载了金国贵族统治下的人民的悲惨遭遇。为官桂林时，作者在《癸水亭落成》诗中写道："愿挽江流接河汉，为君直北洗□枪。"更体现了他对祖国统一、收复失地的信心和远大志向。晚年重病之中，他还在《题张戡蕃马射猎图》诗里抒发了他对金人的痛恨；《题夫差庙》一诗，则对南宋朝廷偏安一隅、耽于享乐、残害忠良表示不满，表达了他关心国运、盼望统一的心情。

范成大诗歌题材丰富，风格多样。他广泛学习前代的大诗人，受苏轼的影响最大。他的诗风，因创作背景不同而几经变化：早年未中举时和为官初期还没有脱离模仿阶段，他的反映民生疾苦的诗多效张籍、王建等人，一些成功的作品大都有切直劲峭的特点，这在以后出使金国途中写的 72 首绝句中得到了很好的体现。徽州后期的写景诗如《鄱阳湖》《回黄坦》等描写细腻、语言工致，已露出清丽精雅诗风的端倪。为官桂林和成都时期，由于饱览山川之神秀壮美，其诗境界开阔，以清峻瑰丽为特色，五言诗尤为突出。晚年隐居石湖时期诗风渐趋温婉秀丽、圆润优美，以七言诗尤其是七言绝句最为擅长。范成大学习苏轼，于其清旷、雄伟等方面均有所得，但由于艺术修养不及，他在豪迈、飘逸方面距苏轼稍远，一些诗作显得气韵不足，略欠浑成。他在苏轼未甚着意的五言诗上下了功夫，并吸收了他所擅长的辞赋的一些特点，取得了较大的成功。但同时也发展了苏轼诗中爱用典、逞才学、押险韵等特点，晚年多病时用僻典佛典写病态的诗作和一些禅偈似的六言诗尤不足取。和陆游与杨万里相比，范成大受江西诗派的影响较小，但其诗仍不免有南宋时期注重锻造、务奇逞怪的习气。

范成大的文、赋在当时也享有盛名。早年所作《馆娃宫赋》借吴王夫差信用□佞、残害忠良、沉溺声色之事暗讽时事，一时传诵。《桂林中秋赋》对月抒怀，境界清旷。他的政论、奏章皆能切中时弊，据理力陈，不为空言，不邀虚名，侃侃而谈，有一种从容不迫的气韵。如《论日力国力人力疏》《论邦本疏》等都是代表作。这些政论文大都篇章短小，语言平实，很少用典，在宋代奏疏中很有特色。他的记述文字成就也很高，中年时写的《三高祠记》为纪念范蠡、张翰、陆龟蒙三位隐逸之士而作，文章开头盛赞三人的高风亮节，中间却掉转笔锋，对世人多希冀归隐，不问国事表示了沉痛的感叹，被周密称为"天下奇笔"，流传甚广，获誉很高。他的山水游记长于随物赋形，善传动态，深得柳宗元笔法，其两篇故意效仿苏轼《赤壁赋》而作的《泛石湖记》，更是以柳之笔，写苏之意，独造清丽秀雅之境，属宋代山水游记中的佳作。另外，他的几篇祭文如《祭亡兄工部（范成象）文》等，也写得真挚感人。

五、南宋参知政事何澹

何澹（1146—1219年），字自然，龙泉上河村（今兰巨乡）人。南宋乾道二年（1106年）进士，曾任兵部侍郎、右谏大夫等职。庆元二年（1196年），提任知枢密院事，后兼参知政事。何澹原为左丞相周必大所器重，始为学官，久未升迁。而右丞相留正奏迁之，于是对必大怀恨在心，利用谏议官职权，借故弹劾必大，致必大被罢相位，并祸及门人弟子。何澹在任期间，对权臣韩侂胄阿谀奉承，得以一再荣进。《宋史》称何澹"急于荣进，阿附权奸，斥逐善类，主伪党之禁，贤士为之一空"。致招太学生议，而奉祠禄返回丽水，住丽水城。

开禧元年（1205年），何澹奏请朝廷调兵3000人，疏浚丽水县通济堰，将木筱坝改建石砌坝。又在保定村修筑洪塘，蓄水10余万立方米，灌溉农田2000多亩。著有《小山集》。

六、以身堵坝漏的穆龙

在通济堰流域，自古民间一直传颂着一位民间英雄的故事。

相传通济堰创建以后，碧湖平原五谷丰登，百姓安居乐业。但是早期的木筱坝总是难以经受大水冲击，常被冲决，造成堰水外流，堰渠干涸，禾苗枯萎。每年修复木筱坝需要耗费大量的人力物力，民不堪其扰。

到南宋开禧元年，何澹奉祠禄返回故里，看到通济堰对丽水人民的重要性，想要彻底改变通济堰大坝的状况，只有改木坝为石坝，才能真正"图久远"而"不费修筑"。

用块石砌筑通济堰大坝，工程浩大。于是何丞相奏请朝廷准调用洪州兵士来处州修建。兵士和当地民夫一起，开采石料，砍伐大木，动工兴建。首先遵循通济堰大坝的要求，在原址上用大松原木、大石板条为基，再在基础上用巨石砌筑。起初，工程进展还挺顺利的，可到合龙时，溪水猛涨，不时把石坝大段冲坍，反复数次，依然如故。于是大家情绪低落，何丞相也一筹莫展，心中十分焦急。

这时，一位肤色黝黑的年轻人走到何丞相前，只见他身材高大、身体健壮，一看就是一位出色的庄稼汉。他说："石坝多次被冲坍，可能是坝基下有潜水洞，造成坝基不稳，所以就垮坝了。"

"你是谁呀？"何丞相问道："你怎么知道坝基上有漏洞？"

"我叫穆龙，自幼在水边长大，常常下水潜泳，有无漏洞存在，我能看得出来。"接着他说："要弄清潜漏洞在那里，只有人下去才能查清。"

"这么冷的天，谁能下到水底去呀？"何丞相问。

"让我下去吧。"穆龙坚定地说："我带着一袋砻糠灰下去，探明漏洞我把灰撒出，你们沿浮灰的地方马上沉下大石块来。"

于是穆龙不顾数九寒冬，冒着刺骨冷水，毅然跃入水中，一头潜入水底。不久，他发现了正在大漏水的洞穴。他认真查看一遍后，心想这么大的漏洞不封住，大坝就难以建成，碧湖人民就不能丰衣足食。于是，他就将身子一缩，钻入洞中，塞住漏水，并立即撒出砻糠灰。

上面的人们看到了浮上来的糠灰，高兴极了：终于找到了漏水洞！想下大石块，但见穆龙还没上来，于是大家急着大叫："穆龙快上来！穆龙快上来！"

穆龙在水底听到大家的呼唤，心想：如果我上去了，潜水洞会越来越大，倒下来的石块可能会被冲走，大坝还是难以建成。因此，他决心牺牲自己来建成大坝。

看到他又撒出糠灰，人们明白了他为民捐躯的心愿。大家只得边流眼泪，边倒下了大石块……

穆龙用身体堵塞漏洞，让石坝建在自己血肉之躯上，让百姓闻之感动得痛哭流涕。

通济堰流域的人们为了纪念穆龙的献身精神，在堰头詹南二司马庙前的空地上，塑造了一尊肤色黝黑、双目凝视溪水、手指大坝的穆龙像，供后人瞻仰。可惜因年久失修，早已被湮没，可考虑重塑。

据传，历史上通济堰在詹南二司马庙内所塑的龙王像，不是有须的老龙王，而是无须的青壮年龙王像，有人认为实际上就是祭祀穆龙的。

七、其他相关的历史人物

1. 叶温叟

叶温叟，北宋明道年间（1032—1034年）任丽水县令。通济堰主体工程的拦水大坝在此时还是木筱结构的原始阶段，因此常易被冲毁。在明道二年（1033年），丽水遭受特大洪水袭击，通济堰受灾尤甚，甚至连唐代的碑刻也被漂佚，可想而知，木筱坝的损坏就更严重了。其他配套工程也被水毁或湮没。叶温叟身为县令，为农耕甚为操劳，力争尽快恢复通济堰功能，以恤民生。他积极主持全面抢修，让通济堰重新发挥作用。因之，堰史称其能"悉力修堰独任"，是现存通济堰史料中可见到记载的大修通济堰第一人。

2. 赵学老

赵学老，生卒年不详，汶上人（现山东汶上县）。南宋绍兴年间任丽水县县丞。绍兴八年（1138年），其副宰县事后，对于通济堰工程是丽水人民衣食之源、国赋之本的认识很深。因而，他对通济堰的损坏，时刻牵挂在心，坚持年修。在对通济堰维修的过程中，赵学老意识到，通济堰水系纵横交错，极易失修湮没，需要有一份形象图画资料留于后世，利于后人维护修缮。因此，他决心绘刊一幅通济堰水系图碑。从而使通济堰规划有序地长存于世间。于是他步行走遍了通济堰大小渠道流经之所，认真考察水渠、概闸、村庄、湖塘水泊，并一一详细绘记在案。经过数月的努力，终于完成了绘刊堰图碑的工程，而成为名垂通济堰史册的知名人物。

3. 中顺谦斋

中顺谦斋，籍贯、生卒年不详。元代至顺年间（约1331年），任部吏、行栝郡咨访农事。面对通济堰因宋末元初的动乱年代而年久失修，造成石坝决损、渠淤而水道不通、碧湖平原连年歉收的局面，决定重修堰坝，疏通渠道。于是，他会同郡长三不花及知府、县尹等一起，倡修通济堰，使其恢复历史原貌，重新发挥水利功能。应该指出：元朝夺取南宋政权后，对江南原宋地实施高压政策，进行严酷管理，不注重农耕，民间铁器连菜刀都严格控制，多年未对通济堰进行维修，故损坏严重。中顺谦斋等人能主持修堰，说明其已开始注重农耕，恢复农业生产了，故值得书其一笔。

4. 斡罗蒽

斡罗蒽，字谦斋，高昌（今新疆吐鲁番）人。他长期任御史，察民情，整吏治，有政声。

元代的通济堰，因堰首变更频繁，堰渠不能及时维修，叶穴淤塞，堤岸崩溃，渠水很难到达下游，以致下源农户争水纠纷不断。郡县守官虽然展力修治，但堰首出于私利，很难改观。元至顺二年（1331年）春，朝廷派使者斡罗蒽到处州视察农事。他见通济堰年久失修即将坍塌，就对众人说："通济堰建了几百年，一旦毁坏，再去修复就更难了。"于是指令处州路修建。处州路达鲁花赤也先不花、州尹三不多奉斡罗蒽的旨意，命丽水县尹卞瑄承办和督修。卞瑄亲临现场，考察损坏情况，计算土石方，勘测高低，筹措费用，然后组织施工。"斩秽除隘，树坚塞完，数日之间，百废俱举。"经过官民的共同努力，通济堰终于恢复了正常的水利功能。处州父老感念斡罗蒽的恩德，遂勒石立碑纪功。

5. 梁顺

梁顺，字孝卿，河北大名人，在丽水做了四年县尹，至正四年（1344年）离任。任职期间，他勤政公正，施惠于民，丽水百姓感念其恩德，"时有政绩记"。

梁顺任职时，离何澹改木筱坝为石筑坝之举已130多年，此间通济堰没有发生大的损毁。但经水流百余年的冲刷，堰基多处被淘空。元至元六年（1340年）六月，松荫溪发大水，通济堰发生大面积坍塌，堰体六七成被毁。当时正值稻田需灌溉，大片农田干旱龟裂，不长稻谷，农民叫苦不迭。县官多次组织民工修补缺漏，但水流始终到不了下源。县尹梁顺禀告处州路，建言恢复旧日规模，进行大修。郡监举礼禄赞同，并率先捐钱150缗示范于众，令梁顺专管修堰事务。

当时，许多人因工程浩大、夫役繁重而起哄喧闹。梁顺不为所动，力排众议，毅然挑起主持修堰的重担。他带领县吏到碧湖平原仔细核查三源受灌溉田亩，据此分派费用，购买石料木材，并按灌区内农户丁口分担劳力，组织民夫修建堰渠。梁顺殚精竭虑，日夜在现场监督，寒暑不避，士民十分感动，改变了先前的畏难态度，争相出力出资。大户也捐出巨大的松树垫于堰底，运来大石压基，堰基甚至比先前加阔了一尺多，斗门、概闸都比原先坚固。工程从至正二年（1342年）十一月动工，第二年八月完工。

丽水县人、奉直大夫、延平路同知项棣孙是这样描写当时情形的："中溪若石洪天设，水雪舞雷，殷下不觉入渠口，三源四十八派已充溢，田得羡收。"他还说："此堰始于詹、南二君，经几百年而姚尉（希）、范守（成大）增其规模，又几十年何公（澹）致其坚固，又百数十年而梁君（顺）兴其坏毁。"如果没有梁顺，通济堰的命运不知如何。

6. 明嘉靖知府吴仲、通判李茂、知县林性之

吴仲，字亚甫，号剑泉，江苏武进人，进士，曾升迁为侍御史，因清正耿直，逆于朝中权贵，被贬谪到处州任知府。监郡李茂，字宣实，江西庐陵人。林性之，字帅吾，

号则公，别号六川，福建晋江人，嘉靖年间进士，授丽水知县。

明嘉靖十一年（1532年）七月，处州发生洪水，连日暴雨使各条溪流水势猛涨，毁坏农田无法计算。二十八日，大水冲垮府城城墙一丈多，大水涌进城内，许多民居毁于水患，府城一片狼藉，通济堰堰渠遭受严重破坏。

知府吴仲一面向朝廷奏报灾情请求赈济，一面带领府、县官员赶赴通济堰视察。面对毁坏的堰堤，他说："修复通济堰难道不是眼下百姓最紧急的事吗？没有这堰就没有收成，老百姓吃什么呀！"他对丽水县令林性之说："目前灾情严重，我已令府丞董公救济府城灾民，令推官朱公负责修缮城墙。现在我让监郡李茂主持修复通济堰，你带领县衙中能干的官员共同参与这项工程。"林性之说："我准备根据田亩摊派费用，置办石料、木料，立即动工修建。"吴仲说："行！"他随即带领一班官员，一边实地踏勘现场，一边对工程的资金、夫役、策划、法纪等都作了明确交待。工程开工后，知县林性之、主簿王伦在工地上监督施工。由于他们能集思广益，工程进展很顺利，本来"必三四越岁而后集"的工程，只用了两个多月就完成了。

林性之审理案件不主张用刑，能凭借真诚和机智使人犯供出实情。在林知县的人道精神感召下，那些长期逃亡在外、无法缉拿归案的人犯纷纷主动回来自首。当时县里有一些制瓷的窑户，已经迁徙到别处，而官府却照样要征收他们的赋税。林性之知道后，要将这些窑户除名注销。上级官吏以为这样任意减税会获罪。林性之不怕得罪上级，坚持如实征税，毅然注销了这些外迁的窑户，蠲免了他们的赋税。后来，林性之因擢升为南京户部主事而离开丽水，老百姓感念他的恩德，就在县衙门前立碑纪念其功德，并祀他于丽水县名宦祠。

7. 熊子臣

熊子臣，字应川，浙江新昌人。他秉性清介，有儒士风度，为政期间纲纪整肃，狱讼详明。在处州任上主持修建学宫和府衙，建谯楼、修桥梁，百废俱举。他自奉节俭，入京朝见皇帝，居然无钱整治行装，被称"清风两袖"，后升任云南省左副都使，负责监察、弹劾官员。他对诱惑毫不动心，民咸颂其清德。

嘉靖十一年（1532年），吴仲、李茂、林性之主持大修通济堰，碧湖平原多年受利。数十年后，知府江西浔阳人劳堪令知县孙烺作过一次修葺，这样又让一方受益了一段时间。可到了万历元年（1573年），又出现了堰堤溃败、水渠淤塞、旱情频现的危情。万历四年（1576年），知府熊子臣以民利为重，主张进行一次大修。为了减轻百姓负担，他奏请监院，要求拨出库银修理堰渠并获准。官府出钱，百姓出力，民忘其劳，踊跃投工。此次修堰由丽水县主簿方煜（《丽水县志》称方烨）主持，于万历四年秋兴工，仅51天就完成了。修浚后的堰体规模更加宏大，"堰南垂纵二十寻（八尺为一寻），深二引（十丈为一引）；堰北垂纵可十寻，深六尺许；渠口浚深若干尺，广五十余丈；口以下开淤塞者，二百丈有奇；口以内咸以次经葺"。工程总计花费白银300多两。此外，百姓自己开挖水仓捍卫堤坝25处。此后，方圆40里的农田多年受益。

积极参与此次修筑的官员还有府丞陈一夔、通判陈翡、司理吴佰诚、县尹钱贡等。嘉议大夫、广东按察使何镗写了《丽水县修筑通济堰记》，记述此役之盛。

8. 吴思学

吴思学，江西广昌人，中进士后被任命为丽水知县。任上善于谋划，遇事剖析处置十分快速。他本性儒雅，常邀请通达经书、品行端正的儒者谈古论今，娓娓而论不知疲倦，士人都喜欢和他来往。他为官廉正，曾有人向他行贿说情，被严正拒绝。后来，吴思学因擢升刑部主事而离开丽水。

明万历十二年（1584年），胡绪（号月川）奉命来处州任知府。他一到任就认真向部属了解民情，询问老百姓最关心的事，力求做些实事以惠养广大百姓。丽水知县吴思学就将修筑通济堰的请求呈上。胡绪看后说："《诗经》开首是'关关雎鸠，在河之洲'，为政之首是关心民食，让百姓有饭吃。现今县里的要务还有比修筑通济堰更急的吗？"于是一面呈请行省，一面与府丞俞汝为商议，欲大规模修治通济堰。知县吴思学拨出官银几百两，委主簿丁应辰、赞幕罗文主持此次修筑事宜。

当时正值接连暴雨、河水暴涨，众人苦于无法施工。等到大雨停止，洪流滚滚，所幸原先筑了几十处水仓挡住了洪流，人们才得以下石砌坝，筑堤数百丈，并在堰旁创设堰门，定期启闭，便于船只往来。此次修筑沿水渠共疏通淤塞36处，使堰水通灌三源。次年三月初，大功告成。

9. 钟武瑞

钟武瑞，明万历十三年（1585年），原籍湖北云梦，后居江西永丰的钟武瑞（字时羽），到丽水任知县，接替吴思学。刚到任，他就询问亟办的政事，深入民间了解民意。他认为施政之便民者，没有比水利更紧迫的。他实地考察了城东好溪堰和西乡通济堰，见好溪堰斗门和二坝已经倾塌，影响城东大片农田引水浇灌，一旦暴雨水涨，还会造成城郊淹漫。于是，他带头捐资，亲自带领民众进行修复。他的表率作用使好溪堰修复工程进展顺利，斗门和二坝很快得以修复。

接着，钟武瑞到通济堰考察，了解到堰坝和水渠因水性强悍，维修困难，屡修屡溃，到了非大修不可的地步。整修通济堰工程浩大，为了得到上司的支持，他向知府上了文牒。知府安徽怀宁人任可容，见申文后立即转报行省布政使司、水利道，又转报朝廷。朝廷认为所陈可取，便遣使者唐一鹏来丽水传达旨意。钟武瑞拨废寺余租计银270多两用来雇工和备料，亲自总管和监督，命县司农夏方卿（江苏丹徒人）、龙鲲（江西大庾人）主持修筑工程。工程自万历二十五年（1597年）动工，次年竣工，东（好溪堰）西（通济堰）两堰就此面貌一新。丽水百姓举行庆典，载歌载舞感谢知县钟武瑞的恩德。

钟武瑞任知县期间，把教化放在政务首位。审理诉讼案件时，只要诉讼者有申辩，必再三询问，务使案情明白无误，当事人对判决心服口服。钟武瑞因擢升辽州（今山西左权县）知州离开时，本地人"遮道泣送，如赤子之恋慈母焉"。

10. 樊良枢

樊良枢，明代有多位府、县官员对通济堰作出了重要贡献，其中最突出的要数万历年间任丽水知县的樊良枢。清道光《丽水县志》载："论者谓宋王褆而后，惟良枢克踵其美。"

樊良枢，字南植，号致虚，江西进贤人。明万历三十二年（1604年）进士。万历三十五年（1607年）授丽水知县，"始至，问民间疾苦，首革羡余"。"羡余"是唐朝以来官员以上缴赋税盈余为名向皇室进贡的税款，后来成为官府通过加重赋税、贩卖商品、克扣俸禄等手段聚敛钱财，堂而皇之与上司分享不义之财的名目。樊良枢体察民间疾苦，知悉这一弊政，遂加以革除。在任上，他力推减轻赋税、徭役和刑罚，休养生息。通过

"敦明庠序"，整顿学校和学风，鼓励士人发奋读书，求得功名。原先，丽水县连续几年乡试无人中举，樊良枢到任后，当年即有三人中举。

樊良枢到丽水时，通济堰由于堰渠闸木腐朽，崖石被冲，渠道多处淤积不通，上源和中源水淹稻田，下源却无水浇灌。里排（管理堰渠的乡绅）周子厚、叶儒、张枢、纪湛、赵典、徐仟俸、徐高、程愚及堰长魏栻、陈玘、周立等十余人到县衙向樊良枢递送呈词，陈述堰情。樊良枢听后说："修缮通济堰是为官职责所在，我当义不容辞。"他亲自到上、中、下三源巡察现场，将堰渠失修状况了解得一清二楚。

明万历二十七年（1599年），知县钟武瑞曾拨寺租银修筑堰渠。8年过去了，南崖仍然完好，但闭闸大木因时间长了已经朽坏，需要更换；崖头大石被水冲坏数处，也要修补；从堰口到堰渠，岁久而水不入，每年聚集三源人力只疏浚一天，效果不好；石函年代久了，函下渐被堵塞，函石也有所冲坏；叶穴闸板几乎全都腐烂，须得备大松置换；从叶穴至开拓概，南、北二概石断砌坏，形同虚设，急需修整；凤台概、陈章塘概、石刺概、城塘概因上源游枋损坏，水到不了中、下源，下源受害尤甚，急需修理；堰渠附近田户多年不疏浚水道，水渠逐渐被砂石淤塞，各人又自图方便，或壑或防，以致水道深浅不一，造成溪水低而渠水高，水行不畅。居民们又只顾争水求活，不按水性疏导，许多地方很快干涸了；离司马渠五里多的金沟坑，堤被水冲决，十二都、十四都、十五都居民之田颇受其害；二司马庙、龙王庙被大风吹倒，没有修复，官员来往都无处可落脚。

樊良枢立即向府衙呈报上述情况，并建议疏浚水渠、挖掘泥沙可按农户计亩定工，而购置木石、修理祠庙之费应出于官府。他申请动支寺租官银20两，再由三源居民每亩各出银三厘作为工匠之费。处州知府郑怀魁看了丽水县文移，批复："川源陂泽，政之大者，悉如议。行仍候两道详示。"于是再报送温处水利道和兵巡道。温处水利道副使刘、温处兵巡道常批复："据申水利。条分缕析，且支费不多而旱干可备，准如议。"浙江承宣布政使司分守道右参政车大任在文移上批道："兴复水利，政之首务也。据议，计划周详，官民协济，可以备旱涝而得古人之用心矣。仰即照行动，支寺租二十两，委叶主簿督匠，完工册报。"处州府接文即拨库银十两，知府郑怀魁捐俸禄百缗助修，并批曰："委叶主簿办料、督匠、兴工修理，务要坚固，毋容草率。合用工料具造细数文册，一样四套，差人送府，立等复核转报施行。"处州府、温处道右参政车大任为此颁发了牌示，丽水县知县樊良枢也颁发了告示。

修堰工程于明万历三十六年（1608年）三月开工。三源堰长魏栻、陈玘、周松分别带领上、中、下三源民夫分段开浚沟渠，搬运土石。石匠、木匠筑堤构枋，筑崖置斗，疏通函穴，开拓诸概，纵广支擘。工程当年告竣。

离通济堰五里多有一条小堰，名为金沟堰。其水源从松阳诸山流出，绕行十八盘，泻到辰坑，然后注入白口，与大溪水汇合，可灌田200多顷❶。这是一片西靠上源、东临中源的肥沃土地。但因堰渠年久失修，沟渠通水时，常被堰渠上游冲刷下来的砂石堆积阻塞，雨季排水不畅；天旱时则渠漏不能盛水，禾苗受旱枯槁。

樊良枢见此情况，"与父老恻然"，当即与民众计议整治金沟堰事宜。有老者汤凤挂

---

❶　明代土地面积1顷为100亩，200多顷为20余万亩。

着拐杖前来献策，樊良枢虚心听取，根据地势制定出蓄泄并举的综合治理方案：有的地方挖塘贮存暴雨时多余的水，有的地方开挖渠道排放大水。地方妇女齐氏自愿捐资用于修堰，不少百姓带领子弟扛着锄锸自愿投工。经过两个多月协力整修，工程竣工。《修金沟堰记》中记载：这次修建金沟堰，仔细勘察和测量了它的高处和低处，根据地势规划完善。同时，居民踊跃出钱出力，使得工程进展顺利。其中乐善好施者有汤凤、叶元训等；带领民众挑着畚箕、扛着锄锸到工地修堰渠的有齐棐、叶儒等；栉风沐雨为修堰操劳的有县主簿叶良凤字鸣岐；乐成此事的知县樊良枢。

樊良枢在整治通济堰的实践中，肯定了范成大制定的《通济堰规》，也指出了其中的不足。如三源轮流用水，每源三昼夜的规定不尽合理，此举常使下源得不到水，但至今仍在执行。因田地广远，水道不顺畅，一遇干旱就易引发争水事件。因此他规定每月给下源先灌水四天。过了不久上源又叫苦连天，结果还是按旧制放水。他希望"后之君子倘有神化通久之术，补其不逮"。针对修葺、疏浚方面的问题，他制定了丽水县《通济堰新规八则》，使通济堰的管理更加完善、规范。

明代著名戏剧家、文学家汤显祖于万历二十一年（1593年）三月由广东徐闻来到遂昌任知县，为官五年，政绩卓著。万历二十六年（1598年），他罢官回到故乡江西临川居家写作。十年后，汤显祖应樊良枢之请，撰写了《丽水县修筑通济堰记》。文章高度赞扬了车大任、郑怀魁，尤其是樊良枢修筑通济堰的伟绩。这篇1200字左右的碑记也成了通济堰珍贵的历史文献。

11. 方亨咸

方亨咸，字吉偶，号邵村，心童道士，清著名书画家，安徽桐城人。顺治四年（1647年）进士，被授丽水知县。当时刚经历改朝换代，连年兵燹，尤其是顺治三年六月，明勋戚方国安反清失败，兵勇溃退，散入处州，大肆抢掠。丽水许多人逃亡外乡，丁口大减。方亨咸采取各种优惠办法招徕外迁者回乡，发给耕牛粮种，在一定年限内免去他们的徭役赋税。这样一来，一些外逃的人纷纷回来，户数逐渐增加。为了稳定社会，他严格实行保甲法，加强治安，招收青壮年组织乡兵，并经常训练，使得周边地区的盗寇不敢侵犯丽水县境。方亨咸空暇时常常和儒生们在一起，讲论经书儒学，因此士人都喜欢跟他接近，在民间有很高的威望。

方亨咸见好溪堰崩坏，就捐金重筑堰坝，垒石修堤，引水入渠。重修后的堰坝设北堰、小堰、东堰，将好溪渠分为三派支流，灌田2万余亩。民众感念方亨咸的功德，遂称好溪堰为子来堤。

顺治六年春，方亨咸下乡劝农（古代地方官员在春夏农忙季节，巡行乡间，关注农情，劝课农桑，称"劝农"）。到了西乡，召集父老慰问辛劳，询问百姓疾苦。父老们反映修通济堰是头等要事。溪水长年累月奔流侵蚀，堰渠有的被冲，有的阻塞。于是年年有旱灾，苦煞了百姓。方亨咸认为应趁堰堤还没有大坏时作一次修补。如果任它颓败不问，总有一天会全面崩溃，酿成大灾。他倡议由沿渠受益农户乐助投工，推选有德望的长者主持修筑堰渠。在方亨咸的倡导下，官民协力，于当年春夏之交动工修建通济堰，秋天即告完工。

后来，方亨咸被任命为刑部主事，离开丽水。

12. 王秉义

王秉义，字以质，奉天（今辽宁沈阳）人。他到丽水任知县时清政府刚刚平定了三藩之乱，郡邑残破，官兵将校来来往往，县衙官吏疲于接待和支应供给。王秉义随机应变，各项事务处理得井井有条，供给也不匮乏。局势稍为安定，他就以战乱破坏严重、人丁流亡、生产尚未恢复为由，奏请朝廷要求蠲免丽水县三年钱粮，并请求授田于民垦种，获准。自此，百姓逐渐复业，社会渐趋安定。

然通济堰因受战事影响，官民均无暇顾及维修，造成支流壅塞，西乡大旱。父老向县衙陈告，王秉义知悉，慨然以修葺通济堰为己任，亲临堰区勘察，一一作了周密部署，还亲自捐俸，为士民做榜样。康熙十九年（1680 年）冬，他委派县尉钱德基为督工，开工一个月即完工。

王秉义在丽水任知县 9 年，老百姓像对待父母般敬爱他。

13. 刘廷玑

刘廷玑，字玉衡，号在园，辽东（今辽宁辽阳）人，康熙二十七年（1688 年）任处州知府。他擅长诗文，著有《在园杂志》《葛庄分类诗钞》等。他关心百姓疾苦，在处州有好口碑。处州遭受 1674 年战乱和 1686 年洪水灾害，民居毁坏，田地荒芜。他到任后，首建学宫，召回逃荒农民开垦荒地，"不数年皆成熟，麻菽遍满山谷"。他还捐金建亭台、修古迹，开设南明书院，立义学，为生员授课，又修各县堰渠。通济堰堤坝原有 84 丈长、3.6 尺宽。康熙二十五年（1686 年）五月二十六、二十七两日，处州全境暴雨，松荫溪水猛涨，洪水成灾，冲崩通济堰石堤 47 丈。因损毁面积大，修堤所需费用和投工多，有心者几次想修都不敢动工。因为堰渠多年得不到修复，丽水西乡连续 8 年粮食歉收。百姓没有口粮，饿得面黄肌瘦，有气无力，官府田赋也收不上来。康熙三十二年（1693 年）七月，士民何元浚等人向处州知府刘廷玑和丽水知县张建德递送呈文，请求拨放库银修理通济堰。刘廷玑慨然捐出俸银 50 两，首倡重筑通济堰，并传唤何元浚等到府衙筹划筑堤事宜，委派州参军（即通判，分掌粮运及农田水利等事务）赵锃主持修堰工程。在刘廷玑带领下，府县官员纷纷捐款。碧湖平原居民得悉府县官员捐俸修堰，看到恢复水利有望，都兴高采烈，踊跃参与。

赵锃于十月初九日到达堰所监督修堰。三源堰长、总理、公正分工管理施工，群情高涨。刘廷玑是这样描写的：堰区的乡民都举家前来修堰，运送木料、石料。他们有的肩挑背扛，有的用竹筏载运畚箕锄锸，来来往往像云霞奔涌。工地上每天都有上千人，一派繁忙热烈景象。为了赶进度，他们雇请青田、景宁两帮石匠，分别从堰的东、西两头同时砌筑。经过 50 多天，工程于十一月下旬完工。士民欢欣齐集，彩旗鼓乐送赵参军回府衙。

刘廷玑情不自禁，写了《修通济堰得覃字二十四韵》，描述修堰经过和修成后的丰收欢乐景象："……夏喜禾苗秀，秋当稼穑甘。门前衣浣白，阶下米淘泔。事事行无碍，年年乐且湛……"

第二年，即康熙三十三年（1694 年），刘廷玑仍委赵锃到通济堰重建龙王庙（既詹南二司马庙）。因所拨库银不够用，堰区每亩派银五厘，龙王庙终于修成。

数年之后，堰坝又被洪水冲毁。西乡士人何元浚、魏之升两人将灾情呈报温处分巡道。已升任温处分巡道道郎的刘廷玑接报后立即批令处州府办理，委派经历（分巡道属官，掌管文书出入往来）徐大越到堰区主持修砌事宜。不久，石坝得以修复。

14. 清安

清安，同治三年（1864年）八月，吉林长白县人清安（字月舫）任处州知府。当时处州刚遭太平军之乱，一派残败景象，通济堰水利设施多年失修，倒塌、淤塞过半。清安请求拨官银修复堰渠，以不致累民。他每天微服出访，了解民情，加强治安，稳定社会。他认为兵燹后老百姓的生活尤其困难，只要有利于百姓的事，决不应畏难。于是，他率先"捐俸百金以为倡"，并亲自到堰区实地勘察，召集乡绅谋划，众乡绅欣然乐从。众人着手查核岁修堰租，得钱300多缗，再加上受益田亩分摊堰捐，得1200多缗。清安命丽水县丞金振声督工，乡绅叶文涛协助，大修通济堰。

修堰工程始于同治四年（1865年）夏。清安"每单骑裹粮巡督其间，月必三五次，虽风雨寒暑无所避也"；"凡应修事宜，靡不悉心讲求，屡冒风霜，不辞劳瘁"。第二年春天，工程完工，同时完工的还有东堰（好溪堰）。当年夏天，本地两个多月未下一滴雨，其他地方大旱减产，甚至颗粒无收，而东、西两乡却喜获丰收。西乡士民十分感激知府清安，刻立《郡守清公大修通济堰颂》碑。颂词曰："公守斯土，忧民之忧；勤劳民事，德泽长流；灾祲不及，岁获有秋；甘棠遗爱，仁迹永留。"

为严格管理堰渠，清安还明定章程，严立《重修通济堰工程条例》。同治五年十二月勒石立碑，公示遵行。同治八年，魏村居民魏林元、魏有清、魏仁水、魏瑞万等人用强硬手段在开拓概私自闭枋开石、强行放水，清安知道后令丽水县丞缉捕严惩。后经董事、县丞到府求情，魏村居民自愿罚田五亩，作为开拓概概夫工钱食用。清安知府接受请求，从宽处置，用罚款在开拓概旁建造平水亭，立碑公示，警诫众人。

清安莅任时，郡城、祠宇、官廨都遭兵燹，一派衰败。他逐步筹划修复，首先重建书院、文庙、学校，招收各县品学兼优的年轻人入学，又延请有名的宿儒来讲学，并且建造育婴堂，收养被弃幼儿。清安在处州任职五年，后因父亲去世，丁忧离任。离开时全城士民自发夹道相送，送行队伍连绵数里。

15. 萧文昭

萧文昭，湖南人，生卒年不详。清光绪三十二年（1906年）、宣统二年（1910年）二次出任处州知府。光绪三十二年首任知府时，发现光绪二十六年、三十年两次洪水所造成的通济堰损坏：大坝冲决数口、陡门与渠道严重淤塞，造成碧湖平原粮食生产连年歉收，而尚不修理。于是他与丽水县知县黄融恩等人一起，自临现场勘察，调查了解通济堰水患的原因，对症下药，制订修理方案，并带头捐廉银，动工兴修，重新焕发了通济堰的青春。

工程全面竣工后，根据当时实际，在碧湖设立西堰公所，负责堰务管理。随后又组织制订了《通济西堰善后章程》二十则，刊石以昭示后人。

第八章
与其他古代水利工程比较研究

想 全面系统正确认识丽水通济堰的真正历史面貌和科学价值，必须要将其与其他国内外古代水利工程进行的对比研究，才能从它们的差异中了解其特点，从而更好地把握研究方向，让丽水通济堰在漫长的历史中不被湮没而发挥更大作用。本章选择几处中国古代水利工程作对比研究。

第一节　芍陂与通济堰的比较

芍陂（què bēi），春秋时期楚庄王十六年至二十三年（公元前598年—前591年），由孙叔敖创建的中国古代淮河流域水利工程，又称安丰塘，位于今安徽寿县南。芍陂引淠河水入白芍亭东成湖，东汉至唐可灌田万顷。隋唐时属安丰县境，后萎废。1949年后经过整治，现蓄水约7300万立方米，灌溉面积4.2万公顷。2015年10月12日，在法国蒙彼利埃召开的国际灌排委员会第66届国际执行理事会全体会议上，芍陂成功入选第二届世界灌溉工程遗产名单。

一、芍陂概况

春秋时期楚国令尹孙叔敖，为重农耕而热心农田水利，他带领人民采用各种工程措施，"宣导川谷，陂障源泉，灌溉沃泽，堤防湖浦以为池沼，钟天地之爱，收九泽之利，以殷润国家，家富人喜"。不断修堤筑堰，开凿渠道，发展了楚国北部的农业生产和航运事业，为楚国的政治稳定和经济繁荣作出闻名于世的贡献。期思雩娄灌区和芍陂等就是他主持的重要水利工程。

1. 建期思雩娄灌区

楚庄王九年（公元前605年）左右，孙叔敖在史河主持兴建了我国最早的大型引水灌溉工程——期思雩娄灌区。他将史河东岸山崖凿开石嘴头，将史河水向北引流，所凿引水渠称清河，长90里；随后还在史河下游东岸开渠，向史河北东引，渠称为堪河，长40里。他就是利用这两条引水河渠，灌溉史河、泉河之间的广袤农田。农田灌溉有保障，故后世称"百里不求天灌区"。

后经过历代不断续建、扩建，使灌区内有渠有陂（水塘），引水入渠，由渠入陂，开陂灌田，形成了一个"长藤结瓜"式的灌溉体系。这一灌区的兴建，使楚国北疆地区的农业生产条件得到了很大改善，粮食产量大幅度提高，从而为楚庄王开疆拓土战争满足了对军粮的需求。《淮南子》称："孙叔敖决期思之水，而灌雩娄之野，庄王知其可以为令尹也。"楚庄王深知治理国家重要的是农业收成，故而任命治水专家孙叔敖为令尹（相当于宰相）。

2. 创设芍陂水利工程

芍陂位于安丰城（今安徽省寿县境内）附近，属大别山的北麓余脉。芍陂因引水渠流经过芍亭而得名。

当了楚国令尹的孙叔敖，在楚国境内继续推进农田水利建设，发动人民"于楚之境内，下膏泽，兴水利"。在楚庄王十六年至二十三年（公元前598—前591年）左右，创建了中国最早的蓄水灌溉工程——芍陂。该区域东、南、西三面地势较高，北面地势低洼，向淮河倾斜，每逢夏秋雨季，山洪暴发，形成涝灾；雨少时又常常出现旱灾。孙叔敖根据这里的地势，将东面的积石山、东南面龙池山和西面六安龙穴山三条溪流引流汇集到芍陂之中，并在芍陂四周修建了五个水门，用石质闸门控制水量，"水涨则开门以疏之，水消则闭门以蓄之"，实现天旱有水灌田，同时避免水多洪涝成灾。后来又将淠河以西南开子午渠引进芍陂，扩大芍陂灌溉水源，终使芍陂达到"灌田万顷"的规模。

由于芍陂的建成，安丰区域粮食产量每年大增，使之成为楚国的经济重地。楚国从此越加强盛，打败称霸一方的晋国军队，楚庄王也成为"春秋五霸"之一。300 多年后，楚考烈王二十二年（公元前 241 年），楚国被秦国打败，考烈王决定把都城迁到寿春，并把寿春改名为郢。

随后，芍陂在历代的整治维护下，一直发挥巨大水利效益。到东晋时，芍陂灌区年年获得丰收，故改名为"安丰塘"。现代芍陂，经过不断发展成为"淠史杭灌区"的重要组成部分，全灌区灌溉面积达到 60 余万亩，并有防洪、除涝、水产、航运等综合效益。灌区人民为感恩孙叔敖，在芍陂等地建祠立碑，称颂和纪念他的历史功绩。1988 年 1 月国务院确定安丰塘（芍陂）为全国重点文物保护单位。

二、芍陂的主要历史价值和科学价值

芍陂经过战国、秦、汉 600 多年漫长岁月，因久不修治而逐渐荒废。东汉建初八年（公元 83 年），水利专家王景任庐江太守，"驱率使民，修起荒废"，对芍陂进行了较大规模的修治。1959 年 5 月，安徽省文物考古工作者在寿县安丰塘发掘出一座汉代闸坝工程遗址，根据出土遗物，发掘者推测为汉代王景所建。闸坝由草土混合桩坝及叠梁坝组成。

草土混合桩坝是一层草一层土逐层叠筑，在草土混合坝前有一道叠梁坝，系用大型栗木材层层错叠筑成。由建筑结构和型式推测，在缺水时，陂内的水通过草土混合桩坝的草层经常有少量的水滴泄到叠梁坝内的水潭中，使之有节制地流到田里，而有较多的水蓄在陂内。当洪水到来时。又可凭借草土混合桩坝本身的弹性和木桩的阻力，让水越过坝顶，泄到水潭内，再由叠梁坝挡住，缓缓流出坝外。水坝修筑得十分坚固而又符合科学原理。

由于芍陂的军事价值，三国时期，魏国和吴国曾多次交战于此，有史记载的两次分别是魏正始二年（241 年）的一次和无确切年份记载的一次。正始二年的一次，最终由魏将王凌大败吴将全琮，而另一次则是吴国胜利。关于后者，历史上记载不多，之所以记载它不是因为他的军事影响，而是因为它在当时是一个导火索。

芍陂工程采用的是多源引水、潴陂灌溉、水门调节、泄洪防涝的蓄水灌溉工程。

三、芍陂与通济堰的差异

（1）芍陂年代久远，起始于春秋时期楚庄王十六年至二十三年（公元前 598—前 591 年）；通济堰则始于南朝梁天监年间。

（2）芍陂是多源引水入陂的蓄水工程，没有拦水大坝；通济堰是单源拦河引水，筑有拱形拦水大坝，初创期是木筏拦水溢流坝，宋开禧元年改块石砌筑拱形溢流拦水坝。

（3）芍陂灌溉渠道布局和"长藤结瓜"灌溉系统及石门调节灌溉方式与通济堰有相近之处。

（4）通济堰有水的立交桥——石函三洞桥是芍陂所没有的。

（5）通济堰拱形拦水大坝上设有过船闸、排沙门、进水闸等结构，是芍陂所没有的。

（6）芍陂历代管理体系没有系统文献记录，缺乏历史资料的连续性；通济堰有完整科学的历史文献，有历代碑刻和堰志传世。

第二节　都江堰与通济堰的比较

都江堰是中国建设于古代并使用至今的大型水利工程，被誉为"世界水利文化的鼻祖"，是全国重点文物保护单位，2000 年被联合国教科文组织列入"世界文化遗产"名录，是四川大熊猫栖息地、世界自然遗产、国家级风景名胜区、国家 AAAAA 级旅游景区。

一、都江堰概况

都江堰位于四川省成都市都江堰市城西灌口镇，坐落在成都平原西部的岷江上，始建于秦昭王末年（约公元前 256—前 251 年），是蜀郡太守李冰父子在前人鳖灵开凿的基础上组织修建的大型水利工程，由分水鱼嘴、飞沙堰、宝瓶口等部分组成，2000 多年来一直发挥着防洪灌溉的作用，使成都平原成为水旱从人、沃野千里的"天府之国"，至今灌区已达 30 余县（市）、面积近千万亩，是全世界迄今为止年代最久、唯一留存、仍在一直使用、以无坝引水为特征的宏大水利工程，凝聚着中国古代劳动人民勤劳、勇敢、智慧的结晶。

（一）堰名沿革

（1）李冰修建都江堰起始，其名叫作"湔堋"，这是因为堰基旁有一座玉垒山，秦汉之前名为湔山，当时的堰边住的是氐羌人，他们把堰叫作"堋"，所以就叫"湔堋"。

（2）到三国蜀汉时期，该地区设置了都安县，因县得名，故称为"都安堰"。同时，又叫"金堤"，这是突出鱼嘴分水堤的作用，用堤代堰作名称。

（3）唐代，改称"楗尾堰"。这是由于此时所用以筑堤的材料和办法，主要是"破竹为笼，圆径三尺，以石实中，累而壅水"，即用竹笼装石，竹笼之形当地称"楗尾"，故堰名为"楗尾堰"。

（4）宋代，在《宋史》记载中提到都江堰："永康军岁治都江堰，笼石蛇决江遏水，以灌数郡田。"可知都江堰之名始于宋代。

都江之名的来源，《蜀水考》说："府河，一名成都江，有二源，即郫江，流江也。"流江是检江的另一种称呼，成都平原上的府河即郫江，南河即检江，它们的上游，就是都江堰内江分流的柏条河和走马河。《括地志》说："都江即成都江"也就是从宋代开始，把整个都江堰水利系统的工程概括一起，称为都江堰，准确地代表了整个水利工程系统，一直沿用至今。

（二）修建背景

今号称"天府之国"的成都平原，在古代却是一个水旱灾害十分严重的地方。唐代著名诗人李白在《蜀道难》这篇著名的诗歌中有"蚕丛及鱼凫，开国何茫然""人或成鱼鳖"的感叹，就是那个时代的真实写照。这种状况是由岷江和成都平原恶劣的自然条件造成的。

岷江是长江上游的一大支流，流经的四川盆地西部又是中国多雨地区。岷江发源于四川与甘肃交界的岷山南麓，分为东源和西源，东源出自弓杠岭，西源出自郎架岭。两源在松潘境内漳腊的无坝汇合，向南流经四川省的松潘县、都江堰市、乐山市，在宜宾市汇入长江。全长793千米，流域面积133.5平方千米。平均坡度4.83‰，年均总水量150亿立方米左右。全河段落差达3560米。

岷江源出岷山山脉，从成都平原西侧向南流去。岷江在成都平原可以说是地地道道的地上悬江，而且还悬得十分厉害。成都平原的整个地势从岷江出山口玉垒山，向东南方向严重倾斜，并且坡度很大，都江堰距成都50千米，两地落差竟达273米。所以在古代，每当岷江洪水泛滥，成都平原就是一片汪洋水泽；一遇旱灾，又是赤地千里，粮食颗粒无收。在古代，岷江水患长期祸害西川，鲸吞良田，侵扰民生，成为古蜀国生存发展的最大障碍。

都江堰的创建，是有它特定的历史渊源。战国时期，群雄争霸，战乱纷呈，饱受战乱之苦的人民，渴望中国尽快统一。适巧，经过商鞅变法改革的秦国一时名君贤相辈出，国势日盛。他们正确认识到巴、蜀在统一中国过程中特殊的战略地位，秦相司马错说："得蜀则得楚，楚亡则天下并矣。"在这一历史大背景下，战国末期秦昭襄王委任隐居岷峨的李冰为蜀郡太守。史称李冰知天文、识地理。李冰上任后，首先下决心根治岷江水患，发展川西农业，造福成都平原，这一行为为秦国统一中国创造经济基础。

秦昭襄王五十一年（公元前256年），蜀郡太守李冰和他的儿子，在吸取前人治水经验的基础上，率领当地人民，主持修建了都江堰水利工程。都江堰在整体规划上，以工程手段将岷江水流分成两条，以其中一条水流经渠道引入成都平原，这样既可以分洪减灾，又可以引水灌田、变害为利。它的主体工程包括：鱼嘴分水堤、飞沙堰溢洪道和宝瓶口进水口。

1. 宝瓶口

首先，李冰父子邀集了许多有治水经验的农民，对地形和水情做了实地勘察，认识到只要打通玉垒山，才能使岷江水畅通流向东边，这样就可以减少西边江水的流量，使西侧的江水不再泛滥；引向东流的水可以解除成都东边地区的干旱，使滔滔江水流入旱区，灌溉那里的良田。他于是下决心凿穿玉垒山引水。由于当时尚未有火药，李冰则采用以火烧爆岩法，使山岩爆裂而易于凿离，终于在玉垒山挖凿出了一个宽20米、深40米、长80米的山口。因其形状酷似瓶口，故取名"宝瓶口"，把开凿玉垒山分离的石堆叫"离堆"。修通宝瓶口，是治水患的关键环节，也是都江堰工程的第一步。

2. 分水鱼嘴

宝瓶口引水工程完成后，起到了一定的分流和灌溉作用，但是江东地势较高，江水难以足量顺畅流入宝瓶口，为了使岷江水能够顺利东流并且长时间保持一定的流量，充分发挥宝瓶口的分洪和灌溉作用，李冰在开凿完宝瓶口以后，又决定在岷江的中间修筑一道分水堰，可将江水分为两支：一支顺江而西下，另一支被迫流入宝瓶口。分水堰前端的形状好像一条鱼的头部，所以被称为"鱼嘴"。

鱼嘴分水堰的建成将上游奔流而来的江水一分为二：西边外流的称为外江，它沿岷江原来河道顺流而下；向东边流的称为内江，它流入宝瓶口进灌溉渠道。由于内江窄而深，外江宽而浅，这样枯水季节水位较低，则让60%的江水流入河床低的内江，保证了成都平原的生产生活用水；而当洪水来临，由于水位较高，于是大部分江水从江面较宽的外江排走，这种自动分配内、外江水量的设计就是所谓的鱼嘴堰"四六分水"。

3. 飞沙堰

为了进一步控制流入宝瓶口的水量，起到分洪和减灾的作用，防止灌溉区的水量忽大忽小、不能保持稳定的情况，李冰又在鱼嘴分水堤的尾部，靠着宝瓶口的地方，修建了分洪用的平水槽和"飞沙堰"溢洪道，以保证内江无灾害，溢洪道前修有弯道，江水形成环流，江水超过堰顶时洪水中夹带的泥石便流入到外江，这样便不会淤塞内江和宝瓶口水道，故取名"飞沙堰"。

飞沙堰采用竹笼装卵石的办法堆筑，堰顶做到比较合适的高度，起一种调节水量的作用。当内江水位过高的时候，洪水就经由平水槽漫过飞沙堰流入外江，使得进入宝瓶口的水量不致太大，保障内江灌溉区免遭水灾；同时，漫过飞沙堰流入外江的水流产生了漩涡，由于离心作用，泥沙甚至是巨石都会被抛过飞沙堰，因此还可以有效地减少泥沙在宝瓶口周围的沉积。

为了观测和控制内江水量，李冰又雕刻了三个石桩人像，放于水中，以"枯水不淹足，洪水不过肩"来确定水位。还凿制石犀牛置于江心，以此作为每年最小水量时淘滩的标准。

在李冰的组织带领下，人们克服重重困难，经过八年的努力，终于建成了这一历史工程——都江堰。

二、都江堰的主要历史价值和科学价值

都江堰是一个科学、完整、极富发展潜力的庞大的水利工程体系。

（1）都江堰是兼具防洪、灌溉、航运等综合功能的水利工程。都江堰的三大部分，科学地解决了江水自动分流、自动排沙、控制进水流量等问题，消除了水患。

（2）都江堰的规划、设计和施工都具有比较好的科学性和创造性。工程规划相当完善，分水鱼嘴和宝瓶口联合运用，能按照灌溉、防洪的需要，分配洪、枯水流量。都江堰水利工程的科学奥妙之处，集中反映在宝瓶口、分水鱼嘴、飞沙堰三项工程组成了一个完整的大系统，形成无坝限量引水并且在岷江不同水量情况下的分洪除沙、引水灌溉的能力，使成都平原"水旱从人、不知饥馑"，适应了当时社会经济发展的需要。

（3）都江堰水利工程针对岷江与成都平原的悬江特点与矛盾，充分发挥水体自调、避高就下、弯道环流特性，"乘势利导、因时制宜"，正确处理悬江岷江与成都平原的矛盾，使其统一在一个大工程体系中，变水害为水利。

（4）为了控制水流量，在进水口作三个石人，立于水中，使水竭不至足，盛不没肩（《华阳国志·蜀志》）。这些石人显然起着水尺作用，这是原始的水尺。从石人足和肩两个高度的确定，可见当时不仅有长期的水位观察，并且已经掌握岷江洪、枯水位变化幅度的一般规律。通过内江进水口水位观察，掌握进水流量，再用鱼嘴、宝瓶口的分水工程来调节水位，这样就能控制渠道进水流量。这说明早在2300年前，中国劳动人民在管理灌溉工程中，已经掌握并且利用了在一定水头下通过一定流量的堰流原理。

在扬雄《蜀王本纪》："江水为害，蜀守李冰作石犀五枚：二枚在府中，一在市桥下，

二在渊中，以厌水精；因曰石犀里也。"常璩《华阳国志蜀志》："外作石犀五头，以厌水精；穿石犀溪于江南，命曰犀牛里。后转置犀牛二头：一在府市市桥门，今所谓石牛门是也；一在渊中。……西南石牛门曰市桥，下，石犀所潜渊也。"是用天干地支五行来造风水，五行相生相克，土能克水，所以要治理水患，要有"土"性的载体才行，既然说牛，那自然想到的是古人的十二生肖，查阅十二地支与生肖在五行的配属。子水鼠，丑土牛，寅木虎，卯木兔，辰土龙，巳火蛇，午火马，未土羊，申金猴，酉金鸡，戌土犬，亥水猪。牛、羊、狗，都是土性，为什么选犀牛，而不是羊和狗，可能是因为犀牛可以活在水下，在神话中，它有分水的本领。

石犀和石人的作用不同，埋石犀的深度是作为都江堰岁修深淘滩的控制高程。通过深淘滩，使河床保持一定的深度，有一定大小的过水断面，这样就可以保证河床安全地通过比较大的洪水量。可见当时人们对流量和过水断面的关系已经有了一定的认识和应用。这种数量关系，正是现代流量公式的一个重要方面。

（5）都江堰的创建，以不破坏自然资源，充分利用自然资源为人类服务为前提，变害为利，使人、地、水三者高度和谐统一，是全世界迄今为止仅存的一项伟大的"生态工程"。开创了中国古代水利史上的新纪元，标志着中国水利史进入了一个新阶段，在世界水利史上写下了光辉的篇章。

2000多年前，都江堰取得这样伟大的科学成就，至今仍是世界水利工程的最佳作品。清同治年间（1862—1874年），德国地理学家李希霍芬（Richthofen，1833—1905年）来都江堰考察，以行家的眼光，盛赞都江堰灌溉方法之完美。曾于1872年在《李希霍芬男爵书简》中设专章介绍都江堰。李希霍芬是把都江堰详细介绍给世界的第一人。1872年，李希霍芬称赞"都江堰灌溉方法之完善，世界各地无与伦比"。1986年，国际灌排委员会秘书长弗朗杰姆，国际河流泥沙学术委员会的各国专家参观都江堰后，对都江堰科学的灌溉和排沙功能给予高度评价。1999年3月，联合国人居中心官员参观都江堰后，建议都江堰水利工程参评2000年联合国"最佳水资源利用和处理奖"。

三、都江堰与通济堰的差异

（1）都江堰是一处鱼嘴分水和宝瓶口引水的综合性水利工程，在岷江之中修筑一道分水堰，可将江水分为两支，东支通过宝瓶口引水渠道实现分流灌溉，与通济堰筑坝拦水引水的方式显著不同。

（2）都江堰鱼嘴分水坝顺河道纵向的，采用竹笼填石方式修筑，与通济堰早期的拱形木筱坝有显著差别。后期的块石砌筑大坝的工艺也有差别，通济堰拱坝的坝基还是巨松原木铺设的"卧牛"坝底，上砌块石。

（3）都江堰分洪灌溉并重，解决了成都平原岷江悬河洪灾严重的问题，东引水又解决农田干旱的矛盾，使成都平原成"天府之国"；通济堰工程主要解决丽水碧湖平原的农田灌溉问题，排涝是次要矛盾，兼顾生活生产、航运、养殖。

（4）都江堰整体工程规模宏大，延续时间长，灌区面积大，知名度高；通济堰工程是浙西南山区的大型水利工程，延续时间1500多年，灌溉面积二三万亩，由于山区闭塞，外界了解不多，知名度偏低。

（5）都江堰灌区分体工程及其管理组织、实施情况历史资料记录不够详尽，个体工程岁修、大修记录历史上保存不完整；通济堰各分体工程记录完整，历代大修工程均或多或少留有文献，让后人在整修管理上有源可寻。

（6）都江堰文献资料散见于史料中，新中国成立后才由当地市志编纂委员会编纂成《都江堰志》；而通济堰至少在明代已经编撰刻印《通济堰志》，史料文献保留较系统完整。

第三节　灵渠与通济堰的比较

灵渠，古称秦凿渠、零渠、陡河、兴安运河、湘桂运河，是中国古代劳动人民创造的一项伟大工程。位于广西壮族自治区兴安县境内，于秦始皇三十三年（公元前 214 年）凿成通航。灵渠流向由东向西，将兴安县东面的海洋河（湘江源头，流向由南向北）和兴安县西面的大溶江（漓江源头，流向由北向南）相连，是世界上最古老的运河之一，有着"世界古代水利建筑明珠"的美誉。

横亘湖南、广西边境的南岭山势散乱，湘江、漓江上源在此相距很近。兴安城附近分水岭为一字排列的土岭，宽 300～500 米，相对高度 20～30 米，两河水位相差不到 6 米。秦朝在统一南方各地的征战中，为了便于军队向南推进和粮草、装备的运输，秦军在并不长的时间里，完成了灵渠水利枢纽的建设。通过铧嘴分流的海阳河水，滚滚流向被称为"大小天平"的水坝，通过拦蓄而提升水位的流水分别导入连接湘江、漓江的运河。灵渠是世界上最古老的运河之一，有着"世界古代水利建筑明珠"的美誉。2018 年 8 月 13 日，灵渠入选 2018 年（第五批）世界灌溉工程遗产名录。

一、灵渠概况

灵渠主体工程由铧嘴、大天平、小天平、南渠、北渠、泄水天平、水涵、陡门、堰坝、秦堤、桥梁等部分组成，尽管兴建时间先后不同，但它们互相关联，组成灵渠不可缺少的部分。

（一）铧嘴

铧嘴位于兴安县城东南 3 千米海洋河的分水塘（又称渼潭）拦河大坝的上游，由于其形前锐后钝，形如犁铧，故称"铧嘴"，是与大、小天平衔接的具有分水作用的石砌大坝。从"大、小天平"的衔接处向上游砌筑，锐角所指的方向与海洋河主流方向相对，把海洋河水一分为二：一支从南渠引流而终归于漓江；另一支北渠引流回归湘江。

历史上的铧嘴应该在现存铧嘴上游约 10 米处。现铧嘴是清光绪十一年至十四年（1885—1888 年）修渠时，由于原铧嘴被淤积的砂石所淹，才把它移建于现今的位置。并且形状也已改变，成为一座一边长 40 米，另一边长 38 米，宽 22.8 米，高 2.3 米，四周用长约 1.7 米，厚宽 60 厘米至 1 米大块石灰岩砌成的斜方形平台。在这个平台末端的南边，新中国成立后又筑了长约 30 米的石堤。

（二）大天平、小天平

接铧嘴下游是一座拦截海洋河的拦河坝，大天平为拦河坝的右部，小天平为拦河坝的左部。大天平与小天平衔接成夹角约 108°的人字形，此处原属湘江故道，如果崩坏，则江水难以入渠。小天平左端设有南陡，即引水进入南渠的进水口；大天平右端设有北陡，即引水入北渠的进水口。大天平坝顶长 344 米，宽 12.9～25.2 米，砌石体最大高度 2.24 米，上游溢流面高程 213.7 米，河床底高程 213.5 米。下游鼻坎高程 212.3 米，河床冲刷坑底高程 210.9 米。小天平坝顶长 130 米，宽 24.3 米，砌石体最大高度 2.24 米；上游溢流面高程 213.3 米，河床底高程 212.8 米，下游鼻坎高程 212 米，河床冲刷坑高程 210.8 米。大、小天平均为面流式拦河堰坎，轴线间之夹角 108°。与河床方向的夹角大天平 57°，小天平 51°。坝体外部为浆砌条石及鱼鳞石护面，上游条石砌成台阶状。上游条石顶面用石榫连接形成整体，"天平"中部块石近于直立砌筑，称之为鱼鳞石，厚度 0.7～1.3 米。鱼鳞石下伏的砂卵石，上部为人工混凝土的砂卵石坝体，下部为原生沉积砂卵石。上、下两部分很难分清。条石及鱼鳞石之间的胶结物，一部分为砂黏土及石灰，已风化松散；另一部分是掺有桐油的乳白及粉红色之胶结物，结构致密，抗风化能力强，特别坚硬。

（三）渠系

1. 南渠

南渠全长 33.15 千米。可分为 4 段：

第一段从南陡起，经飞来石、泄水天平、马氏桥，穿过兴安县城，到大湾陡，长 3.15 千米，水面宽 8～15 米，水深 1～1.8 米。渠线沿湘江左岸西行，大部分为半开挖的渠道。左侧沿石山或地面开挖；右侧为砌石渠堤，即通常所说的秦堤，内外坡均用条石砌筑，中间填土，开始一段砌石堤高 5 米，下临湘江，传说修筑时曾两次失败，到第三次将渠线移到飞来石左侧才得以筑成。

第二段自大湾陡穿过湘江与漓江的分水岭太史庙山到漓江小支流始安水止，长 0.95 千米，水面宽 6～13.5 米，水深 0.7～1.5 米。这一段全线均为开挖的渠道，穿过太史庙山处深挖约 3.0 米，长 300 余米。这一段的开挖，工程十分艰巨。

第三段自始安水起，沿天然小河道，在霞云桥有砚石水汇入，流经灵山庙，至赵家堰村附近汇入清水河，以下即称灵河。这一段长 6.25 千米，是利用天然小河扩宽而成的，同时增加了渠道的弯曲段，以减缓坡降。这一段水面宽 7～15 米，水深 0.2～1.3 米。

第四段从清水河汇合处起，经鸾塘、车田，到灵河口汇入大溶江处止，通称灵河。长 22.8 千米，沿途有一些支流汇入，水势增大，河面宽阔，水面宽 25～50 米，水深 0.6～3 米。这一段除黄龙堤附近曾开凿新渠，使河水曲折迂回，以降低坡降外，均为天然河道。

（1）"渠道南陡"口底部高程为 212.08 米，汇入大溶江处的灵河口河床高程为 181.82 米，平均坡降 0.91‰。

（2）严关干渠：自南渠 4.97 千米处（三里陡下游）分水，全长 10 千米，1952 年建成。有莲花塘、仙桥两条支渠。1 支渠在南渠 2.23 千米处分水；2 支渠在渠田峒中间，1958 年改建为排灌共用的渠道；3 支渠自南渠 3.1 千米处分水，经大湾陡、塘市至界首镇大洞村，全长 13.5 千米，1956 年建成。

2. 北渠

北渠全长 3.25 千米，开凿于湘江北岸宽阔的一级阶地上。自北陡向北，经打鱼村、花桥，至水泊村汇入湘江。宽 10～15 米。北陡口高程为 211.8 米，渠尾高程为 206.31 米，平均坡降 1.69‰。中段开挖了连续的 2 个 S 形渠段，以降低比降。

（四）泄水天平和溢流坝

南渠 0.89 千米处，建有宣泄洪水的泄水天平。渠内水深超过泄水天平堰顶时，渠水即排入湘江。堰顶宽 5 米，用大条石砌筑，堰长 42 米，底宽 17.6 米。堰上原有石桥，新中国成立后已改为钢筋混凝土人行桥。

南渠 1.95 千米处，与双女井溪相会，建有马氏桥溢洪堰，以宣泄双女井溪的洪水。堰顶宽 4 米，高 1.5 米，长 19.5 米，用大条石砌筑。清代初建时，堰上架设有人行石板桥，新中国成立后改建为钢筋混凝土公路桥。

南渠 12.43 千米处的溢流堰名黄龙堤，用大条石砌成，顶宽 3.5 米，堰长 87.6 米。

北渠 0.21 千米处的溢流堰称竹枝堰，堰宽 8 米，长 15 米，用条石砌筑。

（五）水涵

又称田涵、渠眼，或称塘孔。设于堤内，块石砌筑，用于放水灌溉。明洪武二十九年（1396 年），严震直修渠时，建有灌田水涵 24 处。新中国成立后，由于灌溉渠道陆续建成，除引水入灌溉渠道的进水闸外，其余水涵多已堵塞。截至 1999 年，南渠大湾陡以上尚有 7 处，北渠有 2 处。

（六）陡门

陡门，或称斗门，是在南、北渠上用于壅高水位，蓄水通航，具有船闸作用的建筑物。据历史文献资料记载，陡门最早出现于唐宝历元年（825 年），到唐咸通九年（868 年）重修时，已有陡门 18 座。宋嘉祐三年（1058 年），达到 36 座，为有记载以来最多的。经过历次增建及废弃，到清光绪十一年（1885 年），陡门数仍有 35 座。新中国成立后，据 1975 年调查，历史文献中先后有记载的陡门共 37 座，其中南渠 32 座，北渠 5 座，保存完整或大体完整的有 13 座，加上 1977 年重建的北陡，共 14 座；其余仅残存有几块条石，或下部尚有基石，可判断该处原曾设有陡门，但多数已无遗迹。

从现存的陡门看，其结构是：两岸的导墙采用浆砌条石，两边墩台高 1.5～2 米，形状有半圆、半椭圆、圆角方形、梯形、蚌壳形、月牙形、扇形等，以半圆形的为多。陡门的过水宽度为 5.5～5.9 米，设陡距离近的约 60 米，远的 2 千米。塞陡工具由陡杠（包括面杠，底杠和小陡杠，均系粗木棒）、杩槎（由 3 条木棒做成的三脚架，俗称马脚）、水拼（竹篾编成的竹垫）、陡簟（即竹席）等组成。关陡时，先将小陡杠的下端插入陡门一侧海漫的石孔内，上端倾斜地嵌入陡门另一侧石墩的槽口中；再以底杠的一端置于墩台的鱼嘴上，另一端架在小陡杠下端；再架上面杠。然后将杩槎置于陡杠上，再铺水拼、陡簟，即堵塞了陡门。水位增高过船时，将小陡杠敲出槽口，堵陡各物即借水力自行打开。由于有了陡门这种设施，故能使灵渠能浮舟过岭，成为古代一大奇观。正如《徐霞客游记》中所载："渠至此细流成涓，石底嶙峋。时巨舫鳞次，以箔阻水，俟水稍厚，则去箔放舟焉。"

南、北两渠共有陡门 36 个（其中北渠 4 个，南渠 32 个），择要如下。

（1）南陡，在南渠的渠口，新中国成立后修葺加固，渠中增建一桥墩，上架水泥板，安上闸板。

（2）马氏桥陡，在灵渠北路，新中国成立后已几次改建。

（3）大湾陡，在大湾陡村旁，今完好，只缺将军柱（陡门标）。

（4）祖湾（阴湾）陡，在太史庙山西麓县物资局附近，今完好，因兴安县火车站改建抽水站蓄水池，已非原状。

（5）黄泥陡，在茄子塘村旁洗衣码头边，陡堤较大，大体完整，石块已残缺不全。

（6）沙泥陡，在茄子塘村旁，大体完整。

（7）门限（门坎）陡，在茄子塘西南对面北麓，陡堤较大，形迹尚存，石块已残缺不全。

（8）十五陡，在茄子塘村西，陡堤形迹尚存，陡堤青石仅余数块。

（9）十六陡（洗衣陡），在东村北面，陡堤青石块大部分已缺。

（10）十七陡（大虾蟆陡），在东村北面八角亭桥下游，大体完整，新中国成立后一度改为蓄水坝，引水碾米。

（11）霞幔（小虾蟆）陡，在架枧田村东面，大体完整，有一边半月形石基已残。

（12）新陡（晒谷陡），架枧田村旁，陡堤完好，近陡农民常利用陡晒谷，并时加维修。

（13）林山（灵山、云山）陡，在灵山村东面，陡堤大体完整。

（14）星桥陡，在岩背村旁灵山桥上游数丈，陡堤石基大体完整。

（15）竹头（竹根）陡，在六口岩（季家）村前，陡堤略有残缺，其特有的斜长石勘仍然可辨。

（16）青石（青泥）陡，在严关六口岩村西黄龙堤北面，陡堤石基尚存，略有残缺。

（17）小陡，在六口岩村西南，保存完整。

（18）古牛（牯牛）陡，在马头山东面，大体完好，新中国成立后一度改作蓄水发电碾米堰坝，南岸石堤已非原状。

（19）北陡，在湘漓乡分水村西南，原陡门全毁，1968年附近生产队在渠口筑坝拦渠造田，渠道遭破坏。1975年兴安文化馆在原渠口以下数十米重建北陡。

（20）何家陡，在花桥旁，尚存，陡堤石基已改公路桥墩。

（七）堰坝

堰坝是建筑在渠道里的一种拦河蓄水、引流入沟灌田或积水推动筒车的设施。现今能见到的堰坝有两种：

一种堰坝是由石块砌成的半圆形堰坝，与石砌陡门相似，不同之处在于塞陡用的是陡杠、陡笪，而塞堰用7块长约5米、宽约0.3米的扁平方木作为闸板开关。这种堰坝很少，南渠有两座：一座在霞云桥附近公路下边，另一座在十五陡与十六陡之间，即今兴安农药厂附近。这种堰坝没有引水沟，一般用法是：关堰时把渠水堵住，提高水位，以便龙骨水车提取渠水灌田。

另一种堰坝多建在河面较宽的渠道中，自赵家堰以下共有32座。它的结构，一般都用长木桩密排深钉，框架里堆砌鹅卵石，砌成高3～4米的斜面滚水堤坝。较简单的，不用大小框架，而是用竹篓囊石，横亘江面，再用长木桩排列竹篓两边，密密钉固。堰坝上开有堰门，以便船舶往来。门有大松木桩4条分别竖在两侧，每边的两条又用横木穿连，并与其他框架相接，以便稳固。堰门宽4～5米，一般都用直径约0.3米、长5～6米的大松木作堰杠，用来关堰门。在南渠32座堰坝中，堵水入沟，直接灌溉稻田的有下营村沟、江西坪村旁的堰沟、画眉塘村旁的黄埔堰、芋苗村附近的横头堰等。

(八) 秦堤

秦堤指从南陡口到兴安城区上水门街口灵渠和湘江故道之间约 2 千米长的堤岸。民国时就定名为秦堤风景区。秦堤风景区大体可分为 3 段。最初的一段由南陡口起至飞来石止，堤岸顶面较宽，一般为 5～10 米，高出水面 1 米以下；自飞来石至泄水天平一段，堤岸临近湘江的石堤高悬水际，危如累卵，渗漏特别多，最易崩塌，成为 "险工"，现用水泥巨石砌筑，堵塞了渗漏之处，堤基已经稳固；由泄水天平至上水门口，堤顶一般宽约 3 米，底宽 7 米，高约 2.5 米，这段渠堤，原来只有巨石砌筑临河一面，现已不断修整加固，两面均用巨石砌筑，并以水泥铺路，在堤南对岸，近几年来劈山筑成水泥公路。

广义的秦堤，是指从南陡口至大湾陡止，全长为 3.25 千米。从接龙桥至大湾陡一段，秦堤两边都用条石砌筑，宽 2 米，高 1.5 米。现保存完好。

二、灵渠的历史价值和科学价值

灵渠的凿通，沟通了湘江、漓江，打通了南北水上通道，为秦王朝统一岭南提供了重要的保证，大批粮草经水路运往岭南，有了充足的物资供应。公元前 214 年，即灵渠凿成通航的当年，秦兵就攻克岭南，随即设立桂林、象郡、南海 3 郡，将岭南正式纳入秦王朝的版图。

灵渠连接了长江和珠江两大水系，构成了遍布华东、华南的水运网。自秦朝以来，对巩固国家的统一，加强南北政治、经济、文化的交流，密切各族人民的往来，都起到了积极作用。灵渠虽经历代修整，依然发挥着重要作用，具有很高的历史、科学价值。

三、灵渠与通济堰的差异

灵渠是沟通湘江、漓江的人工运河，其工程性质、施工方式与浙江通济堰不属于同一类水利工程，不能进行相互间差异性比较。

灵渠古代无志，现代有兴安县地方志编纂委员会编（王永贵，李铎玉主编）的《灵渠志》。

第四节　郑国渠与通济堰的比较

郑国渠，战国末年秦国穿凿，秦始皇元年（公元前 246 年）由韩国水工郑国主持兴建，是关中最早的大型水利工程，位于今天的泾阳县西北 25 千米的泾河北岸。是一条西面泾水引到东侧汇注洛水的渠系，总长达 300 余里。《史记·河渠书》记载："渠成，注填淤之水，溉泽卤之地四万余顷（折今 110 万亩），收皆亩一钟（折今 100 千克），于是关中为沃野，无凶年，秦以富强，卒并诸侯，因命曰'郑国渠'。"2016 年 11 月 8 日，郑国渠申遗成功，成为陕西省第一处世界灌溉工程遗产（第三批）。

一、郑国渠概况

郑国渠首位于 "瓠口"（今王桥镇上然村西北）。渠线沿王桥、桥底镇东进，过寨子沟后东北折，经扫宋乡公里、椿树吕村一线，于蒋路乡水磨村附近横绝冶峪河，至甘泽堡后东折，于龙泉乡铁李村入三原境。本县境内长约 30 千米。其渠首工程设施无考，灌溉方式为引洪淤灌（大水漫灌）。

最早在关中建设大型水利工程的，是战国末年秦国穿凿的郑国渠。公元前 246 年由韩国水利专家郑国主持兴建，约十年后完工。当时所以要兴建这一工程，除上面所说的自然条件因素外，另一个因素是政治军事的需要。

关中是秦国的基地。秦国为了增强自己的经济力量，以便在兼并战争中立于不败之地，很需要发展关中的农田水利，以提高秦国的粮食产量。韩桓王以著名的水利工程人员郑国为间谍，派其入秦，游说秦国在泾水和洛水（北洛水，渭水支流）间，穿凿一条大型灌溉渠道。这一年是秦王嬴政元年。本来就想发展水利的秦国，很快地采纳这一诱人的建议，并立即征集大量的人力和物力，任命郑国主持，兴建这一工程。韩国本意是想借此耗秦国人力财力，达到削弱秦国军队的目的。结果却适得其反，郑国渠建成，秦国粮食生产稳定，大大增强了秦的实力。郑国渠是以泾水为水源，灌溉渭水北面农田的水利工程。《史记·河渠书》《汉书·沟洫志》都说，它的渠首工程，东起中山，西到瓠〔hù〕口。中山、瓠口后来分别称为仲山、谷口，都在泾县西北，隔着泾水，东西向望。

郑国渠是一座用拦水坝引水的水利工程，1985—1986 年，考古工作者秦建明等，对郑国渠渠首工程进行实地调查，经勘测和钻探，发现了当年拦截泾水的大坝残余。它东起距泾水东岸 1800 米名叫尖嘴的高坡，西迄泾水西岸 100 多米王里湾村南边的山头，全长 2300 多米。其中河床上的 350 米，早被洪水冲毁，已经无迹可寻，而其他残存部分，历历可见。经测定，这些残部，底宽尚有 100 多米，顶宽 1～20 米不等，残高 6 米。可以想见，当年这一工程是非常宏伟的。

（一）官方管理组织

汉建平四年（公元前 3 年），朝廷任命光禄大夫息夫躬"持节领护三辅都水"，其职责是巡视督察性质，不参与具体管理，渠道的管护营运由地方官吏兼理。唐朝时京兆少尹负责管渠。宋朝时始设专门管渠机构，由三白渠使负责管渠。元朝时设屯田府，渠官为渠司。明朝时设水利司，渠官为水利签事。清朝时仍设水利司，改水利签事为水利通判，常驻今王桥镇木梳湾附近衙背后村。民国初年，设龙洞渠管理局，已脱离官方领导，由地方乡绅经营

（二）民间管理组织

民间渠系管理由来已久，古代文献中多提及"斗长"（又称斗史、斗吏、斗门子）。

唐朝时，对民间管水组织尤其斗长的要求较严格。《大唐六典》记："每渠及斗门各置长一人，以庶人五十以上并勋官（只有官衔荣誉而无实职的官员）及停官（一种候补官或停止职务的官员）资有干用者为之，及灌溉时，乃专其水之多少均其灌溉焉。"

明朝时出现"水手"，即固定的巡渠渠工，帮助斗长维护用水秩序，巡查管理渠道。清朝时则出现"值月利夫"，即轮流值月服务的利夫（古代以土地面积享有灌溉权的农户户主）协助斗长工作，是一种义务工。明清时期还有"水老"之设，水老较斗长的地位高一级，仍然来自民间，主要协调上下几个斗门的关系，人选要求更有声望的人。唐朝

至清朝，泾渠民间管理以中小地主和乡绅为主体。民国水老（段长）和斗夫（斗长），亦大体由农村中产以上的人担任。

郑国死后，泾河大坝也没有保留多长时间就被水冲垮了，但是估计秦国为了面子还不断地让人再继续筑坝。秦国灭亡后，几经战乱，直到汉朝建立的很长一段时期，郑国渠真正发挥作用的也就是现在的三原到相桥段。汉朝吸取了秦国教训，总结经验，认为在泾河筑坝是不科学的，但是光靠清河的水也是不够的，再者，也想超越秦国灌溉更大的土地面积。因此，汉武帝时期又有一位伟大的水利专家叫白公，他有一个新的建议，可以一举两得，既能给郑国渠注入更大的水量，又能灌溉更多的农田。那就是从郑国当年的泾河引水处再继续向西修渠，一直修到今天的礼泉县，将那里的一条和清河流量相当的泔河进行截留，既能灌溉礼泉到泾河之间的农田，并且还利用这条水的下泄之势经过泾河注入郑国渠里。

就是因为他们根本就不承认"渠"能变"河"那样的事实，古代帝王都是以争天下为目的，史官都是御用的，只是到了太平盛世，需要大兴土木了，才想着提高一下老百姓的生产力，因为这样可以增加税收。

石川河的阎良临潼段就是被大禹改道后的沮水（渠），清河的三原到相桥段就是秦国郑国渠的下游，泔河的礼泉到泾河段就是汉代的白渠。

二、郑国渠的历史价值和科学价值

郑国渠是一个规模宏大的灌溉工程。郑国渠工程，西起仲山西麓谷口（今陕西泾阳西北王桥乡船头村西北），郑国在谷作石堰坝，抬高水位，拦截泾水入渠。利用西北微高、东南略低的地形，渠的主干线沿北山南麓自西向东伸展，流经今泾阳、三原、富平、蒲城等县，最后在蒲城县晋城村南注入洛河。干渠总长近300华里。沿途拦腰截断沿山河流，将冶峪水、清河水、浊水、石川水等收入渠中，以加大水量。在关中平原北部，泾河、洛河、渭河之间构成密如蛛网的灌溉系统，使高旱缺雨的关中平原得到灌溉。

郑国渠修成后，大大改变了关中的农业生产面貌，用注填淤之水，溉泽卤之地。就是用含泥沙量较大的泾水进行灌溉，增加土质肥力，农业迅速发展起来，雨量稀少、土地贫瘠的关中变得富庶甲天下（《史记·河渠书》）。

郑国渠的作用不仅仅在于它发挥灌溉效益的100余年，而且还在于首开了引泾灌溉之先河，对后世引泾灌溉发生着深远的影响。秦以后，历代继续在这里完善其水利设施，先后历经汉代的白公渠、唐代的三白渠、宋代的丰利渠、元代的王御史渠、明代的广惠渠和通济渠、清代的龙洞渠等历代渠道。汉代有民谣："田於何所？池阳、谷口。郑国在前，白渠起后。举锸为云，决渠为雨。泾水一石，其泥数斗，且溉且粪，长我禾黍。衣食京师，亿万之口。"称颂的就是引泾工程。1929年陕西关中发生大旱，三年六季不收，饿殍遍野。引泾灌溉，急若燃眉。中国近代著名水利专家李仪祉先生临危受命，毅然决然地挑起在郑国渠遗址上修泾惠渠的千秋重任。在他本人的亲自主持下，此渠于1930年12月破土动工，数千民工辛劳苦干，历时近两年，终于修成了如今的泾惠渠。1932年6月放水灌田，引水量16立方米每秒，可灌溉60万亩土地。至此开始继续造福百姓。

三、郑国渠与通济堰的差异

（1）郑国渠始创年代早，是战国晚期秦国的大型引泾水利工程。

（2）据考古发掘发现，截泾大坝长达 2300 米，坝型已不可知，两岸残坝高 6.0 米，可见工程量之巨大。

（3）郑国渠原有渠道灌溉网系记载不全，后又与白渠、清河等水利工程相混杂，难以理清，故其水系特点不够明了。

（4）完整的郑国渠已不复存在，但在后世的不断努力下，引泾水灌溉农田的工程不断，也发挥着水利农业的效能。

（5）据称，郑国渠当时有官方管理组织、民间管理组织承担不同的管理职能：官方以监督、巡查为主，具体工程维护、整修以民间为主；浙江通济堰历代管理组织亦有官民之分，岁修、维护开淘以民间为主，但遇大整修、急抢修等工程时，则以官办为主，以官府主修项目历历在册。当然通济堰文献记载的资料均在宋代之后，始创为官方，续建整修官民结合是其特点。

（6）郑国渠文献散见各种史籍，但没有其本身的文献汇集的志书。

第五节　它山堰与通济堰的比较

它山堰（tuō shān yàn），位于浙江省宁波市海曙区鄞江镇它山旁，樟溪出口处。唐代太和七年（833 年）由县令王元暐创建，是古代中国劳动人民创造的一项伟大水利工程。它山堰是在甬江支流鄞江上修建的防御海水内溯、拦蓄淡水得以引水灌溉农田的枢纽工程。它山堰是全国重点文物保护单位，第二批世界灌溉工程遗产。

一、它山堰概况

它山堰，始建于唐太和七年（833 年）。在筑堰以前，海潮可沿甬江上溯到章溪，由于海水倒灌使当地许多耕田卤化，并引起城乡居民用水困难。于是在唐太和七年县令王元暐带领当地人民在鄞江上游出山处的四明山与它山之间，用条石砌筑一座上、下各 36 级的拦河溢流坝。坝顶长 42 丈，用 80 块条石板砌筑而成，坝体中空，用大木梁为支架，全长 134.4 米，高约 3.05 米，宽 4.8 米。建成后该坝在平时可以阻挡下游咸潮上溯侵害农田；坝之上拦蓄溪水，引渠灌溉鄞西平原七个乡数千顷农田，并通过南塘河将淡水引到宁波城供居民生活用水。1988 年 12 月 28 日，被国务院评为国家重点文物保护单位。

它山堰是一项阻咸引淡的渠首工程。以条石砌筑直型大坝拦截鄞江，上游樟溪水经此引流，一路入南塘河，经洞桥、横涨、北渡、栎社、石碶、段塘，经南城甬水门，注入日、月二湖（日湖已湮没），复经支渠脉络，供城市之需；一路北入小溪港至梅园、蜃蛟。两路水经支脉分流贯通鄞西平原诸港，灌溉七乡农田数千顷（今受益农田 24 万亩）。堰坝设计周详，结构奇特，建造精密。涝时水流七分入江、三分入溪；旱时七分入溪、三分入江。内外河间、南塘河下游，筑乌金、积渎、行春三碶以启闭蓄泄。

宋熙宁元年（1068年），县令虞大宁建风棚碶于北渡附近。宋淳祐二年（1242年）郡守陈恺为防内港淤积，于堰西北150米处建回沙闸。因古河道变迁，已成遗迹，现存露于古河道上四根槽柱，西首第二柱镌刻水尺，并刻量测水位尺度作泄蓄标准，第三柱刻"回沙闸"三字，石柱两侧凿有闸槽，以按放闸门。宋宝祐间（1255年左右）刺史吴潜置三坝于鄞江镇东（距堰里许），一濒江，一濒河，一介其中。存濒河一坝，1924年于此重修，石筑洪水湾塘，长302米，高4.16米，塘呈弓形，凹溪凸江，隔于光溪与鄞江闸，为它山堰第二道分道排洪堰塘。1987年新建洪水湾排洪闸，原堰塘仍存遗址。另有官塘、狗颈塘等。至清末民初，配套工程增至九坝、五堰、十三塘。新中国成立后整治旧碶、堰、塘，更臻完美。

堰身设计方面的科学性颇具现代原理，迄今千余年，历经洪水冲击，仍基本完好，仍然发挥阻咸、蓄淡、引水、泄洪作用。据水利专家分析，许多设计原理是20世纪才发现的，因此它山堰堪称水利建筑史上的奇迹！海内外研究此堰者颇多。

过去，老百姓都说鄞江水是宝水，用它灌溉田地，不用施肥都能丰收，可是鄞江没有分支，一直通到海，宝水就白白浪费了。一直到1180年之前，唐太和年间（827—835年），来了一个叫王元暐的县令，这个想干点实事的官员在它山旁造一座大堰，拦截鄞江。

可是水流湍急，江面太宽，造大堰谈何容易？松木桩打下去，在水流漩涡中松动倾斜，随水冲走，这样打了三天三夜，一根都没打牢。

最后，据说是牺牲了十个青壮年的血肉之躯，才完成打桩。它山庙里至今还塑着为民造福的十兄弟像。

这座在它山之南铺巨大条石筑成的大堰坝，截断鄞江，阻挡咸水，留住淡水以浇灌鄞西十万亩农田，解甬城之干涸。洪涝之时又将七分之水排入鄞江，旱涝无常的土地从此变成了鱼米之乡。

经考证发现，它山堰拦河坝为中国水利史上首次出现的块石砌筑的重力型拦河滚水坝。

历经千年的它山堰为何没有损毁？除了历代的维护以外，其自身的科学设计也起了很大作用，堰体向下游有5°的倾斜，提高了水平抗滑能力。较近代坝基倾斜理论提出早1000余年，堪为中国乃至世界水利史上的奇迹。此外，堰体内筑有黏土夹砂层，提高了堰坝的防渗性；堰体纵截面采用梯形设计，更能抵抗江水的冲刷。

二、它山堰的历史价值和科学价值

（1）它山堰的堰体结构主体为条石砌筑，并用铁、榫相连，增加堰体的整体性。

（2）堰体上游覆盖大片石板，减少上游来水对堰体的冲刷，保持它山堰的稳定性。

（3）它山堰堰体厚度采用中间厚、两边薄，增大河床中央堰体的强度。

（4）堰底向上游倾斜，增加抗滑稳定性。这在同时期国内外的古代坝工建设中尚属首创，较近代坝基倾斜理论提出早1000余年。

（5）它山堰的堰体长达100多米，形成一个微拱的弧形，这样可减轻对两岸的冲刷并保护堰体稳定性。

古人的智慧令人叹为观止，很多做法竟然符合现代土工力学原理。

三、它山堰与通济堰的差异

（1）它山堰，始建于唐太和七年（833 年）左右；比通济堰始创晚 300 多年。

（2）它山堰拦水大坝是条石砌筑直型重力型滚水坝；通济堰拦水大坝是拱形拦水溢流坝。

（3）它山堰拦水坝全长 134.4 米，高约 3.05 米，宽 4.8 米；通济堰拦水坝全长 275 米，高 2.5 米，坝基宽 25.0 米，坝顶宽 2.5 米。

（4）它山堰功能是御咸引淡灌溉枢纽工程；通济堰是拦河引灌、蓄排结合、兼顾生产生活的水利枢纽网络。

（5）它山堰坝高超过通济堰，拦水量大，灌溉面积也超过通济堰灌区。

（6）它山堰历代水利管理文献没有通济堰齐全，无堰志。

第六节　四川通济堰与浙江通济堰的比较

四川通济堰是岷江中游著名的灌溉工程，渠首在四川新律县城东南岷江支流南河、西河与岷江的汇合处。四川通济堰是有坝引水，拦河坝与南河斜交。壅竹笼堆筑，一般夏秋冲毁，冬季岁修再建。

一、四川通济堰概况

四川通济堰之名最早见于《新唐书·地理志》，而其历史则可以上溯到东汉建安年间。唐开元二十八年（740 年）益州长史章仇兼琼从新津邛江口引渠南下到眉山县西南入江，灌溉农田 600 顷。渠建成后命名"通济堰"。这一时期章仇兼琼在岷江中游兴建的主要水利工程还有蟆颐堰（岷江左岸，在眉州境内引水）、鸿化堰（岷江右岸，在青线境内引水），在成都平原南部形成了仅次于都江堰的又一岷江灌溉体系，这些工程一直沿用至今。

四川通济堰始建时"藉江为大堰"，渠首为无坝引水。自唐代重建至宋代句龙庭实主持修复，渠首从无坝引水逐步发展到"横截大江二百八十余丈"，约合今 860 米的有坝引水工程。

宋代通济堰有较大发展，渠首和灌区都有比较严密的管理制度。据记载，宋代的拦河坝长约 860 米，为活动坝，可以灌溉新津、彭山、通义、眉州四县农田 3 万亩。

明末清初通济堰因年久失修，废弃近百年，到雍正年间才开始恢复。嘉庆七年（1802 年）在渠首上游开白鸡河 154 丈，引都江堰外江干渠沙沟河、黑石河水入西河全归通济堰。至此通济堰灌区与都江堰外江灌区相连，提高了水源保证率。这是历史上四川通济堰渠首工程的一次重要改建。

1955 年拦河坝由竹笼工活动坝改为浆砌混凝土坝；后又多次扩建和改造灌区渠系工程。现在的灌溉面积为 50 余万亩。

二、四川通济堰的历史价值和科学价值

（1）四川通济堰前身六门堰始建年代不晚于西汉末年。唐开元二十八年（740 年）益

州长史章仇兼琼重建。在宋代竹篓垒石为堤前，均为无坝引水工程。

（2）四川通济堰"仿都江堰例，以竹篓垒石为堤"，最早记载见于清雍正年间。《勘修通济堰状》称："按之古制，兴自唐开元年，纳石为埂聚土入堰……雍正十一年（1733年），奉檄兴修，以石工资巨，乃照旧堤，易以石篓，垒堤截水，东注入沟。"

（3）新中国经改造、修复，四川通济堰总干渠、东干渠、西干渠全长88.17千米，支渠65条，长369.1千米，斗渠291条，农渠1434条；引流量40立方米每秒，年引水量8.17亿立方米；自流灌溉40.2万亩，提水灌溉11.7万亩。

三、四川通济堰与浙江通济堰的差异

（1）四川通济堰始建年代可追溯到西汉末年，唐代重建，但早期均是无坝引水工程，直至宋代才开始竹篓垒石为坝；浙江通济始创即建拱形拦水溢流木筱坝。

（2）四川通济堰在平原地区引流范围大，灌溉效益高；浙江通济堰在浙西南山区，引流灌溉河谷平原，工程艰巨。

（3）四川通济堰历史文献散见史书、地方史料之中，直至2010年才由《通济堰志》编修委员会编制出版了《通济堰志》；浙江通济堰确切记载自明代开始编修《通济堰志》，现存有同治五年版、光绪版两个官修《通济堰志》，所以历代水利文献收集较完整系统，有的水利管理制度以今天眼光看仍然具有实用操作性，科学价值高。

第九章
通济堰保护与开发利用

要 确保通济堰水利工程的青春永驻，对于其科学保护和合理开发利用十分重要。只有在科学保护、保持其历史原貌和功能的基础上，才能够实施合理的开发、利用工程，才会使其在浙江大花园建设工程中贡献力量。本章就这方面问题进行阐述，供相关单位在实施中参考。

第一节　通济堰的科学保护

一、通济堰保护的瓶颈

通济堰水利体系是由拱形堰坝、通济闸、石函、3 大干渠、72 条支渠、321 条毛渠及众多的湖塘组成，覆盖整个碧湖平原。各支渠分叉处均设闸以调节、平衡水流，形成了繁复的竹枝状渠道灌溉网系，较完整地保留了古代水利系统的概貌。通济堰是以其整个水利灌溉体系申报的全国重点文物保护单位，它的价值不仅仅在于拱形堰坝，同时在于它完整科学的灌溉网系至今还在发挥着巨大的作用，体现出中华民族在悠久历史进程中创造的灌溉文明，是一个活的文物。通济堰的历史文物价值在于它的整体性，众多的大、小渠道是其不可分割的组成部分。如果破坏了这些支渠、毛渠，通济堰就失去了灵魂，必将造成无可挽回的损失。

2008 年，当地政府曾出台的《城市空间发展战略研究》已把 60 平方千米的碧湖平原，规划成以工业为主的产业园区，全部建设用地约 43 平方千米，其中工业用地 30.5 平方千米，居住用地 12.5 平方千米。看到了这张总体规划图，碧湖平原绝大部分被规划成工业和居住建设用地，通济堰只留下了堰头和干渠的一小部分，遍布平原上的竹枝状大小支渠、毛渠则荡然无存。

一些关心通济堰的市民着急了："只保留堰头那一点，那还叫通济堰吗？这就像一个人只有头没有身子，那还是完整的人吗？"有的人则气愤地说："通济堰是全国重点文物保护单位，造福于当地百姓已有 1500 年了，受历朝历代政府的保护，怎么能毁在我们这代人手里？"

浙江省文物考古研究所文保室主任宋煊参与了通济堰文物保护规划纲要的制订，对情况比较了解。通济堰的灌溉体系是一个整体，如果去掉了大部分就不可能成为全国重点文物保护单位。

笔者不主张，也不同意破坏通济堰，文物是不可再生的，毁掉很容易，想恢复却不可能。一任领导只有几年的任期，而通济堰已存在了 1500 年，历经了千年风雨和十几个朝代，不应该毁在我们这一代人的手上。所以，应该扩大和加强保护通济堰的规模，为申报世界文化遗产和自然遗产创造条件。

中国水利学会水利史研究会会长周魁一教授分析：通济堰是活文物，它完整科学的灌溉体系至今还在起着巨大的作用，也正是这种遗世的使用价值才显得更加珍贵。如果破坏了整体灌溉网系，没有了灌溉作用，通济堰也就没有了灵魂，会变成死文物，两者之间的价值是完全不同的。

通济堰在自然的岁月中能存在这么久，这充分反映出人与自然的和谐相容，也表现了人对自然的尊重。

二、通济堰保护的科学理念

作为大型古代水利工程，科学保护的原则就是保持其历史原貌，让其原汁原味地保存下去，才具有更大的历史品位，才更有开发利用的价值。俗话说：历史的，则是有文化的；有文化底蕴的，才真正具有价值的。各级领导和相关部门应该清醒地认识到："保护文物也是政绩。"树立保护文物也是政绩的科学理念，统筹好文物保护与经济社会发展，全面贯彻"保护为主、抢救第一、合理利用、加强管理"的工作方针，切实加大文物保护力度，推进文物合理适度利用，使文物保护成果更多惠及人民群众。各级文物部门要不辱使命，守土尽责，提高素质能力和依法管理水平，广泛动员社会力量参与，努力走出一条符合我国国情的文物保护利用之路，为实现"两个一百年"奋斗目标、实现中华民族伟大复兴的中国梦作出更大贡献。对历史文物的"敬畏之心"是要挂在心上的警示。要把凝结着中华民族传统文化的文物保护好、管理好，同时加强研究和利用，让历史说话，让文物说话。在传承祖先的成就和光荣、增强民族自尊和自信的同时，谨记历史的挫折和教训，才能少走弯路、更好前进。

首先，要改变理念，一改文物保护有碍开发利用的观念，文物保护得越好，越有利于开发利用。更符合"两山"理论及"丽水之赞"精神，更好贯彻"八八战略"，让通济堰灌溉区域真正成为"绿水青山就是金山银山"的实践地。

应该指出：通济堰的保护，不仅仅是堰首部分，更应该是整个通济堰的灌溉体系，并包含相关区域内的附属文物与古建筑。

通济堰的主体工程部分，当然是科学保护的重中之重，必须严格按《通济堰文物保护规划》执行，对于近几十年被修建、改建的工程，应该按历史原貌予以恢复，使其回归到本来的面目。

通济堰的其他渠道、概闸，特别是原来历史上就指定的主要概闸，亦应按历史原貌恢复，使其在渠道系统中的历史功能得以完美体现。

对次要小概闸，可以适当改建，但需要采用传统材料、工艺进行改修建，不要追求现代色彩而加以粉饰。

通济堰主渠道的走向、宽窄、深度、弯曲度，历史形成的是经 1500 年积累的经验成果，不得随意改变、取直、平整。

其他渠道如支渠、毛渠，尽量保持历史原貌，如果确需改变，要征得管理部门批准。

严格按照《中华人民共和国文物保护法》，严格保护管理通济堰灌溉工程的相关文物，是丽水市、莲都区政府及相关部门的职责。

"以古人之规矩，开自己之生面"不忘历史才能开辟未来，善于继承才能善于创新。我们要善于把弘扬优秀传统文化和发展现实文化有机统一起来、紧密结合起来，在继承中发展，在发展中继承。文物保护工作也是提高国家文化软实力的一部分。我们应系统梳理传统文化资源，让收藏在禁宫里的文物、陈列在广阔大地上的遗产、书写在古籍里的文字都活起来。要以理服人，以文服人，以德服人，提高对外文化交流水平，完善人文交流机制，创新人文交流方式，综合运用大众传播、群体传播、人际传播等多种方式展示中华文化的魅力。

三、通济堰科学保护措施方法

（一）建立健全保护管理机构

新中国成立后，设有通济堰管理委员会、通济堰灌区水利会、碧湖灌区管委会等不同管理机构。文物管理原属丽水县文管会、丽水市文管会办公室等管理。

现在通济堰堰首部分业态归丽水瓯江旅游度假区管委会（原丽水古堰画乡管委会）管理，文物管理归属丽水市莲都区文物保护管理所管理，而碧湖灌区范围归碧湖镇政府管辖。

如此设置的管理不能很好统一协调，不利于通济堰的科学保护，造成通济堰文物保护规划无法完全实施到位。为此，建议采取如下措施科学保护通济堰。

（1）设立市级通济堰保护管理开发利用委员会，成员由市分管领导、区主要领导、发改委、财政局、规划局、文化旅游局、水利局、农业局等相关部门领导、文物水利农业规划专家等组成。就通济堰科学保护、合理开发利用进行统一协调管理。

（2）文物管理统一由丽水市文管会管理，莲都区文保所具体执行实施。

（3）充分利用丽水市博物馆对通济堰研究成果、相关农耕水利民俗文物藏品资源，建设规范的浙江通济堰水利文化博物馆（丽水市博物馆通济堰分馆）。对通济堰历史、科学、文化进行系统的陈列展示，更好地宣传通济堰历史科学价值，提高通济堰国内外知名度。

（二）完善科学保护机制

（1）通济堰灌区文物保护范围、建设控制地带内一切建设施工必须严格履行报批制度，按国家规定管理权限报批。

（2）实行文物保护一票否决制管理通济堰灌区的开发利用项目，不利于通济堰历史原貌保护的新建设项目不得批准执行。

（3）通济堰灌区开发的农耕休闲、文化旅游项目由丽水市通济堰保护管理开发利用委员会统一规划，分区域实施。不准有损通济堰体系的项目擅自实施。

（三）妥善处理历史遗留问题

（1）堰首部分有关文物实体部分的有损文物历史原貌的一切构筑物，一律按《通济堰文物保护规划》（以下简称《规划》）恢复原貌。

（2）堰首古建筑群内近30年的新建筑，按《规划》要求分步拆除，修建仿历史面貌的沿渠建筑。

（3）堰首绿岛上一切建筑，按《规划》要求全部拆除，恢复绿岛历史原貌。

（4）通济堰渠道中的七大主要概闸，新中国成立后被改建的，按《规划》要求全部恢复历史原貌。

（5）被填没的渠道、湖、塘、水泊，按《规划》要求分批恢复历史原貌。

（6）沿渠村落的渠道历史构筑，含取水踏埠、淘洗埠头、古桥涵，按《规划》要求分批恢复历史原貌。

（7）争取恢复凤凰山何澹墓、叶穴、龙女庙、碧湖西堰公所等历史建筑。

第二节　通济堰的合理开发利用

一、通济堰的堰首开发

（一）理顺合理开发思路

首先要明确通济堰的开发利用是以真实的历史文物展示丽水先民在古代的水利创举，

体现农耕文明的历史脉络。以历史的、文化的、绿色的、生态的为品牌，真正展现"绿水青山就是金山银山"的科学理念。

（二）历史水利工程原貌复原展示

按《规划》要求恢复堰首部分所有主体文物，以历史原貌展现给世人，让人们领略古人的艰苦创举。

（三）积极深化文化旅游改革

1. 双龙庙会

堰首每年举办双龙庙会，祭祀詹南二司马等先哲。

双龙庙会起源于南朝萧梁年间，詹南二司马初建通济堰完工后，农田得到灌溉，农民通过庙会活动欢庆丰收。北宋元祐三年（1088年）处州知州关景晖主持修整通济堰，并撰写了《丽水县通济堰詹南二司马庙记》，提到大坝，北宋时建有詹南二司马庙，说明政府官员关注双龙庙会。这也是留下的最早文字记载，以后随着年年朝拜活动和庆丰收活动不断升温，逐步形成春祭（三月三日）、秋祭（八月十五日）和六月初一"翻龙泉"求雨三场大型活动。民俗文化含量丰厚，其"敬龙敬神"文娱活动，显而易见是围绕"颂扬先贤、贯彻堰规、欢庆丰收"这个主题。目的是发动鼓励群众贯彻堰规，修整堰渠，平安灌溉，社会和谐。庙会活动从堰头詹南二司马庙（龙王庙）发展到碧湖，范围也从上源、中源扩展到下源。为了方便群众活动，又在碧湖建龙子庙、大仙庙、二司马祠和西堰公所。延续千年的双龙庙会，已经成为维系通济堰的整修和灌溉事业，某种程度上还规范了碧湖平原灌区人民的行为，体现了人们的一种奉献精神。采用的方法是建报功祠，隆重举行祭拜修堰先贤仪式。人们为了纪念修堰先贤，堰头村在适当位置修建名人纪念馆。市、区政府应在通济堰头择址建设通济堰水利文化博物馆。双龙庙会是中国南方特有的经济民俗典型代表，它对于弘扬中华传统文化和当前加强勤政廉政建设具有现实和深远的意义。

通济堰作为古代水利工程的典型代表，文化内涵丰富，又独具特色。1500年前兴建的通济堰年年要灌溉，年年要整修渠道，月月日日开闸放水灌溉，这一切都是靠堰规来贯彻执行。尽管朝代更替和时代变化，范成大《通济堰规》始终坚持，仅是有所补充修改，但是水系基本不变。古堰先贤将堰规刻石竖碑，赵学老还把水系图刻在石上，是难得一见的古堰图碑。但是最重要的是通过庙会活动发动群众，贯彻堰规，所以又立下规矩，年年开办庙会。

（1）历史上双龙庙会由民俗文化逐渐演变成为道教文化活动。民俗文化活动举行先把詹南二司马、穆龙、何丞相等先贤由好人贤人逐渐变成神，再把敬神娱乐活动演变成道教文化活动。参加朝拜敬神活动者要沐浴更衣，特别是天旱祷雨更要虔诚，在仪仗队和神像的引导下，跟着有舞龙、高跷、降神童、"翻龙船"，鼓乐齐乐、鞭炮齐响，异常隆重，盼望国泰民安、风调雨顺、消灾纳福、太平安康，祈求龙王保佑，企望风调雨顺、丰收平安。

（2）双龙庙会逐渐形成了武术文化。碧湖平原是处州主要粮仓之一，历朝历代政府都会抽调兵力修复和管理，但是主要采用民间管理形式，组织民团习武自卫。民间习武活动与庙会有机结合，双龙庙会上举行民间传统武术表演比赛。双龙庙会掀起于方岩庙会之后，碧湖群众参加方岩庙会回来后，在塔下殿大仙庙中也立下高大的"胡公雕像"。碧湖镇至今都有习武的"罗汉会""胡公会"和武术协会。双龙庙会逐渐形成民俗艺术大舞台。

1）舞龙。灌区各乡村都舞龙。龙是中华民族的象征，舞龙有布龙、板龙、篾龙（也称九节龙）3种。行口村有板龙，瓦窑埠、麦安村有篾龙，保定村布龙、篾龙。在2010年双龙庙会上，保定村双龙亮相。全灌区最著名的是保定龙。保定龙代表丽水市参加"2010浙江省第二届乡村舞龙大赛"，32支中先评出16支队伍参赛，最后保定龙在决赛中获银奖。

2）灯会。8月15日为了庆丰收和元宵节，全灌区的各村彩灯精彩纷呈，除龙灯外，还有茶灯、八仙灯、荷花灯、狮子灯、马灯和闹荷（旱）船等。魏村的采茶灯、周巷的荷花灯在全区（县）大赛中曾获过奖。

3）唱鼓词。碧湖老艺人用碧湖方言说唱的鼓词，俗称"唱故事"。在村镇集资演唱的"大鼓词"（碧湖调）和鼓词（门头曲）两种。演唱采用大鼓一面、鼓箸一根、竹板一副，边鼓边唱。唱的内容有传统的唐传、三国，更多的是"十四夫人传"（即唱夫人），在家里为1岁或10岁或20岁的孩子贺岁唱夫人。那天要摆三牲祭品、烧香纸，并请亲朋好友诚情闹场。碧湖老盲艺人章水金最著名，是莲都区鼓词传承优秀人，2009年被评为浙江省民间优秀艺人称号。

4）处州乱弹。通济堰灌区的保定是个有1000多年历史的文化古村，100多年来，一直都有自编自导自演大戏的习惯。因为宋代何澹带兵修通济堰就驻扎在保定村。现保定村213号、215号、219号几幢房屋，村民千年来相传称为"官地"，是何丞相等指挥部官员居住的地方。保定村的吕圣祥、林贞明、王长法、周大网、吕逢和等老艺人组成创作组，他们自编自导自演文艺节目，大多是以歌颂何丞相和为修堰捐躯的穆龙为题材。曾经他们自编歌颂穆龙、何丞相等为国为民修堰的乱弹剧本《穆龙坝》。在双龙庙会上演出《八仙镇水牛精》和《班师回朝》受到群众欢迎。

2. 翻龙船

求雨翻龙船是流传上千年的道教文化活动项目，既是体育游艺项目，又有山歌演唱，还有传统的道教仪式。因此，被人称为道教文化活化石。2010年丽水学院民族体育研究所开发排练又增加畲族歌舞元素，增强了观赏性，富于民族特色。

3. 官船查堰

通济堰由南朝詹、南二司马创建，奠定了基业，又经历代诸如何澹、范成大等政要及广大劳动人民整修管理、维护，历久不衰，到清同治五年（1866年）重修后的通济堰"渠水可以通舟、佃者以优负载"。根据民间传说，历代处州府和丽水县官员前来上任都要到碧湖平原查看通济堰。从何澹丞相开始，查看通济堰不是坐轿就是步行，还有就是坐船，百姓称官船。历代都留下许多传说故事。最多的是何丞相和赵知府。官船查堰是有两艘船，都是用篙和船桨。前面一艘船稍矮坐五六个人。是吹打乐队和唱鼓词的人，吹打的是民间乐曲，后面一艘船坐的是官员和随员，稍大宽敞些，坐的也是七八个人。通济堰渠游船中断已近60年。老船工汤益友老人说，他和他的兄弟在官堰撑船运肥料（猪牛粪和草木灰），从堰头运到下赵村横塘湖，还能到下圳。

4. 官堰游船

官堰游船是一个待开发的项目，如能恢复开发出来，可以带动整个碧湖镇旅游业的发展。堰渠游船也是古代百姓敬神娱乐的一种方式。有的老人说，把船修整成龙船，端午节举行划龙船比赛。保定村有在洪塘举行划龙船比赛的传统，赵村有在横塘湖举行划龙船比赛的传统。

二、通济堰的水利农业民俗旅游项目开发

（1）通济堰水利与农耕文明关系的旅游项目。打造精品旅游产品——古船游堰。根据挖掘整理资料，古堰画乡在通济堰渠道边，还可打造对游客富有吸引力的旅游新产品古船游堰。这是古代"官船查堰"的再现，现在开发能带动整个通济堰区旅游业的发展。建议先在保定村搞试点，逐步推广到周巷、概头和碧湖。最难地段是碧湖镇附近。下面先对"古船游堰到保定"提出设想方案。

1）造古船。先租船两艘，一艘不用装修，加座位供莲都吹打和唱鼓词使用；另一艘稍做装修像个官船，有旗帜飘扬，有座舱，内外都按宋船（参看《清明上河图》）设计装饰，并做1～8套宋代官服和丞相衣帽官带。吹打乐队和唱鼓词也要准备相应的服装和乐器配套，固定装置在船上。

2）渠道整理装饰。堰头至保定直至概头开拓概一段堰渠旁边，全是柴草，阻碍行船，要砍掉，保留山水自然景观，并需浚深渠道，增加水深，便于行船。村边地段增加盆景花卉，对石竹雷竹园做景观造园。无树木荒芜地段抓紧栽种垂柳。桥洞附近稍装饰，移开妨碍行船的物件。

3）村内吕宅整修。整修古民居，贯彻修旧如旧的原则，呈现古民居特色，演出场地要展示处州乱弹历史文化图片。百年保定学堂稍作整修并展示百年风采。连接至古道的民居道路要整修。通济古道在村中的一段古道、古埠头要简单整修。重建已拆的凉亭，古道旁两幢明代民居也要分期整修。

4）官地和营房整修。为了方便游客参观，村中筹建农家乐。瓯江边公园要设座椅，竖立抗战期间日寇细菌战纪念碑。

5）考虑开发直升机升空游览整个通济堰灌区的观光项目。

6）利用保定元明古窑址和20世纪60年代碗厂遗址，先开发窑址游步道，供游客参观，再恢复青瓷、青花碗生产过程体验。

7）金弄后山的古窑址。准备开发，有条件时组织游客参观。

（2）稻作农耕农庄建设。开发稻作旅游业务，提供休闲、餐饮服务。

（3）吸引城市居民认包有机稻米生产。可以划定一定量的田亩，指定诚实农户与城市需求家庭协议体验农耕、收获的乐趣，并生产无公害有机稻米等产品。

（4）稻米、蔬菜、瓜果、肉食品等相关农副产品个人定制开发。向外面大城市市场提供通济堰牌优质无公害农副产品。

（5）开发生态农耕科学养老养生基地，服务城市老年人群休闲、养老养生需求。

附录一
通济堰历史文献

通 济堰的历史文献，主要是指其历史上所遗留的文献，最集中的是清同治九年版、光绪三十三年版的《通济堰志》，其他散见于史书、地方志、金石志中。由于《通济堰志》存世稀少，为了使读者，特别是进行相关研究的学者，能够尽可能多地看到通济堰文献材料，笔者竭尽所能，争取最大限度地收录通济堰各种原始材料。

本书收录的文献资料，分类以原资料顺序、年代顺序予以收入，并注明原文献的出处。对于古代文献，给予句读标点，同时予以适当注释，便于使用。由于文献中会出现重复的相关文字，删除又有损于文献的完整性，故不予删略。

文献中原有文本中文字有明显错误者，予以更正，以 ｛｝号标示之；原文中脱字，以 □号标示。由于笔者水平有限，文献材料标点、注释中，难免会出现不少谬误，祈请指正，容后更正。

一、清同治九年版《通济堰志》

（一）宋文

1. 麗水縣通濟堰詹南二司馬廟記①

前栝州②守會稽闞景暉撰

[原文]

麗水十鄉③皆並山為田，常患水之不足。去縣而西至（《麗水縣通濟堰詹南二司馬廟記》碑上上用"遷"④字）五十裏，有堰曰通濟⑤。障松陽、遂昌兩溪之水⑥，引入圳渠⑦，分為四十八派⑧，析流畎澮⑨，注溉民田二千頃⑩。

[注释]

①本文为北宋元祐八年刊刻碑文。原碑已佚，在明洪武三年（1370 年）曾重刊于元至顺辛未年（1331 年）《丽水县重修通济堰记》碑之背面下 1/3 的前部分，碑现存堰头詹南二司马庙内，碑文题为《通济堰记》四字。

②栝州：古处州，也曾名栝州，所辖范围以现浙江省丽水市所辖的九县（市、区，历史上有处州十县。）为主，及部分现温州、台州等市所辖地。处州、栝州即是古代丽水的代名词。

③麗水十鄉：指当时丽水境内行政区划，十乡，即指处州十县；这里还指当时的丽水县十个乡。

④遷：碑刻文上为"遷"字，即"迁"字，应为"边"字之误。西边，西面、西侧之意。而堰志上此处则为"西至"。

⑤有堰曰通濟：建有一座堰坝，取名为"通济"。

⑥障松陽、遂昌兩溪之水：从字面看，似有两条溪流被障水入堰。实际上，通济堰所障的松阴溪水，发源于遂昌县境内，由遂昌下注松阳而为松阴溪。

⑦圳渠：圳，本字读作 zhèn，田野间的小沟。而丽水民间"堰"字常写成"圳"字，而方言读音与"堰"同，为 yàn，指较低的挡水建筑物。圳渠，指通济堰的渠道。

⑧四十八派：指通济堰灌溉体系中的渠道网，按地势走向，由干渠、支渠通过大小概闸的调节，而划分为三源四十八派，再由细支毛渠引灌至农田，形成完整灌溉网络。

⑨析流畎澮：析，分。畎，quǎn，田间的小沟，此处指支毛渠系。澮，kuài，田间水沟，此处插细小的水渠。析流畎澮，说明通济堰渠道通过三源四十八派分析后，再以众多的支毛渠道析流，实现了竹枝状灌溉网络的布局，分布到碧湖平原中南部的广阔农田，使之得以丰产。

⑩民田二千頃：这里所指的是通济堰灌溉面积大的意思，不应该是实际面积。古代 1 顷为 50 市亩，1 市亩为 60 平方丈，为 1/15 公顷，约 667 平方米。所以 1 顷为现在的 3.33 公顷多，33333 平方米。因为农田面积旧市制的 1 顷等于 50 亩，2000 顷达到了 10 万亩，而通济堰当时的实际灌溉面积应为旧制的 2 万亩左右。

―――――――――

[原文]

又以餘水潴①而為湖，備溪水之不至②，自是歲雖凶而田常豐。元祐壬申③圳壞，命尉④姚希治之。明年⑤帥郡官往視其成功。堰旁有廟，曰詹南二司馬，不知其誰。何牆宇頹圮，像貌不嚴，報功之意失矣⑥。尉曰：常詢諸故老，謂梁⑦有司馬⑧詹氏，始謀為堰，而請於朝⑨，又遣司馬南氏，共治其事⑩。是歲，溪水暴悍，功久不就。

[注释]

①潴：zhū，（水）积聚，停留。指水积聚的地方。这里指通济堰水系中挖有许多湖、塘、水泊，用

于蓄存余水，以备旱时用水之不足，体现了水系"长藤结瓜"水利理念。

②不至：不到、不来，此指不足。枯水期，溪水不足，而使通济堰渠水不足，而导致有的农田渠水不能到达。

③元祐壬申：北宋元祐壬申年，是元祐七年，为1092年。因洪水侵袭，木筱坝损坏严重。

④命尉：尉，县尉，官职，是一种官名（相当于管理治安辑匪盗的官员），秦、汉制度，与县丞同为县令佐官，掌治安捕盗之事。命尉，委托、命令县尉（承担修堰任务）。

⑤明年：次年，第二年。

⑥报功之意失矣：建庙是为了报修堰之功，而破败如此严重，失去了原来的意义。

⑦梁：指南北朝时期，南朝的梁国。据《梁书》等史料，南朝梁时，在丽水这块土地上还没有"丽水县"的建置，其地尚属地于扬州刺史府所辖的松阳县（其辖治范围为后来的处州为主。县治一说位松阳古市一带，另说为今丽水市莲都区内）。

⑧司马：为官职名。关于南朝梁时的司马有两种说法：一是为汉制，大将军之下设长史、司马各1人，秩千石。以司马主兵，如太尉。与大司马之地位不同。大将军营五部，各部各设军司马1人。魏晋至宋，司马都是军府之官，在将军之下，综管军府，参与军事谋划，隋唐于地方各州刺史之下设有司马，本为州郡之佐官，后空有其名，用以安置朝中贬逐之官。明清称府"同知"为司马。二是韩肖勇认为，司马之职在宋、齐、梁、陈时，是朝廷工部营缮司（专营国家营造、修理事务的部门）郎中之末一级官员。

⑨请於朝：请于朝，请命于朝，申请于朝。向朝廷汇报，等待朝廷准许。根据上述对司马一词的解释，通济堰工程至少经过扬州将军府的认可。而梁天监年间的扬州刺史是梁武帝之弟、中将军临川王萧宏、建安王萧伟，故刺史府同意营建，也可以说是"请于朝"了。

⑩共治其事：共同办理这件事。詹司马计划在这里筑坝拦水为堰，灌溉碧湖平原的粮田，报经朝廷许可，于是又派南司马来协同办理。

———————————

[原文]

一日，有老人指之曰：过溪遇异物①，即营其地②。果见白蛇自山南绝溪北，营之迺就③。明道中，有唐碑刻尚存④，後以大水漂亡数十年矣。乡之老者谢去⑤，壮者復老，非特传之愈（碑文上有"亦"字，堰志上无此字）讹⑥，而恐二司马之功遂将泯没於世矣⑦。庙今一新，愿有纪焉。予以二公之作，而兴废之跡罕⑧。有道者，按近世叶温叟为邑令⑨，独能悉力经畫，疏辟梗蓄⑩，稍完以固。叶去无有繼者。

[注释]

①遇异物：遇，相逢，遇见、见到；异，特别，奇怪；异物，奇异的事物、现象。遇异物，看见奇异的事物。

②即营其地：营，经营，建造。其地，这个地方。即营其地，指在这里按奇异事物显示的方法去做。

③迺就：迺，nǎi，"乃"的繁体字，于是；才。就，成就，成功。迺就，才取得成功。

④明道中，有唐碑刻尚存：明道中，指北宋仁宗赵祯的明道年间，即1032—1033年。有唐碑刻尚存，通济堰尚有唐代的碑刻存在。

⑤老者谢去：谢去，故去。老者谢去，老年的人逐渐故去了。

⑥传之愈〔亦〕讹：讹，谬误，错误；亦，衍文，可删去。传之愈讹（时间越久），流传中越会出现错误的传说越多，而延误后人。

⑦遂将泯没於世矣：遂将，即将，遂后将会。泯，mǐn，丧失；泯没，即泯亡，形迹消灭（消失）。

指詹南二司马建造通济堰的功绩会消失（于人世间）。

⑧兴废之迹罕：兴废，兴复废没工程功能；之迹，痕迹，指业绩；罕，少，不多见。兴废之迹罕，指能够兴复被损坏水利工程功能业绩的人少见。

⑨葉温叟为邑令：邑，城市，县邑，古时县的别称；邑令，县令，即知县。葉温叟为邑令，指叶温叟为县令时。

⑩疏辟楗蓄：疏，疏导。辟，pì，开辟，引申为开辟的渠道。楗，jiàn，遏制，堵塞。蓄，积蓄，留蓄，这里指拦水引水灌溉农田。疏辟楗蓄，这里指疏浚通济堰渠道，用竹木土石等材料修复拦水大坝、引水渠道。

─────────────

[原文]

　　姚君又能起於大壞之後①，夙夜殫心②，濬湮決塞③，經界始定④。嗚呼！天下之事，莫不有因⑤，久則弊，弊則變，變則複⑥，理之然也。因之者⑦，二司馬也。弊而能變，變而能複⑧，葉姚之能事，豈下于詹南哉！後之來者，令如葉姚二君，圳之事安能已哉⑨！

[注释]

①大壞之後：大壞，严重损坏。大壞之後，（通济堰工程）严重损坏之后。
②夙夜殫心：夙，sù，早，指白天；殫，dān，尽，竭尽。夙夜殫心，这里指日夜操心劳累。
③濬湮決塞：濬，为"浚"字的古体字，jūn，疏通，挖深；湮，yān，埋没；塞，淤塞。浚湮決塞，指修复被埋没的水系，疏通渠道中的淤塞。
④經界始定：指通济堰灌溉体系已重新确立，发挥作用。
⑤天下之事，莫不有因：天下的事物的发生、存在，都有着因果关系。
⑥久則弊，弊則變，變則複：（事物）存在久了，会有弊病；有弊病，就会产生变化；有变化，就会产生复原的动力。
⑦因之者：因之，这件事物产生的因素。因之者，促进这件事物产生的人，指通济堰始创之人。
⑧弊而能變，變而能複：弊，弊端，病患；變，变化，改变，设法改变；複，恢复，修复。
⑨後之來者，令如葉姚二君，圳之事安能已哉：安能，怎么能，安，怎；已哉，已，最终，终归，停止；哉：表示疑问或反问，相当于"呢"或"吗"。以后来主事之人，如果都能像叶、姚两人那样，通济堰的水利完善之事怎么能出问题呢？

[按语]

　　本文是通济堰现存最早的历史文献，也是通济堰之名始见于北宋元祐八年（1093年）之前的历史证明，可以说是通济堰工程的最重要历史文献之一，主要提供了以下资讯：

　　（1）首先提出通济堰创建于南朝梁天监年间，由詹南二司马为之的说法，是现存最早的文献。

　　（2）记载了通济堰曾有唐碑记堰事，惜于北宋明道年间被大水漂亡。

　　（3）记录了北宋明道年间县令叶温叟、北宋元祐八年关景晖、姚希大修通济堰之史实。

2. 麗水通濟堰規（图）題碑陰①
赵学老

[原文]

　　通濟為堰，橫截松陽大溪，溉田二千頃。歲賴以稔②，無復凶年，利之廣博，不可窮極。詢其從來，乃梁詹南二司馬所規模，逮今幾千載③。爰自兵戈之後④，石刻湮沒，昧其事蹤⑤。學老來丞是邑，以職所蒞⑥，訪於閭里耆舊，得前郡守關公所撰記，略載前事。今謹圖其堰之形狀⑦，並記，刊之豎珉⑧，立於廟下。仍以姚君縣尉所規堰事⑨，悉鏤碑陰，庶幾來者，知前修⑩勤民經遠之意不墜，垂無窮矣。

紹興八年七月初一日汶上趙學老書

大明 洪武三年十一月望日處州府麗水縣知縣　王　縣丞冷　主簿　重立

[注释]

①本文是南宋绍兴八年（1138 年）刊刻在《通济堰图》碑之碑阴的跋语，南宋碑已佚，在明洪武三年（1370 年）曾重刊于元至顺辛未年（1331 年）《丽水县重修通济堰记》碑之背面下 1/3 的后部分，上 2/3 是《通济堰图》碑。碑现存堰头詹南二司马庙内，文前无题，降三格以示与关景晖《二司马庙记》的区分。

②岁赖以稔：岁赖，岁，一年，引申一年收成之意；赖，赖以，依靠；稔，rěn，庄稼成熟。岁赖以稔，一年庄稼的收成完全依靠（通济堰）。

③逮今几千载：逮，dài，及，至，到；千载，千年，概数。到如今近乎千年。

④爰自兵戈之后：爰，yuán，于是，这里一指于、在于；兵戈，战争，战事，这里指宋王朝南迁，建都临安（杭州）初期，战事不断，常常波及丽水。爰之兵戈之后，在于战争之后。

⑤石刻湮沒，昧其事蹤：石刻，老的通济堰碑刻；湮沒，损坏丧失而不存在；昧，mèi，隐藏，指消失。昧其事蹤，使以往的事迹隐藏而湮没。

⑥以职所蒞：蒞，lì，到，这里引申为所在。以职所蒞，以为（是自己）职责所在。

⑦图其堰之形状：圖，画，绘制。图其堰之形状，将通济堰水系的现状绘制图画。

⑧刊之豎珉：珉，mín，像玉的石头。豎珉，指用坚硬耐用美石所磨制的碑石。刊之豎珉，将文字图案刊刻在坚硬的碑石之上。

⑨所规堰事：所规，制定的规则。所规堰事，它所制定的通济堰整修使用规则，这里指姚希也曾制订过《堰规》，惜已佚。

⑩前修：指前代有修为的人、为通济堰整修做出过贡献的人。

[按语]

该跋语是赵学老在绘刊《通济堰图》碑时所刊在本碑碑阴的一段文字，因初刻时，也收集并在该碑背刊刻有北宋元祐年间姚希的"通济堰规"，故在收入《通济堰志》时，题为《丽水通济堰规题碑阴》（可能原碑赵学老也就这么题的）。但根据所刊刻文字内容来说，我认为应该题为《丽水通济堰图题碑阴》更贴切。其主要价值在于告诉人们这样的资讯：

（1）通济堰宋代碑刻，在南宋初期因战火累及而湮没。绍兴八年赵学老访得"关景晖记"及"姚希堰规"，并曾将"姚希堰规"重镂于其《堰图》碑阴。

（2）而明洪武三年重刊《堰图》碑时，已无"姚希堰规"资料，故不能刊刻，说明早已失传。"姚希堰规"《通济堰志》亦无收录。

3. 麗西通濟堰圖

1. 南宋重修通济堰规跋语拓片　　2. 宋重修通济堰规碑拓片　　3. 南宋堰图碑拓片

4. 元重修通济堰记碑拓片　　5. 明崇祯重修通济堰记碑拓片　6. 明万历重修丽水通济堰记碑拓片

7. 明天启丽水重修
通济堰记碑拓片

8. 清光绪三十三年重修
通济堰记拓片

9. 清康熙三十三年重修
通济堰碑记拓片

10. 清嘉庆十九年重修
通济堰规拓片

11. 清道光九年捐修
堰堤碑记拓片

12. 清嘉庆十九年重修
通济堰碑记拓片

13. 清同治六年重修
西堰记拓片

14. 清同治五年重修
通济堰记拓片

15. 民国二十八年重修
通济堰碑记碑拓片

16. 民国三十六年重修
通济堰碑记拓片

17. 《通济堰"民国三十六年
专员兼司令徐志道碑"》拓片

4. 麗水縣通濟堰石函記①
左從事郎新大學博士葉份撰文

[原文]

　　處之為郡，僻在浙東一隅②，六邑③皆山也。惟麗水列鄉十，而邑之西，地平如掌，綿袤四鄉④。松遂二水合流其上，直下大谿⑤，通於滄海⑥。土壤而墳為田⑦數千頃。雨不時，則苗稿⑧矣。在梁有詹南二司馬者，始為堰，民利之。然泉坑⑨之水，橫貫其中，湍沙怒石，其積如阜，渠噎不通⑩。

[注釋]

　　①石函，以石架設的橋涵，是以橋涵形式引出水流的水利設施。通济堰石函是上引山涧流水、下通堰渠的水上立交排水工程。本文是通济堰修造石函碑记。

　　②僻在浙東一隅：僻，偏僻，偏居；一隅，一个角落。浙東一隅，古时认为处州丽水位于浙江之东部，而实际上古处州位于浙西南。

　　③六邑：当时的处州，有六县均属山区县。

　　④綿袤四鄉：綿，mián，绵延；袤，mào，指南北的长度；綿袤，绵延广阔的意思。綿袤四鄉，指绵延广阔的河谷平原通达四乡。四鄉，概数。

　　⑤大谿：谿，溪字的古异体字。大溪，指松荫溪直至大港头而汇合于瓯江的大溪。大溪为浙江省第二大江瓯江的主流，瓯江中段区域。瓯江上游，称龙泉溪，流经龙泉、云和，下注丽水后，从大港头至青田段，称大溪；青田以下始称瓯江。

　　⑥通於滄海：滄海，苍茫大海。通於滄海，这里指瓯江最终归入东海。

　　⑦土壤而墳為田：墳，fén，"坟"的古异体字，原意为坟地，"土之高者谓之坟"这里指堆积。土壤而墳為田，本文指（河谷）土壤堆积而开为田。

　　⑧雨不時，則苗稿：稿，gāo，通"槁"，干枯。雨不及时，禾苗则受旱而枯萎。

　　⑨泉坑：在通济堰主渠道，距大坝下游300米处，有一条山涧横贯穿过。这条山间小涧，源于丽水松阳交界处，而历史文献则记载其源自高畲山，故土名：泉坑，亦称：谢坑、畲坑。笔者认为，是由于丽水方言中，"畲""谢"同音，又与"泉"近音，而古人书写时以音注字而造成的多种称呼的现象。现在新版《丽水市地图册》上的现注名则为"金坑"。

　　⑩湍沙怒石，其積如阜，渠噎不通：湍，水流很急；湍沙，急流带来的泥沙；怒石，大洪水夹带山石奔腾而下，称为怒石。阜，fù，土山，引申为堆积的土；積如阜，淤积的沙石堆积得像小山。噎，ye，食物堵住食管，引申为堵塞了渠道。渠噎不通，渠道被堵塞不能通水。

[原文]

　　歲率一再開導，執畚鐵钁①者動萬數。堰之利，人或不知，而反以工役為憚②也。我宋政和初，維楊王公提實宰是邑，念民利堰而病坑③，欲去其害。助教葉秉心，因獻石函之議。腮公契心④，募田多者輸錢。其營度⑤石堅而難渝者⑥，莫如桃源之山⑦，去堰殆⑧五十里，公作兩車以運。每隨⑨之以往，非徒得輦者磬力⑩。

[注釋]

　　①執畚鐵钁：畚，běn，畚箕；鐵钁，"镢"字的古异体字，jué，镢头，刨土用的一种农具，类似镐。執畚鐵钁，指挑着畚箕带着镢头等劳动工具劳动的人。

　　②為憚：憚，dàn，怕，这里指厌恶，感到麻烦。為憚，以……而厌烦、以……为麻烦（的事）。

③病坑：病，疾病，祸害、危害，引申为痛恨、厌恶……病坑，厌恶以坑砂为堵塞渠道的祸害。

④脗公契心：脗，是"吻"字的古异体字，吻合，完全符合的意思；契，投合，指意气相投。吻公契心，吻合王公的心思。

⑤营度：营，经营、管理；度，所打算的；营度，指谋划，考虑。

⑥坚而難渝者：渝，yú，改变；難渝，不易改变，这里指损坏。坚而難渝者，（石质）坚硬而难以损坏的。

⑦桃源之山：桃源山，土山名，距通济堰首约五十里，所产之石，石质优良。

⑧去堰殆：殆，几乎，差不多。去堰殆，从堰首而去差不多。

⑨每随：每每相随。

⑩非徒得辇者罄力：辇，niǎn，用人力拉的车；罄，qìng，通"罄"，尽，竭尽。非徒得辇者罄力，不单单是拉车的人竭尽全力，意指王褆也尽力协助。

[原文]

又將親計形便，使一成而不動。公雖勞，規為亦遠矣。函告成，又修斗門①，以走暴漲陂潴②，派析使無壅塞。泉坑之流，雖或湍激③，堰吐於下④，工役疏決之勞，自是不繁⑤，堰之利方全而且久。公去人思，後二十年複來守是邦，公之子子永，今又以貳車攝郡事⑥，邑民因嘆世德之厚，而受其甘棠⑦，且屬⑧南陽葉份記其事。份少小聞諸父兄，傳邑大夫之賢者，莫如王公。其令約而嚴，追逮⑨有所及者，莫敢違時；其刑恕而信，囚徒以故去者，如期自至。賦役當州之老胥，不得恃黠而逋負農桑⑩。

[注释]

①又修斗門：斗門，是指通济堰水利工程的组成部分，在这里根据前后文意，是指通济堰大坝上的排砂闸门。有时"斗门"又专指进水闸门，甚至在个别文献中又指过船闸，相关文下另注释。

②走暴漲陂潴：陂，bēi，池塘水边，岸，这里指淤积如岸；潴，水停留积聚，这里指内涝。走暴漲陂潴，这里指（又修复排砂门），以排走洪水暴涨带来的泥沙淤积和内涝。

③雖或湍激：湍激，指洪水较大。雖或湍激，指泉坑虽然水发，洪水湍激。

④堰吐於下：吐，tǔ，从××里露出来。堰吐於下，指通济堰渠道从石函下通过。

⑤自是不繁：繁，繁重，次数多。自是不繁，自此没有繁重的（工役）不多。

⑥以貳車攝郡事：攝郡事，统理一郡之事；以貳車攝郡事，比喻王褆之子子永以王公二车办堰务的精神统理郡事，即子永以继承王褆精神来做郡守。

⑦受其甘棠：甘棠，甜美的梨，这里引指受恩惠。受其甘棠，承受到他的甜美恩惠。

⑧且屬：屬，古文与嘱通借。且屬，并且嘱咐……

⑨追逮：逮，捕捉，逮捕，捉拿。追逮，追捕犯事的人犯。

⑩恃黠而逋負農桑：黠，xiá，聪明而狡猾；逋，bū，逃亡，逃避。恃黠而逋負農桑，这里指凭借小聪明而狡猾地逃避责任而有负农业生产。

[原文]

勸鄉之惡少無不改務而敦本①。其他善績非一二。宰麗水者②，人幾何？公獨到，今見稱則其惠斯邑也，豈特蚏③一函之利而已哉！份不佞④敢辭邦人請，竊謂⑤："天下事興其利者，往往未知其害⑥；而害之生，嘗不在於⑦利興之時。及其害著，又非得明其利害者而去之，則前日之利反以為害。人苦其害，而不知因害以興利，則利何自而及民？"二司馬之為堰，固知利於一時，而不知泉坑之水有以害之。苟無⑧以去其害，則邑西之田將為平陸⑨，而堰亦何利之有？石函一成，民得其利，迄於無窮，其念於堰多矣⑩。今五十年，民無工役之擾，減堰工歲凡萬餘。

[注释]

①無不改務而敦本：務，务实；敦，诚恳，敦厚；本，根本，引指生活之本。無不改務而敦本，没有一个不成为务实敦厚而从事生产劳动的（朴实青年）。

②宰麗水者：宰，主宰，引申为某地方的主要官吏。宰麗水者，主宰丽水的官员，指丽水知县、处州知府。

③豈特籾：籾，chuàng，"创"的古体字，开始，创建。豈特籾，那里仅仅特别创建……

④不佞：佞，nìng，有才智，旧时谦称（谦称自己）。

⑤竊謂：私下思量，自己私下说。

⑥往往未知其害：往往，这里用如常常；未知，不能知道，没有预想；其害，其中的危害，其中存在的不足。

⑦嘗不在於：嘗，何尝。嘗不在於，何尝不在于……

⑧苟無：苟，gǒu，假使，如果。苟無，假如没有……

⑨將為平陸：平陸，平地，这里引指荒地。將為平陸，将变成为无水灌溉的荒地。

⑩其念於堰多矣：念，喜悦的意思。其念於堰多矣，它给通济堰带来的喜悦多着呢。此引申为有益于，有利于通济堰。

[原文]

公之功，可謂成其終者也。公之石函，防始以木①，雨積則腐，水深則蕩。進士劉嘉補之以石，而熔鐵固之。今防不易②，又一利也。然公不為之始，而此又安得施其巧③？古之君子，有功德④於一邑一郡者，必廟食⑤百世，福流子孫。公邑于斯，郡於斯⑥，而子又倅⑦於斯，斯邑之民可得不傳耶？祠公而配詹南又何款云⑧。時乾道四年五月廿一日記。

[注释]

①防始以木：防，这里通"枋"，原指概闸概枋，而此指石函的挡水墙（壁）。防始以木，（石函上的）挡水墙始创的时候是以木材为材料的。

②今防不易：易，交易，引申为不断变换，指更换修理；不易，不再频繁地更换修理。今防不易，现在石函挡水墙（改石质后）不再需要常常更换修理了。

③安得施其巧：安得，怎么能得以；施其巧，实施他的巧妙方法。安得施其巧，又怎么能够实施他的精巧方法呢？

④有功德：功德，这里指成绩、成就。有功德，有贡献。

⑤必廟食：廟食，享受百姓的祀祈；必廟食，必然会得到地方百姓的祀祈、朝拜。

⑥邑于斯，郡於斯：邑、郡，这里是动词组，做县令、当知府。邑于斯，做县令在这里（丽水）；郡於斯，任知府还是在这里（处州丽水）。

⑦又倅：倅，cuì，副：～车，～职，～帅。这里作副词用，任职于……

⑧何款云：何款，怎么说。何款云，又有什么可说的呢。

[按语]

南宋乾道四年叶份撰的《石函记》，是现存关于石函始建与修建的最早文字记载，较详细记载了通济堰石函的始建历史，改造情况，留下了这项世界首创的水工工程史料。其中主要信息是：

（1）石函始建于北宋政和初年，是县令王禔主持下，由助教叶秉心协助而建成。避免了每年由于泉坑淤砂堵塞渠道而带来每年数以万工的劳役，使碧湖平原农田改变了"利堰病坑"的局面。

（2）初建的石函，其两侧挡水壁是木质的，到南宋乾道初年由本邑进士刘嘉改为石砌函壁，并熔铁水固之，进一步防止了泉坑水发而淤塞渠道，使通济堰功能更趋完善。

5. 麗水縣修通濟堰規^①

范成大

左奉議郎權發遣處州軍主管學事兼管內勸農事范成大^②撰

[原文]

通濟堰合松陽、遂昌之水，引而東行，環數十百里^③，溉田廣遠，有聲名浙東。按長老之記^④，以為蕭梁時詹、南二司馬所作。至宋中興乾道戊子，垂千歲矣^⑤。往往蕪廢，中、下源尤甚。明年春，郡守吳人范成大，與軍事判官^⑥蘭陵人張澂，始修復之。事悉，具新規^⑦。三月工徒告休^⑧，成大馳至斗門，落成于司馬之廟。竊悲夫，水無常性，土亦益湮，修復之甚難，而潰塞之實易^⑨。惟後之人，與我同志，嗣而茸之^⑩。將有倣於斯，今故刻其規于石，以告。

[注释]

①麗水縣修通濟堰規：本篇虽题为"丽水县修通济堰规"，实际上《堰志》在此仅收录范成大的《丽水县修通济堰规》的"跋语"部分。而堰规文献收录于后面明文之下《堰规古刻》。

②左奉議郎權發遣處州軍主管學事兼管內勸農事范成大：左奉議郎，文职散官名。隋置通议郎，唐改奉议郎，为文官第十六官阶，从六品上；權發遣，宋代推行的一种官制。清袁枚《随园随笔·官职中》："宋法判知之外，又有云'权发遣'者，则因其资轻而骤进，故於其结衔称'权发遣'以示分别。王安石秉政时最多此官。程大昌《演繁露》云：'以知县资序隔二等而作州者谓之权发遣。'"；處州軍，官名。宋以朝臣充任各州长官称"权知某军州事"，简称知州。"权知"意为暂时主管，"军"指该地厢军，"州"指民政；主管學事，主管府内学事；范成大，南宋著名书法家，曾任处州郡守。

③環數十百里：環，环行，环绕；數十百里，几十近百里，概数。

④長老之記：長老，年长者，以往老的；長老之記，指历史上遗留下来的老的记录。

⑤垂千歲矣：垂，已经；千歲，概数，指时间漫长；垂千歲矣，已经有漫长的历史岁月了。

⑥軍事判官：宋代地方职官，掌管军事的副使，职位略低于知州。

⑦具新規：具，具行，制订颁行；新規，相对于北宋元祐八年姚希所制订的"堰规"而言，范成大堰规就是新规了。

⑧工徒告休：工徒，工程已经；告休，结束，完成。

⑨水無常性，土亦益湮，修復之甚難，而潰塞之實易：水無常性，自然界的雨水无常，指时有旱涝之灾；土亦益湮，土性也容易变化，指随着时间推移土石构筑物也会湮没；修復之甚難，损坏了要修建复原他实在是件不容易的事；而潰塞之實易，而水利工程的溃决淤塞的发生却是很容易的事。

⑩嗣而茸之：嗣，以后，以后继续；茸，修理，修葺。嗣而茸之，以后能继续修葺它（通济堰）。

[按语]

南宋乾道五年，郡守范成大与军事判官张澈，组织了大修通济堰工程，随后又制订了《丽水县修建济堰规》，并刊石立碑。介与姚希之"堰规"而言，称之为"新规"。为现存最早的通济堰管理文献。

到明代编撰《通济堰志》时，可能由于重视或其他之因，在"宋文"项下收录了范成大的"堰规跋语"，题为《丽水县修建济堰规》，而实际堰规条文则列于"明文"项下，题为《堰规古刻》。

从上面收录的跋语中，可得到以下信息：

（1）在南宋乾道五年前，通济堰损坏严，近于荒芜。

（2）范成大、张澈组织了大修工程。

（3）制订了通济堰历史上的第二个通济堰堰规，并被沿用至今。

（二）元文

1. 麗水縣重修通濟堰記①

将仕郎②前溫州路瑞安州判官③葉現記

[原文]

栝蒼④，山郡也⑤。南其畝者，界乎溪山之間，無深陂大澤以禦旱⑥。古之人作為隄圳⑦，渠甽以限⑧。水盈則放而注諸海，涸則引而灌諸田⑨。故力農之家，無桔槔之勞，浸溢之患⑩。

[注释]

①麗水縣重修通濟堰記：元代至顺辛未年春大修通济堰后叶现所作的碑记，收录《堰志》，现碑石尚存于通济堰堰头詹南二司马庙内。

②将仕郎：文职散官名。隋始置，唐为文官第二十九阶，即最低一阶，从九品下。唐代自开府至将仕郎，为文散官，共二十九阶。见《新唐书·百官志一》。唐宋从九品下为将仕郎，金升为正九品，元升为正八品。

③前溫州路瑞安州判官：前，前任职。判官，官名。隋使府始置判官。唐制，特派担任临时职务的大臣可自选中级官员奏请充任判官，以资佐理。睿宗以后，节度、观察、防御、团练等使皆有判官辅助处理事务，亦由本使选充，非正官而为僚佐。五代州府亦置判官，权位渐重。宋代于各州府沿置，选派京官充任称签书判官厅公事，省称"签判"；各路经略、宣抚、转运和中央的三央、群牧等使府及州。元各路总管府、散府及州皆有判官。

④栝蒼：原为山脉名，在古代，丽水曾称过栝州、栝郡，故这里的栝苍是指处州。

⑤山郡也：郡，府级地区。山郡也，是一个以山区为多的州郡级地方。

⑥無深陂大澤以禦旱：陂，bēi，池塘，深陂，大而深的池塘；澤，水泽，水泊，引为湖泊；大澤，大面积的水泊。無深陂大澤以禦旱，没有深塘大湖可以用来抵抗旱情。

⑦古之人作為隄圳：隄，即"堤"字的异体字，这里用作坝；圳，这里用作"堰"。古之人作為隄圳，以前的人修筑了堰坝堤防。

⑧渠甽以限：甽，zhèn，同"圳"，田间的沟渠。渠甽以限，这里指利用大小渠道来调节灌溉水量。

⑨水盈則放而注諸海，涸則引而灌諸田：盈，多，过量；涸，干涸，不足。水盈則放而注諸海，丰水期过多的水则放泄而汇归于水泊及大溪；涸則引而灌諸田，涸水时则导引以灌溉农田。

⑩無桔槔之勞，浸溢之患：桔槔，jié gāo，古代汲水的一种工具，原物在井上使用，这里指提水来

灌溉；浸潴，潴，与淫同意，水流溢，泛滥。無桔槹之勞，浸潴之患，没有了农户提水灌溉的劳累，洪水侵害的灾患。

[原文]

　　栝蒼七縣①皆有圳，惟通濟一堰灌麗水西鄉之田，為最廣。在昔梁時，司馬詹南二公相土之宜，截水為堰②，架石為門③，引松陽遂昌之水入于渠。圳中分為概，暢為支，旁通為葉穴④，蔓延周遭百有餘里⑤，溉田念萬畝有奇⑥。宋乾道間，郡守範公奉議完複⑦。是堰以田戶分三源，鳩工有規⑧，度程有法⑨。凡啟閉出納之限，靡不詳刊於石⑩。

[注释]

　　①栝蒼七縣：栝蒼，指栝州，即处州；七縣，栝州所辖的七个县，处州一般所辖为十县，而元代初为七县。

　　②截水為堰：拦截溪水而成堰渠。

　　③架石為門：斗门即进水闸最初为石柱木叠梁门概闸，所以说是架石为门。

　　④圳中分為概，暢為支，旁通為葉穴：圳，是"圳"的异体字，读用均如堰字；圳中分為概，堰渠中有概闸调节；暢為支，舒展、分散为竹枝状渠道网；旁通為葉穴，这里的叶穴有二解，一为排沙闸之叶穴，二是指渠系旁的湖塘水泊，这里指后者。

　　⑤蔓延周遭百有餘里：渠道网加起来周围达百多里。

　　⑥溉田念萬畝有奇：念，廿，即二十；灌溉农田有20万余亩，是古制或夸大的概数。

　　⑦奉議完複：奉議，奉行部院之议，即报经上级部院批准，按批示（执行）。奉議完複，根据上级批示，修复通济堰水利工程。

　　⑧鳩工有規：鳩，jiū，通"纠"；鳩工，纠集、集合工匠夫役。鳩工有規，筹集工匠、役夫有既定的规章。

　　⑨度程有法：度程，工程调度安排；度程有法，指对工程的调度安排有法度。

　　⑩靡不詳刊於石：靡，mí，浪费、靡费、奢费；靡不詳刊於石，不再浪费口舌的详述于碑文了。

[原文]

　　歲久事弊①，堰首易如傳舍②。昔之穴者湮，築者潰③，由是下源之民爭升門之水者，不啻如較錙銖④。郡守雖常展力修治，而堰首各以己私，漫不加意。辛未春⑤，部使者⑥中順公，按行栝郡諏咨農事⑦，覽茲堰之將墮⑧，迺諗⑨於衆曰：夫堰之作，幾數百年矣。茲而不復，農功益艱。於是郡長中大夫也先不花公、郡守大中大夫三不都公，皆相率承公意⑩。

[注释]

　　①歲久事弊：时间久了，事物就会产生弊端，即有变化。

　　②堰首易如傳舍：易，换，交换；傳舍，客房，形容如旅店的客房一样不断更换房客。堰首易如傳舍，堰首人选的替换如同旅店换房客一样多变。

　　③穴者湮，築者潰：穴者，下凹的地方，这里指渠道、湖塘；湮，湮没，这里指淤塞；築者，构筑的地方，这里指大坝、概闸、渠堤；潰，崩溃，损坏。

　　④不啻如較錙銖：啻，chì，本义：仅仅，只有，同本义：不止，不只，不异于，常用在表示疑问或否定的字后，组成"不啻"，"匪啻"，"奚啻"等词，在句中起连接或比况作用；較，通"校"，校量，

校真；鏑铢，zī zhū，旧制鏑为一两的四分之一，铢为一两的二十四分之一，比喻极其微小的数量。不啻如較鏑铢，用如成语"鏑铢必较"形容非常小气，很少的钱也一定要计较；也比喻气量狭小，很小的事也要计较。这里指争斗升之水如对很小的钱财一样较真。

　　⑤辛未春：辛未，干支纪年；辛未春，此处指元至顺辛未年（1331年）的春天。

　　⑥部使者：朝廷中的部所派出的使者。

　　⑦按行栝郡諏咨農事：巡按栝州府兼管咨询农耕之事。

　　⑧將墮：墮，huī，毁坏。將墮，即将毁灭，指损坏严重。

　　⑨迺諗：諗，shēn，劝告，劝说，告诫。迺諗，所以告诫道。

　　⑩皆相率承公意：都能相继秉承中顺公修堰之意愿。

[原文]

　　命邑宰卞瑄①，承務實董其役。度土功②，慮財用③，揣高下④，計尋尺⑤，斬堵除隘⑥，樹堅塞完⑦，數日之間，百廢具舉。栝之耆老⑧有曰：昔鄭公作渠，秦民以富⑨，白公繼之，漢賦以饒⑩。

[注释]

　　①邑宰卞瑄：元至顺二年（1331年）县令卞瑄。

　　②度土功：度，量度，考察；土功，土石的功用，引申土石方量，即工程量。度土功，指认真核算工程量。

　　③慮財用：慮，谋虑，引申筹划；財用，工程开支费用来凉。慮財用，指筹划工程经费的来源。

　　④揣高下：揣，揣摩；高下，大坝、堤防、概闸的高低。指开工前安排好相关大坝、堤防、概闸的高低尺寸。

　　⑤計尋尺：計，计算，计划；尋尺，丈尺，尺寸。計尋尺，计划好渠道、概闸的宽长尺寸。

　　⑥斬堵除隘：斬，此指开淘；堵，堵塞，此指淤积；除，免除，此指消除；隘，通"溢"，外溢，此指渠水外漏。斬堵除隘，开淘淤积消除渠水外漏（的弊病）。

　　⑦樹堅塞完：樹堅，构筑起坚固的大坝堤防；塞完，维护好完善的水系。形容这次维修工程十分完美。

　　⑧栝之耆老：耆老，特指德行高尚受尊敬的老年人。栝之耆老，处州府内有名望的老年人。

　　⑨鄭公作渠，秦民以富：鄭公作渠，指郑国渠。在秦王政元年（公元前246年），秦王采纳韩国人郑国的建议，并由郑国主持兴修的大型灌溉渠，它西引泾水东注洛水，长达300余里。泾河从陕西北部群山中冲出，流至礼泉就进入关中平原。平原东西数百里，南北数十里。平原地形特点是西北略高，东南略低。郑国渠充分利用这一有利地形，在礼泉县东北的谷口开始修干渠，使干渠沿北面山脚向东伸展，很自然地把干渠分布在灌溉区最高地带，不仅最大限度地控制灌溉面积，而且形成了全部自流灌溉系统，可灌田四万余顷。郑国渠开凿以来，由于泥沙淤积，干渠首部逐渐填高，水流不能入渠，历代以来在谷口地方不断改变河水入渠处，但谷口以下的干渠渠道始终不变。秦民以富，使秦国人民富裕起来。

　　⑩白公繼之，漢賦以饒：白公繼之，指白渠，西汉武帝时白公在关中平原上修筑的沟通泾水和渭水的人工灌溉渠。因太始二年（公元前95年）依照赵中大夫白公的建议开凿，故称白渠。或与北面战国末年修筑的沟通泾水和洛水的郑国渠并称郑白渠。渠起自谷口（亦作瓠口、洪口，今陕西礼泉东北），引泾水东南流，经池阳（今陕西泾阳西北）、栎阳（今陕西临潼栎阳东北）、东到下邦（今陕西渭南东北），南注入渭水。长二百里，溉田四千五百余顷。渠成，人乐其利，作歌赞美道："田于何所？池阳谷口。郑国在前，白渠起后。举□为云，决渠为雨。水流灶下，鱼跳入釜。泾水一石，其泥数斗。且溉且粪，长我禾黍。衣食京师，亿万之口。"东汉迁都洛阳，郑国渠和白渠渐废，对渭水流域农业地区的衰

落很有影响。汉赋以饶，使西汉的国赋得到饶足。

———————————

[原文]

　　今中顺公復通濟之堰，得非古之鄭白者與咸①。願勒石紀公，以垂不朽②。現③，歸耕田裏，聞公偉政，故樂為之書。公名斡羅蒽，字謙齋，高昌校廉④，明著績，累居風憲⑤。憲史古相王宗善、鎮陽魏禎、濟甯劉鎮，皆文士也⑥，實贊其事⑦焉。（以下文字碑拓上有，而《通济堰志》收录中不录）

　　是歲一月既望，將仕郎前溫州路瑞安州判官葉現記並書。中議大夫前処州路總管□□□□農事月忽難篏額　宣武將軍同知處州路總管府事八哈瓦丁、承務郎處州路總管府經歷田斡等立。

　　石户曹橼天臺陳應洞督程孫宗平梁興可鐫。

[注释]

　　①得非古之鄭白者與咸：得非，古汉语虚词；與咸，咸，xián，全，都，一样。（他）不是也和古时郑公、白公一样（有成就）。

　　②勒石紀公，以垂不朽：刊刻碑文记录中顺公政绩，使之流传后世而不朽。

　　③現：叶现自称为"现"。

　　④高昌校廉：高昌，地名，高昌（维吾尔语 Qara-hoja）故城坐落在火焰山脚下，木头沟畔的哈拉和卓乡，西距吐鲁番市 40 千米；汉唐以来，高昌是连接中原中亚、欧洲的枢纽。经贸活动十分活跃，世界各地的宗教先后经由高昌传入内地，毫不夸张地说，它是世界古代宗教最活跃最发达的地方，也是世界宗教文化荟萃的宝地之一。鼎鼎大名的唐代佛教高僧玄奘，629 年，为了提高佛教学水平，29 岁的玄奘，不畏杀身之祸，偷偷离开长安，出玉门，经高昌，沿丝绸中路到印度，遍游今阿富汗、巴基斯坦、印度诸国，历时 17 年。在高昌，玄奘诵经讲佛，与高昌王拜为兄弟，留下一段千古佳话；校廉，即孝廉，古孝廉，是汉武帝时设立的察举考试的一种科目，孝廉是孝顺父母、办事廉正的意思。孝廉是察举制常科中最主要、最重要的科目。汉武帝时，采纳董仲舒的建议于元光元年（公元前 134 年）下诏郡国每年察举孝者、廉者各一人。不久，这种察举就通称为举孝廉，并成为汉代察举制中最为重要的岁举科目，"名公巨卿多出之"，是汉代政府官员的重要来源。

　　孝廉举至中央后，按制度并不立即授以实职，而是入郎署为郎官，承担宫廷宿卫，目的是使之"观大臣之能"，熟悉朝廷行政事务。然后经选拔，根据品第结果被任命不同的职位，如地方的县令、长、相，或中央的有关官职。一般情况下，举孝廉者都能被授予大小不一的官职。汉顺帝阳嘉元年（132年），根据尚书令左雄的建议，规定应孝廉举者必须年满四十岁；同时又制定了"诸生试家法、文吏课笺奏"这一重要制度，即中央对儒生出身的孝廉，要考试经术，文吏出身的则考试笺奏。从此以后，岁举这一途径就出现了正规的考试之法，孝廉科因而也由一种地方长官的推荐制度，开始向中央考试制度过渡。

　　⑤累居风宪：累，屡次。今有双音词"累次"。居风宪，身居要职官职。

　　⑥憲史古相王宗善、鎮陽魏禎、濟甯劉鎮，皆文士也：王宗善，佚名；魏禎，佚名；劉鎮，佚名；（他们）都是有文才的人士。

　　⑦實贊其事：大家都赞颂这件事。

[按语]

　　本文记载了元代至顺初年由部使行栝都咨访农事中顺谦斋主持的大修通济堰工程，文中提供了如下资讯：

（1）文中提到"昔梁时，司马詹南二公相土之宜，截水为堰，架石为门，引松阳遂昌之水入于渠。圳中分为概，畅为支，旁通为叶穴……"，认为此处的"叶穴"应指渠道旁用以蓄水的湖、塘、水泊，不是指排砂的"叶穴"。

（2）指出由于岁久失修，加上经管堰首不断更换，使通济堰损坏严重而失去灌溉功能。

（3）记载了这次大修参加官绅名单及他们的分工。

2. 麗水縣重修通濟堰記
承務郎前福州路推官項棟孫撰

[原文]

麗水為處大縣①，率多崇山崗阜②踴躍入原野，無甫田廣澤。縣西廿里曰白口，又西三十五里至鳳凰山③，土獨平衍，總名西鄉。東南際大溪，水道癉④，費賴利潤⑤。松陽合遂昌水歸大溪，可障以溉郡乘。蕭梁時，有司馬詹氏南氏，昉絕流⑥，作堰渠。久未就，白蛇告祥，循其跡，營之果。底績裒百幾十丈⑦，名曰通濟堰。股引脈導⑧，上中下三源，灌田二十萬畝餘。曆宋元祐，堰壞，縣尉姚君希，領州命治完。乾道乙丑，郡守范公成大，葺理蕪廢，著規二十條，頗精密：大抵采木篠，藉土礫截水⑨。水善漏崩，補苴歲憊甚⑩。

[注释]

①為處大縣：處，指处州。丽水是处州的大县邑。

②崇山崗阜：指崇山峻岭。这里说处州是山区地域，山多地少。

③白口，……鳳凰山：地名。白口，是县城西的石牛乡白口村，为通济堰水系之尾。凤凰山，是堰首附近的一处山丘，位于保定村西北约 2.5 千米，距通济堰大坝也约 2.5 千米。

④水道癉：癉，dàn，病，劳累而得病。这里指水道因长期运行而受损坏，造成灌溉功能降低，而使农田缺水。

⑤費賴利潤：費，"弗"的通借字，不能。不能依靠其来滋润农田。

⑥昉絕流：昉，fǎng，起始；絕流，筑坝截流。此指开始建筑通济堰大坝之时。

⑦底績裒百幾十丈：底，指整座大坝；績，通积，指面积；裒，纵长，南北长曰裒。指大坝南北向总长度有百幾十丈，现尺寸 250 米左右。

⑧股引脈導：股引，以一股渠先引水；脈導，分为脉络导流。水利工程的渠道都采用分源析派的方式，这里说通济堰采用分支析派。

⑨大抵采木篠，藉土礫截水：通济堰大坝初始为木篠坝。因筑坝方式无考，所以文中说大概是采用大木篠条构筑方式成坝，再填充土石沙砾的方式来截水的。

⑩補苴歲憊甚：補苴，bǔ jū，补缀，缝补。这里指水利工程的修理。憊，歲憊，指受劳累；歲憊甚，指每年修理工程量大，劳民伤财。

[原文]

開禧中，郡人樞密何公澹甃以石①，迄百數十祀，未嘗大壞。然水湍悍②，潛搖齧跟址③，至庚辰六月，大水因圮決，存不十三四④，田遂幹不生稻穀，農夫告病。縣官輒往罅治⑤，水費逮⑥中下源。尹梁君來涖白府：復舊規。監都中議公捐金百五十緡⑦，率民先。橄君專董其事。眾憚役訕囂⑧，君毅不為沮，戳三源承溉田畝計斂⑨，贄市木石充用，細民量丁口任力⑩。

［注释］

①甃以石：甃，zhòu，砌（动）。甃以石，用块石进行砌筑大坝。

②水湍悍：湍，湍急；悍，hàn，强劲。水湍悍，江水湍急而强劲。

③潜摇齧跟址：潜摇，潜流动摇；齧，niè，啃咬，原指老鼠等动物用牙啃，指水流蚕食；跟址，坝基。潜摇齧跟址，溪水激流冲动蚕食着大坝的基础。

④存不十三四：存，保存的、尚存；不，不到；十三四，十分之三四。

⑤罅治：罅，xià，裂缝；治，chí，本义：水名，这里指水流。罅治，指渠道损坏，渠水外流。

⑥费逮：费，通弗，不；逮，dài，〈古〉到，及。水费逮，水流不能到达。

⑦捐金百五十缗：金，金钱，货币；缗，量词，用于成串的铜钱，古时一千钱成一串，称缗，同贯。捐金百五十缗，捐出钱币一百五十贯。

⑧众惮役讪嚣：惮，dàn，怕，指害怕、不愿；役，劳役；讪，shàn，诽毁，讥刺，挖苦；嚣，xiāo，喧哗，吵闹。众惮役讪嚣，众人因怕劳役繁重而争吵不休。

⑨覈三源承溉田畞计敛：敛，征敛。审核通济堰上中下三源由堰水灌溉田亩数目，按亩收取受益田资费，（用于修堰开支）。

⑩细民量丁口任力：细民，百姓，农户。量丁口任力，按劳力人口派役，为修堰民工。

［原文］

君禅心焦思，日程督其间，饥渴惟粥食水饮，暑寒不避。故有官山五裏许，蓄葆木，岁给膳修。既易以石，木不禁樵牧。重立事般，须钜松为基，不可得。巨室乐效材①，材用足。於是，且健大木，运壮石②，衡从次第压之。闰加旧为尺十饬，斗门概潈③必坚缴④。民竭力趋事，经始於壬午十有一月，以癸未八月毕功⑤。中溪若石⑥，洪天设水，雪舞雷殷下，不觉入渠口，三源四十八派已充溢，田得羡收⑦。皆曰：吾邑侯梁君赐也。耆老请记其事。余惟榖土非水莫成⑧养民之利。故禹尽力沟洫，郑国白渠乐利歌咏。善为民者，相地通渠，众不卹费畏力⑨，皆所以重人食⑩。

［注释］

①巨室乐效材：巨室，富裕大户；乐效材，乐意提供大材料。

②健大木，运壮石：健，通建；大木，大的木料。运，运用，运输使用；壮石，大的块石材料。

③斗门概潈：斗门概，进水闸门。潈，"淫"的讹字，渐浸，浸渍，指水大而决概闸。

④必坚缴：必，必须；坚，坚固；缴，即"致"，致密。必坚缴，指必须认真修理使之坚固而紧密。

⑤毕功：完功，指竣工。

⑥中溪若石：让通济堰大坝在溪流中稳如磐石。

⑦田得羡收：羡，有余，余剩；羡收，收成好而有余。田得羡收，受堰田能够丰收而庆有余。

⑧榖土非水莫成：榖土，种植稻谷的田地；非水，没有水；莫成，就不能取得收获。

⑨众不卹费畏力：卹，xù，同"恤"，顾及、顾念；费，花费。众不卹费畏力，这里指人人不顾惜自己的力气。

⑩皆所以重人食：重人食，重视百姓的生计。皆所以重人食，都是官吏重视百姓生计所得结果。

［原文］

而孙苅叔陂召信①；臣钱卢得王景②社诗，然後不废而济加博。窃叹：夫作始之难，善繼亦不易也。兹堰始詹南二君，凡幾百年，而姚尉、范守增其規模；又幾十年而何公致其堅固；又數百十年，而梁君興其壞墜微③。梁君、何公之石不為堅，而詹南姚范諸君子之澤斬④焉，民不受其賜矣。然必存澤物，固有鬱不得施⑤。監郡公汲汲民事⑥，俾梁君肆志有為而成功，誠賢哉。水流無常，石有時以勒。後之人視今之繼昔，則受堰之田永為上腴⑦。能俾水無虛潤，地不遺饒⑧，亦在所推也。監郡公名舉禮祿⑨，北庭人⑩。梁君名順，字孝卿，大名府人。昵役邑史李德祝德、周盧克幹，亦宜書。

至正甲申二月望日記。

監縣別怯、主簿呂搭不友、典史趙常庚朱立石。

[注釋]

①而孫芍叔陂召信：《通济堰志》中将"而孫叔芍叔陂召信"误为"而孫芍叔陂召信"。孫叔，孫叔敖，（约前630—前593年），蒍氏，名敖，字孫叔，春秋时期荆州沙市人，楚国名臣。芍陂，què bēi，中国古代淮河流域水利工程，又称安丰塘。位于今安徽寿县南。芍陂引淠入白芍亭东成湖，东汉至唐可灌田万顷。而孫叔芍陂召信，楚国以孫叔敖主持兴修了芍陂，发展经济，政绩赫然，而取得民众信任。

②臣錢盧得王景：臣錢盧，大臣钱庐；王景，约公元30—85年，字仲通，乐浪郡诌邯（今朝鲜平壤西北）人。东汉建武六年（公元30年）前生，约汉章帝建元和中卒于庐江（治今安徽庐江西南）。东汉时期著名的水利工程专家。少学易，广窥众书，又好天文术数之事，沉深多伎艺，时有荐景能治水者，明帝诏与王吴共修浚仪渠，吴用景垍流法，水不复为害。

③興其壞墜微：興，振兴，重兴；其壞墜微，指水利工程损坏而功能式微。

④詹南姚范諸君子之澤斬：指通济堰历史上的詹南姚范等人给后人的润泽就会中断。

⑤鬱不得施：指虽有堰为水利，但也会存在问题而不能发挥正常功能。

⑥汲汲民事：汲汲，jí jí，汲的本义是从井里打水、取水，而"汲汲"则专门形容急切的样子，表示急于得到的意思。汲汲民事，指以民生为重，急于操办利民的水利事业。

⑦永為上腴：腴，yú，丰裕；上腴，上等肥沃的良田。永為上腴，（受堰田）永远是上等肥沃的良田。

⑧水無虛潤，地不遺饒：指让渠水不会外流而浪费，农田不会因缺水而不能生产。

⑨舉禮祿：元至正初期处州路监郡，名举礼禄。

⑩北庭人：唐代朝廷在天山北麓设置了正北庭大都护、北庭节度使，是当地的最高长官，管理着郡县化的伊州、西州、庭州以及相邻的西突厥牧人的军政事务。所以后来伊州、西州、庭州以及相邻的西突厥牧人被称为北庭人。

[按語]

本文记载了元代至正二年至三年由丽水县尹梁顺所主持的大修通济堰工程，文中提供了如下资讯：

（1）本文首次记载南宋开禧元年郡人参知政事何澹改木坝为石坝的通济堰建设重要事件。

（2）至元六年六月丽水大洪水，通济堰大坝被冲毁百分之六七十，造成碧湖平原严重干旱，影响农业生产。

（3）文中确切记载了通济堰大坝石坝底以巨大松原木为基的史料。巨松大纵排于大坎基上，上面再以大石砌筑，这种做法有点近似现代水利工程坝底"卧牛"的做法。

（三）明文

1. 麗水縣重修通濟堰[①]

李　寅

[原文]

天下莫利於水，亦莫患於水。欲利其利，而違其患者，匪[②]深仁濬知弗濟焉。環栝皆山，溪流峻駃[③]，雨輒溢，止則涸[④]。匪惟弗民利而以為民害者眾也。粵稽往牒[⑤]，善導之使為民利者間有之，若麗水通濟堰，其一也。堰始蕭梁時，詹氏南氏二司馬，障松遂兩邑水，東挹大川[⑥]，疏以為派者，四十有八。自寶定[⑦]抵白橋[⑧]，為里者餘五十計，所溉田為畝者餘二十萬。歲賴以豐，利莫窮極[⑨]。繇[⑩]梁迄宋，時以修治者，若元祐時關公景暉，乾道時范公成大，碑列若人，皆與有功。

[注釋]

①麗水縣重修通濟堰：本文在收入同治版《通济堰志》中，文題没有记字。而光绪戊申版《通济堰志》中，文題則为《丽水县重修通济堰记》。

②匪：在古文中通“非”，“不是”的意思。

③溪流峻駃：峻，險峻；駃，yàng，形声字，从马、从央。“央”为“秧”省，意为“苗”“稚”。“马”与“央”联合起来表示“小马”“马驹”。本义：马驹。意如小马驹一样跳跃迅疾。溪流峻駃，指丽水的溪流都十分验峻，水流湍激。

④雨輒溢，止則涸：指一下大雨就会水溢河道，发生洪水；雨停了不久就会干涸而干旱。

⑤粵稽往牒：粵，yuè，〈助〉助词，于是；稽：查阅，考核，核查。重点在“稽”字，而“粵”是助词。粵稽，古与“聿”“越”“曰”通用，用于句首或句中，于是查考。牒，文书。往牒，以往、过去的文书。

⑥東挹大川：挹，yì，〈动〉抒也，从手，邑声。——《说文》；亦作舀；酌解。大川，原指大河流，此指主渠道。東挹大川，（将溪水）舀抒向东注于主渠道之中。

⑦寶定：地名，即现丽水碧湖的保定村，旧称宝定。指通济堰水系之首主渠道旁的第二个村庄，第一个村庄为堰头村。

⑧白橋：地名，即丽水碧湖石牛的白桥村，指通济堰水系之尾，应是白口村。不过白口村现在是白桥村所属的自然村。

⑨利莫窮極：指通济堰对碧湖平原带来了无穷的利益。

⑩繇：yóu，古同“由”，从，自。

[原文]

而始築石堤垂諸永久者，則宋參知政事郡人何公澹也。自開禧迄今，民之利其利者，距三百稔[①]於此矣。乃嘉靖壬辰秋[②]七月二十有八日，雨溢溪流，襄駕城堞者丈餘[③]，壞農田民舍不可勝計，而茲堰為特甚。惟時，我劍泉吳公知郡事[④]。既平[⑤]，疏其患。於　朝乞恤典已矣[⑥]。而複視茲堰，曰：嗚呼！茲非民急歟匪若堰[⑦]，則歲弗獲匪若田，民奚賴以食乃亟。謂麗水尹[⑧]六川林侯曰：吾既以郡丞董公覆郡災[⑨]，以節推朱公繕郡城，茲則以監郡李公董茲役[⑩]。

[注釋]

①距三百稔：稔，rěn，庄稼成熟。这里指庄稼一年一度成熟，引为一年。距三百稔，距此已有三百年了。

②嘉靖壬辰秋：嘉靖，明世宗朱厚熜的年号；壬辰，干支纪年，六十甲子为一循环；嘉靖壬辰，为

嘉靖十一年，即 1532 年；秋，秋天，秋季。

③襄駕城堞者丈餘：襄，xiāng，同"骧"，仰，上举。——《尔雅》；駕，在……上面，超出。城堞，chéng dié，城上的矮墙，此指城墙之上凸出的墙垛；丈餘，一丈还多。襄駕城堞者丈餘，指洪水水位超出城墙墙垛一丈有余。

④知郡事：知，主管，古时知……事，即任……主管。知郡事，任郡府主管，即任知府。

⑤既平：这里指该次洪灾消退之后。

⑥朝乞恤典已矣：朝乞，向朝廷申请。恤典，朝廷对去世官吏分别给予辍朝示哀、赐祭、配飨、追封、赠谥、树碑、立坊、建祠、恤赏、恤荫等的典例。这里指给予的救济。

⑦急歟匪若堰：歟，yú〈助〉，形声，从欠，与声。欠，与出气有关。本义：表感叹、反诘、疑问语气。急歟匪若堰，还有比修复堰堤更急迫的事吗？

⑧麗水尹：尹，官名，知府。麗水尹，处州知府。

⑨覆郡災：覆，再，重，覆校（即复查；校对）；这里指再次查核。郡災，本郡所受的灾害。

⑩董兹役：董，dǒng，监督管理，这里指经手管理。兹，兹。董兹役，经手管理修理通济堰的任务。

[原文]

尹其爰，率諸俾乂者①。侯曰：諾。立簿記辦若貨庀②、若石與材③，同日鳩若工④。公曰：然⑤。躬率走其地。申之曰⑥：食貨攸資邦本，時藉敢弗敢乎⑦？咨而輒之，經以畫之⑧，取貨於下上田，序工於下上農⑨，饎廩者，稱厥事⑩。

[注释]

①率諸俾乂者：俾，bǐ，〈名〉形声，从人，卑声，本义：门役，指手下管理人员；乂：yì，治理。率諸俾乂者，率领其手下管理的吏役诸人。

②辦若貨庀：辦，办理，这里指采购；庀，筹备，筹办。辦若貨庀，这里指采购多少工程所需物资。

③若石與材：这里指石料和木材多少。

④同日鳩若工：同日，应是刻日，指规定时间内；鳩工，jiū gōng，聚集工匠；鳩若工，集工完成工程任务。

⑤然：好的，行的，可以的，就这么办。

⑥申之曰：指再次申明工程意义说。

⑦食貨攸資邦本，時藉敢弗敢乎：食貨，自东汉班固在《汉书·食货志》中创意"食货"一词，"食货"一词是我国封建社会的财政概念；攸資邦本，关系到乡邦的根本；藉，赋税。時藉敢弗敢乎，关乎朝廷的赋税问题怎么敢轻视呢？

⑧咨而輒之，經以畫之：咨，商议，询问；輒，副词，立即；咨而輒之，商议决定的事立即办理之；經，指经费、计划；畫，策划、谋划；經以畫之，工程的计划经过认真谋划。

⑨取貨於下上田，序工於下上農：取貨，指经费来源；上田，堰水受益田；序工，指民工来源；下上農，指上中下三源之农户。

⑩饎廩者，稱厥事：饎，xì，赠送人的谷物；饎廩，粮食之类的生活物资；厥，jué，古同"撅"，断木，此处指完成。饎廩者，稱厥事：（农户）有了粮食满仓，就是一年中完成最大的事情。

[原文]

趨使者器其能①。出入有紀，偷惰有刑②。鼕鼓奮錘③，百爾執事④。罔費咸若簿、若尉將順之⑤。載工於冬十月丁丑，迄十有二月辛卯告成焉。夷考其往其治其修⑥，若成化時，通判桑君者，皆必三四越歲而後集⑦。茲則兩越月而績用成，奚神速至是哉⑧。蓋以利物之仁而濟之，以周物之智故不煩而績宏樹⑨也。噫，有自矣。公嘗持繡斧疏開通惠河⑩，歲省漕費，薄利於 社稷者數萬緡。

[注释]

①趨使者器其能：使用的人器重他的能力。

②出入有紀，偷惰有刑：财物的收入支出均有记录，民夫偷拿惰怠则有惩罚措施。

③鼖鼓畚鍤：鼖，gāo，古代有事时用来召集人的一种大鼓；鼖鼓，意指鼓动民夫奋以上前；畚鍤，běn chā，畚，盛土器；鍤，起土器，泛指挖运泥土的用具，亦借指土建之事。

④百爾執事：指众多人夫一起投入施工。

⑤罔費咸若簿、若尉將順之：罔費，犹枉费；若簿、若尉，如主簿、如县尉；將順之，使之顺利开展。

⑥夷考其往其治其修：夷，同辈，指我等；考，考证、查考；其往其治其修，它的历史、它的管理、它的修理。

⑦三四越歲而後集：三四越歲，经过三四年；而後集，才能够集成（完成）。

⑧茲則兩越月而績用成，奚神速至是哉：兩越月，经过二个月；而績用成，就取得成功；奚，文言疑问词，哪里，什么，为什么。奚神速至是哉，为什么会完成得如此之神速呢？

⑨蓋以利物之仁而濟之，以周物之智故不煩而績宏樹：蓋，都是；利物之仁，顺应事物的本质；而濟之，而周详计划利用；周物之智，充分利用人对事物的把握掌控的智慧；故不煩，所以不会怕烦劳；績宏樹，取得显著成绩。

⑩公嘗持繡斧疏開通惠河：繡，原指用彩色丝线在绸布等材料上做出（刺绣）彩色花纹、图案或文字；繡斧，指镂有花纹的斧形器物，即钺，这里指具有指挥的权力；通惠河，明代时期的漕运，特别是从北运河到北京通州这一段，叫通惠河。

[原文]

有舉世莫能為而獨為之①者，茲豈足為公多哉？林侯以公載請記於予。予因拜手為之記。公名仲②，字亞甫，武進人，劍泉其別號也。以丁丑進士起家，遷侍御，以直忤於時，出刺栝③。監郡名茂④，字宣實，廬陵人。侯名性之⑤，字帥吾，晉江人。簿王姓，字汝敘，福清人。尉陳姓，字世英，南安人。率能敬以將事者⑥，於禮得附書，故書以附之⑦。

嘉靖癸巳春三月甲辰吉旦⑧

通議大夫⑨廣西布政縉雲李寅⑩ 撰

[注释]

①舉世莫能為而獨為之：舉世，举世间，这里指以多人的力量；莫能為，难以办到的事；獨為之，单独、独自完成这件事。

②公名仲：公，指知府；名仲，姓吴名仲，字亚甫，别号剑泉，武进人。明正德十二年进士，曾官至南太仆寺少卿，著有《鸿爪集》，著于嘉靖六年。吴仲修建通惠河其实是非常有效率的，嘉靖七年春天刚开始修，到六月份就完工了，只花了几个月。后任处州知府而修通济堰。

③出刺栝：刺，刺史，即知府；栝，栝苍，处州府又称栝州。出刺栝，因直忤时政而被贬，出任处州知府。

④監郡名茂：監郡，监察郡州，亦指监察郡州之官。監郡名茂，监察郡州之官姓李名茂，字宣实，

庐陵人。

⑤侯名性之：丽水县尹，姓林名性之，字帅吾，晋江人。

⑥率能敬以將事者：指能悉数记录这次修堰工程承担各项事务的人。

⑦故書以附之：所以就记录其名附在知府名之后。

⑧嘉靖癸巳春三月甲辰吉旦：明嘉靖十二年春三月十一日上午。

⑨通議大夫：文散官名。隋始置。唐为文官第七阶，正四品下。宋元丰改制用以代给事中。后定为文官第十阶。金沿置，正四品。元升为正三品。明正三品初授嘉议大夫，升授通议大夫。

⑩廣西布政緍雲李寅：布政，布政使，官名。明初，沿元制，于各地置行中书省。明洪武九年（公元1376年）撤销行中书省，以后陆续分为十三个承宣布政使司，全国府、州、县分属之，每司设左、右"布政使"各1人，与按察使同为一省的行政长官。宣德以后因军事需要，专设总督、巡抚等官，都较布政使为高。緍雲李寅，缙云人李寅。

［按语］

本文记载了明代嘉靖十一年由处州知府吴仲所主持的大修通济堰工程，文中提供了如下资讯：

（1）文中记载"嘉靖壬辰秋七月二十有八日，雨溢溪流，襄駕城堞者丈餘，壞農田民舍不可勝計，而兹為特甚"。

（2）本文提到明成化年间，处州通判桑君大修通济堰，历三、四年苦修而成。

（3）文中记载了吴仲会同李茂，以主簿王伦为监修，集民力，请库银，大修通济堰水利。

2. 麗水縣重修通濟堰記
何鎧

［原文］

麗水故萬山磽陿①，依巖壑為畎畝②。其間，稍平衍而畚鍤相望者，惟城東十裏而遙絕鏡潭③；而西五十裏而近，其地為最博。然兩鄉屬東西，來大川之委亦隩區④也。故邑以兩鄉為饒沃。而兩鄉又各醽川水為渠⑤，則兩鄉之饒沃與否，又視兩渠之興廢。乃西鄉之渠，自蕭梁時，詹南二司馬始為堰，障松遂匯流。鑿溝支，分東北，下暨南北，股引可三百餘派，為七十二燩。統⑥之為上中下三源，餘波溉於田畝者，可二千余頃，蓋四十里而美。嗣是⑦，代有修築增置。乃其最著者：宋政和中，令尹王公禔、邑人葉君秉心，當泉坑水橫絕為石函；又下五裏為葉穴，而堰始不咽。乾道時，郡守范公成大釐著規條二十，而民知所守。開禧初，何參政澹甃石為堤，而堰鮮潰敗。故因時補益，章章繩繩在人心口者。然惟嘉靖初，郡守吳公仲，庀財飭工⑧，而民鹹知勸。今守熊應川公，奏記監院⑨，請發帑緍⑩。

［注释］

①萬山磽陿：磽陿，qiāo xiá，亦作"磽狭"，瘠薄狭隘，亦指瘠薄狭隘的土地。萬山磽陿，指众山丛中一点瘠薄狭隘的土地。

②依巖壑為畎畝：巖壑，yán hè，山峦溪谷；畎，quǎn，田地中间的沟；畝，mǔ，"亩"往外是对"私田"的称呼；畎畝，田地。依岩壑为畎畝，沿着山峦溪谷所造的田地。

③絕鏡潭：瓯江支流好溪丽水段中的一个潭名，位于城东10里的灵鹫山下好溪之上，指好溪堰建

坝地附近，指古丽水城东面农田的引水灌溉的水利工程。

④隩區：yù qū，藏伏，蕴藏或深险之地，这里指蕴藏着的溪谷平原。

⑤釃川水為渠：釃，shī，疏导，分流；川水，溪水。釃川水為渠，分流溪水而成堰渠。

⑥統：形声字，从糸（mì），充声，本义：丝的头绪；这里指归统属于。

⑦嗣是：接续，继承。

⑧庀財飭工：庀，pǐ，具备，备办；財，财物；飭，chì，整顿，使整齐。庀財飭工，筹办财物组织民工。

⑨奏记監院：奏记，属上行公文类，用于上陈的简牍，包括笺、笺记等；監院，即监察御史，官名。隋开皇二年（公元582年）改检校御史为监察御史，始设。唐御史台分为三院，监察御史属察院，品秩不高而权限广。宋元明清因之。明清废御史台设都察院，通常弹劾与建言，设都御史、副都御史、监察御史。监察御史分道负责，因而分别冠以某某道地名。

⑩請發帑緡：帑，tǎng，古时收藏钱财的府库；緡，緡钱。請發帑緡，申请拨发府库的钱财。

──────────

[原文]

　　絕科擾①，而民忘其勞，皆不逾時，而有成績，其加惠元元②規摹益宏遠矣。是役也，經始於萬曆四年秋，督邑主簿方君煜率作興事。統其成築者，堰南垂縱二十尋③、深二引④；堰北垂縱可十尋、深六尺許。渠口濬深若干尺，廣五十餘丈。口以下開淤塞者二百丈有奇；口以內咸以次經葺。費寺租銀三百兩。而羨里人自為水倉⑤，以幹堤者⑥二十有五。僅五十一日而竣於役。於是十二都四十裏內，越兩歲而民無不被之澤。豈所謂雲雨由人化斥鹵⑦而生稻梁者耶。嘗憶　先皇帝時⑧，潯陽勞公堪⑨，監守吾郡，周恤民隱，大創衣食之源，橄孫令娘者，悉心力一，修治是堰，民之利賴者若干歲。乃今熊公，上之協規參藩王公嘉言，稽謀僉同⑩。

[注释]

　　①絕科擾：科擾，谓以捐税差役骚扰百姓。絕科擾，杜绝课税的干扰。

　　②加惠元元：加惠，谓于正礼之外加增的优惠待遇，指施予恩惠；元元，平民，老百姓。加惠元元，指通济堰的重修给予老百姓许多实惠。

　　③尋：xún，中国古代的一种长度单位，八尺为寻；现在公制换算1寻＝1.62米。

　　④引：亦是中国古代的一种长度单位，一引等于十丈，十五引称一里。

　　⑤水倉：在溪流中筑坝，首先要打围堰将坝基水控工，才能施工。水仓是古代劳动人民发明的以木框加沙石建筑围堰的一种方法。这种拦水围堰，不是正式堰坝，而是堰坝施工中使用的一种工程措施，绝不是有些人认为的木筱坝之原型。

　　⑥幹堤者：幹，控干，排干。这里指重用水仓隔出排干堤坝基内水才可以修筑堤坝。

　　⑦雲雨由人化斥鹵：雲雨，原来是天上之雨水，这里指自然流过的溪水；由人，听人指挥；斥鹵，chì lǔ，盐碱地，这里指没有正常灌溉的干旱的土地。大自然流经本地的溪能听从人的指挥而灌溉干旱的田地。

　　⑧先皇帝時：指明穆宗朱载垕的隆庆年间。

　　⑨潯陽勞公堪：潯陽，地名，历史上称浔阳的有：1.秦置九江郡，治所在寿春（今安徽寿县）。辖境约今安徽、河南淮河以南，湖北黄冈以东和江西全省，以"九江"在境内得名，与今天的江西九江市无涉。汉文帝十六年（公元前164年），分淮南置庐江国，领县十二，寻阳为其一，县治约在今蔡山附近的古城村。南朝以前的古史书中，一般作"寻阳"，其实是"浔阳"。宋元丰改制用以代给事中。后定

为文官第十阶。金沿置，正四品。元升为正三品。明正三品初授嘉议大夫，升授通议大夫。2. 在河北省东南部亦有一村名浔阳村：浔阳位于栾城县县城北偏东方向 6 千米处，西至端固庄，南至康家庄，北接宋北村。《栾城县志》记载，浔阳村原名"孙杨"西汉代以后所建，又因有浔河（今不在）流经这里，村居河之南，意为在浔阳之阳，逐得名浔阳。劳公堪，劳堪，九江人，明代嘉靖三十五年丙辰科进士，于万历年间上任福建巡抚，主持福建之军政要务，官居正一品大员。劳堪是明代官职最大的九江人，曾任福建巡抚、都察院左副都御史，相当于现在的最高检察院副检察长。深受明代内阁首辅张居正的赏识。

⑩稽谋佥同：稽谋，考察计谋，向内行人征询计策；佥同，qiān tóng，一致赞同。稽谋佥同，经大家共同谋划出一致赞同的方案。

［原文］

　　而下率所属不陨越往事功益倍①焉。是丽人世载明德，蒸蒸乂治②也，不亦休哉？乃若郡丞陈君一夔，别驾陈君翡，司理吴君伯诚，令尹钱君贡，实勤相度③，劳来而方簿之④，殚忠所事⑤，咸称其为民上者，得并著云。

　　　　　嘉议大夫⑥广东按察使⑦邑人⑧宾岩何　铛撰

［注释］

　　①不陨越往事功益倍：陨越，yǔn yuè，喻败绩，失职。不陨越，不失职，指在通济堰修理上没有失职。往事功益倍，指往往做出了很大成绩。

　　②蒸蒸乂治：蒸蒸，zhēng zhēng，上升貌；乂治，治理，安定。

　　③实勤相度：实勤，实际到现场考察监施；相度，度量，实际操作记录。

　　④劳来而方簿之：劳来，修堰的事开始后；簿之，记录这些工程事宜，以备后人查考。

　　⑤殚忠所事：殚，极尽也，用尽、竭尽全力。殚忠所事，竭尽全力投身于所承担的事。

　　⑥嘉议大夫：文散官名。金始置，正四品下，元升为正三品，明为正三品初授之阶，清废。

　　⑦按察使：官名。唐初仿汉刺史制设立，赴各道巡察，考核吏治。唐睿宗景云二年（公元 711 年）分置十道按察使，成为常设官员，分别考核各地吏治。玄宗开元二十年（公元 732 年）改称采访使，乾元元年（公元 758 年）又改称观察处置使。实为各州刺史的上级，权力仅次于节度使，凡有节度使之处亦兼带观察处置使衔。有先斩后奏的权利，所以实际上是各州刺史头上的"太上皇"。宋代转运使初亦兼领提刑，后乃别设提点刑狱，遂为后世按察使之前身，与唐代之观察使性质不同。金承安四年（1199 年）改提刑使为按察使，主管一路的司法刑狱和官吏考核。元代改称肃政廉访使。明初复用原名，为各省提刑按察使司的长官，主管一省的司法，又设按察分司，分道巡察。中叶后各地多设巡抚，按察使成为巡抚的属官。清代亦设按察使，隶属于各省总督、巡抚，为正三品官。清末改称提法使，简称臬司。

　　⑧邑人：邑人，本县人氏。

［作者简介］

　　何铛（1507—1585 年），字振卿，号宾岩，丽水人。明嘉靖二十六年（1547 年）进士。初授进贤知县。为人刚直，不畏权贵，有政声。后任开封府丞、潮阳知县、江西提学佥事等职。崇尚理学，勉励读书。临川汤显祖受其赏识，荐补为生员。任云南参政间，以亲老乞归养获准。在乡获升任广东按察使、河南布政使，未赴任，在家闲居数十年终老。生平著作甚多，采史记文集游览之文，编成《古今游名山记》《中州人物志》。撰《修攘通考》《翠微阁集》等。万历七年（1579 年），总纂《括苍汇纪》，被赞为"简而文，核而当，详而有体"。

[按语]

本文记载了明代隆庆年间由处州知府劳堪发动、孙令烺所主持的大修通济堰工程，文中提供了如下资讯：

（1）文中记载了明隆庆二年、三年间两次大洪水对通济堰的损坏。

（2）隆庆五年，知府劳堪首倡修堰，由孙令烺任主修人，请官帑大修通济堰。

（3）文中记载了这次大修中各项工程完成的尺寸。

3. 麗水縣重修通濟堰記
郑汝璧

[原文]

生民①環山谷而居者，享有無窮之利。孰與兆是②，維神開之；熟（《通濟堰志》該處为"孰"字）與熟慮而成③，是維仁人克宅之故④。繄⑤古鴻碩儒⑥臣抱奇負，荷主知建節一方⑦，为生民計。千百載之利病，其明智獨炳灼⑧，知險要之宜慮⑨，在民先與神符契⑩。

[注释]

①生民：民，人，指周人、引指人民。生民，这里指生活于这片土地上的老百姓。

②孰與兆是：孰，谁，哪个；孰與，与谁；兆，zhào，作为单位，在中国古代1兆是1万亿，而在科学数据上，1兆是100万。兆的大篆形似龟甲受灼所生的裂痕，因此他的本意是表示征兆，占卜用语。引申义：远象，事态的远景；再引申义：远。是，可以是认定、断定、承认、接受时的一种状态，是人经常作出决定时的心声，引申义：一是（方向上）正对，不偏不倚，二是正确。孰與兆是，谁能给人民提供永远而正确的方向。

③熟與熟慮而成：熟，这里是"孰"的通假字，意为：谁，哪个；熟慮，即深思熟虑，深入细致地考虑。熟與熟慮而成，谁为（这些事经过）深入细致地考虑后而能办成。

④是維仁人克宅之故：維，以，因为；仁人，有德行的人；克宅，卜辞中说"人克宅则造创整齐"。是維仁人克宅之故，确是因为有德行的人创造奋斗的缘故。

⑤繄：惟；只。

⑥古鴻碩儒：古，古代，历史上；鴻碩儒，是"鴻学碩儒"的简写，学识渊博的大学士，指非常有才的贤士达人。

⑦荷主知建節一方：荷，承受，承蒙；主，主人，这里指人主，即皇上朝廷；知，主管，指任地方长官，如知府知县；建節，一是执持符节；二是树立节操；一方，地方，指一个郡县。荷主知建節一方，承蒙朝廷之命任这里的长官就要造福地方。

⑧其明智獨炳灼：明智，通达事理，有远见，观察敏锐而判断正确，领悟恰当中肯之点和重要之点的能力；獨，独有，只有；炳，光明、明白；灼，明白透彻。其明智獨炳灼，他对事物特别具有真知灼见而做出正确判断和处理的能力。

⑨知險要之宜慮：知，知道，了解；險要，地势险峻而处于要冲的地位，这里指困难险阻。知險要之宜慮，要有对将要面临的困难险阻的预见和设想处理方案。

⑩在民先與神符契：在民先，在百姓民众之前；與，使蓬勃发展；神，天地万物的创造者和所崇拜的人死后的精灵为神；符契，犹符节，指中国古代朝廷传达命令、征调兵将以及用于各项事务的一种凭证。在民先與神符契，在民众想到之前把对神灵敬重的事情办好，符合与神祇沟通条件。

［原文］

　　遂使山澤之明靈先事現瑞①，促之早覺如響斯②。答：一勞永佚③，屹成④定國之勳事⑤，若時會功無與⑥。二如秦漢鄭白二君⑦，耿耿史冊，莫可尚己⑧。栝蒼重巖疊嶂⑨，行客如乘空霧中⑩。

［注释］

　　①山澤之明靈先事現瑞：明靈，圣明神灵；先事，一是谓先行其事，二是犹事前；現瑞，出现祥瑞的征象。山澤之明靈先事現瑞，这块山川土地的圣明神灵提前显现祥瑞。

　　②促之早覺如響斯：促之，督促他，促使他；早覺，早知道，早感觉到；響，声音高，声音大；如響斯，像听到巨大的声音一样。

　　③一勞永佚：佚，同"逸"，安逸。辛苦一次，把事情办好，以后就不再费事了。一勞永佚，在古汉语中有此用法。

　　④屹成：屹，山势直立高耸的样子，泛指耸立的；成，成就，成绩。

　　⑤定國之勳事：定國，安邦定国，稳固国家之本；勳事，有功绩的事业。定國之勳事，（水利农工）是安邦定国稳固国本的重要事业。

　　⑥若時會功無與：若時，一是此时，现在；二是那时，当时。會，会合。功，功绩。無與，无法与之。若時會功無與，当时功绩无法与之（相比）。

　　⑦秦漢鄭白二君：鄭，指郑国渠。白，指白公，白渠。秦汉时期郑国及白公两位先人所修郑国渠、白渠。

　　⑧耿耿史冊，莫可尚己：耿耿，明亮，显著，鲜明。史冊，记载历史的典籍。莫可尚己，正值得我们去崇尚借鉴。

　　⑨重巖疊嶂：形容山岭重重叠叠，连绵不断。

　　⑩如乘空霧中：像行走在天空云雾之中。

［原文］

　　溪流橫注，必東之海①。故雨即奔潰莫支②，稍旱即黃萎彌望③。栝中水利不可一日廢講④也。舊西鄉有通濟堰、司馬堰⑤，障流上下，為力稿者旱澇不時之須⑥。蓋自蕭梁司馬詹南二公，經始其事。迄南宋衛國何公⑦，因其故迹葺之。勝若寶带，橫亘約五十餘里，山田之以時善收者，不下數百千頃⑧。三公功在栝中，休哉遠矣。歷年兹久，故堤傾圮⑨，水道旁出者，亦淤塞弗宣，兼之旱澇不常，農氓告病⑩。

［注释］

　　①必東之海：必，必将，用来表示不可避免性（或必然性）。東之海，东面的海洋，这里指东海。必東之海，瓯江大溪最终将流向东面的东海。

　　②奔潰莫支：奔，指山溪落差大，大雨就很急。潰，冲溃，漫溢，这里指冲损田亩。莫支，不能控制的意思。奔潰莫支，（大雨水就）浸溢损溃田亩而不能控制。

　　③黃萎彌望：黃萎，枯槁，干枯；彌望，充满视野，满眼。黃萎彌望，（略显旱灾）就枯黄充满田野。

　　④栝中水利不可一日廢講：栝中，处州府范围内，这里特指丽水。廢講，不重视，停止了落实维修。栝中水利不可一日廢講，丽水的水利设施维护一天也不能不抓紧和重视之意。

　　⑤司馬堰：这里是指通济堰水系中的一个支堰，位于碧湖平原中北部，是在由北部山区而流来的山

坑小溪流上筑坝，将坑水拦入通济堰渠道，补充部分水源。相传也是由詹南二司马开始修建的，故名司马堰。在成都平原上有一处称为司马堰的同名堰渠。

⑥力稿者旱潦不时之须：力稿者，耕种的人，指农户。旱潦不时之须，在干旱洪涝来临之时的水利需要。

⑦南宋衛國何公：指南宋参知政事、卫国公何澹。

⑧不下數百千頃：數百千頃，概数，指很多农田。

⑨故堤傾圮：故堤，原来的石坝。圮，当毁坏、破裂解。傾圮，坍毁，倒塌的意思。

⑩農氓告病：農，种庄稼的人。氓，古代称民（特指外来的）。農氓，这里指通济堰流域的农户。

[原文]

　　岁萬歷甲申，大參豫章①胡公，奉帝命司守甌栝。以王裴之清通②，兼韓范③之經略，孜孜下訊民瘼④，思為補刷⑤，以惠養元元⑥。今留都北部主政⑦吳君思學，時為麗陽令⑧，仰承德意，即以堰務條上。公曰：《詩》咏《幽风》，政先民食⑨。今邑之務孰有先此者乎？遂請之二院，與郡丞⑩俞君汝為協謀，廣為葺治。

[注释]

　　①大參豫章：大參，參政的别称。豫章，古郡名，唐才子王勃在其《滕王阁序》写道："豫章故郡，洪都新府。星分翼轸，地接衡庐。"所谓豫章郡，即今江西省，这也是广义而言的豫章概念。狭义而言，豫章指今南昌地区一带。

　　②王裴之清通：王，指王戎。王戎，字濬冲，琅琊临沂人，竹林七贤之一，官辟相国掾，仕历散骑常侍，荆州刺史，光禄大夫，尚书左仆射，司徒等职，封爵安丰侯，位列三公。其祖王雄，拜幽州刺史，其父王浑，拜凉州刺史，为贞陵亭侯。王戎出生世家，地位显赫，从少聪慧颖悟，神采秀丽，《晋书》记载：王戎"视日不眩，裴楷见而目之曰："戎眼灿灿，如岩下电。"也就是这双炯炯有神的"岩下电"，其背后隐藏着简明切要的悟性，鉴人断事，一针见血，入木三分。裴，指裴楷。裴楷，字叔则。传说中的"八裴"，除了他本人外，还有他的父亲裴徽、兄长裴康、弟弟裴绰、次子裴瓒、侄子裴遐和裴邈以及堂侄裴頠。此外，他还有一个被誉为"后进领袖"的堂兄裴秀。裴楷一人出色，已经不容易了，何况还是一大家子的人！但转念一想，也只有如此家风，才熏陶得出如此玉人。王裴之清通，王戎简要，裴楷清通。

　　③韓范：韓，唐韩愈，为著名古文家，卒谥"文"。范，宋范仲淹，亦以能文著称，卒谥"文正"。后世因以"韩范"并称之。

　　④孜孜下訊民瘼：孜孜，勤勉，不懈怠。瘼，疾，疾苦。民瘼，群众的疾苦。

　　⑤補刷：補，补救。刷，修葺。補刷，拯救民间疾苦。

　　⑥惠養元元：惠養，加恩抚养。元元，平民，老百姓。

　　⑦今留都北部主政：留都，古代王朝迁都以后，旧都仍置官留守，故称留都。如明太祖建都南京，以开封为北京，以为留都；明成祖迁都北京，以南京为"留都"。北部，官署名。魏晋南北朝尚书台（省）诸曹之一。或说魏、晋隶吏部尚书。南朝隶吏部尚书，与三公曹同掌拟定、修改法制，收藏稽核律文。设郎（郎中），资深者可称侍郎。北魏前期直隶尚书省，设尚书、侍郎、郎中等官。或说孝文帝太和（477—499年）改制后改为郎曹，属都官尚书。北齐隶都官尚书，掌收藏稽核诏书律令，设郎中。隋初因之，设侍郎一员，文帝开皇三年（583年）以后，成为刑部四司之一，设侍郎、员外郎各一员。炀帝改侍郎为郎，员二人，废员外郎，寻又省一郎，置承务郎一员，职同员外郎。唐、五代、宋沿置，改设郎中、员外郎、主事等。唐高宗龙朔二年（662年）改名司计，咸亨元年（670年）复故，玄宗天宝十一载（752年）再改，肃宗至德二载（757年）又复。隋、唐以来掌审计财政，核查赋税调敛、诸司

百官经费俸禄赃赎、仓库出纳、丁匠工程、和籴收支、军资器械等账目。北宋初其职归三司勾院、磨勘司、理欠司，郎中、员外郎皆为寄禄官，本司置判司事一人，以无职事朝官充任。神宗元丰（1078—1085 年）改制后，始恢复职掌，掌审核内外帐籍及赃罚欠负之事，定期审核场务、仓库出纳官物，稽核百司经费，决定是否勾销。南宋先以比部兼司门，后以都官兼比部，不常置。金、元废。明太祖洪武六年（1373 年）复置，为刑部四属部之一，设郎中、员外郎各二员，十三年改为各一员，二十三年分四部为十二部，遂罢。主政，官名。旧时各部主事的别称。今留都北部主政，如今来处州的宰官是留都刑部所属比部的主政官。

⑧麗陽令：麗陽，丽水城北有丽阳山，故古又称处州为丽阳。令，古代官名：县令，令尹。麗陽令，即丽水县令。

⑨《詩》咏《幽風》，政先民食：《詩》，指《诗经》，是中国古代诗歌开端，最早的一部诗歌总集，收集了西周初年至春秋中叶（公元前 11 世纪—前 6 世纪）的诗歌，共 311 篇，其中 6 篇为笙诗，即只有标题，没有内容，称为笙诗六篇（南陔、白华、华黍、由庚、崇伍、由仪），反映了周初至周晚期约五百年间的社会面貌。《幽風》，指《诗经》《幽風·七月》："七月流火，九月授衣。一之日毕发，二之日栗烈。无衣无褐，何以卒岁？三之日于耜，四之日举趾。同我妇子，馌彼南亩，田畯至喜！七月流火，九月授衣。春日载阳，有鸣仓庚。女执懿筐，遵彼微行，爰求柔桑？春日迟迟，采蘩祁祁。女心伤悲，殆及公子同归。七月流火，八月萑苇。蚕月条桑，取彼斧斨，以伐远扬，猗彼女桑。七月鸣鵙，八月载绩。我朱孔阳，为公子裳。四月秀葽，五月鸣蜩。八月其获，十月陨萚。一之日于貉，取彼狐狸，为公子裘。二之日其同，载缵武功。言私其豵，献豜于公。五月斯螽动股，六月莎鸡振羽。七月在野，八月在宇，九月在户，十月蟋蟀入我床下。穹窒熏鼠，塞向墐户。嗟我妇子，曰为改岁，入此室处。六月食郁及薁，七月烹葵及菽。八月剥枣，十月获稻。为此春酒，以介眉寿。七月食瓜，八月断壶，九月叔苴，采荼薪樗，食我农夫。九月筑场圃，十月纳禾稼。黍稷重穋，禾麻菽麦。嗟我农夫，我稼既同，上入执宫功。昼尔于茅，宵尔索绹。亟其乘屋，其始播百谷。二之日凿冰冲冲，三之日纳于凌阴。四之日其蚤，献羔祭韭。九月肃霜，十月涤场。朋酒斯飨，曰杀羔羊。跻彼公堂，称彼兕觥：万寿无疆！"政先民食，为政的首要任务是确保老百姓有饭吃。

⑩郡丞：官名，郡守的佐官，秦置。汉朝制度，郡守下设丞及长史。都丞为太守的佐官，秩六百石（太守秩二千石）。都尉下亦设丞，历代设置。东晋成帝咸康七年（341 年），省诸郡丞，惟京畿的丹阳丞不省。南朝宋文帝元嘉四年（427 年）复置。北朝各郡也都设丞。隋文废郡级行政区划，郡丞随之而废。炀帝改州为郡，置赞治，实即郡丞，后又复原名。唐高祖武德元年（618 年），改郡守为"州刺史"，下设"别驾""长史"等官，不设"丞"。宋亦不设丞，明清相沿。清代仅在顺天府尹之下设"丞"1 人，为正四品，掌管学校政令，乡试时充提调官。清代文人往往以"丞"为"同知"的代称（即比附汉代郡丞的官名）。

[原文]

出官帑數百金，令邑簿①丁應辰、贊幕羅文董其役。日方趨事，眾苦雨水溢漲，功無繇施②。屆期禱於神，即為開霽，山不深翳③，而石出粼粼④，無復萬牛吼波⑤之勢。因先為水倉百餘間，障此狂流，始下石作堤，凡數百丈⑥。創為堰門，以時啓閉，便舟楫之往來⑦。疏其支河之淤塞者，凡三十六所⑧。至三月二日乃告成焉。永賴之功⑨，成於一旦，宏施澤之博⑩於三公。

[注释]

①邑簿……赞幕：邑簿，指本县主簿。赞幕，官府的幕僚之一。

②功无繇施：繇，通"徭"，力役。繇施，施行力役。指筑坝施工。功无繇施，没有办法进行筑坝施工。

③即为开霁，山不深翳：開霁，阴天放晴。翳，yì，遮蔽，障蔽，这里指云遮雾障。山不深翳，山头没有雨云遮障。

④石出粼粼：粼粼，lín lín，形容水流的清澈或石的明净。石出粼粼，指河道中的大石也显露了出来。

⑤萬牛吼波：萬牛，很多的牛。吼波，波涛声如牛吼叫。萬牛吼波，指水流十分湍急，波涛声如很多牛在吼叫一样。

⑥因先為水倉百餘間，障此狂流，始下石作堤，凡數百丈：先為水倉百餘間，指先设置障水围堰很多间，排水清理出施工的坝基。障此狂流，阻障开奔流的溪水。始下石作堤：才能开始用块石砌筑堰堤，这里指通济堰拦水大坝。凡數百丈，长达数百丈。因先為水倉百餘間，障此狂流，始下石作堤，凡數百丈，因此先在要修筑的溪上建障水围堰一百多间，借以隔开奔流的溪水，排水露出施工作业面，才开始采用块石修筑，新修堰坝长达数百丈。

⑦創為堰門，以時啓閉，便舟楫之往来：历史上于此时首创通济堰大坝上的过船设施，以木叠梁门结构，利用梧木枋启闭。旱时值灌溉季节，则概门紧闭以蓄水灌溉，每日定时开闸过舟船。位于大坝中偏北部，现移至大坝北侧，改称"过船闸"。以時啓閉，按规定时间启闭堰门。便舟楫之往来：方便溪中船只的上下大坝。

⑧三十六所：三十六个处所、地点。

⑨永赖之功：指农业生产长久所依赖的水利功能。

⑩宏施澤之博：宏，多，大。施澤，给予恩惠。博，博大，指利益非常多。

[原文]

非刻之貞珉①，何以揚盛業、識深仁②哉？余推造化之福生民，與仁人造福生民一也③。以一堰之修建，且先後殊時也④。然⑤，前則素靈示現⑥，虹亘長流⑦；後則曦陽徹鑒⑧，陰庂潛匿⑨。固六誠之幽貫、百神之效符⑩矣。

[注释]

①刻之貞珉：貞珉，zhēn mín，石刻碑铭的美称。刻之貞珉，把相关事迹、功绩刊刻在石碑上。

②揚盛業、識深仁：揚，褒扬，宣传。盛業，盛大的功业。識，知道，认得，能辨别。深仁，厚泽深仁，以德行仁是治国、治家的根基。

③余推造化之福生民，與仁人造福生民一也：余，我，撰写碑文的人。推，推理，推论出。造化，创造演化，指自然界自身发展繁衍的功能。之福，的福分、福气。仁人，有德行的人。生民，后一个生民是给人民休养生息的意思。

④先後殊時也：先后时间相差很大。

⑤然：连词，用在句子开头，表示"既然这样，那么……"。

⑥素靈示現：素靈，洁净的灵物。素靈示現，这里指白蛇示迹故事。

⑦虹亘長流：虹亘，由元郝经《冬至后在仪真馆赋诗以赠三伴侠》一诗中之"白虹昼贯日，清江秋见底"句出。这里指通济堰大坝拦入渠道的水流。長流，经久流长，指历史久长。虹亘長流，通济堰大坝拦入渠道的水流长远流畅。

⑧曦陽徹鑒：曦，"日"与"羲"联合起来表示"东方或东南方的日光"，或表示"春季或春夏季的日光"。徹鑒，即彻鉴，明鉴；洞察。这里指通济堰的修建有如神助，走上了光明大道。

⑨陰庂潛匿：陰庂，阴暗，庂，通"疠"，疫病，指这里指阴暗不正之气息。潛匿，潜藏隐匿。相对上句而言，既然有如朝阳照在镜鉴之上的光明，阴庂之气当然无处可显现而藏匿了。形容通济堰的维护受到历代官府、劳动人民的普遍重视而不会出现太大的问题。

⑩六诚之幽贯、百神之效符：六诚，六种真诚信用。幽贯，上贯九天下通九幽，指天地之间，引指人世间。百神，众多神仙，指所有的神仙。效，效验，验证。符，信也。

[原文]

且詹、南、何公事不他见，功在栝中。为今庚桑①至如我公，精鑑遠識，深仁厚澤，下慰蒼生，上簡當寧以憲邦文式，使寰宇之中家櫛比②，而戶俎豆③，將與華岳等勳者④，豈區區栝民之私哉！公名緒，別號月川，世為南昌豐城望族。繼吾令至者鮑大觀，例得書云。

萬歷丙戌歲夏月前太常寺少卿⑤崑巖鄭汝璧撰

[注释]

①庚桑：复姓，历史上有庚桑楚。庚桑楚（生卒年待考）：原名亢桑子，一名庚桑子；有说为楚国人，有说为陈国人。春秋时期哲学家、教育家。亢，古音读作 gēng，因以讹字为"庚"。著名隋朝史学家王劭将其记作"庚桑"。晋朝史学家司马彪说："庚桑，楚人姓名也"。在史籍《庄子·杂篇·庚桑楚》中记载：老聃有个弟子叫庚桑楚，独得老聃真传。引指历史上的仁人。

②寰宇之中家櫛比：寰宇之中，原指天下之内，这里引指其治下之内，也就是他管理的区域之中。家，家居，房子。櫛比，像梳子齿那样密密的排着。引申农业收成稳定，人口增加，住房密集出现。

③戶俎豆："俎"和"豆"，古代祭祀、宴飨时盛食物用的两种礼器，亦泛指各种礼器；引申为祭祀和崇奉之意。户俎豆，家家户户在祭祀祖先、仁人。

④与华岳等勳者：华岳，华岳是一位著名的爱国志士，《宋史》入《忠义传》。叶绍翁比之为陈亮（《四朝闻见录》甲），王士祯比之为陈东（《翠微南征录》题词），明佘翘《华子西论》则称赞他"论事似晁错，谍兵似孙武"。他的文集《翠微北征录》即收开禧三年（1207年）所上《平戎十策》和嘉定元年（1208年）所上《治安药石》。两文皆作于下建宁狱时。前篇提出取士、招军、攻守、赏罚等具体措施以求抗金复国，议论纵横，颇有识见；后篇讨论战略战术等实际军事问题，亦非书生空言。另外，《翠微南征录》卷一所收《上宁宗皇帝谏北伐书》写得感情充沛，忠肝义胆毕现，条分缕析而又激昂慷慨，可与南宋的一些著名奏议比美。等勳者，同等功勋的人。

⑤太常寺少卿：太常寺，封建社会中掌管礼乐的最高行政机关，秦时称奉常。汉景帝六年（公元前151年）改称太常（《汉书·百官公卿表》）。汉以后改称太常寺、太常礼乐官等。《隋书·百官志》："太常，掌陵庙群祀，礼乐仪制，天文术数衣冠之属"。历代大体相同。太常的主管官员称太常卿。少卿，太常寺副长官，正四品，主管祭祀。

[作者简介]

郑汝璧（1546—1607年），字邦章，号昆岩、愚公，缙云城东（浙江丽水）人。明隆庆二年（1568年）进士。始授刑部江西司主事，累迁云南司郎中。张居正闻其才，迁任仪制司。在任因革除陋习，肃清积弊，排斥贿赂幸进之徒，裁抑逢迎索求者，遭人忌恨。后为太常寺少卿，出任福建右参议，一年后又调广东副使，分辖琼州，不满权贵，奏请辞归。居家十二年，又奉召任井陉兵备副使，迁赤城参政。地处边陲，外敌时有入侵劫掠，汝璧斩入侵之敌和严词警告，军威并用，边塞得宁。后转调河南左参政，迁榆林中路按察使，翌年为山东右布政。未几又擢右佥都御史，代孙钅广巡抚山东。时值山东饥荒，谕告所属州县，互通有无，赈粮赈款，于市集地煮粥以济，赈救饥民 630 余万人。同时，募兵备战，防御倭寇。后仍以右金都御史巡抚延绥，击破三面来犯之敌。万历三十三年（1605 年），任兵部右侍郎兼金都御史，总督宣大山西军务，整军备，破犯敌，靖边防。三十五年，积劳成疾，请求辞归，殁于山东荆门驿途中。著述颇丰，有《五经旁训》《功臣封爵考》《皇明帝后纪略》《同姓诸王表》《臣谥类钞》《大明律例解》《封司典故》《延绥镇志》《由庚堂诗文集》等。

[按语]

本文记载了明代万历十二年由瓯栝监都章明赞修、丽水知县吴思学所主修的大修通济堰工程，文中提供了如下资讯：

（1）文中记录了明万历十二年大修通济堰史料，文中明确记载当时大修通济堰，为了顺利修堰曾在大坝周围设水仓达百余间，障阻溪水入坝基，使坝基露出工作面，然后再从其他山上开凿运来块石进行修筑大坝。充分说明堰史中所说的"水仓"是一种修堰坝时的围堰，绝不是有人想当然地认为通济堰早期木筱坝就是采用近似"水仓"的木框架填石而筑成的堰坝。

（2）记录了通济堰大坝首创堰门即过船闸的史实。

4. 麗水縣修筑通濟堰記　有銘①
汤显祖

[原文]

經緯世業之謂才②，遘會世機之謂時③。取天地之力，極五行之用④。開塞利害，減益盈涸⑤，早箅旁拮⑥，時察穎斷，非才莫可以為也⑦。雖然，獨智不與以慮，獨力不與以成⑧。視其氣，菱葰結嗇⑨，詭譎峭疾⑩，此其時雖有所事，其亦可以已矣。

[注释]

①有銘：铭是一种文体，最初是刻在器物，碑碣上用来警诫自己或者称述功德的文字。这种文体一般都是用韵的。有銘，本文之后有铭赞。

②經緯世業之謂才：經，经营，经手完成。緯世業，经史留名的盛大功业。謂才，方称得上有才能。

③遘會世機之謂時：遘，gòu，相遇，引为沟通。遘會，抓住、巧用会合。世機，难得的经世机会。謂時，才是真正把握好时机。

④極五行之用：極，极大、尽量。五行，金木水火土，这里指世间万物。之用，发挥用途。

⑤減益盈涸：指水多余的则减而蓄之，不够而干涸的则引而施加之。

⑥早箅旁拮：箅，古同"算"，计算，谋划。拮，同"揭"。向上举，揭，举也。引为采取措施。早箅旁拮，早做计划而有谋略，采取各种措施。

⑦非才莫可以為也：没有很高的才能是完不成这些任务的。

⑧獨智不與以慮，獨力不與以成：獨智，一个人的智慧。不與以慮，不足以样样都能考虑到；獨力，一个人的力量。不與以成，不足以做成很大的事业（工程）。

⑨菱葰結嗇：菱葰，干枯萎黄的样子。結嗇，减少结实而收成不好。菱葰結嗇，指事物衰败而出现气息微弱的样子。

⑩詭譎峭疾：詭譎，一是奇异，奇怪；二是怪诞，虚妄；三是变化多端；四是狡诈，狡點；五是阴

谋诡计。峭，形容严峻。疾，病症，痛苦。詭譎峭疾，指奇异而诡秘的严峻问题。

[原文]

若夫時叙端好①，上下和茂②，山川精朗③，若發其覆④。雅颂流委，士女遊豫，焕若新洗⑤。耆老喜壽，癃滯思起⑥，有時若此为其長。上若有事焉⑦，若開若塞，若减若益，揚榷指顧，皆有華澤⑧。官師吏士，手語心諾⑨，則何慮而不發？何斷而不成⑩？

[注释]

①時叙端好：時叙，指承顺，顺当。端好，正，不歪斜。時叙端好，指只要顺当直正地去办事。

②上下和茂：上下，愿意指上面和下面。现多用于职位、辈分的上下，也有古今、左右、高低之意。和茂，和谐而旺盛。

③山川精朗：山川，山岳、江河。引指所在的土地。精朗，水晶一样明朗。意指充满了正气。

④若發其覆：覆，覆盖，遮蔽；發其覆，发现、发挥其被遮盖的深妙精义。

⑤焕若新洗：焕然如新洗的衣服，意指展现出新面貌。

⑥耆老喜壽，癃滯思起：耆老，qí lǎo，六十曰耆，七十曰老，原指六七十岁的老人。喜壽，喜欢长寿，引为想多活几年。癃，lóng，旧指年老衰弱多病。滯，不流通，不灵活。思起，想能起来，意指好起来。

⑦上若有事焉：这里指碧湖平原农耕上出现什么情况。

⑧若開若塞，若减若益，揚榷指顧，皆有華澤：指通济堰水利开闭有时，合理利用发挥正常的灌溉排涝功能，则会取得农业生产的丰收。

⑨手語心諾：手語，这里指用手写出的文字，引指向上报送的文字材料如报告、奏折等。心諾，心里的承诺。引指自己真正的思想。

⑩何慮而不發？何斷而不成？何慮，指什么谋虑、计划。何斷，指什么决断、成果。何慮而不發？何斷而不成？什么样的计划不会制订出来，怎样的决定不会被执行完成。

[原文]

天下國家之事，機有向背，業有旺廢，蓋莫不因乎其時者①。余②嘗試为長吏③於浙之東遂昌也，而感於麗陽。十餘年之前，何如時也，所謂其事無不可以已者耶。今何時也？車公为監司，鄭公为郡（守），而樊君为長。蓋余以遂昌謁郡而道，松遂之水，源高急砂磧，不可以舟，松而後可以舟也。而通濟堰在麗水西界中，其堠有龍祠④，可以陰堰。源一斷之为三，所溉田百里，最为饒遠⑤。而並隄居盰⑥，常盜決自喜⑦。米鹽之舟，水涸硌磧如縷⑧，常曲折徙泄⑨，而後仍可行。堰歲積以非故比⑩，益以水敗。

[注释]

①莫不因乎其時者：都还不是因为在不同的时机会出现完全不一样的后果。

②余：我，指撰文者汤显祖。

③为長吏：長吏，称地位较高的县级官吏，引指做好官才长居其位。

④其堠有龍祠：堠，这里通"喉"。其堠，指堰渠之咽喉部位，即堰首。龍祠，通济堰龙王祠，又称詹南二司马祠。

⑤饒遠：饒，富足，多。遠，这里指广阔，范围大。

⑥並隄居甿：並隄，即并堤，沿渠道堤旁。居甿，居住的农民。並隄居甿，沿渠道居住的农户。

⑦盗决自喜：盗决，私自打开渠道灌溉自己的农田。自喜，为自己获得一时私利而沾沾自喜

⑧硌礒如縷：硌，gè，凸起的东西。礒，qì，浅水中的沙石；沙石浅滩。如縷，连续不断。指松荫溪上段河床不是出现巨石浅滩，行舟困难。

⑨曲折徙泄：曲折，弯曲转折，指河道多弯曲转折；徙，改变，变化，指水流常改变；泄，水流，溪流。曲折徙泄，松荫溪河道曲折水流常发生变化。

⑩歲積以非故比：指常年累积的问题，使通济堰水系有着明显损坏，不能与故道相比。

———————————

[原文]

　　而並堰以下，若司馬、章田①等，遝於河東，亦皆以蕪廢不治。寶定之呂、碧湖之湯父老以聞於余，未嘗②不嘆息而去，欲為一言其長③。會歲少旱而麗饥，松閉之糴④。麗人譁，受事者幾以兩敗⑤。余歎曰：水事不修，而旱是用譟者何也⑥？去十年而麗人來，問其堰。曰：畢修矣。夏之六月，我樊侯⑦始用祭告，有事於通濟堰。七月暨其旁下諸堰盡於白橋，皆以十二月成。諸堰之費千，而通濟裁培半期之勤⑧，數世之食也。曰：何如矣？曰：先是春正月龍祠傾，野火燒其門。如將風雨者，有蛇蜒⑨焉；象輿迴翔其上而火已⑩。

[注释]

　　①若司馬、章田：司馬，司馬堰；章田，章田渠，均是通济堰附属的小堰坝小堰渠。又如司馬堰、章田渠等处。

　　②未嘗：用于否定词前，构成双重否定，使语气委婉。犹没有。

　　③一言其長：其長，它的长久。一言其長，没法用一句话说它损坏时间的长久。

　　④松閉之糴：松，松阳县。糴，dí，"籴"的繁体字，从入从米，也就是买米的意思，与"粜"相对：籴米。松閉之糴，松阳县停止了它对丽水的售粮，阻止灾区人民来买粮食。

　　⑤麗人譁，受事者幾以兩敗：譁，huá，"哗"的繁体字，人多声杂，乱吵，哗笑、哗然。麗人譁，丽水人哗然而闹事。受事者幾以兩敗，受事者，指不售粮者和闹事者。幾以兩敗，几乎两败俱伤。

　　⑥水事不修，而旱是用譟者何也：水事，水利设施。不修，不加修缮败坏的。而旱是用，到了旱时还怎么能发挥作用。譟，喊叫，叫骂，喧哗，鼓动。何也，为什么呢？水事不修，而旱是用譟者何也：水利损坏没修理恢复，到旱时不能发挥作用，为什么空叫喧哗呢？

　　⑦我樊侯：我们丽水的县令樊公良枢。

　　⑧裁培半期之勤：只用了栽种一季粮食的半数时间的勤劳。

　　⑨如將風雨者，有蛇蜒：將風雨者，经历长期风雨侵蚀的。蛇蜒，原意"蜒"在古书上指蝉一类的昆虫 [a kind of cicada]，蜒蜒也守宫也，在壁曰蜒蜒，在草曰蜥易。此处"蜒"通"堰"。因有"白蛇示迹"而建成的传说，故通济堰亦称蛇堰。

　　⑩象輿迴翔其上而火已：象輿，xiàng yú，用象拉的车。迴翔，盘旋一飞翔；回旋。象輿迴翔其上而火已，干旱引发的灾情就像火烧一样在田野上回旋飞翔。

———————————

[原文]

　　居人請新之，我侯來觀，而周詢於堠悼①，其徙以降②，問其故。則與所以敝者③，次第起行④。諸壞堰⑤，各從父老所問，所爲修復。費心計而首領之。以上太守鄭公，公慨然曰：坊敗而水費則移⑥，而水私善溝⑦，防以莫水，固賢長吏事⑧也。其以上監司車

公，公报可。侯乃始下令，齐衆均力与财⑨。二公常以其俸入佐之，而侯身先後之民所愿，平準所度田⑩。

[注释]

①周詢於堠悼：堠，hòu，土堡也，古代记里程的土堆。五里只堠，十里双堠。这里引指为乡邻之意。悼，"卓"意为"高"。"心"与"卓"联合起来表示"心儿提升到高处""心儿悬空"，本义：（自己）恐惧。周詢於堠悼，全面详细调查询问四周的乡邻有什么可恐惧（影响生产生活的事）。

②徙以陊：徙，迁移。陊，多的古异体字，这里指次数多。徙以陊，这里指变迁多的意思。

③敝者：敝，破旧、坏。敝者，损坏的堰房。

④次第起行：依次序予以修复。

⑤诸壞堰：各被损坏的堰渠堤坝、概闸等处。

⑥坊败而水費则移：坊败，坊，指概闸，坊败则指概闸腐败损坏。水費，是費水的意思。坊败而水費则移，概闸损坏不修，浪费的水就多（灌溉用水就缺少）。

⑦水私善溝：善溝，善于冲刷堤岸形成漏洞。水性本来下行，容易冲毁水利设施。

⑧固賢长吏事：賢长吏，贤，好的、能干的。长吏，善于吏治的官员。自然是那些善于治理官员的本职之事。

⑨齐衆均力与财：齐衆，指挥安排众多乡邻。均力与财，均匀安排劳力和财力。集合均匀使用人力与物力财力。

⑩平準所度田：指平均丈量分派受益田亩捐派款粮用于修堰。

[原文]

自爲浚葺者①，聽大小鼓舞集而後起，序而後作。築崖②、置斗③、疏函④、室穴⑤，开拓诸概，縱廣支擘⑥，视故所宜；游枋灰石，易其朽泐⑦，谨察匠石分寸，畫壹啓閉，随验高下不失。是役也，費用约而功溢⑧。侯乃以西人择日上成事受慶報⑨，赛代鼓緪琴⑩，有土有年，上下無患，是谓永逸。

[注释]

①自爲浚葺者：自爲，自行组织安排。浚葺者，疏浚渠道，修葺渠堤的工作。

②築崖：补筑冲坏的堤岸、坝堤。

③置斗：重置（修建）斗门（过船闸）。

④疏函：函，石函，这里指三洞桥。疏通、修补三洞桥。

⑤室穴：室，扞挖。穴，叶穴。重新扞挖叶穴，指重叶穴排砂门。

⑥縱廣支擘：縱，深度。廣，宽度。支擘，按旧制规划修建。（各支概）深宽度接旧制规划修建恢复。

⑦游枋灰石，易其朽泐：游枋，概闸的提升木枋。灰石，概闸下用的平水条石。泐，石头被水冲激而成的纹理，石头因风化遇水而形成的裂纹。概闸所用的枋木和条石一个易腐蚀、一个易冲裂而损坏。

⑧費用约而功溢：費用，使用的钱物。约，节约、节省。功溢，成绩则很大。（这次修建工程）做到了投入少而效果很好。

⑨上成事受慶報：上成事，府尊指挥所属而完成这件事。慶報，庆贺的喜报。知府大人在完成修堰大事后，接受来自堰区的庆贺喜报。

⑩赛代鼓緪琴：赛代鼓，百姓高兴的敲锣打鼓。緪，另一意说绷紧（琴弦）。堰区人民兴高采烈敲锣打鼓、鼓拨琴弦庆贺报喜。

[原文]

余憮然嘆曰："侯之才敏至是耶。"麗人曰："非若是而已。歲常旱，侯從鄭公，禮於麗阳之山，阜吁而雨。乃新學宫從二公講五經於堂，芝草生數十本，而弟子之舉於鄉者三人，上春宫①者一人。侯之才蓋通天地而幹五行，非水事而已也。"余歎曰："而亦知麗之有侯，樂乎！昔麗之人蹐履瞅視②，今麗之人飛色吐氣。則吾見麗之今日矣。一公一侯皆有春秋僑肸③魯公儀宓子④之意。簿書不以勝委迤⑤，叱咤不以移色笑⑥。士民休居，貌若有餘，工其樂胥。汝公、汝侯道達謳於醲潤⑦，郁鬱精㤅發越流止⑧。上召氣，莫底閼聚人而人理、疏川而川治。此亦汝麗人於祀之一時也，其又何有於數十里之水，坊開瀹爲？⑨"麗人喜而拜曰："今而後知所以，樂有麗也。將銘吾侯功於龍之祠。莫可爲者。"余宜爲銘⑩。

[注释]

①上春宫：上，考上。春宫，这里指科举考试中的分春榜、秋榜，即春季宫试中的春榜。

②蹐履瞅視：蹐，jí，小步行走。履，脚步。瞅，窥视。小步走路，低头垂视，这里指生活困难而抬不起头来。

③春秋僑肸：春秋，春秋时期。僑肸，qiáo bì，指春秋时期郑国大夫公孙侨（子产）和晋国大夫羊舌肸（叔向）。二人友善，并以才智见誉于当世。明张煌言《答赵安抚书》："不佞与执事辈从容羊陆之交，往来侨肸之好。"后用以借称哲人贤士。三国时期蜀国诸葛亮《与兄瑾书》："股德嗣秀才，今之侨肸者也。"

④鲁公儀宓子：鲁公儀，昔令尹子文朝不及夕，鲁公儀子不茹園葵，公之謂矣，開門延士，下及白屋，屢省朝政，綜管眾治，親見牧守以下，考跡雅素，審知白黑。宓子，fú zǐ，即宓子贱。《吕氏春秋·具备》："宓子使臣书，而时掣摇臣之肘，书恶而有甚怒，吏皆笑 宓子，此臣所以辞而去也。"唐高适《登子贱琴堂赋诗》之一："宓子昔为政，鸣琴登此台。琴和人亦闲，千载称其才。"明何景明《送葛时秀任东明》诗："东明花满县，令宰即神仙。宓子今为政，河阳复壮年。"

⑤簿書不以勝委迤：簿書，执掌簿书的人，即文吏。不以，不能以……勝，经常使用，常用手段。委迤，wěi yǐ，委，任，派，把事交给人办；迤，地势斜着延长，指把交办的事拖延着不办。簿書不以勝委迤，执掌簿书的文吏不能经常以委蛇为手段。

⑥叱咤不以移色笑：叱咤，形容声势威力极大。移，改变，变动。色笑，指和颜悦色的态度。叱咤不以移色笑，势力强的人不会改变和颜悦色的态度。

⑦侯道達謳於醲潤：侯道，引指为官之道。達，dá，〈形〉道路畅通。泛指畅通。謳，歌唱：～歌（歌颂，赞美）。醲，nóng，酒醋味厚。潤，滋润，汉王充《论衡·是应》："彼露味不甘者，其下时，土地滋润，流湿万物，洽沾濡溥"。侯道達謳於醲潤，为官之人要得到显达的好名声则在于农业丰收百姓衣食无尤。

⑧郁鬱精㤅發越流止：郁鬱，yù yù，生长茂盛。精㤅，草木㤅茂。發越，fā yuè，指使疾速。流止，停止于。郁鬱精㤅發越流止，农业生产的积极恢复迅速停止了人民的困扰。

⑨坊開瀹爲：坊開，这里指分源管理。瀹，yuè，疏通水道，使水流通畅。爲，作为。坊開瀹爲，能够使水道分源管理畅流使用呢？

⑩余宜爲銘：余，我，指本文作者。宜爲銘，应该为其这样地颂扬。

[原文]

銘曰：

麗陽阻山，磽陿其畎。仰雨無時，迤東有衍。

絶譚①而西，百里爲沃。釃水以被，甕湖以屬。

事始惟梁，司馬詹南。宋令曰禔，乃作石函。

越守成大，申著水則。源極中下，槧衡南北。

股引三百，派餘七十。我匱我斗，以注以挹。

及圮而新，必智與仁。水有旁渝，土亦善漫。

有龍自天，祠於埭左。既貞其旱，亦戒于火。

侯雩於川，膏雨其垂。來視其祠，亦民是爲。

起行諸堰，或屬或散。都有十一，畝貳其萬。

彼決弗苴，彼偷弗治。如水期平，不乎以私。

石久則裂，枋久則腐。歲比少有，曷爲其故。

侯既念止，計畫尺寸。下與其勤，上然其信。

涓辰用書，分者屬傭。鼓役無羸②，登輪靡窮③。

躬親有節，貳屬有帥。迄用告成，九十維一。

代有興廢，莫必其底。侯用大作，溥長脈理。

雲雨版鍤，晝夜晷刻④。沃彼靈翠，施於岑釋。

維侯有材，亦孔其時。蕃守伊人，如友如師。

雅頌流通，山川休融。晏醞⑤維期，蛇蜒⑥效工。

肅新龍祠，亦祀司馬。紀侯於碑，歌舞其下。

終古稻粱，好樂無荒。終侯之功，以配麗陽。

大明萬曆三十七年歲次戊申夏四月既望

賜進士出身承德郎前南京禮部祠祭清吏司主事知

遂昌縣事臨川湯顯祖頓首拜撰

[注释]

①絶譚：譚，这里通潭，河道中深水潭。絶譚，绝镜潭之简称。绝镜潭，丽水大溪水域石牛村附近一个深潭的名称。古有通济桥。金文诗：一别山庄忽十年，归来风景只依然。入帘镜水晚逾碧，隔岸琴山雨更妍。……

②鼓役無羸：羸，léi，瘦，弱。这里因劳累而停止工作。無羸，不会因为劳累而停止（劳作）。鼓役無羸，这里意为修堰工程启动后，不会因为劳累而停止。

③登輪靡窮：登輪，登上前进的车辆，这里指工程上马。靡，mǐ，无，没有。窮，穷尽，无止境。登輪靡窮，指工程上马了，就开始奋力修筑，没有偷闲的意思。

④雲雨版鍤，晝夜晷刻：雲雨，这里指晴雨。版鍤，指安排工程进度。晷，guǐ，测日影定时间的古代仪器。刻，刻度，时刻。雲雨版鍤，晝夜晷刻，这里指在工程进程中按晴雨天气见缝插针，日夜不停安排作业，争取尽快完成。

⑤晏醞：晏，yàn，意为迟，晚。本义：太阳下山，月亮还未升起的时段。太阳和月亮同在西方地平线下的时段。引申义：天晚、迟暮。天清也。杨雄羽猎赋曰。天清日晏。李引许淮南子注曰。晏，无云之处也。汉天文志曰。日晡时天星晏。星卽今之晴字。淮南书。鶂日知晏。阴蜇知雨。晏对阴而言。如淳注郊祀志云。三辅谓日出清霁为晏。按郊祀之晏温。封禅书作曣㗳。犹氤氲也。郊祀志字异而义同。如淳以日出清霁释之。谓晏而温是为异。非是。晏之言安也。古晏安通用。故今文尧典晏晏。古文作安安。左传安孺子。古今人表作晏孺子。从日。安声。安逸。醞，温，温饱。

⑥蛇蝘：蝘，yǎn，蝘蜓也守宫也，这里通假"堰"字。因通济堰历史上有白蛇示迹而堰坝成，故有蛇堰之称。

[作者简介]

汤显祖（1550—1616年），中国明代末期戏曲剧作家、文学家。字义仍，号海若、清远道人，晚年号若士、茧翁，江西临川人。著名作品有《牡丹亭》。汤显祖从小天资聪颖，刻苦攻读，"于古文词外，能精乐府、歌行、五七言诗；诸史百家而外，通天官、地理、医药、卜筮、河籍、墨、兵、神经、怪牒诸书"（邹迪光《临川汤先生传》）。他不但爱读"非圣"之书，更广交"气义"之士，通过积极的社会活动，铸就了正直刚强、不肯趋炎附势的品格。浙江遂昌知县。在遂昌，他"去钳剧（杀戮），罢桁杨（加在脚上或颈上以拘系囚犯的刑具），减科条，省期会"，建射堂，修书院。有时下乡劝农，常年则与青衿子秀切磋文字。这种古循吏的作风，终于使浙中这块僻瘠之地大为改观，桑麻牛畜都兴旺起来。也许汤显祖是把这里当作他的理想王国了，在上述善政之外，竟然擅自放监狱中的囚犯回家过年，元宵节让他们上街观灯，为实施自己的政治主张一无顾忌。这使他的政敌终于抓住了把柄，待考核官员的时机一到，他们就出来暗语中伤。汤显祖自然知道有人想赶走他。1598年（万历二十六年），听说朝廷将派税使来遂昌扰民，他不堪忍受，便不待别人攻击，给吏部递了辞呈；他也不等批准，就扬长而去，回到家乡。

[按语]

本文是时任遂昌县令的汤显祖应丽水绅士之请而命笔撰写的通济堰记，并附有铭，即颂赞。

文章采用通济堰大修前与修竣后丽水士民不同反应，而抒发自己对这个处州重要水利工程对丽水民生重要性的感受。文章生动而富有感染力，是具有文采的堰记。其铭更是朗朗上口，富有韵味。文中还留下了如下资讯：

（1）明代万历十二年至万历三十五年，通济堰已有多年没大修，故而损坏多处，而使碧湖平原农业生产困难重重，年年歉收。

（2）丽水缺粮，人们纷纷赶往松阳购粮。由于丽水人的大量购粮，造成松阳粮荒，粮价飞涨，所以松阳采用禁止向丽水人售粮措施。从而使丽水人闹市。

（3）明万历三十六年六月始，丽水知县樊良枢大修通济堰。

5. 麗水縣重修通堰碑

车大任

[原文]

物之足以灌溉萬靈者莫如水；而難治者亦莫如水。水之流行，其即人身之有血脉乎。善治身者，必循其血脉之正，而後可以尊生。善治水者，匪善其蓄洩啓閉之方亦無以潤澤生民矣。余按栝郡在浙東萬山中①，附郭爲麗水，邑西五十里，有堰曰通濟者，引二縣之水，分爲三源，灌四鄉之田，約億萬畝②，廣袤百餘里，別派四十有八，真邑中一大藪澤③云。相傳自梁天監中司馬詹氏始創此議，請於朝，又遣司馬南氏共治之。顧其功，日久不就，偶一老人指示云：過溪遇異物，即營其地。已而果驗，堰成邑人沐浴膏澤④。比於昔之穰畏壘者⑤，杓之俎豆之間⑥，即今廟祀二司馬是已。宋元祐間，知州關景暉，復治之。政和間邑令王禔用邑人葉秉心議，改造石函，鎔鐵錮之⑦，以防泉坑水患。函成又修斗門⑧，以走暴漲。可謂盡心盡法，萬世永賴矣。乾道間，郡守范成大，復治之，且定爲堰規二十條。又圖其堰之形狀⑨，勒石以傳，即今所存廟中者是已。蓋其法愈備，其功愈遠。嗣是⑩代有損，代爲修之，其人不可勝紀。

[注释]

①余按栝郡在浙東萬山中：余，我，作者本人在古文中称余。按，巡视。按栝郡，巡视栝郡即处州。浙東，古称处州属浙东，现实在浙西南。萬山，群山。余按栝郡在浙東萬山中，我巡视处州丽水处在浙东（浙西南）群山环抱之中。

②約億萬畝：億萬，数量巨大之意。約億萬畝，指实有数万亩之多。

③大藪澤：藪：水边的草地，兽住的地方。比喻人或事物集中的地方。藪澤，sǒu zé，犹渊薮。喻人或物荟聚之处。大藪澤，大的荟聚处，原指水草茂密的沼泽湖泊，这里指通济堰是丽水国赋民生的一大保障。

④膏澤：gào zé，释义：民脂民膏；精华等。膏澤，滋润。滋养的甘霖。

⑤穰畏壘者：穰，ráng，丰收。畏壘，借指乡野。宋刘克庄《和季弟韵》之六："老爱家山安畏垒，早知世路险 瞿唐。"明陈继儒《大司马节寰袁公（袁可立）家庙记》："夫畏垒之庚桑，里人耳，桐乡之朱邑，邑吏民耳。"清赵翼《调守广州》诗："地偏恰似仇池穴，俗厚难忘畏垒乡。"穰畏壘者，粮食能够丰收的乡间。

⑥杓之俎豆之間：杓，sháo，同"勺"。杓之，从杯酌酒。俎，zǔ，同"俎"，古代祭祀时放祭品的器物。俎豆，典故名，典出《论语·卫灵公》和《史记》卷四十七〈孔子世家〉。"俎"和"豆"，古代祭祀、宴飨时盛食物用的两种礼器，亦泛指各种礼器。后引申为祭祀和崇奉之意。杓之俎豆之間，得以不断享祀祭祀和崇奉。

⑦鎔鐵錮之：用熔化的铁水胶固大坝。

⑧斗門：据前后文意，这里指的是排砂门。

⑨圖其堰之形狀：这里指的是南宋绍兴八年丽水县县丞赵学老绘刊的通济堰图碑。

⑩嗣是：嗣后，其后。

[原文]

而大都率由舊章興利除害云。萬歷丁未冬月，閘木告朽、崖石被衝，里排周子厚、葉儒①數十人詣邑令樊君白狀。令君曰：是吾責也。即日單車裹糧，詳加諮訪，躬觀厥狀②：二司馬祠及龍王廟俱就圮。樊令愀然曰：此何以報功德於前、遺軌範於後乎？即申請用寺租二百緡爲修築。農③不足，又從三源之民計畝定工，令主簿葉良鳳專督其事。時太守鄭君，復議助庫貯贖鍰④百緡。余亦自捐贖鍰百緡助之。民歡然忘勞，未幾工成而落之。因屬余記其事，余惟夏禹以溝洫而底績於平成漢史⑤，以河渠而並志於禮乐。至於鄭國白渠⑥相與致力於斯者，班班可鏡⑦。譬如人身津液血脉，循軌不乱則永年可期。此本說⑧也，舍本而治其標，即良醫何所措手乎？治天下如理身，簿書期會⑨治之標也，非本也。咨本重農，濬川滌源⑩。

[注释]

①里排周子厚、葉儒：里排，通济堰流域的一个古村庄名称。里排人周子厚、叶儒。

②覩厥狀：覩，dǔ，古同"睹"，观看、观察。厥，jué，代词，它的、他们的、它们的。覩厥狀，亲身踏勘现场看到它们的现状。

③農：原指农耕农产，现指修堰的经费。

④贖鍰：贖，用财物脱罪或抵免过失，謇后期当斩，赎为庶人。《汉书·张謇传》。又如：赎刑（用财物抵免刑罚）；赎命（以财物营救犯人，使脱免刑罚）；赎锾（用钱赎罪；赎罪的金钱）；赎钱（赎罪的钱）；赎银（用以赎罪的银钱）；赎绢（赎罪用的绢帛）；赎庸（出钱以免除劳役）。贖鍰，用钱赎罪；赎罪的金钱。

⑤夏禹以溝洫而底績於平成漢史：夏禹，禹是夏朝的第一位天子，因此后人也称他为夏禹。他是中国古代传说时代与尧、舜齐名的贤圣帝王，他最卓著的功绩，就是历来被传颂的治理滔天洪水，又划定中国版图为九州。禹死后安葬于会稽山上（今浙江绍兴），仍存禹庙、禹陵、禹祠。从夏启开始历代帝王大都来禹陵祭祀他。是为中华民族的历史发展做出了巨大贡献的伟大历史人物。他的重大功绩不仅在于治理洪水，发展国家生产，使人民安居乐业，更重要的是结束中国原始社会部落联盟的社会组织形态，创造了"国家"这一新型的社会政治形态。夏禹完成了国家的建立，用阶级代替原始社会，以文明社会代替野蛮社会，推动了中国帝王历史沿革发展。溝洫，田间水道。引为水利工程。底績，谓获得成功，取得成绩。平成，"终古平成思禹绩，乾坤准信等浮沤。"这是明代太守傅光宅咏涂山的诗句。涂山，位重庆南岸区，因大禹娶涂山氏之名而名。夏禹以溝洫而底績於平成漢史，夏禹以重视农业水利而取得成就而列成汉史。

⑥鄭國白渠：郑国渠和白渠。

⑦班班可鏡：班班，"斑斑"的通假，留下的痕迹。鏡，同本义［mirror；looking glass］，古镜以铜或铁铸，也有用玉的，盘状，正面磨光反亮以照，背面有纹饰。鏡，鉴也，监察，借鉴。班班可鏡，（前人修堰）所留下斑斑史迹可以作为借鉴。

⑧本説：中国传统文化中的治本之说。

⑨簿書期會：簿書，官署中的文书簿册，指官府间书信文牍往来。期會，谓在规定的期限内实施政令，多指有关朝廷或官府的财物出入。簿書期會，通过官府间书札文牍往来约定处理或实施政令。

⑩咨本重農，濬川滌源：咨，即寻访，探求。咨本，探求处世的根本之道。重農，重视农耕水利、注重民生为本。濬，疏通，挖深的意思。川，河道、川流，也指人工开凿的水道。源，水源，引水的源头。濬川滌源，疏浚水道清理源头。

────────────

［原文］

爲國家根本計，自水利外其道無繇①矣。顧水不善治，則利反爲害。而惟蓄洩啟閉盡之，盈則放之於海、涸則注之于渠，亦如人之血脉得中，疾自郤②也，良醫壽民③，蒸民乃粒④，國賦用輸其利溥⑤哉，信乎民牧之要箴⑥，經界之良法⑦矣。樊君治邑不二載，百廢具興，此則一舉而數善備焉。乃其惠之大者，豈非其岐黃國手⑧，而實有如傷之視⑨致然耶。後之君子，循其跡而求之，亦永有賴於秸⑩矣。

［注释］

①無繇：繇，古代统治者强制人民承担的无偿劳动。無繇，没有额外的劳役。

②疾自郤：郤，这里是否用错字。疾自郤，据文意这里讲的是疾病自然就痊愈了。

③良醫壽民：良醫，好的医生。壽民，治好病人而延长其寿命。引指好的官吏重视农耕水利而使人民得利。

④蒸民乃粒：蒸民，zhēng mín，众民；百姓。《孟子·告子上》："《诗》曰：'天生蒸民，有物有则。'"南朝时期陈徐陵《报尹义尚书》："变大风于五礼，驱蒸民于昌辰。"宋司马光《进士策问》之

二：“使不善之人任事九年，蒸民泛滥。”清惜秋旅生《维新梦·训农》：“示吾侪要术重编，降康年粒我蒸民外。”《乃粒》是中国古代一部综合性的科学技术著作《天工开物》里的记载的一篇关于百姓以谷物为食文章。《天工开物》初刊于 1637 年（明崇祯十年）是世界上第一部关于农业和手工业生产的综合性著作。蒸民乃粒，给老百姓以充足的粮食。

⑤溥：溥的本意指广大，引申指周遍。另外溥又假借作普，指普遍。这里有广博之意。

⑥民牧之要箴：民牧，旧时谓治理民众的君王或地方长官。《陈书·世祖纪》：“朕自居民牧之重，托在王公之上，顾其寡昧，郁于治道。”元陈高《丁酉岁述怀一百韵》：“奉使为民牧，宣威到海旁。”明刘基《送海宁尹知州之官序》：“天子有民不能徧治，故托之守令。故守令谓之民牧。”清唐甄《潜书·考功》：“身为民牧，藉权以行惠，苟非顽薄之资，其谁不能！”箴，本义是竹制针灸用针。引申义：缝衣用的工具。箴铭（文体名。箴是规诫性的韵文；铭在古代常刻在器物上或碑石上，兼用于规诫、褒赞）。民牧之要箴，官吏治理地方及国家的重要方式。

⑦经界之良法：经界，土地、疆域的分界。《孟子·滕文公上》：“夫仁政，必自经界始。经界不正，井地不钧，谷禄不平，是故暴君污吏必慢其经界。”《汉书·食货志上》：“理民之道，地著为本。故必建步立晦，正其经界。”《新唐书·解琬传》：“会吐蕃骚边，复召授左散骑常侍，诏与虏定经界，因谐辑十姓降户。”郑观应《盛世危言·垦荒》：“谓宜通饬，边疆督抚，将沿边荒地派员探测，先正经界，详细丈量。”良法，良好方法。经界之良法，管理地方的好办法。

⑧岐黄国手：岐黄，黄帝与岐伯的简称。《内经》全称《黄帝内经》，是我国最早的医学典籍。传说为黄帝和岐伯所作。黄帝是我们中华民族的先祖轩辕氏（也称有熊氏、公孙氏），曾为统一中原作出贡献，也是养蚕、舟车、文字、音律、医药、算数的发明者。岐伯系黄帝的大臣，典主医病，史称岐伯医术高明，“脉理病机治法经运气，靡不详尽”。《内经》就是根据他与黄帝就医术、医理、中草药等方面的对话，经后人编纂补充而成的。《内经》共计十八卷，分《素问》《灵枢》两部分。它以人体结构、机能联系及人与自然关系等整体观念为出发点运用阴阳五行学说、脏腑经络关系，解释人体生理、病理，阐述诊断、治疗、预防、养生等方面的方法，是我国古代一部系统、全面、科学的基础性著作，对后世中医的形成和发展，起到重大影响。尤其在明代李时珍《本草纲目》问世之前，医家视之为必读之书，不读该书，则不能行医。所以古人尊称《内经》为医书之祖。而《黄帝内经》的作者黄帝、岐伯，亦为人尊为医家之祖。正是这个原因，后来岐（伯）黄（帝）几成“中医学”的代名词，以后这来人们学医时，就说是学习“岐黄”；对于医术高超的人，说成是精于“岐黄”。只是清末民初以后，随着西医的普及，中医开始退居二线，“岐黄”一词，除了古籍里尚能见到，在人们的日常生活中，也就很少使用了。国手，国内顶级、国家级高手。

⑨如伤之视：伤，这里指病症。如伤之视，这里意思是把它作为真正的疾病看待，而实施了正确的治疗方法。

⑩永有赖於栝：永远依赖这种方法治理栝州。

[原文]

余不佞①，既得以隶观厥成②。因备述始末而为之铭③，以告我后之人。其铭曰：

栝苍接天，山多田少。时望丰年，邑西沃壤。

地平如掌，隄防禒裑④。司马詹南，并驾齐驱⑤。

恩德广覃⑥，谁其创始。谁继厥美，桑麻百里。

白蛇肇祥，贻谋永臧⑦。迄今不忘，郡邑岳岳⑧。

冀黄鲁卓⑨，民忧民乐。斗门载潴⑩，石函自如。

[注释]

①不佞：佞，佞言，乱说。不佞，不会乱说。这里犹言"不才"。

②聿觏厥成：聿，古汉语助词。觏，观察、观看、看到。厥成，其成、乃成；其成就、其功成；他的功德、功劳。聿觏厥成，而看到这件事的成就。

③爲之銘：为这件事留下赞颂的铭记。

④褓襁："襁褓"的反置。意为没有通济堰水利工程之前，碧湖平原的水利犹如襁褓中的婴儿般的脆弱。

⑤並駕齊驂：驂，马在奔驰。並駕齊驂，骏马在一起奔驰。这里形容詹南二司马携手并肩，共创通济堰。

⑥廣覃：覃，tán，深不可测、黑洞洞的。廣覃，广阔而深远。

⑦貽謀永臧：貽謀，yí móu，《诗·大雅·文王有声》："诒厥孙谋，以燕翼子。"后以"贻谋"指父祖对子孙的训诲。晋陆机《吊魏武帝文》："观其所以顾命冢嗣，贻谋四子，经国之略既远，隆家之训亦弘。"宋苏轼《韩维祖保枢鲁国公制》："上以报贻谋之德，下以励移孝之诚。"清秋瑾《失题》诗："膝下贻谋晚，堂前慰藉先"。臧，zāng，善，好。贻谋永臧，这里引指历史上有益的谋划可以很好保持。

⑧郡邑嶽嶽：嶽嶽，yuè yuè，挺立貌，耸立貌。郡邑嶽嶽，此处指处州州县对通济堰坚持不懈的管理记录历历在目。

⑨龔黃魯卓：龔黃，即龚黄，典故名，典出《汉书》卷八十九《循吏传序》，为汉循吏龚遂与黄霸的并称，亦泛指循吏。及至孝宣，繇仄陋而登至尊，兴于闾阎，知民事之艰难。自霍光薨后始躬万机，厉精为治，五日一听事，自丞相已下各奉职而进。及拜刺史守相，辄亲见问，观其所繇，退而考察所行以质其言，有名实不相应，必知其所以然。常称曰："庶民所以安其田里而亡叹息愁恨之心者，政平讼理也。与我共此者，其唯良二千石乎!"以为太守，吏民之本也，数变易则下不安，民知其将久，不可欺罔，乃服从其教化。故二千石有治理效，辄以玺书勉厉，增秩赐金，或爵至关内侯，公卿缺则选诸所表以次用之。是故汉世良吏，于是为盛，称中兴焉。若赵广汉、韩延寿、尹翁归、严延年、张敞之属，皆称其位，然任刑罚，或抵罪诛。王成、黄霸、朱邑、龚遂、郑弘、召信臣等，所居民富，所去见思，生有荣号，死见奉祀，此廪廪庶几德让君子之遗风矣。魯卓，另一位关心民忧的官吏。

⑩斗門載瀦：斗門，这里指过船闸。載，应是"截"字之误，截瀦，拦截溪水入渠。

———————

[原文]

可耕可廬①，三源經界。支分節解②，永遠勿壞。

誰謂水瀰③，一堰治之。功德無期，誰謂民勞。

其喜陶陶，陋彼桔橰④。彼其之子，爵然不淬⑤。

政平訟理，後人繼今。亹勉⑥同心，作我甘霖。

萬曆歲在戊申五月朔日

賜進士出身亚中大夫浙江等處承宣布政使司右參政前按察司副使　奉

勅整飭嘉湖兵備南京禮部精膳司郎中知福州嘉興二府事楚人車大任撰文

[注释]

①可耕可廬：廬，形声，从"广"，表示与房屋有关，此处特指田中看守庄稼的简陋的小屋；庐声。可耕可廬，指有通济堰工程后，碧湖人民有田可耕而安居乐业。

②支分節解：指通济堰渠道通过不断分解而成三源七十二概三百多条支渠而实现自流灌溉。

③水瀰：瀰，即"弥"，满，遍。水瀰，据文意是指水患。

④陋彼桔槔：陋彼，狭小，简略。唐王维诗句：方将见身云，陋彼示天壤。桔槔，桔槔俗称"吊杆""称杆"，古代汉族农用工具，是一种原始的汲水工具。商代在农业灌溉方面，开始采用桔槔。陋彼桔槔，用简单的汲水工具即可实现灌溉。

⑤爵然不淬：爵，像爵者，取其名节；然，以戒荒淫。不淬，比喻洁身自好，不受坏的影响。

⑥黾勉：勉励，尽力。《诗·邶风·谷风》："黾勉同心，不宜有怒。"《毛传》："言黾勉者，思与君子同心也。"

[作者简介]

车大任，湖广邵阳（今属湖南）人，明代官吏。万历进士，历南丰知县，官至浙江参政，所在有嘉誉。著有《萤囊阁正续集》。后擢按察副使，分巡浙西道兼整饬嘉湖兵备。嘉兴、湖州两地濒海，兵备所辖率各卫所官兵驻防坐食，日久成为人民之累。大任担任嘉兴知府的时候就了解这种情况，于是严加管束，军政一肃。又建仁文书院，广集名士居其中，浙西文教大兴。后晋浙江布政使，司左参政。大任按照治嘉兴、湖州的办法治理全浙江，沿海地区非常安定。三年之后，考核为上等，吏部准备上报他为浙江巡抚。大任念其母老，辞归养母。母卒，即不复出。年八十余卒，祀乡贤。

大任系性情中人，为官治民，皆坦诚相见。政绩多在福建浙江一带。世传其祷雨辄应，为民所神。老百姓用木头给他塑造神像，旱则相呼昇之求雨，往往灵验。有诗才，乐奖进后学，以此为士论所归。著有《囊萤阁初集》二十卷、《归田集》十卷。诗见《明诗综》《沅湘耆旧集》。邵阳车氏门才甚盛，差不多人人有诗文集，实自大任始。

[按语]

本文记载了明万历三十六年丽水知县樊良枢主修通济堰之事。主要有以下资讯：

（1）万历三十五年冬月，报称通济堰各概闸木腐朽，大坝崖石被冲毁。

（2）处州知府郑君，动议拨助库存余银百缗，浙江安察副使车大任也助银百缗。

6. 通 济 堰 规 叙
樊良枢

[原文]

閱古循良，率修水事。漢召翁卿好爲民興利，開通溝瀆以廣灌溉。作均水約束，刻石立於田畔，以防分爭①。百姓信之，號曰召父。我 樊侯來宰是邑，無不倣古爲政②，所以彰信之大者③，尤莫如修水事。侯嘗云：若欲足食，必毋去信，行險而不失其信者，水也。治水而亡信，不予民以爭乎战。侯既治堰復古規，則約上中下三源受水日期弗爽。民於是以侯爲信，知侯計在久遠。不徒壘石奠木爭尺寸也，隨諸所分源頭。刻石而志之，歌且繼樊惠渠而作矣。歌曰：

西顧崇丘，膏水因之。此涸彼盈，畫一均之。

漢有京兆，作人父母。我侯象賢，爲衆父父。

溝防既式，低昂其衡。彰信兆民，以莫不寧。

河洛禹功，作乂乃粒。享祀之福，惟侯斯緝。

於戲余先君子春秋踰九十。余亦如之，蓋嘗耳目④二百年來之事，歲多旱，而民爭利非一日矣。書以傳信，若揭日月而行⑤。夫侯之功詎在兩司馬下哉？

萬歷戊申歲次季夏吉旦

治下九十老人高岡拜手謹序

麗水縣令豫章樊良樞政虛甫　　編次⑥

丞盧陵王夢瑞伯祥甫

簿泰寧葉良鳳鳴歧甫　　同修⑦

尉侯官林應鎬元宇甫

邑人通府高岡子仁甫

縣尹陳嘉謨子宜甫　　同校⑧

州同單熙載舜咨甫

通府劉世懋德昭甫

進士王一中元樞甫　　同正⑨

司訓葉曾一之甫

何应干孟陽甫　　同閱⑩

舉人金大仁希安甫

生員王良聰葉伯仕

詹世寧何元善等　　同覽

約正張一鳳繼賢任淮吳賢葉時新

楊汝志王淮張一琹薛維翰

耆民九十三歲陳禮俞煬

九十二歲詹德湯鳳

楊挺俞滄梁仲彩吳東王良訊

王應麟應臬朱德基許葉　　督刻

三源堰長魏杖陳玘周松

三源总正吕淮葉儒伉裴德

三源公正魏希承程伯廣吳基明趙辉言

何鳳鳴葉紹明紀大滄楊傑盛

孫桃谷紀璁秀徐普朋　　同督

俞汝謨章尚恩　　刻

[注釋]

　　①漢召翁卿好爲民興利，開通溝瀆以廣灌溉。作均水約束，刻石立於田畔，以防紛爭：漢召翁卿，汉代召信臣，字翁卿，九江郡寿春县人。由于通晓经书，获得甲科考绩，做了郎官，接着外调补缺做了穀（谷）阳长。又由于考绩优等，升为上蔡长。他在治理地方时能够爱民如子，所到之处都受到人们的称赞。破格提拔做了零陵太守，因病归故里。又被征召为谏大夫，升为南阳太守。他治理南阳的方法策略如同做上蔡长时一样。召信臣为人能够尽心竭力富有谋略，喜欢为民做好事，务求使人民富裕起来。亲自劝勉农民勤于耕田种地。来扩大灌溉的面积，灌溉面积年年有所增加，多达三万顷。人民获得兴修水利的好处，粮食蓄积有余。信臣为百姓制定了平均用水的公约，刻在石碑上树立在田地的旁边，以防发生争水的纠纷。禁止办婚丧等事过于奢侈浪费，务求办得节俭。府县吏家庭的子弟有喜好游逛，不把

耕田种地当作正事的，就加以训斥和禁止，严重的还要按不遵守法规来加以惩处，以此来训示他们应当爱好什么，厌恶什么。他的教化得到大力推行，郡中的人没有不努力耕田种地的，流散于外地的百姓都回归到本郡，户口成倍地增加，偷盗抢劫、告状打官司之类的事逐渐减少以至绝迹。吏民们都亲近爱戴信臣，称他为“召父”。荆州刺史上报召信臣替百姓做好事，他管辖的郡因此充实富足，皇帝赏赐召信臣黄金四十斤。他被升职任河南太守，政绩品行常常被评定为第一，皇帝又多次增加官阶赏赐黄金给他。竟宁年间，信臣被征召做了少府，排列在九卿之位。他奏请位于上林中的离皇宫较远的诸多宫馆，皇上很少来临，不必再在那里缮治举行宴会用的帷帐、用具、饮食等器物。又奏请省掉乐府、黄门中的演唱杂技等游戏，以及陈列在宫馆中的弓箭等兵器和杂用器物可以减去大半。太官园里种着冬天生长的葱、韭菜等蔬菜，用屋檐覆盖着，昼夜燃烧着积火，需要温气才能够生长。召信臣认为这些都是不合时令的东西，对人有害，不应该用来供养朝廷，还有其他不合理的食物，全都奏请停止供给，结果为朝廷每年节省费用达数千万。信臣年老在职病逝。元始四年，皇帝下诏书祭祀对百姓做过好事的百官卿士，蜀郡推荐了文翁，九江推荐了召父。当年郡守率领官员属吏一齐行礼，在召信臣的坟墓前建立祠堂，而南阳也建造了主祠。

②倣古爲政：倣，同“仿”，类似。倣古爲政，模仿效法原来的方法，做好通济堰维修保护。

③彰信之大者：彰，彰扬，宣示；信，信誉，信用。彰信之大者，向（民众）宣示最大信用的是……

④蓋嘗耳目：蓋，发语词。嘗，经历。耳目，听闻、看见、查阅。

⑤書以傳信，若揭日月而行：書以傳信，书写记录下来流传后世；若揭日月而行，像举着太阳、月亮走路那样明显。

⑥编次：编辑整理。

⑦同修：这里指一起、共同编修规章制度的人。

⑧同校：这里指共同参加校对讨论的人。

⑨同正：这里指共同为文献指正的人。

⑩同閱：这里指一起校阅的人。

［原文］

通　濟　堰[①]

縣西五十里，有堰曰通濟，障松陽遂昌兩溪之水，别爲大川，疏爲四十八派。自寶定抵白橋，凡三十餘里。析流畎澮，注民田二千頃。又以餘水瀦爲湖，以備溪水之不及，自是歲雖凶而常豐。堰旁有廟，曰詹南二司馬。故老謂：梁天監四年，有司馬詹氏，始謀為堰，而請於朝，又遣司馬南氏，共治其事。是歲溪水暴悍，功久不就。一日有一老人指之曰：過溪遇異物，即營其地。果見白蛇自山南絕溪北，營之乃就。宋明道中，碑刻尚存。元祐七年，知州關景暉，命尉姚希修之，因爲之記。堰每爲泉坑水所衝，積沙石，渠噎不通，歲一再開治。至政和初，邑人葉秉心，佐邑宰王禔建石函，至今民以為利，郡人葉份記。乾道五年知州范成大再葺，又重修堰規，刻於石焉。

好溪堰[②]

堰在縣東十二里[③]，横截好溪水，入北碶[④]，溉田一百頃。

司馬堰[⑤]

堰在縣西四十里，岑溪之東[⑥]亦詹司馬所作。

均堰[⑦]

　　堰在縣北四十五里⑧。

　　　　黄山堰⑨

　　堰在縣北十五里⑩。

［注释］

　　①通濟堰：这条内容是抄录范成大堰规的跋语部分。

　　②好溪堰：好溪，原名恶溪。"天作巨堑，险于东南。岌邱嘱呀，苍山黑潭。殷云填填，怒虎魈魈。一道白日，四时青岚。鸟不敢飞，猿不得下。舟人耸棹，行子束马……"这是唐乾元年间（758—760 年），缙云县令李阳冰所作的《恶溪铭》。恶溪之恶，在大书法家李阳冰笔下描写得尽致淋漓。恶溪，即丽水东北方向的缙云溪，今称"好溪"。其发源于缙云与磐安交界的大盆山，西流而南合管溪，又汇远近诸条涧水，经仙都山下叫练溪，至南入丽水县（今莲都区）界称箭溪，再南为东港，又南汇入大溪，为瓯江的重要支流。缙云溪溪流连绵 45 千米，中有 59 濑。其中突星濑中流巨石纵横，因东晋时大书法家王羲之书"突星濑"三字于其上而闻名于世。然恶溪虽恶，却又是丽水进京赴省、东出温州的必经之路，自古为处州要津。两岸岩山峭立，怪石嶙峋；处处险滩急水，礁石密布。过往行舟动辄破碎倾覆，溺事频发，世人谓之多"水怪"。好溪堰位于丽水市区东北马头山脚，距今已近一千两百年的悠久历史。好溪堰坝高 6.5 米，长 225 米，西南流至浪荡口分坝，分为东北两渠，全长约 9.58 千米，灌溉 18 个村庄 480 公顷农田。历史上，好溪堰与全国文保单位的通济堰并称"东西二堰"。这条千年古堰至今仍然发挥其巨大作用，成为惠泽城郊平原的母亲堰。距李阳冰近百年之后，一位叫段成式的处州刺史，从京城长安来到丽水，改写了恶溪的历史，成为丽水百姓世世代代口耳相传的治水功臣。唐宣宗大中九年（855 年），段成式刚上任就决心治理恶溪。他用了四年时间，带领丽水百姓，浚滩排险，疏通河道，方便行舟。然后又在处州城东马头山下，垒石为堰，开渠引水，灌溉桑田。恶溪终于被治服，改名曰"好溪"，堰以溪名。段成式这一举措，不仅在处州大地上树立了一块造福百姓的不朽丰碑，而且在中国治水史上留下了光辉的一页。"好溪"之名，最早见于段成式的《好道庙记》（撰于唐大中十年）。而记载于国史，最早见于宋嘉祐五年（1060 年）参知政事欧阳修、工部尚书宋祁等编撰的《新唐书·地理志》："丽水东十里有恶溪，多水怪，宣宗时刺史段成式有善政，水怪潜去，民谓之好溪"。时隔不久，北宋遂昌人龚原在《治滩记》中复有好溪的记载。而"好溪堰"之名，最早见于宋代思想家、文学家叶适的《朝议大夫知处州蒋公墓志铭》"好溪堰旁山桩篠所聚，请於朝，禁席势冒佃者"（目前所掌握的史料）。此后，好溪、好溪堰之名历代史志典籍相沿不改至今。好溪堰灌溉系统由大坝、渠道、进水闸、大小概闸、溢流坝、渡槽、石函（水立交）、翻水泵站、防洪堤等不同类型的水工建筑物组成。关于段成式初创时期，使用的构筑材料、堰坝规模没有具体的记载。道光《丽水县志》记载较详："好溪堰县东二十里。灵鹫山下，垒石为堰西流至浪荡口分水坝，析为东、北二渠。北渠别纳山水三条：一自巩固桥入；一自八宿桥入；一自沙圩头入。灌田六十余顷。堰阔六丈（鲁班尺），长九十丈，中高一丈二尺，两端以（依）次杀高六尺。自堰至分水坝一百八十二丈；自分水坝至东渠蜈蚣岭坝一百二十丈；自分水坝北至渠巩固桥二百九十丈。"由于堰坝所处位置水流湍急，常遇暴雨山洪就冲毁甚至荡为平地。历代屡毁屡筑。1952 年 12 月，好溪堰拦河坝改建工程采用印度式堆石坝，沿用至今。好溪堰分东、北二堰，堰渠流域水系历代相沿并逐渐扩大。创堰自新中国成立前，东堰自青林、社后、关下、奚渡出大溪，北堰自凉棚峡、上河坝，经九里，转西南过堰古、黑桥、南桥，合城中水达于李突头（厦河门东一带）入大溪。1953 年，好溪堰水引入城中，始为城中水的主要组成部分。如今好溪堰流域跨今岩泉、紫金、万象三个街道，流经 16 个行政村，12 个社区居委会，有渠道全长 9.58 千米，流域近 40 平方千米。此外，20 世纪 70 年代，丽水县政府还在好溪堰坝东首，开坝筑渠，引流至水东畈。流域范围扩展到河村、水东、芦埠等一带。

③堰在縣東十二里：好溪堰大坝在丽水市区东北距城 6.6 千米处马头山脚。

④入北碿：碿，从山腰向平地倾斜延伸的石坝（用于拦截和导流山水，以灌溉农田）。入北碿（将好溪水）引入（丽水城东）北面的水道（用以灌溉农田）。

⑤司马堰：属于通济堰水系，位于县西，通济堰中游。

⑥岑溪之東：岑溪，县西四十里，源出高畲山，经三峰山麓，延亵三十里许。在岑溪东侧截岑溪水，引入通济堰。

⑦均堰：均，均溪，源出大杉源山，合云和诸山坑水，至丽水县界与龙泉溪水会合，过玉溪至均溪村到大港头，与松荫水会合（瓯江自龙泉、云和东入丽水界，称均溪）。故不属于通济堰水系。

⑧縣北四十五里：位于丽水城东北侧约 22.5 千米，截均溪水，引水灌溉其下方农田。

⑨黄山堰：属于通济堰水系。位于通济堰之下尾部，截黄山坑水（源出稽勾山，南流至义潭）垒石为堰，防止其流携沙淤塞通济堰水道，并引水补充灌溉通济堰水不足的农田。

⑩堰在縣北十五里：位于丽水城西北侧约 7.5 千米黄山村东。

[原文]

上　源

十四都①坐水利②八分。

十五都③坐水利五分。

十七都④坐水利七分二釐⑤。

中　源

十附都⑥坐水利四分。

十正都⑦坐水利十分。

十一都⑧坐水利六分七釐。

十二都⑨坐水利八分二釐。

下　源

五都⑩坐水利五分五釐。

[注释]

①十四都：都，明、清时基层行政区划是图，图下分十庄，图有地保；图上设都，相当于区或乡。十四都，明代丽水县的第十四都，领庄有四：沙岸、兰山、岑口、派田。

②坐水利：坐，居留，停留。此处引申为留住、分享。水利，这里指受到水利带来的份额。

③十五都：明代丽水县的第十五都，领庄有六：山峰、下汤、碧湖上中下三堡、采桑、瓦窑、下缸。

④十七都：明代丽水县的第十六都，有 9 个村庄：吴村、�步、南山、蔡村、平项、梅后、部里、箬溪、黄庄。

⑤七分二釐：分，以十为分；釐，即"厘"。七分二厘，占该支渠总用水量约十之七二。

⑥十附都：明代有十附都，清代无，清县志不载，故领庄不明。

⑦十正都：明代有十正都，清代无，清县志不载，故领庄不明。而载有十都，有 7 个村庄：资福、西黄、上黄、上地、李湖、县头、零岭。

⑧十一都：明代丽水县的第十一都，有 6 个村庄：下河、上阁、横塘、赵村、松坑口、大漈。

⑨十二都：明代丽水县的第十二都，有 6 个村庄：大陈、章塘、白湖、周村、河东、概头。

⑩五都：明代丽水县的第五都，有 5 个村庄：白口、下堰、赵村（下）、石牛、任村。

[原文]

六都①坐水利三分五釐。

七都②坐水利三分五釐。

九附都③坐水利十分。

上源官塘坐前村④，便民塘在新溪⑤。

山塘在悟空寺前⑥，洪塘三顷七十畝⑦。

潘塘⑧十二畝，馱塘坐弱溪口⑨十二畝。

許塘十二畝在巖头⑩，金川塘十二畝在前窑⑪。

五池塘楊山口計五口⑫，絲齊塘在楊山口⑬。

樟樹塘坐楊店⑭，車戽塘便民坐金村⑮前。

[注释]

①六都：明代丽水县的第六都，有9个村庄：白桥、郎其、土地窑、缸窑、黄塘、峰山、黄山、吴源、度吴。

②七都：明代丽水县的第十一都，有9个村庄：新亭、上赵、吴圩、张圩、陈山、龙石、丽坑、陈店、周庵。

③九附都：明代有九附都，清代无，清县志不载，故领庄不明。而载有九都，有9个村庄：塘里、泉庄、九龙（丽水宋时有九龙镇，见《元丰九城志》，今分五庄曰：周堡、叶堡、纪堡、下叶、刘步）、章庄、下陈、经店、蒲塘、朱村、季村。

④上源官塘坐前村：上源官塘，是通济堰蓄水塘之一，位于前村。

⑤便民塘在新溪：便民塘位于新溪村外。[案《（雍正）处州府志》及屠本仁《丽水县志稿》，有赵塘、林前塘、龙后塘、章塘、上原官塘、岑塘等目。考一此皆潴通济渠余水之处，今不别出。]

⑥山塘坐悟空寺前：山塘，位于县西五十里悟空寺前，周二百弓，计额十三亩分八厘八毫八丝九忽。因淤填，垦占为田。道光二十五年（1845年），张铣履勘浚复。

⑦洪塘三顷七十畝：在县西五十里保定村，周长九百八十二弓，计额三百三十四亩八分三厘四毫七丝二忽。[案：旧传宋开禧间，郡人参政何澹奏调本州兵三千浚通济堰，命凿此塘，《府志》因之。又传澹调洪州兵所凿，《浙江通志》因之。论者颇以调兵为疑，今考宋制，大兴作故得调拨。如丁宝臣《杭州石堤记》称"知府杨偕条上方略，诏发江淮南、二浙、福建兵"是也。惟一以为本州，一以为洪州，了靡所征信，故《栝苍汇纪》并没其文。]

⑧潘塘：潘塘在丽水县城西侧五十里的箬溪口村，塘大十二亩。

⑨馱塘坐弱溪口：弱溪口，即箬溪口。馱塘也在丽水县城西侧五十里的箬溪口村外，塘大十二亩。

⑩許塘十二畝在巖头：許塘，又称许堂塘，在丽水县城西侧四十五里的岩头村，塘大十二亩。

⑪金川塘十二畝在前窑：金川塘在丽水县城西侧五十里的前窑村外，塘大十二亩。

⑫五池塘楊山口計五口：五池塘在丽水县城西侧四十五里的杨山口村，共有五口塘排到。

⑬絲齊塘在楊山口：絲齊塘，亦称思齐塘，同样在丽水县城西侧四十五里的杨山口村外。

⑭樟樹塘在楊店：樟樹塘在丽水县城西侧四十里的杨店村外。

⑮車戽塘便民坐金村：車戽塘便民，称车戽便民塘，在丽水县城西侧四十里的金村前。

[作者简介]

樊良枢，字南植，号致虚，进贤人。生卒年均不详，约明神宗万历末前后在世。万历三十二年（1604年）进士。知仁和县、丽水县令。历刑曹，出为云南提学副使，改浙江。良枢著有诗集四卷，《四库总目》传于世。

[按语]

　　本文是收录知县樊良枢的《通济堰规》，文前附有叙，由九十老人高冈作序。此堰规是宋代范成大堰规的补充，以确认通济堰水利份额，并录有丽水县主要堰坝所在地及通济堰区各塘所在地。

　　樊良枢新规主要有以下资讯：

　　（1）主要记录：好溪堰、均堰、司马堰、黄山堰地址。

　　（2）记录三源各庄所住水利份额。

　　（3）堰区各塘所在地点。

7. 麗水縣文移①

樊良枢

[原文]

　　處州府麗水縣爲議修通濟大堰興復水利事。照得：本縣土瘠而源易涸，山多而流最狹，惟西鄉號爲沃野，實有通濟大堰在縣西五十里，障松遂兩溪之水，導而東行，疏爲四十八派，自寶定抵白橋，週還百里，坐都十一，灌田不下十餘萬畝。梁詹南二司馬創始於前，宋叅政何澹垂久於後。其障大溪而橫截者，石堤也。其初引水而入渠者，斗門②也。元祐年間，知州關景暉，慮渠水驟而岸潰，命縣尉姚希築葉穴以洩之。政和初，邑人葉秉心慮坑水衝而沙壅，佐邑宰王禔建石函以通之。入渠五里而支分，則有開拓槩③之名。由開拓槩而下，則有鳳臺槩、石刺槩、城塘槩、陳章塘槩、九思槩之名。開拓槩始分三支，中支最大，是爲上源，中源而十五都④、十附都、十正都、十一都、十二都之水利坐焉。又接爲下源，而五都、六都、七都、九都之水利坐焉。南支、北支稍狹，是皆爲上源而十四都、十五都、十七都之水利坐焉。其造槩也有廣狹高下，木石啓閉之各殊其用。其分槩也有平木、加木，或揭或不揭之各得其宜。其放水也有中支三晝夜⑤，南北支亦三晝夜之限。輪揭有序，澄注⑥有時，三源各享其利。而不爭三時，各安其業；而不亂此法之最良，備載堰規者也。惟修葺不時，而古制遂湮，於是旱乾之時，紛爭競起。豪强者得以兼併，奸貪者意爲低昂。或閘夫私通商船而洩水於上流，或堰長各爲其源而不公於放注，或槩首通同賄賂而自私於啓閉。三源原有成規也，而上中源支分各異，或有不均之嘆矣。上中源猶先受澄也，而下源處其末流則有立涸之嗟矣。雖有源之水不給於漏卮⑦，況瘠土之民何堪夫涸轍⑧。遂令同鄉共井，歲爲胡越⑨，而国賦民財兩受其敝，皆由古制不修也。今據三源里排周子厚、張樞、紀湛、趙典、徐仟俸、徐高、葉儒、程愚及堰長魏栻、陳玘、周立等各呈詞到縣。卑職於本月十四日親詣堰頭、槩頭⑩等地方。

[注释]

　　①文移：下级官吏向上级官府申报需办事宜的一种古文体，似现代的申请报告之类。

　　②斗门：根据前后文意，这里的斗门是指通济堰的进水闸门，现称通济闸。

　　③开拓槩：通济堰水系中的最主要调节闸，位于现概头村北侧田野上。通济堰干渠至此分为三支，是实现三源轮灌的重要概闸之一。

　　④都：古代行政单位。顾炎武在《日知录》中提到，《萧山县志》曰："改乡为都，改里为图，自元

始。"康熙《漳浦县志》说"都、图"为明制，曰："明制，城中曰坊，在乡（指乡村）曰都，每十一户为一甲，十甲为一里，每里一图"，并说"都、图"为赋役而设。对此，清乾隆进士及第、史学家赵翼注《日知录》时说，"……则乡（指农村）都图之制起于南宋也"，并说"都图"制起始时间"顾氏盖亦失考"。古龙溪县各"都"的演变 龙溪县的"都图"制始于何时？据乾隆《龙溪县志》载，南宋时龙溪已出现"都"，《志》卷首曰："宋时分六乡三十三里，一百一十五保，淳祐间，改里为三十都"。民国时正式废都为乡，结束了他的使命，但还有部分地区使用，如上饶的八都、十六都等。

⑤放水也有中支三昼夜：这里中支是中、下两源放水时间，应是七昼夜之误。

⑥澄注：澄，同"荫"字。澄注，滋润灌注，哺育。

⑦漏卮：卮，即"卮"，zhī，古代盛酒的器皿。漏卮，已经损坏而漏的容器，形容水渠破损外漏而不足以灌溉。

⑧涸辙：辙，车轮压出来的痕迹。涸辙，干涸的渠道像车道一样，这里指渠水干涸了，如同没有水利工程一样。

⑨胡越：胡，有不经意间之意。越，过了，经过。胡越，随着时间不经意间就过去了。

⑩槩头，即概头：通济堰流域的一个村名。因通济堰水系第一个调节控制闸"开拓概"在其村北，故称为概头，亦叫上概头。

［原文］

　　并历上中下三源，勘得斗门、船缺①原係石闸，先年洪水衝壞，萬歷二十七年知縣鍾武瑞申請寺租二百二十兩修築，南崖②至今完固。第閘閘大木歲久朽壞，合行置換。而崖頭大石被水衝壞數處，亦宜修補，此其費木石不過三金而足也。由堰口達渠歲久年湮，而水不入，每年三源人聚力濬之，一日而辦耳。自斗門至石函凡二里許，前人患山水與渠水爭道，沙石堆壅則渠水爲勝，故設爲石函，使渠水從下山水從上，石不壅過，水不爭道，法甚善也。今歲久函下漸塞，函石衝壞，急宜濬之砌之，以復其故，此其費工匠不過二金而足也。由石函至葉穴③，凡一里。葉穴與大溪相通，有閘啓閉，防積潦也，今歲久，石固无恙而閘板盡壞，須得大松木置換，仍令閘夫一名輪年帶管，則水不漏而渠爲通流矣，此其費不過一金而足也。由葉穴至開拓槩凡三里許。舊槩中支廣二丈八尺八寸，石砌崖道，而槩用遊枋大木④。南支廣一丈，北支廣一丈二尺八寸，兩崖亦各豎石柱，而槩用灰石不用遊枋。蓋中支揭木槩，則水注中源，以及下源，凡七晝夜，而南北二支之水不流。中支閉木槩，則水分南北而注足上源，凡三晝夜，而中支之水不放。此其揭閉不爽時刻，而木石不失分寸。今中槩逐年增減，大非古制，而南北二槩石斷砌壞，尤爲虛設，急宜修整官司較量，永爲定式。此其費木石工匠計五金而足也。由開拓中槩而下，凡四里許，爲鳳臺槩，水分南北二概，不用游枋揭吊，但平木分水，留靈⑤而下。又北槩去五里，而分爲陳章塘槩。南槩去半里，而分爲石刺槩。石刺槩之下五里，而分爲城塘槩。皆用遊枋，并做開拓槩法，次第揭吊，蓋不揭遊枋，則灌中源，凡三晝夜而足。揭遊枋，則灌下源，必四晝夜而足，此其揭閉不爽時刻。而鳳臺處其上流，尤不得增減分寸。比年大非古制，而下源受害爲甚，急宜做古修理，官司較量⑥，永爲經久。此其費木石工匠每槩費一金而足也。又勘得渠堰附近人煙，頻年不濬，日逐沙石淤塞，其緣田一帶各圖便利，或壅或防⑦，以致深淺不一，水不通行。今以地勢相之，大都溪水低而渠水高，每至旱乾，但率三源之人濬決堰口，而不知疏導水性，遂使前流壅過，受水不多，及至水到之處，各爭升斗求活，立見其涸，而三源皆受困矣。今但委官相其地勢，從源導流，立爲平準，令各田戶自濬其渠。用民之力，復渠之故，此不費一錢，不過旬日而足也。又勘得司馬堰下金溝坑⑧，舊築堤以障水，近被坑水衝決，而十二都、十四都、十五都居民之田頗受其害。今葉儒等自願率衆修築，此亦不費官帑，而因民之利者也。龍王廟居堰上，兼祀詹南司馬、何丞相，歲被龍風吹折，頹廢不修，今合增造前樞、修葺垣舍⑨，大率十餘金而足。一則棲神崇祀，以存報功報德之典。二則官司往來巡視，以爲駐劄⑩之所。

[注释]

　　①船缺：通济堰拦水大坝上的过船构造。始创是留一过船缺口，故称船缺。后在石砌大坝上建有过船闸，沿习也有称船缺者。

　　②南崖：崖，山崖，引申岸边。南崖，大坝南端岸。

　　③葉穴：在通济堰主渠道上，距堰坝约1300米处。历史上建一座直通大溪的概闸，用于大水时排除主渠道首段淤砂及排涝。因其建于叶姓人田上，故称叶叶。今已废，仅留遗址。

　　④槩用遊枋大木：槩，概闸。遊枋，可以活动的概枋。遊枋大木，指用于启闭闸门的单条大枋木。槩用遊枋大木，概闸采用大木料做成们概枋来启闭。

　　⑤留霪：留，应为“流”的借用字。霪，yín，久雨，这里指渠水。留霪，渠水顺流而下。

　　⑥官司較量：官司，这里是指由官府派官员所司职责。較量，是“校量”之意，即校对、勘量。

　　⑦或壑或防：壑，坑谷，深沟。防，堤也。或壑或防，或采用挖沟偷引堰水、或采用壅堤挡水私引入田。

　　⑧金溝坑：通济堰水系中的一条小山坑，位于司马堰下方，筑有金沟堤，具有扫水入堰及防止坑砂入渠的功能。

　　⑨修葺垣舍：修葺，修理、修复。垣舍，墙垣与房间。

　　⑩駐劄：劄，古代行文的一种文体，这里引申指办理公务。駐劄，作为长驻的办公场所。

[原文]

　　三則令門子看守，以時掃洒啓閉。仍令閘夫每月輪值二名，常川歇住①，以便守閘，防透船泄水之害。則水利可興，旱潦有備，十一都之民均安不貧，而西鄉沃野亦郡邑根本之地矣。前後會計大約濬渠掘泥②之工取於民，而買置木石及修理祠廟之費出於官。合再申請，將本年寺租官銀動支二十兩。尤恐經費不足，乃從三源之民，每畝愿各出銀三厘，以爲工匠之費，則財力易辦，而旬日可成。緣因興復水利事宜，卑職未敢擅專，理合申請。爲此，候允示至日，行委本縣主簿葉良鳳，督匠修理。今將前項緣由，另册備申③，伏乞照詳示下，遵奉施行。須至申者④奉

　　處州府知府鄭 批⑤：川源陂澤，政之大者。悉始議行仍候 兩道詳示，行繳。

　　帶管水利道⑥劉 批：仰府查報。

　　溫處兵巡道⑦常 批：據申水利，条分縷析，且支費不多，而旱乾有備，准如议。行繳。

　　分守溫處道⑧車 批：興復水利，政之首務也。據議計畫周詳，官民協濟，可以備旱潦而得古人之用心矣。仰即照行，動支寺租銀二十兩。委葉主簿督匠，完工册報。繳。

　　萬歷三十五年十二月初一日知縣樊良樞 丞王梦瑞 主簿葉良鳳 典史林應鎬。

[注释]

①常川歇住：川歇，行程中住地。常川歇住，作为常用提供闸夫住宿轮值用房。

②濬渠掘泥：濬渠，疏通渠道。掘泥，挑除淤积沙泥。

③備申：另外备案申报。

④须至申者：申，通"审"。必须报送审核的人（领导）。

⑤批：审核者的批示。

⑥带管水利道：带管，附带管理的职务。水利道，道衔名称，管水利的道台。

⑦温處兵巡道：分巡温处两州兵备的道台。

⑧分守温處道：分守温处两州的道台。

[按语]

本文是明万历三十五年十二月初一日丽水县令樊良枢上报拟修通济堰的报告，古称文移。文中详细汇报了通济堰损坏状况和修复计划，是其大修通济堰的历史文献。文后有知府郑、带管水利道刘、温处兵巡道常、分署温处道车等上级官吏的批示。文中有以下资讯：

（1）分别说明通济堰概闸用木年久腐朽、大坝砌石冲坏、堰口淤塞、石函三洞桥下淤积、叶穴闸板坏、开拓概损坏等情况及修复所需银两。

（2）说明凤台概及以下各概损坏情况及修复计划。

（3）说明龙王庙（即报功祠）颓废及修复所需费用。

（4）申请动用寺租二十两投入修复经费。

（5）不足部分，三源受益农田每亩出银三厘，作为修堰民夫工食费用。

（6）委托本县主簿叶凤良为监督修理。

8. (牌　示　1)①

[原文]

處州府為議修通濟大堰等事：案據麗水縣申詳議動寺租官銀，修築西鄉通濟大堰、司馬龍王祠宇情由，到府批候間，又蒙水利道副使劉批　縣，通詳前申，蒙批：仰府批報，蒙批。查得通濟堰閘，坐居該縣之西，地廣田多，遇旱，民賴通水灌溉。今該縣詣勘堰閘、廟宇，歲久朽壞，議動前銀，尤恐不數，聽民每畝出助三釐，以爲工匠等貴，为照。修理堰宇，與民防患，誠爲有裨。但恐工費，義民出助無幾。本府議將庫貯無礙贓罰銀②二十兩，堪以給助修理。具由申蒙分守道叅政車　詳批：水利疏通，惠及百世。該府議助庫貯無礙贓罰銀甚为得之，仰即如議動支，行繳③。蒙此擬合就行。爲此仰縣官吏，查照事理，即將所申寺租官銀，果係堪否動支，修理通濟堰閘、司馬龍王廟宇損壞倒塌處。所給委葉主簿辦料督匠興工修理，務要堅固，毋容草率。合用工料具造細數文冊④，一樣四套，差人送府。立等覆覈轉報⑤施行，毋得遲延不便。須至牌者⑥

右牌仰麗水縣准此

萬曆三十六年二月二十二日

[注释]

①牌示：古代上级官府批复下级官吏申请的一种文体，近似现代的批示。8、9、10三则牌示，均是

对"7. 丽水县文移"的批示，堰志收录时均无标题。笔者标上牌示，加括号以示与原文本区别。

②庫貯無碍贓罚銀：庫貯，府库所存贮的；無碍，没关碍，没关系；贓，指贪污受贿或偷盗所得的财物；罚，处分犯罪、反错误或违反某项规则的人；銀，银两，钱。庫貯無碍贓罚銀，府库中所收贮的无关碍的赃、罚银两（钱）。

③行繳：即颁发批准文牒给下级官吏。

④造細數文册：造，编制，编写。細數文册，详细的账册、核报材料。

⑤覆覈轉報：覆，同"复"，即复查、核对。覈，即"核"，仔细地对照考察，即"核准"。覆覈轉報，经本官复查、核准并转报（上级官府）。

⑥須至牌者：此批复牌照须移送到的人。

[按语]

这是明万历三十六年大修通济堰的一道处州府发给丽水县的牌示，亦即现代张贴的告示。文中除批准丽水县所上报的"丽水县文移"外，还告知了各级官吏的批示。

文告中还决定动用府库所存的无碍赃罚银一十两，支持修堰工程。

9.（牌　示　2）
车大任

[原文]

浙江等處承宣布政使司分守温處道右参政①車②　為議修通濟大堰興復水利事：據處州府申詳覆議，修築麗水縣西鄉通濟堰。緣由議稱：動支寺租官銀二十兩，及令民每畝出助三厘，恐民助無幾，查得庫貯有贓罚銀十兩，年久存貯無碍堪以動支給助等因。除批行準支外為照，川源陂澤，利民甚大，允宜亟修，以資灌溉。今既工用浩繁，本道亦嘗一體給助，少裨工資。除行該府，動支本道項下無碍贖銀十兩，徑給該縣委官收領外，合行知照。為此，仰縣官吏照牌事理，即便遵照施行，具由繳查，毋得遲錯未便。須至牌者。

右牌仰麗水縣准此

萬曆三十六年三月十四日给

[注释]

①浙江等處承宣布政使司分守温處道右参政：承宣布政使司，承宣布政使司为明清两朝的地方行政机关，前身为元朝的行中书省。意涵取自"朝廷有德泽、禁令、承流宣播，以下于有司"。明朝时承宣布政使的辖区是国家一级行政区，简称"布政使司""布政司""藩司"，不称"行省"。在正式的文件中，避免使用元朝的"行省"一词，所以在地名下加"等处"。布政使司设左、右承宣布政使各一人，即一级行政区最高行政长官。而一省之刑名、军事则分别由提刑按察使司与都指挥使司管辖。布政司、按察司、都司合称为"三司"，皆为省级行政区最高机关；三司首长同秩同阶从二品。清朝沿袭明制，保留各承宣布政使司，但布政使司辖区直接通称为"行省"，并在各省布政使之上设置固定制的总督、巡抚掌管全省军民事务。布政使成为巡抚属官，专管一省或数个府的民政、财政、田土、户籍、钱粮、官员考核、沟通督抚与各府县。分守，分守道，官职名。简称"守道"。清代道员的一种，由各省布政使派驻于一定的府州地区，一般是三至四个府州，协助布政使掌理该地区钱谷，督课农桑，考核官吏，简军实，固封守。后来成为督抚以下、府以上的一级地方行政长官，无固定员额，秩正四品。分守道在清初亦称参政道或参议道，乾隆十八年（1753 年）废参政、参议之衔，专设分守道。其下属官有库大使、仓大使、关大使等杂职官员，均是因地设置，未必全置。参见"道员"。温處道，温处道，清代中国浙江省行政区划之一。康熙九年（1670 年），设杭嘉湖、宁绍台、金衢严、温处四道于浙江省内，介

于省与州（县）之间。右糸政，府道中设的官吏。

②車：这是一个姓氏。

[按语]

　　这是明万历三十六年大修通济堰的一道温处道发给丽水县的牌示，文中除批准丽水县所上报的文移。文告中还决定动用府库所存的无碍赎银十两，支持修堰工程。

10.（牌　示　3）
樊良枢

[原文]

　　處州府麗水縣知縣樊　爲修築通濟大堰興復水利事：照得本縣土瘠山多，惟西鄉沃野，實賴通濟堰，障松遂之水，導而東行，疏爲四十八派，自寶定抵白橋，週環百里，坐都十一，溉田二萬畝。梁詹南二司馬創始於前，宋糸政何公垂久於後，法最良矣。近因修葺不時，古制遂湮。豪強得以兼併，奸貪意爲低昂。或閘夫私通商船，洩水於上流；或堰長各爲其源，而不公於放注；或槩首通同賄略，而自私於啓閉。三源各有成規也，而上中源支派既多，或有不均之嘆矣。上中源猶先受澄也，而下源處其末流，則有立涸之歎矣。同鄉共井，歲爲胡越，國賦民財兩受其弊①，皆由古制不修也。本縣逐一勘驗得，斗門船缺閘木，歲久朽壞，合行置換；崖石被水衝壞，亦宜修補。下而石函淤塞，急修濬以復其故；再下而葉穴板壞，須換木以防其流。仍令閘夫一名輪年帶管，圩地撥与輪種②。開拓槩有中支、南北支之分。中用遊枋，南北用石。中支閘木槩，則水分南北，注上源凡三晝夜，中支揭木槩則水注中源，凡三晝夜；次注下源必四晝夜，此備載堰規者也。今中槩逐年增減而南北二槩石斷砌壞，急宜修整從官較量，永爲定式。由開拓中槩而下，有鳳臺槩，分爲南北二槩，不用遊枋揭吊，但平木分水留靈而下，又北槩分陳章塘、烏石、蓮河、黃武、張塘等槩③。南槩分石刺、城塘、九思等槩④。皆用游枋，次策揭吊。不揭游枋灌中源凡三晝夜而足，揭遊枋灌下源必四晝夜而足。以下源廣遠而水澤難遍也，此其揭閘不爽時刻，而木石不差分寸宜倣古修理，從官較量，永爲經久。又勘得堰渠附近人煙之所，頻年不濬，日逐淺塞，水不通流，立見其涸。今相地勢從源導流，令田戶自濬，各依平準，務復故道。又司馬堰下金溝坑⑤，舊築石堤，近被坑水衝決，十二、十四、十五都田頗受害。今葉儒等自願率眾協力，不費官錢，許令修築。又龍王廟，居堰上兼祀詹南司馬，歲被風折頹廢，今合估計修造，令門子一名居守，以時洒掃，仍每月輪值，閘夫二名常川歇住，以便防守透船洩水之害。已經申詳　道府，俱蒙批允，牒行⑥本縣主簿葉　親詣堰所，督率工匠人夫，即日起工。本縣出給官銀二十兩，置買木石及修理祠費。其不足工匠之需儞三源民照畝公派，不許分外科索。合行示諭。爲此示仰三源堰長魏栻、陳玘、周松等知悉，作急照源添撥人夫及承利人戶，至堰所開濬溝渠、搬運土石，以便起工修築，毋得遲悞取咎。須至示者。

　　一修築止許圳長概首及里排公正者聽提督官調度，生員囑託申究，豪強阻撓枷治⑦。

　　一修槩用木分寸、用石高低，聽提督官遵古制較量。敢有爭競者究，工匠作弊者究。

　　一修槩公費銀每源置印信簿⑧一扇，簽公正一人掌管，明記出入。本縣不時稽工，勤惰冒破、侵欺者，計贓論罪⑨。

一修堨起工完工一月為定，計日克成。工完堨側各豎石碑一座，明刊分水日期，以示不忒⑩。

[注释]

①國賦民財兩受其敝：國賦，国家的税赋，指财政收入。民財，人民的生命财产，指人民生活来源。敝，用作动词，损害。國賦民財兩受其敝，国家收入和国民生活两方面都受到损害。

②圩地撥與輪種：叶穴前有圩地，为堰产，拨给带管闸夫耕种，以充其报酬。

③北堨分陳章塘、烏石、蓮河、黃武、張塘等堨：凤台概北支渠下又有陈章塘概、乌石概、莲河概、黄武概、张塘概等小概闸。

④南堨分石剌、城塘、九思等堨：凤台概南支渠下又有石剌概、城塘概、九思概等概闸。

⑤司馬堰下金溝坑：通济堰渠道中部司马堰下游有一条山溪汇入，名为金沟坑。

⑥牒行：牒，文牒，指古代下发的文书，如告示、谕令、批示等。牒是中国古代官府往来文书的文种名称之一。原是文书载体名称，指用竹或木制成的短简。将短简编连在一起也称为牒。行，发行，这里指下发送达。

⑦豪强阻撓枷治：豪强，指强横而有权势的人，经常对那些比自己弱小者恐吓、苛刻或残酷的人。阻撓，暗中破坏，使某件事不顺利或不成功。枷，旧时套在罪犯脖子上的刑具，用木板制成：披枷带锁。治，惩治。

⑧印信簿：古时用以记载财物出入的账册，因每项记录后面盖有支用人印信，故称"印信簿"。

⑨計贓論罪：計，核算。贓，指贪污受贿或偷盗所得的财物。論罪，判断确定罪行，予以惩治标准。即根据事实或证据判定罪行。

⑩不忒：解释没有变更，没有差错。

[按语]

这是明万历三十六年大修通济堰的丽水县的牌示，文中告知通济堰修复及其开工情况。文中强调了修筑工程的纪律及要求。

11. 通濟堰規　古刻
范成大

[原文]

通 濟 堰 規 古 刻①

通濟堰合松陽、遂昌兩溪之水，引而東行，環數十百里，溉田廣遠，有聲名浙東。按長老之記，以為蕭梁時詹、南二司馬所作。至宋中興乾道戊子，垂千歲矣。往往蕪廢，中、下源尤甚。明年春，郡守吳人范成大、與軍事判官蘭陵人張澈，始修復之。事悉，具新規。三月工徒告休，成大馳至斗門，落成於司馬之廟。竊悲夫，水無常性，土亦善湮，修復之甚難，而潰塞之實易。惟後之人，與我同志（堰志中"志"为"心"），嗣而葺之。將有做於斯，今故刻其規于石，以告。四月十九日左奉議郎權發遣處州軍主管學事兼管內勸農事范成大書。

（说明：范成大制订《重修通济堰规》于南宋乾道年间。明代编撰《通济堰志》时"堰规"被分为二部分收录，即在"宋文"下收入录了落成大撰的"堰规跋语"，而"堰规"正文和跋语又同时收录于"明文"下，故称"通济堰规古刻"。）

堰　　首

集上、中、下三源田户，保举上中下源十五工②以上、有材力公当者充③，二年一替，与免本户工。如见充堰首当差，保正长④即与权免，州县不得执差⑤；候堰首满日，不妨差役。曾充堰首，后因析户工少，应甲头脚次⑥与权免。其堰首有过，田户告官，追究断罪、改替。所有堰堤、斗门、石函、菓穴，仰堰首朝夕巡察，有疏漏倒塌处，即时修治。如过时以致旱损，许田户陈告，罚钱三十贯⑦，入圳公用。

田　　户

旧例十五工以上，为上田户，充监当⑧。遇有工役，与圳首同共分局管幹。每集众依公於三源差三名，二年一替。仍每月轮一名，同堰首收支钱物、人工。或有疎虞不公⑨，致田户陈告，即与堰首同罪。或有大工役，其合充监当人，亦仰前来分定窠座管幹。或充外役，亦不蠲免，并不许老弱人祇应⑩。内有恃强不到者，许堰首具名申官追治。仍倍罚一年圳工。

[注释]

①本文是范成大《通济堰规》的正文，在收入时删去"堰山"一条。

②十五工：工，古时按受益田亩派出的修堰人夫工数（工夫数）。即每一工需派一夫，而不是现在的一个工作日。

③公当者充：公，公而无私，指不谋私利的人；当，适当、合适，引指有能力的合适人选。公当者充，由大公无私又有能力的人担任。

④保正长：保，旧时户口的一种编制，若干家为一保。保甲制度，是中国封建王朝时代长期延续的一种社会统制手段，它的最本质特征是以"户"（家庭）为社会组织的基本单位，而不同于西方的以个人为单位。儒家的政治学说是把国家关系和宗法关系融合为一，家族观念被纳入君统观念之中。因此，便有了汉代的五家为"伍"，十家为"什"，百家为"里"；唐代的四家为"邻"，五邻为"保"，百户为"里"；北宋王安石变法时提出了十户为一保，五保为一大保，十大保为一都保；元朝又出现了"甲"，以 20 户为 1 甲，设甲生。至清代，终于形成了与民国时期十进位的保甲制极为相似的"牌甲制"，以 10 户为 1 牌，10 牌为 1 甲，10 甲为 1 保，由此建立起了封建王朝对全国的严密控制。民国初年，由于受西方以个人为社会组织单位的政治观的影响，废弃了保甲制度。但地方实力派在自己所控制的地区内，仍实行着相类似的制度，如广东的"牌、甲制"，广西的"村、甲制"、云南的"团、甲制"，北方不少省份的"闾、邻制"等。南京国民政府成立后，在《中华民国县组织法》中规定区以下每百户为乡（镇），乡镇以下每 25 户为间，间以下每 5 户为邻。以上是对民国保甲制度实行以前社会组织情况的简要回顾。正，里正，又称里君、里尹、里宰、里有司等，是中国春秋战国时的一里之长，明代改名里长。春秋时期开始使用的一种基层官职，主要负责掌管户口和纳税。最早春秋时，已有里正一职，负责掌管户口、赋役之事。《论语·里仁》："里仁为美，择不处仁，焉得知？"《公羊传·宣公十五年》何休注："一里八十户……其有辩护伉健者，为里正。"《韩非子·外储说右下》秦昭王病，"民以牛祷，病愈"，"王因使人问之何里为之，訾其里正与伍老屯二甲。"旧注："訾，罚之也。"《秦律》都称为"典"。《秦律杂抄》："典、老弗告，訾各一甲。"秦、汉两朝沿用之。唐朝亦有里正一职，负责调查户口，课置农桑，检查非法，催纳赋税。依照唐代的村里的组织，以四户为邻，五邻为保，百户为里，五里为乡，每里置里正一人。杜甫《兵车行》云："去时里正与裹头，归来头白还戍边。"宋初以里正与户长、乡书手共同督税，再以里正为衙前，故又称"里正衙前"。明代改名里长，并以 110 户为 1 里。

⑤执差：执，操持，执行；差，差事、任务，上级派下的劳役。

⑥应甲头脚次：应，按。甲头，每甲的头目，充管领夫役的头目。脚次，顺序。

⑦罚錢三十贯：罚，惩罚，罚没。錢，历史上的货币铜钱。贯，古代穿钱的绳索（把方孔钱穿在绳子上，每一千个为一贯）。罚錢三十贯，罚铜钱三十贯，即三万枚。

⑧充監當：充，担任。監當，即监当，意思是宋代掌管税收、冶铸等事务的地方官。这里指掌管修堰财物的管理者。

⑨或有踈虞不公：踈虞，疏忽，失误。不公，办事不公正。或有踈虞不公，或许有疏忽误事办事不公的情况。

⑩不許老弱人祗應：不許，不允许用……老弱人，这里指老弱病残幼的人，即缺乏工作能力的人。祗應，即祗应，供奉，当差。不許老弱人祗應，不允许利用老弱病残幼等人冒充当差。

————————————————

[原文]

甲　頭

舊例分九甲，近緣堰田，多係附郭①上田戶典賣②，所有堰工起催不行。今添立附郭一甲，所差甲頭，於三工以上至十四工者差充，全免本戶堰工，一年一替。委堰首集眾上田戶，以秧把③多寡次第流行，依公定差。如見充別役，即差下次人，候別役滿日，依舊腳次。仍各置催工歷一道，經官印押收執。遇催到工數，抄上取堰首金人。堰首差募不公，致令陳訴，點對得實，堰首罰錢二十貫，入堰公用。

堰　匠④

差募六名，常切看守圳堤，或有疏漏，即時報圳首修治。遇興工，日支食錢一百二十文足。所有船缺，遇船筏往來，不得取受情倖容縱，私折堰堤。如有踈漏，申官決替。

堰　工⑤

每秧五百把敷一工⑥。如過五百把有零者，亦敷一工。下戶每二十把至一百把，出錢四十文足；一百把以上至二百把，出錢八十文足；二百把以上，敷一工。鄉村并以三分為率，二分敷工、一分敷錢。城郭止有三工以下者，并敷錢；其三工以上者，即依鄉村例，亦以三分為率。每工一百文足，如有低昂，隨時申官增減。官給赤歷二道，一年一易。內一道充收工，一道充收錢糧。并仰堰首同輪月上田戶，逐時抄上，不得容情增減作弊，不許泛濫支使。如違，許田戶陳告，官司勘磨得實，其掌管人輕重斷罪外，或偷隱一文以上，即倍罰入堰公用。至歲終給算有餘錢，樁管⑦在堰。其堰工每年并作三限催發。謂如田戶管六十工，每限發二十工。設使不足，又量分數催發，田戶不得執定限。如遇興大工役，量事勢輕重，敷工使用。值年分，圳堤不損，用工微少，堰首不得多敷工數，掠錢入己。如違，即依隱漏工錢例責罰。田戶不如期發工、納錢，仰堰首舉申，勾追、倍罰一年工數。

船　缺⑧

出行船處，即石堤稍低處是也。

在堰大渠口，通船往來。輪差圳匠兩名看管。如遇輕船，即監稍工那過⑨；若船重大，雖載官物，亦令出卸，空船拔過，不得擅自倒折堰堤。若當灌溉之時，雖是官員船、并輕船，並令自沙洲牽過⑩，不得開圳泄漏水利。

[注釋]

①附郭：中国古代行政区划用语，指县政府治所与州、府、省等上级政府机构治所设置于同一城池

内的状态。附郭也指近城的地方，即郊外，这里指州府县城郊外。

　　②上田户典賣：上田户，这里指五百把秧以上的大田户，即田多的富户。典，一方把土地、房屋等押给另一方使用，换取一笔钱，不付利息，议定年限，到期还款，收回原物。賣，是指拿东西换钱，即将田产卖断。

　　③秧把：就是从稻秧田里，把秧苗扯出、洗净、捆好成一把。这里的秧把是量词，也就是一把秧插多少田是有定数的，所以多少个秧把是指有多少稻田。

　　④堰匠：堰坝、渠堤、概闸管理人员。

　　⑤堰工：修理堰坝的出工数及派工指标。

　　⑥五百把敷一工：丽水自古水稻以插秧时的秧把数作为耕种面积的指标。因为在单位面积内插秧数相近，每把秧的苗数相同，故可从秧把数目上体现水田面积。即有五百把秧的农户要出一工。

　　⑦椿管：椿，应该是"樁"字之误，樁，zhuāng，桩子。樁管，（余钱）留桩在堰内统一保管。

　　⑧船缺：大坝过舟船的缺口，后改为过船闸。

　　⑨稍工那過：稍，通"梢"。梢工，撑船的人夫（古时的木船）。那過：那，通"挪"，搬，牵拉，移动。挪过，用力将船牵扯拉而过。

　　⑩牽過：牵引而过，也是用力拉过堰坝。

————————————

[原文]

　　如違，將犯人申解使府重作施行①。仍仰圳首以時檢舉，申使府出榜約束。

堰　檗

　　自開拓檗至城塘檗，并係大檗，各有闊狹丈尺②。開拓檗中支，闊二丈八尺八寸；南支，闊一丈一尺；北支，闊一丈二尺八寸。鳳臺兩檗，南支闊一丈七尺五寸；北支闊一丈七尺二寸。石刺檗，闊一丈八尺。城塘檗，闊一丈八尺。陳章塘檗，中支闊一丈七尺七寸半；東支闊一丈八寸二分；西支闊八尺五寸半。內開拓檗，遇亢旱時，揭中支一檗，以三晝夜為限。至第四日，即行封印③；即揭南北檗，蔭注④三晝夜。訖，依前輪揭。如不依次序及至限落檗，檗首申官施行。其鳳臺兩檗，不許揭起外，石刺、陳章塘等檗，并依做開拓檗次第揭吊。或大旱恐人戶紛爭，許申縣那官監揭⑤。如田戶輒敢聚眾持杖，恃強佔奪水利，仰檗頭申堰首，或直申官，追犯人究治斷罪號令⑥，罰錢貳拾貫，入堰公用。如檗頭容縱，不即申舉，一例坐罪。其開拓、鳳臺，城塘、陳章塘、石刺檗，皆係利害去處，各差檗頭⑦一名，并免甲頭差使。其餘小檗頭與湖塘堰頭，每年與免本戶三工。如違誤事，本年堰工不免，仍斷決。

堰　夫

　　遇興工役，並仰以卯時上工，酉時放工⑧。或入山砍篠⑨，每工限二十束⑩。每束長一丈，圍七尺。至晚差田戶交收，一日兩次點工，不到即不理工數。

[注釋]

　　①重作施行：从重惩罚。

　　②各有闊狹丈尺：各处有宽狭不周的尺寸标准。

　　③即行封印：即，即刻，立即。封印，原指官府公文完成后封好加盖封泥押印，这里指由官定标准封闭概闸。

　　④蔭注：蔭，荫庇，大树遮住炙人的阳光，旧时比喻尊长照顾着晚辈或祖宗保佑着子孙。此引指通

济堰水利荫庇灌区人民。注，流注，注入，指渠水畅流。

⑤許申縣那官監揭：許申縣，允许向县府申请。那官，派遣官吏。監揭，监督揭闭概闸。

⑥追犯人究治斷罪號令：追，追究。究治，惩治、处理。斷罪，决断所犯罪行。號令，可作为名词或动词来使用，用作名词时意思是发布的号召或命令，用作动词时意思是发布命令。在古汉语中号令的动词意思还有将犯人行刑以示众的意思。现代的延伸意义为账号保护，账号令牌之意义故称为号令。

⑦樔頭：管理概闸的负责人。

⑧卯時上工，酉時放工：卯時，日出，又名日始、破晓、旭日等，指太阳刚刚露脸，冉冉初升的那段时间（上午5时整至上午7时整），为古时官署开始办公的时间，故又称点卯。因为此时正值朝阳冉冉东升，故又谓之日出。酉時，下午5时整至下午7时整，鸡开始归巢。如白天乐《醉歌》云："黄鸡催晓丑时鸣，白日催怿酉前没。"故酉时又叫日入。即早上五六点钟为出工时间，傍晚六七点钟为收工时间。

⑨入山砍篠：篠，筱木，细小的树枝竹条。砍篠，即采伐修木筱坝的木筱。到山上去砍伐细树枝竹条。

⑩每工限二十束：每个工需要砍伐长一丈围七尺的树枝竹条二十捆，即十担。

［原文］

渠　堰

諸處大小渠圳，如有淤塞，即派衆田戶，分定窠座①，丈尺集工開淘，各依古額。其兩岸並不許種植竹木。如違，依使府榜文施行。

請　官

如遇大堰②倒損，興工浩大，及亢旱時工役難辨，許田戶即時申縣，委官前來監督。請所委官常加鈴束③隨行人吏，不得騷擾。仍不得將上田戶非理凌辱，以致田戶憚於請官④修治及時旱損。如違，許人戶經縣陳訴，依法施行。

石函、斗門⑤

石函或遇沙石淤塞，許派堰工開淘。斗門遇洪水及暴雨，即時挑閘⑥，免致沙石入渠。纔晴水落⑦，即開閘放水入圳渠。輪差堰匠，以時啟閉。如違，致有妨害，許田戶告官，將堰匠斷罪。如堰首不覺察，一例坐罪。

湖塘堰⑧

務在潴蓄水利，或有淺狹去處，湖圳首即合報圳首及承利人戶，率工開淘。不許縱人作捺為塘及圍作私田⑨，侵佔種植，妨衆人水利。湖塘堰首如不覺察，即同侵佔人斷罪⑩，追罰錢一十貫，入堰公用。許田戶陳告。

［注释］

①分定窠座：分派确定各庄的渠道分段位置。

②大堰：此指通济堰的拦水大坝等重要水利设施。

③鈴束：铃，古代铜制响器和乐器，形体似钟而小，腔内有铜舌，摇之发声。从古到今，铃的种类逐渐繁多，不同的民族不同的场合都能看到形态各异的铃听到不同声音的铃，铃已经从一个简单的乐器演变成了宗教的法器。摇铃可指挥鬼神，此引指给予警示、命令。束，约束，管理。

④憚於請官：憚，怕，畏惧，使惊恐，怕麻烦。請，请求；要求。官，官府。

⑤斗門：据文意此处斗门指的是通济堰大坝北侧排砂门。

⑥挑閘：挑，用条状物或有尖的东西拨开或弄出来，这里引申揭起。閘，概闸，概闸的木枋。

⑦纔晴水落：纔，"才"的古体字，刚刚。晴，放晴，天晴。水落，大水回落。

⑧湖塘堰：通济堰渠道旁湖塘上的概闸。

⑨作捺為塘及圍作私田：另外引堵渠水为私塘，围填堰塘水泊作为私人田产。

⑩同侵佔人斷罪：类同前述侵占堰塘水泊的人一样定罪。

［原文］

堰　廟

堰上龍王廟、葉穴龍女廟，並重新修造，非祭祀及修堰，不得擅开，容閑雜人作踐。仰堰首鎖閉看管，洒掃，崇奉愛護碑刻，并約束板榜①。圳首遇替交割，或損漏，即眾議，依公派工錢修茸。一歲之間，四季合用祭祀，並將三分工錢支派，每季不得過一百五十工。

水　淫②

一處在地名寶定大圳路邊，通菡溪③邊田合留外，有私創處，並合填塞。其爭佔人，許被害田戶，申官追斷。

逆　掃④

諸湖塘堰邊，有仰天及承坑塘，不系承堰出工⑤，即不得逆掃堰內水利，田戶亦不得容縱偷遞⑥。其承堰田各有圳水，不得偷掃別圳水利⑦，及不許用板木作捺障水入田⑧，有妨下源灌溉。亦仰人戶陳首，重斷追罰錢一十貫，入堰公用。

開　淘

自大堰至開拓磦，雖約束以時開閉斗門，葉穴，切慮積累沙石淤塞，或渠岸倒塌，阻遏水利。今於十甲內逐年每甲各樁留⑨五十工，每年⑩堰首將滿，於農隙之際，申官差三源上田戶，將二年所留工數，併力開淘，取令深闊。然後交下次堰首。

［注釋］

①約束板榜：約束，制約、規範。板榜，原指木板匾額，引申指张贴的告示文书。

②水淫：原指水多为患。这里则指堰渠人为私掘漏水的缺损处。

③通菡溪：指松菡溪。而实际上此处应指大溪。

④逆掃：这里指非受益田偷灌堰渠水利，以及不同圳系农田偷引另圳系水利。

⑤仰天及承坑塘，不系承堰出工：仰天，靠天降水而成塘。承坑塘，由山坑水而引成的水塘。不系，不是，不用。承堰出工，承受堰渠水利，承担堰工任务。

⑥不得容縱偷遞：不得，不许，不允许。容縱，宽容放纵。偷，私自，私下。遞，"递"的古体字，沟通、暗通之意。

⑦偷掃別圳水利：偷掃，私下接通。別圳，另外的堰渠。水利，农田所用灌溉的水。

⑧用板木作捺障水入田：用板木作捺，用木料木板挡在水道。障水入田，阻碍水流私引入自己的田。

⑨樁留：樁，通"椿"字。樁留，桩留。

⑩每年：这里的每年应该是"每届"。

［原文］

葉　穴　頭①

葉穴係是一堰要害去處，切慮啓閉失時，遂致衝損，兼捕魚人向後作弊。今於比近上田戶專差一名充穴頭，仰用心看管。如遇大雨，即時放開閘板。或當澆灌時，不得擅開。所差人兩年一替，特免本戶逐年堰工。如違誤事，斷罪倍罰本戶工。仍看管龍女廟。

堰　司②

於當年充甲頭田户，議差能書寫人一名充，三年一替；如大工役，一年一替免；免充甲頭一次，不支催工錢。或因緣騷擾及作弊，申官斷替。

堰　簿

堰簿已行攢造都工簿③一面，堰首收管。田秧等第簿十面，请公當上田户一名收掌。三年一替，遇有關割④，仰人户將副本自陳，并砧基⑤，先經官推割，次執於照⑥，请管簿上田户封行关割。至歲終具過割數目、姓名，送堰首改正。都簿如無官司憑照⑦，擅與人户關割，許經官陳告，追犯人赴官重斷，罰錢三十貫文，入堰公用。

右依准州縣，備據到官，張文林申重修到前項規約。州司點對，委是經久，除已保明供申轉運衙及提舉常平衙外，行下鐫石施行⑧。乾道五年四月望日⑨，右文林郎、处州軍事判官張澈立石。

（《堰志》注）圳規凡二十條，今除去圳山一條，止存十九。蓋舊圳每年自春初起工，用木篠築成圳堤，取材於山，欄水入圳。自開禧元年，郡人参政何澹築成石堤，以圖久遠，不費修築。因請於有司⑩，给此山。今山為何氏己業，非堰山矣。

[注释]

①葉穴頭：管理叶穴的负责人。

②堰司：通济堰管理簿册的记录人员。

③都工簿：古时一种账册的名称。这里指记载通济堰堰产、受益田户、派夫等情况的登记册，由堰首掌管，是全堰主要账册。

④關割：交割，即移交相关文字材料、簿册。

⑤將副本自陳，并砧基：副本，相同账册的副本。自陳，自己陈述。砧基，土地的四至。将堰簿的副本自行向上陈述，并且记录好所录土地的四至。

⑥執於照：报上级批准，领取可行的执照。

⑦無官司憑照：没有官府批复同意的凭证。

⑧行下鐫石施行：下发刊刻石碑并照此执行。

⑨乾道五年四月望日：乾道五年，南宋皇帝宋孝宗赵昚的第二个年号的第五年，即 1169 年。望日，指月亮圆的那一天。每个月前十日为上旬，初一（即上旬上）为朔日；中间十日为中旬，十五（即中旬中）为望日，即农历四月十五日。

⑩因請於有司：有司，"有"即"有……的权利"；"司"即"主管、管理"。因为（这个原因）而上报有处理山权主管官府。

[按语]

本文即是范成大堰规二十条，去堰山一条后留十九条，《通济堰志》收录于此，名《通济堰规 古刻》。是通济堰现存最早的堰规，即通济堰管理文献，这份文献是极为珍贵的历史文献，从中可了解管理体制。主要可获取宋代通济堰管理的相关制度条文。

12. 麗水縣通濟堰新規八則　有引①
樊良樞

[原文]

通濟堰規，蓋宋乾道年新規②也，而今往矣③。堰礐廣深，木石分寸，百世不能易也。

而三源分水有三晝夜之限，至今守之。從古之法④，下源苦不得水。田土廣遠，水道艱澁⑤，故旱是用噪，而歲必有爭。良樞有憂之，獨予下源先灌四日，行之未幾，上源告病。蓋朝三起怒⑥，而陽九必亢⑦，卒不得其權變之術⑧。乃循序放水，約為定期，示以大信。如其旱也，聽命於天，雖死勿爭。凡我子民，不患貧寡，尚克守之；後之君子，倘有神化通久之術⑨，補其不逮⑩，固所願也。戊申七月十七日豫章樊良樞記。

[注释]

①有引：古时一种文体，前有引言，则题中即注明"有引"，如同前面所见的"有铭"。

②乾道年新规：指南宋乾道年间范成大的《通济堰规》。因此宋元年间县尉姚希根据郡守关景晕的指示，曾制有"堰规"，故而范氏亦称自己所订的为"新规"。

③而今往矣：而今，到如今。往矣，旧了，过时了。

④從古之法：從古，遵守古代，服从古人。之法，方法，制度。

⑤水道艱澁：水道，渠道，堰渠。艱澁，艰涩，阻滞，不畅通。

⑥朝三起怒：朝三，春夏之间。起怒，洪水暴发。

⑦陽九必亢：陽九，太阳极盛，形容夏季高温干旱。必亢，必然会亢旱，严重干旱。

⑧權變之術：權變权变，变通、改变方法。之術，的方法、办法。

⑨神化通久之術：批量能彻底解决通济堰三源轮灌中所遇到的问题的方法，即能确保三源用水轮流放水灌溉制度、方法、功能的正常发挥，从而永久解决用水不均的难题。

⑩補其不逮：不逮，汉语书面语，在不同语境中分别有"不足之处""过错""比不上""不及"等意思。补充、完善堰规中三源轮灌法中不足之处。

————————————

[原文]

修　　堰①

每年冬月農隙②，令三源圳長、總正督率田户，逐一疏導，自食其力，仍委官巡視。若有石㼸損壞、游枋朽爛，估計工價，動支官銀，給匠修理，毋致春夏失事，亦妨農功。

放　　水③

每年六月朔日④，官封斗門⑤，放水歸渠。其開拓㼸，乃三源受水咽喉。以一、二、三日上源放水；以四、五、六日中源放水；以七、八、九、十日下源放水。月小不僭⑥，各如期。令人看守，初终畫一，勿亂信規。其鳳臺㼸以下等㼸，具載文移。下源田户，亦如期遵規收放。

堰　　長

每一源於大姓中擇一人，材德服眾者为堰長⑦。免其雜差，三年更替。凡遇堰㼸倒壞、水利漏洩，田户爭水，即行稟官處治。每源各立總正一人、公正二人，分理事務。如有不公，許田户陳告，小罰大革。三年已滿無過，准分別旌異⑧。

㼸　　首

每大㼸擇立㼸首二名，小㼸擇立㼸首一名。免其夫役，二年更替。責令揭吊如法，放水依期。如遇豪強阻撓，擅自啓閉者，即行稟官究治，枷遊示众。若㼸首賣法，許田户陳告。

閘　　夫

舊時斗門閘夫，多用保定近民⑨，往往私通商船，漏洩水利。今就近止金⑩一名，三源各佥一名，一年更替。每名工食银一两八钱，於南山圩租措處。菜穴閘夫一名，旁有圩地，令其承種。凡遇倒壞，即行通知堰長，稟官修治。如封閘以後，有放船洩水情弊，許諸人陳告，照依舊例將犯人解府，重處施行。

[注释]

①修堰：这里指每年岁修，是通济堰历史惯例，是常规小修疏浚。

②每年冬月農隙：每年冬季农闲时间。

③放水：三源轮灌开始，按规定办法放水进入各源渠道。

④每年六月朔日：朔日，中国农历将朔日定为每月的第一天，即初一。农历的十一月、十二月、正月可以作为正月（岁首），每月初一日为朔日，朔日有从平旦（天刚亮的时刻）、鸡鸣、夜半为开头的三种算法。当天月球和太阳黄经相等，称为朔，月球运行到地球和太阳之间，和太阳几乎同时出没，在地球上看不到月亮。每年的农历六月初一日。这是因为历史上碧湖平原在此时之后最需堰渠之水灌溉农田。

⑤官封斗門：据文意，这里的斗门又是指过船闸。官封斗門，即值灌溉用水时期，过船闸由官府告示封闭闸概，定时开闸过舟船，以利蓄水引入渠道。

⑥月小不僭：月小，指旧历只有二十九天的月份。不僭，不替，意灌溉日期不补替。

⑦每一源於大姓中擇一人，材德服眾者為堰長：大姓，大户人家，富裕人家。材德服眾，才能、德行使大家信服。

⑧旌異：旌，jing，旌表。旌異，统治者用立牌坊或挂匾等方式表扬有成绩的人。

⑨保定近民：通济堰旁的一个村庄名，古时称宝定。这是在明代文献中首次见到用"保定"村名。离堰头近的保定村民。

⑩止佥：只选用。

_____

[原文]

廟　　記①

廟祀龍王、司馬、丞相，所以報功。每年備豬羊一副，於六月朔日致祭，須正印官②同水利官親詣。不惟首重民事，抑且整蕭人心，申明信義，稽察利弊，自是奸民不敢倡亂。

申　　示③

每年冬十一月修堰，預先給示。凡有更替，責取保。認明年利害關係④，一切堰槩石函，令各人督管、修濬，不得苟簡⑤。其春末夏初，預示潴蓄、放水之日。若非承水田戶，不得乘便車庢。嚴禁紛爭，咸知遵守。

藏　　書

舊板圳書⑥，流藏民間，致有增減錯譌⑦，人人聚訟。今板刻舊本⑧，續置新倏⑨，搜求古蹟即博，且勞官貯、頒行，使知同文。後有私意增減者，天神共鑒。凡我同志，慎毋忽諸⑩。

[注释]

①廟記：記，《堰志》录文中所用，是刊误，应该用"祀"字。龙王庙的祭祀。

②正印官：封建社会封为正职之官，在府一级是知府，在县一级为知县。

③申示：由堰长申报，官府给予批准修堰的谕示。

④認明年利害關係：年，年修，岁修。认识明白岁修对通济堰的利害关系。

⑤不得苟簡：苟簡，指苟且简略；草率简陋。不允许草率从事。

⑥舊板圳書：老版本的堰书，指以往民间编修的堰志堰书。

⑦增減錯譌：增加、缺漏、错误、伪文等。错譌：譌，é，其义同"讹"，本义：谣言。解释为差错、错误。错譌，这里指私刻堰书内容会有错误、诈假。

⑧板刻舊本：从新雕版印制旧本堰志。

⑨續置新條：收入新增加的堰规条文等资料。

⑩凡我同志，慎毋忽諸：凡和我一样有保护通济堰水利功能志向的人，慎重记住管理规条，不要疏忽忘记。

————————

［原文］

西 堰 新 規 後 跋

治西鄙膏壤①二千頃，鑿石開渠，導水灌溉，肇自蕭梁，而規則於宋。我　明遞修之②，然利未盡溥，爭未盡息，倘亦良法有未竟歟。邑宰　樊公致虛，有慨於中，修葺疏淪，定為規者八則。冬則有修，重農時也；堰埭有長，專責成也；源有司理，重分守也；分溚有期，息爭端也；閘夫有養、有禁，防盜洩也；廟祀有常，不忘本了。中役之更替，以杜積玩③，示之勸懲④，以作民信，法良備矣。爾民踵其信而行之⑤，何利不均，何爭不息。即古同井，雅俗萬世，且永賴焉。信乎？有治人然後有治法，先哲盛美，藉是益彰⑥，以垂不朽。予忘固陋，敢僭跋於後⑦云。

　萬歷戊申年孟秋月⑧　　　　　　盧陵王夢瑞撰

［注释］

①治西鄙膏壤：治，府治所在地。鄙，bǐ，边远的地方。膏壤，肥沃（平坦）的土地。在府治的西边的地方，有肥沃平坦的农田。

②我明遞修之：我明，进入我明代。遞，dì，即"递"，按着顺序：递增、递补、递进。遞修，以次修理，先后多次修理。之，通济堰工程。

③杜積玩：玩，玩忽职守。積玩，（任职）时间过长，会造成惰息、玩忽职守等弊端。杜绝玩忽职守等弊端。

④勸懲：懲，处罚，警戒。勸懲，及时劝导处理（堰务上存在的问题）。

⑤爾民踵其信而行之：爾民，你等市民，人民。踵，用作名词时意思是指脚后跟（书面语词），亦泛指脚；用作动词时是指追也，引指追随。踵其信，追随并相信他。只要堰区人民相信并跟随他的方法去做好。

⑥先哲盛美，藉是益彰：先哲盛美，先人们创下的利民功绩。藉是益彰，借以此方法就会更彰显出来。

⑦敢僭跋於後：僭，jiàn，超越本分，古代指地位在下的冒用在上的名义、礼仪和器物等。敢僭，哪里敢越制（而称跋）。

⑧萬歷戊申年孟秋月：萬歷，万历（1573年9月4日至1620年8月18日）是明神宗朱翊钧的年号，明朝使用此年号共48年，为明朝所使用时间最长的年号。万历前期，张居正主导实行了一系列的改革措施，社会经济持续发展，对外军事也接连获胜，朝廷呈现中兴气象，史称万历中兴。戊申年，万历三十六年（1608年）。孟秋月，是指秋季第一个月，农历七月。

[按语]

这是明代万历戊申年丽水县丞王梦瑞所编撰的新规，而其他资料中均称为樊良枢新规。其实，其前面的引言是樊良枢撰的。

八则新规有以下资讯：

(1) 修堰规定了岁修制度。

(2) 放水分别规定了修堰、放水有关条件，以及所限时间。是三源轮灌制度的起始，并一直为通济堰灌溉制度的最早准则。

(3) 其他各条则提出了堰长、概首、闸夫、庙祀、申示及藏书等规定。

13. 麗水縣修金溝堰①記
樊良枢

[原文]

余既治通濟大堰，諸堰小矣。旁有金溝圳，距大圳五里許。沂②其源，從松之諸山溢③出。踰十八盤④，瀉辰坑⑤，注白口⑥，與大溪水會⑦，約可溉田二百餘頃。西臨上源，東至中源，厥田惟沃土。溝水潚湧⑧，則怒而噴為沙石，兩源之近者田不得乂⑨；旱則漏而不盛水浆，以待稿⑩也。

[注释]

①金溝堰：通济堰水系上的一座小堰坝，位于堰头村下游约2.5千米处。

②沂：yi，边际，这里指追溯金沟坑水的源头所出处。《丽水县志稿》（道光十六年版）中为"溯"字。

③溢：这里指山坑小溪的流出。

④十八盤：金沟坑小溪中一段有层层折转的路线，土名称其为"十八盘"。有小瀑布、折弯。

⑤辰坑：金沟坑小溪中一处较大的水潭，土名称辰坑，是小瀑布下方的一个深水坑。

⑥白口：通济堰水系下游，位于石牛乡的东北方，为小村庄。其旁有溪流、渠道直通大溪，为通济堰之尾。

⑦與大溪水會：大溪，瓯江中游的一段。自云和以下经丽水至青田，称为大溪，金沟坑从白口出，与大溪相汇合。

⑧潚湧：潚，古通"奔"，指水势迅猛，喷涌而出，常挟带许多砂石。

⑨田不得乂：乂，应是"刈"字，yì，割。田里无稻谷可割，指受灾无收成。

⑩待稿：稿，在此通"稿"，指禾苗枯萎。待稿，无水灌溉，禾苗只有待枯萎。

[原文]

余與父老惻然計之，乃先治防①，因其故址於岸西②，刻日鳩工③。斬木驅石④，置水倉四十所，實以堅土，包以鉅塊，若層壘然⑤。修三十有二尋，廣三之一，與崇等其綱⑥去三之一。迨其未雨也，岸東潃之以溝礬⑦，折參伍⑧度可行水。然雨輒壞，壞輒修，如是者兩月。溝水既道⑨，乃不旁溢，兩源塗泥之畝⑩。

[注释]

①治防：这里的防，是堤防，即堰坝、堤防之意。治防，治理（修筑）堤坝。

②因其故址於岸西：因，循……而……。循原址而修筑在金沟坑的西岸。

③鸠工：鸠，jiū，引为纠集之意。鸠工，纠合民夫即行开工。

④斩木驱石：砍伐木料、搬运石料（用于修筑堤坝）。

⑤層垒然：层层垒垒地砌筑。

⑥與崇等其綱：崇，用作动词，终、尽，通"终"。綱，古文字，现代用"纳"字。與崇等其綱，坑口归结到堰堤的尽头。

⑦漱之以溝罄：漱，冲刷，冲荡。溝，小水沟。罄，用尽，消耗殆尽。漱之以溝罄，使（金沟坑东岸）冲刷得尽是沟沟道道。

⑧折参伍：参伍，"参伍以变，错综其数"。折参伍，使水道参折相错，顺畅交流。

⑨沟水既道：沟，金沟，即金沟坑。沟水既道，金沟的水流归入既定的通道。

⑩塗泥之畞：常被金沟水淹没，积满沙石山泥的农田。

_____

[原文]

漸底作乂于時①。髦期老人②湯鳳杖策而前；懷清女婦齊氏捐貲為助，庶民咸願子來。是歲有秋，告厥成功。老人使其子磨一片石，乞余志之。余惟甚哉，水之為利害也，善防者③，因地勢；善溝者④，因水勢。因之，有與為利不在大也；爭之有與為害不在小也；存其利，二百頃之禾實穟穟⑤矣；袪其害，兩源間之沃土穰穰⑥矣。何必減通濟哉？是役也，度其源隙⑦，聽民自輸力。而樂善好施者，湯鳳、葉元訓也；荷畚錥肩之者，齊裴、葉儒也；櫛沐風兩⑧而勞耒⑨之者，邑簿葉君鳴岐甫也；樂成之者，麗陽長⑩而已矣。

萬歷歲在戊申七夕既望

賜進士第、文林郎知麗水縣事進賢樊良樞致虛甫記

[注释]

①作乂于時：乂，yì（有时也读 ài），通"刈"，割，引作收割作物。作乂于時，指又能按时序收割作物了。

②髦期老人：髦，mào，髦耋，八九十岁老人。髦期老人，则指岁届暮年的老人。

③善防者：防，指防水患。善防者，善于防治水患的人。

④善溝者：善于疏通水道的人。

⑤穟穟：suì suì，茂盛貌。郭璞注："皆物盛兴作之貌。"

⑥穰穰：ráng ráng，丰盛。形容获得丰收，粮食满仓。

⑦源隙：源，这里指渠道，水泊。隙，xì，新开垦的田。源隙，指水利源流与田亩之间关系。

⑧櫛沐風兩：兩，是"雨"字之误。櫛沐风雨，形容奔波劳苦，同"栉风沐雨"。

⑨劳耒：耒，lěi，古代的一种农具。劳耒，操劳农业耕作。

⑩麗陽長：丽水因丽阳山得名，故古常以丽阳来谕处州。麗阳長，即丽阳太守，也就是处州知府。

[按语]

本文记载了明万历戊申年修理通济堰附属的金沟堰之事，文中具有以下资讯：

（1）金沟堰位于通济堰大坝下五里许，是截流松邑山水，出辰坑，经白口而注入大溪。是通济堰补充。灌田 200 余顷。

（2）明万历戊申年已损坏多年。

（3）明万历戊申年历时两个月修复。

（4）修理时曾建水仓 40 所为围堰，然后以巨石为基，筑以泥土为坝，长 32 寻❶宽 10.66 寻。

（5）以县令樊良枢为主修人。

14. （寶定下鋪有被災記）①

[原文]

明崇禎八年間，洪水蕩洗②寶定下鋪前③，田分厘無存。寶定民夫自此不復到堰④矣。後來修濬，正取寶定柴火夫二名，以為地方浣洗⑤之故。

[注释]

①《堰志》中收录此条时无题，此题为笔者所加，故以括号注明之。

②蕩洗：蕩，激荡，冲毁。洗，干净，洗净。据全部冲毁。

③寶定下鋪前：寶定，古村名，现称保定。保定村西北面的一畈田，原赖通济堰水灌溉，故修堰保定村原需源民夫。

④民夫自此不復到堰：下铺前田水毁之后，保定已无田赖通济堰水灌溉，故不需要派夫到堰参加修浚工程。

⑤地方浣洗：通堰主渠经过保定时，为其村民提供了浣洗方便，故自此修堰时承担二名柴火夫的派夫任务。

[按语]

本条记载了明代崇祯八年保定村下铺地段的田亩被洪水冲刷干净，自此保定村无受堰田，故不派民夫。但村民洗涤于堰渠，故在修疏时派柴火夫二人的史实。

15. （三源輪放水期條規）①

[原文]

是年②工成，議定上、中、下三源輪放水期條規：

一③開拓槩分南、北、中三支，凡初一至初三等日，中支水道盡閉，水分南北二支，暢流灌溉上源十七都之寶定④、義埠、周巷、下梁、槩頭、楊店、新溪、湯村、前林、巖頭、金村、魏村，十五都之三峰、採桑、下湯、吳村、河口、上保、中保、前爐等二十庄，田禾⑤十餘里，三晝夜而足。至初四日閉南北二支，開中支水。鳳臺槩北支分陳章塘槩，南支分石刺槩至城塘槩，閉之。灌溉中源十五都之下保、霞岡，十二都之河東、周村、下概頭、白河、章塘、大陳，十一都之橫塘、趙村，上各、下河、新坑、蓭畔，十都之資福、上黃、上地等十七庄，田禾十餘里，三晝夜而足。至初七日，上、中二源旁支皆閉，開城塘等槩，使渠水盡歸下源，灌溉九都之紀保、中葉、周保、劉保、下葉、泉庄、唐里、季村、章庄、蒲塘，七都之新亭，五都之趙村、石牛、任村、白口，十都之里河等十六庄，田禾十餘里，四晝夜而足。三源週而復始。

[注释]

①《堰志》中此文收录时无题，笔者根据文章内容附加文题，加括号注明。

②是年：指明万历戊申年。

③一：这里这个字是衍字，应删去。

---

❶ 寻，量词，古代长度单位，八尺为一寻。

④十七都之寶定：中国历史上一种农村建置，几个村为一个都，近似现代的乡，但小于乡。各都之后的为村庄名称，有的已改，有的仍在用至今。如周巷、汤村等。

⑤田禾：田，农田；禾，稻禾，这里指农作物。

[按语]

本文记载了自明代始创的三源轮灌的制度，明确各概闸启闭时间，从而确保通济堰流域农田的灌溉。具有重要的水利管理史参考价值。

16. 重修通濟堰記

[原文]

麗水在萬山中，依山為田。惟郭之西①五十里許，有土平衍可耕。第水無源②，遇旱即涸。梁天監中，詹、南兩司馬，暨宋樞密何公，始砌堤而灌焉。障松遂之水，別為大渠，析為四十八派，分上、中、下三源，流注畎澮，可二千頃。又以餘水瀦為湖，備溪水之所不及。制度周密，民廼有秋，名通濟堰云，千餘載惠澤津津③。顧水性難捍，疏潰遞，更葺之亦不次④。萬歷乙酉間，堤之傾者十四五⑤。邑侯鐘公适令兹土，下車輯政，之便民者，莫急於水利。而通濟堰其大者，遂請諸郡侯，而轉上之守，巡監司及中丞，直指使者。咸報曰：可議。得廢寺餘租二百七十餘兩，以資工若料⑥。筮吉⑦，申令，禱于龍王廟，行事酌古宜今，彈厥區畫⑧。命邑司農⑨前夏君方卿，今龍君鯤董其事，而侯總其成。經始於萬歷丁酉，而成於戊戍。兩司馬、樞密之澤，賴以不朽。先是東鄉好溪堰斗門二壩傾，侯既捐貲率民築之，事半功倍，於是東西⑩。

[注释]

①郭之西：郭，同“廓”。意指府城之外的西面。

②第水無源：第，文言连词，但是。水，农田用水。無源，没有源泉，没有来源。

③千餘載惠澤津津：千百年来不断滋润养育着灌区人民。

④顧水性難捍，疏潰遞，更葺之亦不次：考虑水性强悍，疏溃不断，只得屡屡加以修葺。

⑤堤之傾者十四五：十四五，十之四五，也就是百分之四五十。堤坝被冲毁的达十之四五。

⑥以資工若料：用以补充工费、置办修堰材料。

⑦筮吉：筮，本是用草木类预测，后来指称扩大了，广义的筮即起卦手段，也包括非草木类型的起卦手段。吉，吉祥。

⑧彈厥區畫：尽心竭力计划安排。

⑨邑司農：邑，会意。甲骨文字形。上为口（wéi），表疆域；下为跪着的人形，表人口。合起来表城邑。古代指县级行政区划。司農，官名。上古时代负责教民稼穑的农官。《吕氏春秋·季冬》：“命司农，计耦耕事，修耒耜，具田器。”汉朝董仲舒《春秋繁露·五行相生》：“器械既成，以给司农，司农者，田官也。”《汉书·东方朔传》：“后稷为司农。”颜师古注：“主播种。”汉始置，掌钱谷之事，亦称大司农，为九卿之一。汉建安改为大农，由魏至明，历代相沿，或称司农，或称大司农。明朝以户部司漕粮田赋，故别称户部尚书为大司农，清代因袭。明陈继儒《大司马节寰袁公家庙记》：“而长公司农君枢，图所以不朽其亲（袁可立）者未已也。”清光绪年间，常熟人翁同龢为户部尚书，世有以“司农常熟世间荒”讥之者。参阅《通典·职官八》《续通典·职官八》。

⑩事半功倍，於是東西：“是”字是多刻之字，应删，即“事半功，於東西”，指修筑东（好溪堰）西（通济堰）二堰。

［原文］

　　民歌舞侯德，庶幾兩司馬、樞密公，而諸當途，嘉惠元元之仁①，當勒之貞珉。示不可諠，為之紀其巔末，以俟來者，知水利之為急云。侯名武瑞，字時羽，楚雲夢藉吉水豐人②。是役也，主持於上，則中丞任邱劉公元霖③、直指平溪唐公一鵬④、參知華亭馮公時可⑤、龍溪⑥王公應麟、兵憲宣城⑦蔡公逢時、郡侯懷寧⑧任公可容、江南李公淳、郡丞宣城許公國忠、司理平和⑨蔡公應晉、東莞易公騰雲。督贊於下，則縣丞番昌陳君一儒、主簿丹徒⑩夏君禹卿、大庾⑪龍君鯤、典史鳳陽馬君洋，例得並書。

［注释］

　　①而諸當途，嘉惠元元之仁：而因其在历史上，老百姓生产生息实在施予恩惠不断的仁义。

　　②楚雲夢藉吉水豐人：是指祖籍楚地吉水丰城人。

　　③中丞任邱劉公元霖：中丞，官名。汉代御史大夫下设两丞，一称御史丞，一称御史中丞。因中丞居殿中而得名。掌管兰台图籍秘书，外督部刺史，内领侍御史，受公卿奏事，举劾按章。因负责察举非案，所以又称御史中执法。东汉以来，御史大夫转为大司空，以中丞为御史台长官。唐、宋两代虽然设置御史大夫，也往往缺位，而以中丞代行其职。明代改御史台为都察院，都察院的副职都御史即相当于前代的御史中丞。明、清两代常以副都御史或金都御使出任巡抚，清代各省巡抚例兼右都御史衔，因此明、清巡抚也称中丞。北魏郦道元、宋代司马光曾任此职。《晋书·刘孝绰传》："洽寻为御史中丞。"明代董其昌《节寰袁公行状》："中丞台皇遽无措，檄公（袁可立）往解散。"《五人墓碑记》："是时大中丞抚吴者为魏之私人，周公之逮所由使也。"任邱，即任丘市，为河北省沧州市下辖县级市，位于河北省中部，西临白洋淀，是神医扁鹊故里。劉公元霖，刘元霖（1556—1614年），字元泽，号用斋，北直隶任邱县（今河北任丘）人。万历八年（1580年）进士，历任安阳县令、吏部主事、郎中、太常少卿。其后巡抚浙东、浙西，加右副都御史，升工部右侍郎。福王建洛阳王府时，多有所要求，刘元霖执奏，力言不可，遂止。进工部尚书。时国家物力凋敝，而屡兴大工，贪污盛行。刘元霖任事公明，节省经费，工部"衙门官蠹一清"。万历四十二年三月初九日卒于官，年五十九，赠太子太保。

　　④平溪唐公一鵬：平溪，福建省寿宁县下平溪镇。唐公一鹏，唐一鹏，无传。

　　⑤參知華亭馮公時可：参知，即参知政事，州参知，相当于副知州、知府。华亭，华亭市，隶属于甘肃省平凉市，以境内皇甫山麓有华尖山亭而得名。馮公时可，冯时可。

　　⑥龍溪：龙溪县，福建省旧地名，大致位于今福建省漳州市。始置于南朝梁武帝大同六年（540年），史事沧桑，政区演变繁复，连绵至今已有1000余载，是闽西南地区的政治经济和文化中心。

　　⑦兵憲宣城：兵宪，兵备道副使。宣城，简称宣，古称宛陵、宣州，地处安徽省东南部，东临浙江省杭州、湖州两市，南倚黄山，西和西北与池州市、芜湖市毗邻，北和东北与安徽省马鞍山及江苏省南京、常州、无锡接壤，处在沪宁杭大三角的西部腰线上，是南京都市圈成员城市。

　　⑧懷寧：怀宁县，位于安徽省西南部、长江下游北岸，皖河下游，隶属于安徽省安庆市。

　　⑨平和：平和县（古属漳州府平和县），福建省漳州市辖县，地处漳州西南部，与福建、广东两省八县相连，素有"八县通衢"之称。

　　⑩丹徒：历史上有丹徒县，现丹徒区，江苏省镇江市辖区，位于江苏省西南部，镇江市区周围。

　　⑪大庾：江西省清江县历史上曾置大庾县。因在江西省南缘，大庾岭北麓，置大庾县，以居大庾岭北麓为名，1957年也因字生僻，改大余县。

［按语］

　　本文记载了明万历丁酉年修理通济堰工程之事，文中具有以下资讯：

（1）明万历丁酉年前，通济堰工程损坏严重，大坝被冲毁十分之四五。

（2）邑侯钟武瑞报修，经郡侯上报巡监司及中丞，直指使者，议得废寺余租二百七十余两，用于修堰。

（3）先后修复西乡通济堰、东乡好溪堰。

17. 重修通濟堰志
進士　王一中　縣人

［原文］

環栝皆山，無深陂巨澤，足資灌溉。僅一溪流，盈盈依帶水，遇旱涓涓欲斷。而上受旁邑之流，決而東瀉，勢若建瓴①。以故，時雨瀑漲，涘水瀰漫②，無能嚮其利③，而往往罹其害。惟縣東西兩鄉，各有堰灑水為渠④。時其蓄洩，頗為旱潦之備。乃西鄉通濟堰，障松遂兩溪之水，引入堰渠，分為四十八派，析流注溉民田二千頃。傳自蕭梁時，詹、南二司馬實始其事。至宋郡人參知何公澹，甃之以石。政和初，邑宰王公禔為石函，盡制曲防，水利乃永。其後滲漉靡常⑤，隨時修濬，見於郡乘，諸不具論，若乃悉心擘畫，勒為規條，則宋守范公成大。暨邇時，縣令樊公良樞，其大彰著者也。顧興作自官、工匠，率多冒破而窳惰易滋⑥；驅使平民閭閻未覿樂成而勞怨輒起⑦。蓋至臨旱引水，急如抹焚⑧，先事濬坊，等於築舍，規則徒存，隨築隨廢，往事可核。巳歲戊午夏秋間，霪雨決旬，堰復傾塌，茫茫⑨巨漫，下民彷徨，罔知所措。合詞鳴於郡守在明陳公。公惻然，軫念不憚⑩，馳驅躬往相視。

［注釋］

①決而東瀉，勢若建瓴：瓴，líng，盛水的瓶子。勢若，指水勢很大。這裡指大溪水發時，水勢若注，汹涌無比。

②涘水瀰漫：涘：sì，水邊，涯也。這裡指溪水侵入岸邊的田地。瀰漫：汪洋一片，指洪水吞沒大片土地，而成為一片汪洋。

③無能嚮其利：無能，不能。嚮，同"享"。其利，通濟堰的利益。

④有堰灑水為渠：有堰，建有堰壩。灑，同"洒"，霑洒，一是謂水珠或泪珠等洒落並使沾着物濡湿。《北齐书·窦泰传》："电光夺目，驶雨霑洒。"唐杜甫《伤春》诗之四："岂无稽绍血，霑洒属车尘。"元辛文房《唐才子传·李季兰》："率以明白之操，徽美之诚，欲见於悠远，寓文以宣情，含毫而见志，岂泛滥之故，使人击节霑洒，弹指追念，良有谓焉。"清顾炎武《三月十九日有事于欑宫时闻缅国之报》诗："年年霑洒频寒食，咫尺龙髯近帝旁。"二是使人受惠。《敦煌曲子词·菩萨蛮》："常惬血怨居臣下，明君巡幸恩霑洒。"灑水，这里指农田灌溉用水。為渠，而靠渠道。

⑤滲漉靡常：滲漉，渗漏。靡，mǐ，无，没有。靡常，没有常态，无时无刻。

⑥窳惰易滋：窳，yǔ，窳惰，懒惰。懒惰的弊病易于滋生。

⑦平民閭閻未覿樂成而勞怨輒起：平民閭閻，平民百姓。未覿，未有亲自见到。樂成：高兴地看到（修堰工程）竣工。劳，付出劳力。怨，没有成效而产生怨恨。民夫付出了劳力，修堰却没有成效，从而怨言不断出现。

⑧急如抹焚：抹，同"救"。焚，火灾，燃烧。紧急得如同救火灾。

⑨茫茫：máng máng，没有边际，看不清楚。形容洪水很大。

⑩軫念不憚：軫念，zhěn niàn。悲痛地怀念，这里指体恤民间疾苦。不憚，不害怕。

[原文]

　　爰發謀慮財用，悉搜郡帑可資經用者，得若干金，以白水利何公，公報可，委官督修，幾有成績，會公覲行①。工以寒輒比回②。亟令主簿冷仲武專董其役，昕久督率③，惟謹不數月而工竣功成。宴④如屹然砥柱之賴焉。夫治民者，惟是興利除害為要務。乃水之利害也，所從來久矣。公不憚⑤，經營相度導其利，以開民生養之源；而又殺其勢，以防其潰敗之患計。自今畚鑺不施，河伯效順⑥，田得美收，民歌乃粒⑦。公之賜寧有涯乎？陳公名見龍，号在明。

萬歷四十七年

[注释]

　　①覲行：覲，jìn，朝见皇上而起行。

　　②工以寒輒比回：工，工期；以寒，因为天寒地冻；輒，总是，就；比，停止。这里指因天气寒冷而停止。

　　③昕久督率：昕，xīn，太阳将要升起的时候，这里指每日。长时间由其督理这项工程。

　　④宴：此处为"堰"。

　　⑤公不憚：陈公不害怕。

　　⑥河伯效顺：河伯，管理河道的神仙。指堰渠顺畅，无阻滞。

　　⑦民歌乃粒：民歌，人民歌颂，欢歌笑语。乃粒，因为农田有好收成。

[按语]

　　本文记载了明万历四十七年大修通济堰之事，有以下资讯：

　　(1) 明万历戊午年夏秋间，丽水大水，通济堰受灾严重。

　　(2) 经数月抢修，恢复通济堰水利功能。

(四) 國朝（清同治前）

1. 重修通濟堰引①

方享咸

[原文]

　　栝蒼介萬山，素稱僻瘠。職方②記：山多田少，禀然且地墳③，墟無溝澮④，會小旱即苦灌溉。余嘗有詩云：田硗峰頂雨，山擁馬頭雲⑤。蓋實歷語也，其地西鄉一帶尤甚。歷古今之官，此而有功於民者，悉盡力於溝澮云。今春以勸農，過其鄉，籲鄉之父老⑥，問勞焉，訊利害，省疾苦，其父老首以修堰對。堰，故宋相國何公築石者，分大溪之水，以引溉諳田數千頃。今千餘年，栝之民猶食其利焉。堤固舊址，後蒞此者，繼修葺之。邇以兵燹頗仍⑦，官視為傳舍⑧，遂未暇問，而溪水奔嚙，遷徙不常⑨，致蝕其隄，或溢或涸，堰之水不復由故道矣。余涖此及期，凡大務未修舉，然有關吾民者，亦嘗夙興夜寐⑩。

[注释]

　　①引：卷首语；序言。如：小引，古代的一种文体。

　　②職方：職，官；方，方物。志书中有关境域、地理、疆界的记载，喻地方志书。

③稟然且地墳：稟然，惊恐的神态。墳，高地。地墳，地面高低不平。稟然且地墳，意指面积不大而且土地堆积不平坦引人心生畏惧。

④墟无溝洫：墟，村落，乡村市集，指农村。溝洫，田间水道，借指农田水利。这里的农村缺乏农田水利。

⑤田碛峰頂雨，山擁馬頭雲：方亨咸诗句，说明丽水多山少田的情况。

⑥籲鄉之父老：籲，yù，即"吁"，呼天而告，这里指咨询、询问。询问这里地方的父老乡亲。

⑦邇以兵燹穎：邇，ěr，近。穎，"频"字的误写。近来因为战乱频繁。

⑧官視為傳舍：視，视职。官視，任职的官吏。傳舍，窜家走户一样（频繁）。

⑨溪水奔噛，遷徙不常：噛，小动物如鼠类等啃咬；奔噛，（水流）长期流动侵蚀；遷徙，原指动物按季节迁徙活动，这里指水道变化。溪水冲蚀，水道变化无常。

⑩夙興夜寐：夙，sù，早。寐，mèi，睡。早早兴作，很晚入睡。

[原文]

竭蹷焦勞①，僅稱小補耳。今即因其堤未盡壞者，一小補之，約計其功當三月，費當萬緡，利當千載。否則，仍其頹，致舊堤不可復，問而害可勝言哉？余首倡與諸父老，鳩工共成之。各都圖凡食堰之利者，願樂助其工，視有無為多寡，勿限其數。仍擇鄉之耆而有德者②，總其會計，量其出入。吾民其共諒吾心，毋負我惓惓③小補之意，則不日成之。秋書大有佇見黃雲被畝④，場圃歡歌。斯倉斯箱，以遊以詠⑤。吾將挈壺榼⑥、执豚蹄，率諸父老拜手於何公之靈，而醉舞以頌公之德。

順治六年歲次己丑孟秋上澣⑦

知麗水縣事桐城方亨咸撰

[注释]

①竭蹷焦劳：竭，jié，尽；蹷，juě，蹷子，引指骡马的后腿；竭蹷，原指走路艰难，后用来形容经济困难，引解为尽力筹措资金；焦劳，焦心操劳。竭蹷焦劳，指竭尽全力筹办资金，焦心操劳工程进度。

②耆而有德者：耆，年长的人；德，有才德。耆而有德者，年长而有才德的人。

③惓惓：quán quán，即"拳拳"（之心）。

④秋書大有佇見黃雲被畝：秋書，这里指秋天的收获季节。佇，zhù，伫，伫立，引申站在远处。佇見，站在远方就能见到。黃雲，指成熟的稻穗。被畝，满盖着农田。黃雲被畝，田野中长满金色的粮食。到秋收季节才有能在远处瞻望到田野长满金色的作物。

⑤斯倉斯箱，以遊以詠：以遊以詠，可以游可以泳，引申生活游刃有余。使你的谷仓箱柜可以因为装满了粮食而使生活过得有声有色。

⑥挈壺榼：挈，qiè，提，举；榼，kē，古时盛酒或水的器具。挈壺榼，提着酒壶举着酒杯。

⑦上澣：shàng hàn，唐、宋官员行旬休，即在官九日，休息一日。休息日多行浣洗，因以"上澣"指农历每月上旬的休息日或泛指上旬。

[按语]

本文为清代顺治六年丽水县知县方亨咸为修复通济堰所撰的引，即告示。文中可得如下资讯：

（1）明末清初，丽水兵灾乃频，致使堰事失修，水利有失。

（2）清顺治六年知县方亨咸计划主修通济堰。

（3）本次修复计划费时三月，经费万缗。

2. 重修通濟堰誌

王继祖

[原文]

利之將興必生一人焉，以倡之；而利之將成，又若出一人焉，以佐之；此固造物之甚神。抑亦名賢之不易覯①也。我麗邑，山多地僻，惟邑西偏平衍，堪稼穡②，而咸恃一堰，以通水利。其堰，始於梁之詹、南二司馬，繼於宋之何相國。障松遂兩溪水，入大川，疏為三百餘支，立為七十二樤，定為上、中、下三源。蓄泄、灌溉幾二千餘頃，民利之久矣。厥後衝塌不常③，時有修築。猶憶故明郡侯陳公，修茲堰道民食其德。時先大父④代巡二東，初假歸里，以記其碑陰，迄今五十餘載矣。今值閩變蹂躪⑤之餘，雖欲舉而苦無暇及。支流壅塞，民苦旱乾、莫可誰何。幸邑侯王公保釐⑥下邑，梧西父老相與指陳堰道之利。公概然，即以修葺為己任⑦。何者宜築、宜開；何者宜補、宜扞；擘畫既定，遂捐俸為士民倡。經始於康熙庚申之冬，匝月而工告竣，以數十年難舉之事。而觀效旦夕，厥功亦偉矣哉。越明春，大雨暴集，忽漲重沙，將所甃坎級⑧，若加以外護者。然此非天出其奇，以佐我公不朽之盛業乎？公諱秉義，字以質，恩蔭⑨。督工則縣尉錢君德基，厥有成勞，例得並書。

康熙十九年歲次庚申　郡人王繼祖撰

[注释]

①抑亦名賢之不易覯：抑，文言连词，表选择，相当于"或是""还是"，如"抑或"，此处表转折，相当于"可是""但是"，如"多则多矣，抑君似鼠"。覯，gòu，遇见。可是名贤是不容易遇见的。

②堪稼穡：堪，能够，可以，有"可以用以"之意；稼，收割作物；穡，指农作物。还可以种植作物有以成。

③厥後衝塌不常：厥後，以后，之后。之后时常有被水冲塌的灾害。

④先大父：先，古时老称呼前加"先"，表示已故。大父，祖父。先大父，这里指原来的郡守即知府。

⑤閩變蹂躪：閩變，指康熙十二年开始的"三藩之乱"中的靖南王耿精忠，其随吴三桂之后起事反叛清皇朝。耿精忠受封于福建，故称闽变，波及处州。

⑥邑侯王公保釐：知县王保釐。

⑦己任：己，"己"字的误刻。己任，自己的责任。

⑧將所甃坎级：甃，修筑；坎，应该是"坝"字。将原修筑的坝堤。

⑨恩蔭：蒙恩而受荫护。古时称考中进士受朝廷的荫注。

[按语]

本文记载了清康熙十二年开始的"三藩之乱"中的靖南王耿精忠，其随吴三桂之后起事反叛清皇朝。耿精忠受封于福建，故称闽变，波及处州。由此处州颇受侵害，农事不修，水利败坏。康熙十九年知县王秉义倡修通济堰，使之恢复水利功能，处之民复享其利。

3. 劉郡侯重造通濟堰石堤記

[原文]

　　通濟大堰，古制石堤長八十四丈，闊三丈六尺，除濮脚①在外。康熙二十五丙寅歲五月廿六、七兩日，洪水為災，衝崩石堤四十七丈。西鄉八載顆粒無收，糧食②兩無所賴。民皆鳩形鵠面③，苦難罄述④。士民何源濬、魏可久、何嗣昌、毛君選等为首，率眾于康熙三十二年癸酉歲七月十九日，具呈本府劉　暨本縣。隨蒙　劉郡侯軫恤栝西人民，概然捐俸銀五十兩以為首倡。續　應廳張　亦捐俸銀六兩；本縣　張亦捐俸銀五兩。傳喚濬等至府籌度，既委經廳趙諱鋥⑤，於十月初九日詣堰所。即着每源僉立總理三人，管理出入各匠工食銀兩。每大村僉公正二名、小村一名，三源堰長各一名，到堰点齊。每源派僉值日公正二名、堰長三人，日日督工巡視。人夫黎明至堰，先開斗門⑥放水，又令人夫扡樹⑦，木匠造水倉，鐵匠打鎚㩪⑧。每源公正各備簟皮⑨一條，放圍水倉之內，人夫挑沙石填滿。於十月十六日備辦猪羊三牲二副，祭龍王、二司馬、何相國。十八日青景二縣石匠，分為東、西兩頭砌起⑩是，不日告成。

[注释]

①濮脚：濮，pú，原指古水名濮河，濮水。濮脚，这里指大坝的下部外沿部分。

②糧食：糧食，这里有两层意思，即钱粮（国赋）和人民的生计（民食）。

③鳩形鵠面：鳩，jiū，斑鸠，小鸟；鵠，hú，即天鹅，身大头小。鳩形鵠面，形容饥饿造成的百姓瘦弱得没人样。

④苦難罄述：指百姓所受到的苦难以用语言来表达。

⑤鋥：人名。

⑥斗門：据前后文意，这里指过船闸和排沙闸。

⑦扡樹：扡，tuō，拖，这里指扛树木。

⑧木匠造水倉，鐵匠打鎚㩪：水倉，建筑大坝时所建的围堰，用以排干坝基内水，以利筑坝施工。鎚㩪：鎚，chuī，像锤的东西。㩪，qiào，"撬"字的同音假借字，即铁撬，丽水方言称"钢扦"。铁打制的大锤和铁撬。

⑨簟皮：竹篾打编的长方形编织物，丽水民间用于晒谷等物。这里的簟皮，指竹篾打编的长窄的纺织物。围放水仓内填砂石可防砂土外漏。

⑩青景二縣石匠，分為東、西兩頭砌起：青田、景宁二县（古处州所属县）因多山区，故出石匠，分别在东西两头（大坝文中称东西两头实为南北两头）砌起。

[原文]

　　上、中、下三源演戲酬謝　龍王、司馬、何相國。十一月士民歡欣齊集，彩旗鼓樂，送趙經廳回郡。并謝　劉郡侯。三十三年仍委趙經廳①到堰，重建龍王廟，其銀不敷，又每畝派銀五釐，其廟方得告成。不料康熙三十七年戊寅歲七月廿七、八兩日，又被洪水衝壞石堤二十七丈。於三十九年庚辰冬，何源濬、魏之陞二人，又呈溫處巡道、即前任劉郡侯陞授。批令本府，委經廳徐諱大越，詣堰修砌，仍差喚青景石匠一十六名，修砌石堤衝壞之所，每畝派銀八釐，上、中、下三源出銀不等資助，督砌石堤，方得告竣。設日後或有崩壞，後之君子切勿畏其工程浩大，工食維艱②，量亦有神化之術矣。但此一鄉之糧食，民命攸關，特記以為後勸。

[注释]

　　①經廳：府經廳，即府經歷，府经历，知府的属官，主管出纳文书事。

　　②工食維艱：工食，筑坝原料，工匠的报酬。维艰，难以筹措。

[按语]

　　本文记载了处州前知府、升任温处道刘廷玑清康熙三十二年、三十九年两次重修通济堰之事，从文中可得以下资讯：

　　（1）康熙二十五丙寅岁五月廿六、廿七两日，洪水为灾，冲崩石堤四十七丈。

　　（2）造成连年碧湖平原粮食歉收，民众生活困苦。

　　（3）士民何源濬等率众于康熙三十二年请修通济堰。

　　（4）刘郡侯捐俸五十两、经厅张捐六两、知县捐五两以为倡修。

　　（5）于康熙三十二年十月初九日开工重修，十六日先开斗门放水，造水仓、备簟皮，放围水仓挑砂石填满为围堰。石匠取石分为东、西两头砌起。

　　（6）康熙三十七年戊寅岁七月廿七、廿八两日，又被洪水冲坏石堤二十七丈。

　　（7）三十九年庚辰冬，士民何源濬等又请于温处道刘廷玑。

　　（8）每亩派捐八厘以修。请青田、景宁两县石匠十六人共修之。

　　本文明确记载了先建水仓，后由青田、景宁两县石匠用块石砌筑大坝的事实。

4. 修通濟堰得罩字二十四韻①

刘廷玑

[原文]

　　廿載兵荒後②，民居半草庵③。有田全借水，得堰每成潭。

　　自古資為利，於今圮不堪。欲修無實力，相聚總空談。

　　父老心常切，參軍事頗諳。諸君當暇日，同我一停驂。

　　相度其雖壞，經營勢可探。鄰封④求大匠，附近役丁男。

　　冶鐵飛紅焰，搜材砍翠嵐。淵淵尋故址，壘壘列新寵⑤。

　　手上千鈞轉，肩頭數里擔。溝深應費鍤，沙擁急需藍⑥。

　　防障開松間，分流賴石函。人謀天意合，雨少日光函（含）⑦。

　　先後成功一，均平立則三。自然東作好，無復旱生憸⑧。

　　夏喜禾苗秀，秋當稼穡甘。門前衣浣白，堦下米淘泔。

　　事事行無碍，年年樂且湛。躋堂⑨群致頌，撫案獨懷慚。

　　己力何曾用，天功未敢貪。古人遺法善，後世被恩罩。

　　在宋推何相，同時有范參。莫忘垂創者，司馬二詹南。

　　　　　　　　　　　　　　梧州守者遼海劉廷璣在圍圖著

[注释]

　　①罩字二十四韻：韻，韵，古时一种押韵的文体，二句为一韵。

　　②廿載兵荒後：二十年的战争灾害之后。指清康熙年间"三藩之乱"后的浙闽之战。

　　③半草庵：民舍被毁过半，只得以草房安身度日。

　　④鄰封：鄰，相邻，隔壁。鄰封，相邻的县，即外县。

⑤新竈：这里指新修的渠堤。

⑥蓝：应是"篮"字，引申为用镏畚淘拔。

⑦日光函（含）：阳光温煦地普照着大地。

⑧惔：tán，焚烧。这里指晒焦了禾苗。

⑨蹐堂：蹐，jī，登，上升。蹐堂，（大家）纷纷登上大堂（府衙）之意。

［按语］

　　这是前处州知府刘廷玑在修通济堰后所撰的诗文，记述大修通济堰之艰难。

5.（跋　语）①
王　珊

［原文］

　　麗邑西通濟堰，創自蕭梁詹南二司馬，繼於宋邑人何相國澹。又乾道間范參知成大，守郡時踵修②。源分上、中、下三則開閘。以時山水橫衝，堰道易壞，上置石函若橋③，渡山水若溪④。徑橫直上下並流不碍⑤，制甚善。近丙寅歲，為洪水衝決殆盡，苦失灌溉。郡　憲劉公，輒念民艱，慨焉捐造。委屬參軍趙調度，不兩月告成。一時士民鼓舞歡頌，因作此章以謝之。是雖不自以為功，而其憂樂同民，興此邦大利，已足與詹南諸往哲⑥比烈⑦，正有不得而辭者矣。若其詩擅絕千古，洵有如少陵所稱，飄然不群者。倘太史採風舉以上⑧　聞，不且為文明黼黻⑨矣乎？詩與功均足以傳不朽⑩。

屬教諭　王珊　謹跋

［注释］

　　①该跋语是上篇诗的后跋，《堰志》收录时无题。该题为笔者所加，故加括号注之。

　　②踵修：踵，zhǒng，原指脚后跟，这里引为跟着、接着。接着修浚。

　　③若橋：这里的"若"用作"如"。

　　④若溪：这里的"若"用作"到达"意解。

　　⑤徑橫直上下並流不碍：徑橫：指石函直接加在渠道之上。上下並流，上下分别同时流通，指坑水从石函上流过直达大溪，渠水从函下流过。不碍，互不干扰、障碍。

　　⑥往哲：以往的贤哲。指修筑通济堰有功的历史人物。

　　⑦比烈：互比功勋。指一样的功劳。

　　⑧舉以上：上原指皇上，这里指上级官府。

　　⑨黼黻：黼，古时礼服上绣的半白半黑的花纹；黻，古时礼服上绣的半青半黑的花纹。这里指留下显著业绩和不朽篇章，功绩黑白分明而显现。

　　⑩傳不朽：留传后世而不朽灭（的事迹）。

［按语］

　　本篇跋语是处州府教谕王珊为知府刘廷玑前面的诗文所撰后跋，以记刘郡侯修通济堰事迹及对刘的《得罩字二十四韵》诗的赞扬。

6. 麗水縣修濬通濟堰重扦葉穴記
林鵬举　等

［原文］

　　麗西通濟大圳，自斗門而下里許，有洩水葉穴，近合港①大溪，頻年衝洗。康熙五十三年，洪水衝決葉穴并大堰，渠水溪流②，栝西焦土。五十八年，上源總理魏之陛、楊森、葉昌成，堰長魏多葶；中源總理王任祖、王運正、趙燮、周鳳儀、董越，堰長陳顯侯；下源總理紀弼亮，堰長周盛賢等，具呈縣主萬　，委王典史督工。三源公議照畝公捐，買得寶定陳姓水田，又寶定張家會樂助己田，改扦新堰，重建葉穴。疏通渠水仍歸堰流。至六十年又被洪水衝決石堤，是年晚禾顆粒無收。迨雍正三年，縣主徐　詳請修砌。又沐處總鎮王　委城守蔡　監督。廣福寺僧廷修捐贊銀十兩幫助成功。至六年又被水衝石堤，七年間郡侯曹　縣主王　詳請重修。時宮保大人李　，委候補員陳、李二人督修。至乾隆三年，又被洪水衝決，縣主黃　請修成功。乾隆八年，又被水衝石堤，上源堰長魏祚高、公正魏祚岐、魏祚森等，具呈溫處道吳　縣令冷　詳請修砌。所用民夫，每名三分工催。至乾隆十五年，又被水衝石堤，并壞寶定下高路，縣主　梁　，旋修旋壞，至今石堤復決，堰復泥填。嗟夫，九閽路遠③，誰憐失牧④？牛羊傳舍心同不免⑤，秦越肥瘠⑥。處卑賤者，力無所施：操利權者，念不暇及，安得詹南、何、關、葉、范、王、樊諸公復生，重辟舊制，以甦西栝之涸鮒⑦乎？謹記之，以俟後之仁心為質者。

乾隆壬申恩科舉人林鵬舉、協全歲貢湯燁欽、恩貢魏王亮、邑庠葉凌雲、葉鳳耄、梁壬振、趙運禧、魏王前、魏祚綸、魏祚璠、監生方尚恩、梁大智，里人魏可遠、魏際鵬、魏王卿等謹誌。

乾隆廿一年丙子菊月⑧魏塘里人魏王豪捐贊重刊。

友益堂鄒子與刻刊。

[注释]

①合港：这里指汇合、流入。

②渠水溪流：溪流，这里指流向大溪，即堰渠由于叶穴冲决而使渠水外泄至溪中。

③九閽路遠：閽，hūn，门（多指宫门）。九閽，指朝廷。丽水距朝廷遥远。

④誰憐失牧：有失关爱、护养。有谁可怜这些失去朝廷关爱的遥远地区人民。

⑤牛羊傳舍心同不免：牛羊，比喻失去关爱的人民。傳舍心，离开灾区逃难之心。这些失去灌溉生活无着的人民背乡离境逃难之心不可避免。

⑥秦越肥瘠：秦，秦地；越，越国。秦越肥瘠，指不同地域而造成财富的差异。

⑦以甦西栝之涸鮒：甦：sū，苏醒，死而复甦（苏）。涸鮒：涸，hé，干涸、涸辙。鮒，fù，鲋鱼（鲫鱼）。涸鮒，即"涸辙之鲋"，比喻处在困境中急待救援的人们。用什么去拯救即将涸死的鱼儿（人民）。

⑧菊月：农历九月是菊花开放的时期，古人称之为"菊月"。农历九月的别称另有授衣月、青女月、小田月、霜月、暮秋、晚秋、残秋、素秋等。

[按语]

本文记载了清代康熙五十三年至乾隆十五年期间几次大修通济堰及重扦叶穴的情况，文中包含有如下资讯：

（1）康熙五十三年大水冲毁叶穴及大坝，康熙五十八年大修通济堰及重扦叶穴的情况。

（2）康熙六十年又被洪水冲决大坝，广福寺僧廷修捐资银十两帮助修堰。

（3）雍正三年，徐知县主修，王处州总镇，委城守蔡监督，广福寺僧廷修捐银十两帮助，修堰成功。

（4）雍正六年洪水冲坏石堤，七年间曹郡侯、王知县，请重修。时官保大人李，委候补员陈、李二人督修。

（5）乾隆三年，通济堰又被洪水冲决，黄知县，请修成功。

（6）乾隆八年，通济堰石堤又被水冲坏，上源堰畏魏祚高、公正魏祚岐、魏祚森等，具呈温处道吴，县令冷　详请修砌。

（7）乾隆十五年，通济堰石堤又被冲毁，并坏宝定下高路，梁县主，旋修旋坏，至今石堤复决，堰复泥填。

7. 計開三源各庄民夫名數

[原文]

△上源：

魏村，每日派夫①十二名。

金村、巖頭、義埠街三地方，每日派夫②三名。

周項、新溪、下梁、箬溪口四地方，每日派夫十名。

採桑、下湯，每日派夫八名。

山峰，每日派夫十二名。

槩頭、湯村、楊店，每日派夫十名。

碧湖、上中下三保，每日共夫③十八名。

霞崗，每日輪夫④五名。

寶定，柴火夫⑤二名，以作浣洗之故。

吳村，每日輪夫三名。

△中源：

峰山、朱村、大陳、里河，每日共夫十八名。

上黃、上地、西黃，每日派夫七名。

資福、後店、張河，每日共夫七名。

白河、下槩头、章塘，每日派夫十名。

河東、周村，每日派夫十名。

趙村，每日撥夫⑥十五名。

橫塘，每日撥夫十二名。

上閣、下河，每日派夫十二名。

△下源：

紀葉、周劉、下葉，每日共夫十六名。

季村、章庄、塘里、土地窑、葉村，每日共夫七名。

泉庄，每日派夫十五名。

蒲塘、紀店、下陳，每日共夫十一名。

任村，每日派夫三名。

白口，每日派夫五名。

石牛，每日派夫五名。

赵村、下堰、每日派夫六名。

郎奇、白桥、黄山，每日派夫六名。

通濟大堰，原为西鄉上、中、下三源灌溉田禾而設。其西邊山脚，有洪塘⑦三傾六十畝，亦為隔崗民田而扞，以助堰水所不及灌者。故寶定地方例無民夫上堰。謹遵舊制：隔崗水田，不得強車堰水，倘寶定民人，越犯規例，应告官司受理。

[注释]

①派夫：单村应派上堰参加修堰工作的每天民夫数。

②派夫：这条及以下二村以上条目中的派夫，是指各村每天应派的民夫数。

③共夫：几个村一共应派出每天的民夫数。

④輪夫：每天轮换派出相同的民夫数。

⑤柴火夫：负责为民夫提供饭食的民夫，即现代的炊事员。

⑥撥夫：每天应该拨派的民夫数。

⑦洪塘：古蓄水塘，今仍在，位于保定村北侧，其北为山麓。洪塘面积达三顷六十亩（现仍留面积七十亩），是宝定村农田主要供水源。关于洪塘的形成，有两种说法：一是蓄水，是专为农田水源而开挖的。二是在此地发现质量好的瓷土（高岭土），挖瓷土制作瓷器，历经宋、元、明三代的开挖取土而形成的，宝定青瓷窑即是在这样的条件下兴旺的。

[按语]

本文记载了通济堰流域三源各庄所派民夫人数。从本文中可获得以下资讯：

（1）三源各庄因受益田亩不同，通济堰在岁修、大修时每天所派民夫数也不同。

（2）通济堰干渠旁宝定村（现保定村），因西边山脚，有洪塘三顷六十亩，不用堰水灌溉，所以不用派夫。宝定村民也不得偷车堰水灌溉，违者重究。

（3）宝定村需派柴火夫二名，因为其村私用通济堰干渠洗浣。

8. 重修通濟堰記
韩克均

[原文]

處于浙為郡最瘠，治駐麗水，在萬山中，可耕之土不足當浙西望縣之十一①。惟西鄉有田二千頃，稱沃壤，則恃圳水為之溉也。堰名通濟，建自蕭梁詹南兩司馬。其泐石②以誌，則自宋石湖范公始。明世屢有修造。國初，王劉二君復修之。嘉慶庚申夏，栝大水，決堤防，圳亦崩壞，距今十五年矣。守斯土者，屢欲修復，輒逢巡中止③。蓋郡雖瘠，所轄獨十邑，山民獷悍好鬥狠④，案牘之煩，乃甲于諸郡。弱者視薄書如束，苟日⑤不暇給；健者又以治獄名，遂移劇⑥郡。且程功甚鉅⑦，非信而後勞，積月累歲，難以觀厥成也。郡伯新城涂君，以侍御來守斯土。下車之始，適遭偏災⑧。君備舉荒政，周恤撫字之。老弱無轉徙，民飫⑨其德。守郡三年，百廢具舉。堰之修也，去秋實倡其儀，與邑令及紳民，往復籌度，請於大府。自冬徂⑩春。

[注释]

①可耕之土不足當浙西望縣之十一：望縣，大而有名望的县；之十一，十分之一。可以耕种的农田不到浙西北大县的十分之一。

②泐石：泐，lè，同"勒"，雕刻。刊刻石碑。

③辄逡巡中止：辄，zhé，总是，就；逡，qūn，退；巡，巡防。逡巡指官员轮换巡防，即驻守。总是因为官员轮换而中止（修堰之议）。

④獷悍好鬥狠：獷，guǎng，粗野。獷悍，粗野强悍。鬥狠，争斗。

⑤旬日：即"旬日"，形容许多日子。

⑥遄移劇：遄，chuán，迅速地，比喻往来频繁。（因治狱有功）而迅速地迁升，变动很大。

⑦程功甚鉅：这里是指需要工程量很大。

⑧適遭偏災：遘，gòu，相遇。适巧遇上少见的灾害。

⑨飫：yù，饱食，这里形容深受。

⑩徂：cú，往，到。

[原文]

　　鳩工庀材①，爰集厥事②。以余曾與末議，問序於余。夫捐賑之惠在一時，坊庸之澤及累世。待其災而恤之，何如待其未灾而預籌之也。今年夏，雨澤稍愆③，他郡頗歉，而麗獨得水利收且豐。則兹堰之功不亦溥④哉？近大吏嘉君之治行，行且移權。首郡⑤更聞有疏濬西湖之議。君以治處者治杭，鄞侯香山、東坡諸賢，去人良不遠耳。余蒙　天子恩，荐秉滇臬⑥，將別君以去。共事之雅，尤不敢忘，因不揣媕鄙⑦而為之記。

　　賜進士出身欽命分巡浙江溫處兵備道，新陞雲南按察使司按擦使汾陽韓克均撰

　　處州府青田縣學訓導四明張　慧書

　　嘉慶十有九年歲在甲戌秋九月上浣吉旦

[注释]

　　①鳩工庀材：鳩工，鳩工，意思为聚集工匠。庀，pǐ，具备，这里形容筹集工匠、材料完备。

　　②厥事：这件事，指修浚通济堰之事。

　　③雨澤稍愆：愆，qiān，错过。指雨水不调匀，稍受旱。

　　④溥：pǔ，广大。

　　⑤首郡：首府，指省会所在郡府。

　　⑥荐秉滇臬：荐，jiàn，推举。滇，云南省简称；臬，niè，法度，这里指古代考察法度的官吏按察使。得到举荐而升为云南按察使。

　　⑦媕鄙：媕，ān，不能决定；鄙，bǐ，谦辞时用于自称。形容自己不避嫌违而为之书记。

[相关人物]

　　（1）主修人：涂以辀（涂以輈），清嘉庆十九年前后任处州知府，无传。

　　（2）撰文人：韩克均（1766—1840年），字德巗，号芸舫。山西汾阳东窑庄村人。清代官吏。嘉庆初进士。官至贵州省、云南省、福建省巡抚。卒葬汾阳县杏花村镇小相村北牌楼凹。

誥授资政大夫福建巡抚韩公墓志铭　彭邦畤撰

　　汾阳韩公殁於京寓之明，其孤鈐、元、键，将奉匶归葬，先期次公事状，踵余门述遗言，以志石之文相属。予逊谢弗遑，顾念先文勤公掌翰林院，公以嘉庆己未（四年，1799年）庚申间值清秘堂，间数日，辄诣先公白事。予时甫弱冠，揖公於众宾後，识公为最早。逮後解组，浮寓春明不二年，公亦罢官侨居，相近长安，冠盖如云。惟两间人者，朝夕过从，因得从公纵论天下事，所得良多，是知公莫予若也。不敢辞，谨按状。

公讳克均，字德巍，号芸舫，系出宋魏国忠献公，後传十二世，由相州迁山西之文水，又九世乃徒居汾阳，故公世为汾阳人。曾祖谟，知广东肇庆府。祖衍桐，乾隆辛酉拔贡，庚午辛未联捷进士，歴知河南陕州。考变三世，皆以公贵，诰赠资政大夫，姚皆诰赠太夫人。公生而颖异，至性过人。六岁遭母夫人丧，又二年赠公亦下世，哀毁如成人。自是随世父泡淳公官署，又依外王父北平杏浦李公任所，若闽、若吴、若豫章、若楚，南北咸至焉。公念少孤，刻苦勤学，虽奔走道路，不为稍辍。最後杏浦公，官兵部侍郎，从入都，遂以乾隆五十三年，举京兆试。嘉庆元年，成进士，改庶吉士。四年散馆授检讨，五年充贵州乡试正考官，又於壬戌乙丑，叠充会试同考官。所得多知名士，如宝应朱文定公其最著者。九年，授湖广道监察御史。十一年，掌京畿道事，时编辑高宗纯皇帝实录，至是提调乏人，故事以翰林官充他职，不预馆臣，以公熟谙掌故，特奏充焉，诚异数也。是年九月，擢工科给事中，恭送实录，尊藏於陪都，差旋蒙恩，以四品京堂用。十三年，巡视通州漕务。十四年，授浙江温处道。十九年，授河南按察使，旋调云南按察使。二十一年，授安徽布政使。二十四年，授贵州巡抚，旋调福建巡抚。二十五年，今上御极，十二月调云南巡抚。道光五年，复调福建巡抚。公起家文学，既歴外任，遂以才见知，故屡镇皆边陲重地，国家恃以为安。其在滇御外藩，最为得体。思茅属车里宣慰司，与夷接壤。会奸徒构衅孟艮，缅目名召布素者，诱执土司刀绳武。公即檄谕缅夷，以夷目擅执内地，土司肇衅，宜声罪致讨，姑念国主远处阿瓦，未必知情，当遣所属护还，并檄暹逻南掌，各辑边境，毋生事端。缅甸奉檄，即以绳武来归，夷人自此震讋焉。永北大姚夷，因土田事与内地构怨，公於惩创之後，酌定章程，边围永谧。前後两任入闽，值海氛既靖，兴利除弊，民气以复。闽省械库向附郭，公始奏请移建城中。台湾府属淡水厅，土城年久倾圮，公命改建石城，且捐赀先倡，屹然称险固。岁饥，弛海禁以便民，濬福州之小西湖，修莆田县之木兰坡，不惜钜费，功利甚溥。在滇则奏请疏滇池，改东川府会泽县石桥为渡船。其他惠民之政不可殚述。道光十年（1830 年），蒙恩予原品休致，公遂居京师，优游林下者十年，神明如少壮时。是偶疾，遂不起。公须秀伟，睂（古同眉）目如画，所至不为矫激异同之见，而声望卓然。未及年而遽得谢，天固以是优公，而公亦以自得，然自公去闽未几，而台湾有张丙之役，论者至今乃益思公云。性纯孝，以禄养不逮，遇讳日及晋秩，告祭必尽哀。与弟宾贤，垂老无间。其殁也，公属予挽之，予为作联语云："国尔可忘家，兄得专心缘有弟；友于亦为政，老思拊背竟无人。"盖记实也。其他睦宗亲，恤寒暖，以大节观之，皆其所宜有者。初公与无锡孙文靖公，共事有年，文靖之墓，陈恭甫前辈志之，缠绵万余言。公尝语予，议其太冗，故今志公墓，不敢为溢辞。公生於乾隆丙戌年（三十一年，1766 年）十一月初五日午时，卒於道光庚子年（二十年，1840 年）十月二十八日辰时，年七十五。配徐夫人，本姓李氏，为北平乾隆壬戌进士，广东粮储道璧齐公孙女，湖南武冈州州同晴川公女；幼育於舅，民户部郎中徐皓亭公家，遂姓徐氏；先公十二年卒。子二，长鋑，公从子，入继为公後；道光元年，恩荫通判，改捐郎中，分刑部回避，改工部。次元键，国学生。孙八人，孙女三人。将以辛丑年日月，合葬城北牌楼凹新阡。铭曰：

国有成宪，疆臣是持。法苟不挠，威岂遂隳。赫赫中土，守在四夷。将镇抚之，敢曰羁縻。於惟我公，张弛得宜。缅怀曩哲，经略西陲。美征世济，前光後辉。即论晚节，曾不少差。新阡郁郁，公其乐兹。我文纪实，或无愧辞。

[按语]

本文记载了清嘉庆十九年处州知府凃以辂修浚通济堰并制订堰规的事迹，浙江温处兵备道韩克均撰文。从其中可获以下资讯：

（1）嘉庆五年夏，栝州受大水灾，处之大多堤防冲决，通济堰亦被灾崩坏。

（2）此后十五年间堰区歉收。

（3）嘉庆十八年冬始修、嘉庆十九年处州知府凃以辂修浚通济堰并制订堰规。

9. 重立通濟堰規
凃以辂

[原文]

嘉慶十八年癸酉之冬，重修麗水縣通濟堰，越明年春工竣。陞任溫處道韓公巳記①之矣。而士民更礱石，待予一言，傳諸後人。夫興復水利，固守土者之責耳。且是役也，協議則權，麗水知縣金匱鄧君炳綸；督工則麗水縣丞寧河杜君兆熊；董事則葉生郭、魏生有琦、吳生鈞、葉生雲鴻、周生景武、趙生文藻、葉生全；倡捐則葉惟喬。予何力之有焉，惟念歲修之舉必不可廢，因集眾議，立規四條，以泐于石。

一、堰身、閘口②、斗門③、鞏固橋④、石函、龍神廟等，工遇有損壞，責令閘夫開報麗水縣丞。該縣丞即日履勘，申詳知府，委員估計，趕緊興工，無任遲誤。現據麗水貢生吳鈞，輸田⑤四畝四分，計租十一石，每年變價⑥約得錢十一千文，即令碧湖縣丞，就近徵收，應完地漕秋米⑦若干，飭縣查收。田額⑧另立歲修西堰戶名，亦由該縣丞完納⑨。所餘錢文，即為修理之費。該縣仍將用數報府查核。遇有不敷，於府庫收存歲修項下補給。

一、斗門⑩

[注释]

①韓公巳記：巳，应该是"己"字，韩公他自己已经撰有记。

②闸口：这里的闸口指通济堰进水闸前的大喇叭口。

③斗门：这里的斗门指通济堰过船闸。

④鞏固橋：古时在现通济堰下方十三米处设有进水闸，上面架有石桥，称巩固桥，以供启闭闸门时闸夫在上面揭吊枋木。

⑤輸田：輸，输送。这里指捐助田亩以资堰工。

⑥變價，变卖租谷而得的粮款。

⑦地漕秋米：地漕，古代时种田户应向国家交纳的税款。地漕秋米，古时以秋熟季节收取地漕，相当于现在的农业税。

⑧田額：田产的所有权凭证登记。

⑨完納：及时交纳（地漕秋米）。

⑩斗门：这里指过船闸、排沙闸。

[原文]

堰口①，每逢山水暴漲，即被沙淤。向年定規，傳令上、中、下三源鄉夫挑撥。但鄉夫散居，一時難集，積沙愈多，工益浩繁。是疏沙之法，亟宜籌議也。該處向設^②閘夫四名，坐落松陽縣田六畝，計租一十二石，給伊等耕種。每年仍發工食銀一十四兩四錢，在府經歷衙門征收西堰租息^③項下支給。今議每年酌加閘夫工食銀十兩，於府庫收存堰租項下按年支給，以為添僱壯夫工食之用。嗣後遇大水時，責令閘夫就近僱備壯夫數名，俟^④水稍退，各用鐵鐺、鐵鈀等件，將沙順水推入大溪。所需壯夫工資，由閘夫自行發給，毋許另行開銷。倘積沙廣百十丈，深數丈，用夫在十名以外，該閘夫即稟報縣丞衙門，聽候親勘，循舊酌派上中下三源鄉夫挑撥。該閘夫仍自僱壯夫十名幫同辦理。

一、各鄉夫相距堰所計三、四里至十數里不等，傳派挑沙，自當酌給飯食^⑤。現據麗水貢生葉惟喬，輸田五畝，計租十石，請為僱工挑沙之用。計租穀變價每年約得錢十千，即令碧湖縣丞，就近徵收，應完地漕秋錢一千文有零。飭縣查收，田額另立疏通西堰戶名，亦由該縣丞完納，所餘錢八千零，即作鄉夫飯食。各鄉夫等，自帶鐵爬^⑥、畚箕、扁担等件，協同挑撥，務須辰到酉歇。該該縣查察實在到工鄉夫，每名每日給發飯食錢三十二文。遇有不敷，隨時稟府，請於府庫收存租息項下添給，每年限支銀八兩。該縣丞仍將給過錢文摺報查核。倘鄉夫有推諉不力，到工遲延者，立予懲儆。

一、堰頭地方，舊建龍神廟，本^⑦無廟祝^⑧。現據董事生員魏有琦，先後輸田七畝五分，計租一十五石。呈請添設廟祝，以備香燈，以供酒掃，其田即令廟祝耕種，應完錢糧，亦由廟祝自行完納。并飭縣查收糧額^⑨，另立通濟圳戶名，以備稽查，而杜穩射^⑩。

[注釋]

①堰口：这里指进水闸的上游一段。

②向設：向，向来、一向，意即以来、历来。向設，历来设。

③租息：堰产所收获的田租及其派生的利息等款项。

④俟：等，等到。

⑤酌給飯食：酌情给予报酬。

⑥鐵爬：铁钯。

⑦本：本来，历来。

⑧廟祝：掌管庙宇及香烛的人。

⑨糧額：意同"田额"，即田产的所有权凭证登记。

⑩杜穩射：指杜绝将堰产稳为己产。

[原文]

嘉慶十九年歲在甲戌冬十一月既望^①。

處州府知府新城涂以輈立。

麗水拔貢生侯選直隸州州判董鳳池書

[注釋]

①十一月既望：月象上的说法。既望，即月亮初明的日子。

[按語]

本文为嘉庆十九年知府涂以輈新修的堰规，主要有以下内容：

（1）嘉庆十八年癸酉之冬，重修丽水县通济堰，越明年春工竣。

（2）协修丽水知县邓炳纶，督工丽水县丞杜兆熊，董事叶郭、魏有琦、吴钧、叶云鸿、周景武、赵文藻、叶全，倡捐叶惟乔。

（3）新规四则：

一、堰身、闸口、斗门、巩固桥、石函、龙神庙等损坏，由闸夫报县丞，县丞复勘，确定修复，以丽水贡生吴钧，输田四亩，计租十一石，每年变价约得钱十一千文为资。

二、斗门、堰口，每逢山水暴涨，即被沙涨。向年定规，传令上、中、下三源乡夫挑。该处向来设有闸夫四名，坐落松阳县田六亩，计租一十二石，给伊等耕种。每年仍发工食银一十四两四钱为资。

三、各乡夫相距堰所计三四里至十数里不等，传派挑沙，自当酌给饭食。现据丽水贡生叶惟乔，输田五亩，计租十石，请为雇工挑沙之用。计租穀变价每年约得钱十千为资。

四、堰头龙神庙设庙祝一人，以生员魏有琦，先后输田七亩五分，计租一十五石。呈请添设庙祝，以备香灯，以供洒扫，其田即令庙祝耕种，应完钱粮。

10. 重修通濟堰記

黎应南

[原文]

通濟堰，創自蕭梁詹、南二司馬。至宋乾道間，郡守范公成大，釐為規條，使民知灌溉。數百年來，屢加修濬，洵百世利[1]也。麗邑多山少田，惟西鄙[2]平衍肥沃，民所仰食。設元旱災，告土龍無靈。幸賴松陽、遂昌大溪之水濟之。其法築大壩以障急流，導自朱村亭、三洞橋引入，內分上、中、下三源，多方蓄洩，用資挹注[3]。嘉慶癸酉，郡伯新城涂藥莊先生，集郡人捐資修壩，到今尸祝[4]。惟堰工未及連年，朱村亭邊堤岸日見頹陁[5]。設溪水勃發，潰決隄防。則斗門既為砂礫壅塞，而田間積水轉向大溪外泄，一瀉無餘，為患孔迫。戊子孟夏，郡伯定遠李公，惻然念之。命余往勘。余知事不可緩，而帑金莫籌。邑人葉君惟喬，端士[6]也，有與人為善之志。余乃屬其倡始，偕是鄉父老共圖是役。貳尹冀君振麟，復親身督率眾，皆樂輸鳩工。仲秋既望，閱四月而厥功。乃藏統計[7]，廣袤一百六十餘丈。其出泉[8]姓名已勒諸它石，以嘉其善。葉君復屬[9]余為文，以誌巔末[10]。

[注释]

①洵百世利：洵，xún，诚然，实在。实在是百世利益所系。

②西鄙：鄙，在这里意为"边"。西鄙，邑之西边。

③用资挹注：挹，yì，挹注，指从有余的地方取些出来以补不足的地方。这里指通济堰截流以资农田水利。

④尸祝：祝，以言告神为主人祝福者为之祝。尸祝，主读祝词的人。

⑤頹陁：tuí tuó，这里指堤岸坍塌、水道湮淹而失故迹（方向）。

⑥端士：端明之绅士。

⑦乃藏統計：藏，chǎn，完成，解决。統，同"统"。乃藏統計，经竣工后统计。

⑧出泉：泉，货泉、钱币。出泉，指出钱款。

⑨屬：古文中常作"嘱"使用。

⑩以誌巔末：以文字记录事件的始末。

[原文]

余謂此周官溝洫制①也。王政不必泥古，能師其意，即為良法。余親歷其地，相度三源舊規，凡縱橫相遇，即磬折參伍之遺②也。啓閉以時，即瀦蓄防止之義也。河渠水利之書，與食貨志相表裏。彼史記引漳水③，兒寬開六輔渠④，召信臣守南陽時，為提閘水門⑤數十處，皆善用周禮者也。然則詹南功烈，豈在鄭白諸賢下哉？予奉職無狀，不敢尸功，特深幸邑民好善之，誠故樂為之記。并以望百年邌⑥之守斯土者。

道光九年歲次已丑立夏前一日。

知麗水縣事順德黎應南撰并書

[注释]

①周官溝洫制：指周礼中官府制订的沟洫制度。

②凡縱橫相遇，即磬折參伍之遺：磬折，qìng zhé，意思是弯腰。表示谦恭，出处《礼记·曲礼下》，此处引伸弯曲。參伍，《周易本义》曰："参者，三数之也；伍者，五数之也。既参以变，又伍以变。"《荀子》曰："窥敌制变，欲伍以参。"窥敌制变：偷偷侦察战场上敌军编制队形的调动和变化情况。欲伍以参：企图、准备将自己的队伍、兵力穿插、加入战斗中。这里的"参伍"也是"参插"的意思。《韩非》曰："省同异之言，以知朋党之分，偶参伍之验，以责陈言之实。"要想清醒了解相同的言论和不同的意见，用来分别谁是朋友和谁是异党，可以偶尔采取朋友和异党参插任用的人事手段来验证"言论"和"不同意见"的真伪。用以分辨和判断双方所陈述的言论是否属实。这里的"参伍"也是"参插"的意思。《史记》曰："必参而伍之"，又曰"参伍不失"。《汉书》曰："参伍其贾，以类相准。"《乾坤谱》曰：参：参加、参入、插入。伍：天数一、三、五、七、九为一伍，地数二、四、六、八、十为一伍。参伍：就是天数一、三、五、七、九与地数二、四、六、八、十互相参插。参插的方法是：地数二插入天数一、三之间；地数四插入天数三、五之间；地数六插入天数五、七之间；地数八插入天数七、九之间；天数九插入地数八、十之间；天数七插入地数六、八之间；天数五插入地数四、六之间；天数三插入地数二、四之间。凡从横相遇，即磬折参伍之遗，所有（渠道）纵横交错、曲折参插，以尽水利而无遗漏处。

③彼史記引漳水：《历记》上记载引漳十二渠，又称西门渠，是中国古代劳动人民创造的一项伟大工程。在魏邺地，即今河北省临漳县邺镇和河南安阳市北郊一带。据《史记·滑稽列传》记载，"西门豹发民凿十二渠，引河水灌民田"。引漳十二渠是战国（公元前403—前221年）初期以漳水为源的大型引水灌溉渠系。灌区在漳河以南（今河南省安阳市北）。《史记》等古籍记为战国魏文侯时邺（治今临漳县西南邺镇）令西门豹创建（公元前422年）。西门豹的建造方法是"磴流十二，同源异口"。"磴"就是高度不同的阶梯。在漳河不同高度的河段上筑12道拦水坝，这就是"磴流十二"。每一道拦水坝都向外引出一条渠，所以说是"同源异口"。据记载，每个磴相距300步，连续分布在20里的河段上。根据地形考察，这20里河段应当是安阳县安丰乡渔洋村以下的20里河段，渠口开在拦水坝的南端，12条渠都在今安丰乡境内。第一渠首在邺西18里，相延12里内有拦河低溢流堰12道，各堰都在上游右岸开引水口，设引水闸，共成12条渠道。灌区不到10万亩。漳水浑浊有很多泥沙，可以灌溉肥田，提高产量，邺地因而富庶起来。东汉（公元25—220年）末年曹操以邺为根据地，按原形式整修，十二堰从此改名天井堰。《吕氏春秋·乐成》记渠为魏襄王时都令史起创建，在西门豹后约100年，并批评西门豹不知引漳灌田。《汉书·沟洫志》采用这一说法，和《史记》有矛盾。后人调和两说，说是西门豹先开渠，史起又开。东魏天平二年（535年）天井堰改建为天平渠，并成单一渠首，灌区扩大，后也称万

金渠。渠首在现今安阳市北 40 余里,漳河南岸。隋代(581—618 年)、唐代(618—907 年)以后这一带形成以漳水、洹水(今安阳河)为源的灌区。唐代重修天平渠,并开分支,灌田 10 万亩以上。清代(1644—1911 年)、民国时期还有时修复利用。1959 年国家在漳河上动工修建岳城水库,安阳市随后开挖漳南总干渠,引库水建成大型灌区——漳南灌区,设计灌溉面积达 120 万亩,代替了古灌渠。

④兒宽开六辅渠:兒宽,倪宽(公元前?—前 103 年),西汉官员,字仲文,千乘(今山东广饶县)人。历仕廷尉、掾举侍御史、中大夫、左内史、御史大夫。古史记中记载有西汉官员倪宽。《汉书》文载:倪宽,千乘人也。治《尚书》,事欧阳生。以郡国选诣博士,受业孔安国。贫无资用,尝为弟子都养。时行赁作,带经而锄,休息辄读诵,其精如此。以射策为掌故,功次,补廷尉文学卒史。宽为人温良,有廉知自将,善属文,然懦于武,口弗能发明也。时张汤为廷尉,廷尉府尽用文史法律之吏,而宽以儒生在其间,见谓不习事,不署曹,除为从史,之北地视畜数年。还至府,上畜簿,会廷尉时有疑奏,已再见却矣,掾史莫知所为。宽为言其意,掾史因使宽为奏。奏成,读之皆服,以白廷尉汤。汤大惊,召宽与语,乃奇其材,以为掾。上宽所作奏,即时得可。异日,汤见上。问曰:"前奏非俗吏所及,谁为之者?"汤言兒宽。上曰:"吾固闻之久矣。"汤由是乡学,以宽为奏谳掾,以古法义决疑狱,甚重之。及汤为御史大夫,以宽为掾,举侍御史。见上,语经学,上说之,从问《尚书》一篇。擢为中大夫,迁左内史。宽既治民,劝农业,缓刑罚,理狱讼,卑体下士,务在于得人心;择用仁厚士,推情与下,不求名声,吏民大信爱之。宽表奏开六辅渠,定水令以广溉田。收租税,时裁阔狭,与民相假贷,以故租多不入。后有军发,左内史以负租课殿,当免。民闻当免,皆恐失之,大家牛车,小家担负,输租缲属不绝,课更以最。上由此愈奇宽。及议欲放古巡狩封禅之事,诸儒对者五十余人,未能有所定。先是,司马相如病死,有遗书,颂功德,言符瑞,足以封泰山。上奇其书,以问宽,宽对曰:"陛下躬发圣德,统楫群元,宗祀天地,荐礼百神,精神所乡,征兆必报,天地并应,符瑞昭明。其封泰山,禅梁父,昭姓考瑞,帝王之盛节也。然享荐之义,不着于经,以为封禅告成,合祛于天地神祇,祗戒精专以接神明。总百官之职,各称事宜而为之节文。唯圣主所由,制定其当,非君臣之所能列。令将举大事,优游数年,使群臣得人自尽,终莫能成。唯天子建中和之极,兼总条贯,金声而玉振之,以顺成天庆,垂万世之基。"上然之,乃自制仪,采儒术以文焉。既成,将用事,拜宽为御史大夫,从东封泰山,还登明堂。宽上寿曰:"臣闻三代改制,属象相因。间者圣统废绝,陛下发愤,合指天地,祖立明堂辟雍,宗祀泰一,六律五声,幽赞圣意,神乐四合,各有方象,以丞嘉祀,为万世则,天下幸甚。将建大元本瑞,登告岱宗,发祉闿门,以候景至。癸亥宗祀,日宣重光;上元甲子,肃邕永享。光辉充塞,天文粲然,见象日昭,报降符应。臣宽奉觞再拜,上千万岁寿。"制曰:"敬举君之觞。"后太史令司马迁等言:"历纪坏废,汉兴未改正朔,宜可正。"上乃诏宽与迁等共定汉《太初历》。语在《律历志》。初,梁相褚大通《五经》,为博士,时宽为弟子。及御史大夫缺,征褚大,大自以为得御史大夫。至洛阳,闻兒宽为之,褚大笑。及至,与宽议封禅于上前,大不能及,退而服曰:"上诚知人。"宽为御史大夫,以称意任职,故久无有所匡谏于上,官属易之。居位九岁,以官卒。

为了使郑国渠旁得不到灌溉的田地也能够得到水浇,汉武帝元鼎六年(公元前 111 年),左内史倪宽主持修建了六辅渠,该渠大概是引郑国渠以北的冶峪、清峪、浊峪等几条小河为水渠来益郑国渠傍高仰之田(《汉书·沟恤志》)。倪宽在六辅渠管理方面创造性地制订了定水令,以广溉田(《汉书·倪宽传》)的合理用水制度,因而扩大了灌溉面积,这是农田水利管理史的一个重大进步。

⑤提阏水门:阏,è,闸板。提阏水门,使用提升闸板而调节水流的闸门。

⑥百年逡:逡,往来,复也。百年逡,以后往来复(守这里的官吏)。

[按语]

本文记载了清代道光八年大修通济堰朱村亭堰堤,从中可以获得有以下主要资讯:

(1)道光八年前,通济堰干渠上的朱村亭边堤岸损坏严重。溪水暴涨,将溃决堤防。

则斗门既为砂砾壅塞，造成渠水转向大溪外泄。

（2）道光八年夏动工修复，历时四个月竣工。事后统计工程量："广袤一百六十余丈"。

11. 捐修朱村亭堰堤樂助緣碑①

[原文]

通濟堰自斗門至朱村亭，逶迆②數里。右傍大溪，高路為堤，稱要害焉。道光丁亥春，堤被水衡坍，堰流幾至外泄，農畝有失灌之憂。荷蒙邑尊黎公詣勘，先事預圖，捐廉首倡，飭董伙修③。又賴三源諸君踊躍贊囊。經始於戊子孟秋，閱四月而工竣。計築堤廣袤二百五十餘丈。共經費捌百貳拾千零。兹刊邑尊撰記外，合將三源樂捐芳名並登諸石，以見堰隄④鞏固、百世利澤，皆　邑尊及諸君力也。董等何敢與焉。謹誌。

（捐助人及金额《堰志》中没收录，现据原碑拓片补录于下）

上源樂捐芳名列後：

麗水縣黎捐廉伍拾千文，魏乘八十元，周錫旂五十五元，魏錫齡四十元，魏德馨二十元，魏庭璠十二元，魏庭楠、魏庭佐、葉國泰　以上各十元，魏庭璜十元，魏庭星济共八元，陳金鑑七元，周作棟、周作樑、周作楨、周發達　以上各六元，魏際熙、周義正、周義起、周應元、周智福　以上各五元，魏庭梓荫姜、魏庭森、宋義先、方耀道、方茂賢、周金甲、周齊州、周禮鑑、周國楳　以上各四元，周長有、周齊發、鄭義忠、鄭根工、葉根祖、葉王祖、葉顯祖、梁海水　以上各三元，周田妹、吳金龍、清備菴、梁畏明、湯張賢、梁貞清、梁章隆、周良松、梁章權、梁吳貴、湯志仁　以上各二元，周義發、蔡仁宝、周長發、梁大茂、万長元、梁大芳、項何牲、梁方盛、項啟魁、葉土兒、張新茂、張新寅、王金和、周景文、周長根、項溫州、吳有德、吳國芳、梁永昌、陳發進、湯科兒、呂吳有、王宗元、項滿庭　以上各一元。

中源樂捐芳名列後：

沈士傑、豪五十元，葉維喬三十元，程聚泰三十元，葉雲鴻二十元，林趙氏十八元，林鳳葆十元，胡見龍、陳合發、葉貞幹　以上各八元，葉利秦、魏庭鏞、汪持德、王恂、王長利　以上各七元，湯佐、程定三、任裕利、趙文藻、趙秉璵、章有倫　以上各五元，葉亨通、程福照、程朝葆、趙邦揚、潘金宝　以上各四元，何履鰲三千文，毛盛錦、葉正三、林開宗、葉文濤、陳登朝、闕生盛、陳協培、陳開招、曾有賢、鄭秉瑤、王大興、陳官培、陳永利、魏永晉、趙敬祖　以上各三元，劉大成二元五角，王榮、葉蘭清、葉方清、王有蘭、王育薐、黃志盛、施永興、鄭慶宝、呂鈞調、陳正根、倪義盛、王滑、鄭國模、鄭邦才、何茂才、葉海南、何王標、葉初芳、程金水、王開元、葉仁祖、鄭茂川、王培芝、鄭秉璠、梅元利、葉惟茂、雷震煒、黃老克、陳国華　以上各二元，章隻紅、彭賢耀、邵廷芳　以上各一元五角，彭正揚一千文，葉漢清、梅葉明、王良珠、王土宇、林昌利、何趙金、趙光遠、趙秉誠、趙載陽、何仁水、陳金家、章連松、章洪貴、柳高兒、呂叙美、梅德春、王一美、呂郭氏、呂亦諚、林際昌、陳茂魁、趙敬修、何良才、趙滿陽、趙三（左"女"右"當"组成）、徐玉魁、陳宗茂、程世聖、葉雲峰、王維泰、何根兒、盧光魁、盧光華　以上各一元，郭岱五百文，呂亦誠四百五十文。

下源樂助芳各列后：

鄭耀廿六元，葉加恩十六元，何戴（左"女"右"當"組成）七元，紀光寅六元，周作（左"霖"右"孚"組成）六元，吳鈞五元，徐紹典五元，王夢熊四元，王夢齡四元，葉愷、周垣、吳林瑞、周和美、紀光祚、吳琅、黃資生、謝英廣、紀啟瑞、黃秉乾、葉承秀、楊春芳、何國權　以上各二（元），劉秉謙、劉上增、葉登龍、紀裕滿、劉上統、劉永堂、劉水朝、黃祖瑞、徐茂生　以上各一（元五角），李林麒、何焕星　以上各一（元），葉冠奎二元。

三源共捐洋錢九百五十八元，結錢八百六十二千二百文，除築隄經費外，餘錢四十二千零，用在勒碑修亭，零费内一無存餘，謹白。

（下《堰志》中有收录文字）

三源董事（下括号内是原碑中有的文字）

（上源董事）：魏乘、周景武、魏錫齡、周錫旂

（中源董事）：沈士豪、葉惟喬、林鳳葆、葉雲鴻

（下源董事）：葉加恩、吳鈞、鄭耀、吳琅　　　　　仝立

道光九年歲己丑孟秋上澣吉旦⑤。

松邑貢生葉楚書丹并篆額　　（雲邑柳宏訓　刊）

[注释]

①该文原碑现存。《堰志》在收录该碑时仅收录前文，而捐助人姓名、钱额等均删不录。现据原碑补齐并调整落款书丹刊刻顺序，以符原貌。

②逶迤：wēi yí，形容通济堰渠道弯弯曲曲延续不断的样子。

③伙修：伙，cì，帮助。伙修，协助修筑（通济堰）。

④堰隄：隄，同堤。

⑤孟秋上澣吉旦：孟秋，是指秋季第一个月，农历七月。上澣，唐、宋官员行旬休，即在官九日，休息一日。休息日多行浣洗，因以"上澣"指农历每月上旬的休息日或泛指上旬。吉旦，释义为农历每月初一。

[按语]

本文记载了清代道光八年大修通济堰朱村亭堰堤乐助捐修人，从中可以获得有以下主要资讯：

（1）赖三源诸君踊跃赞囊。经始于戊子孟秋，阅四月而工竣。计筑堤广袤二百五十余丈。共经费捌佰贰拾千零。

（2）《通济堰志》收录该碑时仅收录前文，而捐助人姓名，钱额等均删不录。应予以补录。

12. 重 修 通 濟 堰 記
恒　奎

[原文]

麗邑西鄉之有通濟堰，由来舊矣。肇①始於梁，大備於宋，歷元、明而下迄至國朝二百年来，其間循良接踵。興復讲求法良、意美，稽諸志乘班班②可考。守土者，惟在因時制宜，順其勢而利導之，俾旱澇無虞，民有恒業。斯睦端任恤③之道，即寓乎其間。惟斯

渠，築石、派別、支分，每有傾圮，工用繁重。雖恃官④為經理，而經費不裕，仍資民力輸將，方足以集事。尤非一二公正之士實心規畫，亦難與慮，始而圖成焉。堰自嘉慶癸酉冬重修後，歷三十餘年，中間屢有修築，不遇隨時補葺⑤。去年夏秋之交，洪水暴漲，堰身被衝，葉穴、函、橋、槩多淤塞。九月間，余卸護溫處道事⑥。回栝，即據三源紳董呈請興修。并以需費甚鉅⑦，租息無多，力任捐緣勸助之事。遂於本年三月興工，於六月畢工。事成刊誌，請記於余。余維士君子心存利濟，澤及維桑⑧。雖在一鄉一邑，無不可以展其好義急公之蘊⑨。則此一役也，上裕。

國儲，下卹民瘝⑩，與此堰立名之義正相符合。其為通濟之利，蓋也溥矣。爰嘉其志而備紀始末，以為後來者勸。

道光二十四年歲次甲辰季秋菊月　　　穀旦

誥授　朝議大夫知浙江處州府事长白恒　奎撰

三源董事：

貢生　鄭　耀

生員　葉闔泰　魏　俊　沈士豪　葉惟泃　葉成聲　周錫璋　趙鳴皋　葉文濤　葉秀檀

職員　魏庭曦　葉攀雲

廩生　葉如荃

監生　魏儲蕃

監修：

貢生　葉方俊

生員　魏際參

三源堰长：

宣講生員　魏永配

生員　陳丹書　紀王章

大清道光二十四年歲次甲辰季秋月　　　穀旦。

三源董事捐資重修。

東邑務本堂杜學仲刊。

[注釋]

①肇：始世，开端于。

②班班：此处同"斑斑"。

③睦端任恤：睦，和睦。睦端任恤，指和解争端体任抚恤之心。

④恃官：恃，就是"持"字。由官府主持。

⑤補葺：苴，大麻的雌株。補苴，应是补葺。

⑥余卸護溫處道事：我卸去处州府知府的任职，移任温处道台。

⑦鉅：通"巨"，巨大，很大。

⑧維桑：指平民百姓。

⑨好義急公之蘊：即有急公好義之心蘊。

⑩下卹民瘝：卹，应是"恤"字。瘝，疾病、痛苦。下面则体恤民间的疾苦。

[按语]

本文记载了清道光二十四年知府恒奎主修通济堰工程之事，从中可以获得以下资讯：

(1) 自嘉庆十九年大修后，30多年间除道光八年修朱村亭边高路堤外，只有岁修等。

(2) 道光二十三年夏洪水冲坏大坝及部分渠道，叶穴、函、桥、概多淤塞等。

(3) 道光二十四年三月兴工，六月竣工。

13.（谕　示　碑）①
吴知府

[原文]

特授處州府麗水縣正堂加六級紀錄十二次　　吴：

為給示勒碑曉諭事：照得西鄉通濟堰志所載，議定寶定庄隔岗民田，不準車戽堰水，只許浣洗物件。凡遇三源修圯時，該庄每日出柴火夫一名，以便工作應用。嗣經②前縣黄③，准依該庄車戽堰水，仍令隨時派夫挑撥沙石，以便通暢水道。并免柴火夫舊章，出示曉諭在案。誠恐日久玩生，合再給示，勒碑曉諭，以垂永久。為此示仰該庄衿耆④、地保人等知悉：爾等須知西鄉各圳，攸關各都農田水利，堰水流通，則日夜鬯消⑤，田禾足以資灌溉。堰水壅塞，則沙石淤積，田禾無以資，宣洩不特⑥，秋成失望。抑且堰工多虛。自示之後，務各遵照定章，不分畛域⑦，各派人夫，竭力挑撥沙石，以全水利而保田禾。倘敢故違不遵，許即指名具稟以憑，提案嚴究不貸。特示。

右仰知悉。

咸豐十年七月二十　　日給。

[注释]

①本文在《通济堰志》收录中无题。现以题括号注之。

②嗣經：嗣，嗣后，至后。嗣后经过。

③前縣黄：前任黄知县。

④衿耆：衿，系衣裳的带子。耆，六十岁以上的人。衿耆，有名望的人及上年纪的人。

⑤日夜鬯消：鬯，同"畅"。日夜鬯消，日夜畅流。

⑥宣洩不特：宣洩，指灌溉排泄。宣洩不特，水利未修造成灌溉排泄不畅。

⑦畛域：畛，田地里的小路。畛域，界限。

[按语]

这是清代咸丰十年丽水县吴知县关于通济堰渠道清淤，以保水利功能的谕示，即现在的告示。

(1) 文中规定宝定庄，经前任黄知县核定，准其庄车戽堰水灌田，废柴火夫，并该庄亦派夫参与堰工。

(2) 渠道淤塞，须各庄及时派夫清淤，才能确保农田灌溉。

14. 重 修 通 濟 堰 記
清　安

[原文]

栝郡在萬山中，南北兩境山多田少。惟西境土地平曠，較東境尤稱饒沃，為閭①邑民食所賴。余既治處之明年②，思為地方開足食之源。考諸志乘，知麗水有東西二圳。而圳水之利，關乎民田。圳之興廢，田之豐歉視之。而通濟一堰，灌溉尤廣。創自梁詹南二司馬，障松遂大溪之水而東注，匯流為渠，分四十八派，為七十二燮，定以上、中、下三源。嗣後，代有興修。自宋政和，邑令王公禔，增為石函、葉穴。乾道時，郡守范公成大，著規條二十。開禧初，何參政澹，甃石為堤，因時制宜，至周且備，而堰之利始盡美矣。因訪諸邑人，僉云：自咸豐八年以來，疊遭匪擾③，農功屢輟，歲久不修，淤塞傾圮，半失故道。然而欲復舊規，工甚鉅、費甚艱，未易議也，余以兵燹後，民尤艱于食。苟利④于民，敢畏難？遂詣履勘，相度其形勢，審察夫利弊。召邑紳而與之謀。各紳俱欣然樂從，酒查歲修堰租，得錢三百餘緡。益以上中下三源受水田畝，分等攤捐，又計得錢一千二百餘緡。刻日鳩工，分飭邑紳葉文濤等囊其事⑤，令麗水縣丞金振聲督之。始于四年夏，迄于五年春。凡所規畫，悉仍其舊，與東堰先後告成。夏秋之交，亢陽⑥垂兩月，田多苦旱。而東西兩鄉，咸獲有秋。此余為民謀食之心所稍慰也。爰為選擇經理之人，酌定受水之期，以予民遵循。是役也，余固銳意興修，亦幸得各紳之同心協力，以底於成。而後歉畏難之見，不可存也。夫用千百人之力，於經費支絀之時，以期收將來之效，是其氣易餒，其志易惑。使眾議或相阻，安知其事之不中止也。抑余更有慮者，從來善政之，垂有治法，患無治，人勤於先，恐怠於後，予於咸豐八年奉命，出守滇南，曾幾何時，旋有赴浙之簡⑦。宦海轉蓬，初無定所，豈能長為吾民終始之謀？是在後之撫茲民。隸茲土者，與吾同志，歲修而時葺之，毋使一轉瞬間而後有於塞傾圮之患也。此則，余之所厚望也夫。

同治五年歲次丙寅秋九月　　　　　　　穀旦

欽加道銜知浙江處州事長白清　安撰。

[注釋]

①閤：hé，同"合"，全部。

②治處之明年：治處，任處州知府。明年，第二年，次年。治處之明年，（我）任處州知府的第二年。

③疊遭匪擾：匪，指太平天国起义军。疊遭匪擾，清咸丰年间，太平军先后二次攻陷处州府。

④苟利：苟，gǒu，随便，假使，如果。苟利，苟且失乎民利。

⑤囊其事：囊，囊助，协助办理。在这里指负责通济堰修理这件事。

⑥亢陽：亢，亢奋，连续不断地。陽，yáng，日出，这里指连续两个月骄阳似火，出现旱灾。

⑦簡：书简，书信，信札。这里指返回处州的通知。

[按语]

本文记载了清同治五年处州知府清安主持修复通济堰工程一事，文中可得以下资讯：

（1）咸丰八年以来，太平天国太平军二度攻陷处州，兵灾不断。通济堰久未治理，损坏严重。

（2）资金有旧堰租300缗，再按亩摊捐，得1200缗。

（3）同治五年六月起动工修复。至九月修复。

15.（新立通濟堰規碑記）①

[原文]

欽加道銜府正堂清　為明定章程，嚴立規條，永示遵辦事：

照得通濟大堰，歲久失修，其槩枋之高下，疏決之淺深，古制蕩焉②，舊章莫率，以致奸民爭競。水利不均，殊非公溥之道。現經本府周圍審度，溯委窮源③，定啓閉之期，平中流之砥，總冀水灌乎田，人均其澤，不使有向隅④之抱。當與金二尹及諸紳董，細加衡量。將各槩枋，南北中支，分別修造。所有丈尺，後先并上中下三源受水之處，封堤宣洩，皆示一定不易之軌。爰立規條，命工勒石，永遠遵行。如敢擅違，許即稟送重究，決不姑寬。其各凜遵，切切特諭。

同治五年九月　　日給

計開：

一、舊制開拓槩中支，廣二丈八尺八寸，石砌崖道⑤，槩用游枋大木。南支，廣一丈一尺；北支，廣一丈二尺八寸，兩崖各竪石柱，槩用灰石。蓋中支揭去木槩，則水盡奔中、下二源，而北南之水不流。中支閉木槩，則水分南北，注上源。自逐次修改，古制久湮。去歲公正葉春標修理，將南北二支與中支齋。故北支有偷水中、下二源之訟。今飭董重修，將中支放低一尺，加平水木一根。每年三月初一日，大斗門⑥上閘後即閉平水木，俾南北中三支平流，無畸多畸少不均之患。

一、每年五月初一，為三源輪放水期：一二三日，輪上源，於先一日戌刻，中支再加木一根，至第三日戌刻，上源已灌足三晝夜。即將中支加木，並平水木一齊揭起，仍將南北二槩開上，俟四五六七八九十，中下二源灌畢，方準揭南北二枋，閉中支平水木與加木。週而復始。

一、開拓、石刺、城塘各槩，各設槩首一名。每歲由值年董事選舉誠實可靠者保充。但恐照管不周，仍有居民擅自啓閉，及偷放情事。茲議每槩雇募槩夫一名，着令專管。每名每月在於歲修租內給穀一担，計三名每年提谷三十六担，以作經理工食。倘有擅自啓閉偷放情弊，報明董事，轉稟究辦，輕則罰錢二十千文，為修濬用，重則從嚴治罪。若槩首、槩夫受賄、容隱，一并提懲。

一、上源輪水之期，凡寶定、義埠、周巷、下梁、概頸等處，不遵定例，或有臨期不車、過期強車各情，俱照阻撓公事例治罪。

一、三源車水，只許田邊車庠，毋許在支堰口築壅，將大堰之水盤為己有，如敢不遵定例，仍□□智定，照擅自啓閉槩枋之罪罪之。

一、開拓槩東支，水歸三峰庄，五里牌頭左旁有小堰二支，一分水於湯村止；一分水於採桑止。二處田少而地勢卑⑦，田少，則受水不多；地卑，則放水亦易，每致餘水洩入大溪。茲於圳口增設小概木閘，着令二村公正專管。如田中灌溉有餘，即行閉閘，以示限制，使水不致泄為無用。

一、鳳臺槩值中源水期，應上木枋。俾中源之首尾受水均平。遇下源水期，即將東支槩枋揭起，以順水勢。

一、石刺槩平水石，較東西支低五寸，下槩枋之處，又低五寸。今用尺厚游枋一根，自三月初一日，即下槩枋。除去平水石五寸，尚高出石外四寸。俾水適與東西支平流，輪值下源水期，即行揭起，灌畢四日，仍行蓋上。其槩首及車水定規，與開拓槩同。

一、城塘槩，緣歲久失修，古制已改。去冬堰董紀宗瑤修理，中支高於東西二支一尺有餘，以致下源受水不均。今飭董事葉瑞榮、林永年等重砌，放低一尺九寸。東西支各用平水石，與中支適平。不輪水期之時，均不上枋。至五月初一日輪流，始有啓閉。每逢第十日戌刻，准將中支閉枋，以蓄餘水。逢第三日戌刻，再加遊枋，使水注東西。逢第六日戌刻，則揭中支二枋，閉東西枋木，以濟下源。其槩首及車水定規與上同。

一、九思、湖塘二槩，上下均系下源，概有平水石，可不必用槩枋，以杜弊竇。

重修通濟堰工程條例

一、三洞橋為通堰咽喉，最關緊要。前因久失修淘，淤沙填塞，積塊堅凝⑧。此次興工疏濬，自應加力扦深，使水得以蓄洩，免滋涸竭之虞。

一、石函每因山水暴漲，沙礫混衝，輒多滲漏。查舊制石板平鋪泊灰⑨。釁嶮卒至⑩，

[注释]

①该文在收入《通济堰志》中没有文题，编者根据文意，在收录此文时加以此题，以括号注之。

②古制蕩焉：古时的规制已经荡然无存了。

③溯委窮源：追溯以往历史，彻底掌握其发展、变化的脉络。

④向隅：这里指向背，相违背。

⑤崖道：这里指概闸上下的渠道堤岸。

⑥大斗门：古文中有大、小斗门之称。据此处文意，大斗门指的是过船闸。

⑦地势卑：卑，低矮。地势卑，地势低下。

⑧積塊堅凝：淤积的泥沙都已经变成坚硬的土块了。

⑨平鋪泊灰：（石板）平缝铺放，缝中曾用过泥灰抹填。

⑩釁嶮卒至：釁，"衅"字古体，嫌隙，争端。嶮，"险"字的古异体。釁嶮卒至，这里指因缺水而引起的争端就会立即而至。

———————————

[原文]

時修時壞。今議鋪石全用雌雄合縫，鎔鐵膠固①。庶乎歷久經常。

一、各槩木枋，率多朽壞，而開拓、鳳臺、石刺、陳章、城塘、九思六大槩，為三源司水之出納，尤为喫重。俱應一律修造完好，其平水石之低昂②，遊枋木之高下，與夫大小斗門③，悉循定制，毋得私行更改，陰謀取巧，違者科罪。

一、開撥淤泥，應照支堰分派。查踏何處土名，歸着何村挑撥，編號插籤，以免彼推此諉。如不應役，或偷惰者，監董稟送笞責。

一、沿堰及旁流河塘④，應行築塍設閘，按三源輪值水期之末日，察看堰有餘水，始準決放蓄儲。如來源有限，堰田尚虞不敷灌溉，所有河塘不得任其引注。至白口、泉庄，雖在下源，其河塘又深闊，每有奸民引水作奇貨之居，收獨得之利。私己病人，深堪痛恨。應將該河塘無論在官在民，均着築塍設閘啓閉，倘有不遵，許董事等指稟嚴辦。

一、下源唐里庄、西畋，系由城塘槩中支分水，舊有小槩，应復興造，以符定制。

一、白河、周村，由槩頭庄槩下坵支分下水，應造小棟⑤，棟下藏一水衍⑥，以緩水勢，免致旱乾、水螠之虞。其金溝堰，每因坑水陡發，引沙停滯，更須隨時挑撥，不得延捱，觀望、貽誚，臨渴掘井，徒令水利無收。

一、中源放水，至大陳庄上，尚何任其引蓄。若鳳臺槩西支之水，下源水期為下吳、蒲塘所必經之處，不準放水入塘，致碍中流。而蒲塘向有紀店、下陳、郎奇等庄，橫布石甃⑦，以分水利。因石甃不修，蒲塘獨受其盈，毋庸分放四日水期。倘後紀店等庄，修

鑨，分水再照原議。至陳章瀊，每逢四、五兩日，揭中流遊枋，放水至大陳庄。第六日閉瀊蓄水，以便瀊上民田車庤。違者議罰。

一、每旬水期，上中源輪值各三日，下源輪值四日。凡所值之處，須俟次日水行暢滿，始準車庤。如遇堤究。再下源輪值之期，而上中兩源東西支，各宜閉枋，停止放水，使中源水勢直達下源，獲沾受水之實。至鳳臺瀊東支，堰直水勢較急；西支堰曲，水勢較緩。茲於西支，另設木枋五寸，以示限制，使水不得多放；而東支水勢得以暢達。如後紀店庄等，修鑨分水，則鳳臺瀊東西支，仍照舊平放，毋庸分多潤寡，以昭公允。

一、動民力以興民利，全在經理得宜，斯欸不虛縻，而功歸實用。唯工程浩大，非一木能支。今本府率麗水縣令陶，各倡捐廉錢一百千。而該堰上、中、下三源受水田畝，按照向章，分別則壤派捐：其上源者，上則捐錢二百，中則捐錢一百六十，下則捐錢一百。在中源者，上則捐錢一百六十，中則捐錢一百，下則捐錢六十。在下源者，上則捐錢一百，中則捐錢六十，下則捐錢四十。統計三源受水額田一萬六十九畝，合捐錢一千二百千七百八十五文。既昭平允，自易樂從。

計開費用：

一、三洞橋，計錢二百八十四千一百六十文。

一、龍神祠，計錢三十九千九百九十一文。

一、大陡門⑧，計錢一十千七百七十二文。

一、葉穴，計錢二十千六百八十四文。

一、高路⑨，計錢三十七千一十文。

一、開拓瀊，計錢一十九千一百四十二文。

一、鳳臺瀊，計錢二十三千七百六十三文。

一、石刺瀊，計錢一十八千四十文。

一、河潭瀊，計錢一十七千三百二十九文。

一、潭下平水閘，計錢一千二百七十文。

一、陳章、烏石東西二瀊，共計錢一十一千三百八十文。

一、城塘瀊，計錢三十七千四百九十五文。

一、九思、河塘二瀊，計錢九千六百五十文。

一、夏鑨滧⑩，計錢六千九十文。

[注釋]

①鎔鐵膠固：鎔，应是"熔"。熔炼铁水来胶固石缝。

②平水石之低昂：水利工程中，在有的概闸中所用的起平分水量的石条，称平水石。其高低有规制。根据需要可以启放。

③大小斗門：根据文意，大斗門指过船闸，小斗門指进水闸。

④旁流河塘：堰系上人工挖掘，用于蓄留渠道多余水量，以备旱时急需的湖、塘、水泊。

⑤小棟：原指屋的小正渠，这里指小函桥。

⑥棟下藏一水衍：衍，山坡。这里引导水堤顺坡。小桥之下置有一个水衍，使通行的渠水减弱水势。

⑦石凳：石制的引水小函桥。

⑧大陡门：过船闸又称大陡门。因其在拦水大坝上，开启放水后，渠水停流，故称为大陡门。

⑨高路：通济堰主干渠流至保定村前，这里一段渠道紧靠大溪之边，土名称高路，常会被洪水冲决其渠堤。

⑩夏凳潘：土地名。潘，过多，过甚。

［原文］

一、乡夫及公正等，计给点心钱四百三十七千四百三十二文。

一、堰局伙食器具杂用，共钱四百二十二千四十六文。

总结费用共并钱一千三百九十六千二百五十四文。

一、董理宜慎选择，查殷实之户，每不乐於承充。而射利之徒，又冀从中染指。善举废弛，皆由於此。兹特派定：岁修经董，以专责成，自同治六年起，着叶瑞荣、吕礼耕、叶步丹承管。七年着林锺英、曾绍先、戴君恩承管。一年一替。凡值轮管，每人给薪水钱一十千文，於堰租内支领。所有岁修租息收支各款，立簿登记，年终册报。其有余存交代接管之董，即具照收，并无亏短，切结送府备查。如甲年之董侵亏，即由乙年之董查禀，究追。倘或扶同徇隐，事觉，着赔①。遇有大修之处，先禀请勘估辨，不得擅便，以杜冒销。

一、议三源堰中，各宜置造小船，以便庄家四时收成运载之需。而於某处水浅，亦可乘济渡时，便於知悉。俾值年董事，得以就地派夫，随时挑撥。不但堰水深浅画一，受泽均平，而且浮沙石碛不能淤塞。至石桥之所，查有数处窄狭卑下，及其中桥柱阻碍，应宜改修高阔，使水势得以畅流。总之，於堰有禅益者，无论应创应修，应因应革，惟在诸绅董因地制宜，斟酌尽善，永享丰亨乐利之休，以敦乡田同井之谊，实本府所深慰而厚望焉。

一、大陡门向系三月初一闭闸，八月初一开闸。兹因渠内民田多种晚禾，八月间各处民田正在需水，改缓至九月初一开闸。惟从前堰水仅止灌溉田禾，今则舟楫通行，更不可一日无水。倘果闸板齐揭，势必堰渠立涸。应做各处斗门放水之法，自九月初一为始，每日定以卯酉两时开闸，以为上下行船之便。余则仍行闭歇，俾得引水入渠。如此变通辨理，则水利通畅，不致再有阻滞虞矣。

［注释］

①着赔：令其赔罚侵贪之钱。

［按语］

这是清代同治五年知府清安主持制订的一套新堰规及重修通济堰工程条例，并以谕令形式发布。新堰主要有以下内容：

（1）开拓概3座闸宽不变，其他尺寸调整有：将中支放低一尺，加平水木一根。

（2）三源轮灌制确认为：每年五月初一，为三源轮放水期：一、二、三日，轮上源，于先一日戌刻，中支再加木一根，至第三日戌刻，上源已灌足三昼夜。即将中支加木，并平水木一齐揭起，仍将南北二概闸上，俟四、五、六、七、八、九、十日，中下二源毕，方准揭南北二枋，闭中支平水木与加木。

（3）开拓、石剌、城塘各概，各设概首一名。并明确其责任与报酬。

（4）上源轮水之期，凡宝定、义埠、周巷、下梁、概颈等处，不遵定例，或有临期不车、过期强车各情，俱照阻挠公事例治罪。

（5）三源车水，只许田边车戽，不准在支堰口筑壅。

（6）开拓概东支，水归三峰庄，五里牌骐左旁有小堰二支，一分水于汤村止：一分水于采桑止。二处田少而地势低下，而旦田少，所以用水不多常余水泄入大溪。所以在该圳口增设小概木闸，令二村公正专管。如田中灌溉有余，即行闭开。

（7）凤台概为轮中源用水期，应该上木枋。使中源水系的首尾灌区受水均平。到了下源用水期，即将东支概揭起，以便水流进入下源灌区。

（8）石刺概平水石，较开拓概东西支低五寸，下概头枋，又低五寸。用一尺厚游枋一根，自三月初一日，即下概头枋。除去平水石五寸，尚高出石外四寸。使水适与东西支平流，轮值下源水期，即行揭起，灌毕四日，仍行盖上。

（9）城塘概，将中支闭枋，以蓄余水。逢第三日戌刻，再加游枋，使水注东西。逢第六日戌刻，则揭中支二枋，闭东西枋木，以济下源。其概首及车水定规与上同。

（10）九思、湖塘二概，上下均系下源，概有平水石，可不必用概枋。

（11）重修通济堰工程条例主要有：三洞桥下淤塞清淤、石函上石缝今改熔铁胶固、各概闸板枋平水木石按旧制修复不得擅改、各支渠清淤应按归田派夫、各堰旁湖塘应设概闸余水蓄存、下源唐里庄西畈由城塘概中支分水依旧复设小概、白河周村由概头庄概下垅支分下水应造小栋、中源放水大陈庄下吴蒲塘等庄分水方式、三源放水轮值方式、三源各庄按田亩好坏派捐。

（12）各项工程费用开支定额：本次大修工程总结费用共耗资 1396 贯 254 文。

（13）董理工程之人宜慎选择，兹特派定：岁修经董，以专责成，自同治六年起，着叶瑞荣、吕礼耕、叶步丹承管。同治七年着林钟英、曾绍先、戴君恩承管。一年一替。凡值轮管，每人给薪水钱 10 贯。

（14）三源堰渠中各造小船，以利运输、渡人。

（15）大坝过船闸原定三月初一闭闸至八月初一开闸放行，但八月间正是晚稻需水之期，故改为九月初一开闸，以保农田用水。

16. 重修通濟堰引[①]

清　安

[原文]

郡守清公，興修大陡門，石函橋等處。工竣後，次年丁卯冬，復諭大修三源堰道。凡渠内淤塞、淺狭，阻碍中流之處，一律疏通深闊。議定章程，三源分為一十八段，擇於十月十八日興工。委麗水縣丞董任穀督其事。每段監修董事一名，每庄選派督工，大村二人，小村一人。各庄公正就地派夫，�期[②]挑撥，一月蒇事[③]。所有分派地段開撥丈尺、及監修姓名，具載於後。

計開：

一、上源寶定下塘埠橋起，至開拓槩止，狭處開闊二丈為度，淺處較前挑深二尺有餘。

第一段，塘埠橋起，至周項頭橋止。

監修④ 呂禮耕　　督工⑤　　公正⑥

第二段，周項頭橋起，至開拓礓止。

監修周尚元　　督工　　公正

計開：

一、中源開拓礓下起至城塘礓止，狭處開闊二丈為度，淺處較前挖深二尺有餘。

第三段，開拓礓下起，至營盤橋止。

監修葉步丹　　　督工　　　公正

第四段，營盤橋起，至管庄橋止。

監修魏國鑑　　督工　　公正

第五段，管庄橋起，至鳳臺礓止。

監修林永年　　　督工　　公正

第六段，鳳臺礓東支起，至趙村木橋頭止。

監修王庭芝　　　督工　　　公正

第七段，趙村木橋頭起，至城塘礓止。

監修林錦標　　督工　　公正

一、下源城塘礓起，至泉庄村外止。狭處開闊一丈六尺為度，淺處較前挑深二尺有餘。

第八段，城塘礓起，至九龍西澤墳止。

監修曾紹先　　　督工　　公正

第九段，九龍西澤墳起，至中葉石橋頭止。

監修紀宗球　　督工　　公正

第十段，中葉石橋头起，至东支下葉上橋止。又至西支橫堰口止。

監修葉福年　　督工　　公正

第十一段，下葉上橋起，至泉庄村外竹棚下。

監修戴君恩　　　督工　　　公正

第十二段，橫堰口起，至泉庄村下止。

監修張師濂　　督工　　公正

第十三段，中源鳳臺概西支起，至荷花墳下。

監修王星文　　　督工　　　公正

第十四段，荷花墳下起，至河潭礓止。

監修程憲章　　督工　　公正

第十五段，河潭礓起，至陳章塘礓止。

監修曾潤身　　　督工　　公正

第十六段，陳章塘礓起，至烏石礓止。

監修葉瑞榮　　督工　　公正

一、下源烏石礓起，至蒲塘里河止，狭處開闊一丈六尺為度，淺處撥深二尺有餘。

第十七段，烏石礓西支起，至蒲塘止。

監修杨壽椿　　督工　　公正

第十八段，烏石礐東支起，至里河止。

監修陳步瀛　　　督工　　　　公正

計開：

一、下源泉庄村起，分派各庄已堰，應歸各庄自村挨戶派夫挑撥。

監修：曾紹先、戴君恩、葉福年。

由泉庄村下分派新亭之堰。

由泉庄村下分派石牛之堰。

由泉庄村下分派唐里之堰。

由泉庄村下分派任村之堰。

監修：林永年、葉瑞榮、張師濂。

由泉庄村下分派白口之堰。

由泉庄村下分下趙村之堰。

每庄各派督工　　　　　公正。

　　遵奉：

憲諭：上、中、下三源，派定各庄歷年歲修民夫額數。圳中如有淤塞，應期到圳挑撥，勿得自誤。如違，該公正稟究。

　　計開上源各庄民夫：

寶定：計夫二百二十名。

義埠：計夫一十八名。

周項：計夫一百二十四名。

下梁：計夫四十六名。

礐頭：計夫五十名。

楊店：計夫二十四名。

三峰：計夫八十名。

新溪：計夫三十八名。

吳村：計夫三十名。

上湯村：計夫三十八名。

下湯村：計夫一十一名。

前林：計夫四十名。

巖頭：計夫二十名。

魏村：計夫一百三十名。

　　計開中源各庄民夫：

碧湖上保，計夫二百六十名。

中保，計夫一百四十名。

下保，計夫九十名。

柳里、上埠，共計夫七十名。

採桑、河口，共計夫六十八名。

霞崗、下埠，共計夫四十名。

横塘，計夫二十四名。

趙村，計夫八十名。

張庄，計夫一十二名。

九龍紀保，計夫八十一名。

周保，計夫二十一名。

中葉，計夫二十四名。

劉埠，計夫九名。

吳圩，計夫四十名。

下葉，計夫六十名。

唐里，計夫三十名。

白河，計夫五十五名。

下槩頭，計夫二十六名。

章塘，計夫四十三名。

大陳，計夫五十二名。

　　　計開下源各庄民夫：

蒲塘，計夫三十名。

里河，計夫九十名。

下季村，計夫三十名。

（以下堰志中后移頁碼百十一頁后）

上各，計夫三十六名。

下河，計夫二十四名。

資福，計夫一百二名。

新坑、黃畹，共計夫十五名。

上黃，計夫四十名。

上地，計夫一十二名。

河東，計夫五十五名。

周村，計夫二十一名。

（以下堰志中后移頁碼百十頁前）

泉庄，計夫一百名。

新亭，計夫五十名。

石牛，計夫一百名。

白口，計夫八十名。

任村，計夫六十名。

下趙村，計夫六十名。

凡歲修之期，各庄公正照額輪派民夫，不得私行賄隱，一經察出，即提嚴究。

　　右仰知悉

同治五年十二月　日給

　　告示。

[注释]

①该文是清同治五年"十八段章程"。引，古文体，即正文之前有引言之意。

②勃期：勃，古同"剋"，严格限定。勃期，在严格限定的期限之内。

③蒇事，蒇，chǎn，完成。蒇事，完成工作。

④监修：某一段工程的主管董事，有如现在的承保施工人。

⑤督工：古时工程的监督者。

⑥公正：村中承担官府指派劳役的催办经理人。

[按语]

本文是记录清同治五年大修通济堰后，分18段清理通济堰所有渠道网的文献。该文在收录《通济堰志》时，刊刻顺序有误，现予标明移位页码，以完善全文。

主要有以下资讯：

（1）议定章程，三源分为18段，择于十月十八日兴工。

（2）委派丽水县丞董任谷监督工程。每段监修董事一名，每庄选派督工，大村二人，小村一人。各庄公正就地派夫及时清淤，一个月完成。

（3）指定三源各段监修、公正。

（4）三源各庄派夫人数。

17. （告　　示）①
清　安

[原文]

（以下堰志中前移页码百十页后）

钦加道衔浙江处州府正堂加六级随带加二级记录十二次　清

为再行出示晓谕事：照得通济堰岁久失修，堰旁田地基址，在官在民，率多牵混。当此大修之后，自应澈底清查②，逐加釐别③。凡侵堰之界址，均宜按照先年丈册劃清，不得冒佔，据为己业。迭经谕饬绅董、公正，分晰查辨。嗣据下源堰董戴君恩等禀称，石牛庄任芝芳所管士名黄泥井田三坵，对核雍正九年原丈册内，确系堰基侵作民田等情，禀县核断。复据生员任育楠以挟嫌捏控④，混禀究诬⑤，到府当将该生发学⑥，旋知悔悟，情愿罚钱二十千文，由学呈缴，充作修堰经费。即经本府饬董具领。并出示晓谕在案。惟该生之母任莫氏，所买黄泥井田畝，既侵堰基，不得仍令管业⑦。除将该田畝饬令仍归堰基外，合再出示晓谕。为此示仰三源堰董、居民、田户人等知悉。如有受买田畝⑧在堰基之内，即属侵佔⑨，趕紧一律报明。

（以下堰志中前移页码百九页后前半部分）

隐匿不报，一经查出或另发觉，除将田畝归公，更行从重究罚，决不姑宽。其各凛遵毋违特示。

右仰知悉。

同治五年十二月　　日给

告示。

[注释]

①本告示收入《通济堰志》时无题。现编者加上标题，括号注之。

②澈底清查：澈，同"彻"。彻底清查。

③逐加甄剔：剔，分别清楚。逐加甄剔，加以区别，使之分别清楚。

④挟嫌捏控：捏控，凭空捏造来控告他人。有捏造控告他人的嫌疑。

⑤混禀究诬：诬陷他人，混乱官府行政。

⑥發學：古时生员触犯刑律或严重错误，首先要由学监剥夺其生员资格，再行送官处罚，称为"发学"。

⑦管業：掌管的产业，即私有的产业。

⑧受買田畝：从别人手中接受、购买过来的田亩。

⑨即屬侵佔：也即属于侵佔（堰基）。

[按语]

本文是清同治五年十二月知府清安为处理侵占堰基事所发的告示。该文在收录《通济堰志》时，刊刻顺序有误，现予标明移位页码，以完善全文。

主要有以下资讯：

（1）因多年没有查勘堰基，官民多有占冒，应予清查复勘，以杜侵占。

（2）石牛庄任芝芳所管士名黄泥井田三丘，对核雍正九年原丈册内，确系堰基被侵作民田，应予报县收回。

（3）在学生员任育楠，以挟嫌捏控，混禀究诬，本应本府当将该生报学革籍，他随后即知悔悟，情愿罚钱20千文，充作修堰经费。

（4）该生员的母亲任莫氏，所买黄泥井田亩，也是侵堰基，所以不得仍由其所有。将该田亩按饬令仍归堰基。

18. （告　　示）①

清　安

[原文]

（以下堰志中前移页码百九页后后半部分）

欽加道銜浙江处處州府正堂加六級隨帶加二級記錄十二次清

為出示曉諭事：案據麗水縣丞左　面稟生員紀宗瑤、陳立綱等阻撓城塘槩貼

（以下堰志中前移页码百十二页前）

白②違章等情一案到府。稟請提究，當經本府親詣查勘無異，即將該生帶案訊明，發學收管③在案。茲據該學面呈，以該生紀宗瑤等自知悔悞，情愿罰錢四十千文，充作興修西堰經費，以贖前愆④，出具悔結前來。本應革究⑤，姑念自行悔罰，從寬邀免⑥，除諭飭堰董具領罰錢，充作修堰費外，合亟出示曉諭。為此示仰上中下三源居民人等一體知悉，各宜凜遵毋違特示。

右仰知悉

同治六年七月　日給

告示。

[注釋]

①同上篇告示。

②貼白：貼，粘附。白，告白。指張貼規定放水日期的告示。

③發學收管：发送县学收管，等待处理。

④以赎前愆：赎，用钱赎罪错。以罚钱的形式来赎以前所犯的错误。

⑤革究：革除学籍的处罚。即现代的开除学籍的处理。

⑥從寬邀免：暂且从宽处理，免于革除学籍的处罚。

[按语]

本文是清同治六年七月知府清安为处理生员纪宗瑶、陈立纲等阻挠城塘概按照规定放水期的告示。该文在收录《通济堰志》时，刊刻顺序有误，现予标明移位页码，以完善全文。

主要有以下资讯：

（1）城塘概也是三源轮灌的重要闸门，历来有严格的开闭闸日期，并有明确告示。

（2）在学生员纪宗瑶、陈立纲等阻挠按期开闭城塘概，以谋私利，严重影响农田灌溉。

（3）予以发学处罚，但其后有悔悟，愿罚款40千文，充作堰资，从宽免予革除学籍的处罚。

19. 郡守清公重修通濟堰誌
王宗训

[原文]

麗邑西鄙有堰曰通濟，引松川之水入渠。析流畎澮，蔓延周遭數十里，溉田一萬千百餘畝。自蕭梁天藍中，司馬詹氏始創謀，請於朝，又遣司馬南氏共治之。功久不就，有老人指之曰：過溪遇異物，即營其地。果望白蛇自山南絕溪北，營之乃就。明道中有唐碑刻尚存，後以大水漂亡。邑令葉侯溫叟，悉力經畫，疏闢梗薔①，得完固。宋元祐間，郡守關公景暉，慮渠水驟而岸潰，命縣尉姚君希治之。然每為泉坑水所衝，積沙石，渠噎不通，歲一再開導，執畚鍤者動萬數，人苦之。政和初，維揚王公禔宰是邑，用邑人葉君秉心議，改造石函，防坑水患。函成又为葉穴，以洩溪流。修陡門以走暴漲。堰之利方全而且久。公去二十年後來守是邦，後公之子子永以貳車攝郡事，其世德之厚，甘棠之遺有足徵者。維石函之防，始用木，雨積則腐，水深則蕩。進士劉嘉易以石，利得經遠。乾道巳丑，郡守范公成大，與軍事判官張公激，葺理蕪廢，著規二十條，刻於石。紹興間，郡丞汶上趙公學老，圖堰形狀，刊之堅珉，仍以姚尉所規圳事悉鏤碑陰，立于詹南司馬廟下，使民知所式。開禧中，郡人樞密何公澹，甃石為陡，障大溪而橫截之。迄百數十祀，而堰無潰敗。及元代部使者中順公幹羅蒽，安行栝郡諏咨農事，覽茲堰之將墜，命邑令卞侯瑄乘務修復，而堰之利再興。至正庚辰夏，堰被大水圮決，存十不三四。邑令梁侯順，白監郡公舉禮盡復舊規。田得美收，而堰之利三興。明嘉靖壬辰，秋雨溢溪流，襄駕城堞者丈餘，壞農田民居不可勝計，而堰之壞特甚。時劍泉吳公仲知郡事，疏其患於朝，乞恤典。復與監郡李公茂、邑令林侯性之，議修復。圳之利四興也。萬歷間，郡守熊公應川，督邑主簿方君煜，命工疏濬。甲申歲，豫章胡公緒旬，守甌栝；吳侯思學，宰麗陽。以堰務條上，公與監郡俞公汝，為協謀，廣葺治之。先為水倉百餘間，以障狂流，乃下石作堤數百丈。創堰門，以時啟閉。疏支河壅塞者三十六所。而堰之利五興。越二十三年，丁未，閘木告朽，崖石被衝，淤沙壅過者亦漸甚。邑令樊侯良樞，請於郡伯鄭公，修葺疏瀹，並定新規八則，垂示來茲，而堰之利六興也。我朝康熙丙寅夏，洪水为灾，衝崩石堤四十五丈，西鄉禾無收者八載。至癸酉，郡守劉公廷璣，捐俸倡修。越五年秋，又被水壞二十餘丈，公仍委經歷督砌之。五十三年甲午，洪水衝決葉穴，邑令萬侯瑄，會三源總董議，照畝公捐，卖寶定陳姓田，并張家會樂助已田，改扞葉穴，渠水疏通。堰之利七興也。六十年辛丑，及雍正戊申、乾隆戊午、癸亥、庚午、丙子，先後三十餘年，石堤被水衝決者，凡六次，旋修旋壞。嘉慶庚申夏，水決堤防，圳又湮壞，守土者屢欲修復，輒邐巡中止。越十四年癸酉，郡守涂公瀹莊往復籌度集資以修，並立規四條，勒於石。堰之利八興也。道光丁亥春，高路石堤衝坍，邑令黎侯應南，捐廉為倡，飭董伙修②，計築堤廣袤百六十餘丈。而堰之九利興也。癸卯夏，洪水暴漲，堰又被衝。郡守恒公奎，督補葺之。至咸豐戊午及辛酉，粵匪竄陷我栝③，田盡荒蕪，堰道淤沙填塞，木石圮傾，淘治之功未可旦夕緩也。同治甲子秋，長白清公，來守此邦，目擊滄桑之後，萑苻甫戢④。庚癸頻呼⑤，公殷然以培養元氣、正德厚生為急務，乃訪悉東西兩堰利甚溥，即與郡人士集議修舉。人或憚於工役，或以苟簡從事。公辭色不稍寬假，每單騎裹糧巡督其間，月必三五次，雖風雨暑寒，無所避也。閱年餘，而是堰績成，東堰亦報竣。凡度土功，謀財用計，尋尺衡高低，啟閉定期，則壞均澤。具議載條例，中其心力亦云瘁矣。公之造福於生民也，庸有涯涘耶⑥，非特此也，豈其他善蹟尤未容更僕數者：時郡城祠宇、官廨悉剩劫灰，公次第籌復。而書院、文庙收闢學校，先為落成，舉各邑諸生有才行者入院，講賢延宿儒而董教之。繼造嬰堂，收育幼孩。體好生之德宏，保赤⑦之仁，真足美媲前徽業⑧，垂不朽。固非僅興堰渠水利，使俊耄妇⑨竪巷祝而衢歌⑩也。

[注釋]

①疏闢楗菑：闢，pì，开辟，排除；楗，jiàn，用竹草和土石填塞決口；菑，zāi，通"灾"，灾害。疏导淤塞补修决口以排除灾害。

②伙修：伙，帮助。协助整修。

③粵匪竄陷我栝：咸丰八年、十一年，太平军石达开、李世贤部先后二次攻陷处州府城。

④萑苻甫戢：萑，huán，芦类植物，指荒蕪；苻，fú，草名，通"莩"；甫，刚刚，开始；戢，jí，收敛。这里杂草丛生，田园荒芜。

⑤庚癸頻呼：庚癸，庚申、癸亥年。连年曾多次呼吁修堰。

⑥庸有涯涘耶：庸，yōng，其（语气词）。涯，yá，泛指边际。涘，sì，水边。耶，yé，句末语气词，表示疑问或反问，相当于现代汉语"吗"或"呢"。其有边际吗？

⑦保赤：赤，赤子，指百姓。保赤，指保护百姓的生命、生活。

⑧美媲前徽業：徽業，徽，假借用同"辉"。可与前贤的伟业相媲美。

⑨使俊耄妇：使，让。俊，引为青年人。耄，mào，古时幼儿前额的短发，引指儿童，丽水方言中又指老者。妇，妇孺，妇女。让男女老少都。

⑩衢歌：衢，街衢，即遍街巷。歌，歌颂，颂扬。

[原文]

訓不佞，當公下車之始，即受知遇之隆，今托棠蔭者①，幾三年矣。其政教之在人，口碑歷歷可數。奚敢有贅言②。維因是堰事觀厥成，謹備述本末，僭跋數語於后。

叴③

同治六年歲次丁卯孟春月　　穀旦

試用訓導郡人王宗訓識

[注释]

①托棠蔭者：托，有托，依靠，棠，甘棠；蔭，荫，庇荫。依靠其的甘棠之荫。

②甊言：wěi yán，虚妄不足信的话。

③旹：shí，"旹（时）"的讹字。

[按语]

本文在全面回顾通济堰修建历史的基础上，记载了清同治五年郡守清安大修通济堰的史实。文中同时记录了清安修东堰——好溪堰、建复育婴堂等政绩，歌颂了清安为处州人民造福之功德。

20. 郡守清公大修通濟堰頌

西乡士民

[原文]

麗西通濟堰，潴水以灌溉民田。前賢創造，法至良也。咸豐戊午、辛丑，疊遭兵燹，舊制毀壞，民以為憂。郡伯　清公，來守栝州，甫下車，即關心水利。隨屨勘議修，捐奉百金以為倡。於是，督率興工，開陡門、修防概。岸①之崩潰者，築之；流②之淤塞者，濬之。石函三洞，入渠要害，向本列石平鋪，不無間隙。公改甃之，於石之兩旁，各坳③其半為覆仰，互合縫上，免沙磧罅漏④之患，下御洪水衝激之虞。雖因也，而實善於創。是役之成，凡應修事宜，靡不悉心講求，屢冒風霜，不辭勞瘁。遂俾⑤廣袤百餘里之水澤濟。夏秋亢旱，而有餘，農安樂利，遍載歡聲。咸謂厚民之生，非公之力不及。此時邑侯陶主，承公意，亦捐百緡為助。樂有成也，爰叙其大略，以頌公德於不衰云。頌曰：

公守斯土，　　憂民之憂。

勤勞民事，　　德澤長流。

災祲不及，　　歲獲有秋。

甘棠遺愛，　　仁蹟永留。

麗水縣西鄉士民公叩

[注释]

①岸：这里指通济堰的拦水大坝和堤岸。

②流：这里指通济堰渠道。

③坳：ào，山间平地。这里指将石板两边各凿去一半，以便上下合缝铺设。

④罅漏：罅，xià，裂缝。罅漏，有裂缝而漏水。

⑤遂俾：意为遂而能有益于。

[按语]

本文以丽水县西乡士民公叩的名义，记载了郡守清安大修通济堰的巨大成绩：捐奉禄百金，修筑大坝，疏淤积，改石函。

21. 上源開拓概建造平水亭永禁碑示

清　安

[原文]

　　欽　加道銜浙江處州正堂加六級隨帶加二級紀錄十二次清 為示諭勒石永禁事：照得通濟大堰，前經本府率屬舉董，一律興修，盡復舊制。並嚴立規條，定啓閉之期，酌輪流之限，以示公溥，永遠遵行。如有擅違，按章懲治。煌煌石刻，垂諸不朽。自應各守成規。詎①今有魏村庄居民魏林元、魏有清、魏仁水、魏瑞萬等，胆敢利己損人，恃蠻抗違，在開拓概私行閉枋開石，殊堪痛恨。本即提案嚴究，以儆玩法。惟據該處董事曾紹先等來府面求，復據該縣丞稟稱：該民人等皆知悔懼，願罰捐田五畝，永充開拓概夫工食之資。並另罰錢五十千文，以為勒碑建亭，使眾觀瞻，咸知警戒等情。本府因念該民人等既知悔懼，願罰，又值農忙之際，從寬準免提解嚴究外，合行示禁。為此示仰該堰上、中、下三源田户人等知悉。嗣後務各恪遵②定立條規，所有概枋闊狹之度數，水期啓閉之定候，不得分毫紊亂。倘有再敢違犯，不僅照罰，定行從重懲辦，毋以身輕嘗試也。其各凜遵毋違。特示。

　　計開田畝額數土名丘段：

　　一、土名西河水田一坵，計額二畝五分零。

　　一、土名橫堰水田一坵，計額一畝五分零。

　　一、土名金村橋頭水田一坵，計額一畝零。

　　右仰知悉。

　　同治八年八月　　日給

　　　　碑示。

[注释]

①詎：jù，岂，表示反问。

②恪遵：恪，kè，谨慎而恭敬。谨慎而恭敬地遵守。

[按语]

　　本文是知府清安于清同治八年出的示禁告示，文中记载主要资讯如下：

　　（1）魏村庄居民魏林元、魏有清、魏仁水、魏瑞万等，胆敢利己损人，恃蛮抗违，在开拓概私行闭枋开石，以利私己。

　　（2）罚捐田五亩，永充开拓概夫工食之资。并另罚钱50千文。

　　（3）勒碑建亭，使众观瞻，咸知警戒。

　　（4）所罚捐田产住落地点。

22. 重修通濟堰誌序

冯　誉

[原文]

　　麗水西鄉通濟堰，創始於梁詹南二司馬。自宋元明以至国朝，屢有興作。咸豐戊午辛酉，髮逆①兩陷栝州，兵燹之後，堰壞弗治。同治甲子，長白清安公來守是邦，越明年乃與邑人士合謀興舉，規制悉守范公成大之舊。而因時制宜，稍損益焉，又越歲而告成，公之心力於是瘁矣，而邑人實利賴之。邑之人將以公所規畫，葺②為續志③。俾後來者有所遵守，而請序於予。予讀之喟然嘆曰：凡事莫難於創始，而修舉廢墜，蓋尤難焉。世之銳於④任事者，往往恥襲⑤前人之迹。大抵樂於創，而憚於因庸⑥。詎知善因者，乃其所以善創。歟郡縣之吏，有循良治績，遷擢⑦以去者，朝　廷必慎擇代人，揣其必能守前人約束，然後遣之。蓋慮紛更成法之擾民，而有基弗壞者，難能而可貴也。予忝承⑧公後，凡公所未竟者，皆以告予。予才不逮公，且瓜代無以成公之志。惟冀後之⑨守土者，董率吏民，守公之約，豈獨兹堰之幸哉？以蠶桑之利，富吾民；以經術之光，澤吾士。是則，後來者之責。所以推公之治，而慰此邦父老之望者也。

　　同治九年歲次庚午仲夏月　　穀旦

署郡事端州馮譽驄序
（"馮譽驄印"陰文印、"馮氏□華"陽文印二方）

[注釋]

①髮逆：指太平军农民起义军。因清朝要求国人落发，而太平天国要蓄发，故清人称太平军为"发逆"。

②葺："葺"与"辑"同音，这里作"辑"用，意为编写、撰辑。

③續志：继续编写的《通济堰志》。这里意为同治九年编撰《通济堰志》是在旧版堰志的基础上进行的。

④銳於：锐于，善于，敢于。

⑤恥襲：耻，耻于，不愿意于。襲，承袭，继承。

⑥憚於因庸：惮，dàn，怕。因，因于，因为。庸，平庸，平凡。指不愿意用力于平凡的维修之事。

⑦遷擢：迁，升迁。擢，提拔。这里指被上级看中，而升迁提拔而去。

⑧忝承：忝，tiǎn，表示愧。忝承，愧而承袭。

⑨惟冀後之：冀，继，寄希望。惟冀後之，唯有寄希望后来的守土者。

[按語]

　　本文记清同治九年郡守冯誉驄为拟撰通济堰续志所写的序，说明编纂续志的起因及相关情况。

23. 重 修 通 濟 堰 誌

刘履泰

[原文]

　　牧民者，以一方之肥瘠為憂樂。當何如惠民哉？亦在廢者舉，墜者修。因其所利而利之而已。處郡山區也，少膏壤。惟西境，原野平曠，而每苦旱乾。必瀦大溪之水，以資灌溉。昔梁詹、南二司馬，創為通濟堰，引松陽、遂昌兩縣之水，以入渠。其蓄也有時，其洩也有節。溉田萬千餘畝，闔邑之人①賴焉。然，遇暴雨奔流，堤輒崩壞。歷年多，則渠淤而不通。故須及時修濬。自梁迄今，凡九修②。每修必較善於前，而栝西之水利乃備。咸豐戊午以來，粵寇③跳梁，滄桑滿目。人民蕩析④，田穢⑤不治，堰利盡廢。既已掃除荒薉。同治甲子　太守清公來守是邦，按撫瘡痍。首求水利，與都⑥人士，亟興堰役，不以墊隘生畏憚⑦，不以補苴求暫安。築必期固；鑿⑧必期深，時啓閉以善其制，均放洩以平其爭。經營荒度，纖細必周，而堰之事乃大備。夫民洊經喪亂凋敝極矣⑨，集旄倪⑩之餘，以墾荒蕪之土難矣。

［注释］

①阖邑之人：阖，合，意指全部；邑，县。全县的人民。

②九修：指通济堰经过九次重大的维修。而实际上所有维修工程远不止九次。

③粤寇：指太平军。因太平军首义于广东，而广东简称粤，故有此说法。

④人民荡析：荡析，流离失所。指丽水的居民因战乱而流离失所，生命财产受到很大损失。

⑤田穢：穢，污秽，这里指生长着杂草的样子。田地荒芜，长满了杂草。

⑥與都：此处"都"字字为误书，应是"郡"字。

⑦不以垫隘生畏憚：垫隘，羸弱困苦。《左传·成公六年》："郇、瑕氏土薄水浅，其恶易覯。易覯则民愁，民愁则垫隘，於是乎有沉溺重膇之疾。"杜预注："垫隘，羸困也。"孔颖达疏引《方言》："地之下湿狭隘，犹人之羸瘦困苦。"宋司马光《晋祠谢晴文》："久雨不止，涉於积旬，污邪既潴，平原将溢，田恐芜秽，民忧垫隘。"周素园《贵州民党痛史》第四篇第七章："人民辛苦垫隘，亟待拯援。"畏憚，畏难，害怕。

⑧鑿：凿，开凿，指开挖，疏浚渠道。

⑨夫民洊經喪亂凋敝極矣：洊，这里引为"才""刚刚"。經，才经历（战乱）。凋，凋零。敝，原指房子没有了瓦片覆盖，这里指破烂不堪。凋敝，形容困难至极。

⑩旄倪：旄，máo，用牦牛尾作装饰的旗子。倪，ní，引指小孩之发。形容筹集有限的财力。

_____

［原文］

　　復因水利不舉致嘆：無年則道殣相望①，而民其有孑遺也乎？抑或謀豆區之賑，斗升之貸，而暫而不可常，隘而不能廣。其有濟於民也亦微矣。以是，知興修是堰為不矜小惠，而知實政也。余自同治己巳筮仕於茲②，周歷四境，訪求風俗。則壞見西堰石堤鞏固，概閘整齊，田疇鬱蔥，土物饒沃。喜其美利之無窮也。今年夏，邑之人將碑記、條例彙抄成帙，謀付手，民以俟後之修志乘者採焉。丐序於余，乃不辭而樂為書之。然余忝蒞斯土，將及匝年③，而於間閭無尺寸禆補。余滋媿已④。

　　同治九年歲次庚午仲夏月　　穀旦

知麗水縣事睢陽劉履泰序

［注释］

①道殣相望：道殣，因饥饿疾病而死在路上的尸体。这里指到处可以看到饿死的人。

②筮仕於茲：筮，shì，古代用蓍草占卜活动。筮仕於茲，形容进入仕途的地方，即从这里开始做官之意。

③匝年：周年。

④余滋媿已：媿，古同"愧"。我只感到很惭愧而已。

［按语］

　　本文记清同治九年知县刘履泰为拟续修通济堰志撰的序，说明续编纂志的起因及相关情况。文中首先说明通济堰对丽水农业生产的重要性，简述通济堰历史，再说明续志来源。

24. 郡守清公大修通濟堰跋

叶文潮

［原文］

　　麗之西鄙，平曠多田，糧半出於是焉。而田之賴以灌溉，無旱禝者①，通濟堰是也。

障松遂之水，横引入渠，潆洄②五十餘里，支分四十八派，流貫上、中、下三源。始於梁，備③於宋，由来舊矣。概自嘉慶癸酉疏瀹以後，頻年曠修，淤沙漸積。迨兩遭兵燹，愈不堪覯。所謂大陡門④者，没成溪灘而莫能辨。石函閉塞，磧堆如阜，水莫引流，民實病之。同治癸亥，汪二尹西躔⑤目擊情形殊為關切。遂詣上臺⑥，請飭興修。前府尊吴公少峰，諭始下，而清公月舫至矣。邑侯同公丹暉修未果，而陶公策臣繼焉。乃召諸董而疏濬之復，虞費缺而倡捐之。必親臨監督，越明年而告成。是役也，清陶二公，澤與源俱長矣。繼汪二尹者，則有金公春霆，其力亦復不少。他若王君映棠，克於公暇之餘，不避越狙之嫌，留心與事。伊誰之使，歟知二公之相感者？神也。越後，劉邑侯翰臣、朱邑侯疊肯，及董二尹哲卿，疊歲催修，民爰無諜。兹承郡伯馮公鐵華、邑尊劉公階六，念切民瘼，關心水利，下芻蕘之詢⑦董等，謹據實以對，爰是以跋，而備紀顛末云爾。

　　同治九年歲次庚午仲秋月　穀旦

候選訓導里人葉文潮謹識

[注释]

　　①無旱祲者：祲，jīn，古代迷信的人所说的不祥之气。無旱祲者，没有旱灾之不祥的侵害。

　　②潆洄：潆，yíng，潆洄，水流回旋的样子。

　　③備：备，完备。指通济堰水利功能得以完备。

　　④大陡門：指过船闸。

　　⑤西躔：躔，chán，行迹，足迹。西躔，西行的足迹。

　　⑥遂詣上臺：詣，这里指汇报；上臺，上报府台大人。接着立即将情况向知府汇报。

　　⑦下芻蕘之詢：芻蕘：割草打柴的人，借指地位低微的人；詢，问。指向普通老百姓了解情况，征求意见。

[按语]

　　本文是当地人叶文潮为清安郡守大修通济堰事而写的跋文，文中举例说明通济堰失修状况及这次工程的艰难，从而突出郡守清安大修通济堰之艰辛。

<h3 align="center">25. 續修通濟堰三源堰道分派一十八段
附录各庄增助田畝，查復侵占堰基，并罰捐田畝條款</h3>

王庭芝

[原文]

　　王政以足食為先，農事以水利為重。興修水利，重農事亦開食之源也。麗邑西鄙，有通濟堰，由来已舊，前哲興修，代不乏人。兵燹後，堰工屢曠，民艱于食，實病之。郡守　清公来蒞斯土，從邑人之請，遂倡其議。親詣履勘，悉心籌畫，開撥大陡門，修葺石函橋，越寒暑而工始告竣。握要以圖急先務也。設立新章，補增條例，較前頗為詳慎。而公之必猶若有未逮者，人但知濬決圳口。而三源大堰附近人煙，沙石淤塞，或鑿或防，淺深不一，使非相其地勢而疏導之，則弊尚未盡除。猶不足以稱完善。六年復諭董二尹哲卿監督，續修上、中、下三源堰道。王君映棠有將伯之助。自寶定，以迄白口，議派一十八段。每段監修董事一人，督工二人，就近派夫，因地制宜。越一月而功乃蕆，抑且造水倉以障。高路砍旁木，以利水道。修矮橋以通舟楫。查復圳基，增廣田額，法必求其備，功不怠於終也。至若急公好義，樂助民田，違例濟私，薄罰示懲，另載於後，以昭勸戒。然則，興利之事，即寓於防患之中。鞏固橋圯而復修，大陡門不時疏淪，此專責於歲修之董，而用副清公之選擇歟。

告

同治九年歲次庚午仲秋月朔　　殿旦

辛酉科拔貢生候選教諭王庭芝謹誌

監生：曾紹先

總理三源歲修董事貢生：葉瑞榮

生員：林鍾英

上源董事軍功：呂禮耕

廩生：魏紹虞

武生：周尚元

生員：葉步丹

中源董事候選訓導：葉文濤

已酉拔貢生候選州判：王星文

候選訓導：葉文潮

辛酉拔貢生候選教諭：王庭芝

職員：林永年

生員：林錦标

監生：汪植祥

恩貢生：王殿颺

增生：程憲章

貢生：曾潤身

生員：葉攀鳳

下源董事生員：戴君恩

增生：張師濂

廩生：葉福年

生員：楊壽椿

候選訓導：黃安瀾

上源堰長增生：魏國鑑

中源堰長職員：陳步瀛

下源堰長生員：紀宗瑤

今將樂助田畝具載於後：

同治五年，六都郎奇庄周聖謨，樂助田四畝五分。坐落蒲塘庄，土名蓮塘堰田二坵，計鄉桶租谷五碩五斗。

同治七年，十六都南山庄陳張寶，樂助田一畝九分九厘一。坐落壇埠庄，土名百灣田二坵，計鄉桶租谷三碩二斗。

以上二項立戶完糧。

今查侵占堰基田畝具載於後：

同治六年，五都石牛庄任芝芳，淤塞堰基開種。坐落石牛庄，土名黃泥井，田三坵，計鄉桶焦租谷四石八斗。

同治七年，十七都概頭庄梁國樑淤塞堰基開種。坐落概頭庄，土名黃家堰田一坵，計鄉桶焦租谷一石。

以上二項查明確係堰基侵佔，立案充公。

今將十七都魏村庄魏林元等

同治九年，罰捐田三坵，計鄉桶焦租谷一十二碩，土名坵段畝分，前碑示載明，立開拓概戶完糧。

稽查三源堰基開種興租共有田二十八處，共計鄉桶租穀二十一碩九斗。業經報銷在案。其土名坵段俱未載志，以防日後興修仍疏為圳故也。

今將續增糧額條款列綬：

查西堰租息：自

乾隆二十年乙亥，收三十二都盧衙庄壽寧寺田六十二畝四分九釐八毫六丝一忽。

乙亥收三十都社后庄普信寺田七十八畝八分五釐七毛零。

二共計額一百四十一畝三分五厘零，俱入十七都寶定西堰戶完納。

二共計焦租谷官斛一百五十九碩三斗四升。共地租銀八兩四錢六分。

查鄉夫撥沙工食租食、租息：自

嘉慶二十年乙亥，收碧湖上保葉掄元戶田四畝三厘零。

查修理龍神廟并二司馬祠租息：自

嘉慶二十四年己卯，收里河庄吳鈞戶田三畝七分七厘。

二共計額七畝八分一厘零，入十七都寶定庄通濟堰費戶完糧。

查庙祝奉值香灯租息，自：

嘉慶二十年乙亥，收十七都魏村庄魏永迪戶田五畝五分一釐五毛零六忽。入十七都寶定庄西堰廟費戶完糧。

查閘夫耕種舊管田租：

坐落松邑堰頭庄龍廟下田六坵，計額六畝。糧坐松邑。

計查舊管田畝：

十七都寶定庄，土名季宅後。

号字一千八百廿六号，田三分

号字一千八百廿八号，田八分七厘三毫三忽。

收入寶定庄通濟堰戶完納。

計開新增田畝：

同治九年，收六都郎奇庄周作孚戶田四畝五分。又收十六都南山庄陳仁彪戶田一畝九分九釐一毫零。

二共計額六畝四分九厘一毫。俱入十五都中保庄西堰歲修戶完納。

同治九年，收十七都魏村庄魏裕豐戶田二畝八分六厘四毫七忽。

又收十五都上保庄葉湯印戶田二畝七分三釐九毛一丝七忽。

二共计额五畝六分三毛零。俱入十七都概頭庄開拓概户完糧。

今將上中下三源公正姓名列後：

上源公正：

寶定：張永興、吕寬受。義埠：葉爌

周項：陳招第。下梁：張有水。

概頭：葉春標。楊店：龔愛中。

山峰：俞招爌、梁仁亮、潘春有、梁雷養。

新溪：朱馬祥。吴村：蔡廷宗、吴丁旺。

上湯村：湯火有，湯根芳。

下湯村：梁田茂。前林：胡漢朝、魏廷龍。

巖頭：吴東春。魏村：魏振先、魏德全。

中源公正：

上保：葉文聖、梅根乎。

中保：湯上達、湯根基。

下保：葉初成，上埠：柳裹、王金钱、柳珠茂。河口、采桑：吕朝廷、張海法。

下埠：　　霞崗：

横塘：何元通　趙村：趙茂寅

上各：紀運恺、紀瑞有。下河：何细妹。

資福：陳顺有。新坑：陳春。黄畔：毛國楨。

上黄：林畲客、王必升。上地：陳喜足。

河東：葉细宏、葉寬政。周村：周和有。

白河：吕全美、王光偉。下概頭：谷庚爌。

章塘：陳　　大陳：鄭天慶、鄭兆望。

下源公正：

蒲塘：楊天瑞、楊張森。里河：

下季村：趙藍元。張庄：吴有元。

九龙紀保：紀虞章、紀新昌。周保：周兒。

中葉：葉國定。劉埠：劉富根。下葉：葉利仁、郭细培。吴圩：湯王有。唐里：戴

泉庄：徐老奶。新亭：孫俊傑、孫炳森、孫壽恩、陳万盛。

石牛：蔡根水、林田根、孫傳之、鄭爌金。

白口：谷廷標、張细定、李木相、張嘉和。

任村：王維純、任良通、任錫明、任金定。

下趙村：陳元成、謝百川、謝元。

同治九年歲次庚午仲秋月　三源捐資重刊。

辛酉拔貢生候選教諭：王庭芝 校閲

監生 曾绍先 監修

生員 林鍾英 監修

貢生 葉瑞榮 同閲

本邑師古齋何志俊 陳朝梅 仝刊

（同治庚午版《通济堰志》至此终）

［按语］

　　本文是清同治九年所拟的"续修通济堰三源堰道分派一十八段，附录各庄增助田亩，查复侵占堰基，并罚捐田亩条款"。其中有以下资讯：

　　（1）为防止通济堰渠道淤塞，确保水利畅通，拟定自宝定，以迄白口，议派18段。每段监修董事一人，督工二人，就近派夫，因地制宜。

　　（2）必要时造水仓阻水，以利开掏清淤。

　　（3）施行中，还应砍水道旁术，以利通水。

　　（4）在修理水道时还要改造矮桥，以利渠道中小舟楫通行。

　　（5）查清堰渠基，以充实堰工之钱粮。

　　（6）确定三源董事，管理堰务。

　　（7）确认乐助田亩坐落地点。

　　（8）记录三源钱粮地点。

　　（9）新增钱粮份额。

　　（10）新增田亩。

　　（11）三源公正名单。

二、清光绪戊申版《通济堰志》（宣统二年重印）

［注释］

　　这是清代光绪戊申新编《通济堰志》，是《通济堰志》的续志。该续志收录了清代光绪三十三年以后的修堰资料。原版没发现，浙江省博物馆收藏有打字印刷本，本书根据该版本收录。

1. 重 修 通 濟 堰 誌

萧文昭

［原文］

　　處州十（縣）属山也，无良田沃壤、深陂鉅浸足以蕃育五穀[①]，阜生桑麻[②]。十年前，罌粟[③]之植不多，天又無大災，居民自給，然亦賴番薯、玉米資生活，初[④]無餘粟。及鄰境所產僅材木，歲入不及百萬。盐布各貨皆自他郡輸入，值适相當[⑤]。故處民在樂歲已貧嗇[⑥]，庚子[⑦]、甲辰[⑧]兩次大水，連年歉收，編戶[⑨]一飽为難。催科者或日玖敲扑，求足徵額[⑩]。

［注释］

　　①蕃育五穀：蕃，fān，繁殖，滋生。蕃育五穀，形容滋润哺育粮食作物。

　　②阜生桑麻：阜，fù，盛，多。阜生桑麻，形容盛产蚕桑、麻茶、梧桐等经济作物。

　　③罌粟：此处不是指毒品原植物罌粟，而是指粮食庄稼。

　　④初：到了年初之意。

　　⑤值适相当：相当，相当高。值适相当，价值不低的意思，即价格比较高。

　　⑥民在樂歲已贫嗇：樂歲，有较好收成的年份。贫嗇，不富裕，没有节余。居民在有好收成的年份

里还没有节余。

⑦庚子：指清光绪二十六年，1900 年。

⑧甲辰：指清光绪三十年，1904 年。

⑨编户：清代户籍管理体制中，以编户为单位，编户即一户人。

⑩求足徵额：只管征收足额的国赋。

[原文]

　　飢糴①於省，轉海而達，輓連艱阻②，遠者二金至一石。丙午四月，文昭奉差，往來麗、云、松、遂③間，諮詢田夫野老，僉云：水利壞，歲比旱④，稌用不成。因沿大溪行，觀松陽、龍泉兩水合流，湍悍異常，因駭然曰：處之旱，責⑤諸人；處之水，諉⑥諸天。嗟乎，官與民之蔽也。洎冬十月，權守是邦，下車之日，博考圖志，求昔人牧郡之方，乃得⑦通濟堰焉。是堰也，始鑿於梁天監中，引松遂大溪之水，分為四十八派，延褒七十里，灌地二十万亩。松水自驪為堰渠，與龍泉諸水合流，其力稍杀。上流之田免衝決，則下流之水無壅塞。欲治大溪，先防沟洫。凡處之水，皆以此为准。通濟堰尤卓卓大者，郡賦米三千五里石，麗水占二千五百，以食堰利。故唐以前，勿可考已。自宋以來，守郡之能識治，體而勤民⑧者，皆盡力於此。率二三十年或五六十年一大修。而以宋世范公成大，所定水則尤为農民遵守，不敢分寸差。其詳具宋史。国朝自順治至道光，凡七修。同治中興，前守清公安，常⑨大加修導，舟楫暢行。近十年，無人过問，堰水进函，深僅尺許。溝港悉壅泥沙，久雨則澇，久晴則旱，膏腴变成瘠壤⑩。

[注释]

①飢糴：糴，dí，买进粮。飢糴，指因饥荒而买进的粮食。

②輓連艱阻：輓，wǎn，牵引，拉。輓連艱阻，指路途遥远，粮食运输困难。

③麗、云、松、遂間：丽水、云和、松阳、遂昌四县之间，泛指在处州十县间走访。

④歲比旱：遇上年份又受旱灾之意。

⑤責：这里是责备之意。

⑥諉，wěi，推卸，推托。

⑦乃得：才能得知。

⑧體而勤民：體，体恤；勤民，勤政处理民事。能体恤民瘼，又勤于民事。

⑨常：时常，常常。

⑩膏腴变成瘠壤：膏腴，肥沃的土地；瘠壤，贫瘠的土地。良田变为贫瘠的土地。

[原文]

　　上下履勘，備知昔人修治之方，與近日沉災之苦。謀所以重修之，款無所出，乃电省憲，借官款千元，又循故事派畝捐。中丞張公、方伯信公、提學支公、廉詢顏公、都轉崔公、觀察賀公，胥題予言①，以十一月望（日）開工。委麗水縣丞朱丙慶董其役，百姓趨功若治其私②，晝夜工作，用夫三萬工。材木鐵石之類，必求堅良。洎丁未二月望（日）③告成，復集三源之人，謀歲修於碧，建報功祠，祀前之有功於堰名姓可紀者，官紳各自為龕。而鄉之耆氓，亦得歲時萃集，議堰事天下事。創者難，因者亦不易；不修溶即潰塞，旱干水溢，悉大事之末，盡天何憂哉。特鍥諸石④，以告後来。是役也，三閱月而毕；用款二千五百餘元。出納之事，程督之方，紳蓍皆朝夕在公，官司亦各治其事。其姓名職掌與夫費出入均刻碑陰，使有所考云。

　　光緒三十三年夏五月。

　　朝議大夫陞用道，署處州府知府充會典館協修兼畫圖處詳校刑部主事

　　楚南善化蕭文昭記并書。

［注释］

　　①胥韙予言：胥，xū，都，全；韙，wěi，不韙。胥韙予言，指上述官吏都直言对我说（直言不讳）。

　　②若治其私：好像为自己干活一样。

　　③丁未二月望：丁未，清光绪三十三年；望，望日，月亮圆的那一天，通常指旧历每月的十五日。

　　④特鍥諸石：鍥，qiè，用刀子刻。特此撰文刊刻石碑。

［按语］

　　本文为清光绪三十三年知府萧文昭关于大修通济堰的记载，文中提供了以下资讯：

　　（1）首先说明了处州位于群山中，良田沃壤不多，水利条件不利，民生困顿。

　　（2）清光绪二十六年、三十年丽水遭受两次大洪灾，水利工程受损严重，农业生产受严重影响。

　　（3）清光绪三十二年萧文昭任处州知府，访民生，知水利为鱼。

　　（4）萧发现："处之旱，责诸人；处之水，诿诸天。""自宋以来，守郡之能识治，体而勤民者，皆尽力于此。"

　　（5）光绪三十二年十一月开始大修通济堰，委丽水县丞朱丙庆负责此次大修工程。

　　（6）修堰共动用民夫3万余工，于光绪三十三年二月十五日竣工。

　　（7）工程支出费用用款2500余元。

2. 重修通濟堰誌序
朱丙庆

［原文］

　　《通濟堰志》者，通濟堰之歷史也。堰創於蕭梁間，閱今千數百載，凡九修，并兹①而十焉。顧有一次之興作，即有一番之進步。事竣而即其始末情形記載之。鴻篇鉅制，作有賡續②，愈續愈光，而利愈長。邑志士汇而刊之。積成專書。直使冥頑不靈之堰，常現活動狀態。春志也歟③哉？其歷史也。歲丙午，丙庆奉檄權縣分符④。适善化蕭公權郡守，謀所以修之。囑丙慶會邑紳，躬其役。兹當工竣，邑人士復將所規畫節略，並官紳之所有筆記者，續於卷，問序於余。余不文，烏為足以为序。顧念民食水利，生命攸關。且余忝職糧務，尤與堰有密切關系。爰不揣固陋，走筆而報數言。至于堰之沿革历史，載在篇中，例不贅。

　　　　宣統元年歲次屠維作噩季春月上浣　穀旦
　　　　　　　　大同朱丙慶謹序。

［注释］

　　①兹：这一次。

②饜續：饜，yàn，满足，引申为盛。饜續，这里指继续增大篇幅。

③歟：yú，古汉语助词，表示疑问，用法跟"乎"大致相同。

④權縣分符：权任县中的二尹，即县丞之职，分管劝农粮产。

[按语]

本文是丽水县县丞朱丙庆重修通济堰志的序文，说明修通济堰续志的原由。

3. 重 修 通 濟 堰 誌 序
沈国琛

[原文]

麗西有堰，相传蕭梁天監四年①，詹、南二司馬所創。障松邑境內大溪之水，東注匯流而为渠。自寶定至白口，田地資灌溉者二十万亩，民食永賴焉。在宋明道間，有唐碑刻，爰被大水漂亡。而二司馬之功幾將湮没，寻邑令葉溫叟力疏辟，稍臻完固。及元祐壬申，郡守关公景暉，命縣尉姚君希修之，工竣为撰廟記，而詹南二氏従兹不朽矣。政和初，有邑令王公禔，從里人葉秉心之議，營造石函，修筑葉穴，而堰之利方長。南渡后，汶上趙學老分宰縣事，深美是堰之利民甚溥也，錫名通濟②以美之，且繪圖而刻諸石，立於堰頭司馬廟側，以垂永远，時紹興八年也。乾道中興，歲戊子，郡守范公成大，增著新規二十條。開禧初，邑人相國何公澹，甃石堤數十丈。蓄水入渠，流析四十八派，概分七十二支。期別上、中、下三源，而堰之功乃大備。而詹南二氏，愈覺其不朽矣。自宋、元、明逮及國朝，名宦乡賢，接踵覺修，各有偉績，載在志乗，不復贅陳。維自同治乙丑修葺後至今，又越四十餘載矣。迭遭光緒戊戌、庚子、甲辰三度洪水，災不及防，以致大陸門③湮没無踪，小陸門④、石函、葉穴、高路等處，及三源各概，木石殘敗。日甚久，鄉人慨之，深惧前賢不朽之功，従此而毁，致兹後人口實。反復躊商，方欲有所興作。适大興朱君丙慶，於丙午春奉檄縮縣分符⑤，來駐碧湖。甫下車，即以为職，司糧務。糧出於田，田非水不利。詢地利於琛，當以是堰對，朱君韙之。是年冬，楚南蕭公文昭，來守是邦。朱君循例參謁，及睹即舉西堰事，詳述得失，并以亟宜修復為請。蕭公然其言，且引修復為己任。時琛約同人，摺陳節略，蕭公善焉，当蒙亲范履勘。諭邑侯江右黄公融恩，各捐廉為倡。又以款難遂集，禀向大府，挪貸千元，擇吉興工。即以朱君為監督，琛為總理。明知不才，不足当是任。顧念地方公益，我郡守、邑宰、貳侯方且殫精竭慮，為我謀之。況我自高曾祖、若父以及我身，远我子孫，食堰之賜，享堰之利，安敢有所推諉？爰與里之同志，集商分任其役。溯記興工巔末，盖始於丙午冬，而竣於丁未春，三閱月而告成。爰定善後章程十二條，俾其遵守。居無何，而蕭、黄二公別去，继蕭公守斯土者，常公觀宸也。宰斯邑者，顧公曾沐也。均能以前賢之志為志，并亦欲傳不巧之業於無窮者也。裕農倉之亟，意規畫大陸門之定時启閉，其覩端也。以後欲圖堰務之發達，不能不望於官⑥斯土者之提倡，更不能不責我鄉人之輔翼。兹当續修堰志，凡先後官紳之有功於堰務，得其名姓可紀者，謹按序而詳列之。聊以志諸公之盛德於不朽，并以告後之來者，得觀梗概，時圖擴充，勿使詹南二公專美於前也。是为記。

時

大清宣统元年歲次屠維作噩⑦月届孟秋上浣　　穀旦

新进浙江咨议局议员庚子科恩贡生沈国琛议

[注释]

①萧梁天监四年：南朝梁萧武帝天监四年，通济堰始创。这个有具体年份的是说法之一。

②锡名通济：锡，古时通"赐"，即命名、起名之意。这里说赵学老赐名通济堰，实际上有违史实。实际上在北宋元年之前，即已有通济堰之名了。

③大陡门：这里指过船闸。

④小陡门：这时指进水闸。

⑤奉檄缩县分符：缩，wǎn，系。指奉命系执县丞之印（即任县丞）。

⑥官：来这里守郡邑的地方官。

⑦屠维作噩：屠维，天干中"己"的别称，用以纪年，故曰屠维。屠，别；维，离也。作噩，十二支中"酉"的别称，用以纪年。屠维作噩，指己酉年。

[按语]

本文为清光绪三十二年十一月至三十三年二月大修通济堰时的绅董总理新进浙江咨议局议员庚子科恩贡生沈国琛所撰的序文，记述了该次大修通济堰情况，以下资讯可供参考：

（1）自同治乙丑修葺后至光绪三十二年，已有40余年通济堰没大修。

（2）又遭光绪戊戌、庚子、甲辰年三次大洪水，灾不及防，以致大坝被冲，过船闸湮没无踪，进水闸、石函、叶穴、高路等处，及三源各概，木石残败，渠水不能灌田。

（3）大修工程完成后还制订善后章程十二条，以利后世遵守。

（4）续而编撰通济堰志续志。

4. 丙午大修通济堰记

高　鹏

[原文]

天下之利，在於農；萬人之命，懸於穀。是穀者，民之命，而水利又穀之命也。當夫水利失修，民生受害之際，非有在上者廑念①民瘼，急起而挽救之，則民必无相養相生之慶。郡西通濟堰，規畫至善，灌溉至廣，具議志乘。固栝西之民，依以为命者也。乃近年一遭旱涸，立待使膏腴之田，反同跷确者②，盖由西堰受病，已有二十餘年矣。大小斗門③，咽喉④也、三焦⑤也。十八段支堰，四肢百脈⑥也。乃斗門沙磔深積丈餘，使溪水無從灌注，咽喉閉塞，夫是以三焦停積焉，四肢不仁焉，百脈將絕焉。西堰病而農田病，農田病而民生病，痼疾一成，栝西千萬人之命懸於此矣。太尊蕭公下車伊始，與邑侯黃公，先后堪視，洞觀夫受病已深，宜治本，不宜治標。遂捐廉籌款，委二侯朱公督董大修。朱公受任以後，夙夜勤勞，殫精竭力，以身先之為百姓倡，斗門水道，撥民夫四千餘，始復舊規，所以治病源⑦也；補石函所以去外感⑧也；修葉穴所以導積滯⑨也；筑高路，所以固營衛⑩也。

[注释]

①廑念：廑，jǐn，通"仅"，才，只。仅念，只有……为念。

②反同跷确者：跷，qiāo，土地坚硬而贫瘠。反同跷确者，形容良田失去灌溉之源后，会变成同坚硬而贫瘠的土地一样，不能滋育庄稼。

③大小斗门：大斗门指过船闸，小斗门指进水闸。

④咽喉：以人体作为比喻，咽喉是水谷等进口。这里说明进水闸是堰渠的总闸门。

⑤三焦：中国传统医学认为，人体水谷、气机通道称为三焦，分上焦、中焦、下焦。水谷进入人体后，经过上焦腐熟、气化，营气经过中焦的气机转化吸收，糟粕、多余水分经下焦排泄体外。这里以此来比喻通济堰水系的流通、灌溉、宣泄的功能。

⑥四肢百脉：中国传统医学认为，人体除了肝脏之外，还有四肢百脉，构成生命的循环系统。四肢百脉，统指人体脏腑之外的所有肢体组织和循环系统。细分为：头颅、上下肢、肌肤、骨骼、血脉、经络、穴位等。这里用于比喻通济堰灌溉渠道网络。

⑦治病源：中国传统医学一贯主张，治病要治病源，即治本说。在此借以说明通济堰的主体源头即通济堰拦水大坝及进水闸门。

⑧去外感：去，通"祛"。中国传统医学将致病因素分为内因、外因、不内外因三类。就是外在病源侵袭人体所生的病，也称外感。祛外感，以祛除外感之邪（风、垫、寒、热、湿、毒六邪）的治疗手法。这里借以说明排除渠道淤塞、概闸失修，恢复水利功能。

⑨导积滞：中国传统医学认为，伤食、外邪侵犯人体后，久之会形成"积滞"这个病症，造成病情恶化。治疗积滞，采用导泻之法治之。这里借以说明开导叶穴，可以排泄渠道之淤积。

⑩固营卫：中国传统医学认为，人体生命气机有赖于营卫之气坚固，并循经络血脉而行，荣注肌肤，人就健康强壮；否则，营卫不固，则外邪易于侵入；营气不足，则气血不荣，萎黄清瘦；卫气不固，则虚汗，易受风寒之伤。这里借以说明修复高路渠道堤岸，有利于整个渠系的正常安全运行。

──────────

[原文]

　　内堰则自堰头以至石牛、狭者以闊、淺者以深，所以壮氣体、通脈络①也。丙午十一月興工，丁未二月告竣。其費二千餘緡，民夫一万餘。而咽喉之閉塞者以通，三焦之停積以去，四肢之不仁，百脈之將絕者，亦以通流，而民不將與水俱長哉。雖然是邑也，起沉疴，復元氣②，固大有造於西矣。尤愿繼其後者，維持之、調護之，防微杜渐，勿使成為前此之痼疾。使合民常相養相生之樂，而倚以為命也。此固諸公之所殷殷屬望，而亦吾民之所馨香禱祝者也。

　　　　時

　　大清宣統元年歲次已酉秋月　穀旦

　　　　　　　　　　　　麗水縣学优廪生：高鵬頓首拜撰

[注释]

　　①壮氣体、通脈絡：借用中国传统医学上对人体生命肌理的描述，说明疏浚渠道的重要性。

　　②復元氣：中国传统生命理论认为：元气是人体生命气机的源泉和根本，只有元气充沛，生命力才会旺盛。这里借以说明这次大修工程恢复了通济堰的生命力。

[作者简介]

　　高鹏（1871—1931年），字逢仙，号拙园，碧湖保定人。清末丽水县学廪生。光绪三十三年（1907年）措资在保定村创办植基两等小学，自任校长兼教席达25年。学生参加全县毕业会考，连续五年第一。民国七年（1918年）独捐田租20石，设立保定夜渡，并与乡人吕调阳等发起组织林业公社，创建保定、周巷等处林场。北伐战争胜利后激赏孙中山"平均地权""耕者有其田"学说，率先将其出租田亩执纩"二五减租"规约，并积极为佃户争取权益，被推为西乡佃业理事会理事长。生平不慕名禄，教读终世。著有《拙园文集》《虞美人集》等。参与编纂《丽水县志》《续通济堰志》。

[按语]

本文是高鹏就清光绪三十二年十一月大修通济堰所撰的记文。文中以中医学理论将通济堰工程比喻成人体，提出了："壮气体、通脉络""起沉疴，复元气"，解决通济堰失修，顽疾。

5. 朱縣丞估修堰工略摺

朱丙庆

[原文]

　　麗水縣碧湖縣丞朱　於十月二十八日奉　府憲蕭　諭，會同西鄉紳董，先行履勘，估工興修。於十一月初一日，即將勘修情形，繕備略摺。

　　開呈　憲鑒。

　　計開：

　　一、西堰石堤大壩、大陡門，近年已被洪水泛流。陡門現被淤沙，積石冲没。目前，權宜辦法，就大陡門前先行挑撥，廣約三丈餘，深以壩底石為度。使陡門之水仍能通流，船筏往來仍由此出入，以復舊制。約雇民夫三千工。

　　一、壩上、鞏固橋橋下，即小陡門外，亦被沙石閉塞，以致水勢減退。急宜挑撥，引水埠源。方能入口俾水，灌溉暢流。約計民夫二千工。

　　一、石函橋，即三洞橋，入渠之水由橋下而進。橋上石板用油灰，子母縫，避杜坑①山水。沙石從橋上而去，直達大溪。現橋下沙泥堆續，僅容尺餘水②，宜挖石挑撥至底石為度。橋面石板間有斷缺，亦須照舊修葺。自小陡門起，至三洞橋上，約計民夫三千工，泥匠工料在外。

　　一、葉穴，即淘沙門。自三洞橋起，兩边沿隄沙泥淤積，以致水道淺狭，且附近居民開種柏樹雜木。亦宜照前，請府憲示禁。兩边堰基什木概行砍伐，逐一挑清，毋使致碍水道。約計千余工。

　　一、寶定庄高路路坎下，屬三源，命堰注水所關注路坎。歲次未修，被樹根穿害，坎脚損壞，頗多衍洞，以致堰水被洩，十去其三。急宜修葺。以上五處，系該堰入水歸渠之大綱，向章③、堰志載明三源各庄共派夫三千工，每年歲修。十名給午点錢三十二文。款由田畝捐内抽給。前清府（尊）頒定，夫民年一月朔，設局動工挑濬。遇大修之年，民夫照章，堰工未竣，周而復始。每至六十歲以上，及十六歲以下，系老弱，概不收用。時定黎明到堰上工，酉刻放。自備鐵鋤竹畚，上堰工作，不帶器具者不收。查民夫近年各村庄烟，民因疏密不齊，亦須從新查明，照派。除鰥寡孤独不派外，無論紳散人賈農工，同沾利益，均要派工。上堰不得稍有取巧，方期有成。

　　一、西堰自堰頭鞏固橋小陡門，入水歸渠。直至概頭庄，八里許之區，古名開拓概，系三源分水領袖。蓋閉中支木枋，水埠南北二支，屬上源各庄坐分之水。三天期滿，蓋閉南北二支，水灌中、下二源。命堰自開拓概中支，直至碧湖鳳臺、石刺二概，均有边支，為中源各庄坐分之水。三天期滿，蓋閉各边支。由中支直達資福城塘概中支，為下源各庄坐分之水，四天。月小不计。各有边支分水，直达石中、白口、任村等處出口。立法妥周詳。概枋石啟閉，均有定制，民夫亦皆踊躍從事。嗣因，各概平水石，木枋變更，以致下源水利有碍。因此下源民夫，停不上堰，已經數年。即上、中兩源之夫，亦多觀望、取巧。因此廢弛，勢將傾圮矣。

一、西堰要工，首重溪口大陸門修起。至寶定庄高路等處，为三源蓄水之所。該處修竣後，再照章分为十八段。各庄就近派董，分段舉修，以埤便捷。尚有未盡情形，容侯查明，再行續陳。謹將舉修大概情形，繕俾略摺。

恭呈 憲鑒。

光绪三十二年十月二十九日

[注释]

①避杜坑：避，避免，躲避；杜坑，小山坑名，亦称畲坑。避杜坑，躲避杜坑水发，坑沙漏淤渠道。

②僅容尺餘水：仅仅只留有水深一尺余过水深度。而原三洞桥石函下有深度丈余，能过舟船，现仅尺余，说明淤塞严重。

③向章：向，向来，以往；章，规章，章程。向章，以往的章程。

[按语]

本文是丽水县县丞朱丙庆于清光绪三十二年十月就大修通济堰工程所写的估修堰工略摺，近似现代的工程计划任务书。文中详细开列应修工程项目，以下资讯可资参考：

（1）通济堰大坝及大陡门应修事宜。

（2）巩固桥小陡门至概头及以下各概闸损坏情况、应修事宜。

（3）重要工程是大坝及大陡门至宝定高路渠堤。其他可分十八段分修。

6. 朱縣丞奉委札

萧文昭

[原文]

萧府憲於十一月初三日，親身駕臨駐碧。於初四日上堰，詣勘。初五日，旋署。於初八日，即發諭札：舉行興修。諭札录後：

陛用道，署處州府正堂，加三級紀錄十二次蕭 为札委事：照得麗邑西鄉通濟堰，攸關田畴水利。乃因年久失修，以致堰渠淤塞。現經本府親詣，按圖周履勘，督紳籌議興修。據該員紳開呈勘修摺，前來查核。所開各條，均與堪估情形相符。急應趁此冬晴，克期興工。除諭飭沈紳國琛为總理，王紳贊堯、葉紳大勛等为經董外，合亟委員監督。为此，札仰該員亦即循案辦理。尚有刁徒，從中阻撓，即由該員拘解來府，以憑嚴究。該員系現任人員，不支薪，惟按日來往，工次監督，應准每月開支夫馬洋八元。該員務須勤慎從事，毋稍懈忽，致負委任。仍將監督興修情形，隨時稟報。毋違。切切特札。

右札仰麗水碧湖縣丞朱丙慶准此

光绪三十二年十一月初八日

[按语]

本文是知府萧文昭委任丽水县丞朱丙庆督修通济堰的委任手札，文中安排了修堰工程管理班子，总理为沈国琛，王赞尧、叶大勋任经董等事项。

7. 處州府知府蕭委紳董興修通濟堰諭

[原文]

陞用道，署處州府正堂，加三級紀錄十二次蕭　為諭飭事：

照得麗邑西鄉通濟堰，攸修關田疇水利。乃因年久失修，以致堰渠淤塞。現經親詣，按圖周歷履勘。據該紳開呈勘修摺。與本府堪估情形相符。亟應趁此冬晴，克期照議興修。除札委麗水縣丞朱丙慶，監督興修外，合亟諭飭該紳等，按照勘修各節，逐段興修，不許稍涉玩延。其畝捐，亦即循案辦理。所有未盡事宜，仍由該紳等，詳細查明，隨時稟候核辦。該紳總理、經董此事，未便枵腹從公，應由地方紳士公議，酌定送伙食，以昭公誼。此舉為農田利賴攸關，該紳等務須遵照，各司其事，勿稍懈忽，致負委任。切切特諭。

右仰總理深国琛、經董王贊尧、葉大勛等准此。

光緒三十二年十一月初八日

[按语]

本文是知府萧文昭发出的大修通济堰的开工谕令，告知大修管理班子以此谕后开始投入工程，为发给总理沈国琛，经董王赞尧、叶大勋任等的谕令。

8. 麗水縣知縣黃修堰興工示

[原文]

花翎四品銜即補清軍府署麗水縣正堂黃　為出示曉諭事：

照得本邑西鄉通濟堰，攸關田疇水利。因年久失修，壩閘坍損，以致淤沙積塞，阻碍水利。現奉　府憲蕭，關切民瘼，親臨該堰，逐段勘明，捐廉籌款，設法興修。今本縣又復親赴該堰，會督員紳，逐一履勘。工關緊要，急應從速雇工修葺，以資灌溉。現與碧湖粮廳[①]，并地方紳董商（議），確定於本月七十日開工。所有三源農戶，均遵照舊章，每日派夫，自備鋤筐，上堰工作，聽凭堰董指撥，合力挑掘、修築，而重水利。除諭飭紳董督率外，合行出示曉諭。為此，示仰三源農民及工匠業戶人等知悉。爾等須知：興修堰道、閘壩、概木，為民命水利起覩，自示之後，凡堰邊有碍修築一切樹木，務須按地段先自砍伐，并於各工匠人等，并須逐日黎明到堰，挑撥淤沙。盡力工作，不得草率偷惰。倘敢不遵，或有刁徒從中阻撓情事，一經訪聞，或被指控，定即飭提到縣，從嚴究辦，決不寬貸。事關陪植田禾，爾紳民均屬切己，各宜協力同心，奮勉從事，毋稍疏忽。切切特示。

右仰知悉。

光緒三十二年十一月十五日給

[注釋]

①碧湖粮廳：清时的县丞，分管农业即粮食生产，故又叫粮厅。碧湖粮廳，指驻碧湖分管农业粮食的县丞。

[按语]

本文是丽水县黄知县于清光绪三十二年十一月十五日发出的关于大修通济堰开工的

告示。

9. 朱縣丞督修堰工示（附修堰條章）

[原文]

理問銜，前代青田縣正堂，麗水碧湖分縣朱　為出示曉諭事：

照得現奉　府憲札委，興修通濟西堰，系田禾水利要工。原為國課民食攸關。爰會同總理董沈國琛等，妥議條章，簡節奉公，款埽實用，不致虛糜。工竣後即行榜示，以便周知。茲所議章程，稟明　府憲外，合行出示曉諭。為此，示仰在局執事奉公，及該鄉居民工作，并書差夫役人等，一體遵照，共襄厥成，同沾利益。其各凜遵毋違。特示。

計開：

一、在局各董執事，另列名單，各有專責。尚祈同心協力，不辭勞怨，毋負厥職。至上堰夫馬，各紳自給，以照公允。

一、各庄地保公正，責在催督民夫，從速挨催，毋負厥職。至上堰夫馬，各紳自給，以照公允。

一、在局辦事公差，循章每名日給工食錢五十六文，務宜梭巡督工。如民夫取巧怠惰，許即帶局究懲，不得容隱、徇情。如挾兼因公泄忿者，致干咎責。

一、民夫、工匠在堰工作，遵定辰到酉放，老弱者不收。現奉憲諭，興修大小陡門、石函、葉穴、高路等工，格外體恤，按名給午飯制錢五十文。該民夫盡一日之辰，幸勿懈怠疏懶，致干罰辦。

一、管壩、大小陡門閘夫，在堰辦公，向有食穀，循章不給工。催、輪值之日，雜理匠作器具，兼帶工作事宜，謹慎辦公，毋違責任。如違革退。

一、大修西堰，工程浩大。況此堰工為民食攸關，各沾利益。業經奉諭，各庄除鰥、寡、孤、獨等窮民外，無論紳、賈、農、工，挨戶照派雇工，上堰工作，周而復始，以竣為度。至此次大修後，每年歲修工作，各庄經董，再宜秉公酌刪，不得援此為例，如違稟究。

一、民夫工作，午飯休息，及酉刻散放，繳籤給錢，須聽鑼聲為號，按庄先遠後近，聽點領給，魚貫而入，不得擁鬧、喧嘩，如違枷責示眾。

一、在局各紳董，及司事人等，供應概宜節儉，并除用酒，免致醉誤公，以致怠事，被人譏議。

右仰咸知。

光緒三十二年十一月十五日給

[按语]

本文是丽水县县丞朱丙庆于清光绪三十二年十一月十五日发出的关于大修通济堰工程开工告示，并附修堰章程。文中以下资讯可供参考：

（1）大修时在局执事，必须到岗轮执。

（2）各庄地保公正负责派夫催夫到堰。

（3）在局办理公差，每日工食钱56文。必须督巡工程，稟工办理。

（4）民夫、工匠老弱不收，按指定位置工作。给午饭钱50文。

（5）管坝、闸夫在局工作，已有长年工食，不另给饭钱。

（6）民夫管理事宜。

（7）在局干工，应宜节俭，不得饮酒。

10. 禀请筹捐接濟堰工　禀折批

[原文]

府正堂蕭　批教職沈國琛等：

此次堰功浩大，全賴在事大夫趨工迅速，庶可趁此冬晴天燥，竟厥全功。据禀，各庄民夫踊躍從事，日益增多，固由朱丞不辞勞瘁，監督勤能。然亦該職生等于任事，經理有方，以致之府披閱之餘，良深欣慰。所呈堰捐略折，既系率循舊章，應准援案辦理，候即分別示諭，妥速捐收。務須隨捐隨收，以免兩次分擾之累。該三源同為受水之田，當亦樂於輸捐，不致貽誤要公，行見水利，普沾丰登歲慶。本府實樂觀厥成也。所有此項堰捐，按照科則計算。共有若干工程，共須用若干，務於十二月初八日以前，開折具報，以憑籌計，切切折附。

[按语]

本文是知府萧文昭发出的关于大修通济堰的筹捐接济堰工禀折的批示，同意采用筹捐方式接济堰工资费。

11. 處州府知府蕭為徵收修堰畝捐與朱縣丞札

[原文]

陞用道署處州府正堂 加三級紀錄十二次蕭，札麗水縣縣丞知悉：

案据教職沈國琛等禀稱，堰工浩大，籌款宜急。將籌捐章程，并各庄派辦姓名，開呈略折，聯名公叩出示給諭等情前來。据此，查所開堰捐略折，既系率循舊章，應准援案辦理。除出示曉諭，并札飭麗水縣遵辦外，合行札知。札知到該縣丞，即便知照，毋違特札。

右札仰麗水碧湖縣丞朱丙慶准此。

光緒三十二年十一月二十四日

[按语]

本文是知府萧文昭发给县丞朱丙庆的大修通济堰征收修堰亩捐的手札，拟按亩捐章程征收。

12. 朱縣丞关於畝捐規程之告示

[原文]

理問銜，前代青田縣正堂，署麗水碧湖分縣朱　為出示曉諭事：

現奉　府憲蕭 札委，諭董大修通濟堰西堰，經費浩大，援案將三源受該堰水利之田，毋分官田、民田、寺觀公田，按畝科則，分等派捐，以昭公允，而裕經費。今將頒定畝捐章程，分等列後，務各從速舉辦。限於月內隨捐隨繳，以濟堰工急需。切勿觀望遲延，有負　憲委之致意。其各凜遵毋違，特示。

計開：

一、三源受大堰水利之田地，為上則。

一、三源受大支堰水利之田，為中則。

一、三源受小支堰水利之田，為下則。

一、上源受水之田，每畝上則捐洋二角，中則捐洋一角六分，下則捐洋一角。

一、中源受水之田，每畝上則捐洋一角六分，中則捐洋一角正，下則捐洋六分。

一、下源受水之田，上則捐洋一角，中則捐洋六分，下則捐洋四分。

一、三源受水之田，先着承種佃戶在田頭插標，用三尺長竹木笺，書明業主及佃戶姓名，照公注明上中下三等科則，土名畝分。不得以上報中、以中報下。如有蒙混隱匿，一經察出，定行提究罰辦。

一、各庄公正、地保，務須隨同堰董，按畝分等核定，查開畝分石數，無論官田、民田一體開報，不得隱匿，徇情取巧、規避，致干提究。

一、三源分辦畝捐各董，分司其任，以專責成。務必於奉　諭後，限十日內送至總局，造券收捐，慎勿遲延，有誤要公。

一、分辦畝捐，各宜秉公查明，如有堰基被人開種，亦宜逐一開報。如有碍水道，即行挑撥。倘無妨碍，許佃戶承租，赴局立劄完租，以埤堰工公用。如有混占隱匿，以堰基開種，作為已田，一經查出，或被人告發，除將田撥埤堰工外，定行提究，從嚴罰辦。

一、接收捐，各給聯券為凭，統埤洋穀，以照徵信。如零戶繳捐，遵定市價：制錢每洋九百二十文申給，以昭公允。業戶務照券交納。總局照票收數，登記明晰，以便查核。毋抑勒滿混，致干禀究。

右仰咸知。

光緒三十二年十二月初一日給

[按语]

本文是丽水县县丞朱丙庆于清光绪三十二年十二月初一日发出的关于大修通济堰亩捐章程征收亩捐的告示，文中有以下资讯：

（1）三源受益田分等级：三源受大堰水利之田地，为上等；三源受大支堰水利之田，为中等。三源受小支堰水利之田，为下等。

（2）亩捐定额：上源受水之田，每亩上则捐洋二角，中则捐洋一角六分，下则捐洋一角。中源受水之田，每亩上则捐洋一角六分，中则捐洋一角正，下则捐洋六分。下源受水之田，上则捐洋一角，中则捐洋六分；下则捐洋四分。

（3）三源受水之田，先着承种佃户在田头插标，用三尺长竹木笺，书明业主及佃户姓名，照公注明上中下三等科则，土名亩分。

（4）各庄公正、地保，务须随同堰董，按亩分等核定，查开亩分石数，无论官田、民田一体开报，不得隐匿，徇情取巧、规避。

（5）三源分办亩捐各董，分司其任，以专责成。务必于奉　谕后，限十日内送至总局。

（6）分办亩捐，各宜秉公查明，如有堰基被人开种，亦宜逐一开报。如有碍水道，即行挑拨。倘无妨碍，许佃户承租，赴局立札完租，以埤堰工公用。

（7）接收捐，各给联券为凭，统埤洋穀，以照征信。如零户缴捐，遵定市价：制钱每洋九百二十文申给，以昭公允。业户务照券交纳。总局照票收数，登记明晰，以便查核。

13. 麗水縣知縣黃關於呂姓捐田充堰工之告示

[原文]

　　欽加四品銜 即補清軍府，署麗水縣正堂黃　為照會事：

　　據十七都寶定莊民人呂得麒稟稱：尹母魏氏八月逝世，族類紛紛興訟，希圖爭產。蒙恩訊斷，以息爭端。奉諭撥充西堰歲修工程，捐租田一十八畝五分，計鄉桶濕租穀四十九石三斗五升正。謹邀同族咸，將所指各產，上、中、下配搭均勻，開明土坐畝分，繕單呈繳等情到縣。據此，除批示外，合行照會。為此照會貴紳董，請煩查明。照單開土坐畝分，佃戶姓名，飭換租劄，承領耕種。一面立戶承糧，妥為經營。并將所收租穀，開支數目，按年造冊匯報。須至照會者。粘附田單（此田土坐丘段、租數，已經勒石，志內詳載後頁）。

　　　　　　　　　　　　　　光緒三十二年十二月初十日

[按语]

　　本文是丽水县黄知县关于接收吕姓捐田充堰工的告示。文中包含以下资讯：

　　（1）宝定人吕得麟母魏氏逝世，族人争田产。

　　（2）为息争端，捐租田十八亩五分，计租谷四十九石三斗五升整，拨充通济堰岁修工程。

　　（3）搭均上、中、下等田，写明田产坐落亩分，缮单呈缴。

　　（4）由绅董查明，立户承粮。

14. 朱縣丞關於三源分段同修之告示

[原文]

　　理問銜，前代青田縣正堂，署麗水碧湖分縣朱　為出示曉諭事：

　　光緒三十二年十一月初九日，奉　府憲蕭　札，委大修通濟堰西堰。業經會同紳董，於去年十一月十七日動工，循章三源派夫，挑撥淤沙積石，至十二月十七日停工。現今於本正月初十日，雇工開作，修理龍廟、溪口石壩，大小陡門，鞏固橋、三洞橋、葉穴等處。先堰工將告竣。惟高路泄水衍洞，及高路下，三源分段各堰，因本春雨水纏綿，延擱，尚未疏通，頃奉憲諭諄諄：本年春耕在迩，堰水需用在即，萬難延擱。限期於二月初五日一律完竣。奉諭后，本分縣隨會同三源各董親詣，逐段勘明，各概均多損壞，半將傾圮，若不分段同修，事难速成。為此仰三源各莊堰董居民人等知悉：須知該堰工，為國課民生攸關，務循舊章。自上源寶定莊塘埠橋起，至下源居民，分段派工挑撥。應修概石枋木，各段（經）董，亦須從速雇匠，一律修葺，規復舊制。應需工料錢文，向總局報明，支領給發。各埠各段，以專責成。不得互相推諉，致誤要工。切切毋違。特示。

　　　　　　　　　　　　　　光緒三十三年正月二十日给

[按语]

　　本文是丽水县县丞朱丙庆清光绪三十三年正月二十日发出关于大修通济堰三源分段

同修的告示。

15. 處州府知府蕭為修堰善后建西堰公所示諭

[原文]

陞用道 署處州府正堂 加三级紀錄十二次蕭 為諭飭事：

照得通濟西堰，現已一律修浚。所有未收堰捐，限於三月十五日以前，照数收清，如違議罰。此次籌辦善后，應於碧湖迤中之地，建一公所，以便經董會集，商議辦事。查該鎮龙子庙旁，司馬祠后，尚有隙地，堪以建屋三間，其旁建立仓廠，收储西堰租穀。此公所即名报公祠，奉祀历朝有功西堰官紳牌位，除出示晓諭外，合行諭飭。諭到該紳沈国琛等，立即遵照示諭事理，先將堰捐依限如数收齊。即行鸠工庀材，刻期興辦祠宇仓廠，均毋稍事違延。仍將遵辦情形，及興工日期，随時稟报，查考。特諭。

光緒三十三年三月初七日

[按语]

本文是光绪三十三年三月初七日，知府萧文昭修堰善后建西堰公所的告示，在碧湖镇龙子庙旁、司马祠后建房 3 间，旁边建立粮仓，收储西堰租谷。由绅董沈国琛等办理。

16. 處州府知府蕭為大陈庄水利批諭

[原文]

陞用道 署處州府正堂 加三级紀錄十二次蕭 為諭飭事：

案据西乡十三都大陈庄民高成之、江火明、郑和聪、郑川庆、陈春妹、陈春枝等稟称：遵諭轮车，恃蛮阻撓，公叩恩赐速即飭差，鸣锣三村，以全要公。而免滋争等情到府。据此，除批示外，合行粘抄詞批，专差諭飭，諭到該紳董沈国琛等，立即會同杨守廉，从速妥為开导，务令导示分车，不得执拗争阻，致干提究。切切特諭。

光緒三十三年七月二十一日给

[按语]

本文是光绪三十三年七月二十一日，知府萧文昭关于大陈庄争车水利处理的告示。

17. （批 示）

[原文]

府正堂蕭 批查分水之期，前经飭縣查明：

一旬之内，上中二源，各得三日，而下源独得四日。凡下源开放之第四日，即初十、二十、三十等日，水力已觉有余，应准中源末之大陈庄分车灌溉，以补其不足。各村不得阻撓等情，稟经本府查核，甚為平允，示諭遵照在案，下源蒲塘等村，何得故违不遵？候即专差諭飭总理沈紳等，會同杨守廉，妥為开导，务令遵示分车，不得执拗争阻，致干提究。

[按语]

本文是光绪三十三年七月二十一日，知府萧文昭关于下源开放大陈庄车水灌溉的告示。

18. 處州府知府蕭关於通濟堰善后示諭碑

[原文]

朝議大夫　陞用道 署處州府正堂 加三級紀錄十二次蕭　諭：

今將核定通濟堰善后章程十二條，詳細開列，發於碧湖西堰公所勒石，著該住所夫役隨時看守保護，毋任稍有損壞，致干查究。

一、西堰為三源公共之水利。碧湖居上、下兩源之中。凡三源有事，向来均到碧湖，会叙（集）商酌，方能舉行。從前未立公所，乏駐足之地，殊屬不便。前已札委碧湖縣丞朱丙慶，并諭總董沈國琛、經董葉大勛、王贊尭等，於碧湖司馬祠後隙地，建造房屋三間，為西堰公所，兩旁設立倉廠，將西堰田租所收之穀，概埽此處存儲，免致寄存董家，致多物議。此公務所務擇妥實（之）人，居住看守公所、倉廠；兼值香火、茶水、打掃之役。如堰工有事，應聽經董差遣。每年終時，由堰租内支給穀四石，以專責成。咸如疏懶誤公、從中兹事生端，一經察出，即行斥退，不得徇情。

一、西堰新建公所，中堂，宜設神龕，祀歷朝有功於堰務名宦先賢，序立牌位於上。至前中堂，先年原塑有詹南司馬像，兩旁尚属寬敞，須於左旁設神龕，將歷任監修堰工委員牌位序立。右旁添設神龕，將歷来紳董有功人等牌位序立。以昭功績而励將来，此祠頭門，改名為報功祠，後進為西堰公所，仰即遵照。

一、西堰租穀，歲修事宜，舊董經理不善，殊多廢弛。業經本府明定章程，於三源選擇殷實公正、紳董共十二人，分作甲乙兩班，輪年值事。如甲班上源三人，中源三人，乙班下源三人，上源三人。此董本拟三源分班輪值，以照大公。查上源與下源相隔數十里之遥。遇堰上有事，無從着落，惟中源之碧湖，為西鄉之鉅鎮，亦属上、下兩源适中之地。况堰務事繁，該鎮人多，不得不每年派辦。三人輪值，以事責成，免其推卸不前。至上、下兩源派董裏辦其事，為堰務租項，歲修應否事宜，使其稽查接洽，致免猜疑，而杜物議。該董等務宜和衷共濟，保護水利，維持善舉。至甲、乙兩班結算移交之期，每年定於正月二十日清算，繕折稟報。幸勿始勤終怠，是为切要。

一、西堰之租穀，每年早穀定於八月底，糯穀定於十月底。逐一掃數清完，投倉存儲。如有拖欠，即行稟請差提、押追。至歲修堰工，每年值事六人，应將夫票，器物逐一照章先行備齊，於十月底，由碧湖縣丞，出示曉諭三源民夫。每年於十一月朔興工，着各村地保、公正派夫上堰工作挑撥，限月底一律完竣。民夫每名酌定給發点心大錢貳拾四文。如民夫不到，由縣丞飭傳。如辦公不力，惟經董是問，違者責罰。

一、西堰溪口大陡門，每年自三月初一日，木枋盖閉，灌水入渠。三源平放，以使各庄民田車疗秧苗。至五月初一日起，八月底止，三源分期循章，按定時日，分源輪流灌溉，不得紊乱。惟五、六、七三月，田禾正当待水孔急，最宜嚴為防守，毋使竞致起訟端。此三月内，縣丞宜不時自備夫馬，履勘堰頭，及三源各大概。查察概夫之勤情，水利之盈亏，按期稟報。值年之經董六人，按月每人各輪五天，常住堰頭局。監察大小陡門、葉穴等處閘夫，啓閉是否得宜，兼核水勢是否通暢。每五天向總理處支大洋五角，以貼薪水，一切夫馬不與焉。至溪口應否雇工淘沙，卖茅草浮坝，亦宜酌情同時諸董，赴該處驗明，（开支）舉行，工竣登記稟報。至八月後埽歲修辦理，不得違誤。

一、西堰項下之田，無論龍王廟、龍女廟及廟祝、閘夫等所種之田，以及新舊拔助堰工內捐款，各庄等田逐一查明，埠公所內經理收租儲倉。其糧無論在丽、在松，亦埠經董完納。至廟祝、閘夫等應給工食之穀，亦向經董處支領。庶免田租糧額穀數不符，以致日久失管情弊。

一、值年歲修董事，如堰頭每年十一月朔動工。時在堰頭局，備飯餐供給。此系家常便飯，官紳兩席，每用五碗，三葷二素，不得擺筵設宴，致招物議。此外，如有堰務事宜，由閘夫報明經董。由經董到碧湖西堰公所內，着任守夫役邀集會商舉辦，公所內（每日）但備午點一次，不設酒飯，致多糜費。至值年歲修紳董六人，每年終時，准備給薪水洋四元，由堰租內開支，以酬（酬）其勞。至各董上堰奉公，或用夫馬，毋論官紳，各須自備，以示大公。

一、府、縣、廳三署，書辦經承西堰文牘、告示、簽票、紙筆、飯食等，未便令其賠累，與其日后需索，曷若明定數目，以示限制，而免藉口。應於年終時，府書給洋四元，縣書給洋兩元，廳書給洋兩元。此外，不得稍有增。如敢怠惰公事，或藉端阻难，挑剔情弊。許即指名稟究。

一、堰租之穀，每年變價为完糧。歲修堰工等一切收支數目，均應立簿。核實記明，汇算後，榜示公所。以便三源人等，共知底蘊，以息猜疑。如有浮濫情弊，許眾人察實稟報，一經究明，從嚴責罰。倘有刁頑之徒，妬忌挾嫌，无端唆使，借公泄忿，以致節外生枝，砌詞誣陷者，罪應反坐。查明主唆何人，將提嚴究。至公所會算之日，紳董饭点，亦照歲修時之例，不得從豐。其閱算人等，不與饭点之列，以示限制。各宜自愛，无得異議。

以上善后章程十二條，凡官紳及三源居民人等，均應一體凜遵照行，以垂永久。嗣后如有今昔異，宜臨時由官紳酌情核情形，稟請核示，不得率行，擅自更改，致生弊端。毋違，切切特諭。

大清光緒三十三年八月二十九日始

監督委員：麗水縣丞 朱丙慶；總理紳董：即選教諭 沈國琛；經董：生員 葉大勛、職員王贊尧。

里人　沈廷楨敬書；泰邑　林明澤謹刊

[按语]

本文是知府萧文昭组织编制的通济堰善后章程十二条，为历史上通济堰最后制订的一个管理章程，具有重要意义。从文中可得以下资讯：

（1）建西堰公所，在碧湖镇龙子庙旁、司马祠后建房三间，旁边建立粮仓，收储西堰租谷。

（2）公所中堂，宜设神龛，祀历朝有功于堰务名宦先贤，序立牌位于上。至前中堂，先年原塑有詹南司马像，两旁尚属宽敞，须于左旁设神龛，将历任监修堰工委员牌位序立。右旁添设神龛，将历来绅董有功人等牌位序立。

（3）西堰租谷，岁修事宜，三源选择殷实公正、绅董共12人，分作甲乙两班，轮年值事。

（4）西堰之租谷，每年早谷定于八月底，糯谷定于十月底。逐一扫数清完，投仓存储。

（5）西堰溪口大陡门，每年自三月初一日，木枋盖闭，灌水入渠。三源平放，以使各庄民田车戽秋苗。至五月初一日起，八月底止，三源分期循章，按定时日，分源轮流灌溉，不得紊乱。

（6）西堰项下之田，无论龙王庙、龙女庙及庙祝、闸夫等所种之田，以及新旧拨助堰工内捐款，各庄等田逐一查明，埧公所内经理收租储仓。

（7）堰头局，备饭餐供给。此系家常便饭，官绅两席，每用五碗，三荤二素，不得摆筵设宴，致招物议。

（8）府、县、厅三署，书办经承西堰文牍、告示、签票、纸笔、饭食等，未便令其赔累，与其日后需索，曷若明定数目，以示限制，而免借口。终时，府书给洋四元，县书给洋两元，厅书给洋两元。

（9）堰租之谷，每年变价为完粮。岁修堰工等一切收支数目，均应立薄。核实记明，汇算后，榜示公所。

19. 修堰竣工册报外催绘图报府谕
萧文昭

[原文]

　　陞用道 署處州府正堂 加三級紀錄十二次蕭　為諭飭事：

　　照得本府勘估麗邑西鄉通濟堰淤塞，稟請撥款興修一案，奉撫憲張 批准，借撥洋一千元。飭將借款，分期埧款。一俟工竣，分別造具實用工料收支細數清冊，繪具段落，寬深丈尺貼說①，通關查考②等因，批司行府，遵奉在案。查該堰早已竣工，據該紳等造具報銷清冊，呈由朱縣丞申送到府，除存俟核明，轉稟請銷外。為此，諭仰該總理寓目，遵照。立即會同三源紳董，限諭到三日內，迅將該堰段落、寬深丈尺，繪圖貼說，星飛呈府，立等核辦，濡筆以待。該紳董務須妥速精細從事，毋稍舛誤率延。是為切要，特諭。

　　右諭西堰總理沈國琛等准此。

光緒三十三年九月初八日

[注释]

　　①繪具……貼說：绘制渠道段落的图形，并附文字说明其各段地点、宽度和深度。

　　②通關查考：通關，通过相关的官府衙门；查考，复查、考核属实。

[按语]

　　本文是光绪三十三年九月初八日，知府萧文昭关于修堰竣工册报外催绘图报的府谕。因光绪三十二年十一月大修工程早在光绪三十三年二月十五日已竣工，但相关资料上报工作一直没完成，故下此催报的府谕。

20. 通濟堰各庄田租土名丘段碑

[原文]

　　麗西通濟堰渠，肇始於梁，大備於宋，由来已久。該渠水利，善創善因之良模，詳明堰誌，无庸贅言。溯自同治丙寅，守是邦者，长白清公月舫，捐廉籌款大修後，迄越四十寒暑。近年疊被洪水淤塞坍塌，殘敗殆甚。慶於光緒丙午春，奉檄佐治於斯。是年秋，楚南蕭公權衡觀察，来守是邦。江右黄公朗軒，相繼奉篆斯邑。下車後，均屬关心民瘼，下詢維殷。慶首舉城西通堰渠，歲久失修，為國賦民生切要之急，相对答焉。幸二公勤政愛民，随詰詣勘，倡捐，并电禀大憲，貸款舉修。委慶为監督，教諭職沈紳國琛為总理，廩生葉大勛，職員王贊堯等為經董。四越月而告竣。落成後，飭復錄蕭公頒定章程十二條事宜。條分縷析，遵諭勒石，以免遺失。内詳堰工内經管新舊租田，務逐一清查，勒石，以免遺失。慶奉諭約沈紳國琛等，詳細查考土名坵段、糧額租數，罗列於後。爰余顛末，以俾人得所稽考云。

一、西堰户之田，土坐東鄉、實官斛租數，土名坵段列后。

盧衙東塘口，三坵，計額一畝二分零，計租穀一石二斗。

西塘口，田三十四丘，計額十一亩零，計租穀十二石三斗。

西塘下，田五坵，計額二畝七分零，計租穀三石零。

大坂田，八坵，計額十二畝五分零，計租穀十二石三斗五升。

門前畈，田三坵，計額三畝八分零，計租穀三石八斗。

黄塘何家山，田十六坵，計額五畝九分零，計租穀五石九斗。

水口圩，田四坵，計額三畝零，計租穀三石。

葉墩西畈，四六坵，計額九畝三分零，計租穀十二石八斗。

新坟後，田一坵，計額八分零，計租穀一石二斗八升。

溪下，水田一坵，計額八分零，計租穀三石九斗七升。

苕洋，水田二坵，計額二畝七分零，計租穀三石九斗七升。

双橋，水田四坵，計額三畝五分零，計租穀三石零四升。

葉墩，水田一坵，計額一畝一分零，計租穀一石一斗。

蛙坑，門前田二坵，計額三畝五分零，計租穀八石六斗五升。

西坂，田三坵，計額四畝二分零，計租穀六石二斗八升。

石磧路，田二坵，計額一畝六分零，計租穀二石零四升。

中塘，水田一坵，計額一畝八分零，計租穀一石五斗。

龜頭窟，田二坵，計額三畝六分零，計租穀五石三斗一升。

步里崗，田四坵，計額六畝零，計租穀八石九斗。

上堰坳，水田一坵，計額一畝五分零，計租穀二石七斗。

奚渡朱烟墩，田二坵，計額二畝六分零，計租穀三石四斗。

關下横堰，田七坵，計額六畝零，計租穀八石四斗五升。

大猫坟，田一坵，計額八分零，計租穀七斗。

夾沟墩，田二坵，計額一畝二分零，計租穀一石二斗。

東門坑，田三坵，計額四畝零，計租穀五石五斗八升。

黄毛庄梁塘，田一坵，計額八分零，計租穀九斗。

黄毛坟後，田十三坵，計額十三畝五分零，計租穀十二石三斗。

双塘口，水田三坵，計額一畝九分零，計租穀一石九斗。

青林坂，地改田二坵，計額二畝零，計租穀二石五斗。

青林坂，地一垁，计额五分零，计纳银三钱。

青林坂，地一垁，计额三分零，改租二斗。

东地后，地一垁，计额二分零，计纳银一钱一分。

天寳圩，地一垁，计额三分零，计纳银五钱四分。

社后，门前地一垁，计额九分零，计纳银四钱二分。

寺后亭，地一垁，计额二分零，计纳银一钱一分。

鳌项頭，地五垁，计额二畞七分零，计纳银二两二钱三分。

关下油车前后，地二垁，计额一畞六分零，计纳银八钱。

高路，水田一垁，计额五分零，计租谷七斗。

关下前，田一垁，计额一畞五分零，计租谷二石三斗七升。

葉墩村頭，田一垁，计额一畞二分零，计租谷一石八升斗。

油车边，田一垁，计额一畞十分零，计租谷一石九斗四升。

梁塘沿，田一垁，计额一畞二分零，计租谷一石二斗。

关下片，地一垁，计额四分零，计纳银一钱五分。

葉墩后，地三垁，计额一畞三分零，计纳银八钱八分。

社后，地一垁，计额二分零，计纳银二钱。

三角圩，地一垁，计额八分零，计纳银四钱二分。

八畞园，地一垁，计额二畞四分零，计纳银一两一钱三分。

一、坐西乡各庄，实徵乡桶租数，土名垁段列后：

松邑龙王庙户之田额租数：

堰头龙庙后，田七垁，塘一口，计额六亩正，计大租十二石正。

通济堰户之田地租数：

寳定庄季宅后，地一垁，计纳乡桶①焦谷②二石正。

高路下，圩地一丘，计纳租银一两二钱五分。

通济堰费户之田租数：

周村杨毛圹，田一垁，计额四石，计纳焦租一石五斗。

同處后岗，田二垁，计共额四石，计纳焦租谷一石五斗。

均溪坳里壠等，田四处，共纳焦租谷七石五斗。

西堰庙费户之田租数：

毛田上坂，田二垁，计租额一石五斗，实纳焦谷一石四斗。

又中坂，水田二垁，计租额三石，实纳焦谷二石七斗。

又四大水田一垁，计租额一石，实纳焦谷九斗。

杨三潭坪，田一垁，计租额五斗，实纳焦谷四斗。

白坛下山，田一垅，计租额三石，实纳焦谷二石七斗。

张山杨公岗，田一垁，计租额三石，实纳焦谷二石七斗。

张家寨脚，水田二垁，计租额三石，实纳焦谷二石四斗。

开拓概户之田租数：

前林西河，水田一垁，计纳乡桶焦谷六石正。

同横堰，水田一坵，计郷桶焦穀三石六斗。

金村橋头，田一坵，计郷桶焦穀二石四斗。

西堰歲修户新舊田地租數：

弦埠庄百湾，水田二坵，計納郷桶焦穀三石二斗。

蒲塘庄蓮塘，堰田三坵，計納郷桶焦穀五石五斗。

寶定庄吕庵前，田一坵，計納郷桶焦穀二石田斗。

又岱頭，水田一坵，計納燥穀③三石六斗。

又郭山边，田一坵，計納燥穀二石一斗。

又外堰，水田二坵，計納郷桶焦穀一石五斗。

又红塘西，田二坵，計納郷桶焦穀四石五斗。

周项枫树垅，田一坵，計納郷桶焦穀二石七斗。

又丹水田，一坵，計納燥穀一石五斗。

平地皇恩前，田二坵，計納郷桶焦穀一石正。

又龙窟垅顶，田五坵，計納燥穀三石零。

又水磨後，水田六坵，計納郷桶焦穀一石八斗。

又洪塘西，田二坵，計納郷桶焦穀三石六斗。

泉庄大路，地二处，計租銀一兩二錢。

泉庄祠堂边，屋半座，計租銀六錢六分。

松邑西堰歲修户之田租數：

堰頭庄过坑，田一坵，計納焦租穀四石。

大林源招垅，田一坵，計納焦租穀三石五斗。

大林源毛垅，田三坵，計納焦租穀三石正。

以上土坐西乡，共計納郷桶租穀九十九石四斗正。外又地、屋租等，共計銀三兩一錢一分。

外各庄堰基之田，因碑石幅限，未能备刊，另列粉匾，详细租数，以便查考。

再查舊志，详明租數，不叙土坐，坵叚登志者。以防日後興修，仍疏为堰故也。兹仍照章遵行，新舊统計，总数共計三十四户承种，每年共乡桶租穀三十三石五斗。

光绪三十三年歲次厂未仲月下浣　　　　穀旦

里人沈廷楨書丹，泰顺林明澤刊石

[注释]

①計納乡桶：計納，計租额数。乡桶，收租容量器皿。当时测量容积的，用斗来测量，分官斗、乡斗。官斗，朝廷下发的标准度量衡器具，精确度高；乡斗，民间通用度量衡器具，又称乡桶，以斗为基本单位，十斗为一石，十升为一斗。

②焦穀：方言，焦，即干燥，而非烧焦了的意思。焦穀，干燥而纯净的谷。

③燥穀：干燥而纯净的谷。

[按语]

本文是通济堰岁修户下的田户碑刻，是堰产的重要资料。

21. 通濟堰新舊　额户名

[原文]

舊管堰頭庄龍王廟後，田七坵，又塘一口，共計額六畝正。糧入坐[①]松邑二十六都堰頭庄，龍王廟户完納[②]。

舊管寶定庄季宅后，地二坵，計額一畝一分七釐三毫三忽。糧入坐麗邑十七都寶定庄，通濟堰户完納。

乾隆二十年乙亥，城局東鄉各庄等田：收一十二都盧衙庄壽寧寺田，計額六十二畝四分九釐八毛丝一忽。又收三十都社后庄普信寺田，額七十八畝八分五釐七毫。此二項共計額：一百四十一畝三分五釐。此糧入坐，麗邑十七都寶定庄，西堰户完納。

乾隆二十年乙亥，碧湖葉维喬捐租之田，收十五都上保庄葉倫元户田亩三厘。又二十四年，里河貢生吳鈞捐助之田，收十都里河庄吳鈞户田三畝七分七釐。此二項共額：七畝八分一釐。此糧入座麗邑十七都寶定庄通濟堰费户田五畝五分一釐五毫六忽。此糧入坐，麗邑十七都寶定庄通濟堰费户完納。

嘉慶二十年乙亥，魏村生員魏有琦捐助之田，收十七都魏村庄魏永迪户田五畝五分一釐五毫六忽。此糧入坐，麗邑十七都寶定庄西堰廟费户完納。

同治五年丙寅，郎奇周圣謨捐助之田，收六都郎奇庄周作孚户田四亩五分。又六年丁卯，南山庄陳張寶捐助之田，收十六都南山庄陳仁彪（户）田一畝九分九釐一毫。此二項，共額六亩畝四分九釐一毫。此糧入坐，十五都中保定西堰岁修户完納。

同治九年庚午，魏村魏林元捐助之田，收十七都魏村庄魏裕豐户，十一都上保庄葉湯印户，二（項）共田額五畝六分三毛。此糧入坐，十七都概头庄開拓概户完納。

光緒三十三年丁未，寶定（庄）吕得麒拔助之田，收十七都寶定庄吕礼榮，吕停云二户，共（額），田一十四畝。此二户糧入坐，并收十五都中保庄西堰岁修户完納。

光緒三十三年戊申，泉庄徐潘氏助入花地，收九都泉庄徐周堂，十都上地徐造有二户，共糧（額）二畝九分正。（此）糧并收入，（坐）十五都中保庄西堰岁修户完納。

△查通濟堰每年應完糧户，銀米總録於后：

一、麗邑十七都寶定庄西堰，上下忙[③]，共銀十二兩三錢四分二釐。又秋米[④]一石八斗九升七合。此系乾隆二十年壽寧，普信二寺，所撥西堰之租。

一、麗邑十七都寶定庄，通濟堰费户，上下忙，共銀四錢八分二釐。外又秋米一石零五合。此系嘉慶二十年，碧湖葉维喬、里河吳鈞二户捐助之田。

一、麗邑十七都寶定庄，西堰费户，上下忙，共銀四錢八分二釐。外又秋米七升四合。此系嘉慶二十年，魏村生員魏有琦捐助之田。

一、麗邑十五都中保庄，西堰岁修户，上下忙，共銀一兩八錢四分二釐。又（秋）米二斗八升三合。此系同治五年，部奇（庄）周圣謨，南山（庄）陳張寶，及光緒三十三年，寶定（庄）吕得麒、泉庄徐潘氏等四户捐助之田。

一、麗邑十七都概頭庄，開拓概户，上下忙，共銀四錢八分九釐正。外又秋米七升五合。此系同治九年，魏村（庄）魏林元捐助之田。

一、麗邑十七都寶定庄，通濟堰户，上下忙，共銀一錢零三釐。外又秋米一升六合。此系龍王廟先年舊管，土名季宅后之田。

一、松邑二十六都堰頭庄，龍王廟殿户，上下忙，共銀四錢八分一釐。此系龍王祠先年舊管，后交闸夫耕种之田。

一、松邑二十六都堰頭庄，通濟堰歲修户，上下忙，共銀四钱四分一釐釐。此系光緒三十三年，寶定（庄）吕得麒拨助之田。以上共計九户，每年应完糧，（計）銀十六兩八錢六分二釐。大年加闰，秋米共計二石四斗五升。

[注释]

①糧入坐：租田的粮额划归（何处管理）。

②完納：古时官府以收取地槽秋谷作为征收农业税。完納，就是该粮额的地漕秋谷要由该户来缴纳之意。

③上下忙：历史上地槽秋谷分作上、下半年二次征收，成为称为上下忙。即上、下两季粮食收割忙过之后，即要缴纳地漕秋谷了。

④秋米：历史上官府向农民征收的地漕秋谷分别以收银两与秋谷两种形式，一是收钱，二是收物。而收物又只收秋谷（米），即秋季打下来的谷，拿出一定数量，作为地税国赋上交官府，可以谷或米两种形式上交。

[按语]

本文是记录通济堰田产的新旧户名及其数额，是堰产研究的重要资料。

22. 三源修堰民夫計數

[原文]

遵奉　憲諭：

上、中、下三源各庄民夫，與舊志内先年所派夫數，事越四十余年之久，因各庄烟居更变。諭各董督同地保、公正，从新查核，應增應删，各庄按照烟居人民，秉公派定夫數。歷年上堰歲修，如有淤塞，由經董稟明，出示曉諭。如期各带器具，自尽一日之长，踊跃赴功，同沾利益，毋得自误。如違，許各庄地保，公正指名稟究。

計開：

上源各庄民夫：

寶定庄一五二名，义埠庄一四名，周項庄一六八名，下梁庄四八名，上概頭七八名，三峰庄九〇名，新溪庄三四名，上湯村三四名，下湯村一五名，吴村庄一〇名，前林庄五八名，岩頭金村二四名，魏村庄一三五名。

中源名庄民夫：

碧湖上保庄二八六名，又中保庄一六八名，又下保庄一〇二名，柳里四五名，瓦窑埠六五名，霞岗六名，采桑庄六四名，河口庄一二名，横塘庄二五名，上赵村九〇名，上各庄四五名，下河庄三五名，资福庄九二名，新坑黄畈六名，上黄后店四〇名，上地西黄一四名，河东庄四八名，周村庄一七名，白河庄四四名，下概頭二〇名，章塘庄三四名，大陈庄三八名。

下源各庄民夫：

蒲塘庄三四名，里河庄六〇名，下季村二〇名，章庄一二名，九龙纪保一六二名，周保三八名，中叶纪保一二名，周保三八名，中叶庄二五名，刘埠一六名，吴圩庄四〇名，下叶庄六〇名，塘里庄一五名，泉庄八〇名，新亭庄二〇名，石牛庄八八名，白口庄六五名，任村庄五五名，下赵村五五名。

以上三源派定各村庄，民夫共计三千零十名。

每年十一月，（为）岁修之期。各庄公正、地保到局领票分发，以便各民夫持票上堰，缴验工作。查各庄公正，均多无人接充。兹谕定章程，如无公正村庄，概由各庄地保，福头兼办，不的推诿。如疏懒误公，及民夫取巧抗违等，一经查察，即提严究。

[按语]

本文记录了通济堰三源各庄派夫计数，是岁修民夫重要资料。

23. 朱縣丞三源水利輪期告示

[原文]

理問街，前代青田縣正堂，署麗水碧湖分縣，兼理通济堰水利事務　朱為出示曉諭事：

照得通濟堰，三源水利輪期灌溉，載明堰志，不得紊亂，條章例禁森嚴。茲屆分水之期，查明定章：每逢一、二、三等日，輪值上源水利。看守上源開拓概閘夫，務於逢十日戌刻，即將中支概木封閉，揭去南北二支概木，被水灌溉上源各庄農田。逢四、五、六等日，輪值中源水利。上源（開拓概）閘夫，於逢三日戌刻，即將開拓概南北二支封閉，揭去中支概木，俾水直達中、下二源。看守中源鳳臺、石刺二概閘夫，將各概中支、邊支循章揭去木枋。着看守下源城概閘夫，於逢三日戌刻，宜封閉中支木枋，揭去邊支，俾水遍灌中源民田。逢七、八、九、十等（日），輪及下源水利。着看守城塘概，及看守鳳臺、石刺等概閘夫，於逢六日戌刻，將中源各概邊支概，（全）行封閉，揭去中支大概木枋，俾水直達下源，灌溉民田。此系前人頒定章程，公沾利益，立法盡善。各宜恪守，以遵舊制。恐三源人民未及周知，理合再行出示曉諭。為此，示仰三源承管各概閘夫，及農民人等知悉。須知該渠水利，查考前人定制周詳，以示大公。各宜遵守定章，按期輪到之日，水灌平渠，方准公同車庠，不得紊亂。如閘夫管守不善，從中取巧，規弊怠事誤公者，除革退外，提案懲辦。倘有不法之徒，逾期越分，糾眾滋事，查明為首者，發拿申解重辦，為從者并究。本分縣奉檄來署斯鎮，水利事務與有責焉。未忍不教而誅。自後管守閘夫，務守法奉公。三源農民，須安分守已，共慶豐年。毋羅法網，致干取咎。其各凜遵，毋違。特示。

右仰知悉。

光緒三十三年五月初一日給

[按语]

本文是丽水县县丞朱丙庆发布的关于通济堰三源轮灌期的告示。

24. 堰租开支约章

[原文]

兹颁定每年应需各款到后：

一、丽松两邑，上下忙粮银，并秋米等，按照近年市价申给，约计英洋六十六元零。此款上下忙分期承完。

一、春夏间大水，雇工淘沙及旱水买茅草浮墙，约计洋一十元之则。此款春夏间随时开支。如工程过多，会禀勘明，照给。

一、堰头龙王庙，六月初一日诞辰，兼祭龙女庙，官绅自备夫马，上堰头致祭。应办五牲一副、三牲二副。张灯设祭、鼓乐，即午散胙[①]，约共计洋一十元。此款於三月前开支应办。

一、碧湖报功祠春秋二祭，贴值年岁修董事，办祭礼香烛等，需给洋四元。至期由值年六人，请厅主礼，即午散胙。此款春秋二期开支分给。

一、立秋后，西乡开局收租，并造租券、簿账纸料，及出乡舟力、雇工、差役工食等，均归值年经理议定，每年共计酌给洋十元。此款立秋前支给。

一、处署后，郡局徵收租谷，议贴值年等经董用费、伙食、雇工，及上下川资等，局内每年贴需费洋二十四元。此款处署前支给。

一、碧湖县丞，办理堰务事宜，遇事自备夫马上堰，奉公遵章。定明每年给送夫马费洋八元。此款於端午、年节二期分送。

一、粮署秋收租券、与冬岁修夫票，均须用印，以昭信守。遵章每年给油硃费洋二元。此款秋冬用印时分送。

一、府、县、厅三署，房科办理堰务公牍告示等，遵章颁定，每年共给纸笔费洋八元。府书四元、县书二元、厅书二元。定年终时分给。

一、总理局雇工，经理收发、会商堰务事务，并雇工书记缮写禀摺等，每年酌给润笔纸墨费洋四元。此款定放年终时给发。

一、值年岁修六人，办理堰工，并收城、乡租谷事宜。遵章订明，每年共给薪水、夫马等洋二十四元。此款年终时分给。

一、每年四、五、六、等三月，颁定值年董事六人，各轮五天，上堰监督，每五天给洋五角，计三越月，共应给洋九元。此款按期照给。

一、概头[②]概夫，经管大小陡门、三洞桥等处，概石、木枋按时启闭等事。每年共给工食谷十二石，将庙后之田六亩，交（其耕）种，以租抵给。又（给）大钱四千文，此钱定年终时给发。

一、堰头龙王庙庙祝，承值香火，兼使役差遣等。每年给谷十二石。此谷定十月给发。

一、经管宝定庄叶穴淘沙门概枋，并龙女庙香火，及高路等处概夫一名，每年按章计给食谷二石。又给大钱二千文。此谷定於十月发，钱年终时给。

一、经管上源概头庄开拓概闸枋，按时启闭概夫二名。每年共给工食谷十二石。此谷定十月给发。

一、经管中源碧湖凤台、石刺二概闸枋，按时启闭概夫二名。每年共给工食谷十二石。此谷定十月给发。

一、经管下源资福庄城塘概闸枋，按时启闭概夫二名。每年共给工食谷十二石。此谷定十月给发。

一、经管下源陈章、乌石二概，亦属关要，议择就近正直居民经管。每年酌给薪水大钱二千文。此钱年终时给。

一、堰头年终岁修值年经董，办理夫票、器具，差地保、公正催夫。工食并开局伙食等款，共计约需洋四十元。此款十月底开支照办。

一、岁修民夫，三源各庄派定，计有三千名之多，照章每名给点心钱二十四文。约共立需大钱七十八千文。此款十一月开局岁修，开支照发。

一、碧湖西堰公所，使役、承值香人，看守祠宇、仓廒、差遣等事。每年给工食谷四石正。此谷定年终时给发。

[注释]

①散胙：sàn zuò，指旧时祭祀以后，分发祭肉。

②概头：应该是"堰头"二字。

[按语]

本文记载了通济堰所收堰租开支的章程，规定各项开支的名目和各自数额。

25. 歷朝修堰有功官紳題名

[原文]

奉　府憲蕭諭：

查考歷朝官紳有功於堰務，得可紀其姓名者，按序羅列：

蕭梁　天監四年：詹大司馬，南大司馬。

（按郡志：通濟堰渠，創始於梁詹氏司馬，再請於朝，又遣司馬南氏，共治其事。明道中，有唐碑刻，後被大水漂亡。因此名俱失考焉。）

宋　明道間：興修，麗水知縣葉溫叟（史稱：独能悉力修堰）。元祐七年：主修，處州府知府關景晖（會稽人，建葉穴走暴漲淤　監修，麗水縣尉，姚希殫心竭慮，浚湮決塞）。

政和間：主修，知縣王禔（維揚人建石函以避坑沙）。監修，助教　葉秉心（献石函之议）。補葺，進士劉嘉（邑人）（石函補之以石，熔铁固之）。

紹興八年：麗水縣丞　趙學老（汶上人繪渠圖而刊於石）。

乾道五年：主修，知府　范成大（吳郡人修复舊制，創立新规，有碑记）。委員，通判張澈（兰陵人監督勤劳）。

開禧元年：興修，參政　何澹（本郡人砌石堤、設陡門，功積甚偉）。

元　至順初：主修，部使　中順謙齋公（佚其姓，按行栝郡咨訪農事）。贊修，郡長也先不花。協修，知府　三不都公。監修，知縣卞瑄（修葺有功，詳見葉現記）。

至正四年：主修，知縣梁順（大明人計畝集資，按丁任力，躬親督修）。贊修，監郡北庭舉禮祿（捐廉倡修，見郡志，名武居禮）。督修，知府　韓斐（以後復有修葺）。委員，主簿呂塔不友，典史趙常。

明　嘉靖十一年：主修，知府　吳仲（武進人，詳見李寅記）。協修，知縣　林性之（晋江人）。贊修，監郡　李茂（廬陵人）。監督，主簿王倫（福清人）。

隆慶間：主修，監郡劳堪（浔阳人）。督修，知縣　孫浪（丰城人）。

萬歷四年：主修，知府新昌熊子臣（请帑、免科，以次修葺，规模宏远）。協修，知縣無錫錢貢。監修，主簿歙縣方煜。

萬歷十二年：主修，知縣　江右吳思學（謂官帑，造水倉，大修石堤）。贊修，瓯栝監郡　豫章胡緒（下訊民瘼，為補葺。見鄭汝璧記）。協修，同知華亭俞汝为。監督，主簿南漳丁應辰。委員，典史豐城罗文。

萬歷二十六年：主修，知縣 雲梦鍾武瑞（議廢寺租余銀，以資工料修葺）。贊修，知府 懷寧任可容。委員，司農丹徒夏禹卿，縣丞番昌陳一，主簿大庚龍鯤，典史鳳陽馬洋。

萬歷三十七年：主修，知縣 進賢樊良枢（興復水利功甚偉。見湯显祖志）。贊修，瓯栝監司 楚湘車大任。協修，知府龍溪鄭怀魁。監督，縣丞卢陵林梦瑞，主簿邵武葉良鳳，典史侯官林應鎬。邑紳嘉靖壬子舉人通判高岗（記樊公修葺功深有序）。

萬歷四十七年：主修，知府 潮陽陳見龍（發官帑修葺。見王一中记）。監修，主簿丹徒冷仲武）。

國朝 順治六年：主修，知縣 桐成方享成（補葺石堤，修复水利故道）。

康熙十九年：主修，知縣 奉天王秉義（捐廉為倡，重修。詳見王继祖记）。監督，典史順天錢德基。

康熙三十二年：主修，知府 辽海劉廷玑（捐廉修葺堰堤四十七丈）。監修，經歷桐城趙鍟。經理紳董何源浚、魏可久，何嗣昌、毛君选。

康熙三十九年重修：主修，温處道，前處州知府 刘廷玑（捐廉倡修，時大其功。見邑志）。監修，委員經歷徐大越。督修，紳董里人何源浚、魏之升等。

康熙五十八年：主修，知縣 襄陽万瑄捐置民田，改扞新堰，重建葉穴。監修，典史广西王荆基。督理，紳董邑人魏之升（余照旧詳刊志序）。

雍正七年：主修，知縣 高陽王钧（请帑重修葉穴。見郡志）。贊修，知府 黄平曹抡彬。

乾隆三年：主修，知縣，福閩黄文修。

乾隆十三年：主修，知縣 四川冷模（核廢寺田租，变價修葺）。監修，紳董邑人魏祚岐，魏祚森等。

乾隆十六兩，主修知縣 貴州梁卿材（撥普信、寿宁二寺租田为歲修）。（監修），邑紳舉人林鵬翠、歲贡湯炜（余見志序）。

乾隆三十七年，主修，知縣 直肃胡嘉票（諭按畆輸捐外，以庫存銀修葺）。

嘉慶十八年：主修，知府 新城凃以辅（捐廉，撥帑筹款，修复。見郡志）。協修，知縣 金匱鄧炳綸。督修，縣丞宁河杜兆熊。監修，紳董里人葉郭（條不贊列，詳載志序）。贊修，捐助租田有琦、吳钧、葉維喬。

道光四年：主修，知府 順天通州雷學海（筹款浚修，重立新規。見郡志）。協修，知縣 桂陽范仲趙。監修，縣丞桐城崔進，邑紳葉雲鴻、周景武、趙文藻、葉全（余詳規志）。

道光八年：主修知縣 順德黎應南（修葺渠岸百六十余丈，功甚偉）。督修，知府定远李荫圻。監修，碧湖縣丞龔振麟，邑紳魏乘、魏锡令、周锡旗、沈士豪（余詳碑记）。

道光二十四年：主修，知府 长白恒奎（筹捐補葺堰渠）。協修，知縣 蒙化張銑。督理，三源紳董鄭耀（余見首卷恒公志序）。

同治四年：主修，知府 长白清安（捐廉倡修，重立堰規。見郡志）。贊修，知縣宁汀陶勋（捐廉贊成修复）。監修，縣丞大興金振声。督修，典史元和沈丙榮。總理，紳董训道葉文濤，經紳葉瑞榮，曾紹先、林鎧英、呂禮耕等。

光緒二年：葺修，知府　元和潘紹詒（籌款重修陡門、葉穴等處）。協修，知縣 黃平彭潤章。監修，縣丞武進董任谷，經董林余慶、王景義、王贊堯、林時雨等。

[按语]

本文记载了历代通济堰修建的官绅名录。

26. 光緒三十二、三年重修通濟堰題名

[原文]

光緒三十二年冬，重修通濟堰三源堰渠工程，官紳職掌人等，姓名列後：

主修，署處州府知府蕭文昭。

協修，署麗水縣知縣黃融恩。監修，麗水縣丞朱丙慶。

贊修善后事宜，補用道，處州府知府常覲宸。

督理歲修堰工，麗水縣知縣，兼辦營務顧曾沐。彈壓民夫委員，處標麗水營碧湖汛副府楊增喜。

總理堰務紳董，庚子（科）特恩貢教諭沈國琛。經理收支紳董，貢生王贊堯、廩生葉大勛。

輪值歲修紳董：

甲班：王贊堯、沈國琳、附貢生曾占鰲。值事，呂調陽、葉朝熊、魏錫光。

乙班：呂景榮，附貢生葉熙春、王景義。值事，楊守廉、葉紹裘、葉蔭槐。

[按语]

本文记载了光绪三十二年、三十三年大修通济堰的相关人员名录。

27. 朱縣丞为公正催夫示諭

[原文]

理問銜，前權青田縣正堂，署麗水碧湖分縣朱　為出示曉諭事：

照得通濟堰歲修民夫，查考舊志，三源各莊均有公正名目，為催夫之役，名列志內。計自同治四年舉修后，迄已四十寒暑。志內原名人役，諸多凋謝。此役無人充當，以致各莊民夫，愈形短少。若不改良章程，誰能樂從爰集？堰董議定：各莊此役，并隨地保帶辦。如無地保之莊，須墂福頭兼理，不得推諉。每年各村莊莊民秋收時，酌訂上戶之家給穀三升、中戶給穀二升，下戶給穀一升，以恤其勞。此各戶所費無多，而承充者不無小補，免其枵腹辦公之嘆。事屬水利公益，務須共襄維持。除移請備案外，理合出示曉諭。為此，示仰三源各莊居民人等知悉。須知該渠水利，為民食利賴攸關。現已修復，水道通暢。每年歲修，各戶僅派一工之勞。若不踊躍從事，致被淤塞，非惟前功盡棄。一遇旱溢，何堪設想。茲特明定章程，各莊民務於秋收時，按等照給，不得執咎。各地保、福頭人等，亦不得意外索扰。至年冬十月，務親赴堰局，領取夫票。按戶照催，上堰工作。如民夫抗違，許該地保、福頭等，指名稟究。如地保等，疏賴①誤公，定行提案枷責，決不稍寬。各宜凜遵毋違。特示。

右仰知悉

光緒三十四年十一月初一日给

［注释］

①疏賴："賴"字少"忄"旁，应是"懶"字。

［按语］

本文是丽水县县丞光绪三十四年十一月催派岁修民夫的告示。

28. 處州府知府常為壩門商船示諭

［原文］

欽加三品銜　賞戴花翎　盡先錄用道　特授處州府正堂，兼總理營務　外加三紀錄十二次常為出示曉諭事：

据通濟堰紳董沈國琛，葉大勛等稟稱：麗邑西鄉通濟堰大陸門，向章每年三月初一起，用木枋閉閘，蓄水灌田。往來官、商船只，均須卸為空船，由沙洲牽過，不得私啓閘門。至八月底止，始行開閘。載明堰志，歷奉諭禁在案。現因該渠修復後，所有南岸沙洲，堤角下已成深潭，而堤邊石岩奇險，梢工視畏途。紳等再四圖維，會商監督朱縣丞，因時制宜，變通舊章。議定：每年三月初一日起，大陸門蓋用木枋，每日定於黎明卯時初刻，着管守閘夫，開鎖暫揭木枋二条，先令上游商船放下，后准下港商船拖上。凡经過商船，每只賞給開夫点心錢十六文。如過時此刻，無論官紳商船，一概不准私行擅開，須停堤邊侯至次日，遵章放行。如由低處卸空抬過，仍聽其便。如此變通辦理，農商各沾裨益，聯名公叩示諭等情到府。据此，除批示外，合亟出示曉諭。為此，示仰該處经過船户、筏夫人等知悉，而等須知，堰閘為保衛田畴而設，经過船只，向應卸貨抬拔。現在該紳等，擬定每年三月初一日起，至八月底止，每日黎明卯時初刻，暫揭木枋二條，拖、放船只，系為体恤商船起見。自示之後，所有经過堰閘船只，均照限定時刻拖放。每只給發閘夫点心錢拾六文。倘或逾時，無論官、紳、商船，一概不准再開（閘），致害田禾。如在抵處卸貨抬過，仍聽其便。倘敢故違不遵，或閘夫額外多索，一经告發，定即提案，究辦不貸，其各凛遵，毋違，切切特示。

右仰知悉。

宣统元年閏二月十三日给

告示

發通濟堰頭龍王祠頭門實貼

［按语］

本文是关于通济堰大坝过船闸开放规定的告示。

29. 光緒年重修通濟堰志銜名

［原文］

光緒三十四年戊申冬，奉　諭重修堰志。始於是冬，而告成於次年己酉年秋。今將職掌銜名，并捐費姓名，序列於後：

督修：理問銜　前歷權知青田、景寧、云和縣事，麗水縣丞　大興朱丙慶。

纂修：新選浙江咨議局議員　庚子科恩貢生　沈國琛。

監修：上源，廩生 高鵬。中源，歲貢生 沈國璠。下源，庠生 葉紹裘。

校閱：上源，庠生 吕調陽。中源，廩生 葉大熏。下源，庠生 楊福椿。

督梓：邑庠生　葉大楨，邑（以下缺佚）。

[按语]

本文是修撰通济堰续志相关人员的名录。

三、明萬歷版《括蒼匯紀》^①（摘录）

[原文]

城西五十里，为高畲山^②。北跨宣平^③，西连松陽。峰峦攒矗，草树蓊蔚，俯視諸山環列，如幾席下。西山之最高者，岭溪之水出焉。高畲南為三峰山，下曰灵峰，中曰翠峰，上曰岭峰，俱有僧舍。林峦秀麗，為諸山冠。山之陽，平畴弥望，前臨大溪，後經山麓，延袤三十里許，是為西鄉畈^④，上引松陽溪為渠，是為通濟堰。（麗水十鄉，皆并山為田，常患旱涸。去縣西五十里，有堰曰通濟。障松陽、遂昌兩溪之水，別為大川，分為四十八派。析流畎浍，注民田二千頃。又以余水潴為湖，以備溪水之不及。自是，歲雖凶而常豐。堰旁有廟，曰詹南二司馬。故老謂，梁天監中，有司馬詹氏，始謀為堰，而請於朝，又遣司馬南氏共治其事。是歲溪水暴悍，功久不就。一日有一老人，指之曰：述溪遇異物，即營其地。果見白蛇，自山南絕溪北，營之乃就。宋明道中，唐碑刻尚存。元祐間，知州關景暉修筑。政和間，邑令王褆、邑人葉秉心，建石函。乾道間，郡守范成大重加修茸，有堰規二十條，見堰廟石刻，范自為記。略曰：通濟堰，按長老記云，蕭梁時，詹南二司馬所作，至乾道戊子，垂千歲矣。往迹芜廢，中下源憂甚。明年春，郡守吳人范成大，與軍事判官蘭陵張澂修復之。事悉，具新規。三月工徒告休，成大馳至斗門，落成于司馬之廟。窃悲夫，水無常性，土亦善湮。修復之甚難，而潰塞之實易。惟後之人，與我同志，嗣而茸之。將有考於斯，故刻其規於石。至開禧間，樞密郡人何澹，重加甃石。元至元六年，大水崩壞。厥後，令如梁君順、守如韓公文，頻加修茸，民受其惠。萬歷四年，郡守熊子臣重修，有邑人何鐘記，略曰：麗水故萬山跣陋，依巖為畎畝，其間稍平衍而奮锸相望者，惟城東十里而遙絕鏡潭。而西五十里，而近其地，為最博然。兩鄉属東西，來大川之委，亦愃区也。故邑以兩鄉為饒沃。而兩鄉又各酾川水為渠，則兩鄉之饒沃與否，又視兩渠之興廢。乃西鄉之渠，自蕭梁時，詹南兩司馬始為堰。障松遂匯流，疁沟支分，东北下，暨南北股引，可三百余派，為七十二概，统之為上中下三源。餘波溉於田畝者，可二千餘頃。蓋四十里而美嗣。是代有修築增置，乃其最著者；宋政和中，令尹王公褆、邑人葉秉心，當泉坑水橫綻為石函，又下五里為葉穴，而堰始不咽。開禧初，何參政澹甃石為堤，而堰鮮潰敗。乾道時，郡守范公成大，厘著規条二十，而民知所守，故因時補益。章章繩繩，在人心口者然。惟嘉靖初，郡守吳公仲庇財工，而民咸知勤。今熊守应川，奏記監院，請發帑缯，絕科扰，而民忘其勞。皆不逾時而有成績，其加惠元元，規摹益弘远矣。是役也，經始於萬歷四年秋，督邑主簿方君烨，率作興事。统其成築者，堰垂纵二十寻，深二引。堰北垂纵可十寻，深六尺許。渠口浚深若干尺，廣五十餘丈。口以下開於塞者二百丈有奇。口以内咸以此經茸。費寺租銀三百兩。而美里人自为水倉，以干堤者二十有五。仅五十一日而竣於役。於是，十二都四十里内，越兩歲而民無不被之澤。豈所謂云雨由人化斥卤，而生稻粱者耶。賞忆先皇帝時，浔陽勞公堪，監守吾郡，周恤民隱，大創衣食之源，檄孙令烺者，悉心力一修治。是堰，民之利赖者。若干歲，乃今熊公上之，協規條；参藩王公嘉言稽謀，金同而下率所屬，不隕越往事，功益信焉。是麗人世載明德，而蒸蒸乂治也，不亦休哉？乃若郡丞陳君一，護別駕陳君翡，同理吳君伯誠，令尹餞君貢，實勤相度勞而方簿之，殫忠所事，咸稱其為民上者，得并書云）。迤逦而下，則有觀坑堰、司馬堰（在岭溪東，亦詹司馬所凿）、章田堰、神堂堰⑤，支流瓜分，歷碧湖（鄉人立市於此，以丑、辰日集諸貨物，交易而退，邑西一都會也）。又經河東、大陳、郎其、白橋、任村、□口（俱鄉名⑥），與大溪會。其水之潴而潴湖，則為鄭湖、為吳湖、為李湖、為何湖、為白湖（其間有洪塘、章塘、趙塘、林前塘、許堂塘、龍後堂塘⑦）。一遇旱潦，蓄洩以時，則土田所获為諸鄉最。

[注释]

①《括蒼汇纪》：明代何镗，熊应川撰编。明万历版本，收藏于南京图书馆。收入《四库全书》。此据影印本《四库全书》史部第 193 部收录本第 551～552 页摘录。

②高畬山：土山名。

③宣平：当时的县名，现归丽水市、武义县所辖。

④西鄉畈：即碧湖平原，古处州三大平原之一。"西鄉畈"是丽水民间的俗称。

⑤觀坑堰……神堂堰：小堰坝名，均属通济堰水系之内，位于通济堰系之下。

⑥俱鄉名：实际上均为村庄的名称。

⑦鄭湖……（其間有……龍後堂塘）：通济堰水系之中，分布许多人工开挖储蓄余水的地方，大者为湖，小者称塘。湖的面积均在数顷以上，而塘以数亩至数十亩不等。冠人姓为湖塘名，是因为在属于何姓氏地界范围之内的意思，并一定是该姓氏产业。

[按语]

本文是明代何镗、熊应川编撰的《括苍汇纪》中关于通济堰的文献。记录了明万历年前有关通济堰的历史及其修建过程。

四、清道光丙申秋镌《麗水志稿》（摘录）

[原文]

渠堰

通濟堰，一名西堰，在縣五十五里。

县西有堰，曰"通濟"，障松阳、遂昌二溪之水，別為大川。分為四十八派，析流畎澮，注民田二千頃。又以餘水潴為湖，以備溪水之不及。堰边有廟詹、南二司馬，故老谓，梁天監（502—519 年）中，有司馬詹氏始谋为堰，而諸於朝，又遣司馬南氏，共治其事。溪水暴悍，功久不就。一日，有一老人指之曰：过溪遇異物，即營其地。果見白蛇自南山能溪北，營之乃就。宋明道（1032—1033 年），唐碑尚存，元祐間（1086—1094 年），知州關景暉修築。政和間（1111—1118 年），邑令王褆、邑人葉秉心，建石函。乾道間（1165—1173 年），郡守范成大，重加修葺，有堰規二十條，見堰廟石刻。至開禧間（1205—1207 年）郡人樞密何澹重加甃石。

宋乾道五年（1169 年），知州军事范成大重修通濟堰，立堰規二十條。一曰堰首：集上中下三源田户，保舉上中下源十五工以上、有材力公當者充。二年一替，與免本户工。

如現充堰首，當差保正長即與權免，州縣不得執差，侯堰首滿日，不妨差役。曾充堰首，後因析戶工少，應甲頭腳次與權免。其堰首有過，田戶告官追究，斷罪改替。所有堰堤、斗門、石函、葉穴，仰堰首寅夕巡察，如有疏漏、倒漏處，即時修治。如過畦以致旱損，許田戶陳告，罰錢三十貫，入堰公用。一曰田戶：舊制十五工以上為上田戶，充監當。遇有工役，與堰首同共分局管干。每集眾依公於三源差三名，二年一替。仍每月輪一名，同堰首收支錢物、人工，或有疏虞不公，致田戶陳告，即與堰首同罪。或有大工役，其合充監當人，亦仰前來分定窠座管干。或充外役，亦不蠲免。并不許老弱人金應。內有恃強不到者，許堰首具名申官追治，仍倍罰一年堰工。一曰甲頭：舊例分九甲，近緣堰田，多系附郭上田戶典賣所有，堰工起催不行，今添附郭一甲。所差甲頭，於三工以上至十四工者充當，全免本戶堰工，一年一替委。堰首聚眾，上田戶以秧把多寡，次第流行，依公定差。如規充別役，即差下次人俟，另役滿日，依舊腳次。仍各置催工歷一道，經官印押收執。遇催到工數抄上，取堰首金人。堰首差募不公，致令陳訴，點對得實，堰首罰錢二十貫入堰公用。一曰堰匠：差募六名，常切看守堰堤。或有疏漏，即時報堰首修治。遇興工，日支食錢一百二十文足。所有船缺，遇舟船上下，不得取受，情宜容縱，私拆堰堤。如疏漏申官決替。一曰堰工：每秧五十把至一百把，出錢四十文足。一百把以上至二百把，出錢八十文足。二百把以上數一工。鄉村并以三分率，二分數工，一分數錢。城郭止有三工以下者并數錢，其三工以上者，即依鄉村例，亦以三分為率，每工一百文足，如有低昂，隨時申官增減。官給赤歷二道，一年一歷，內一道充收工，一道充收錢糧。并仰堰首同輪月上田戶，逐時抄上，不得容情增減作弊，不許泛濫支使。如違，許田戶陳告官司，勘磨得實，其管掌人輕重斷罪。外或偷隱一文以上，即倍罰入堰公用。至歲終結算有餘錢，樁管在堰。其堰工每年并作三限催發，謂如田戶管六十工，每限發二十工。設使不定，又量分數催發，田戶不得執定限。如遇興大工役，量事勢輕重數工使用。值年分，堰堤不損，用工微少，堰首不得多數工數，掠錢入己。如違，即依隱漏工錢例責罰。田戶如不如期發工飄納錢，仰堰首舉申勾追，儤倍罰一年工數。一曰船缺：（出行船處，即後石堤稍低處是也）右堰大渠口，通船往來。輪差堰匠二名看管。如遇輕船，即監梢工挪過。若船重大，雖載官物，亦令出卸，空船拔過。不得擅自倒拆堰堤。若當灌溉之時，雖是官員船并輕船，并合自沙洲牽過，不得開堰泄漏水利。如違，將犯人申解使府，重作施行。仍仰堰首以時檢舉，申使府出榜約束。一曰堰檗：自開拓檗至城塘檗，并系大檗，各有闊狹丈尺。開拓檗中枝，闊二大八尺八寸；南枝闊一丈一尺；北枝闊一丈二尺八寸。鳳臺雨檗，南枝闊一丈七尺五寸；北枝闊一丈七尺二寸。石刺檗，闊一丈八尺。城塘檗，闊一丈八尺。陳章塘檗，中枝闊一丈七尺七寸半；東枝闊一丈八尺二寸；西枝闊人尺五寸半。內開拓檗，遇亢旱時，揭中支一檗，以三晝夜為限。至第四日，即行封印；即揭南北檗，蔭注三晝夜。訖，依前輪揭。如不依次序及至限落檗，檗首申官施行。其鳳臺兩檗，不許揭起外，石刺、陳章塘等鳳臺兩檗，并依做開拓檗次第揭吊。或大旱恐人戶紛爭，評申縣那官監揭。如田戶輒敢聚眾持杖，恃強佔奪水利，仰檗頭申堰首，或直申官，追犯人究治、斷罪號令，罰錢貳拾貫，入堰公用。如檗頭容縱，不即申舉，一例坐罪。其開拓、鳳臺，城塘、陳章塘、石刺檗，皆係利害去處，各差檗頭一名，并免甲頭差使。其餘小檗頭與湖塘堰頸，每年与免本戶三工。

如違誤事，本年堰工不免，仍斷決。一曰堰夫：遇興工役，並仰以卯時上工，酉時放工。或入山砍篠，每工限二十束。每束長一丈，圍七尺。至晚差田戶交收，一日兩次点工，不到即不理工數。一曰渠堰：諸處大小渠圳，如有淤塞，即派眾田戶，分定窠座，丈尺集工開淘，各依古額。其兩岸並不許種植林木。如違，依使府榜文施行。一曰請官：如遇大堰倒損，興工浩大，及亢旱時工役難辦，許田戶即時申縣，委官前来監督。請所委官常加鈐束隨行人吏，不得騷擾。仍不得將上田戶非理凌辱，以致田戶憚於請官修治及時旱損。如違，許人戶經縣陳訴，依法施行。一曰石函、斗門：石函或遇沙石淤塞，許派堰工開淘。斗門遇洪水及暴雨，即時挑閘，免致沙石入渠。纏晴水落，即開閘放水入圳渠。輪差堰匠，以時啓閉。如違，致有妨害，許田戶告官，將堰匠斷罪。如堰首不覺察，一例坐罪。一曰湖塘堰：務在潴蓄水利，或有淺狹去處，湖圳首即合報圳首及承利人戶，率工開淘。不許縱人作捺為塘及圍作私田，侵佔種植，妨眾人水利。湖塘堰首如不覺察，即同侵佔人斷罪，追罰錢一十貫，入堰公用。許田戶陳告。一曰堰廟：堰上龍王廟、葉穴龍女廟，並重新修造，非祭祀及修堰，不得擅開，容閒雜人作踐。仰堰首鎖閉看管，洒掃，崇奉愛護碑刻，并約束板榜。圳首遇替交割，或損漏，即眾議，依公派工錢修葺。一歲之間，四季合用祭祀，並將三分工錢支派，每季不得過一百五十工。一曰水淫：一處在地名寶定大圳路邊，通荫溪邊田合留外，有私創處，並合填塞。其爭佔人，許被害田戶，申官追斷。一曰逆掃：諸湖塘堰邊，有仰天及承坑塘，不系承堰出工，即不得逆掃堰內水利，田戶亦不得容縱偷遞。其承堰田各有圳水，不得偷掃別圳水利，及不許用木作捺障水入田，有妨下源灌溉。亦仰人戶陳首，重斷追罰錢一十貫，入堰公用。一曰開淘：自大堰至開拓槩，雖約束以時開閉斗門，葉穴，切慮積累沙石淤塞，或渠岸倒塌，阻過水利。今於十甲內逐年每甲各樁留五十工，每年堰首將滿，於農隙之際，申官差三源上田戶，將二年所留工數，併力開淘，取令深闊。然後交下次堰首。一曰葉穴頭：葉穴係是一堰要害去處，切慮啓閉失時，遂致衝損，兼捕魚人向後作弊。今於比近上田戶專差一名充穴頭，仰用心看管。如遇大雨，即時放開閘板。或當澆灌疇，不得擅開。所差人兩年一替，特免本戶逐年堰工。如違誤事，斷罪倍罰本戶工。仍看管龍女廟。一曰堰司：於當年充甲頭田戶，議差能書寫人一名充，三年一替；如大工役，一年一替免；免充甲頭一次，不支僱工錢。或因緣騷擾及作弊，申官斷替。

　　一曰堰簿：堰簿已行攬造都工簿一面，堰首收管。田秧等等簿十面，請公當上田戶一名收入掌。三年一替，遇有關割，仰人戶將副本自陳，并砧基，先經官推割，次執於照，請管簿上田戶封待关割。至歲終具過割數目、姓名，送堰首改正。都簿如無官司憑照，擅與人戶關割，許經官陳告，追犯人赴官重斷，罰錢三十貫文，入堰公用。

　　（按：圳規二十條，今除去圳山一條。志稱：堰山每年自春初起工筑堰，用木攔水，取材於山。自開禧初，改建石堰，不費修築。此山給何氏为业，非堰山矣。）"右依准州縣，備據到官，張文林申重修前項規約。州司点對，委是經久，除已保明申轉運衙及提舉常平衙外，行下鐫石施行。"（据《栝苍金石志》转录）

　　明萬歷三十六年（1608 年），知縣樊良樞，詳修通濟堰，重定堰規及序。略曰："堰槩廣深，木石分寸，百世不能易也。而三源分水有三晝夜之限，至今守之。從古之法，下源苦不得水。田土廣遠，水道艱澀，故旱是用噪，而歲必有爭。良樞有憂之，獨予下源先灌四日，行之未幾，上源告病。蓋朝三起怒，而陽九必亢，卒不得其權變之術。乃循序放水，約為定期，示以大信。如其旱，也聽命於天，雖死勿爭。其規八條：一曰修堰：每年冬月農隙，令三源圳長、總正督率田戶，逐一疏導，自食其力，仍委官巡視。若有石䂝損壞、游枋朽爛，估計工價，動支官銀，給匠修理，毋致春夏失事，亦妨農功。一曰放水：每年六月朔日，官封斗門，放水歸渠。其開拓䂝，乃三源受水咽喉。以一、二、三日上源放水；以四、五、六日中源放水；以七、八、九、十日下源放水。月小不僭，各如期。令人看守，初終晝一，勿亂信規。其鳳臺䂝以下等䂝，具載文移。下源田戶，亦如期遵規收放。一曰堰長：每一源於大姓中擇一人，材德服眾者為堰畏。免其雜差，三年更替。凡遇堰䂝倒壞、水利漏洩，田戶爭水，即行稟官處治。每源各立總正一人、公正二人，分理事務。如有不公，許田戶陳告，小罰大革。三年已滿無遇，准分別旌異。一曰䂝首：每大䂝擇立䂝首二名，小䂝擇立䂝首一名。免其夫役，二年更替。責令揭吊如法，放水依期。如遇豪強阻撓，擅自啟閉者，即行稟官究治，枷遊示眾。若䂝首賣法，許田戶陳告。一曰閘夫舊时斗門閘夫，多用保定近民，往往私通商船，漏泄水利。今就近止金一名，三源各金一名，一年更替。每名工食銀一兩八錢，於南山圩租措處。葉穴閘夫一名，旁有圩地，令其承種。凡遇倒壞，即行通知堰長，稟官修治。如封閘以後，有放船洩水情弊，許諸人陳告，照依舊例將犯人解府，重處施行。一曰廟祀：廟祀龍王、司馬、丞相，所以報功。每年備豬羊一副，於六月朔日致祭，須正印官同水利官親詣。不惟首重民事，抑且整肅人心，申明信義，稽察利弊，自是奸民不敢倡亂。一曰申示：每年冬十一月修堰，預先給示。凡有更替，責取保。認明年利害關係，一切堰䂝石函，令各人督管、修濬，不得苟簡。其春末夏初，預示潴蓄、放水之日。若非承水田戶，不得乘便車庠。嚴禁紛爭，咸知遵守。一曰藏書：舊板圳書，流藏民間，致有增減、錯譌，人人聚訟。今板刻舊本，續置新條，搜求古蹟即博，且勞官貯、頒行，使知同文。後有私意增減者，天神共鑒。凡我同志，慎毋忽諸。"又請修通濟堰申文："本縣土瘠而源易涸，山多而流最狹，惟西鄉號為沃野，實有通濟大堰在縣西五十里，障松陽遂昌兩溪之水，導而東行，疏為四十八派，自寶定抵白橋，週還百里，坐都十一，灌田不下十餘萬畝。梁詹南二司馬創始於前，宋条政何澹垂久於後。其障大溪而橫截者，石堤也。其初引水而入渠者，斗門也。

元祐年間，知州關景暉，慮渠水驟而岸潰，命縣尉姚希築葉穴以洩之。政和初，邑人葉秉心慮坑水衝而沙壅，佐邑宰王禔建石函以通之。入渠五里而支分，則有開拓䂝之名。由開拓䂝而下，則有鳳臺䂝、石刺䂝、城塘䂝、陳章塘䂝、九思䂝之名。開拓䂝始分三支，中支最大，是為上源中源而十五都、十附都、十正都、十一都、十二都之水利坐焉。又接為下源而五都、六都、七都、九都之水利坐焉。南支、北支稍狹，是皆為上源而十四都、十五都、十七都之水利坐焉。其造䂝也有廣狹高下，木石啟閉之各殊其用。分䂝也有平木、加木，或揭或不揭之各得其宜。其放水也有中支三晝夜，南北支亦三晝夜之限。輪揭有序，蔭注有時，三源各享其利。而不爭三時，各安其業。而不亂此法之最良，備載堰規者也。惟修葺不時，而古制遂湮，於是旱乾之時，紛爭競起。豪強者得以兼併，奸貪者意為低昂。或閘夫私通商船而洩水於上流，或堰長各為其源而不公於放注，或䂝首通同賄賂而自私於啟閉。三源原有成規也，而上中源支分各異，或有不均之嘆矣。上中源猶先受蔭注也，而下源處其末流則有立涸之嗟矣。雖有源之水不給於漏厄，況瘠土之民何堪。夫涸轍遂令同鄉共井，歲為胡越，而国賦民財兩受其敝，皆由古制不修也。今據三源里排周子厚、張樞、紀湛、趙典、徐仟佅、徐高、葉儒、程愚及堰長魏栻、陳玘、周立等各呈詞到縣。卑職於本月十四日親詣堰頭、槩頭等地方，并歷上中下三源，勘得斗門、船缺原係石閘，先年洪水衝壞，萬曆二十七年知縣鍾武瑞申請寺租二百二十兩修築南崖至今完固。第閘閛大木歲久朽壞，合行置換。而崖頭大石被水衝壞數處，亦宜修補，此其費木石不過三金而足也。由堰口達渠歲久年湮，而水不入，每年三源人聚力濬之，一日而辦耳。自斗門至石函凡二里許，前人患山水與渠水爭道，沙石堆壅則渠水為勝，故設為石函，使渠水從下山水從上，石不壅過，水不爭道，法甚善也。今歲久函下漸塞，函石衝壞，急宜濬之砌之，以復其故，此其費工匠不過二金而足也。由石函至葉穴，凡一里。葉穴與大溪相通，有閘啟閉，防積潦也，今歲久，石固无恙而閘板盡壞，須得大松木置換，仍令閘夫一名輪年帶管，則水不漏而渠為通流矣，此其費不過一金而足也。由葉穴至開拓槩凡三里許。舊槩中支廣二丈八尺八寸，石砌崖道，而槩用遊枋大木。南支廣一丈，北支廣一丈二尺八寸，兩崖亦各豎石柱，而槩用灰石不用遊枋。蓋中支揭木槩，則水注中源，以及下源，凡七晝夜，而南北二支之水不流。中支閘木槩，則水分南北而注足上源，凡三晝夜，而中支之水不放。此其揭閘不爽時刻，而木石不失分寸。今中槩逐年增減，大非古制，而南二槩石斷砌壞，尤為虛設，急宜修整官司較量，永為定式。此其費木石工匠計五金而足也。由開拓中槩而下，凡四里許，為鳳臺槩，水分南北二槩，不用游枋揭吊，但平木分水，留霣而下。又北槩去五里，而分為陳章塘槩。南槩去半里，而分為石刺槩。石刺槩之下五里，而分為城塘槩。皆用遊枋，并做開拓槩法，次第揭吊，蓋不揭遊枋，則灌中源，凡三晝夜而足。揭遊枋，則灌下源，必四晝夜而足，此其揭閘不爽時刻。而鳳臺處其上流，尤不得增減分寸。比年大非古制，而下源受害為甚，急宜做古修理，官司較量，永為經久。此其費木石工匠每槩費一金而足也。又勘得渠堰附近人煙頻，年不濬日逐沙石淤塞，其緣田一帶圖便利，或鑿或防，以致深淺不一，水不通行。今以地勢相之，大都溪水低而渠水高，每至旱乾，但率三源之人濬決堰口而不知疏導水性，遂俠前流壅過，受水不多，及至水到之處，各爭升斗求活，立見其涸，而三源皆受困矣。今但委官相其地勢，從源導流，立為平準，令各田戶自濬其渠。用民之力，復渠之故，此不費一錢，不過旬日而足也。又勘得司馬堰下金溝坑，舊築堤以障水，近被坑水衝決，而十二都、十四都、十五都居民之田頗受其害。今葉儒等自願率眾修築，此亦不費官帑，而因民之利者也。龍王廟居堰上，兼祀詹南司馬、何丞相，歲被龍風吹折頹廢不修，今合增造前樞、修葺垣舍，大率十餘金而足。一則棲神崇祀，以存報功報德之典。二則官司往來巡視，以為駐劄之所。三則令門子看守以時掃洒啟閉。仍令閘夫每月輪值，二名常川歇住，以便守閘，防透船泄水之害。則水利可興，旱潦有備，十一都之民均安不貧，而西鄉沃野亦郡邑根本之地矣。前後會計大約濬渠掘泥之工取於民，而買置木石及修理祠廟之費出於官。合再申請，將本年寺租官銀動支二十兩。尤恐經費不足，乃從三源之民，每畝愿各出銀三厘，以為工匠之費，則財力易辦，而旬日可成。緣因興復水利事宜，卑職未敢擅專，理合申請。為此，候允示至日，行委本縣主簿葉良鳳，督匠修理。今將前項緣由，另冊備申，伏乞照詳示下，遵奉施行。”又是年，修建通濟大堰，興復水利。麗水縣告示曰：“本縣土瘠山多，惟西鄉沃野，實賴通濟堰，障松遶之水，導而東行，疏爲四十八派，自寶定抵白橋，週環百里，坐都十一，溉田二萬畝。梁詹南二司馬創始於前，宋条政何公垂久於後，最良矣。近因修葺不時，古制遂湮。豪強得以兼併，奸貪意爲低昂。或閘夫私通商船，洩水於上流；或理長各爲其源，而不公於放注；或壩首通同賄賂，而自私於啓閉。三源各有成規也，而上中源支派既多，或有不均之嘆矣。上中源猶先受蔭也，而下源處其末流，則有立涸之歎矣。同鄉共井，歲爲胡越，國賦民財兩受其敝，皆由古制不修也。本縣逐一勘驗得斗門船缺閘木，歲久朽壞，合行置換；崖石被水衝壞，亦宜修補。下而石函淤塞，急修濬以復其故；再下而葉穴板壞，須換木以防其流。仍令閘夫一名輪年帶管，圩地撥与輪種。開拓壩有中支、南北支之分。中用遊枋，南北用石，中支閘木壩，則水分南北，注足中源凡三晝夜，次注下源必四晝夜，此備載堰規者也。今中壩逐年增減而南北二壩石斷砌壞，急宜修整從官較量，永爲定式。由開拓中壩而下有鳳臺壩分爲南北二壩，不用遊枋揭吊，但平木分水留靈而下，又北壩分陳章塘、烏石、蓮河、黃武張塘等壩。南壩分石刺、城塘、九思等壩。皆用游枋，次策揭吊。不揭游枋灌中源凡三晝夜而足，揭遊枋灌下源必四晝夜而足。以下源廣遠而水澤難遍也，此其揭閉不爽時刻，而木石不差分寸宜做古修理，從官較量，永爲經久。又勘得堰渠附近人煙之所，頻年不濬，日逐淺塞，水不通流，立見其涸。今相地勢從源導流，令田戶自濬，各依平準，務復故道。又司馬堰下金溝坑，舊築石堤近被坑水衝決十二、十四、十五都田頗受害。今葉儒等自願率眾協力，不費官錢二，許令修築。又龍王廟，居堰上兼祀詹南司馬，歲被風折頹廢，今合估計修造，今門子一名居守，以時洒掃，仍每月輪值，閘夫二名常川歇住，以便防守透船洩水之害。已經申詳　道府，俱蒙批允，牒行本縣主簿葉親詣堰所，督率工匠人夫，即日起工。本縣出給官銀二十兩，置買木石及修理祠費。其不足工匠之需爾三源民照畝公派，不許分外科索。合行示諭。爲此示仰三源堰長魏栻、陳玘、周松等知悉，作急照源添撥人夫及承利人戶，至堰所開濬溝渠、搬運土石，以便起工修築，毋得遲悮取咎。”是年工成，議定：“開拓壩分南、北、中三支，凡初一至初三等日，中支水道盡閉，水分南二支，暢流灌溉上源十七都之寶定、義埠、周巷、下梁、壩頭、楊店、新溪、湯村、前林、嚴頭、金村、魏村，十五都之三峰、採桑、下湯、吳村、河口、上保、中保、前爐等二十庄，田禾十餘里，三晝夜而足。至初四日閉南北二支，開中支水。鳳臺壩北支分陳章塘壩，南支分石刺壩至城塘壩，閉之。灌溉中源十五都之下保、霞岡，十二都之河東、周村、下概頭、白河、章塘、大陳，十一都之橫塘、趙村、上各、下河、新坑、菴缽，十都之資福、上黃、上地等十七庄，田禾十余里，三晝夜而足。至初七日，上、中二源旁支皆閉，開城塘等壩，使渠水盡歸下源，灌溉九都之紀保、中葉、周保、劉保、下葉、泉庄、唐里、季村、章庄、蒲塘，七都之新亭，五都之趙村、石牛、任村、白口，十都之里河等十六庄，田禾十餘里，四晝夜而足。三源週而復始。設立源長三人，以司其總。其餘支渠、各小概，設立概長、公正，专司启閉，時刻不爽。”

国朝康熙三十二年（1693年），知府劉廷璣，率知縣張建德，詣通濟堰，勘議興工。委經歷趙鋰督理。三源金源長各一人，管理出入各匠工食銀兩。每大村金公正二人、小村一人。三源金堰長各一人、三源金值日公正各二人，監督人夫。堰長每日督工巡視。

三源公议，各匠工食，并买钱木等物，每亩各输银一分。上源开报田七十顷，中源开报田六十顷，下源开报田二十顷。该村公正按户派夫，分作三班，三日一换。乾隆十三年（1748 年），知县冷模，详拨普信、寿仁二寺废田一百四十一亩有零，委典史经收租息，每年按年解贮府库，以为岁修之用。寻改委轻理（历年被水冲坍，今查实田地一百三十七亩有零）。乾隆三十七年（1772 年），知县胡嘉粟，议请按亩捐修，计受堰水田一百二十顷有奇，每亩捐银一钱伍分，共捐钱一千七百八十五两六钱，并动支历年堰租馀银一百七十七两。奉宪准行，佥派董事监修，堰堤、石丞悉照前规。

[按语]

这是清道光丙申秋镌《丽水志稿》中有关通济堰的记载，其中收录了部分通济堰历史文献。

五、清道光二十六年《麗水縣志·水利卷》（摘录）

[原文]

通濟渠（堰），於縣西五十里，松阳界内，築巨堰 ["松阳界内"，堰始筑於南朝，梁天监（502—519 年）间，其时尚无丽水县。自隋开皇九年（589 年），置栝苍县始，遂为今丽水县境]，障其水为渠（案：遂昌水入松阳，合为一溪，则此所障者，松阳溪耳。旧碑云"障松遂二溪之水"。似别有遂昌一溪矣，后志并沿其误。今改正）。自宝（保）定東，抵白橋，入大溪，紆回五十余里，其中分为三源，疏为四十八派，均以七十二概，随地潴之以为湖（有白湖、赤湖、何湖、李湖、吴湖、鄭湖、湯湖等目）。[道光四年（1824 年），知府雷學海《详册》：查三源堤工，通計五十余里，有石壩、有斗門、有石函、有葉穴。石壩截水入口，斗門引水归渠，俱在巩固桥以上。石函在巩固桥以下，仰受山水沙石，使所引上流之水，由地沟入渠。石函之下，为葉穴，与溪相通，制用石閘木板，以时启闭。葉穴之下，有六概：由石函至葉穴，凡一里。由葉穴至開拓概，凡三里。由開拓概至鳳臺概四里，次至陳章概五里。由陳章概至石刺概三里。石刺概之下五里至城塘概，又下之为九思概。所谓概者，节制三源之水，輪流蓄放，以均其灌溉。这大閘也，外有小概七十二處，承接大閘之水，分流布润。] [知县范仲赵《详册》：奉饬之處，逐一确查，西堰志载六大概，现在仍舊設置，其七十二小概，志载其数，并無其名。此次，六大概一循舊制修整。其余小概，均坐旁支，分庄修理。并無七十有二之多，亦無一定概名。碾難声注，不敢妄有附会。] 溉田二十万亩。相傳梁天監中，詹、南二司馬實創為之（案：二司馬，《梁書》不载，名佚）。厥後興废，無復可考。宋元祐七年（1092 年），州守関景晖患渠水势盛，或潰岸，命尉姚希筑葉穴旁泄之（穴在葉姓地，故名）。政和初，縣令王禔，患山水挟沙石壅渠口，致溪水不復入，邑人助教葉秉心，議甃大石为函，横压渠面，引水从函中过，既成，歲省浚工無算。進士劉嘉，復熔鐵錮石蟆，函固而渠大通。乾道四年（1168 年），州守范成大，與軍事判官張澈，大施浚筑，刻規於石，意美法良，世为成式。（案：舊規二十條，刻石已漫漶，仅親於《堰志》，古今语異，問有不能强通者。今揭其大旨，以备覽云。曰"堰首"者：听田户保充，免其他役，二年而代。巡察堤堰諸所，以时葺治也。曰"田户"者：於上田户中選充，名監當。佐堰首掌其財物，功過與同也。曰"甲头"者：以田户秩把多寡，次第配差，谦稽察堰首公私也。曰"堰匠"者：定差看守，以時報堰首繕完也。曰"堰工"者：計秧把，賦錢、給工，終歲而僧其羨余也。曰"船缺"者：令堰匠守缺，遇行舟重滯重，令卸其物，以輕裝過，不使損及堰堤也。曰"堰概"者：設概於閘，揭之則順下，閉之則左右分注以灌田。揭閉皆定以期日，毋得越次紊爭也。曰"堰夫"者：夫役以卯集酉放，日再巡數之也。曰"堰渠"者：以時浚渠，并禁栽竹木於渠岸也。曰"請官"者：遇大工役，許田戶陳請令長，委官督率也。曰"石函、斗門"者：差堰匠淘石函淤塞。察水勢衰旺，啟閉斗門也。曰"湖塘堰"者：湖塘堰以潴水，禁占為私田，以妨利也。曰"堰廟"者：仰堰首謹司龍王、龍女二廟，洒掃享祀，守護碑刻也。曰"水涇"者：惟設於障水入口之處，不得更有私創也。"涇"之為義，方言以鑿地道水為"涇"，非《礼记》《考工》水涇［浸淫，水淤泥土，潤澤之意。］義也。曰"逆掃"者：禁於所坐水利之外相水埂田，及用木障水，以妨下源也。曰"開淘"者：堰首年滿，令上田戶并力開淘淤塞，務取深廣，以為交替也。曰"葉穴头"者：立穴头司閘，甚雨則取板泄之，不使汛溢入田也。曰"堰司"者：於甲头选能书者一人，司載笔之役也。曰"堰簿"者：以上田戶一人，簿記田秧等第。歲終，具過割姓名、數目，授諸堰首也。曰"堰山"者：《堰志》有其目，而没其文［但云"舊堰"每春以篠木修之，伐材於山。自何澹改石堤，因請于有司給此山，山遂為何氏物云。］開禧間，郡人樞密何澹，以堰善崩，取崖石犍之，歲修以省。元至順二年（1331年），部使者斡罗思命是令下瑄修之，邑人叶现記所云"斩秽除隘，樹堅塞完"者也。至元六年（1340年），大水堰圮，渠旦涸，縣令梁順計畝率錢，數丁任力，躬程督之。民憚役而罷，順不為動，率以有成。州守韓裝，綬加繕葺。明嘉靖十一年（1532年）大水堰坏，知府吴仲令知縣林性之、主簿王倫筑之，兩月而成（案：李寅記曰"成化時，通判桑君［瑾］，三、四閱歲而竣。"今未得其詳）。萬歷四年（1576年），知府熊子臣請發帑緝，督主簿方燁，培堰浚渠，甚有绩（案：何鏜記云"隆庆中，浔陽勞公堪，監守吾郡，檄孫令烺修活是堰，民利賴者若干歲。"今亦不得其詳）。十二年，知縣吴思學出官帑，令其簿丁應辰創堰門，以時启閉，疏支水之淤者三十六所。二十六年，知縣鍾武瑞以廢寺租銀之。三十六年，知縣樊良樞申道府，動支寺租官銀，并聽民計畝率錢，興復水利。道府允其諧，各以庫貯贓銀佐之事成。遂昌令湯顯祖，紀其功甚偉（樊良樞《議興復水利牒》：障大溪而橫截者，石堤也；初引水入渠者，斗門也。入渠五里，始分三支，中支最大，為上源、中源十五都、十附都、十正都、十一都、十二都之水利坐焉。又接下源五都、六都、七都、九都之水利坐焉。南北二支稍狭，皆為上源十四都、十五都、十七都之水利坐焉。其造概，也有廣狭、高下、木石、启閉之各殊其用。其分概，也有平木、架木，或揭或不揭之各得其宜。其放水，也有中支三晝夜、南北支亦三晝夜之限，三源各享其利而不爭，三時各安其業而不乱。此法之最良，备載堰規者也。惟修葺不時，古制遂湮，紛爭竟起。或閘夫私通商船，而泄水於上流；或堰长各自為谋，而不公於放注；或概首通同賄賂，而私自启閉。三源原有成規也，而上中源支發各异，或有不均之嘆矣。上中源犹先受蔭也，而下源处其末流，則有立涸之嗟矣。遂令同鄉共進，歲為胡越，國賦民財，兩受其蔽，皆由古制之不修也）。（又新規八則小引：從古之法，下源若不得水，故旱是用噪，良樞有忧之。独予下源先灌四日，行这未几，上源告病。卒不得其權变之术，乃循序放行，示以大信。如其旱也，聽命于天，後之君子，俏有神化通久之术，補其不逮，因所愿也。）四十七年，知府陳見龍；国朝順治六年（1649年），知縣方亨咸；康熙十九年（1680年），知縣王秉义咸有事焉。二十五年大水，堰坏其半，鄉民积困。三十二年，知府劉廷玑捐金倡修，委經歷趙鋰督役，民亦按畝樂輸，畦大其功。五十三年，洪水坏葉穴。越五年，鄉民釀金改建立。雍正七年（1729年），知縣王鈞请帑金兴修，总督李卫委需次官二人督役。乾隆十三年（1748年），知縣冷模核诸廢寺田，变價千金為資以修。十六年，縣县梁文材拨普信、寿仁二寺田，委典史計其租入，解貯府庫，以備歲修，寻改令经历掌之。三十七年，知縣胡嘉粟令民按畝輸畝，益以庫貯金銀興工大修。嗣是，四十余年廢不治，旱歲輒告病。而程工既大，又歲连歉，資不集。嘉慶十八年（1813年），知府凃以靮，按籍發庫貯銀，须捐俸籌款以益之，民踴跃趨工。次歲旱，閬郡告病，邑以無虚。論者等其功于二司馬。〔韩克均《重修通济堰志》：處于淅為郡最瘠，治駐麗水，在萬山中，可耕之田不足當淅西望縣这十一。惟西鄉有田二千頃，称沃壤，則堰水為之溉也。堰名"通濟"，建自南梁詹、南二司馬。其勒石以志，則自宋石湖范公始，明世屢有修造。國初，王、劉二君復修之。嘉慶庚申（1800年），栝大水决堤防，堰以崩坏，距今十三年矣。守斯土者屢欲修復，輒逢巡中止。盖郡雖瘠，所轄独十邑，山民犷悍好斗狠，案牘之烦，乃甲于诸郡。弱者，视簿書如如束，苟日不暇給；健者又以治獄名，遄移劇郡。且程功甚鉅，非信而後勞，积月累歲，難以觀厥成也。郡伯新城涂君，以侍御来守斯土。下車之始，適遭偏災。君備舉荒政，周恤撫字之。老弱無轉徙，民飪其德。守郡三年，百廢具舉。堰之修也，去秋實倡其儀，與邑令及紳民，往復籌度，請於大府。自冬徂春，鸠工庀材，爰集厥事。以余曾與末議，問序於余。夫捐赈之惠在一時，坊庸之澤及累世。待其災而恤之，何如待其未灾而預籌之也。今年夏，雨澤稍愆，他郡颇歉，而麗独得水利收且豐。則兹堰之功不亦溥哉？近大吏嘉君之治行，行且移權。首郡更聞有疏濬西湖之議。君以治處者治杭，鄞侯香山、東坡诸賢，去人良不遠耳。余蒙天子恩，荐秉滇臬，將別君以去。共事之雅，尤不敢忘，因不揣嬒鄙而為之记。〕道光四年（1824年），知府雷學海修竣註，立新規八條（雷學海規條，《堰志》漏收录。下另专录，此不贅录）。八年，知縣黎應南修渠岸一百六十餘丈，自為記勒石。（案：自记仍方言，目渠以堰，故語不可了。）

[按语]

　　这是清道光二十六年《丽水县志·水利卷》中收录的通济堰文献，摘录了部分历史资料。

六、清道光四年知府雷学海《新规八条》（据道光二十六年《丽水县志》摘录）

[原文]

　　续增规条：

　　（一）放水先行揭吊游枋，自初一日放水起，凡七晝夜注足三源[①]。第八日開車[②]，三源各闭概枋，连车三日。第十一日以後，仿照舉行，惟開拓概不闭游枋，俾堰水得源源而来。但，放水七日期内，有盗水之弊：開车日，上中二源有盗车入就近湖塘者，俱宜一律严禁。

（二）龍神及詹南二司馬廟，每年六月朔，知府及水利同知，率堰丈、公正人等，敬以猪羊，告祭，分胙③饮福。即日查看水利，申明禁約，商辦一切事宜。至十一月，知府再詣致祭，以報歲功，并豫籌来年事宜。如執事人等，有宜加甄別者，据實查明，以資核辦。

（三）分管桃疏啓閉者，有閘夫、有概首，有鄉夫。斗門、堰口一帶，閘夫掌之。堰口以下，分設六概，概首掌之。其旁支分流各村者，鄉夫掌之。皆令堰長，公正就近稽查，各概首責令依期揭吊，如法放水。倘有豪强擅行啓閉，及概首串匪卖法④。均許稟官究治。閘夫、鄉夫之設立，法与概首同。惟查旧志，閘夫四名，以坐落松阳县田六亩，給伊耕种，每年仍發給役食銀一十四兩四錢；又添給工費銀十兩，以備添雇壯夫。概首不給工食，殊無以昭划一。現除旁支小概，照舊設立鄉夫一名輪管，免其工役，不給工食。并鳳臺、九思两大概，不用游枋揭吊，但平石分水，毋庸專設概頭外，其開拓、石刺、城塘、陳章四概，每概設概首二名，每年每名酌給役食三兩六錢。察有土圮、沙淤，刻即通知堰長、公正，隨時挑控，無庸另給工費。所有閘夫、概鱼应行支給者，照前銀數，均於西堰租息項下，按季支鞘。仍飭閘夫、概首出具挑挖深通并無於積甘結，稟報縣丞。該丞於每年十一月，加結報府，聽候查驗。

（四）全渠工段綿長，恐閘夫、概首勢難兼顧。嗣後渠水旁支，責令堰長、公正督率田户，各於該村受水灌溉處所，就近疏通。每年十一月，飭各堰長、公正等，出具挑挖深通并無淤積及碓阻⑤切秸。同閘夫、概首各甘結，由縣丞衙門加結報府，聽候查驗。

（五）歲修之外，每遇大工，由縣丞查明应修工段，稟請委員會勘、估工、繪圖具報，限一月内竣工。所用鄉夫，即照歲修，自带钯鋤筐桃等件，辰到酉歇。每名每日發給飯食錢卅文。至上源斗門一帶，易致淤塞，尤宜隨時挑浚。而中、下两源相距較遠，策應為難。嗣後尋常挑浚，仍責成閘夫外，如遇大工，就上源鄰近添雇民夫。其三源出力助工者，照常給發飯食錢，以示体恤。

（六）渠岸為挑浚時堆積淤沙之所，不准開墾種植。近因渠身久未淘控，居民日漸墾種及占盖察房。現經查出，有障水利者，押令退拆外，其尚可通融者，現經委員查丈侵占畝分，另册注明，每畝照上則田完租二官石。委縣丞就近微收，照市变價解府，抵補概首役食，餘埲西堰租息項内，解貯府庫，以備工需。所有向給農夫挑淤十千零五百丈，人多費少，有名無實。今既責成概首八名、閘夫四名，分段挑浚，酌給銀两。鄉夫毋庸再給。所有前填十千零五百文，一并埲入租息，解府備工，以省糜費。

（七）廟祝歲收租穀十五石，供奉香灯，洒掃殿宇。准用雇工一名，不准濫收門徒及婦女入廟燒香。其後殿厢房，如有授徒者，將其報明設館，不准索取館租。倘廟祝不守清規，查逐更換。

（案⑥：以上新規八條，尚未勒石，亦未載入堰志，其原第二條，系田畝租穀數目，具見下文，兹不贅录。至所云"查丈占租地畝，照上則田完租"云云，借佃未經具結，租尚無着，故抵概首役食。及添設概首八名，酌給銀两之處，均未舉行。）

[注釋]
①凡七昼夜注足三源：开闸放水入渠，经过七昼夜，三源的渠道均注满了水。
②開車：車，从渠道中车庌水入田。開車，可以开始车水灌溉农田。

③分胙：胙，古代祭祀用的肉。分胙，分配祭祀的食品，以视作分享福祉之意。

④串匪卖法：匪，指不守规定限制的人。串匪卖法，串通不法之徒，出卖原则，私下启闭概闸放船以利己，而损农田灌溉利益。

⑤碓阻：碓，水碓。碓阻，私自在渠道上安装水碓，阻碍渠水的畅通。

⑥案：道光二十六年版《丽水县志》编撰者张铣所写的按语，用以点注、说明问题，以括号注之。

[按语]

这是道光二十六年《丽水县志》中收录的道光四年知府雷学海《新规八条》，《通济堰志》漏载。文中有以下资讯：

（1）先行揭吊游枋，自初一日放水起，凡七昼夜注足三源。第八日开车，三源各闭概枋，连车三日。

（2）每年六月朔，知府及水利同知，率堰丧、公正人等，敬以猪羊，告祭，分胙饮福。即日查看水利，申明禁约，商办一切事宜。

（3）分管桃疏启闭者，有闸夫、有概首，有乡夫。斗门、堰口一带，闸夫掌之；堰口以下，分设六概，概首掌之。其旁支分流各村者，乡夫掌之。皆令堰长，公正就近稽查，各概首责令依期揭吊，如法放水。

（4）渠水旁支，责令堰长、公正督率田户，各于该村受水灌溉处所，就近疏通。

（5）岁修之外，每遇大工，由县丞查明应修工段，禀请委员会勘、估工、绘图具报，限一月内竣工。

（6）渠岸为挑浚时堆积淤沙之所，不准开垦种植。近因渠身久未淘挖，居民日渐垦种及占盖寮房。既经查出，有障水利者，押令退拆外，其尚可通融者，现经委员查丈侵占亩分，另册注明，每亩照上则田完租二官石。

（7）庙祝岁收租谷十五石，供奉香灯，洒扫殿宇。准用雇工一名，不准滥收门徒及妇女入庙烧香。

[原文]

歲收通濟渠田畝租數：原撥普信、壽仁二寺田、地、塘一項四十一畝三分五釐五毫，除被水衝坍外，現存一頃三十七畝八分七釐九毫。每歲收官斛租穀一百五十九石斗一升，地租實紋銀七兩二錢三分一釐二毫，除完正耗錢糧銀十三兩三錢五分四釐，南米一石八斗八升三合。並給閘夫工食銀十四兩四錢，及運腳費，並前知府涂以翰議定，每年添給閘夫挑撥沙石銀十兩外，餘銀解貯府庫，以備歲修。舊指松陽縣田六畝，每歲收官斛租穀一十二石，董事魏有琦續捐田六畝，每歲收官斛租穀一十二石，並給看廟人耕種，為洒掃香燈之用。所有錢糧秋米，即由看廟人完納。貢生吳鈞續捐田塘三畝七分七釐七毫二忽，每歲收官斛租穀五石五斗。貢生葉維喬續捐田四畝七釐七絲七忽，每歲收官斛租穀六石五斗。共田七畝八分一釐四毫七絲七忽，每歲收租穀十二石，變價十二千文，除完地漕錢一千五百文外，餘錢十千五百文，由麗水縣丞按年解貯府庫，遇修浚時動支。此項收入通濟堰費戶，完糧未經通詳。①

[注释]

①这些文字在《丽水县志》中由雷学海《新规》第二条另行录出，设立专条，但附括号注之。

[按语]

这是雷学海《新规》第二条另行录出，载明岁收通济渠田亩租数。

七、清光緒三年版《處州府志》卷之四 水利志[①]

[原文]

通濟堰，縣西五十里，松陽界内，筑堰障水為渠。按：遂昌水入松陽合為一溪，舊碑云障松遂二溪之水，似別有遂昌溪矣。今改正。自保定東抵白橋，入大溪，紆回五十余里。其中分為三源，疏為四十八派。《梅簹隨筆》析流三百餘派。均以七十二概，隨地潴之以為湖。有白湖、赤湖、何湖、李湖、吳湖、鄭湖、湯湖等。自道光四年知府雷學海詳册查三原堤工，通計五十余里。有石壩，有陡門，有葉穴。石壩截水入口，陡門引水歸渠，俱在巩固橋以上。石函在巩固橋以下，仰受山水沙石，使所引上流之水，由地沟入渠。石函之下為葉穴，與大溪相通。制用石閘、木板，以時启閉。葉穴之下有六概。所謂概者，节制三原之水，輪流蓄放，以均其灌溉之大闸也。外有七十二小概，志載其數，并无其名。此小概，均坐旁支，分庄修理，并无七十有二之多，亦无一定概名。溉田二十萬畝。相傳梁天監中，詹、南二司馬實創之。按：二司馬，《梁書》不載。厥後興廢無考。宋元祐七年，州守關景暉患水，或潰岸，築葉穴旁洩之。穴在葉姓地，故名。政和間，令王禔邑人葉秉心建石函。劉嘉復熔鐵錮石礦。葉份記：处郡皆山也，惟丽水列十乡，而邑之西，地平如掌，绵亘四都。松、遂水合流其上，直下大溪，通于沧海。土壤而坟为田数千顷，而不时则苗稿。在梁，詹、南二司马始为堰，民利之。然泉坑之水，横贯其中，湍沙怒石，其积如阜，渠噎不通，岁率一再开导，执畚鐳者动万数。堰之利，人或不知，而反以工役为惮也。我宋政和初，维扬王公禔实宰是邑，念民利堰而病坑，欲去其害。助教葉秉心因献石函之议，吻契公心。募田多者输钱。其营度石坚而难渝者，莫如桃源之山。去堰殆五十里，公作两车以运，每随之往，非徒得辇者磬力，又将亲计形便，使一成而不动。公虽劳，规为亦远矣。函告成，又修陡门，以走暴涨，陂潴派析，使无壅塞。泉坑之流，虽或湍激，堰吐于下。工役疏决之劳自是不繁，堰之利方全而且久。公去人思，后二十年复来守是邦。邑民属南阳葉份记其事。份少小闻诸父兄，传邑大夫之贤者，莫如王公。份不佞，敢辞邦人请？窃谓天下事，兴其利者，往往未知其害。而害生，不在于利兴之时，及其害著，又非得明其利者而去之，则前日之利反以为害。人著其害而不因害以兴利，则利何自而及民？二司马之为堰，固知利于一时，而不知泉之水有以害之。苟无以去其害，则邑西之田将为平陆，而堰亦何利之有？石函一成，民得其利，迄于无穷。今五十年，民无工役之扰，减堰工岁凡万余。公之功，可谓成其终者也。公之石函，防始以木，雨积则腐，水深则荡，进士刘嘉补之以石，而鎔铁固之，今防不易，又一利也。然公不为之始，而此又安得施其巧？古之君子，有功德于一郡一邑者，必庙食百世。公邑于斯，郡于斯，斯邑之民可得不传耶？乾道四年五月。乾道初，州守范成大重築，刻规於石。自记：按：长老云：萧梁时，詹、南二司马所作。至乾道戊子，垂千戴矣。往迹芜废，中、下源尤甚。明年春，郡守吴人范成大与军事判官兰陵张彻修复之，事悉具新规。三月工始告休，成大驰至陡门，落成于司马之庙。窃悲夫水无常性，土亦善湮。修复之甚难，而溃塞之实易。惟后之人与我同志，嗣而葺之，将有考于斯，故刻其规于石。　　按：规二十条，石刻漫患，仅见於堰志，今揭其大旨以备览：曰堰首者，听田户保充，免其他役二年，而代巡察堤堰诸所，以时葺治也。曰田户者，于上田户中选充名监，当佐堰首掌其财物，功过与同也。曰甲头者，以田户秖把多寡，次第配差，兼稽察堰首公私也。曰堰匠者，定差看守，以时报堰首缮完也。曰堰工者，计秖把赋钱给工，终岁而会其羡余也。曰船缺者，令堰匠守缺，遇行舟重滞者，令卸其物，以轻装过，不使损及堰堤也。曰堰概者，设概于闸，揭之则水顺下，闭之则左右分注以灌田。揭闭皆定以期日，毋得越次紊争也。曰堰夫者，夫役以卯集酉散，日再巡数之也。曰堰渠者，以时浚渠，并禁栽竹木于渠岸也。曰请官者，遇大工役，许田户陈请令长委官督率也。曰石函、陡门者，差堰匠淘石函淤塞，蔡水势衰旺，启闭陡门也。曰湖塘堰者，堰湖塘以潴水，禁占为私田，以妨利也。曰堰庙者，仰堰首谨司龙王、龙女二庙，洒扫享祀，守护碑刻也。曰水淫者，惟设于障水入口之处，不得更有私创也。淫之为义方言，以凿地道通水为淫，非考工水淫义也。曰逆扫者，禁于所坐水利之外扫水归田，及用木障水，以防下原也。曰开淘者，堰首年满，令上田户并力开淘淤塞，务取深广，以为交替也。曰叶穴头者，立穴头司闸，甚雨则取其板泄之，不使泛溢入田也。曰堰司者，于甲头中选能书者一人，司载笔之役也。曰堰簿者，以上田户一人簿计田秖等第，岁终具过割姓名数目，授诸堰首也。曰堰山者，堰志有其目而没其文，但云旧堰每春以木篠修之，伐材于山，自何澹改为石堤，关于有司，请给此山，山遂为何氏物云。开禧间，郡人何澹重加甃石。元至顺初，邑令卞瑄修。叶岘记：栝苍，山郡也。南其亩者，界乎溪山之间，无深陂大泽以御旱。古之人，作为堤堰渠圳以限水。盈则放而注诸海，涸则引而灌诸田。故力农之家，无桔槔之劳，浸淫之患。栝苍七县皆有堰，惟通济一堰，灌丽水西乡田为最广。在昔梁时，詹、南二公相土之宜，截水为堰，架石为门，引水入渠。宋乾道间，郡守范公，奉议完复是堰，以田户分为三源，鸠工有规，度程有法。凡启闭出纳之限，靡不详刊于石。岁久事弊，昔之穴者湮，筑者溃。由是下源之民争升斗之水，如较锱铢。郡守虽常展力修治，而堰首各以己私，漫不加意。辛未春，部使者中顺公按行栝郡，谘咨农事，览之堰之将堕，乃谂于众曰：夫堰之作，几数百年矣。兹而不复，农功益艰。于是，郡长也先不花公、郡守三不都公相率承公意，命邑宰卞瑄承务实董其役，度土功，虑财用，揣高下，计寻尺，斩秽除隘，树坚塞完。数日之间，百废具举。栝苍之耆老有曰：昔郑公作渠，秦民以富。白公继之，汉赋以饶。今中顺公复通济之堰，得非古之郑、白者欤！咸愿勒石纪功，以垂不朽。岘闻公伟政，故乐为之书。公名斡罗思，字谦斋。元至元六年，大水，崩坏。厥后令梁顺、守韩斐频加缮葺。项棣孙记：丽水为县，率多崇山冈阜，踊跃入原野，无甫田广泽。县西廿里曰白口，又西三十五里至凤凰山，土独平衍，总名西乡。东南际大溪水道瘴弗赖利润。松阳合遂昌水归大溪，可障以溉。郡乘：萧梁时，有司马詹氏、南氏，防绝流作堰渠，久未就。白蛇告祥，循其迹营之，果底绩。袤百几十丈，名曰通济堰。股引脉导，上中下三源，灌田二十万亩余。历宋元祐，堰坏，县尉姚君希领州命治完。乾道乙丑，郡守范公成大，葺理芜废，著规二十条，颇精密。大抵采木篠藉土砾截水。水善漏崩补葺岁愈甚。开禧中，郡人枢密何公澹甃以石，迄百数十祀，未尝大坏。然水湍悍潜，摇啮根址。至庚辰六月，大水，因圮决，存不十三四，田遂乾，不生稻谷，农夫告病，县官辄往罅治水，弗逮中下源。尹梁君来，乃白府，复旧规，监郡中议，公捐金百五十缗，率民先，檄君专董其事。众惮役讪嚣，君毅不为阻。核三源承溉田亩计敛赀，市木石充用，细民量丁口任力。君殚心焦思，日程督其间，饥渴惟粥食水饮，暑寒不避，故有官山五里许蓄篠木，岁给缮修。既易以石，不禁樵牧，重立事殷。须巨松为基不可得，巨室乐效材，材用足。于是，楗大木，运壮石，衡从次第压之，阔加旧为尺，十饬陡门，概淫必坚。致民竭力趋事，经始于壬午十有一月，以癸未八月毕功。中溪若石洪天设，水雪舞雷殷下，不觉入渠口，三源四十八派已充溢，田得美收，皆曰吾邑候梁君赐也。耆老请记其事，余惟土非水莫成养民之利，故禹尽力沟洫，郑国白渠利，歌咏善为民者，相地通渠，众不恤费畏力，皆所以重人食。而孙叔芍陂，得召信臣，钱卢王景杜诗，然后不废，而济加博。窃叹夫作始之难，善继亦不易也。兹堰始詹、南二君，凡几百年，而姚尉、范守增其规模，又几十年，而何公致其固，又数百十年，而梁君兴其坏堕。微梁君、何公之石不为坚，而詹、南、姚、范诸君子之泽斩焉。民不受其赐矣，后之人视今之继昔，则受堰之田，永为上腴，能俾水无虚润，地不遗饶，亦在所推也。明嘉靖十一年，大水，堰坏，知府吴仲令、知县林性之、主簿王伦筑之，两月而成。李寅记：环栝皆山，溪流峻驶，雨辄溢，止则涸，匪惟弗民利，而以为民害者众也。粤稽往牒善导之，使为民利者，间有之。若丽水通济堰，其一也。堰始萧梁时詹氏、南氏二司马，障松、遂水，东扼大川，疏以为派。自宝定抵白桥为里者余五十，计所溉田为亩者余二十万，岁赖以丰，利莫穷极。由梁迄宋，时以修治者，若元祐时关公景晖，乾道时范公成大，碑列若人，皆与有功。而始筑石堤垂诸永久者，则宋郡人何公澹也。自开禧迄今，民之利其利者，逾三百稔于此矣。乃嘉靖壬辰秋七月二十有八日，雨溢溪流，襄驾城堞者丈余，坏农田民居不可胜计，而兹堰为特甚。惟时，我剑泉吴公知郡事，亟请恤于朝，而复视兹堰，曰：呜呼，兹非民急欤？匪若堰则岁弗获，匪若田民奚赖以食？乃亟谓丽水尹六川林侯曰：吾以监郡李公董兹役，尹其爱率诸俾父者。侯曰：诺。载工于冬十月丁丑，迄十有二月辛卯告成。考于往昔，其治其修，若成化时通判桑君者，皆必三四，越岁而后集。兹则两越月而续用成。奚神速至是哉？盖以利物之仁，而济之以周物之智，故不烦而绩宏树也。按：记成化时，通判桑君治堰，今不详。万历初，郡守熊子臣修。何镗记：丽水，故万山硗陋，依岩壑为畎亩，其间稍平衍而畚插相望者，惟城东十里。而遥绝镜潭，而西五十里而近其地为最博，各酾川水为渠。两乡之饶沃与否，视两渠之兴废。西乡之渠，自萧梁时詹、南两司马始为堰，障松、遂汇流凿沟，支分东北下，暨南北股引，可三百余派，为七十二概，统之为上、中、下三源。余波及于田亩者，可二千余顷。盖四十里而遥，嗣是代有修筑增置，乃其最著者，宋政和间令尹王公禔、邑人叶君秉心。当泉坑水横绝为石函，又下五里为叶穴，而堰始不咽。乾道时，郡守范公成大厘规条二十，而民知所守。开熙初，何参政澹赞石为堤，而堰鲜溃败，故因时补葺，益章章绳绳，在人心口者。然惟嘉靖初，郡守吴公仲，庀财饬工，而民咸知劝。今熊守应川公请发帑缗，绝科扰，而民忘其劳，皆不逾时而有成绩。其加惠元元，规模益宏远矣。是役也，经始于万历四年秋，督邑主簿方君率作兴事统其成。堰南垂纵二十寻，深二引；堰北垂纵可十寻，深六尺许。源口浚深若干尺，广五十余丈。口以下开淤塞者二百丈有奇，口以内咸以次经葺，费寺租银三百两而美，里人自为水仓以干堤者二十有五，仅五十一日而竣于役。于是，十二都四十里内，越两岁，而民无不被之泽，岂所谓云雨由人，化斥卤而生稻粱者耶。尝忆先皇帝时，浔阳劳公堪监守吾郡，周恤民隐，大创衣食之源，檄孙令烺悉心一力，修治是堰，民之利赖者若干岁。乃令熊公率所属不隳越往事，功益倍焉。是丽人世载明德，而蒸蒸政治，不亦休哉！按：记云浔阳劳公修治，今不得其详。十二年，知县吴思学创堰门，以时启闭，疏支水之淤者三十六所。郑汝璧记：栝苍重岩叠嶂，行客如乘空雾中。溪流横注，必东之海。故雨即奔溃莫支，稍旱则黄菱弥望。栝中水利，不可一日废讲也。旧西乡有通济堰、司马堰，障流上下，为力穑者旱涝不时之须。盖自萧梁二司马经始，其迄南宋，卫国何公因其故迹葺之，山田之以时善收者，不下数百千顷。三公功在栝中，休哉远矣。历年兹久，故堤倾圮，水道之旁出者，亦淤塞弗宣。兼之旱涝不常，农氓告病。岁万历甲申，大参豫章胡公奉帝命，旬守瓯栝，孜孜下讯民瘼，思为补刷，以惠养元元。今留都比部主政吴君思学，时为丽阳令，仰承德意，即以堰务条上。公曰：《诗》咏《豳风》，政先民食。今邑之务，孰有先此者乎！遂请之二院，与郡丞俞君汝为协谋，广为葺治，出官帑数百金，令邑簿丁应辰、赞幕罗文董其役。先为水仓百余间，障此狂流，始下石作堤，凡数百丈，创为堰门，以时启闭，便舟楫之往来，疏支河之淤塞者。至三月二日乃告成。二十六年，知县钟武瑞修。郑汝璧记：郡之通济堰，千余年惠泽津津，而水性最难捍，疏溃递更，葺之亦不次。当万历乙酉间，堤之倾者十四五。邑侯钟公甫下车，谏政之便民者，莫急于是。遂请之郡侯，各上司报可，议得废寺余租二百七十余两，以资工料。筮吉祷于龙王庙，行事酌古宜今，殚厥区画，命邑司农前夏君禹卿、今龙君鲲董其事，而侯总其成。经始于万历丁酉，而成于戊戌。两司马枢密之泽，赖以不朽。三十七年，知县樊良枢修。樊良枢《议复水利文牒》：障大溪而横截者，石堤也。初引水而入渠者，陡门也。入渠五里始分三支，中支最大，为上原、中原，十五都、十六都、十七都、十一都、十二都之水利坐焉，又接为下原五都、六都、七都、九都之水利坐焉。南、北二支稍狭，皆为上原十四都、十五都、十七都之水利坐焉。其造概也，有广狭、高下，木石启闭之，各殊其用；其分概也，有平木、加木，或揭或不揭之，各得其宜；其放水也，有中支三昼夜、南北支亦三昼夜之限。三原各享其利而不争，三时各安其业而不乱。此法之最良，备载堰规者也。惟修葺不时，古制遂湮，纷争竞起，或闸夫私通商船而泄水于上流，或堰长各自为谋而不公于放注，或概首通同贿赂而自私于启闭。三原原有成规也，而上、中原支分各异，或有不均之叹矣。上、中原犹先受阴也，而下原处其末流，则有立涸之嗟矣。遂令同乡共井，岁为吴越，国赋民财，两受其敝，皆由古制不修也。又新规八则小引，从古之法，下原苦不得水。故旱是用噪，良枢有忧之，独予下原先灌四日。行之未几，上原告病，卒不得其权变之术，乃循序放行，示以大信。如其旱也，听命于天。后之君子，倘有神化通久之术，补其不逮，固其所愿也。遂昌令汤显祖记：天下国家之事，机有向悖，业有旺废，盖莫不因乎其时者。予尝试为长吏于浙之处遂昌也，而有感于丽阳郑公为郡、樊君为长。予以事谒郡而道松、遂之水源，高结砂砾，不可以舟，松而后可以舟也。通济堰在丽水西界，其堠有龙祠，可以阴堰，源一断之为三，所溉田百里，最为饶远，而并堤居氓常盗决。自喜米盐之舟水涸硌礚如缕，常曲折徒泄，而后乃可行堰。岁积，以非故比，益以水败。而并堰以下若司马、章田等径于河东，亦皆以芜废不治。宝定之吕，碧潮之汤，父老以闻于予，未尝不叹息而去。欲为一言其长会岁少旱，而丽饥松闲之佥丽人谞，受事者几以两败。予叹曰：水事不修而旱，是用噪者。何也？去十年，而丽人来问其堰，曰毕修矣。夏之六月，我樊侯始用祭告有事于通济堰。七月，暨其旁下诸堰，至于白桥，皆以十二月成。诸堰之费千而通济几倍半期之勤，数世之食也。曰何如矣？曰先是春正月，龙祠倾，居人请新之，我侯来观而周询于堠悼其徒以修。问其故，则与所以敝者，次第起行诸坏堰，各从父老所问为修复，费心计而首领之，以上太守郑公。公怃然曰：坊败而水费则移而水私固，贤长吏事也。其以上监司车公，公报可。侯乃始下令齐众，均力与财，而身先后之。民所愿平准所度田，自为浚葺者听。大小鼓舞，集而后起，序而后作，筑崖置斗，疏函室穴，开拓诸概，纵广支擘，视故所宜，游枋灰石易其朽沏，谨察匠石。分寸画一，启闭随验，高下不失。其而亦知丽之有侯，乐乎。昔丽之人蹐履瞥视，今丽之人飞色吐气。郑公、樊侯，皆有春秋侨肸鲁公宓子之意，簿书不以胜委迤，叱咤不以移色笑。聚人而人理，疏川而川治。此亦汝丽人千祀之一时也，其又何有于数十里之水坊开渝为？丽人喜而拜曰：今而后知所以乐有吾丽也，将铭侯功于龙之祠。四十七年，知府陈见龙修。王一中记：环栝皆山，无深陂巨泽足资灌溉，仅一溪流盈盈衣带水。遇旱，涓涓欲断。而上受旁邑之流，决于东，泻势若建瓴。以故时雨暴涨，溪水弥漫，无能绘其利，而往往罹其害。惟县东、西二乡，各有堰，酾水为渠，时其蓄泄，颇为旱潦之备。西乡通济堰，传自萧梁时，二司马实始其事。至宋，郡人参知何公澹甃之以石。政和初，邑宰王公为石函，尽制曲防，其利乃永。后渗漉靡常，随时修浚。若悉心擘画，勒为规条，则宋守范公成大暨迤时县令樊公良枢，其大彰著者也。顾兴作自官工匠率多冒破，而瘝惰易滋，驱使平民闾阎，未睹乐成，而劳怨辄起。盖至临旱引水，急如捄焚。先事浚坊，等于筑舍。规则徒存，随筑随废。往事可核已。岁戊午夏、秋间，霪雨决旬，堰复倾塌。茫茫巨浸，下民彷徨，罔知所措。合词鸣于郡守在明陈公，公恻然轸念，躬往相视，爰发谋虑财用，悉搜郡帑可资经用者，得若干金，以白水利何公，公报可。委官督修，几有成绩。会公觐行，工以寒辍。比回，亟令主簿冷仲武专董其役，昕夕督率惟谨，不数月而工竣。功成宴如，屹然砥柱之赖焉。国朝顺治初，知县方亨咸修。自序：栝苍介万山。素称僻瘠地，填垆无沟洫，小旱即苦灌溉，其西乡一带尤甚。历古今之官此而有事于民者，悉尽力于沟洫云。今春以劝农过其乡，吁乡之父老问劳焉。讯利害，省疾苦。父老首以堰对。堤故旧址，莅此者继修葺之。迤以兵燹频仍，官视为传舍，遂未暇问。而溪水奔啮，迁徙不常，致蚀其堤，或溢或涸。余莅此及期，凡大务未修举，然有关吾民者，亦尝夙兴夜寐，竭厥焦劳，仅称小补耳。今即因其堤未尽坏者，一小补之。约计其功当三月，费当万缗，利当千载。否则，仍其颓，致旧堤不可复问，而害可胜言哉？余首倡与诸父老鸠工共成之。各都图凡食堰之利者，愿乐助其工，视有无为多寡，勿限其数。仍择乡之耆有德者总其会计出入。吾民其共谅吾心，毋负我惓惓小补之意。康熙间，知县王秉义修。王继祖记：堰始于梁，蓄泄灌溉，民利之久矣。冲塌不常，时有修筑。犹忆故明郡侯陈公修，迄今五十余载矣。值闽变蹂躏之余，虽欲举而苦无暇。及支流壅塞，民苦旱乾，莫可谁何。幸邑侯王公保厘下邑，栝西父老相与指陈堰道之利，公慨然即以修葺为己任。何者宜筑宜开，何者宜补宜捍，擘画既定，遂捐俸为士民倡。经始于康熙庚申之冬，匝月而工告竣。以数十年难举之事，而观效旦夕，厥功亦伟矣哉！

越明春，大雨暴集，忽涨重沙，将所甃坎级若加以外护者。然此非天出其奇，以佐我公不朽之盛业乎！后知府刘廷玑又修。自记：栝在万山，石田齿齿。然特倚陂塘川泽为旱备，所恃为利之大者，厥惟西乡通济一堰。大约障松、遂二溪之水，分派为三，灌田顷二千，亘西四十里。千百年间，屡圮屡修。丙寅岁，泽流冲激，崩坏且尽。前此有议修者，以费浩工繁，试举辄止。余谓堰利不复，患终不免。遂出俸若干，令乡之诸生耆老有干练者领之，俾董其役。一时匠石备具，工作毕举。乡之民衣食其间者，悉子来趋事。若木若石，肩舁筏载，奋锸如云。其修砌，一循故道，筑崖置斗，疏函窦穴，开堰门，拓诸概。拨淤沙之停积，捍堰道之浅塞。时又适久晴水涸，天若有意以相此日之兴复者。工始癸酉十月下浣，本年十一月下浣落成。乡之缙绅士民，相与拜手而前曰：是万世之利也，公之惠贻我民者至矣！愿乞文以记。余以此特有司事耳，功何有哉？为记之，以告来者。五十四年，复坏，乡民酿金建。雍正初，知县王钧修。乾隆十三年，知县冷模核废寺田变价修。十六年，知县梁卿材拨普信、寿仁二寺田租解府库，备岁修。三十七年，知县胡嘉粟令按亩输钱，益以库存余银，兴修。嗣后，久废不治。嘉庆间，知府涂以辀重修。温处道韩克均记：处于浙，为郡最瘠。治驻丽水，在万山中。可耕之田，不足当浙西望县之十一。惟西乡有田二千顷，称沃壤，则堰水为之溉也。堰建自萧梁，其勒石以志则自宋石湖范公始。明世屡有修造。国初，王、刘二君复修之。嘉庆庚申，栝大水，决堤防，堰以崩坏，距今十三年矣。守斯土者，屡欲修复，辄逢巡中止。盖郡虽瘠，所辖独十邑，山民犷悍好斗狠，案牍之烦，乃甲诸郡。弱者视簿书如束笋，日不暇给；健者又以治狱名遄移剧郡，且程功甚巨。非信而后劳，积月累岁，难以观厥成也。郡伯新城涂君，以部郎来守斯土，下车之始，适遭偏灾，君备举荒政周恤抚字之，老弱无转徙，民饫其德。守郡三年，百废具举。堰之修也，去秋实倡其议，与邑令及绅民往复筹度，请于大府。自冬徂春，鸠工庀材，爰集厥事。以余曾与末议，问序于余。夫捐赈之惠在一时，坊庸之泽反累世。灾而恤之，何如迨其未灾而预筹之。今年夏，雨泽稍愆，郡颇歉，而丽独得水利，收且丰。兹堰之功，不亦溥哉！近大吏嘉君治行，行且移权首郡。更闻有疏浚西湖之议，君以治处者治杭。觉邺侯、香山、东坡诸贤，去人良不远耳。道光四年，知府雷学海修。八年，知县黎应南修渠岸百六十余丈。自记：丽邑多山少田，惟西鄙平衍肥沃，民所仰食。设亢旱灾告，赖松阳、遂昌大溪之水济之。其法筑大坝以障急流，导自朱村亭、三洞桥引入，内分上、中、下三源，多方蓄泄，用资挹注。嘉庆癸酉，郡伯涂渝庄先生集郡人，捐资修坝，到今尸祝。惟堰工未及，连年朱村亭边堤岸日见颓陁。设溪水勃发，溃决堤防，则斗门既为沙砾壅塞，而田间积水转向大溪外泄，一泻无余，为患孔迫。戊子孟夏，郡伯定远李公恻然念之，命余往勘。余知事不可缓，而帑金莫筹。邑人叶君惟乔，端士也，有与人为善之志。余乃属其倡，始偕是乡父老共图是役。贰尹龚君振麟复亲身督率，众皆乐输。鸠工仲秋既望，阅四月而厥功乃藏，统计广袤一百六十余丈。叶郡属余为文以志巅末。余谓此《周官》沟洫制也。王政不必沉古，能师其意，即为良法。余亲历其地，相度三源旧规，凡从横相遇，即磬折参伍之遗也。启闭以时，即潴蓄防止之义也。河渠水利之书，与食货志相表里，彼《史记》引漳水儿宽开六辅渠，召信臣守南阳，时为堤閼水门数十处，皆善用《周礼》者也。然则詹、南功烈，岂在郑白诸贤下哉！予奉职无状，不敢居功。特深幸邑民好善之诚，故乐为之记，并以望百年后之守斯土者。丽志，参《通志》、旧志。癸卯夏，洪水冲坏，知府恒奎补葺。同治四年，知府清安倡捐修，始于斗门。斗门故有桥，为山水入溪处。旧所镕铁，日久剥落，命匠于石合缝处，俯仰相籍，以弥其隙②。清渠旁侵地。阅三年，工竣。渠可通舟。自记：郡在万山中。南北两境，山多田少。惟西境土地平旷，较东境尤称饶沃，为阖邑民食所赖。余既治处之明年，思为地方开足食之源。考诸志乘，知丽水有东、西二堰。堰水之兴废，关乎民田之丰歉。而通济一堰，灌溉尤广。创自梁二司马，宋邑令王公增石函、叶穴。郡守范公著规条，郡人何公为石堤。因时制宜，至周且备，而堰之利始尽。因访诸邑人，金云：自咸丰八年以来，叠遭匪扰，农功不修。淤塞倾圮，半失故道。而欲复旧规，工巨费艰，未易议也。余以兵燹后，民尤艰食。苟利于民，敢畏难？遂诣履勘，相度形势，审察利弊，召邑绅而谋之，俱欣然乐从。乃查岁修堰租，得钱三百余缗，益以上、中、下三源受水田亩，分等摊捐，又计得钱一千二百余缗。刻日鸠工，分饬邑绅叶文涛等襄其事，令丽水县丞金振声督之。始于四年夏，迄于五年春。凡所规画，悉仍其旧，与东堰先后告成。夏秋之交，亢阳垂两月，田多苦旱，而东、西两乡，咸获有秋。此余为民谋食之心所稍慰也。爰为选择经理之人，酌定受水之期，以予遵循。

一、放低中支。旧制，开拓概中支，广二丈八尺八寸，石砌崖道，概用游枋大木。南支广一丈一尺，北支广一丈二尺八寸，两崖各竖石柱，概用灰石。盖中支揭去木概则水尽奔中、下二源，而南北之水不流；中支闭木概，则水分南北注上源，而逐次修改古制，久湮。去岁修理，将南、北二支与中支齐，故北支有偷水中、下二源之讼。今饬董重修，将中支放低一尺，加平水木一根，每年三月初一日，大斗门上闸后，即闭平水木。俾南、北、中三支平流，无多少不均之患。

一、定期轮放。每年五月初一为三源轮放水期。一二三日轮上源，于先一日戌刻；中支再加木一根，至第三日戌刻，上源已灌足三昼夜，即将中支加木并平水木一齐揭起，仍将南、北二概闸上，俟四五六七八九十，中、下二源灌毕，方准揭南北二枋闭中支平水木与加木。周而复始。

一、添夫专管。开拓石剌城塘各概，各设概首一名。恐照管不周，仍每概雇夫一名专管。每月每名于岁修租内给谷一石，以作工食。倘有擅自启闭、偷放情弊，报明董事转禀究办。轻则罚钱，重则治罪，若概首、概夫容隐并惩。

一、阻挠定例。上源轮水之期，凡宝定、义埠、周巷、下梁、概头等处，不遵定例，或有临期不车、过期强车各情，俱照阻挠公事例治罪。

一、禁止盘水。三源车水，只许田边车戽，毋许在支偃口筑壅，将大堰之水盘为己有。

一、预防泄水。开拓概东支水归三峰庄、五里牌头，左傍有小堰二支，一分水于汤村止，一分水于采桑止。二处田少而地势卑，受水不多，放水亦易，每致余水泄入大溪。兹于堰口增设小概木闸，令二村公正专管。如田中灌溉有余，即行闭闸，使水不致泄为无用。

一、如期揭枋。凤台概值中源，水期应上水枋，俾中源之首尾受水均平。遇下源水期，即将东支概枋揭起，以顺水势。

一、揭放概枋。石剌概平水石较东西支低五寸，下概枋之处又低五寸，今用尺厚游枋一根，自三月初一日即下概枋，除去平水石五寸，尚高出石外四寸，俾水适于东西支平流。轮值下源水期，即行揭起，灌毕四日，仍行盖上，其概首及车水定规，与开拓概同。

一、定期启闭。城塘概缘岁久失修，古制已改，去冬修理，中支高于东西二支尺余，以致下源受水不均。今饬董重砌，放低一尺九寸。东西支各用平水石与中支适平。不轮水期之时，均不上枋。至五月初一日轮流，始有启闭。每逢第十日戌刻，准将中支闭枋，以蓄余水。逢第三日戌刻，再加游枋，使水注东西。逢第六日戌刻，则揭中支二枋，闭东西枋木以济下源。其概首及车水定规，与上同。

一、三洞桥为通堰咽喉，最关紧要。前因久失修，淘淤沙填塞，积块坚凝。此次兴工疏浚，自应加力捍深，使水多资蓄泄，免滋涸竭之虞。

一、石函，每因山水暴涨，沙砾混投，辄多漏泄。查旧制，石板平铺油灰，衅隙卒至，时修时坏。今议铺石，全用雌雄合缝，熔铁胶固，庶乎历久经常。

一、各概木枋，率多朽坏，而开拓、凤台、石剌、陈章、城塘、九思六大概，为三源司水之出纳，尤为吃重，俱应一律修造完好。其平水石之低昂、游枋木之高下，与夫大小陡门，悉循定制，毋得私行更改，阴谋取巧。违者科罪。

一、开拨淤泥，应照支堰分派查踏。何处土名归着何村挑拨，编号插签，以免彼推此诿。如不应役，或偷惰者，监董禀送答责。

一、沿堰及旁流河塘，应行筑墈设闸，按三源轮值水期之末日，察看堰有余水，始准决放蓄储。如来源有限，堰田尚虞不敷灌溉，所有河塘不得任其引注。至白口泉庄，虽在下源，其河塘又深阔，每有奸民引水，作奇货之居，收独得之利，私己病人，深堪痛恨。应将该河塘无论在官在民，均着筑墈设闸启闭。倘有不遵，许董事等指禀严办。

一、下源唐里庄西畴，系由城塘概中支分水，旧有小概，应复兴造，以符定制。

一、白河周村由概头庄、概下垅支分下水，应造小栋。栋下藏一水洴，以缓水势，免致旱干水溢之虞。其金沟堰，每因坑水陡发，引沙停滞，更须随时挑拨，不得延挨观望。

一、中源放水至大陈庄止，尚可任其引蓄，若凤台概西支之水。下源水期，为下吴蒲塘所必经之处，不准放水入塘，致碍中流。而蒲塘向有纪店、下陈、郎奇等庄，横布石瓮以分水利。近因石瓮不修，蒲塘独受其盈，毋庸分放四日水期。倘后纪店等庄修瓮分水，再照原议。至陈章概，每逢四五两日，揭中流游枋放水至大陈庄，第六日闭概蓄水，以便概上民田车庤。违者议罚。

一、每旬水期，上、中源轮值各三日，下源轮值四日。凡所值之处，须俟次日水行畅满，始准车庤。如违提究。再下源轮值之期，中源停止放水。若凤台概之西枝尚放水至蒲塘，城塘概之西枝尚放水之里河，是水势已分流，不能直达到下，使下源有分水之期，无受水之实，殊属偏枯。应着于第七日凤台、城塘二概西支水枋闭住，以均惠泽。

一、动民力以兴民利，全在经理得宜，斯欵不虚靡而功归实用。唯工程浩大，非一木能支。今本府率县令，各倡捐廉银壹百千，而该堰上、中、下三源受水田户，按照向章分别则墈派捐。其上则者，上源二百，二源百六十。下源一百。在中则者，上源一百六十，中源一百，下源六十。在下则者，上源一百，中源六十，下源四十。统计三源额田一万零六十九亩，合捐钱一千二百千零七百八十五文。既昭平允，自易乐从。

一、费用。三洞桥计钱二百八十四千一百六十文，龙神祠计钱三十九千九百九十一文，大陡门计钱十千七百七十二文，叶穴计钱二十千零六百八十四文，高路计钱三十七千零十文，开拓概计钱十九千一百四十二文，凤台概计钱二十三千七百六十三文，石剌概计钱十八千零四十文，河潭概计钱十七千三百二十九文，潭下平水闸计钱一千二百七十文，陈章、乌石东西二概计钱十一千三百八十文，城塘概计钱三十七千四百九十五文，九思、河塘二概计钱九千六百五十文，夏瓮淫计钱六千零九十文。乡夫及公正等计给点心钱四百三十七千四百三十二文，堰局伙食器具杂用钱四百二十二千零四十六文。总结费用钱一千三百九十六千二百五十四文。

一、董理宜慎选择。查殷实之户，每不乐于承充，而射利之徒又冀从中染指。善举废弛，皆由于此。兹特派定经董，以专责成。同治六年，着叶瑞荣、杨寿椿、程宪章、叶步丹承管，七年着吕坛儿、林钟英、曾润身、张师濂承管。一年一替。凡值轮管，每人给薪水钱十千文，于堰租内支领。所有岁修租息收支各款，立薄登记，年终册报。其有余存，交代接管之董，即具照收，并无亏短，切结送府备查。如甲年之董侵亏，即由乙年之董查禀究追。倘或扶同徇隐，事觉着赔。遇有大修之处，先禀请勘估办，不得擅便，以杜冒销。每日卯酉时放水，以便行船。嗣后按章经理，逐年修治。光绪二年，陡门损坏，知府潘绍诒筹款重修。叶穴碎石子，易于冲刷，更用石板，以期稳固经久。

[注释]

①本文摘自清光绪三年版《处州府志》卷四《水利志》中。处州知府元和潘绍诒重修撰。

②斗门故有桥，……，以弥其隙：这句话似误撰。斗门上的桥叫巩固桥，是提升斗门闸板时闸夫在上操作所用，并不是引山水入溪之桥。所以下句"为山水入溪处……以弥其隙"看，应指的是石函三洞桥。

[按语]

本文是清光绪三年版《处州府志》卷三《水利志》中有关通济堰的记载。

八、《清源郡何氏宗谱》（文摘）

[原文]

衛国（公）□通济堰石霸故实

開禧初，處之城西去十五里，鳳凰山之側，有堰曰通濟。蕭梁時，詹南二司馬始創置，障松遂龍慶四邑之水①，入大川。自寶定抵白橋，三十里餘，灌田二千頃。然為堰每被泉坑水②漲衝壞，官府間加苴，不能永固。歲一再治，民甚勞之。公乃訪求洪州石匠，置石壩截止松遂兩縣港水，甃石成堤。布欞③開閘，得宜防於民田。乃捐已貲，以酬其賣工。記，奏聞。上甚嘉之，以堰潭兩旁之山，十有餘里：東至平地嘴④，南至呂溪北埠⑤，西至堰後⑥，北至沿溪後至平地嘴，盡撥賜為公父墓，養木蔭薱⑦。是時，因與梁、王二姓為亲，東向內趺尚書梁故為葬地。又內畫五瓣蓮花，卑王給事為葬地。後南山等處皆賜公已墓之。山名額府山⑧是也。外同時所賜者土產租稅，書賜何氏。

[注释]

①障松遂龙庆四邑之水：此为误记。因龙泉、庆元二县水汇流，称龙泉溪，流经云和，在大港头入丽水境，称大溪。松阳、遂昌二县之水合称松荫溪，流至堰头附近入丽水境。通济堰拦水坝即筑在松荫溪上。再下游约1200米，才与大溪汇合，没把龙庆水拦入渠，为误记。

②泉坑水：位于大坝下游300余米，与堰渠交汇而入溪。因此木筱坝被冲坏，不应是泉坑水之故。故此处乃误书。

③布巇：布局，布置。

④平地嘴：平地，村庄名，位于通济堰大坝南岸的南侧山麓。平地嘴，地方土名，指平地村西南山麓处。

⑤吕溪北埠：吕溪，山坑土名，位于堰头村东北约1000米，吕溪北埠，指至该山坑的北岸。

⑥堰后：地方土名，位于堰头村西侧约1千米，现称堰后圩村。

⑦荫葍：荫祐，荫映。

⑧额府山：山地土名，位于堰头村东北侧约1千米，现名凤凰山。何澹墓位于此山地中，于1959年由浙江省瓯江水库文物工作组发掘清理。出土有墓志铭等。

[按语]

本文是《清源郡何氏宗谱》中有关何澹修通济堰的记载，文中可得以下资讯：

（1）通济堰木坝，官府间加葺，不能永固。岁一再治，民甚劳之。

（2）何淡访求洪州石匠，置石坝截止松遂两县港水，甃石成堤。

（3）工程完成后，奏报朝廷。遂以堰潭两旁之山，十有余里：东至平地嘴，南至吕溪北埠，西至堰后，北至沿溪后至平地嘴，尽拨赐为何氏所有。

九、清康熙三十三年《重建通濟堰碑記》

題書：栝郡劉侯重建通濟堰碑①

[原文]

自井牧沟渠之制廢②，生民衣食之地残弃於萬蒿菜之間者，何可胜數？有司者③格於因循積習之論，委天地之大川。熟視斯民之愁苦，不能出一議，而漫謂三代至今，廢坠者皆不可復。夫未施晷刻之功、纤毫之力④，而徒諉曰⑤：不可復。予疑其說久矣。浙栝蒼，在萬山中，地瘠甚，民若石，田遇旱立槁。所恃溪流灌溉，始获有秋。麗西鄉有堰，曰"通濟"。創自蕭梁詹南二司馬。障松遂兩溪之水，析流畝澮，引三百有餘派，分上、中、下三源，立七十二概，灌田二千餘頃，為利滋大。先是营築時，相傳有白蛇之異，咸謂神人所指，得就云。宋樞密郡人何公澹，重加甃石。又乾道間，郡守范成大修葺之。因三源立三則，列規條二十刻石，俾知所守。及元至正間，監郡公汲汲民事，俾梁君順得盡規畫。明萬歷，麗令樊君良樞，力為整葺，著堰志，今准則為。嗣後，屢圮屢復。因堰當山水橫動，舊置石函以避砂淤，於制稱善。歲丙寅，澤洞肆災⑥，洪波吞齒，堰悉以壞。議修復者，僉言工力浩繁，委為無可如荷。而農民緣以重困。郡侯劉公，下車以来，留心民瘼，百廢具舉。此歲偶值亢旱，斋戒步禱為民請命，甘雨立沛。時西鄉之民，以堰利未復，卒為旱患，合詞呼請。公慨然命駕出舍，而相度之。曰："此誠急務也。"遂捐俸重建。委幕屬趙君諱　督理。調度有方，民皆踊跃趨功，荷畚携鍤，任載挑浚，不遺餘力。時冬鮮雨雪，日暖氣和，若天有意以相其成。斯役也，始於癸酉九月下浣，落成於十一月下浣。两越月而堰制如舊，岂不偉哉？堰旁有龍王廟，并祀詹南司馬及何相國。今祭雖不輟，而棟宇就傾，為重建而新之。邑之士民，感公貽萬世之利，愿祠公於廟以志，弗護而欲，伐珉徵文，以傳永久。公固辞弗任，作排律二十四韻⑦以謝。而□民之情終不□□。余同年友王君珊，司諭麗邑，在公屬下，因眾倩走箋命屬辭焉。余思天地之大，利其裨益於民者，怕賴有人焉。創前古之未有，迨其廢也，又必有人焉，起而力振之。雖時移世異，一在千百年之前，一在千百年之後，而精神實默相符合。他不具論，独范石湖以守郡，曰修堰立三則，刻石垂後。其為詩清新綿邈，與苏陸欧梅相頡頑。公之詩，直可追配石湖。而守郡葺堰，又與石湖為一轍，其跻显仕身在日月之際，又岂出石湖下耶。公殆其後身耶。余固樂得而書之，憫⑧邑民之請，并報王君之命云尔。

賜進士出身中議大夫工部右侍郎中科會試正主考邻治年家弟徐潮頓首拜撰。

癸酉科歲貢門生葉孕兰頓首拜書。

郡劉候諱廷璣、字玉衡，號□□，□□遼海

舉人王繼祖、錢湛。三源堰長：魏敬申、陳聖功、周□□

三源總理：生員：紀觀光、紀五仪、王任祖、魏可人、何嗣昌、葉圭、何源浚

介宾：葉統所、周守重、梅仲先、周成養、谷正茂

上源公正：張正時（等36人）

中源公正：何士庶（等30人）

下源公正：周成千（等26人）

［注釋］

①本碑文为通济堰现存历代碑刻之一，但《通济堰志》漏收。其他历史文献中均未收录。笔者现录于此，以求资料完整性。

②井牧沟渠之制废：井牧沟渠之制，指重视农业水利工程的维护管理的制度。这里指水利年久失修，农田有失灌溉之意。

③有司者：司掌职权的人，也就是司牧之人，即指守土的官吏。

④晷刻之功、纤毫之力：晷，guǐ，比喻时光、时间。此句形容没有花一点时间去考虑这件事，没有出丝毫的力量去做。

⑤諉曰：推诿地说。

⑥澤洞肆災：澤洞，指水源溪流。肆災，指大雨连日，大雨成灾，洪水肆意横行。

⑦排律二十四韻：作诗颂二十四韵（首）。指《修通济堰得罩字二十四韻》。

⑧憫："慰"的异体字。

［按语］

本文是通济堰尚存的历史碑刻，但《通济堰志》漏收。为清康熙年间工部侍郎、中科会试正主考徐潮所撰，是清康熙三十三年知府刘廷玑大修通济堰的赞颂文章。

十、清同治十三年《碑示》①

［原文］

欽加知銜麗水縣正堂彭　為

勒石垂歲事②，照得③通濟堰規定之例森嚴，凡堰水所及之田，與堰水輪放之期載在

堰志，丝毫难紊④。所有七都之田，得受此堰水者，仅三分五釐⑤，其餘均不在堰水之列。乃新亭庄民人孙連富、孙俊杰、孙庚有、孙吉昌等輒敢私掘小沟，偷引堰水，實属大干堰例⑥。业已責押填塞⑦，以符堰規。誠恕後有效尤，特罰其勒石道左⑧，以垂綱戒⑨，免致移此再有所犯云。

右仰知悉。

同治十三年四月　日立

[注释]

①本碑示《通济堰志》漏收。其他历史文献中均未收录。笔者现录于此，确保资料完整性。

②勒石垂歲事：勒石，刊刻于石，即立碑。垂歲事，经历长久，不失记事。

③照得：查阅而得。旧时下行公文和布告中常用。

④丝毫难紊：丝毫难以紊乱。指条规清楚，不得紊乱。

⑤三分五釐：受堰水田仅有三分五厘。

⑥大干堰例：干，《说文》干，犯也。触犯，冒犯，冲犯。大干，严重触犯。堰例，堰规条例。严重触犯通济堰规。

⑦責押填塞：责成填塞私挖偷水小沟。

⑧勒石道左：刊刻碑示树立渠道旁。

⑨以垂綱戒：使堰规垂示以后。

[按语]

本文是清同治十三年丽水县彭知县为"所有七都之田，得受此堰水者，仅三分五厘，其余均不在堰水之列。乃新亭庄民人孙连富、孙俊杰、孙庚有、孙吉昌等辄敢私掘小沟，偷引堰水"处理的告示。

十一、清光緒二十四年《處州府正堂諭》①

[原文]

□□（欽加）道銜賞戴花翎特授處州府正堂隨帶加六級紀録十二次趙　為

□（遵）堰志，通濟堰向分三源，中支埧中、下二源，放水七日。南、北二支埧上源，放水□（七）日。丙寅，清前守②，將中支放低一尺；俾南、北、中三支平流無畸多畸少不均之□（處）。茲据魏元潤等呈称：上源南北二支見高，勢難蓄水；中支見低，水易疏流。上源南北一带，恒苦堰水一時不能畅通，灌溉失時等语。本府親臨履勘③，見南北二支地形稍高，中支放低一尺，地形較下，水性就下，一定之理。清前守籌劃數年，斟酌損益而定，本府何敢妄議更張④。惟查原称較舊則⑤放低一尺，是與舊則亦有變通。本府悉心体察清前守放低一尺依舊不必更動；祗遵舊制，乃高一尺安石于下面⑥，試行二、三年，均匀無弊則盡行⑦下去。所有新辦石工，即日辦好，新春方向大利，再行択吉安好⑧。本府撥洋拾元，即日具領可也。

時在

光緒二十四年歲次戊戌十二月。

[注释]

①本府正堂谕《通济堰志》漏收。其他历史文献中均未收于录。笔者现录于此，确保资料完整性。

②前守：前任知府。

③亲临履勘：亲自到现场踏勘、丈量。

④更张：重新另立一套方法。

⑤舊则：原来定下来的规则。

⑥乃高一尺安石于下面：变通采用安一尺高石条于闸下，提高挡水位。

⑦均匀無弊则盡行：给水符合上下源用水原则均匀而没谁多谁少的弊病，就可以执行下去。

⑧择吉安好：选择黄道吉日，安放好需置的石条。

[按语]

　　本文是清光绪二十四年处州府赵知府所颁发的关于三源轮灌、开拓概中支暂置尺高石试行的告示。

十二、清光緒二十六年《處州府禁示碑》①

[原文]

　　欽加道銜賞戴花翎在任候陞道特授處州府正堂趙

　　出示嚴禁事，照得水利設官所以禁強佔，示必均也。通濟堰分上中下三源，水行均有尺寸可守，載在堰誌。壬辰冬，因上源呈明，本府親履勘准，其仍用石砌，於下源並無妨礙。若中源本府令其照舊改回。乃敢妄行，將石砌高二尺有餘，使下源三年未沾水利。本府去秋勘明拆卸，膽敢聚眾砌還。此風斷不可長，為此嚴行示禁，三源人眾知悉。以後三源水利一切修工，均由分縣督率，照原來修復，不准妄行增放。如或城塘概砌石稍低，中源未能均沾水利，著公同商，酌略為加增，務使中源不致缺水，下源亦足，以資灌溉。倘再敢抗不遵行，即將阻撓之人提府，治以抗違之罪。並仰麗水縣會同分縣妥為經理。務使水利均沾，豐年共慶，無得移有偏枯。

　　切切特示。

　　右仰知悉。

　　光緒貳拾陸年正月十九日給

　　上源紳耆　魏元澗　魏際逾　魏際彪　魏瑞才　魏維球　魏修孟　葉胡熊　魏修忠　胡振海　胡能見　魏五峰　何碧風　湯徐茂　葉嘉呈　魏作唐　魏增餘　魏思齊　吳瑞寶　趙三東　張嫦寶

　　邑庠生魏葆昌敬書

[注释]

　　①本禁示碑《通济堰志》漏收，原碑存堰头詹南二司马庙内。

十三、民国十九年《麗水县公署諭》①

[原文]

　　麗水縣公署諭

　　王瑞炳與堰董呂調陽等互爭三源水利一案，經本署訊理庭諭如左：

　　此案兩告均依據堰誌第九條之規定為爭點，惟解釋該條文義，王瑞炳等不如堰董呂調陽等為充分。本知□因就該條文義上細為尋釋，得足證明城塘概中支確較東西支為低者有三：查誌載堰董紀宗瑤修理中□低於東西二支一尺有餘，以致受水不均，令飭董事葉瑞荣、林永年等重砌放低一尺九寸者，是明明除去原石□度外，較東西支為更低，此足以證明者一。誌載東西支各用平水石，于中支適平，□是與中支之底枋相平，非與中支平水石相平，故下文載有第六日戌刻則揭中支二枋等語，此足以證明者二。誌載第六日戌刻則揭中支二枋，閉□西枋木以濟下源，按所謂二枋者，一則游枋、一則閉枋。夫中支所以特加閉枋，以示非下源水期仍與東西支平□石相平，逢下源水期則二枋均揭，使水勢趨下，易於直達，此足以證明者三。基上各種證明，並參以該鄉各紳□□論，暨經本知事親臨履勘，情形亦均無異，應認王瑞炳等所禀堰董呂調陽等私改古制，低築城塘概為無理由，□□堰水利原為三源平均受享，輪到下源水期即使點適盖歸下源亦與中源無少損害尤無爭執之餘地，該董等□□遵照，毋庸加高改築以循舊制。王瑞炳、陳如立、陳正軒等糾眾唆訟無理取鬧應并嚴斥，特此庭諭。

　　中華民國十年九月二十日

知事鄭君醴

　　右係民國十年城塘概中支爭執之堂諭，自縣署裁決後爭禍始息，因勒碑以垂永久，以規城塘概中支較東西支為低，自古已然，南山可移，此案不可改也。附記。

　　通濟堰董上源呂調陽、中源沈國璠、沈國瑛、葉大珍、向士傑、下源葉□□

[注釋]

　　①本碑現存堰頭詹南二司馬廟內。

十四、民国二十八年《大修通济堰纪念碑》①

[原文]

民國二十八年

大修通济堰纪念碑

　　通濟堰創自蕭梁天監間，全渠長百數十華里，灌溉二萬餘畝。自光緒丙午倍迄無大修，渠道淤塞，農人時有禾枯之患。去秋浙江省農改進所諜興修各縣水利，命水利工程隊來圳測量，改建工程，計劃呈送建設廳發交本縣辦理。時值春耕將迫，余乃急赴圳頭巡渠。斯圳水利委員開會，復議於建設廳長允由省縣合作金庫持果放款，爰依原定計劃，乃請水利工程隊指導進行：將進水涵洞及聰渠土方工程招商承包。餘悉由本縣府督同水利委員暨當地鄉鎮保甲長征工辦理。自本年二月下旬至五月下旬完工。計包價萬餘元，征工火食及他項開支共一萬三千餘元。所費不滿三萬而斯圳之利益不啻倍。□於疇者年可增收米稻數萬担。此匪特麗民之私利抑亦長期。抗戰中增加生居之成效也。謹誌數言用彰盛舉。

　　中華民國二十八年六月　麗水縣長朱章寶敬撰

　　麗水通濟堰，創自梁天監中至宋乾道間，規撫始備。近因年久失修，渠道湮没，每遇旱魃，農田無從灌溉。定森有鑒於兹，特派本所農田水利工程隊前往測量，規劃並鳩，合里人集議修筑。祇以經費一時難於籌措，遂向省合作金庫貸款二萬七千元以舉之。綜計此次工程改建進壯總涵，一修復分水石概十四，蓄水石壩十七，添筑蓄水石壩十九，浚二十萬四千六百方有奇。凡歷四閏月而功成。是役也，民赴徵工畚鍤雲涌，热惰風烈備极。一時之盛然所聞望者，惟賴地方善護是堰而已，至阡陌豐穰，民不告罄。又豈定森一人為幸也。謹綴數言以誌紀念云爾。

　　中華民國貳拾捌年陆月叄拾日　　浙江省農業改進所所長莫定森謹誌

　　通濟堰水利委員會委員　周俊卿、闞韞玉、項叔平、林立、王珖、宋芹、魏献之、王月明、葉貞謙　仝立

[注释]

　　①本纪念碑是四方柱式纪念碑，四面刻有文字。

十五、民国三十六年《重修通濟堰碑記》①

[原文]

重修通濟堰碑記

　　縣西有圳曰通濟，距城五十二華里。其水自保定東抵白橋入大溪。婉延甚長，中分三源，疏十二派，均以七十三概。隨地潴之以為湖，溉田畝數萬計，實麗邑一大水利工程也。梁武帝朝詹南二司馬實創其始。厥後唐宋元明清，州守縣令視此為民命，代有興修，備詳縣誌，茲不贅述。民廿七年亢旱堰塞，經省建設廳長伍廷颺氏發動民力，墊款疏濬。未幾，抗戰事起，遍地烽烟，民皆顛沛，圳又失修，勝利以還，復員伊始，百廢待舉，一時無暇顧此，損失不貲。丙戌秋，志道奉命督政九區，鑒於戰後民力凋敝，元氣斷喪殆盡，復興農村厥為當務之急，修築農田水利又係復蘇農村首要工作。故下車伊始，念茲在茲未嘗一日去諸懷也。乃商請行總浙閩救濟分署撥發工賑麵粉共四百七十噸，督飭區屬八縣擇要擬具計圖表，預算分別核轉，一面肇動利用勞動服役，把握冬陳農閒，積極辦理。惟麗水工程較大，賑粉亦特增加為一百二十噸，通濟佔田十八噸，餘則為修築好溪圳、南明埠之用。與縣長侯軒明一再籌商並飭本署主管科長葉秀，會同縣府建設科長樓光詐等詳加規劃，即於是歲冬初發動沿圳有關之磐湖、保定、九龍、高溪四鄉編組勞動，服務隊候命興工，十二月中旬开始，迄卅六年四月止，閱時三月，凡疏濬渠道、修建壩閘等工程均告次第完成，規模宏偉，辦理亦較澈底。是役也，經之、營之、計日成之，苟非官紳之協力、民工之認真，曷克臻此地方人士如闞韞玉、王珖輩朝夕襄助，尤為難得。今而後農田賴以灌溉，產量無形增多，國計民生不無少補。豈徒復興農村而已，後之来者，其亦有鑒於斯乎，爰為之記以示不忘。

浙江省第九區行政督察專員兼保安司令徐志道謹撰

闞良材敬書

　　中華民國三十六年七月　　日

[注释]

　　①本碑是浙江省第九区行政督察专员兼保安司令徐志道重修通济堰记碑，记载民国三十五至三十六年重修通济堰事务。

十六、民国三十六年《专员兼保安司令公署公示》①

[原文]

浙江省第九區行政督察專員兼保安司令公署公示

　　諭船筏閘夫人等知悉：通濟圳口水閘嗣後規定：每日黎明開放一次，以利筏筏通行。餘時不得開閘，俾保水量而利農田。仰各週知。

　　專員兼司令徐志道

　　中華民國三十六年七月　　日

[注释]

①本碑是浙江省第九区行政督察专员兼保安司令公署告示碑，主要为过船闸开放时间问题。

十七、通济渠

　　古代灌溉工程，位于今浙江省丽水县碧湖平原上。相传建于南朝梁天监年间（502—519年），由詹姓和南姓两位司马主持。北宋元祐年间维修的文献记载至今尚存。南宋、元、明、清各代多次维修和扩建，灌田面积可达2000顷。

　　碧湖平原是浙西最大的河谷平原，自然条件优越。通济堰取水于大溪（即瓯江上游）的支流松荫溪，位于碧湖平原的最高处，为自流灌溉创造了条件。渠首为一横断溪水的石砌拦河坝，平面呈拱形。坝上游开渠口引水入干渠。有石函（立交建筑物）坐落干渠上，函上有渡槽，山间溪水汇流由渡槽上排出。有菜穴（函洞）排泄渠道过剩的来水。有斗门（溢洪闸门）作汛期排洪。全灌区共分三大支渠、斗渠、毛渠遍布河谷平原，中间有多处湖泊串联蓄水，以备河流枯水季节应用。在历代维修施工中，工程技术不断取得进步，多次采用水仓结构（一种围堰型式）。在施工管理和灌溉管理方面也积累了许多经验，都有文献记录保存至今。湖区延续使用了1000多年，一直保持到现代，能灌田3万余亩，使碧湖平原成为浙西最富庶的地区之一。

　　清同治年间，王庭芝等人编校了宋、元、明、清有关通济堰修筑和管理的文献，包括序、记、碑文及兴修条例、牌示等，辑录成《通济堰志》，是研究通济堰史的基本资料。

[按语]

　　这是篇民国留下的通济堰相关文字，录此供参考。

十八、清光绪三年《处州府志·古迹志·冢墓》

丽水县

　　梁詹司马墓　县西南三十里。即梁时开通济堰者。

附录二

通济堰现代文献[1]

---

[1] 文献内容在不改变原意的前提下，编辑时略作规范化修改。

一、瓯江水库文物工作报告之三——通济堰（摘录）（1959 年）

前　言

在全部人类历史中，有一半是人和自然界斗争历史。水则是人类首先碰到的自然物和自然力，又是人类生活中的必需品。在社会主义的今天，它既是农业"八字宪法"中的第一条，又是社会主义电气化的主要动力。历代劳动人民也曾和它做过卓越有成效的斗争。通济堰就是我们的祖先在这方面斗争的业绩之一。它是浙江历史最长、受益面积广阔，而且在工程措施上有相当成就的一处。

丽水县位于浙南山区，仙霞岭东支，括苍山脉盘亘境内，占全县面积的 85.5% 左右，全县平均高度在海拔 200 米以上。瓯江自西南角流入境内，会合松阴溪、宣平溪、好溪等水。贯流境内长达 180 余里，形成了沿江两岸的河谷平原，面积约为 8 万亩，仅占总面积的 2.5%，为全县最好的农业耕作区。其中，以碧湖为最大，占全县平原面积的 40% 以上。这里的收成好坏对全县的民生衣食有决定性的关系。据清代资料，旧处州府郡赋共计 3500 石，丽水县即占 2500 石。丽水的来源还是依靠碧湖。

全县气候温和，雨量充沛，常年降雨量为 1615.1 毫米，年降雨天数为 154～189 日。但雨量多集中于 5 月、6 月，占全年雨量的 33%。农作物正需要水分 7 月、8 月则雨量骤减到 117.1 毫米，相反地这两个月的蒸发量却高达 479.6 毫米，占全年蒸发量的 36.9%，蒸发量为降雨量的 153.5%（此数据可能有误，应为 409.6%）。造成了干旱情况，不利作物的生长。虽然瓯江干流的大流量 4680 立方米每秒，碧湖平原的海拔也只有 60 米左右，但由于山高坡陡，水流湍急，河床较低，常水位比两岸农田低 10～15 米，溪灌作用不大。自宋至清有记载的旱情即达 28 次之多。"雨辄溢、止则涸"。"雨不时则苗稿矣"以至"争升斗之水，不啻如较锱铢"，发生了"旱涝不常，农民告病"。所以碧湖平原水利的治理，就成为"国赋民食"攸关的重大问题了。通济堰之对于碧湖，古人就把它比作血管之对于人身一样的重要了。

概　述

通济堰的总体工程是以大坝截断松阳溪，将溪水引入渠道，驾石函自泉坑溪底通过，渠道干流长达 45 里。干流按地形筑坝二道，将干流分成上、中、下三源。利用水闸在每段干流上分出许多支渠，密布全面，并在相应地区开凿湖塘蓄水，以备溪水不足。再在干流上段开叶穴，直通大溪，以泄洪浸。在整体布局上，可以说照顾到了蓄、灌、泄三个方面。整个碧湖平原 3 万余亩，全收其排灌之益。在每个具体工程项目的建造技术，也都有许多妥恰的措施。就大坝、石函、渠道三个方面历史的形成过程分述如下：

（1）大坝：坝址选择在松阳溪与瓯江交流口附近。瓯江水大流急，截流建坝决非古代技术所能胜任。松阳溪则水力较小，这里地势平坦，流速减弱，使坝体负担减轻，而且河面较宽，可以把水力分担在较长的坝面上，减少了单位坝体的压力负担，而且便于开凿灌溉渠道。再说，处在二溪交流口附近，在洪水期间，坝下可以受到瓯江回流的顶托作用，又能减弱了洪水对大坝的压力。就从现代的水利技术角度观察，当时坝址的选择是基本正确的。

坝体采用拱形，据宋代时候民间传说，梁天监四年司马詹氏、南氏始为堰，功久不就，一日有一老翁指之曰："过溪遇异物，即营其地。"果见白蛇，乃循其迹以营之，乃就。这段传说可解释为当时劳动人民观察了蛇的婉曲游行的情景，创造了拱形坝体或是坝成后，水自坝顶冲过，状如白蛇蜿蜒于溪中。可知当初大坝确为拱形，后人曾有"胜若宝带"之颂，亦可作为拱坝之旁证。力学上拱券的应用在水坝上，除了能将坝体中心之负荷分移到两端，加大了坝体的负力性能外，而且在施工上只要加固两端的基础，就能保证坝体的稳固。因为两端基础位于岸上，施工较水中为易，而且还能利用自然山形的便利，这样可以减轻坝体自身的重量，从而可免去或减少中段坝底的清基工作。另外，由于拱坝坝身的实际长度比河面为圆大，这样就等于加大了截流河面的宽度，加大的负重的总面积，也就又进一步减弱了坝体单位面积的压力。这一套力学原理的应用，具体地反映了当时设计施工上的杰出成就。以至在 1955 年重修时，经过现代水利技术的考察以后，决定仍然按原状复建。一位当时参加这项工程的水利技术人员说："大坝能经过1000 年使用到现在，这就是最具体的证明，它当时设计是合理和正确的。"

在宋以前大坝系用木建造。在宋乾道三年（1167 年）范成大堰规中有"不得擅自倒拆堰堤""遇兴工役……入山砍筱，每工限二十束，每束长一丈围七尺"。明万历三十二年（1604 年），对上述堰规的按语称："堰规凡廿条，今去堰山一条……盖旧堰每年自春初起工，用工筑成，堰堤取材于山，拦水入堰，自开禧元年郡人参政何澹，筑成石堤以图久远，不费修筑，因请于有司，给此山。"元至正四年（1344 年）修通济堰碑载："宋元堰坏……大抵采木　藉土砾截水，水善漏崩，补苴，岁惫甚。开禧中郡人枢密何公澹　甃之以石"。根据上面的记载，在宋乾道以前确系木筱坝，至元至正四年（1344 年）已是石坝。南宋开禧元年（1205 年）何澹主持改成石坝，虽然没有当时记载为依据，尚大体可靠。这次修建对坝体的巩固上是有一定的价值，主持者何澹也捞得到十余里宽阔山场的油水。

据传说，当时水深流急，基石无法下到基坑，田里的稻苗却正需水甚急，众人眼看着急湍的溪水束手无策。正在这个焦急的紧要关头，一位穆姓青年挺身而出，甘愿入水探基，乃手持砻糠两袋，转身对众人说："我到基坑即将砻糠放起，请诸位即对准浮糠投以巨石。"言毕，昂然跳入水中。这次堤是修成了，这位穆英雄为了它付出了年青的宝贵生命，上天感之，封为通济堰龙王。所以现在坝旁庙中的龙王塑像无长须，碑文也不像通常所见的什么四海龙王之神位，而是通济堰龙王之神位。这个悲壮的故事具体生动地刻画了当时劳动人民和自然斗争的英雄壮举。

关于坝体的建筑，在元至正四年碑文里有"于是且健大木，运壮石，衡从次第压之，阔加旧为尺十饬"。在 1955 年拆除旧坝时，果在坝底发现排列有巨松二层。现代叫做"眠牛"，这因坝底为卵石层，坝基不稳，设上"眠牛"就能均衡坝身的重量。到了明代，在万历四年（1576 年）的修堰记载中有"因先为水仓百余间，障此狂流，始下石作堤，凡数百丈"。清康熙三十五年（1696 年）的修堰记载更为具体："十月九日诣圳所，黎明到堰，先开斗门放水，又令人夫柁树，木匠造水仓，铁匠打锤，每源公正各备簟皮一条，放入水仓之内，人夫挑砂石填满，十八日青景二县石匠分为东西两头砌起，不日造成。"并有诗云："……郯封求大匠，附近役丁男。冶铁炎飞红，搜树砍翠岚。渊渊寻故址，垒垒列新龛。手上千钧转，肩头数里担。沟深应费锸，沙拥急须篮。……"大概当时的水仓就是现代的围堰木笼吧？

根据 1955 年修坝设计资料，坝长 275 米、宽 25 米、高 2.5 米。较旧坝高 0.45 米。

（2）石函：在坝北一里，有发源于附近的一条小涧，叫泉坑，自西向东流。通济堰的干渠必须穿过此涧向北引流。涧底高而渠水低，平日涧水涓涓欲断，如降低涧底高度，势必分减干渠的水量。否则一遇大水，即挟大量的泥沙、卵石填满渠道，渠水为之断绝。需大量的人力疏掘。这样坝虽成而不能全其利。宋政和初年县令王禔实请叶秉心谋划解决。民间传说叶秉心终日徘徊在渠、坑的交叉点，想不出办法，天上的观世音感叶治水心切，一日化作老妇在水边浆洗脚纱，看见叶秉心走来，故意将脚纱高高地在水面飘忽摆弄。叶见之骤然领悟到，可以建一水桥，将泉坑的水从渠道上引过，这样既不走失渠水，又可防砂石的阻塞，回头一看，老妇已逸化而去。于是就建成了下为石函、上为水桥的建筑物，使坑流、渠水上下贯通，各不相扰。这当然是一个神话故事，但水桥这一形式却为现代山区自流灌溉中大量地采用，在这一创造中谁知道所谓的观世音不正是一位不知姓名的老太太呢？

当初水桥两端的栏板还为木质，雨积则腐水深则荡。到南宋乾道年间，由进士刘嘉主持，换上石板，并以铁砂胶固之。到清同治年间，再将水桥桥面铺板改成雌雄缝。这样才完全免去了泥沙的渗漏。

（3）渠道：碧湖平原长约 40 里、宽约 10 里许，形如树叶。大坝却位于叶柄的顶端。堰水如何引灌？能使 3 万余亩的农田兼收灌、排之利，这是一个非常困难的问题。如单渠引灌，则渠道迂回曲折，势必水流缓慢。上流可足而下流无及。如遇洪涝更无法排泄。如分渠引水，则水量分散，非但稍高之田不能受灌，低田亦嫌不足，能灌而不能排。而且渠道工程一经形成，返工修改已非易事，不能作大规模的现场试验。故而事先的设计安排非常重要。

相传设计者日思夜虑，以致废寝忘食，仍得不出眉目。他有一个小女儿，一日骑竹马自外戏归，见父亲愁眉不展，茶饭不进，一定要父亲说出心事，并愿共同设法解决。父亲就把设计渠道之事说出，只不过是为了宽慰小女儿一片天真纯洁爱父的心思罢了。不料小女孩听后，即举起手中的竹枝说道："可照我这样做。"于是就按竹枝分枝的样子造成干渠、支渠相结合的统一合理的渠道网。这个故事反映了在这项杰出的设计中，有一个天真活泼的小女孩的智慧。

干渠自大坝起，纵贯全平原，直到白口再注入大溪，全长 45 千米，宽 2.8～1.8 丈。因地势筑水闸将干渠分成上、中、下三源。再分凿支流 321 条，分成 48 派。在这些渠道上造了 72 座大小水闸。利用水闸，提高水位。灌注各小渠，各支渠下端是利用尾闸扫蓄余水。使碧湖平原 3 万余亩农田全收其利。如遇洪涝将各水闸敞开，很快就可泄洪之用。形成了以引灌为主，储、泄兼顾，适合于本地缺水情况的水利网。使这崇山峻岭的小平原变成河泊交错的水网地带。总计渠、泊的开挖量何以数万计的土方，这正是成千上万劳动者的血汗结晶。

这些渠道开凿于封建社会，不可避免地打上了封建私有的烙印。首先表现在干渠上段（保定附近）。由于这一带渠水低、农田高，不受渠水灌溉之益。因此谁也不敢去触动那批有财有势的封建地主"神圣"的私有权。渠道只得作非常不合理的迂回前进。这样一来增加了渠道的开挖量，这仅是问题的一面。更主要的是降低了流速，从而减少了下流的水量，造成了下源干旱时"争斗升之水，如较锱铢"。

二上源水分支，东支仅长5里，灌田1500亩，每天只需水约9000立方米。由于势力的把持割据，进口断面宽达2米，每天的进水量达3万多立方米，费了九牛二虎之力引来的水量有2/3白白地流回了大溪。

管 理 制 度

通济堰是一个巨大的水利工程，必须有一套完整的管理制度。管理的完整的状况，也就是这工程的使用程度。自宋乾道五年（1169年）就有成文的管理制度出现——堰规。这是一种人和人的斗争，属于生产关系的范畴，它带有明显的历史色彩。兹是用水制度、经费负担制度和管理机构三方面的沿革情况分述如下：

（1）用水制度：通济堰的水量，按现代的统计资料，每天共引水约20万立方米。自南宋初年开始，即按干渠所分之三源采用分期轮灌法。每年春初即封大坝放水入堰，平时所有水闸全部畅通，自由灌放。到了旱时则利用三源水闸的启闭，每源轮灌三日。即头三日将上源干渠闸闭，开上源支渠。第四日闭支渠，开干渠，水灌中源。闭中源支渠。第七天，上、中源干渠均开，支渠尽闭，水灌下源，周而复之。到明时，因下源水远流长，改放4日，后又改为3日。轮放的日迹延长到自春分开始到秋分结束。这种制度下有的支渠田少，根本用不了这么多水，如上源支东。造成了水的浪费。而且各地作物种类、生长季节、土壤情况本来就不相同，因而需水量亦各异。但在私有制的社会里却只能使用这种生硬、死板的办法，虽然在订立这套制度时，竭力动员了各界人士参加。如明万历年间，竟有72位代表人物出面签署。但整部从宋开始的《通济堰志》里几乎全部是偷水盗水水利争执的记载。

新中国成立以后，随着封建的土地所有制的废除和合作化的发展，耕作制度亦随之发生了变化，连作稻大量推广，但三源轮灌的制度造成的10天中有7天停水期和这新的耕作制度发生了严重的矛盾。在党的正确领导下，1956年农民出身的水利专家汤关金同志创造了"统一水平推"的用水法，即根据田亩多少，作物生长时期和土壤情况，订立每个地段的用水比例，再根据这一比例调整了各分水口的宽度和高低控制每个地段的用水量，并且免除了轮灌时的水量浪费。原来比较大的一支专业管理队伍变成了多余，从而节约了管理费用和人力。同时水道畅通以后，利用渠道的落差安装了水轮泵3台，使600亩水田得到自流灌溉。再装了13台抽水机，灌田3000多亩，节省了车水劳力1万余工，并且兴建水电站3座，满足了照明及部分工业的用电。

（2）经费负担制度：在木坝时代，原有10多里堰山，长蓄树木，修堰的原料可以自给。按宋乾道堰规，常年的维护经费是按插秧把多少计工或出钱。大修的经费开支亦"募田多者输钱"。这制度是合理的。元至正时改用"承溉田亩计赀，佃民量丁口任数"，这样占有大量土地的封建主就剥削了少地或无地的劳动力。到了以后，因用水纠纷的处罚，或接收寺产及无人继承的遗产等逐渐地建置了一批堰产。到清末计可收租合281石5斗2升，又银10两5钱。已能满足经常维护费的需要。这样就用封建地租的方式，由无地、少地农民负担了全部经费。身为堰长、堰董的地主们，就可以不费分文和劳力，而广收水利的实益。这里特别要指出的所谓主持修建或维护工程的人物（这些当然都是大地主或其代理人），竟公开对堰产进行掠夺。首先是宋开禧元年大修的主持人大封建地主枢密院兼参知政事何澹，借已改成石坝，就把 10 余里的堰山占为己有。再如对堰产的开支，根据清光绪三十三年官方颁定每年开支各款中统计，其中什么祭祠费、收租费、经董伙食费、夫马费、油朱费、润笔费、役差费等巧立名目的开支 12 项，计大洋 151 元，又谷 16 石，全归经董、县丞等私人收入。另外还要交官粮 66 元。真正用在工程维护、管理的工资以及材料费则有大洋 10 元、大钱 80 千文和谷 50 石，约占总收入的 1/3。要知道，这仅仅只是官方颁定的合法开支，实际情况已无法作确实的考查，不过从堰规中列有禁止堰首、堰董大摆宴席、酗酒等条文里，还能看到这本黑账的一角。

这种不合理的负担制度，当然农民不满，不愿积极出工修堰，于是堰董们就搬用政权力量，限派每年民工 3000 多工（每户一人），并规定，为了使负责催促农民工商堰做工的地保不"饕腹从公"，每户每年应交谷 1～3 升，这样在被剥削的农民身上又掠夺了稻谷 60 担。

（3）管理机构：在宋代已经有专职的管理机构，计有圳首 3 名，负责巡视和收支钱物、人工。另设田户 3 人，每月轮一人充监当人，每设甲头负责催工上堰。另设堰匠 6 人，看守大坝和各处水闸。其中除堰匠外，其余全按土地多少保举，享有免堰工及其他差役的权利。所以一开始，工程的管理权就落入地主阶级手中。到明万历年间，每源又添设总正一人、公正一人，每大概设概首一人。直到清代末年，除堰长、总理外，增设董事 19 名，并在碧湖、堰头设永久和临时的办公处所，其中常年雇用的服役人员就有 8 人。各概闸夫也增设到 11 名。如将催办堰工的各地地保计算在内。这套管理机构就庞大得相当惊人。这里一方面反映了地主集团间水利斗争日益尖锐化；另一方面也反映了地主阶级对这批永置堰产的瓜分情况。

新中国成立以后，这个庞大的对工程管理不起实际作用、已经官僚化了的上层管理机构不再存在。随着"统一水平推"用水法的施行，使实际管理人员只要一人就能负担，从而大大地节约了工程管理费用。这也只有在中国共产党的正确领导和社会主义制度下才能实施。

建 造 年 代

现存较早的文献为栝堰守会稽关景晖《丽水县通济圳詹南二司马庙记》（此文在宋绍兴八年七月由汶上赵学老访得并刊之于石，原石已毁。现存之碑为明洪武三年丽水知县重立）。文中记载：宋元祐七年（1092 年）县尉姚希修理通济堰的情况，并记明原来已有堰渠"四十八派……概民田二千顷……堰旁有庙曰詹南二司马"。由此可知，此堰创建于宋之前是肯定的。文中还记载着一段访问实录："常询诸故老，谓梁有司马，詹氏始谋为堰，而诸于朝，又遣司马南氏，共治其事。……明道中，有唐碑刻尚存后以大水漂亡数十年矣。"根据这段访问，把堰的创造年代又可上推到唐代，还是妥当的。

关于现存"关文"，系据明初二次重刻之本，其真实性如何？当成问题。堰志另载宋文两篇，文中均有渠詹南二司马创堰的记载，但亦无当时原刻为据。今年（1959 年）在堰头附近发掘了宋何澹父子等墓葬 4 座。这 4 座墓所在位置和上述宋文之一关于堰山记载相同，根据各方面记载的材料，这片何氏墓地原是占自堰山，它们证实了宋文的可靠性。另外在堰头还保存元代石碑一座，记载也和宋文相似，可作为宋文记载真实性的重要旁证材料。

至于詹、南二司马创堰之事，在那块传说的唐碑里是否有所记载，当不得而知。但晋氏东渡以后，江南的农业生产曾有较快的发展。

丽水南明山高阳洞和青田师门洞都有晋人题字。丽水的吕布坑在六朝末已形成了一定规模的治瓷工业。而且从在碧湖附近沙溪两次冲出大批的铜钱来看，早在汉代，碧湖平原一带已有相当的财富积累或冶炼工业作坊。再据实地调查，在瓯江沿岸的云和镇附近、丽水城关镇附近都曾发现春秋战国或其以前人类活动的遗迹。根据上述旁证材料来看，萧渠时代创建通济堰亦不无可能。

结 束 语

通济堰水利工程，它至迟在宋代已经形成了一个由 275 米长的大石坝、45 千米长的干渠和 120 余条支渠组成，灌溉农田 3 万多亩的伟大建筑工程。经过 1000 多年来 9 次的修建，一直使用到现在。是浙江省历史最早的一个水利工程。

在整个工程中，以引灌为主，排、蓄兼顾的整体设计方针，宽河面的截流、拱形的坝体、石函引水桥，一直到竹枝状干、支渠道的布局，等等，都是古代水利技术上的杰出成就。它写下了中国古代技术史中光辉的一页。从白蛇示迹、老妇浣纱、女孩献策等传说里，说明了这一系列合乎现代科学原理的设计，乃是无数劳动人民集体智慧的创造，而且也有像穆郎那样奋不顾身的青年英雄的业绩。

群众的智慧、集体的力量、英勇而坚忍不拔的劳动、奋不顾身的斗争，终于驯服了湍急的狂流，战胜了泉坑的淤积，给这块广大的平原每天引来了 20 万立方米的水量，于是"无桔槔之劳，浸瑶之患""发虽凶而田常丰""受堰之田永为上腴"。

有诗曰：

……

自然东作好，无复夏旱虫。

复喜禾苗秀，秋当稼穑甘。

门前衣浣白，下阶米淘泔。

事事行无碍，年年乐目湛。

……

在这场大自然的搏斗中，人成了胜利者，出现了大面积的丰收景象。通济堰水利工程的成就，就是一首人定胜天的美丽赞歌。

在私有的封建土地所有制下，三源轮灌的制度固然不能充分利用堰水的潜力，而且实际受益的则是地主阶级。随着堰产的设置，大土地所有者把经常的工程维护费逐渐转嫁于无地或少地的农民身上。按丁出工的制度，身为堰长、堰董的地主们，当然不需参加。这又成为地主阶级对农民一种额外的劳役盘剥。而且这批堰长、堰董老爷们，更以巧立名目公开侵吞堰产。至于暗中的贪污渔利、敲诈勒索，那就更不在话下了。劳动人民辛勤创造的通济堰，反过来却成为劳动人民身上的锁链，使自己受到进一步的剥削和奴役。

新中国成立以后，通济堰的水利也和社会生产力一样得到了解放。大坝修建后，水量增大了 3 倍，"水平推"的应用改变了"饱三天饿七天"的情况。水轮泵，抽水机等先进工具的安装，水电站的建造等措施，就使通济堰以新的姿态出现在碧湖平原上。它把碧湖平原 2/3 土地的抗旱能力提高到 50～100 天。堰水所及区域出现了连年的特大丰收，当地劳动人民丰衣足食，过着美好的幸福生活。随着社会生产力的发展，人们对水的控制利用能力日益提高。在不久的将来，通济堰将完成它的历史使命，被另一个更伟大、更美丽的工程所代替。

　　注：这项工程指计划中的瓯江水库。后因苏联专家撤走而下马。

一九五九年十月二十一日

二、浙江省人民委员会《关于第一批全省重点文物保护单位名单的通知》（〔61〕文化字 164 号）

　　省人民委员会同意省文化局从原来省人民委员会公布的两批文物保护单位中挑选 31 处，并补充 11 处，共计 42 处，作为第一批全省重点文物保护单位，现予公布。省文化局应当继续在县、市级文物保护单位中选择具有重大历史、艺术、科学价值的，分批报省人民委员会核定公布，并协同有关地方和部门加强保护管理工作。

　　各专员公署，各市、县人民委员会应当根据国务院《文物保护管理暂行条例》的规定（见《浙江日报》四月三日第二版），在短期内组织有关部门对本地区内的全国重点文物保护单位及全省文物保护单位，划出必要的保护范围，作出标志说明，并逐步建立科学记录档案；同时，还应当督促有关人民公社做好所辖境内的全国重点文物保护单位及全省重点文物保护单位的保护管理工作。

一九六一年四月十五日

　　附名单：
　　（三）古建筑及历史纪念建筑物（共 13 处）
　　通济堰　萧梁　丽水碧湖
　　（其他略）

三、浙江省人民政府《关于调整和重新公布省级重点文物保护单位的通知》（浙政〔1981〕43 号）

各地区行政公署，各市、县人民政府，省政府有关单位：

　　我省素称文物之邦，保存在地上，地下的历史文物和革命文物极为丰富。一九六一年和一九六三年，省人民委员会曾先后公布过两批省级重点文物保护单位，共 100 处。这许多文物保护单位都是珍贵的文化遗产，是中华民族几千年历史发展的一部分实物例证，是向广大人民群众进行历史唯物主义和爱国主义教育的重要教材，对于建设社会主义文化有着积极的作用。但是，由于林彪、"四人帮"的严重干扰和破坏，我省历史文物经历了一场浩劫，许多重点文物保护单位遭到严重破坏，有的已经无法恢复。为了加强文物保护单位的保护管理，现将省级重点文物保护单位重新公布。望你们切实做好在本地区范围内的全国重点文物保护单位，省级重点文物保护单位的保护管理工作，尽早逐步建立科学记录档案，落实管理。对市、县级文物保护单位，也要做好调查研究工作，提出调整充实方案，尽快予以公布。

　　附：浙江省级重点（文物）保护单位

浙江省人民政府
一九八一年三月十三日

附：丽水通济堰（萧梁）

（其他略）

四、丽水县人民政府《关于同意划定省级文物保护单位通济堰保护范围的批复》（丽政发〔1984〕39号）

县文化局：

你局（84）18号《关于划定省级文物保护单位通济堰保护范围的报告》悉。

我县碧湖通济堰和南明山摩崖石刻是浙江省重点文物保护单位。根据《中华人民共和国文物保护法》的有关规定，为切实加强保护，县人民政府同意划定通济堰和南明山摩崖石刻保护范围如下：

一、通济堰保护范围包括：

大坝、三洞桥（含附属建筑文昌阁）、护岸香樟、大坝至三洞桥主渠道、通济堰水利碑刻。任何个人或单位都不得损坏。

大坝至三洞桥渠道两侧二十米内为建设控制地带，须保持通济堰原有环境风貌。此地带内的基建活动，须经上级文化主管部门同意后方可进行。

二、略

特此批复。

丽水县人民政府

一九八四年六月二十六日

五、浙江省文化厅、城建厅《关于审定省级重点文物保护单位保护范围和建设控制地带的批复》（浙文厅物〔1986〕71号）（浙建设〔1986〕216号）

丽水市人民政府：

根据《中华人民共和国文物保护法》第九、十、十一条的要求，及省人民政府（1984）268号文"关于划定省级文物保护单位的保护范围，建设控制地带，由省文化厅为主，并会同省城乡建设厅审定"的批复。经研究，同意一十八处省级重点文物保护单位保护范围及建设控制地带。请各有关市、县文物、城建部门共同做好以下工作：

一、按《文物保护法》第十条要求及省文化厅、省城建厅今年1号文件精神，参照北京市的经验，商定、落实这些文物保护单位的保护措施，并纳入风景名胜区或村镇规划。

二、加强文物保护单位保护范围和建设控制地带的管理工作，在已划定的保护范围内不得添建新建筑，在建设控制地带内不得进行违反规定的建设。

三、做好宣传工作。使有关单位和群众了解文物保护单位的保护范围和控制地带。提高认识，自觉遵守《文物保护法》的有关各项规定。

浙江省文化厅

浙江省城建厅

丽水：通济堰

六、关于资助整修开发碧湖通济堰的通告（1988 年）

碧湖通济堰建于南朝梁天监四年（505 年），迄今已有 1400 多年，是浙江省历史最悠久的大型水利工程，系省级重点文物保护单位。

通济堰位于瓯江与松阳溪汇合处。拦河大坝长 275 米、宽 25 米、高 2.5 米；干渠纵贯碧湖平原，全长 23 千米，支渠 321 条，水闸 72 座，以灌为主，蓄泄兼顾成竹枝状水利网，它担负着碧湖平原近 3 万亩农田的灌溉任务。1954 年丽水县人民政府曾进行过一次修理，但经过 30 多年的风雨剥蚀，渠岸倒塌，淤积严重，灌溉效益日趋减弱。为了充分发挥古老水利工程的作用，继承和发扬"万众治水"精神，经研究，决定对其进行一次全面整修。所需经费除向上级有关部门申请补助外，要求社会各单位、各界人士给予大力资助。现将资助办法通告如下：

一、资助对象：驻丽水国家机关、群众团体、厂矿企业事业单位、乡镇企业、专业户、华侨及有一切有志于振兴丽水经济，为古老通济堰重放光彩的集体和个人。

二、资助办法：坚持自愿与义务相结合。凡集体和个人的资助款，都由碧湖通济堰整修开发指挥部丽水和碧湖办事处开具收款凭据，并发给纪念券。

（余略）

资助人民币贰拾元以上壹佰元以下的个人或集体，在纪念馆芳名匾上予以记载；资助人民币个人为壹佰元以上，集体伍佰以上的，视金额大小，在纪念碑上记载或建立专亭等形式给予树碑立传。

三、资助时间：一九八八年五月一日开始。

丽水市碧湖通济堰整修开发指挥部

一九八八年五月一日

七、通济堰整修开发研讨会纪要（1988 年）

11 月 8—9 日，1988 年省水利厅、省文化局文物处、省水利水电勘测设计院一行 9 人，应丽水市人民政府邀请，与丽水地市水利部门、文物管理部门、碧湖区公所及有关部门、有关人士就通济堰的整修开发问题进行了研讨。丽水市副市长朱仁君，浙江省水利设计院副院长、高级工程师朱伟伟，省水利厅水利志主编李绪祖，省文化局文物处处长姚仲源，丽水地区水电局局长黄金根及地市有关部门负责人、专家在研讨会上发表了整修开发通济堰的意向性讲话。

浙江省水利厅、省文化局文物处、省水利水电勘测设计院的有关领导、专家对如何整修开发通济堰提出了极其宝贵的意见。研讨会上，省水利设计院还携带了建造通济堰纪念馆及堰头村配套建设的两套方案。与会代表就这两套方案及全面规划进行了热烈的讨论，经过科学地论证、广泛发表意见，进行了可行性的探讨，取得了如下一致性意见：

（一）拦水大坝

通济堰水流量受多因素制约，为了增加水流量，枯水期往往采用塑料薄膜压面，铺泥等临时措施加高坝体，以增加流量。说明增加大坝高度有一定的必要性和迫切性。考虑到拱形坝体有文物保护的特殊性和增加坝高存在一定的难度，因此，工程技术上需进行进一步论证。待进一步考察论证，取得科学依据后再行定论。前期工程需着眼于修建渠道、流通淤积、改造有关闸门等途径来增加水流量。

大坝下游，筏道右边原防汛坝被洪水冲坏，使下泄水流改道，向坝基横向穿越，危及大坝安全，确定修复顺坝，恢复大坝下泄原来直向流经的轨道。

（二）大坝进水闸

考虑到现在大坝进水闸启闭方式原始，劳动强度大，操作人员不安全等因素，决定改进现进水闸人工启闭装置，在现通济闸上建造梁架机械启闭设备。不另行开辟新建闸门。

（三）渠道

通济堰渠道受千百年风雨侵蚀，不少地段倒塌、缺口，严重影响灌溉效益。据此，决定在通济堰干渠全线进行干砌石头包坝。视资金情况采取分段实施。同时，从今冬开始着手对干渠、支渠、毛渠进行全面清道、清淤。对过于迂回弯曲的渠道要做好勘察设计，进行科学分析，给予改道取直。整修后的干线渠道要有计划有步骤地开发利用，种植柑橘、葡萄或其他观赏植物。

（四）通济堰纪念馆

为了发扬光大通济堰的悠久历史和灿烂文化，使通济堰文物重放光彩，决定定名建立通济堰纪念馆。

通济堰纪念馆馆址原则上确定建在现龙庙（即现在通济堰碑刻管理房）或龙庙附近。考虑到现龙庙占地面积较小，需在其正前方砌坝扩展，并在其周围征用土地延伸。扩建方位和占地面积待丽水市水利局会同有关人士、有关技术人员实地调查勘察后，再行决定。

通济堰纪念馆建筑形式采用仿古式。由丽水市水利局出具项目委托书供浙江省水利设计院参考。

（五）"绿岛"

为了美化环境，确保通济堰整体上的完美性，"绿岛"（大坝下方北侧至三洞桥上的翠竹园）中已建和在建的几幢民房，由丽水市土地管理局会同新合乡政府、碧湖区公所，立即通知户主定期拆除。三洞桥到龙庙（沿水渠）的村道，其两旁的中栏、猪舍、厕所等一应附属物及有碍于整体规划的民房亦限期一律拆除。同时计划在此村沿渠一线设立栏杆或石条凳。

为了使"绿岛"更具游览价值。优化环境，吸引游人，确定在"绿岛"内建立具有自然风韵、山区特色的若干亭阁，并在大坝南端山坡上建造临江亭台一处，坝内库区设若干游船，以供旅游者休憩、观赏。

（六）文物古迹

为了抢救通济堰文物，使之重放光彩，发挥其历史价值。市、区、乡各级各有关部门要以行政手段和强有力措施收集散失在各地的碑刻、石雕等有价值的一切文物，并组织力量重新琢刻《通济堰志》上所列的历代碑文。同时在纪念馆内塑造詹南二司马像，陈列历史碑刻；设置水系分布模型沙盘，以反映历史面貌。

确定重修文昌阁及瓦式水埠等风景点。文昌阁下方建立停车场。

（七）水质

通济堰拦截流经的松荫溪水，因上游造纸厂等工厂所排废水之污染，水色酱黄、味苦涩，水质差，不但影响"山清水秀"，大煞风景，且有碍于通济堰流域及瓯江下游水系的作物生长养殖及人类健康，此乃一大隐患。城建、环保部门及其他有关单位下决心与松阳县交涉，以环境保护法为依据，清除污染源，或采取切实的防污染措施，确保通济堰水质的清洁度，恢复"小桥流水映碧天"之风貌。

此会议纪要于 1988 年 11 月 9 日下午 5 时一致通过。

附：出席研讨会人员名单（略）

丽水市碧湖通济堰整修开发工程指挥部

一九八八年十一月廿八日

八、通济堰文物保护责任书（1989 年）

丽水通济堰水利工程始建于南朝萧梁天监年间，在国内外有重要的影响，现为浙江省重点文物保护单位，并被推荐为第四批全国重点文物保护单位。根据《中华人民共和国文物保护法》和《浙江省文物保护管理条例》，特制订保护责任书。

（一）通济堰水利管理委员会（碧湖灌区水利管理委员会）为丽水通济堰保护管理责任单位，直接负责管理和保护工作。

（二）通济堰保护范围包括：大坝、进水闸、三洞桥（含文昌阁）、护岸香樟、大坝至三洞桥梁段主渠道、碑刻等，任何单位或个人不得损坏和改变，并不得进行其他建设工程。

大坝至三洞桥段主渠道两侧各 20 米为建设控制地带，必须保持通济堰的原有环境风貌。

任何涉及通济堰保护范围和建控地带的建设活动都必须事先经省文物主管部门同意。通济堰其他地段的修缮，也应本着保护历史原貌的原则，并事先报知市文物管理部门。

（三）通济堰水利会严格按照国家规定的通济堰保护要求，进行经常性检查，坚持按法律程序办事，防止违反文物法规和有损通济堰文物的行为发生，并承担相应的法律责任。

（四）通济堰水利会要在灌区加强爱护祖国文物的教育，宣传通济堰的重要价值、文物保护法规，形成人人爱护通济堰文物的良好风气。在市文管部门协助下，巩固和发展堰头村等文物保护管理小组，发挥业余文保员作用，管好大坝等重要文物。

（五）市文管会办公室根据法律规定，行使监督管理权和业务指导，对通济堰保护管理工作进行检查和监督。

本责任书正本一式六份，分别保存于省人民政府办公厅、省文物局、市人民政府、通济堰水利管理委员会、市水电局、市文管会办公室。

责任单位：通济堰水利委员会

监管单位：丽水市文管会办公室

一九八九年

九、通济堰整修开发工程文物保护会议纪要（1991年）

1991年1月10—12日，浙江省文物局文物处姚仲源处长，杨新平同志一行二人应通济堰整修开发指挥部、碧湖区公所邀请，来丽水对通济堰整修开发工程的文物保护问题进行实地考察。

1月11日，省、地、市文物部门，市水电局并碧湖区领导一起到通济堰现场考察，听取水利部门和区公所的整修工程设想，并进行了座谈。

1月12日，在市水电局举行了会议，参加会议的有：省文物局文物处处长姚仲源和杨新平同志，市水电局党委书记宋贤仁同志，主管技术业务副局长胡锦城同志，整修工程设计负责人、高级工程师王柏彬同志、地区文管会办公室副主任、市文管会办公室副主任及地市文物专业人员等。

通过实地考察，省、地、市文物部门与工程指挥部、碧湖区、市水电局有关领导和技术人员深入探讨了通济堰整修开发计划和有关文物保护问题。经过充分讨论，取得一致意见，兹纪要如下：

（一）通济堰始建于南朝萧梁时期，拱形大坝是世界上最早的拱坝，在水利史上占有重要的历史地位，具有很高的文物价值，至今仍在发挥其效能。通济堰研讨会后，经过水利、文物部门协同努力，整理上报了有关资料，浙江省文物局已向国家文物局推荐为全国文物保护单位。鉴于文物价值就在于保持原有历史面貌，所以通济堰整修开发工程应在保护文物历史风貌的前提下，充分发挥古代水利工程的社会效益和经济效益。

（二）通济堰大坝、干渠、三洞桥主要部位等在当地水利、农业部门和所在村群众保护下，较好地保持了原貌。田园风光、景色也很好，成绩是主要的，应该肯定。但是进水闸（通济闸）改建后在局部位置阻挡了视线，对原有风貌有所影响，审批手续不全。因此，今后有关保护范围内的整修工程必须依照法律履行申报手续，整修方案报省文物局审批。

（三）大坝不考虑加高，局部小修按原状修复，干渠以疏浚为主，渠底疏浚后，可分段铺石条，以利今后整修。干渠砌坝、斜护坡，采用块石干砌（隐蔽部位可以用水泥灌浆）。

（四）停车场设在村头现堆放萤石矿为妥，车道不直通大坝，参观游览路线从三洞桥—绿岛—大坝前—碑房（龙庙）—现存街道返回。

（五）绿岛以绿化为主，保持原有自然风貌，少搞亭阁，风格要朴实。绿岛的小路顺地势以卵石砌成曲径。绿岛上现有违章建筑应予拆除。

（六）靠近大坝、龙庙一侧不宜建设民宅，以免影响大坝、水闸、龙庙的风貌，原村规划应作修改调整。

（七）文昌阁的修理方案由地方文物部门负责草拟，修缮费用省文物部门可考虑给予适当补助。要保护渠旁古樟，小木桥可采用稍大木料重修，不搞水泥桥、石桥。使木桥与古樟渠水相协调。

（八）纪念馆最好建成江南古农舍式，不要采用大屋顶式，内部可以好一点，这既可节约资金，又具地方特色。也可以考虑把现在作为小学的祠堂换过来，修整一下，作为纪念馆的方案。

以上纪要符合《中华人民共和国文物保护法》和《浙江省文物保护管理条例》的规定，既保护了文物，又整修开发了通济堰，提高了水利效能。本纪要作为通济堰整修计划、工程设计方案的根据。凡属文物保护范围的建筑物，其整修方案均需报浙江省文物局审批。

考家签名：（略）

一九九一年一月

十、清华大学教授、著名水利史专家沈之良《有关浙江丽水通济古堰及其灌溉系统评审意见》

通济古堰位于浙江省丽水市碧湖镇附近的松阴溪上。该堰初建于南朝萧梁初年（505年），迄今已1495年。该堰最初采用木结构的溢流拱坝形式，这在国内乃至世界建坝史上，均属首例。据1979年我国台湾省出版的《堰坝设计》一书，原著为A. Bougin介绍，国外最早拱坝当属西班牙于16世纪建造的爱尔其（Elche）坝，以及意大利于1612年建造的邦达尔多（PONTALTO）坝。所以，从时间上看，通济古堰要比上述欧洲拱坝早出1000余年。这是华夏文明之又一奇迹。

笔者于2000年6月22日实地考察该堰。据介绍，该堰初建时采用柴木结构形式的拱坝，由于受水流冲击，屡遭损毁，故于宋开禧元年（1205年），改建成砌石拱坝，以减轻葺修之劳。新中国成立后不久，于1954年将堰坝及上游斜坡，用混凝土加固成暗浆砌石拱坝。现存堰体弧长约275米，堰高2.50米，顺水流向堰底宽达25米。该堰主要作用除保证干渠渠首灌溉输水位外，还能解决松阴溪的通航和漂木任务。所以，堰上设有通航道和漂木等设施。

笔者认为该堰率先采用圆弧形平面布置形式，其主要优点：首先，在使溢洪总流量不变时，由于圆弧长度大于直线的布置，使溢流单宽流量减少，从而减少了洪水对堰址下游的河床冲刷；其次，圆弧布置可使洪水主流集中在河床中部，从而可减轻对堰下游河岸的淘刷；第三，由于平面上采用弧形布置，当总干渠引水时，在渠首上游易形成螺旋水流，将使表层清水入渠，底部含沙水流经渠首右侧的排沙门，排入下游，从而减少渠系的有害淤积。

以上各点，均为弧形堰在水工上所独具的优点。

在干渠渠首向下游300米处，有一谢坑溪水与干渠斜交。汛期，溪水挟带大量泥沙淤塞干渠，据记载，每年清淤劳力高达2万工日。宋政和初年（1111年），叶秉心首创石砌涵洞输送干渠流量，在涵洞顶部建一木质渡槽，以泄溪流。但由于木渡槽使用寿命低，至1168年始改为砌石渡槽，直至今日，以表面上看，渡槽轴心与干渠中心线相交约80°，以适应水势，节省工程用量，说明在这一立交建筑物中古人匠心独运，极具创新能力。

在灌区渠系布置上，可以看到干、支、斗、农、毛五级渠系的合理布置。同时利用低洼地形，设置众多水塘来调蓄流量，以供旱年使用。这种布置完全符合现代灌区布置所采用的"长藤结瓜"的合理形式。

在通济堰及下游灌区的管理上，早在古代就建立了较为完整的组织机构和管理条例，其中尤以宋乾道四年（1168年）范成大所制订的堰规二十条，更为符合现代科学管理的基本原理，即以最少的投入（人力、物力、财力）获得最大的产出（农业的丰收、社会的安定），使人司其职、赏罚分明，及至今日，仍有许多值得借鉴的价值。整个通济古堰工程与附近的自然景色，浑然融为一体，为生态环境的保护树立了一处典范，这也是通济古堰区的独到之处。

综上所述，本人建议通济古堰工程，应从目前省级文物保护单位，提升为国家级文物保护单位。

本人于1991年起，曾承担国家一级重点文物保护单位——唐太和七年（833年）所建它山堰维修保护工程。对该堰在文物上的价值和水工技术上的成就，较为了解，并在我国《科技导报》（1995年11月）和1996年所举办的《它山堰国际学术讨论会》上撰写论文，予以报道。但在本次对丽水通济堰的实地考察后，深感通济古堰所具有的文物价值和水工技术成就，与它山堰相较毫不逊色。

清华大学教授沈之良

2000年6月24日

十一、关于推荐通济堰为第五批全国重点文物保护单位的评估意见

浙江省文物局：

受你局委托，我们对通济堰进行了实地考察，经认真研究、论证，提出评估意见如下：

1. 完备的古代大型水利体系，保存很完整，至今发挥作用。

通济堰由拱形堤坝、通济闸、石函、渠道、概闸、湖塘、叶穴等组成，体系完备。堤坝干渠引入水流；竹枝状支渠，概闸是复杂的灌溉系统，有三源轮灌。设平水木以均衡水流等制度；设通济闸以防洪；开挖湖塘储水以防旱；开叶穴以防内涝，既泄洪又排沙；石函（三洞桥），解决了山溪与干渠交汇、山洪携砂石阻塞渠道的问题，石函上层走溪水，底下通渠道，形成水流上下互通的格局。上述体系唐代以前已初具规模，南宋时更加完备，一直保留至今。

2. 堰规堰制相当完善，反映了古代农田水利方面具有较高的管理水平。

早期堰规未见记载，北宋元祐年间订有堰规，惜未流传下来。南宋乾道五年，太守范成大订立堰规二十条；明、清时又三次修订，非常详尽：包括推选管事者（堰首、监当），设文秘（堰司、堰簿），建立管理、巡查、监修制度，三源轮灌、修理、疏浚、用工、派工，设专人管理概闸、堰山等，都有详细的规定。

3. 拱形堤坝是现知最早的实例；石函（水流上下互通）开立交桥先声。

通济堰创建于南朝萧梁年间，当初为木筱坝，亦即木构框架，中填竹笼卵石，南宋开禧年间改为块石垒砌。根据 A. Bougln 著《堰坝设计》（1979年台湾版），国外最早的拱坝为16世纪建造的西班牙爱尔其（Elche）坝，国内未见早于萧梁时期的相关报道。石函的独特构造显示南宋时的工程技术在某些方面具有的领先水平。

4. 文物种类较多，内涵丰富。

除了通济堰主体文物有：石桥、河埠、埠亭等，数量较多，如石桥近40座；龙庙即詹南二司马庙，保存有通济堰古碑18方；石牛，位于保定村南，古驿道与渠道交汇处，未见记载，当与通济堰有关，时代约早于宋，很可能是萧梁初建时遗物。堰首村临渠老街，有古民居、祠堂、文昌阁等古建筑十余处；保定等村庄沿渠另有古民居多处；护岸古樟，沿干渠而植，现存尚有数十株，树龄在千年左右，遮阴连绵数百米。保定窑，宋、元、明代，主要烧制青瓷，位于干渠两岸。

5. "四有"档案齐全。

现状保护状况良好，由通济堰文物保护管理所负责日常管理。通济堰文物保护规划目前正在编制。

6. 是国家文物局认可的重点省级文物保护单位（准国保）。

综合上述意见，我们人为通济堰已具备申报全国重点文物保护单位的条件。因此，建议向国家文物局推荐通济堰为第五批全国重点文物保护单位。

专家签名：（略）

浙江省考古研究所

2000 年 7 月 15 日

十二、中国水利学会水利史研究会《关于推荐浙江丽水通济堰申报国家重点文物保护单位的报告》（水史〔2000〕8 号）

国家文物局：

中国系世界闻名大国，其水利文明是中华民族优秀文化的重要组成部分，现存的古代水利遗存，仍在发挥供水兴利的已为数不多。自 1982 年起，在中国水利学会水利史研究会的推荐下，已被国家文物局批准的国家重点文物保护单位有：四川都江堰、广西灵渠、安徽芍陂、福建木兰陂和浙江它山堰 5 座。其中，中国水利史研究会参加评审的都江堰申报世界文化与自然遗产的工作相继成为国家级爱国主义教育基地。这不仅促进了保护工作，而且发挥了应有的社会效益，并对发展地方经济、文化、旅游事业也起到积极的推动作用。

对比世界四大文明古国，非洲的埃及、西亚、南亚的两河流域和印度文明已经衰退，灌溉文明已经消失。只有中华民族的优秀文化依然在发扬光大，水利文明是其中重要的实证。因此建议有重点地继续将有重要历史价值的保存完好的古代水利工程，尤其是还在发挥作用的工程，列为重点文物保护单位。创建于南朝梁武帝天监年间（502—515 年）的浙江丽水通济堰是比较成熟的一处。

瓯江碧湖平原上的通济堰是以灌溉为主的水利工程，历史上对浙西南地区的经济和文化有重要影响。通济堰已经成功运行 1500 年而依然保存完好，其渠道枢纽在设计与施工方面显示了我国土木建设的卓越成就，拱坝技术应于当时世界的前列，具有时代和地域特色的古代通济堰灌区管理不仅蕴含丰富的文化内涵，而且对现代水利工程管理提供了宝贵借鉴；保存完好的灌区工程遗迹，以及传世至今的碑刻、文献，如南宋《通济堰图》、宋著名学者范成大主持制订的《通济堰规》、明万历年间的《通济堰志》等均具有极高的文化价值，在我国古代水利工程中也属罕见。

中国水利学会组织水利史研究专家通过文献研究，实地调查认为：通济堰具有国家级文物保护单位的价值，建议国家文物局予以评审批准是荷。

中国水利学会水利史研究会

2000 年 7 月 16 日

十三、丽水通济堰文物保护规划纲要（浙江省古建筑设计研究院　2000 年 7 月）

第一章　总　　则

第 1.0.1 条　随着经济建设的发展，文物的保护问题更加突出；为了社会经济与文物保护可持续发展，更好地保护祖国的优秀历史文化遗产，特编制本规划。

第 1.0.2 条　本规划应纳入丽水市、碧湖镇总体规划，与中华人民共和国、浙江省及丽水市有关法律、法规、条例和规划文件相协调，进行统一管理。

第 1.0.3 条　规划依据

（1）《中华人民共和国文物保护法》

（2）《中华人民共和国城市规划法》

（3）《中华人民共和国环境保护法》

（4）《中华人民共和国土地法》

（5）《中华人民共和国文物保护法实施条例》

（6）国务院、国家文物局《历史文化名城保护规划编制要求》

（7）《古建筑消防管理规划》

（8）《浙江省文物保护管理条例》

第二章　文化资源评述

第 2.0.1 条　通济堰距今已有近 1500 年历史，后代整修一直遵循"复旧制"的原则，无论是堰坝本身，还是繁复的渠道灌溉体系，较完整地保留了古代水利系统的原貌。

第 2.0.2 条　通济堰水利体系由堰坝、斗门（通济闸）、石函（三洞桥）、叶穴、干渠及七十二支渠、三百二十一毛渠、众多的湖塘组成，覆盖整个碧湖平原；各渠道分叉处即各支渠的渠首处均设闸以调节、平衡水流。

第 2.0.3 条　通济堰附属文物非常丰富：

（1）渠道上有明、清时期建造的石桥几十座；桥两侧有河埠、埠亭等。

（2）龙庙（又名詹南二司马庙）内有通济堰古碑十余方。

（3）干渠两侧的护岸古樟，树龄多在千年左右。

（4）渠首村临渠老街，保留有卵石路面，沿街有清中晚期及民国年间建筑十余座。

（5）保定村临河古民居多座。

（6）干渠两岸的保定窑址。

（7）渠道与古驿道在保定村的交汇处有石牛一座，可能是通济堰初建时的遗物。

第 2.0.4 条　通济堰有严格的堰规堰制，宋乾道、明万历、清同治、清光绪年间均曾订立、修订，并一直沿用下来；清同治、清光绪年间编有《通济堰志》，记录了丰富的历史资料。

第2.0.5条　通济堰所在松阴溪河道有着较好的自然环境，青山碧水；堰首村临渠老街还保留许多古建筑，老街风貌尚存。但社会经济的发展还是对之有所冲击，如龙庙周围的砖混楼房与传统氛围差距巨大；老街两端及中间也有许多民居已改建为砖混楼房。

第三章　规划原则与分期
第一节　规　划　原　则

第3.1.1条　以全国重点文物保护单位为标准，并遵照有关法规条例，编制本规划。

第3.1.2条　对通济堰水利体系，要做好科学研究，充分挖掘其历史文化内涵，使历史文物能获得更好的保护，持续长久地保存下去。

第3.1.3条　在保护文物的基础上，大力开展精神文明建设，宣传爱国主义教育，提高文物的社会效益，带动环境保护和旅游事业的发展，并促进碧湖地区社会经济的同步发展。

第3.1.4条　村镇与农田基本建设要充分遵从既有利于文物保护，又有利于通济堰水利建设的"二利原则"。

第二节　规　划　分　期

第3.2.1条　近期（2001—2005年）

第3.2.1.1条　重新划定堰坝保护范围与建设控制地带，对通济堰及其附属文物进行重新确定与鉴定，分别加以保护。

第3.2.1.2条　整修堰坝、通济闸，整修主渠道，选择部分重要的或亟须修理的分流闸门、支渠、桥梁等，作重点整修，保护好尚存的储水湖塘。

第3.2.1.3条　复建詹南二司马庙（即龙庙），使其成为通济堰历史的专题博物馆；对临渠老街作全面整修；选择几座保存较完好的古建筑作为陈列展示用房；一些砖混结构的新建楼房在此期间要予以逐步拆除，并选择一些丽水其他地方不利于原地保护的古建筑，搬迁过来，使老街更具规模，更显完整。

第3.2.1.4条　在加强保护与管理的同时，要开展对文物资源的合理利用，要积极发展文化旅游产业，弘扬传统文化，发展无烟经济，把通济堰建成丽水市重要的爱国主义教育基地之一。

第3.2.1.5条　要建立与充实通济堰文物保护所的机构与建制，加强专业技术力量，提高保护与管理水平。

第3.2.2条　中期（2006—2010年）

第3.2.2.1条　对前期未及修缮的渠道、闸门、桥梁、湖塘等，进行全面的整修，使通济堰水利体系得以完整保护，文物建筑与环境风貌得以全面整治；在此基础上，做好对文物的研究展示工作。

第3.2.2.2条　进一步完善爱国主义基地建设，加强旅游基础设施，把通济堰旅游纳入省级旅游网络中，争取建设成为省级名牌旅游项目。

第3.2.3条　远期（2011—2015年）

完成对通济堰全部文物的整修工作，进一步开展文物展示与研究工作，全面落实规划内容；完善旅游网点与范围，扩充文化旅游的内涵，争取成为全国性知名文化旅游点。

第四章　保　护　规　划

第一节　规　划　结　构

第4.1.1条　通济堰规划结构由水利灌溉体系及相关设施、堰首村及沿堰古建筑、传统环境风貌三部分组成。

第4.1.2条　通济堰水利体系由堰坝、通济闸、石函、干渠及七十二支渠三百二十一毛渠、概闸、湖塘及石桥、埠头、埠亭等组成。

第4.1.3条　堰首村古建筑由龙庙、老街、民居、宗祠、文昌阁等组成；沿渠古建筑有保定村沿渠古民居及镇水石牛等。

第4.1.4条　传统环境风貌由通济堰所处的松阴溪两岸自然风貌、堰首村传统环境风貌、渠道灌溉体系周围的环境风貌组成。

第二节　保　护　重　点

第4.2.1条　通济堰文物保护分为三类保护等级。

一类保护对象，也就是全国重点文物保护单位的内容，为通济堰主要组成部分，包括堰坝、龙庙、主渠道、石函、主渠道上石桥、埠头、埠亭、开拓概、凤台概、陈章塘概、石刺概、城塘概、九思概及保定村镇水石牛。

二类保护对象，视同于省级文物保护单位，为通济堰支渠、毛渠及闸门石桥等，堰首村55号"南山映秀"一组3座、36号"懋德勤学"一组4座、12号民居、文昌阁、护岸古樟等。

三类保护对象，视同于县级文物保护单位，堰首村10号、14-1号、14号、30号、38号、52号、56号等清代至晚近民居及卵石街道，保定村临河古民居、保定窑址等。

第4.2.2条　所有各类保护文物，都应严格遵守国家和省、市有关文物保护的法律、法规和规定等，不得擅自改变文物的内、外原貌和环境，文物的保护和维修应委托具有相应规划设计资质的单位，并报上级有关主管部门审批。

第4.2.3条　各类保护文物就制定统一的保护标志和介绍说明。

第三节　保　护　要　求

第4.3.1条　文物保护范围内不得进行其他建设工程，不得存放易燃易爆和其他对文物有危害的物品。

第4.3.2条　传统风貌的保护范围内，应保持原有的建筑、绿化、环境和传统风貌，新建的构筑物、建筑物要符合传统风貌区的功能要求，并与传统风貌区的环境风貌协调一致。

第4.3.3条　在文物保护范围和传统风貌保护范围的周围，划出一定的用地和空间为建设控制地带，在其范围内兴建与修建的构筑物和建筑物，应符合规划要求，不得破坏文物保护区和传统风貌保护区的环境和景观；不得从事有害于文物保护区和传统风貌保护区的活动与事项。

第4.3.4条　文物整体环境保护范围是视廊控制带以及其他控制指标所划定的保护范围，其保护范围和建设控制地带应纳入碧湖镇和其他有关乡镇的城乡用地规划，进行统一管理和建设。

第五章　专　项　规　划

第一节　科　研　规　划

第5.1.1条　大力开展对通济堰历史文化遗产的保护与研究，充分挖掘古代农田水利方面的科技成就，弘扬优秀的传统文化。

第5.1.2条　加强科学研究，每年划拨一定的费额，作为科学研究的专项经费；同时，在门票与旅游收入中按一定比例提取作为科研经费。

第5.1.3条　在常设机构里设立专职的研究人员，采取专职与客座相结合的方式，以吸引更多学科的学者专家，参与科学研究工作，提高研究水平。

第5.1.4条　开展与国内外同行的交流，促进研究工作，提升通济堰文物的地位，扩大通济堰水利体系的知名度。

第二节　展　示　规　划

第5.2.1条　以通济堰古代水利体系为主的文物史迹为主要展示内容，充分展示古代农田水利方面的建设管理成就；通济堰周围环境作为重要展示内容，古建筑如民居、宗祠、桥梁等，文化如风俗、诗文、文言、特产等，环境如山林、河流、道路（古驿道）等。

第5.2.2条　实物形态与文字图片结合的展示方式，在文物史迹展示的同时，利用修建后的龙庙及堰首村古居作为陈列展示主要场所。

第5.2.3条　陈列内容包括通济堰及丽水市以及浙江省内外古代水利建设成就；古代水利兴修的工具、工艺形态、民俗民风、方言文化等。

第三节　旅　游　规　划

第5.3.1条　利用通济堰古代水利体系及周围的人文环境、山川风貌作为旅游的主要内容，突出文物史迹的核心成分，充分挖掘历史文化内涵，将其建设成为著名的传统文化旅游胜地。

第5.3.2条　以通济堰及水利灌溉为主的实物形态的参观旅游；以龙庙为主的水利历史的参观学习；以传统街区、居民为主的农居、风俗游览；利用河流滩地，开展漂流、嬉水、野炊；开辟堰首至保定渠道游，泛舟可沿渠参观古桥及两岸的农田生态等；保定沿渠民居可辟为茶馆，休息饮茶。

第5.3.3条　旅游的分区为堰坝及堰首村、主要渠道及保定村、下游的灌溉渠三部分。

第5.3.4条　其他旅游设施的开发应本着保护文物、保护环境的前提，以保护旅游事业的可持续发展。

第四节　绿　化　规　划

第5.4.1条　在龙庙周围栽种樟树；在堰坝、龙庙、老街之间的三角地带辟为集散小广场，布置绿化；300米渠道与老街之间栽种花草冬青，辟为休息平台。

第5.4.2条　堰首村居民原有的庭园绿化整修后应予以保持，一些废弃旧址形成的空地，或迁建他处闲置的民居应充实之，或辟为庭园绿化。

第5.4.3条　渠道两岸遵循旧制种植樟树；现存的护岸古樟要查清数目，登记在册，挂牌保护。

第5.4.4条 绿化的选择与设计，应与农村山居与自然环境相协调，要避免城市化的绿化倾向。

第五节 卫 生 规 划

第5.5.1条 设立卫生管理机构，制定卫生管理制度，加强对环境的监督与管理。

第5.5.2条 加强卫生基础建设，设立垃圾箱；结合道路整修，建立给排水、排污设施。

第5.5.3条 加强宣传教育，提倡文明卫生；改善传统饲养场所卫生状况；建造新式生态厕所，使乡村的卫生环境逐步提高。

第六节 工 程 规 划

第5.6.1条 在通济堰文化旅游区的主要景点，设立完善的自来水给水体系，提高饮用水的质量；在堰首村、保定村的古民居处，设立室外消防栓，间距100米左右。

第5.6.2条 逐步实施雨水、污水分流排放，污水入江不入渠，在中、远期要做到净化后排污，达到国家有关标准。

第5.6.3条 渠道两侧的电力线要埋敷设，广播线、电信线等也应地埋入户，做到主要物景区无电杆。

第七节 消 防 规 划

第5.7.1条 制订消防安全规章，宣传消防安全知识，组织群众消防队伍，成立消防小组，负责日常管理与检查。

第5.7.2条 设置消火栓，按照《古建筑消防管理规划》配置消防设施。

第5.7.3条 要利用当地水流丰富的特点，因地制宜设立消防设施；新建与改建的建筑要注意控制建筑密度，留出一定的消防间距与消防通道。

第六章 堰首（头）村文物保护详细规划

第一节 规 划 布 局

第6.1.1条 范围包括堰坝、石函、龙庙及三百米渠道两岸的老街、临街古民居、护岸古樟等。

第6.1.2条 确定以通济堰文物为主，龙庙陈列展示为辅，结合老街的文化、民俗参观游览，形成堰首村的基本保护、开放格局。

第6.1.3条 控制近街和临河建筑的规模形式，对堰首村作进一步的整体规划。

第二节 文 物 整 修

第6.2.1条 对堰坝、三百米渠道作局部整修，包括通济闸的改建、剥离渠道的后期驳岸、恢复溪石驳坎。

第6.2.2条 整修老街的古民居、卵石路面等；对临街的古建筑逐步进行维修，重点先对55号"南山映秀"（及其后的"景星庆瑞""三星拱照"）、12号民居、36号"懋德勤学"（及其后的"光荣南极""玉叶流芳""佳气环居"）进行整修，"南山映秀"一组建筑整修后，可作龙庙博物馆陈列扩展用房；对原来的卵石路面进行加固整修，两端延伸至龙庙广场、文昌阁；路边临梁的空地辟为游客休憩场所，加以绿化。

第6.2.3条 老街中新近建造的临街砖混楼房，要逐步加以拆除，并有选择地迁建一些丽水其他地区的古民居，以增加传统街区的规模与完整性。

第6.2.4条　重建龙庙。在现有龙庙格局的基础上，重新设计，重新建造，将其建设为通济堰水利史博物馆。

第6.2.5条　将龙庙—堰坝—老街之间的三角地带辟为集散小广场，配以绿化。

第6.2.6条　整修文昌阁，拆除两侧山墙，把文昌阁作为老街入口的标志建筑；文昌阁与公路之间的空地要作为通济堰文化游览区的入口加以重新规划设计。

第三节　工　程　规　划

第6.3.1条　建立完善的自来水给水系统，以提高饮用水质量。

第6.3.2条　逐步做到雨水、污水分流排放，做到污水入江不入渠；在中、远期内要做到净化后排污，达到国家有关标准。

第6.3.3条　在适当位置建造新式生态厕所一座，设立垃圾站，负责垃圾的处理、外运；沿街设立垃圾箱、果壳箱。

第6.3.4条　电力线要地埋敷设，广播线、电信线也应地埋入户，做到文物景区无电杆。

第6.3.5条　加强庭园与沿渠绿化，渠边台地、龙庙广场、老街入口等区域的绿化要重新设计，要符合乡村绿化的特点；对两岸的护岸古樟有重点地加以保护，做好防虫防病监测工作。

第6.3.6条　完善消防设施，设立室外消防栓，间距100米左右；按照《古建筑消防管理规划》配置消防设施。

第6.3.7条　完善旅游、参观线路，设置停车场，安排好饭店、旅馆的具体布点。

第七章　近 期 规 划 建 设

第一节　规 划 原 则 与 要 求

第7.1.1条　贯彻好国家文物局有关"保护为主、抢救第一"的原则，完善保护机构，落实保护措施，健全保护机制，促进文物资源的可持续利用。

第7.1.2条　落实"有效保护，合理利用，加强管理"的原则，切实处理好保护与利用的关系，确保社会效益与经济效益的和谐统一。

第7.1.3条　发挥通济堰文物的资源优势，结合丽水国家级生态建设试点的宏观环境，使历史文物与生态资源协调建设。

第二节　保 护 与 管 理

第7.2.1条　加强文物保护队伍建设，充实通济堰文物保护管理所的人员配置，健全管理机制，分工负责规划的实施。

第7.2.2条　建立、健全文物资源的档案资料工作；设立标志牌；加强对文物保护范围和建设控制地带的监管工作。

第三节　主 要 整 修 项 目

第7.3.1条　整修堰坝、通济闸、主要渠道及石函、石桥等；限制人为因素对文物的破坏，如拖拉机、上游的木排等。

第7.3.2条　整修55号"南山映秀"一组3座、36号"懋德勤学"一组4座，整修后作为首批陈列展示用房；整修其他的临街传统建筑。

第7.3.3条　在原来基础上重建龙庙，把其建设为通济堰水利史博物馆。

第7.3.4条　堰首村老街及临渠台地的整修、绿化。

第7.3.5条　选择部分支渠、闸门、湖塘进行整修，以充分展示通济堰水利系统的完整性。

第7.3.6条　整修保定村的临河古民居，开辟堰首（头）村至保定的渠道泛舟游。

第7.3.7条　在堰首（头）村、保定村各设生态厕所，以改善旅游环境。

第八章　管　理　措　施

第8.0.2条　文物的维修、保护以及其他的建设项目，须通过有资质的单位编制设计方案，并报请有关主管部门审核、批准、方可实施。

第8.0.4条　加强法制宣传，依法管理；根据《中华人民共和国文物保护法》《中华人民共和国城市规划法》《中华人民共和国环境保护法》及省、市有关法规、条例，尽快制定具体实施细则，把保护的要求和措施落实到具体单位和个人。

第8.0.5条　制订或调整乡镇规划，以便与文物保护规划协调一致，促进文物保护与乡镇经济的同步发展。

第九章　附　　则

第9.0.1条　本规划文本自批准之日起生效。

第9.0.2条　本规划文本的解释权属丽水市人民政府文物行政主管部门。

十四、丽水通济堰文物保护总体规划（2013年修改版）

前　言

通济堰位于浙江省丽水市西南的碧湖平原，创建于南朝萧梁天监年间（502—519年），是一个由拱形大坝、通济闸、石函（三洞桥）、渠道、叶穴（淘沙门）、概闸、湖塘等组成的完整水利灌溉系统，是我国古代较为著名的大型水利工程之一。2001年通济堰被国务院公布为第五批全国重点文物保护单位。通济堰自建设之初就是碧湖平原的水利命脉，延续1500余年，至今仍是丽水市农田水利的重要设施。通济堰首先是一个水利工程，其次它承载了历代劳动人民改造自然、利用自然与自然和谐共生的水利文化，而具有重要的文物价值，两者共生、缺一不可。因此，通济堰作为一类特殊的文物类型，其保护的理念和方式不可能完全按照传统的文物理念，特别是近年来伴随着运河申遗的一系列学术活动的展开，使我们对这一类不断发展的、现在和以后仍然会继续使用并不断发展的历史文化遗产有了全新的认识。另外，通济堰灌区范围几乎遍布整个碧湖平原，流经碧湖镇区和大大小小数十个村落，与当地的农业生产、社会经济、城镇建设关系及其密切。在浙江人口稠密、经济发达地区，文物保护与地方经济发展、村镇建设的矛盾尤为突出。如何坚持民生优先、统筹兼顾、人水和谐发展，正确协调好文物保护与水利、农业、地方社会经济、城镇建设发展的关系，也是其需要解决的主要问题。

也正是由于以上原因，《丽水通济堰保护规划》一直处于难产状态，曾经数易其稿，由于各方面矛盾重重而未能正式出台。2011年1月，由丽水市莲都区文广新局委托，我院重新承担了《丽水通济堰保护规划》的编制工作，在工作开展过程中大量借鉴了前稿的工作成果和调研结果。2012年2月29日，全国重点文物保护单位《丽水通济堰保护规划》论证会在丽水市莲都区召开，与会领导、专家提出了诸多宝贵的建议与意见。2012年年底，保护规划文本上报国家文物局，召开评审会，此次会议之后，我院根据国家文物局办保函〔2013〕181 号《关于通济堰文物保护规划的意见》要求，进行了规划的修改与完善，现提交规划成果。

　　规划编制过程中，以前的阶段性设计成果对我们的工作帮助很大，本次规划中对部分基础资料进行了直接引用。在此，谨向编制这些阶段性或区域性成果的宋煊先生、梁晓华先生以及我院承担堰头村、碧湖产业区块的维修整治设计组的卢远征、黄贵强等同仁辛勤劳动的成果对我们的帮助表示衷心的感谢。同时，也感谢莲都区文保所全体同志的热情、周到的工作配合，感谢莲都区其他部门给予的大力支持和帮助。

浙江省古建筑设计研究院

2013 年 12 月

修　改　说　明

　　根据国家文物局《关于通济堰文物保护规划的意见》（办保函〔2013〕181 号）文件的精神，我院对文件提出的意见和要求进行了深入的分析和领会，现将修改落实情况进行简要说明：

　　一、认真校核图纸、文本，对文本进行补充和精简。

　　二、按照要求补充规划图纸，补充文物保护对象图、残损病害图。

　　三、进一步界定保护对象，弱化非物质文化遗产提法（见第九条），对文物本体进行了详细的分类评估，列出详细的评估表格（见第十条 10.2）。补充了对通济堰总体水利系统状况评估，对历史水系和现状渠道格局保存状况、存在问题进行了评估分析（见第十条 10.1）。新建垂坝影响评估见评估表格"大坝"栏。

　　四、将保护区划的控制要求统一按照城乡建设区和农田区两类区域进行控制，与国土部门要求和相关规划协调一致。细化调整保护区划管理规定，对建设区域建筑高度、体量、色彩等指标提出控制要求，增加第二十七条"空间管制规定"，明确禁止建设区域（见第二十六条和二十七条），并配合图纸空间管制图。

　　五、补充和完善保护措施内容，增加第三十条"水利体系的保护措施"，明确整体保护措施（见第三十条）。明确管理程序、管理结构与职责等要求（见第三十条和四十一条）。

　　六、明确通济堰的展示与利用，以保证正常的生产使用，延续水利系统功能为首选，在保护好文物的同时充分发挥其现实功能和社会功能，结合当地社会、经济发展需要，积极展示其丰厚的文化内涵（见第三十六条）。补充博物馆及服务设施建设控制要求（见第三十九条 39.3）。

浙江省省古建筑设计研究院

2013 年 12 月

丽水通济堰文物保护总体规划

第一章　总　　则

第一条　概况

　　通济堰位于浙江省丽水市西南的碧湖平原，创建于南朝萧梁天监年间（502—519年），是一个由拱形大坝、通济闸、石函（三洞桥）、渠道、叶穴（淘沙门）、概闸、湖塘等组成的完整水利灌溉系统，是我国古代著名的大型水利工程之一，2001 年被国务院公布为第五批全国重点文物保护单位。通济堰大坝为世界上目前已知最早的拱形水坝，始建于宋政和初年（1111 年）的石函，是我国现存最早的立体排水工程实例。主干渠由开拓概分南枝、中枝、北枝，实行"三源"轮灌，渠道纵贯碧湖平原，分凿支渠、毛渠、概闸，并开挖众多湖塘储水，形成以引灌为主，储、泄兼顾的竹枝状水利灌溉网系。最早自北宋元祐年间（1086 年）通济堰就有专门的"堰规"，形成了一套沿用数百年的管理体系。通济堰至今仍然是碧湖平原上的水利命脉，依然发挥着巨大的灌溉效能。

第二条 规划目的

为保护通济堰的文物安全和完整，根据现有基础资料和水利工程的现实情况，尽可能科学、合理地划定保护区划，制定保护措施，协调保护与利用之间的关系，使该文物保护单位的保护工作具有切实可行的依据，特制定本规划。

第三条 指导思想

按照"保护为主、抢救第一、合理利用、加强管理"的文物工作方针，结合大型水利工程的自身特点和当地的自然、社会、经济条件，正确处理遗产保护与文化、经济、社会、生态环境的发展关系，促进社会效益、生态效益与经济效益的协调统一。因地制宜地保护遗产价值，确保通济堰遗产保护的可持续性，使之既是历史文化遗产又能合理发挥当代水利工程作用，实现保护与利用的协调统一。

第四条 适用范围

本规划经审批公布后，是通济堰文物保护工作的规范性指导文件，涉及本规划区域的下一级别规划必须符合本规划要求。

第五条 规划依据

5.1 国家法律、法规、规范

《中华人民共和国文物保护法》（2007）

《中华人民共和国城乡规划法》（2007）

《中华人民共和国文物保护法实施条例》（2003）

《中华人民共和国水法》（2002）

《中华人民共和国防洪法》（1997）

《中华人民共和国土地管理法》（2004）

《中华人民共和国防汛条例》（1991）

《中华人民共和国水文条例》（2007）

《文物保护工程管理办法》（2003）

《城市规划编制办法》（2006）

《全国重点文物保护单位保护规划编制审批管理办法》（2004）

《全国重点文物保护单位保护规划编制要求》（2004）

5.2 浙江省法规、规范

《浙江省城乡规划条例》（2010）

《浙江省文物保护管理条例》（2005）

《浙江省水资源管理条例》（2002）

《浙江省水利工程安全管理条例》（2008）

5.3　国际宪章文件

《国际古迹保护与修复宪章》（1964）

《保护世界文化和自然遗产公约》（1972）

《关于在国家一级保护文化和自然遗产的建议》（1972）

《中国文物古迹保护准则》（2002）

《关于保护景观和遗址的风貌与特征的建议》（1962）

《考古遗产保护与管理宪章》（1990）

《奈良真实性问题文件》（1994）

《国际文化旅游宪章》（2002）

5.4　相关文件、批复

国务院《关于加强文化遗产保护的通知》（2005）

《中共中央关于深化文化体制改革　推动社会主义文化大发展大繁荣若干重大问题的决定》（2011 年 10 月 18 日）

国务院《关于加快水利改革发展的决定》（2011）

国务院《关于推进社会主义新农村建设的若干意见》（2006）

《丽水市城市总体规划》（2003—2020）

《浙江省人民政府关于划定慈溪市龙山虞氏旧宅建筑群等 22 处文物保护单位保护范围和建设控制地带的批复》（浙政函〔2006〕57 号）

国务院《关于核定并公布第五批全国重点文物保护单位的通知》（国发〔2001〕25 号）

《莲都区划定水利工程管理和保护范围规定》（2010）

《丽水市莲都区碧湖平原（暨新治河流域）防洪排涝规划》（2009）

第六条　规划期限

规划期限为 2013—2030 年，近期为 2013—2015 年，中期为 2016—2020 年，远期为 2021—2030 年。

第七条　规划范围

自通济堰大坝以上松阴溪上游 1000 米起，包含通济堰水系整个灌溉范围，南以松阴溪、大溪为界，北以山脚线、新治河为界，约 56.5 平方千米的范围。

第二章　遗产构成与保护对象

第八条　遗产构成

包括通济堰古代水利灌溉体系的本体，即大坝、通济闸、石函、概闸、渠道及湖塘等；包括通济堰古代水利灌溉体系的相关遗迹，即古桥、河埠，官堰亭、龙庙、护岸古樟、石牛、古道等；包括通济堰古代水利灌溉体系的历代形成的管理制度、祭祀礼仪、传统风俗等；包括作为水利灌溉体系的灌溉对象、相关人类生产、生活环境，即农田、自然水系、地形地貌、传统村落等。概括起来即文物的历史环境、文物本体、非物质文化遗产三部分。

第九条　保护对象

9.1　文物本体

9.1.1　水利设施

（1）渠道：主干渠、东干渠、中干渠、西干渠及具有重要保护价值的支渠、毛渠，其中主干渠长约6.7千米，支干渠、支渠长约97.08千米。

（2）湖塘：与通济堰灌溉体系相连，仍具有灌溉、储水功能的湖塘，共计60处。

（3）堰、概闸、坝、石函等：历史上通济堰水利灌溉体系中重要的堰、坝、石函、概闸，其中堰坝2座、石函1座、概闸72座。

（4）重要的水利设施遗址：叶穴、下圳斗门。

9.1.2　相关遗迹

（1）古桥梁：反映通济堰灌溉区农耕环境空间格局、承担交通作用的古桥梁。

（2）古建筑：詹南二司马庙（龙庙）、碧湖龙子庙、西堰公所、文昌阁、官堰亭、路亭。

（3）古驿道：通济古道。

（4）古树名木：堰头村主干渠两侧护堤古樟树群，共计10株。

（5）历代碑刻：与通济堰相关的历代碑文铭刻。

（6）民居：堰头村13处传统民居。

（7）其他历史遗迹：概头村经幢、镇水石牛、何澹家族墓及石雕、保定窑遗址。

9.2　非物质文化遗产

（1）通济堰历代形成的管理制度：《通济堰规》《通济堰志》等。

（2）与通济堰有关的祭祀礼仪、传统风俗等。

（3）通济堰民间故事传说。

9.3　历史环境

（1）与通济堰水利灌溉体系相关的碧湖平原农田格局。

（2）通济堰灌溉水利体系周边的自然山水环境。

（3）与通济堰灌溉体系形成有机整体的传统村落、历史建筑、历史遗迹。

第三章　现　状　评　估

第十条　文物本体评估

10.1　水利系统总体状况评估

10.1.1　通济堰水利灌溉体系较为真实地保存了古代灌溉网络的格局原貌，现存遗产符合并代表了水利体系的发展、衍变过程。对照历史地图和文献可知，现存的通济堰水利系统历史格局和水利系统整体构成、位置、功能均基本保持原组合关系、原位、原功能。

10.1.2　对水利设施本身只是历朝历代采用不同的手段和材料进行维护，其本身状态和保存结果是历代维修维护的叠加。因此，部分水利设施的改动仅仅是因新建筑材料的更新与发展，其在水利体系中的位置、功能、作用、格局没有改变。

10.1.3　主渠、干渠、现状渠道与历史渠道格局基本保持一致，宽度、线形、走向基本保持原有格局，其改变只是历代不断维修采用了不同的石材及砌筑方式。支渠的现状渠道与历史渠道的格局符合率大于2/3，由于传统农业生产和灌溉的特殊要求，毛渠的数量和走向、线形存在不确定性，可能根据具体生产的需要随时进行调整，是一个动态变化的元素，与历史渠道无法比较评价。

10.1.4 大坝部分

10.1.4.1 真实性评估

总体真实性较好。通过对通济堰灌溉体系的现状调查，评估结论为（真实性、延续性、完整性评估中，A 级为较好、B 级为一般、C 级为较差，评估详情见表 10.2.1～表 10.2.4）：

渠道真实性评估：A 级 80%，B 级 20%；

概闸真实性评估：A 级 75%，B 级 25%；

桥梁真实性评估：A 级 33.3%，B 级 60.6%，C 级 6.1%；

其他相关遗迹真实性评估：A 级 73.3%，B 级 26.7%。

10.1.4.2 完整性评估

通济堰水利灌溉体系总体格局保存相对完整，整个灌溉体系中所保存的水利设施、相关遗迹内容丰富、多样，总体完整性一般。通过对通济堰灌溉体系的现状调查，评估结论为：

渠道完整性评估：A 级 36%，B 级 60%，C 级 4%；

概闸完整性评估：A 级 37.5%，B 级 50%，C 级 12.5%；

桥梁完整性评估：A 级 36%，B 级 60.6%，C 级 6.1%；

其他相关遗迹延续性评估：A 级 60%，B 级 40%。

10.1.4.3 延续性评估

从南朝始建至今，历朝历代都十分重视通济堰水利灌溉体系的维护，其至今仍发挥着巨大的灌溉功能，仍为碧湖平原农业生产和居民生活用水提供重要保障，总体延续性较好。通过对通济堰灌溉体系的现状调查，评估结论为：

渠道延续性评估：A 级 48%，B 级 44%，C 级 8%；

概闸延续性评估：A 级 37.5%，B 级 50%，C 级 12.5%；

桥梁延续性评估：A 级 33.4%，B 级 60.6%，C 级 6.1%；

其他相关遗迹延续性评估：A 级 60%，B 级 40%。

10.2 各组成部分分类评估

表 10.2.1　　　　　　　　　　大坝、闸、概

编号	坝、概闸名称	位置	始建年代	现 状 问 题	真实性	完整性	延续性
DB-1	8 通济堰大坝	堰头村外，松荫溪与大溪汇合处上游的松荫溪上	始建于南朝，现为 1954 年修复	现存大坝为 1954 年修复，大坝长 275 米，高 2.5 米，坦底宽 25 米，大坝弧度约 120°，现周边自然环境良好，大坝保存较好。新建垂坝为混凝土结构，垂直于大坝，将水流一分为二，没有实际的功能意义，传递了错误的历史信息，对大坝整体风貌有较大影响	A	A	A

续表

编号	坝、概闸名称	位置	始建年代	现状问题	真实性	完整性	延续性
DB-2	下圳水碓坝	下圳村	始建于南朝	块石砌筑大坝，坝体周边自然环境良好，坝体保存较好	A	A	A
DB-3	里河水碓坝	里河村	20世纪80年代改建	现为钢筋混凝土结构	A	B	B
DB-4	下季官坝	下季村	不详	块石砌筑，高约4米	A	B	B
GZ-01	通济闸	堰头村	始建于南朝，现为1989年修筑	原由木叠梁门概闸和提概枋的桥组成，现通济闸为1989年进行整修，改为半机械启闭的二孔水泥闸门，影响通济堰整体历史风貌	A	A	A
GZ-02	开拓概	概头村外	始建于南朝，现为1988年改建	原概闸采用木叠梁结构，现存概闸为1988年改建的钢筋混凝土概闸	A	A	A
GZ-03	凤台概	碧湖古镇西北侧广福寺南面，开拓概中支下游的主渠道上	始建于南朝，现为1988年改建	原概闸为木叠梁结构，现存概闸为1988年改建，为混凝土提升闸门	A	B	B
GZ-04	木棉花概	碧湖镇东北角外的田野	20世纪80年代改建	原概闸为木叠梁结构，现存概闸为混凝土提升闸门	A	B	B
GZ-05	城塘概	下黄村南侧的田野	始建于南朝	现已废，两侧概柱石尚存	B	C	C
GZ-06	下概头概	下概头村西南	始建于南朝	块石垒砌，概石保存最为完整，周边自然环境良好	A	A	A
GZ-07	涵头概	前林村北侧	20世纪80年代改建	现为混凝土提升闸门	A	B	B
GZ-08	裕民概	大陈村东北	20世纪80年代改建	现为混凝土提升闸门	A	B	B
GZ-09	红花概	大陈村北侧	20世纪80年代改建	现为混凝土提升闸门	A	B	B

表10.2.2　　渠　道

编号	渠道类别	位置	始建年代	现状问题	真实性	完整性	延续性
ZG-01	主干渠	堰头村内	南朝	卵石、块石驳岸，堰头村内主干渠旁植被茂盛，古樟护堤，环境较好，渠道内水流通畅	A	A	A
ZG-02	主干渠	堰头村至保定村之间	南朝	块石驳岸，渠道内水流通畅，部分渠道驳岸损坏，尚有少量淤泥待清	A	A	A

编号	渠道类别	位置	始建年代	现　状　问　题	真实性	完整性	延续性
ZG－03	主干渠	保定村内	南朝	卵石、块石驳岸，渠道两侧植被较好，水流较为通畅。部分驳岸倒塌，生活垃圾随意倒入渠道，有侵占河道建房现象。渠道两侧部分传统埠头后期被水泥浇筑	A	B	A
ZG－04	主干渠	保定村至开拓概段	南朝	块石驳岸，部分驳岸坍塌，部分岸边杂草易使驳岸松动，待清理，水流较为通畅	A	A	A
XG－01	西干渠	开拓概至前林村段	南朝	块石驳岸，部分驳岸坍塌，渠道内淤泥待清，水流较为通畅	A	A	B
XG－02	西干渠	前林村内	南朝	块石驳岸，渠道两侧植被较好，部分驳岸倒塌，生活垃圾随意倒入渠道，渠道内有淤泥待清	A	A	B
XG－03	西干渠	前林村至涵头概段	南朝	块石驳岸，部分驳岸坍塌，部分岸边杂草易使驳岸松动，渠道内有生活垃圾	A	A	B
XG－04	西干渠	涵头概至下概头村段	南朝	块石驳岸，工业园区内有污水管道接入渠道，位于园区内的部分渠道驳岸倒塌，渠道淤塞。渠道边设置垃圾回收厂，严重影响环境	A	B	B
XG－05	西干渠	下概头村内	南朝	块石驳岸，渠道两侧植被较好，水流通畅。生活垃圾随意倒入渠道，小部分驳岸后期水泥浇筑	A	B	B
XG－06	西干渠	下概头村至章塘村	南朝	卵石、块石驳岸，渠道两侧植被较好，水流较为通畅。渠道两侧部分传统埠头后期被水泥浇筑	A	A	A
XG－07	西干渠	章塘村至胜利河段	南朝	块石驳岸，渠道内水流通畅，部分渠道驳岸损坏，尚有少量淤泥待清。部分渠道后期被改直	A	A	B
ZHG－01	中干渠	开拓概至碧湖产业区块边界	南朝	块石驳岸，渠道整体保存较好，渠道两侧植被茂盛，尚保留传统泵房若干，砖厂对渠道环境有影响，一些生活污水、垃圾排放入渠	A	A	A
ZHG－02	中干渠	产业区块内	南朝	产业区块内，有排水管道接入渠内，污染水质，产业区块内的建设活动对渠道的安全及周边环境有所影响	B	B	B
ZHG－03	中干渠	凤台概至木樨花概	南朝	块石驳岸，部分民居占压驳岸，岸边杂草较多，生活垃圾、废水随意倾倒入渠，渠道内有淤泥待清	A	B	B

续表

编号	渠道类别	位置	始建年代	现 状 问 题	真实性	完整性	延续性
ZHG－04	中干渠	碧湖镇内段	南朝	多处房屋占压渠道驳岸，生活垃圾随意倒入渠道，渠道内有淤泥待清	B	B	B
ZHG－05	中干渠	九龙段（平一村）	南朝	整体保存尚好，部分块石驳岸，部分驳岸以光滑卵石垒砌。少量新建建（构）筑物占压驳岸，生活垃圾倾倒入渠影响水质	A	A	A
ZHG－06	中干渠	九龙段（平三村）	南朝	块石驳岸为主，有少量卵石驳岸。渠道内垃圾、废水污染严重，有淤泥待清，存在新建建（构）筑物占压驳岸现象	B	B	B
ZHG－07	中干渠	泉庄村段	南朝	块石驳岸为主，有部分卵石驳岸。少量新建建（构）筑物占压驳岸，生活垃圾倾倒入渠影响水质	A	A	B
ZHG－08	中干渠	下堰村段	南朝	块石驳岸，少量新建建（构）筑物占压渠道，部分生活垃圾污染渠道水质。下堰水碓坝周边环境保存较好	A	A	A
DG－01	东干渠	开拓概至概头村段	南朝	部分为块石驳岸，部分为水泥驳岸，部分为自然土驳岸。驳岸两侧杂草丛生，生活垃圾、废水随意倾倒入渠，渠道内有淤泥待清	A	B	B
DG－02	东干渠	概头村至三峰村	南朝	大部分为自然土驳岸，养猪场占压部分驳岸，污染水体，砖厂导致部分渠道干涸。生活垃圾随意倒入渠道，渠道内有淤泥待清	B	C	C
FTBZ－01	凤台北支	凤台概至水泵房	南朝	以自然驳岸为主，少量块石驳岸，少量民居占压驳岸，生活垃圾随意倒入渠道，渠道内有淤泥待清	A	B	B

表 10.2.3　　　　　　　　　　　　桥　　梁

编号	桥梁名称	位置	始建年代	现 状 问 题	真实性	完整性	延续性
Q－01	小木桥	堰头村	后期改建	现桥面为水泥，栏杆为木质，形式尚好	B	B	B
Q－02	三洞桥	堰头村	北宋政和初年始建	现桥体为1954年修复，三洞桥将立体排水及交通功能有效结合，桥梁外观保存良好	A	A	A
Q－03	泉坑石桥	堰头村	始建不详，有清道光题刻	石砌桥墩，木栏杆，桥梁外观保存良好	A	A	A

续表

编号	桥梁名称	位置	始建年代	现　状　问　题	真实性	完整性	延续性
Q-04	石桥	保定村	后期改建	三折拱桥，桥面后期改为水泥板，桥墩为石块砌筑	B	B	B
Q-05	石桥	保定村	后期改建	三折拱桥，桥面后期改为水泥板，桥墩为石块砌筑	B	B	B
Q-06	石桥	保定村	后期改建	拱桥，水泥桥面，桥墩为块石砌筑，水泥预制栏杆	B	B	B
Q-07	石桥	保定村北侧	后期改建	石板平桥，后期由水泥板替代石板，桥墩由卵石堆砌，桥体形式较好	B	B	B
Q-08	黄山坟桥	保定村北侧	后期改建	石板平桥，后期由水泥板替代石板，桥墩由块石堆砌，桥体形式较好	B	B	B
Q-09	下街桥	保定村北侧	后期改建	三折边石桥，原为条石砌筑，现为后期改建水泥桥面，桥体形式尚好	B	B	B
Q-10	石桥	保定村东高路镇	后期改建	平梁桥，原为石桥，现改为水泥桥面	B	B	B
Q-11	石桥	保定村至周巷村之间	后期改建	平梁桥，原为石桥，现改为水泥桥面	B	B	B
Q-12	石桥	保定村至周巷村之间	后期改建	平梁三孔桥，原为石桥，现改为水泥桥面	B	B	B
Q-13	石桥	保定村至周巷村之间	后期改建	平梁三孔桥，原为石桥，现改为水泥桥面，桥墩块石砌筑	B	B	B
Q-14	石桥	周巷村北侧	不详	三折边石桥，桥体形式良好	A	A	A
Q-15	石桥	周巷村北侧	后期改建	平梁桥，原为石桥，现改为水泥桥面	B	B	B
Q-16	石桥	周巷村北侧	后期改建	平梁桥，水泥桥面，桥墩为块石砌筑	B	B	B
Q-17	石桥	周巷村北侧	后期改建	平梁桥，水泥桥面，桥墩为块石砌筑	B	B	B
Q-18	石桥	概头村西侧	后期改建	平梁桥，水泥桥面，桥墩为块石砌筑，铁栏杆	B	B	B
Q-19	石桥	概头村北侧	不详	平梁石桥，条石桥墩，桥体形式较好	A	A	A
Q-20	石桥	概头村北侧西干渠上	后期改建	平梁桥，水泥桥面，桥墩为块石砌筑	B	B	B
Q-21	石桥	前林村	后期改建	平梁桥，水泥桥面	B	B	B

编号	桥梁名称	位置	始建年代	现 状 问 题	真实性	完整性	延续性
Q-22	石桥	前林村西侧	不详	三折边石桥，桥体形式良好	A	A	A
Q-23	石桥	前林村西侧	后期改建	平梁桥，原为石桥，后改为水泥桥梁	B	B	B
Q-24	石桥	前林村北侧	后期改建	平梁桥，原为石桥，后改为水泥桥梁	C	C	C
Q-25	石桥	碧湖镇	后期改建	平梁桥，原为石桥，现改为水泥桥面，有栏杆	C	C	C
Q-26	中街古迹桥	碧湖镇	后期改建	三折边石桥，桥面为卵石与水泥板组成，桥墩为卵石砌筑	B	B	B
Q-27	广福桥	碧湖镇	后期改建	三折边石桥，条石砌筑	B	B	B
Q-28	石桥	碧湖镇	不详	三折边石桥，条石桥面，桥墩由条石与块石共同砌筑	A	A	A
Q-29	拱背桥	凤台北支上	不详	三折边拱背石桥，桥面为5块条石并列砌筑，桥梁形式良好	A	A	A
Q-30	石桥	下概头村	不详	双孔石板桥，桥面由3条条石组成，其中一条石板断裂	A	A	A
Q-31	石桥	平一村内	不详	单墩双孔平梁桥，桥面为3块条石平铺	A	A	A
Q-32	石桥	泉庄	不详	平梁桥，条石桥面，桥墩为卵石砌筑	A	A	A
Q-33	下圳石桥	下圳村	不详	双墩三孔平梁石桥，桥体形式保存较好	A	A	A

表10.2.4 　　　　　　　　　　其 他 相 关 遗 迹

编号	名称	位置	始建年代	现 状 情 况	真实性	完整性	延续性
GJ-01	詹南二司马庙	堰头村	始建不详，现为民国以后建筑	现有建筑为民国及以后重建，门厅及东厢房为传统形制，中厅为人字桁架，建筑面积约600平方米	A	B	B
GJ-02	文昌阁	堰头村	建于清嘉庆年间，宣统元年重修	文昌阁为二层重檐歇山顶建筑，占地面积约77.2平方米，建筑质量保存较好	A	A	A
GJ-03	龙子庙	碧湖镇	清代	现龙子庙院墙、门头、水井尚保留，门厅三开间，东侧尚存厢房一间，水井为六边水井，井内壁条石砌筑，建筑面积约106.2平方米	A	B	B

编号	名称	位置	始建年代	现 状 情 况	真实性	完整性	延续性
GJ-04	官堰亭1	碧湖镇	待考	木结构，三开间，五架梁，青瓦屋面，亭前有河埠，保存尚好，建筑面积约34平方米	A	A	A
GJ-05	官堰亭2	碧湖镇	待考	木结构，三开间，五架梁，青瓦屋面，亭前有河埠，保存尚好，建筑面积约34平方米	A	A	A
GJ-06	官堰亭3	碧湖镇	待考	木结构，三开间，五架梁，青瓦屋面，亭前有河埠，保存尚好，建筑面积约40平方米	A	A	A
GJ-07	通济堰碑刻	堰头村詹南司马庙内	南宋至今	现存18方历代碑刻，有16方集中存放于詹南司马庙内。共包含21篇碑刻图文内容，记录着通济堰历代修建情况以及堰规、堰图等。其中，南宋2方、清代9方、民国4方、1962年1方	A	A	A
GJ-08	何澹墓	碧湖镇保定村凤凰山	南宋嘉定十四年	何澹墓园前现有石马、石将军、石狮等石雕造像。1959年，瓯江水库文物工作组发掘清理该墓葬，清理前该墓曾被盗	B	B	B
GJ-09	概头村经幢	概头村	清代	现经幢为市级文物保护单位，保存状况良好	A	A	A
GJ-10	镇水石犀牛	保定至周巷的通济古道上	待考	石牛呈卧状，回首，带长方形底座，为一整石雕刻而成	A	A	A
GJ-11	通济古道	丽水境内	南宋以前已有	现存周巷起经义步街、保定段古道较为完整。古道为卵石铺砌，宽1.5~2.0米	B	B	B
GJ-12	传统民居	堰头村	晚清至民国	堰头村现保存有形式较好的传统民居13幢	A	A	A
GJ-13	传统古樟	堰头村		10株古樟群苍劲挺拔，为保护堰渠、防止洪水决堤起到了很大作用	A	A	A
GJ-14	叶穴	保定村外西侧堰堤上	始建年代不详	俗称拔砂门，是一座直通瓯江的木叠梁门结构概闸，现仅存遗址	B	B	B
GJ-15	路亭	位于通济古道上	民国至今	用以路人休息用，现仍保存有多处凉亭	B	B	B

第十一条 历史环境评估

11.1 历史地形地貌

碧湖平原坦荡丰沃，阡陌纵横，是莲都区最大的河谷平原，为丽水的主要产粮区。

碧湖平原西南至东北长约 22.5 千米，东南至西北宽约 5 千米，呈狭长树叶状，其地势西南高、东北低，落差约 20 米，通济堰水利灌溉体系即根据其地理形势规划营建。随着城镇化的进一步提高，碧湖城镇原有的历史地形地貌已有所变化，但通济堰所依附的地形地貌格局保存尚好。

11.2　历史河网水系

碧湖平原水资源丰富，境内河流属瓯江水系。瓯江发源于庆元、龙泉两县交界的黄茅尖北麓，干流经龙泉、云和县进入丽水境内，至大港头镇（即碧湖平原西南端）与松荫溪汇合后称大溪，沿碧湖平原东缘流过。现主要历史河网水系格局保存尚好，新中国成立后，相继建成了以灌溉为主的高溪水库、郎奇水库、提水泵站，以及排涝为主的新治河，从而形成了以蓄、引、提、排相结合的比较完善的碧湖平原水利灌溉排涝系统。

11.3　历史人文环境

11.3.1　历史人文环境保存尚好，碧湖、大港头、保定等村镇具有悠久的历史和深厚的文化底蕴。碧湖镇是历代碧湖平原上的经济文化中心，镇内人民街历史街区保存较为完整；大港头镇是瓯江最具代表性的航运古埠口，具有独特的历史环境和优美的自然景观。

11.3.2　通济堰灌区内民风淳朴，保留着一些传统的生活、农耕习俗及礼仪、伦理等非物质文化遗产。民间传统文化丰富多彩，有历史上传统的正月、端午、双龙庙会、农历三月三"设路祭、演社戏"、元宵彩灯等活动，唱鼓词、道词、演婺剧等也较为盛行。

11.4　历史格局关系

现存通济堰水利灌溉体系完整地保持着历史格局关系；与周边地形、河网水系的依附关系保存尚好；与传统村落的格局关系保存尚好。

第十二条　自然生态环境评估

碧湖平原整体自然生态环境保存较好，但近年碧湖平原四周山地原生植被破坏较为严重，现主要以再生林和人工经济林为主，植被正逐步得到恢复。瓯江和松荫溪上游溪段、渠段绝大部分达到 Ⅱ 类水标准，影响水流、水质及周边环境的主要问题是居民的生产生活垃圾与污水。

第十三条　管理状况评估

13.1　管理机构和管理制度

13.1.1　历代地方政府均对通济堰的管理非常重视，最早从北宋元祐年间就有专门的"堰规"，形成了一套比较完善和沿用数百年的管理体系。包括推选堰头、监当，设立堰司、堰簿，建立日常的管理、监修、巡查制度，对堰堤设施的修缮、渠道的疏浚、用水制度、经费的管理等都有详尽的规定。民国年间除了沿袭传统的管理模式，增设专门的水利专员负责统筹管理。

13.1.2　新中国成立后，组织机构比较健全，保护管理制度比较完善。主要由水利部门负责管理，设有专门的管理机构，文物部门协管。目前设有碧湖灌区水利管理委员会、通济堰管理站。制订了《管理和养护章程》《水利工程管理章程》《碧湖灌区章程》《碧湖灌区水利管理条例》《碧湖灌区组织章程》《莲都区划定水利工程管理和保护范围规定》等规章制度。

13.1.3　目前未建立通济堰文物保护所，无文物部门专职管理机构，现由莲都区文保所协助水利部门管理，隶属于莲都区文广新局，设专业人员 3 人。

13.2　现有保护区划评估

保护区划界线划定较为机械，未能充分考虑保护、管理和当地经济建设发展的要求，操作性不强，管理规定未能落实，不能有效地控制村镇建设用地扩张及经济建设的干扰，不能有效地协调地方发展与保护的关系。

13.3　档案及资料保存

通济堰文物的"四有"档案工作已于 2004 年完成，并经浙江省文物局验收通过。其他新中国成立后水利部门的相关管理、维护、疏浚等资料尚无系统整理。

13.4　安防与风险防范设备

2000 年设立通济堰文物义务消防队，负责对通济堰的日常消防安全工作。有业余文保员 4 人，无安防设备。

13.5　保护标志

已按照全国重点文物保护单位标志要求设置保护标志两处，但保护对象众多和分布面积广大，文物保护标志明显不足。

13.6　资金保障

保护资金目前以国家拨付专项资金为主，地方政府具有一定的财务保障能力，但保护资金仍然较为匮乏。

第十四条　利用状况评估

14.1　农田灌溉功能仍然延续，利用情况较好

通济堰水利系统从建成之时起，就一直是碧湖平原的主要灌溉体系，除部分支渠、湖塘荒废外，至今其水利灌溉系统仍旧发挥重要作用，是农业灌溉的生命线。通济堰水系是碧湖平原重要的防洪、排涝体系，一旦内涝泛滥，即能通过通济堰水系排涝、泄洪。进入村庄的渠道、湖塘供当地居民洗涤、取水，是居民重要的生活水源。

14.2　交通可达性较好

通济堰所处碧湖平原地理位置优越，是古代"通济古道"的必经之地和瓯江水运交通的动脉。现有五三省道线（丽水—龙泉）、丽龙线（丽水—龙游）公路贯穿境内，水陆交通非常便利。

14.3　具有良好的利用前景

通济堰水利系统仍将作为碧湖平原的主要灌溉体系和防洪、排涝设施，继续在生产、生活中发挥重要作用，将很好地延续其功能。通济堰古老的文化内涵与周围的山水风光是重要的旅游资源，伴随着"古堰画乡"旅游品牌的推进，必然会吸引许多游人来此参观、游览。

第十五条　存在主要问题

15.1　保护存在的问题

15.1.1　建设性破坏较多，主要为村落住宅、道路、输变电线路等基础设施建设对文物保护造成较大影响。尤其是进入村庄的渠道部分，由于缺乏保护，渠道变窄、堵塞情况明显，一些新建农居挤占渠道，对渠道本体及风貌均有影响。

15.1.2　日常保养维护不够，渠道中长满水草，有些成了茭白田、莲藕池，使渠道、湖塘淤塞、变浅。

15.1.3　居民生活对渠道保护造成一定影响，环境卫生较差。沿渠居民缺乏环境卫生意识，生活垃圾随意倾倒、丢弃在渠道中，造成渠道、湖塘堵塞，水质恶化。部分养猪场直接建在渠道边，污秽物排入渠道，严重影响了渠道水质与环境。

15.1.4　居民生产方式改变使农田风貌有所改变。碧湖平原以前低处多为水田，高地处种植旱地作物，现多数水田被改，种植包括瓜果、莲藕、蔬菜类作物，传统的水田数量有所减少。

15.1.5　对历史环境的保护认识不足，对历史环境的构成和历史格局缺乏系统、深入的研究和保护计划，现行的资源保护、景观生态保护、环境质量控制等相关环境措施尚需进一步统筹协调。

15.1.6　文物保护理念有所欠缺，造成一些历史信息流失、水利遗址破坏等。

15.2　管理存在的问题

15.2.1　多重、交叉管理导致对通济堰文物在保护理念、整治措施等方面存在差异，各部门之间责任不明确，造成问题积累，对通济堰安全性造成不利影响。

15.2.2　运行管理能力尚待加强，遗产总体的运行管理和已开展的保护工作基本符合全国重点文物保护单位管理要求，但从遗产整体保护的要求来看，在管理经费和设施、管理条例、管理人员队伍建设等方面都尚需加强。

15.2.3　文物修缮经费严重缺乏。通济堰文物体系庞大、文物内容丰富、需要整治修缮的项目众多，但历年来投入文物修缮的经费严重缺乏。

15.2.4　当地村民缺乏文物保护的意识，很多村民对文物的保护基本没有认识，给保护工作的开展带来较大困难。

第十六条　主要破坏因素

16.1　人为因素：各类建设性破坏，管理不善、疏于维护、填埋、拆改、倾倒垃圾污物，文物保护意识薄弱，村民保护积极性低。

16.2　自然因素：洪水、植物滋生侵扰、坍塌、滑坡、风雨侵蚀、自然酥碱、自然水流冲刷。

第四章　价　值　评　估

第十七条　文物价值评估

17.1　科学价值

17.1.1　通济堰较完整地保存有古代水利灌溉的整个系统，包括挡水的堰堤、进水的堰闸、分配调节各渠道水量的数十个概闸，输送水流的干渠、支渠、毛渠，储存、调节水量的众多湖塘，以及解决渠道与溪流立体交汇的石函（三洞桥）、用于排沙的叶穴、洪水内涝时用来排水的斗门等。从已发表资料看，整个古代水利系统能如此完整保存下来的，国内尚不多见。

17.1.2　通济堰大坝选址科学合理。大坝建在碧湖平源西南端的地势最高处，从通济闸引水入渠，逐级分流，实现对碧湖平原的自流灌溉。拱形大坝位于松荫溪与瓯江的汇合处上方，在洪水期，大坝受到瓯江回流的自然顶托作用，减弱了洪水对大坝的压力，增强了大坝的抗洪能力。

17.1.3　通济堰大坝造型科学，现存大坝造型呈拱形，据考证，初建时可能即为拱坝形状。有关专家根据相关资料认为，通济堰大坝可能是世界上目前已知最早的拱形大坝。拱坝减轻了水流对堰堤单位宽度的冲击力，具有较强的抗洪峰能力。流过坝顶的溢流又改变了水流的方向，减轻了对堰堤护坡的破坏，使堰堤增加稳定性。拱坝与排砂闸共同作用，利用螺旋流，使斗门上方淤砂经排沙门除去，保证了清水进入渠道。

17.1.4　通济堰保留的石函立体水系分流系统是目前已知我国现存最早的实例。在渠道上顺山坑水流方向架设的石函，横跨主渠道，引走泉坑砂石，使溪水、渠水上下分流，互不干扰，从而妥善处理了山溪水暴涨时引发砂石淤塞渠道的难题。

17.1.5　通济堰保留的竹枝状水利灌溉网系是古代灌溉体系的成功范例。通济堰堰渠纵贯碧湖平原，呈竹枝状分布，创建时就分 48 派，灌溉体系分上、中、下三源，实现三源自流轮灌，并结合众多的湖塘水泊储水，形成以引灌为主，储、泄兼顾的竹枝状水利网络。

17.2　历史价值

17.2.1　通济堰创建于梁天监年间，距今已有 1500 余年，历史非常悠久。通济堰至今仍是当地农业灌溉的主要水利设施，延续使用时间长，时代跨度大，保存、记录了自南朝以来的水利灌溉发展历史，是中国古代水利科技的典范实例。

17.2.2　通济堰有严格完善的管理体系，历代均订立有明确的堰规、堰制，并有专门的管理官员及人员，北宋元祐、南宋乾道、明万历及清同治、清光绪年间均曾订立、修订堰规、堰制，并一直沿用下来。清同治、清光绪年间编有《通济堰志》，保留了非常丰富、详尽的历史资料，是研究我国水利发展史和治水文化的重要史料。

17.2.3　通济堰是中国古代劳动人民顺应自然、征服自然和利用自然的勤劳智慧结晶，体现了中国古代与自然和谐共生的水利规划设计思想的精髓。

17.2.4　通济堰是综合反映古代南方农田水利、政治体制、社会经济发展、宗教信仰发展形成状况的标尺，是我国古代南方丘陵地区农业发展的缩影，是水利、农业、经济、政治等领域的重要史料，具有较高的研究价值。

17.3　艺术价值

通济堰水利系统与自然环境相结合而成独特人文自然景观，溪流两岸风光旖旎、古樟苍翠遒劲，传统村落意蕴悠长，既有优美的自然风光，又有沧桑的历史感，具有独特的审美艺术情趣和价值，是写生、摄影、取景的宝地。

第十八条　社会价值评估

18.1　通济堰水利系统 1500 余年来一直是碧湖平原的主要灌溉体系，至今其水利灌溉系统仍旧发挥着重要作用，是农业灌溉的生命线，重要的防洪、排涝设施。通济堰在以前、现在和未来均在当地的生产、生活中占有举足轻重的地位，具有极其重要的现实意义和使用价值。

18.2　通济堰是丽水市境内最重要的文化资源，是历史、科学知识的教育场所和以山水、文化为主题的观光场所，可以广泛开展美学教育，爱国主义教育，弘扬传统民族文化精神，有效促进社会主义精神文明事业的发展。通过参观展示可以培育公众的审美情趣和文化修养，增强民族自豪感和自信心。通过有效保护和合理利用，通济堰水利系统将对于当地农业发展和文化、生态保护产生积极的推动作用。

18.3 通济堰水利系统是人类征服自然和利用自然，与环境和谐共生的典型实例，是人类发展与生态环境之间长期相互作用的典型例证，充分地研究和解释此价值将为浙西南地区的生态环境保护、自然资源利用提供历史借鉴，有益于在经济发达、资源有限的条件下实现可持续发展目标。

第五章 规 划 框 架

第十九条　规划原则

19.1 贯彻"保护为主、抢救第一，合理利用、加强管理"的文物工作方针，抢救破坏严重的、濒危遗址区域，加强历史文化遗产的保护，努力保护好历史文化遗产，实现适度利用以充分发挥其特有的作用。

19.2 坚持价值优先、整体保护的原则，基于系统的评估，科学认识遗产价值，真实、完整地保存历史信息和蕴含的价值，实现全面保护。

19.3 坚持保护文物本体及其环境的真实性、完整性、延续性原则，坚持文物本体的原址保护和原状保护。

19.4 坚持遗产保护优先、统筹兼顾、人水和谐发展的原则，贯彻以人为本的科学发展观，正确协调好文物保护与水利、农业、地方社会经济、城镇建设发展的关系。

第二十条　总体布局

通济堰总体布局分为"一网、六点"。

20.1 一网：由通济堰大坝起始，至下堰村水碓坝，通过通济堰的渠道脉络串连起与通济堰相关联的各个保护对象，并予以保护与展示。

20.2 六点：堰头村与通济堰大坝区域、保定村古民居区域、开拓概区域、碧湖古镇区域、九龙村古民居群区域、下堰水碓坝区域共同构成了通济堰渠道脉络上的六个重要节点，是保护对象相对集中的六个区域。

第二十一条　基本策略

21.1 科学认识遗产的价值，以价值为基础制定规划。

21.1.1 通济堰水利体系的现实功能价值与遗产价值同等重要，历史功能的延续和发展也是其遗产的核心价值。通济堰首先是一个水利工程，其次它承载了历代劳动人民改造自然、利用自然与自然和谐共生的水利文化，因而具有重要的文物价值，两者共生、缺一不可。通济堰自建设之初就是碧湖平原的水利命脉，至今和以后仍是丽水市农田水利的重要设施，因此通济堰的保护、利用与发展，其水利体系的现实功能价值与遗产价值同等重要，不可片面地强调某一方面的价值和意义，必须两者兼顾、和谐一致。

21.1.2 通济堰的保护不应该是标本式的，静态的。在长达1500余年的历史中，通济堰的大坝形式、结构体系、支（毛）渠走向与宽度、建筑形态、使用功能、治水理念、管理组织等都不断地发展变化，经过动态演变过程和不同时期的技术发展、完善积累，是其典型的特征，造就了通济堰水利体系的独特价值。通济堰不同时期的物质遗存都是其重要组成部分，为延续水利灌溉功能而进行的水工设施维护和建设，是维护其真实性和完整性的必要措施。历史功能的延续和发展是通济堰遗产的核心价值之一，因此符合这一价值要求的包括近、现代进行调整革新的水工设施维护和建设均具有其特殊的价值和意义，均应给予正确的评价和定位。

21.2　整体保护，加强历史环境的保护与控制。重视水利系统生态文明和正常运作关系的保护，将水利灌溉体系的灌溉对象相关人类生产、生活环境（如农田、自然水系、地形地貌、传统村落等组成的环境）视为遗产文化价值的重要组成部分，将保护规划研究的空间范畴扩大到与水利系统相关的山形水系、地形地貌、大地肌理、地缘关系等历史环境因素，力求完整保护整体格局及其相关环境。不仅保护通济堰水利系统本身，也强调对古桥、河埠、龙庙、护岸古樟、石牛等相关遗迹保护，也包括通济堰古代水利灌溉体系的历代形成的管理制度、祭祀礼仪、传统风俗等非物质文化遗产的保护。

21.3　协调好保护遗产价值与发挥遗产本身现实功能与水利发展的矛盾。

21.3.1　基于遗产价值和现状评估，分层次予以保护和控制，以保证文物安全为基本的保护目标。文物本体的安全包括保证文物本体不被人为破坏，不被自然灾害破坏，防止、延缓自然不可抗因素的破坏与侵蚀。结合文物价值和分布区位，区分保护力度，划分不同等级保护力度，加强规划措施的可操作性和有效性，同时为策划不同层次的保护区划提供直接依据。

21.3.2　保证文物历史环境的安全以严格控制保护区划内各项基本建设，规范和引导正确的居民生产、生活活动为主要内容。

21.3.3　保证安全的手段，包括针对文物本体的直接干预，针对违法建设、破坏的严格执法等直接措施，落实人员管理巡查、监控设备监视报警、规范的管理程序和规章制度、灾害应急预案和设备等组成的安全防范措施。

21.4　协调保护遗产与地方村镇建设、社会经济发展的矛盾

21.4.1　必须正确协调好保护与发展的关系，协调好遗产所在地的村民生产、生活和社会发展，应该"控制"与"疏导"结合，调动当地居民参与保护的积极性，引导产业发展，做好产业结构调整。

21.4.2　必须与遗产地的各项经济社会发展规划相衔接，纳入政府"十二五"工作计划，使保护规划的需求和地方社会发展规划的目标协调一致。

21.4.3　必须在高速发展的城镇化建设和新农村建设中，使保护措施与农村经济结构调整相结合，与农业综合整治相结合，与提高农业综合生产能力相结合，谋求遗产保护与社会发展的双赢目标。

第二十二条　规划目标

22.1　总体目标

实现通济堰水利系统及其历史环境的完整保护，尽可能多地保存历史信息，合理利用以充分体现其文化内涵与价值，统筹安排文化资源与地方各类资源，协调文物保护与地方发展的关系，实现遗产保护与地方社会、经济、文化可持续发展的和谐统一。

22.2 保护目标

以保证文物安全为第一目标，建立人防、技防、物防结合的有效安防体系，杜绝建设性破坏活动，杜绝破坏文物活动。完成本体保护工程，实现历史环境整治和环境保护规划目标。

22.3 利用目标

以延续和发挥通济堰水利功能，体现其社会价值为首要利用目标，在有效延续通济堰水利功能的同时，展示其古老而深厚的文化内涵，建成通济堰水利工程博物馆，与"古堰画乡"景区建设有机结合，形成完整的展陈体系。

22.4 管理目标

由水利部门和文物部门共同管理，理顺管理权责，建立有效管理机制，管理队伍和设备建设达到规划要求，按照全国重点文物保护单位的保护标准和浙江省重要水利工程的要求管理。

第二十三条 规划重点

23.1 研究并重新审视遗产价值，动态认识遗产价值。

23.2 详细评估遗产保存现状，保护、管理、利用与研究工作现状。

23.3 制定遗产保护规划框架，制定规划原则、规划目标与基本策略。

23.4 合理调整和划定保护区划，制定管理要求。

23.5 保证遗址的安全和解决管理问题，制定本体与环境的保护、利用、管理、研究等分项规划措施。

23.6 关注遗产保护与社会、区域的和谐发展，制定居民社会调控规划要求，做好规划、政策协调衔接。

23.7 编制规划分期，制定实施计划，提出实施保障。

第六章 保 护 区 划

第二十四条 保护区划的调整

24.1 依据《中华人民共和国文物保护法》保护遗址本体的安全性和完整性要求，以及保护遗址历史环境的真实性与完整性要求，参考《浙江省水利工程管理条例》《莲都区划定水利工程管理和保护范围规定》中保护水利设施安全要求，调整文物的保护范围和建设控制地带。

24.2 根据《中华人民共和国文物保护法》保护遗址景观环境的完整性与和谐性要求，设立文物的环境控制区。

24.3 为了确保水利工程安全，《莲都区划定水利工程管理和保护范围规定》结合实地情况，划定了通济堰大坝区域及相关渠道的保护管理范围，此次规划将其作为保护区划界限划定的参考依据，并对原有通济堰保护区划作出相应调整。调整内容主要集中于通济堰大坝及渠道的保护区与建设控制地带。

第二十五条 保护区划的界限

25.1 保护范围。保护范围分为重点保护区与一般保护区，其中，重点保护区面积约为 59.5 公顷，一般保护区面积约为 49.7 公顷。

25.1.1 重点保护区

1. 水利设施

（1）堰坝：

a. 通济堰大坝，西侧沿松荫溪上游自通济闸外扩 500 米；东侧沿松阴溪下游自通济闸外扩 330 米，其中河道区域为自通济闸外扩 700 米；北至主干渠北侧民居；南至坝体南侧外扩 200 米山脚线。

b. 下圳水碓坝，南、北边界自下圳水碓坝至大溪上、下游各 100 米；东、西自下圳水碓坝本体两侧外扩各 20 米。

（2）干渠：

a. 主干渠（通济堰大坝至开拓概），参考《莲都区划定水利工程管理和保护范围规定》第十一条"总渠、干渠及支渠管理和保护范围"、第十二条"堰坝管理和保护范围"。

城乡建设用地 5 区域为渠道驳岸两侧外扩 3 米范围；农田区域为渠道驳岸两侧外扩 5 米范围，处于通济堰大坝保护范围内渠道遵循大坝保护范围。

b. 西干渠（开拓概至函头概），城乡建设用地区域为渠道驳岸两侧外扩 3 米范围；农田区域为渠道驳岸两侧外扩 5 米范围。

c. 中干渠：

开拓概至凤台概，城乡建设用地区域为渠道驳岸两侧外扩 3 米范围；农田区域为渠道驳岸两侧外扩 5 米范围。

凤台概至木榫花概（凤台南支），城乡建设用地区域为渠道驳岸两侧外扩 3 米范围；农田区域为渠道驳岸两侧外扩 5 米范围。

木榫花概至城塘概（石刺中支），城乡建设用地区域为渠道驳岸两侧外扩 3 米范围；农田区域为渠道驳岸两侧外扩 5 米范围。

城塘概至九龙，城乡建设用地区域为渠道驳岸两侧外扩 3 米范围；农田区域为渠道驳岸两侧外扩 5 米范围。

九龙至泉庄，城乡建设用地区域为渠道驳岸两侧外扩 3 米范围；农田区域为渠道驳岸两侧外扩 5 米范围。

泉庄至下圳村，城乡建设用地区域为渠道驳岸两侧外扩 3 米范围；农田区域为渠道驳岸两侧外扩 5 米范围。

d. 东干渠（开拓概至上汤村、开拓概至三峰村），城乡建设用地区域为渠道驳岸两侧外扩 3 米范围；农田区域为渠道驳岸两侧外扩 5 米范围。

（3）支渠：

a. 木榫花概至河东村（石刺北支），城乡建设用地区域为渠道驳岸两侧外扩 3 米范围；农田区域为渠道驳岸两侧外扩 5 米范围。

b. 木榫花概至上赵村（石刺南支），城乡建设用地区域为渠道驳岸两侧外扩 3 米范围；农田区域为渠道驳岸两侧外扩 5 米范围。

c. 凤台概至河东概闸（凤台北支），城乡建设用地区域为渠道驳岸两侧外扩 3 米范围；农田区域为渠道驳岸两侧外扩 5 米范围。

（4）湖塘：保定、概头、下概头、章塘、里河、上赵村、九龙、泉庄、下圳村内与通济堰灌溉体系相连接，仍具有灌溉、储水功能的湖塘，湖塘边界外扩 3 米范围。

（5）概闸：通济闸、开拓概、凤台概、木樨花概、城塘概、下概头概，保护范围边界同所属渠道。

（6）石函：保护范围边界同所属主干渠渠道。

（7）水利遗址：

a. 叶穴，遗址四至范围外扩 5 米。

b. 下圳斗门，遗址四至范围外扩 5 米。

2. 其他相关遗迹

（1）古桥梁：

a. 堰头村传统石桥，保护范围同所属渠道。

b. 保定村传统石桥，保护范围同所属渠道。

c. 前林村传统石桥，保护范围同所属渠道。

d. 管庄桥，保护范围同所属渠道。

e. 中街古迹桥，保护范围同所属渠道。

f. 下圳水碓坝旁石桥，桥体四至边界外扩 20 米。

（2）古建筑：

a. 龙庙，包含于通济堰大坝保护范围内。城乡建设用地：碧湖镇区范围内参考碧湖镇控制性详细规划，村庄范围内参考各村庄建设规划。

b. 文昌阁，包含于通济堰大坝保护范围内。

c. 官堰亭，建筑四至边界外扩 3 米。

d. 碧湖龙子庙，建筑四至边界外扩 3 米。

（3）古树名木：

a. 堰头村护岸古樟，树冠垂直投影以外 5 米围合范围和距离树干基部外缘水平距离为胸径 20 倍以外范围。

b. 下圳水碓坝旁古樟，树冠垂直投影以外 5 米围合范围和距离树干基部外缘水平距离为胸径 20 倍以外范围。

（4）其他历史遗迹：石牛，四至边界外扩 3 米。

25.1.2　一般保护区

1. 水利设施

（1）干渠：西、中、东干渠（重点保护区以外），渠道驳岸两侧外扩 3 米范围。

（2）支渠：重点保护区以外支渠，渠道驳岸两侧外扩 3 米范围。

（3）概闸：重点保护区以外概闸，保护范围同所属渠道。

2. 相关遗迹

（1）古桥梁：传统石桥（重点保护区以外石桥），保护范围同所属渠道。

（2）古驿道：通济古道、路亭，道路、路亭边界外扩 3 米。

（3）其他历史遗迹：

a. 概头村经幢，经幢四至边界外扩 5 米。

b. 何澹家族墓及石雕，文物四至边界外扩 20 米。

c. 保定窑遗址，遗址四至边界外扩 10 米。

（4）民居：堰头村古民居（共 13 处，详规划说明附表 7），围墙外 2 米范围，临渠一侧与主干渠保护范围边界重合。

25.2　建设控制地带

建设控制地带分为一类建设控制地带、二类建设控制地带。其中一类建设控制地带约为 181.1 公顷，二类建设控制地带约为 69.1 公顷。

25.2.1　一类建设控制地带

1. 水利设施

（1）堰坝：

a. 通济堰大坝，西侧沿松荫溪上游保护范围外扩 500 米；东侧沿松荫溪下游保护范围外扩 150 米；北侧至 50 省道，山体 110 等高线处；南侧至山体 115 等高线处。

b. 下圳水碓坝，南、北边界自下圳水碓坝至大溪上、下游保护范围外扩 200 米，东、西自下圳水碓坝本体两侧保护范围外扩 100 米。

（2）干渠：

a. 主干渠（通济堰大坝至开拓概），城乡建设用地区域为保护范围边界外扩 20 米，农田区域为保护范围边界外扩 30 米；处于通济堰大坝保护范围内渠道，遵循通济堰大坝建设控制地带。

b. 西干渠，开拓概至函头概，城乡建设用地区域为保护范围边界外扩 10 米，农田区域为保护范围边界外扩 20 米。

c. 中干渠，开拓概至凤台概、凤台概至木樨花概（凤台南支）、木樨花概至城塘概（石刺中支）、城塘概至九龙、九龙至泉庄、泉庄至下圳村，城乡建设用地区域为保护范围边界外扩 10 米，农田区域为保护范围边界外扩 20 米。

d. 东干渠，开拓概至上汤村、开拓概至三峰村，城乡建设用地区域为保护范围边界外扩 10 米，农田区域为保护范围边界外扩 20 米。

（3）支渠：

a. 木樨花概至河东村（石刺北支），城乡建设用地区域为保护范围边界外扩 5 米，农田区域保护范围外扩 10 米。

b. 木樨花概至上赵村（石刺南支），城乡建设用地区域为保护范围边界外扩 5 米，农田区域保护范围外扩 10 米。

c. 凤台概至河东概闸（凤台北支），城乡建设用地区域为保护范围边界外扩 5 米，农田区域保护范围外扩 10 米。

（4）湖塘：保定、概头、下概头、章塘、里河、上赵村、九龙、泉庄、下圳村内与通济堰灌溉体系相连接，仍具有灌溉、储水功能的湖塘，保护范围边界外扩 5 米。

（5）概闸：

a. 通济闸、开拓概、凤台概、木樨花概、城塘概，建设控制地带范围同所属渠道。

b. 下概头概，建设控制地带范围同所属渠道。

（6）石函：建设控制地带范围同所属渠道。

（7）遗址：

a. 叶穴，保护范围边界外扩 50 米。

b. 下圳斗门，保护范围边界外扩 50 米。

2. 相关遗迹

（1）古桥梁：

a. 堰头村传统石桥，建设控制地带同所属渠道。

b. 保定村传统石桥，建设控制地带同所属渠道。

c. 前林村传统石桥，建设控制地带同所属渠道。

d. 管庄桥，建设控制地带同所属渠道。

e. 中街古迹桥，建设控制地带同所属渠道。

f. 传统石桥（重点保护区以外石桥），建设控制地带同所属渠道。

（2）古建筑：

a. 龙庙，建设控制地带同通济堰大坝。

b. 文昌阁，建设控制地带同通济堰大坝。

c. 官堰亭，保护范围外扩 10 米。

d. 碧湖龙子庙等，保护范围外扩 10 米。

（3）古驿道：通济古道、路亭，道路、路亭保护范围外扩 5 米。

（4）其他历史遗迹：

a. 石牛，保护范围边界外扩 5 米。

b. 概头村经幢，保护范围边界外扩 5 米。

c. 何澹家族墓及石雕，保护范围边界外扩 50 米。

d. 保定窑遗址，保护范围边界外扩 20 米。

（5）传统民居：堰头村传统民居（共 13 处，详规划说明附表 7），位于通济堰大坝建设控制地带内。

25.2.2　二类建设控制地带

水利设施

（1）西、中、东干渠（重点保护区以外）：保护范围边界外扩 5 米。

（2）支渠：重点保护区以外支渠，保护范围边界外扩 5 米。

（3）概闸：重点保护区以外概闸，保护范围边界外扩 5 米。

25.3　环境控制区

北至松荫溪北向转弯处北侧山体 180 等高线处，畲坑北至 140 等高线处；南至山体 200 等高线处；西至堰后圩山脚建筑西侧边界；东至大溪与松阴溪交界，至山塘水库东侧山脚。面积约 534.8 公顷。

第二十六条　保护区划管理规定

26.1　保护范围管理规定

26.1.1　保护范围内禁止损毁渠道、驳岸、闸坝等水利工程；禁止挖沙、围塘造田、围垦河流或填堵占用水域；禁止工业废水、生活污水排放入渠；禁止堆放物料、倾倒土石、矿渣、垃圾等。

26.1.2　重点保护区内禁止一切与文物保护措施无关的建设工程或者爆破、钻探、挖掘等作业。

26.1.3　重点保护区内应严格保护通济堰水利体系的构成、布局，保护措施实施应当严格按照文物保护法、水利保护相关要求进行。

26.1.4　一般保护区内原则上禁止一切与文物保护措施无关的建设工程或者爆破、钻探、挖掘等作业，如因特殊原因需要进行以上作业的，需报国家文物局同意后，由浙江省人民政府批准实施。

26.1.5　一般保护区已建设的区域禁止扩大，已有建筑应逐步拆除，建筑拆除后的用地不得进行新的建设，应按本规划相关要求进行历史环境的保护和修复。

26.1.6　保护范围内属于基本农田的区域，应严格保持原性质，按照相关法律法规进行控制。

26.1.7　保护范围内渠道整治应当服从通济堰保护规划，符合国家和省、市规定的水利工程保护要求，维护渠道安全，保持通济堰水利灌溉体系的有效运行。

26.1.8　保护范围内原则上各种工程管线、道路不得穿越渠道，如确需穿越必须采用桥、架形式，管线桥架下净空不得低于2米，桥架垂直构筑物必须位于保护范围以外，并应在形式上尽量考虑风貌协调。包括通济堰水利设施的日常保养维护、抢险加固、修缮工程。

26.2　建设控制地带管理规定

26.2.1　统一规定

1. 本范围内发现新的文物遗迹，应实施原址保护。

2. 切实落实沿河环卫设施建设，解决村镇垃圾集中处理，禁止垃圾沿渠堆放、废水倾倒入渠、不得建设污染企业，控制用地性质，用地性质以绿化、道路广场、农业、居住为首选。

3. 通济堰灌溉区域内相关规划，应充分考虑当地的地形地貌，考虑通济堰灌溉体系的布局构成，应将通济堰灌溉体系作为影响规划布局、路网布置等内容的重要因素。

4. 建设控制地带范围内的溪流区域，禁止挖沙、取土，不得改变溪流走向、宽度，不得兴建水坝、电站。

26.2.2　一类建设控制地带管理规定

1. 在一类建设控制地带内新建、改建或扩建的建设项目，应在批准前征得国家文物主管部门的同意，报城乡规划部门批准。

2. 本范围应严格控制建设行为对通济堰灌溉体系环境与景观可能造成的破坏。

3. 通济堰大坝一类建设控制地带范围内新建扩建改建活动控制为：市政基础设施、交通设施、文物保护利用设施、水利保护设施，南岸区域可适当增加旅游服务设施，除上述设施以外不得进行其他新建活动。

4. 一类建设控制地带范围内新建、改建建筑高度限制为9米（屋脊总高），建筑应为双坡顶，色彩以黑、白、灰及木本色为主，体量与风格应体现地方传统民居建筑特征。

5. 除通济堰大坝以外的一类建设控制地带范围内城镇建设用地以市政基础设施、交通设施、文物保护利用设施、水利保护为主，不得建设工厂、仓储设施及污染环境的建、构筑物。

6. 保护通济堰灌溉区域传统村落特色，保护原有居民富有特色的传统生活方式。

7. 一类建设控制地带内，现有农田区域应继续保持田园景观。

26.2.3　二类建设控制地带管理规定

1. 本范围应控制建设行为对通济堰灌溉体系环境与景观可能造成的破坏。

2. 二类建设控制地带范围内新建、改建建筑高度限制为 12 米（屋脊总高），建筑应为双坡顶，色彩以黑、白、灰及木本色为主，体量与风格应体现地方传统特征。

3. 本范围内不得建设污染环境的建（构）筑物。

4. 加快建设村居民居住地的生活污水收集工程的建设，切实解决乡镇污水管网和污水处理设施建设滞后问题，减少生活污水直接排入渠道所造成水环境的污染。

5. 加快村、镇工业企业废水治理设施建设的步伐，解决区域内的内源污染问题。

26.3　环境控制区管理规定

26.3.1　该区环境控制目标为保护生态环境，禁止一切破坏生态环境和天然地形地貌的活动，严格保护水源和自然生态，维持农村乡土田园环境风貌。

26.3.2　该区不得进行任何有损遗址历史环境和空间景观的建设活动。村镇建设应贯彻土地集约使用要求，旅游项目建设须符合文物的文化价值，严格控制用地规模。

26.3.3　大型建设项目必须按照《中华人民共和国环境影响评价法》要求编制环境影响评估报告，就建设项目对遗址及其环境的影响和干扰程度作出专项评估，并按照相关法规要求履行报批程序。

26.3.4　对该范围内的基本建设活动实施监控，任何单位和个人在此范围内实施基本建设工程前均应通知当地文物主管部门，由其实施全程监控。

26.3.5　尽快解决农业耕作大量使用农药、化肥，渠道沿岸家畜养殖场，猪、鸡、鸭等粪便，有机废水、众多农村生活污水直接入渠等所造成的污染问题。

26.3.6　控制城镇用地规模，尽量避免高能耗、高用水量等大型旅游、公共建筑和企业的建设。

第二十七条　空间管制规定

27.1　通济堰灌区范围内的基本农田区域、一般农田区域和本规划划定的保护范围为禁止建设区域。

27.2　通济堰灌区范围内已经确定为各级历史文化名镇、名村的范围内，应根据历史文化名镇名村相关法律、法规要求编制保护规划，划定核心保护区和建设控制地带。核心保护区和建设控制地带建筑高度（至屋脊总高）应分别控制为小于 9 米和 12 米建筑形态应与保护建筑形式尽量协调，体量宜小不宜大，屋顶形式必须为坡屋顶。建筑外立面应具有当地乡土特色。建筑色彩必须朴素和谐，以黑、白、土黄或原木色为主，建筑外立面禁止使用大面积鲜艳夺目的颜色。

27.3　通济堰灌区范围内未列入历史文化村镇的建设区域，建筑高度（至屋脊总高）应控制在 18 米（含），紧邻一类建设控制地带边界以外 30 米范围内建筑应不超过 12 米（含），建筑色彩应朴素，屋顶形式尽量采用坡屋顶，充分考虑风貌的协调要求。

第七章　保　护　措　施

第二十八条　保护措施制定原则和主要内容

28.1　原址、原格局保护原则

按照《文物保护法》关于"对不可移动文物进行修缮、保养、迁移，必须遵守不改变文物原状的原则"，以尽量保持文物建筑的真实性。不可随意改变水利设施的位置，改变渠道走向、宽度，或去弯取直，亦不可改变原有水利系统的组成内容和格局体系。

28.2　最少干预原则

尽量保证水利设施正常运行，尽量减少针对文物本体的直接干预，通过制定有效的针对文物本体的保护措施，真实地保护和传递历史信息的同时，尽量保证水利功能的正常发挥。

28.3　保证安全原则

以保证文物安全为基本的保护目标，文物本体的安全包括保证文物本体不被人为破坏，不被自然灾害破坏，防止或延缓自然不可抗因素的缓慢破坏与侵蚀。保证文物历史环境的安全应以严格控制保护区划内各项基本建设，规范和引导正确的居民生产、生活活动为主要内容。

28.4　防灾减灾原则

根据防洪专项规划和文物保护要求，制定防洪措施，制定水资源保护措施。

28.5　定期监测，保养为主原则

建立本体、环境监测体系，实施科学监测。建立并贯彻执行日常保养与维护制度，加强对文物本体及其保护设施的日常维护，对可能造成的损伤采取预防性措施。

28.6　保护措施主要内容

1. 调整保护区划。

2. 设立保护标志、界桩。

3. 文物本体实行分级保护。

4. 实施保护工程。

5. 加强管理。

6. 实施历史环境保护整治。

第二十九条　总体层面的保护措施

29.1　通济堰是丽水市最重要的文化资源和水利命脉，应该作为当地的水利和文化旅游产业的核心点予以保护和利用。《丽水市城市总体规划》《丽水市土地利用总体规划》等相关规划应充分考虑对其有效保护和合理利用要求，贯彻本规划意图进行战略性调整。

29.2　应将本规划制定的工程计划、资金要求、人员设备要求纳入政府工作计划，分轻重缓急予以支持和解决，提供有效的资金保障和政府政策的支持与扶持，并应保证政策计划的连续性。

29.3　碧湖镇总体发展定位应以高效农业和生态文化旅游业为主，不宜过快发展工业等现代产业。应严格控制工业、仓储用地比例，用地性质调整和人口调控、村落居民点调整应纳入镇总体规划和新农村建设规划、农村康庄道路等规划。

29.4　重视水利科学研究和技术革新，发展节水型农业，严格水资源保护与管理，将文物保护内容纳入农田水利和农村基础设施建设，注重科学治水、依法治水、科学用水，不可牺牲文物价值盲目提高灌区面积和增加用水强度。应保持水利可持续发展与文物保护可持续发展相协调。

29.5　地方政府和文物部门应加强文物保护政策法规的宣讲，提高遗产所在地村民的保护意识，必须争取村民积极参与保护工作。

29.6　加强保护网建设，政府应出台政策奖励举报人员，定期开展保护工作先进个人评比奖励，推介典型，提高村民参与保护热情。

29.7　加强管理，明确权责，增强执法力度，理顺管理机制，完善管理机构。根据国家文物保护法律法规，按照本规划要求，完善通济堰已有的管理制度和规章。

29.8　制订突发事件应急预案，遇到突发事件各部门快速联动反应及时处理。配备日常加固、支顶、覆盖保护设备，根据气象预报，及时根据灾害性天气发生状况采取相应的加固、支顶、覆盖措施，以减少自然灾害可能造成的损失。维护设备必需安排专人管理，数量登记在册，不得随意挪用。

29.9　实施日常保养，开展日常监测。定期进行检查，以便及早发现安全隐患；定期进行植物清除。在残损部位设置监测点，评估发展情况，提供监测数据依据。

29.10　建立安全保卫巡查制度。指派专人负责日常安全巡视，做到"六早"，即"早发现，早预防，早检查，早控制，早处理，早解决"。文物主管部门应与产权人或使用人签订日常安全使用责任书。

第三十条　水利体系的保护措施

30.1　建立法律、法规保护体系

建立以《文物保护法》以及相关遗产保护法律法规为核心的法律保护体系，以《文物保护法》确立遗产地位、认知维护原理和理念、规范管理，以各相关法律法规作为专业性法律和法规。

根据保护内容和性质，构建协同的法律体系。

农田：涉及《文物保护法》《土地法》《农业法》《基本农田保护条例》等。

水利设施：涉及《文物保护法》《水法》《水污染防治条例》《水利工程安全管理条例》等。

传统村落（建筑）：涉及《文物保护法》《城乡规划法》《历史文化名城名镇名村管理条例》等。

非物质文化遗产：涉及《非物质文化遗产法》等。制定直接专门的地方基础法规，制定并公布《通济堰水利工程保护管理办法》。

30.2　协调管理程序

1. 根据政府各部门管理需要，以及遗产涉及法律法规情况，必须按相关法律程序履行审批，规范各项建设等影响活动。

2. 协同履行审批程序：按照保护区划内管理规定要求的各类建设等影响水利设施、灌溉系统、农田保护和传统村落的活动，应按照相关法律法规的规定，由相关部门协同莲都区文物主管部门履行报批程序。

3. 备案程序：建控范围以外，涉及农田、灌溉系统、基本建设和传统村落的项目，须提交浙江省文物局备案。

30.3　实施价值延续和维护

1. 确立传统使用和保护机制的价值

确认通济堰水利灌溉系统的使用和维护者，以及传统农业技术的传承者是遗产元素的保护人。县政府应制定相关地方法规、政策确立传统民间保护机制在保护中的重要作用。

2. 鼓励和引导传统保护机制的延续

保持传统使用、维护机制的合理延续，不应进行改变传统机制的外部干预。当传统保护机制发生不符合原理的变化，当地政府应该通过政策引导等措施鼓励传承传统使用和保护机制。

30.4　水利系统的整体保护

30.4.1　坚持利用性保护和生产性保护，坚持发挥通济堰水利系统的使用功能，充分发挥其在当代生产、生活中的现实作用，以发挥其原始功能的利用促保护。鼓励传统的利用维护方式，鼓励水利系统使用者按照传统的利用、维护方式进行日常生产和维护保养。

30.4.2　维护通济堰传统水利体系的完整性，保持和延续传统的坝、闸、概，主渠、支渠、毛渠的系统完整，禁止改变水利体系的完整性。控制碧湖平原旱地数量，长期保持水田数量的稳定。

30.4.3　保护对象的分级

根据现状评估、文物价值分析，兼顾水利设施要求将保护对象分为一级保护对象、二级保护对象和三级保护对象三级，对应不同的保护措施。

一级保护对象：列入重点保护区内的保护对象。

二级保护对象：列入一般保护区内的保护对象。

三级保护对象：未列入一级、二级保护区的毛渠、湖塘等。

30.4.4　分级保护措施

1. 一级保护对象保护措施

一级保护对象的保护措施和保护工程必须严格按照全国重点文物保护单位的管理要求、行政管理程序执行。必须按照《中华人民共和国文物保护法》关于"对不可移动文物进行修缮、保养、迁移，必须遵守不改变文物原状的原则"，进行干预，尽量保持文物的真实性和完整性，尽可能多地保持历史信息。一级保护对象保护工程由文物和水利部门共同实施。

（1）提坝保护措施。保护上下游河道，在建控地带内树立明令标志，禁止进行一切挖沙、取土、爆破改变河道宽度等有损大坝稳定的生产、建设活动，保证大坝的基础稳定。调查大坝基础的构成情况，分析基础的稳定程度，并采取相应保护措施。大坝在20世纪50年代水利部门对之加高，由原来的块石三合土砌筑改为水泥浆砌，规划不对大坝作比较大的修改，保持大坝的现有高度与格局、形式、材料；检查大坝的构筑情况，针对存在的问题编制相关的保护工程方案。保留通济闸后建的钢筋混凝土框架、机械装置及水泥预制闸门，进行适当整治和定期维护。定期检修船缺与排沙门，保持其传统功能。整治、清理河道两岸的环境，对保护范围内河道两侧存在的不利于生态环境的工厂、设施予以拆除整治。

（2）概闸保护措施。检查现存闸槽的保存情况，归纳传统概闸的形制、格局，根据材料、年代和保存情况分别编制保护方案；对已不再使用的概闸，可有选择地拆除部分水泥预制闸门，恢复原来的石质闸槽、木质概枋，恢复传统的概闸操作工艺。

（3）渠道保护措施。保护现有的渠道系统，对现存古渠道加以统计，逐条编号，并在现场定制界桩等定位措施；同时在渠道疏浚工程中应注意发现和保护水下可能的文物遗存，根据渠道驳岸的修筑材料、年代和保存状况进行分别处理；保留现干砌块石的驳岸整修方式；对尚存的卵石驳岸予以加固，剥除后期掩盖的土层，清理；对原来的卵石驳岸已经损坏的、仅存土岸的，适时加以修缮，主干渠上选择3处（每段不小于5米）恢复传统卵石干砌驳岸做法。

（4）护岸古樟。

a. 划定古树名木保护范围：单株树满足外缘树冠垂直投影以外5米围合范围和距离树干基部外缘水平距离为胸径20倍以外范围。

b. 建立健全古树名木档案，全面调查，实行"一树一碑（牌）一卡"制度。订立古树名木保护的地方法规，依法保护，严禁砍伐或迁移。

c. 改善古树名木的生长环境，清理影响树木生长的杂草、杂物。

d. 加强维护和保护，设置保护围栏。对于年老根衰的树木增加支撑或拉索等辅助设施，及时做好排水、填土、修剪枯枝等工作。加强病虫害防治，定期对其进行情况调查，及时防治病虫害。

e. 制定专门避雷方案，设置避雷设施。

（5）其他相关遗迹。严格保护相关遗迹与通济堰水利设施的依附关系，按照《中华人民共和国文物保护法》关于"对不可移动文物进行修缮、保养、迁移，必须遵守不改变文物原状的原则"进行修缮，保持文物的真实性和完整性，尽可能多地保持历史信息。

2. 二级保护对象保护措施

（1）水利设施。保护好现有的灌溉体系，进一步对灌溉体系详细调查，明确各堰坝、概闸、渠道等水利设施名称、使用情况、保存现状等；仍在使用的堰坝、概闸、渠道等水利设施注意日常保养维护、及时修缮，确保水利功能的正常运行，水利设施的维修、维护需实用与美观兼备。二级保护对象的水利设施保护工程实施以水利部门为主，文物部门协助。

（2）其他相关遗迹。按照《文物保护法》关于"对不可移动文物进行修缮、保养、迁移，必须遵守不改变文物原状的原则"进行修缮，保持文物的真实性和完整性，尽可能多地保持历史信息。

3. 三级保护对象保护措施

水利部门及时监管毛渠、湖塘的发展情况，保障在用毛渠、湖塘的使用功能正常，如有道路跨越毛渠时，必须保持水系畅通，便于清淤，如确因灌溉需要而新挖毛渠时，不得破坏通济堰灌溉体系的整体格局，不得影响通济堰灌溉体系的使用功效。保护工程的实施由水利部门负责，文物部门负责指导监督。

第三十一条　保护工程

保护工程总体分为：保养维护工程、抢险加固工程、修缮工程、保护性设施建设工程。

31.1　保养维护工程：对通济堰水利设施及其相关遗迹轻微损害所作的日常性、季节性养护，包括日常清淤、疏通、垃圾植物清理、驳岸的轻微损坏修补、归位等工程。

31.2　抢险加固工程：通济堰水利设施及其相关遗迹突发严重危险时，由于时间、技术、经费等条件的限制，所实施具有可逆性的抢险加固措施。

31.3　修缮工程：通济堰水利设施及其相关遗迹所必需的结构加固处理和维修，包括结合结构加固而进行的局部修复工程。

31.4　保护性设施建设工程：为保护通济堰水利设施及其相关遗迹而附加安全防护设施的工程。

31.5　在用水利设施必须加强日常维护和管理，主管机关为莲都区文物部门与水行政主管部门共同管理，日常管理、保养工作由碧湖镇人民政府负责。

31.6　在用水利设施的保护工程应当服从通济堰保护总体规划，及时向文物部门备案，除日常保养维护工程、抢险加固工程以外的保护工程均应事先征得国家文物局同意，方可实施。

31.7　已不再发挥使用功能的水利设施遗址日常维护与管理由当地文物主管部门负责，相关部门应当保护遗址，不得拆除和毁坏。

31.8　其他相关遗迹的日常维护与管理均由当地文物主管部门负责，承担遗址、遗迹保护工程实施的勘察、设计、施工、监理单位必须具有相应的文物保护工程资质，并依法报批。

31.9　《丽水通济堰保护总体规划》批准后，及时设立保护界桩，增加保护标志，所有保护内容均应分区、分段、分点设立保护标志。

31.10　当地文物行政主管部门应当建立通济堰档案文献的收集、接收、鉴定、登记、编目和档案制度，库房管理制度，出入库、注销和统计制度，保养、修复和复制制度，对通济堰档案文献的保管和利用，应当严格遵照《中华人民共和国文物保护法》第四章"馆藏文物"的保护要求执行。

第八章　环　境　规　划

第三十二条　历史环境的保护措施

32.1　历史地形地貌的保护与整治

32.1.1　应立即停止侵占农田、土地平整、挖掘取土等破坏地形地貌活动，调整规划道路不合理线形走向，实施历史环境的完整保护。

32.1.2　凡是规划范围内改变原始地形、地貌开荒种地和建设房屋的区域，严格按照本规划要求实施地形地貌还原或涵养。严格控制村镇建设用地范围，不得随意扩大或被侵占建房。

32.1.3　在保障现农业灌溉、饮用水源功能的同时，保护自然水系、历史水系的格局，控制水体形态和水位的变化，局部修复历史景观。

32.1.4　维护自然、人工库（驳）岸，保持丘陵水土、防治水质污染、加强文物、水利、城建部门在遗产保护与利用、水资源保护与建设等多方面的协作。

32.1.5　严格保持溪流、渠道走向及宽度，保护范围内河岸护坡应以保持自然形态、绿化的自然垒石为主。渠道穿过村镇建设区段应考虑景观要求，借鉴传统水乡布局形式，将渠道有机地与道路桥梁结合，将渠道纳入村镇功能和景观体系，改善渠道两侧绿化景观，使其与文物的文化价值和传统环境风貌相符。

32.2　历史人文环境的保护与整治

32.2.1　保护和保持村落、渠道、古道、古树名木、农田、水系、地形地貌之间的地缘关系、空间格局关系和大地肌理景观。保护和修复大地人文景观斑块，反映真实历史信息。对于传统村落、农田、菜地、溪流、古道、古树名木等组成的特色传统环境风貌要素予以保护、整治和利用。

32.2.2　保护修缮文物建筑和历史建筑，对于近年新建风貌较差的新农居建筑予以整治，使之与传统风貌和遗址环境相协调，新建农居要求符合本规划相关规定，展示设施要求尽量弱化建筑形象，不与环境争奇斗艳。要求针对堰头村在贯彻本规划要求的前提下，按照历史文化村镇保护要求编制专项保护整治规划，报批后实施综合整治其他涉及保护范围内的村庄，应在贯彻本规划要求的前提下，编制村落专项整治规划。

32.2.3　渠道周围农田是通济堰古代水利系统的主要灌溉对象，应保持现有农田的基本格局，维护农田的基本风貌。保持农田及其周围的毛渠格局，维持毛渠的灌溉系统流通。未经批准，不能随意改变农田、毛渠的格局。

32.2.4　整治通济堰灌溉系统周边的"脏、乱"的卫生环境，对沿渠设置的养猪场要限期予以整改、拆除。建立居民的垃圾集中收集制度，改变现在的垃圾随意乱丢的现象，保持环境的干净、整洁。整治村落的排污体系，使农居的生活污水统一收集治理，改变村落污水排入渠道的现象。

32.2.5　禁止在通济堰环境控制区，视线范围内的周边山林进行开山采石，以及对山林风貌有严重影响的建设活动。

32.3　空间景观的保护与控制

32.3.1　挖掘特有的空间环境特色，强化自然山水、田园风光和历史人文景观主题，保护传统村落空间环境和人工水利设施依托的自然地形组成的景观框架，形成清晰的传统特色景观体系。对沿溪、沿渠特有的自然山水空间景观和村落景观进行重点保护。

32.3.2　重点控制大坝视线可及范围内及堰头村主渠、干渠的山间谷地形态和景观视廊风貌的连续、完整、统一。此两段空间景观线路控制中，在村庄段应严格控制沿溪流立面效果，符合传统风貌要求；在其余段应严格保持自然风光和田园风光的优美统一，尽量减少建设开发强度。

32.3.3　保护范围和一类建设控制地带内调整现有电力线路走向，禁止在保护范围和一类建设控制地带内架设架空线路，净化文物环境。

32.3.4　对已破坏的空间景观进行修复。重点是主渠和干渠两侧，保护范围和一类建设控制地带范围内实施平地退宅，坡地退耕，废地复绿，消除渠道之间的视线遮挡，修复破碎的景观斑块。

32.3.5　历史环境景观，特别是植被修复均应以环境考古和历史气候研究成果为依据。按照传统的历史格局和空间环境，逐步整治建设控制地带和环境控制区内的建筑景观和绿化景观。修复视线通廊，大坝与周边近山、开拓概、凤台概、石刺概、城塘概、湖塘概等主要概闸与周围山川、古树之间的空间视廊要保持贯通。

32.3.6 保护通济堰周边山林风貌。历史上周围的山林是堰坝建设的主要材料来源地，因此大坝周围的山林长期作为"堰山"加以保护。从通济堰生态环境景观的角度考虑，维护好周边山林的传统风貌，对通济堰周围景观具有重要意义。

第三十三条　生态环境保护原则与目标

33.1　保护原则

文物保护与地方生态保护相结合，根据划定的各级保护区划要求与自然生态资源状况，制定保护措施，遏制人为破坏，防治水土流失，保护水源、山形水系，维持生物多样性，防止污染，探索生态功能维护、经济发展和文物保护的协调途径。

33.2　保护目标

防治各级保护区内的环境污染，包括物质污染（大气、水体）和能量污染（噪声、热干扰、电磁波等），尽可能解决文物保护区划内生态破坏问题，实施水源保护、保持水土、水体涵养、提高植被覆盖率等。

第三十四条　生态环境控制标准

各级保护区根据要求分为禁止一切建设、禁止建设工厂和大型公共设施、禁止建设有污染项目。保护溪流水资源，生活污水和垃圾处理达标。文物保护区划内固体废物的处理严格按照《中华人民共和国固体废物污染环境防治法》的规定。空气质量达到《环境空气质量标准》（GB 3095—1996）要求，地面水环境质量达到国标《地面水环境质量标准》（GB 3838—88）中的Ⅱ类标准要求，放射物防护标准应符合《放射防护规定》（GBJ 8—74）中相关规定。

第三十五条　生态环境保护

35.1　水体控制

在技术设施和现状条件均未具备的条件下，禁止盲目扩大灌区面积，水利部门应该建立合理的用水机制，统筹安排灌溉用水。大力发展节水型农业，研究提高农田水利灌溉技术。溪流水系均属山溪性河流，调洪能力较差，易发生洪灾。禁止向溪流内倾倒垃圾，保持水流顺畅，生活污水不得直接排入溪流。水质应达到Ⅱ类水质标准，保持水质稳定，符合相关水质标准。

35.2　水土保持

水土流失整治以流域综合治理为突破口，增加植被覆盖度、改造坡耕地，采取措施防止自然和人为因素的破坏，减少水体泥沙含量，避免渠道淤塞。面向溪流的20°以上的坡耕地应逐步退耕还林，发展生态公益林。采取水土保持耕作法，增加植被覆盖率，改善森林结构，增加森林的水源涵养能力。坚持乔灌草相结合、下游治理与上游治理相结合、生物措施与工程措施相结合，结合通济堰灌溉系统保护区划，合理设置绿化，大力提高整个碧湖平原的绿化覆盖率。今后城镇建设的土地平整应充分考虑碧湖平原的基本高程分布规律，避免进行大面积的改变高程平整活动。

35.3　防灾减灾

35.3.1 大溪防洪标准按照20年一遇设防，碧湖平原防山洪标准按照10年一遇，平原内部排涝标准按照20年一遇。通济堰灌溉渠系和新治河是主要的排涝河道，现状情况无法满足需要，应主要考虑增加新治河排涝能力，以新治河为主、通济堰为辅衔接排涝，减轻通济堰渠道的压力。局部低洼地区，可直接排向大溪。

35.3.2　防洪、防灾其他要求按照村镇总体规划、《浙江省水利工程管理条例》、《莲都区划定水利工程管理和保护范围》等相关规定设置。

35.3.3　堰头村传统村落的消防要求应在村落专项保护与整治规划中重点解决，应建立业余消防队及配备机动、适用的消防设备。

35.4　环境卫生及污染防治

35.4.1　村庄生活污水应根据村镇总体规划的要求集中收集，禁止排入渠道、溪流。没有收集处理条件的，应建生态化粪池或通过土壤自净后排除。

35.4.2　在保护区划内禁止建设污染型工厂企业，禁止开办大型牲畜养殖场，已有的必须限期搬迁、拆除。

35.4.3　结合新农村建设和建设生态村庄要求进行村庄环境卫生、村容村貌整治，改善环境卫生状况。

35.4.4　实行垃圾袋装化，统一收集，加强环境卫生管理。在村民、游客频繁往来经过的场所设置垃圾箱，其间距为 30～50 米设一处，位置应合理，并容易被游客找到。

35.4.5　结合村民点和参观展示布局，合理设置公厕，建筑周围可用绿化遮挡，位置应远离河道，建筑形式应与周围环境协调。

第九章　展示与利用规划

第三十六条　展示与利用要求

36.1　通济堰的展示与利用以保证正常的生产使用、延续水利系统功能为首选，在保护好文物的同时，充分发挥其现实功能和社会功能，结合当地社会、经济发展需要，积极展示其丰厚的文化内涵。

36.2　展示内容应注意历史的真实性和客观性、科学的趣味性和文化的特色性，让参观者得到知识和启迪，充分发挥文物古迹的教化作用。应围绕通济堰的文化价值和历史环境展开，不得设置违背遗产文化价值的展示项目。

36.3　对文物本体及环境的利用，必须以满足文物保护的要求为标准，游客容量必须严格控制。展示区的游客容量应依据文物保护的要求，并经监测检验修正，保障利用的延续性。

36.4　展示工程必须满足文物保护要求。用于展示的建筑物、构筑物和绿化方案设计必须在不破坏文物原状、不破坏历史环境、正确传达历史信息的前提下进行。展示设施在外形设计上要尽可能朴素乡土、缩小体量，同时具备可识别性和与传统风貌和历史环境的和谐性。展示设施、游客服务设施的建设须符合保护区划管理规定相关要求，并依照《文物保护工程管理办法》要求履行审批程序。

36.5　展示内容和手段应不断深化和补充，寓以更多、更好、更丰富的文化内涵和知识趣味。展示方式应灵活多样，应注意展示过程的互动性和参与性。

第三十七条　游客容量控制

37.1　容量测定标准

物理容量：建设地带范围内控制在 $10\sim20\mathrm{m^2/p}$，保护范围内游览密度控制在 6～

$15m^2/p$。

生态容量：在旅游开发过程中应进行专门的环境影响分析与审计，严格控制土地利用性质变化对植被的破坏、环境的污染等指标。

社会容量：进行社会调查，确定景区当地社区和旅游设施规模对旅游者规模的接受程度。

经济容量：建议当地有关部门通过市场、政策杠杆，合理调节旅游的经济容量，以平衡当地的社会经济的协调发展。

基础设施容量：通过相关部门确定通济堰游览区域为旅游者提供基础设施的成本、能力和当地获益，及旅游者与当地居民使用基础设施的分配等指标，以确定合理的基础设施建设规模。

37.2　容量控制措施

限制进入，限制设施容量，对不同活动进行分区。

第三十八条　展示内容

38.1　文物本体：大坝、闸概、渠道、建筑、构筑物等水利系统的元素和附属文物。

38.2　历史环境：历史水系、地形地貌、空间景观、自然生态景观、传统村落环境风貌、传统田园风貌。

38.3　可移动文物：出土文物、碑刻、文献等实物及相关研究成果。

38.4　非物质文化遗产：传统水利系统建造技术工艺过程展示、传统灌溉过程场景展示、传统民风民俗、传统信仰祭祀习俗、管理传统和社会组织状况研究成果等。

第三十九条　展示体系

39.1　突出历史文化观光特色和自然生态休闲特色，完善展示设施建设、基础设施建设和环境整治工作。根据历史文化遗产保护的安全性、代表性、保存的完整性、可观赏性和交通服务条件等综合因素确定展示点和展示内容。

39.2　组成体系：根据各个片区实际情况以及遗产工程、保护的要求采取不同的展示与利用手段，由通济堰博物馆、通济堰水利体系现场展示点、传统民俗文化展示区三部分组成。

39.3　博物馆及服务设施建设控制要求

39.3.1　通济堰下游 350 米处选址新建通济堰博物馆，主要以水利文化展示为主，充分集合地方民俗文化，形成一处集保护水利文化遗存、展示通济堰水利文化与农耕文化、文化休闲旅游、民俗文化活动为一体的综合性场所。博物馆建筑要求高度限制为 11 米以下（屋脊总高），建筑应为双坡顶，色彩以黑、白、灰及木本色为主，体量应尽量分散、小巧，建筑风格应体现地方传统建筑特征并与周围环境相协调。

39.3.2　新建服务设施应借鉴地方乡土建筑特征，要求高度限制为 9 米以下（屋脊总高），建筑应为坡顶，色彩以黑、白、灰及木本色为主，体量应尽量小巧。

39.4　展陈手段。

39.4.1　陈列厅内展陈方式：包括文物陈列、沙盘模拟、多媒体综合演播、资料陈列等。

39.4.2　现场展陈方式：包括大坝、渠道、概闸、遗址、建筑等开放展示点。

39.4.3 原生状态自然展示：包括优美自然的生态环境、田园风光、传统村落居住生活状态、民俗习惯祭祀活动等。

第四十条 主要参观线路

根据通济堰水利灌溉体系由南向北的走向安排游览路线：

游线一：詹南二司马庙→通济堰大坝→通济堰博物馆→堰头村传统民居→社公庙→文昌阁→泉坑桥→三洞桥→古樟树群→保定村传统民居→概头。

游线二：碧湖古镇→九龙传统民居→下圳村传统民居→下圳水碓坝。

第十章 管 理 规 划

第四十一条 管理机构与职责

41.1 由莲都区水利局会同莲都区文广新局负责通济堰的管理工作，按本规划要求各司其职。

41.2 调配通济堰文物保护管理所的职能配置和人员编制，加强职工队伍建设，完善专业构成，提高管理能力，满足遗产的保护管理需求。规划正式人员编制5人，配备必需的交通、通信、巡查记录和防护设备。

41.3 管理机构办公用房与通济堰博物馆主体建筑一并设置。

41.4 延续通济堰传统管理模式，保留碧湖灌区水利管理委员会，该机构负责用水协调、矛盾协调工作，委员会组成为文物部门人员2人、水利部门人员2人、城建部门人员1人、乡镇政府代表1人、村民代表1人。

41.5 莲都区水利局负责通济堰的日常管理、保养，维护通济堰水利设施正常运行，实施文物保护和水利工程，莲都区文广新局负责日常文物管理工作指导和监督日常使用、保养，贯彻保护规划实施，组织文物保护工程方案编制、报批工作。

第四十二条 管理规章

42.1 根据本规划相关要求修订通济堰水利管理相关规章制度。

42.2 文物工程管理

42.2.1 工程管理原则：严格执行文物保护工程管理工作程序。

42.2.2 工程管理规定：按照2003年中华人民共和国文化部令第26号《文物保护工程管理办法》，履行管理报批手续。按照国家文物局文物办发〔2003〕43号《文物保护工程勘察设计资质管理办法》《文物保护工程施工资质管理办法》，实施所有保护工程的勘察设计与施工管理。按照《中华人民共和国文物保护法实施条例》第十五条，执行文物保护工程的资质管理。

42.2.3 规划实施管理：落实规划报批与公布，推进保护、利用工作的全面协调开展。根据详细计划，结合体制改革，落实部门分工与全体工作人员的岗位责任。建立规划实施的评估衡量标准，监督实施进展与问题，及时向相关负责部门提交详细计划实施情况或总体规划实施监测报告。

第四十三条 日常文物管理工作

43.1 完善文保单位的"四有"工作，包括报请浙江省人民政府重新公布保护区划边界；补充或更换相应保护等级的文物保护碑和说明牌，沿保护范围边界设置界桩；完善保护档案，重点补充、完善保护档案；实现记录档案的数字化存储，促进文物保护信息化。

43.2　及时补充和更新管理设备，提高管理技术手段，充分发挥高新技术在保护管理工作中的作用，提高遗产保护管理工作的科技含量。

43.3　日常管理工作内容：监控水利体系使用状况，实施灾害及灾情监测，实施日常巡查，控制开放容量，控制环境状况，协调周边关系，建立保护网络；提高展陈质量，广泛宣传文物价值，引起公众重视；延伸展陈内容，改进陈列手段，扩大社会效益；收集资料，记录保护事务，整理档案，从中提出研究课题进行研究。

第四十四条　加强引导村民参与保护

44.1　提高村民文物保护意识，争取村民的理解和配合是顺利开展保护工作的关键。通过宗族体系或村民委员会的统一组织，充分发挥村民的主观能动性。

44.2　加大指导和技术支持力度，加强对文物保护法规和文物保护管理理念的宣讲，应通过灵活多样、通俗易懂的方式逐步向村民灌输文物保护的理念，逐步建立起村民依法保护、正确维护的意识。

44.3　扩充业余文保员队伍，选择具有较高威信和良好保护意识的人员担任文保员，与村民委员会和村镇政府机构一起建立一个人员完善、结构合理、组织顺畅的日常管理网络。

44.4　鼓励村民合理利用发挥文物的资源效益，使其切实感受到文物保护的意义和价值。

第四十五条　宣传培训计划

45.1　将文物保护工作业绩纳入各级领导考核体系，基层主要领导和工作人员应积极参加文物保护培训，学习文物保护管理法律、法规和相关知识。

45.2　基层文物管理部门应重视管理人员素质的提高，定期选送人员前往高水平科研院校学习进修，定期组织外出考察，借鉴和学习先进的保护理念和手段。

45.3　加强文物保护基本知识的宣传和普及工作，应通过灵活多样、通俗易懂的方式逐步向村民灌输文物保护的理念。由镇政府组织，文物部门协助，对村民分期分批进行基础文物保护知识集中宣讲。

45.4　重视对青壮年、少年儿童开展文化遗产保护教育与培训。在镇中、小学普遍开展宣传有关地方历史文化和历史文化遗产保护的课程。利用春节等外出务工人员集中返乡时间，组织他们参加宣传培训活动。

45.5　外来人员及旅游从业人员应该进行专门的文物保护知识培训后方可上岗，并应定期组织进行文物保护知识学习。

45.6　积极开展宣传工作，提高社会效益、经济效益和环境效益，促进当地经济、社会的协调和可持续发展。争取多方文化团体和机构、政府机构，以及教育机构的合作。

45.7　通过展陈、出版、电子传播、文化旅游节等多种宣传方式，促进社会公众对遗产的价值认知。通过引导和规范参观行为，提升旅游者对于文化资源、生态资源的保护意识。

第十一章　居民社会与城镇旅游发展调控

第四十六条　调控目标与策略

46.1　调控目标

调整个别保护区划内居住人口数量，通过有计划地搬迁，调整至满足遗产保护要求和生态环境保护要求的环境容量，促进遗产地文化、生态、社会等各方面协调发展。

46.2 调控措施

保护通济堰灌溉体系聚落的整体格局，尤其是与渠道临近的村落、地段，保护这种与渠道的关系，依托渠道发展的脉络。对传统村落予以保护，防止建设或拆除对村落格局的破坏。严格保护堰头村传统村落格局，适量减少老村中的居住人口数量，对保定村、下概头、下圳村等村落尚存的传统村落格局予以严格保护，新村选址或新建改建项目不得破坏传统村落景观及格局。

第四十七条 与城镇建设和旅游发展的协调

47.1 规划区内农村康庄工程建设及城镇道路建设应根据本规划要求实施，道路线位选择应特别慎重，道路线形布局应充分考虑渠道分部规律，借鉴传统水乡的道路布局形式，将道路体系与渠道、绿化有机地结合。必须避免简单的不考虑渠道分布因素的机械方格网状布局，应尽量减少路网与渠道的交叉。保护范围内禁止新的康庄道路建设。

47.2 通济堰灌区范围内的村庄新农村建设的内容应该是调整产业结构、实现文化资源的有效利用、提高农业产出率、发展第三产业、改善生活条件。应充分延续和发扬其文化内涵，保持传统风貌的协调，不得焕然一新、大拆大建。

47.3 市政府应充分重视就保护区划内农村居民新建房屋和改善居住条件要求，应根据本规划要求，调整新农村建设规划（计划），出台专门的政策予以协调解决。

47.4 新农村建设中其他基础设施的改善和实施必须符合本规划相关要求，在实施过程中应考虑本规划展示设施、管理设施的建设需要，统筹考虑，一并实施。

47.5 发展旅游产业应首先满足文物保护要求和生态环境保护要求，不可盲目地求大、求全，应严格控制内容和建设强度，严格控制上马大能耗、大用水量项目。"古堰画乡"旅游项目相关规划设计应根据本规划进行调整，减少新建建筑总量，大型高端度假村规划应予取消；旅游服务设施规模过大，应重点保护沿溪主要界面的自然风光和历史环境，尽量减少建设。

第四十八条 城镇产业结构引导与调整

48.1 社会经济发展战略

48.1.1 建议将通济堰的保护作为最重要的文化资源纳入城镇体系发展战略和丽水市政府"五年计划"工作内容。

48.1.2 建议碧湖镇社会经济发展战略应调整：以经济建设为中心，以文化、生态保护为重点，稳固第一产业基础地位，以文化事业和旅游业为新的增长点，大力发展第三产业；严格控制工业规模，协调村镇体系关系，提高乡镇建设质量。建成经济与文化并举、人与自然协调发展的现代化小城镇。

48.1.3 调整《农业发展规划》和《旅游发展总体规划》，正确引导和鼓励灌区范围内村民在符合文物保护要求的条件下，开展多种形式的增加经济收入、改善生活质量的活动。

48.2 发展节水型农业，提高灌溉效率

48.2.1 加强灌区技术改造，促进高产、优质、高效的农业发展。根据当地自然气候、水资源、农业生产和社会经济的特点，确定灌区发展方向，要提高输水效率，不断改进灌水技术，保证农作物适时适量灌溉，发展节水技术，提高单位水量的利用率，发挥其最大效益。

48.2.2　重视改进地面灌水技术，重视对常规灌水方法的改进与发展，重视节水灌溉新技术的运用与推广。

48.2.3　进一步加强灌溉用水管理，开拓节水的新途径，制定节水灌溉制度，以提高水的有效利用率。重视田间水管理和农民参与，调动农民节水积极性。积极改进水利技术，促进灌溉管理向自动化发展，探索和发展污水灌溉，积极研究生活生产污水循环利用的污水灌溉技术，实现开源节流双管齐下。

第十二章　专　项　规　划

第四十九条　用地性质

通济堰灌区范围内已划定为基本农田的，必须严格保护基本农田用地性质不变，禁止置换基本农田指标。重点保护区应全部调整为农田、绿化用地性质，一般保护区暂可以保留原有住宅用地，并逐步调整为农田或绿化用地。一类建设控制地带用地性质除现有村镇用地保留外，可划定部分文化娱乐用地用，以建设通济堰博物馆等基础服务设施，其余为水域和农林种植用地。二类建设控制地带用地全部划为耕地、村镇居住用地。

第五十条　道路交通

50.1　外部交通现有五三省道线（丽水—龙泉）、丽龙线（丽水—龙游）公路，通济堰大坝、堰头村区域内部为步行游览路线。

50.2　沿主要游览渠道，以通济古道为主，修复原有路面形式，局部可补充与文物历史风貌相符的沿渠道路。

50.3　安排由堰头村至下圳村的公交游览线路。

第五十一条　服务设施

51.1　鼓励居民利用自有房屋开辟农家乐和小型家庭旅馆，灵活解决游客住宿、餐饮问题，不得集中设置大体量服务设施。

51.2　通济堰博物馆承担景区游客服务中心功能，配置检测、解说、导游、简单购物等一般服务功能。

51.3　根据展示路线和展示区域，布置解说牌、路标、知识牌等导游、导乘标志。

第五十二条　基础设施

52.1　文物展示利用基础设施应与村镇基础设施建设统筹安排实施。以改善村民生活条件和保证文物安全、可持续发展为目标，充分协调保护改善村民生活的关系，做到市政工程设施的现代化功能与传统风貌特色相统一，市政工程设施建设严格服从文物保护和风貌协调要求。

52.2　市政工程设施建设要服从保护历史环境风貌的总体要求。结合当地特点，因地制宜，寻找最有利的技术途径，节省用地、投资和运行费用。

52.3　市政工程规划着眼于远期，预留设施和管线的空间和管位，以利于可持续发展；同时，充分考虑近期建设的可能性，使于逐步改善。做到技术上安全可靠，维护管理方便，提高规划的可操作性，便于专业部门实施。

第十三章　规划分期及工作内容

第五十三条　近期（2013—2015 年）工作内容

53.1　保护区划变更的报批与公布。

53.2　保护标志的完善增补，设立界桩、界碑。

53.3　完成重点保护区内水利设施修缮、维护。

53.4　修缮重点保护区内文物遗产，整治一类建设控制地带内遗产所在环境，根据规划要求调整重点保护范围、一类建设控制地带内相关用地性质。

53.5　建成通济堰博物馆，正式对外开放。

53.6　增补文保所管理人员，配置基本设备，制定《日常巡查管理规程》，制定《突发灾害应急预案》。

53.7　根据规划要求修订《通济堰管理和养护章程》《通济堰水利工程管理章程》《碧湖灌区章程》《碧湖灌区水利管理条例》《碧湖灌区组织章程》等规章制度。

53.8　积极宣传普及文物保护知识，提高村民文物保护意识，争取村民积极参与保护工作。

53.9　根据本规划要求修编相关规划，做好协调工作。

第五十四条　中期（2016—2020 年）工作内容

54.1　完成一般保护区内水利设施修缮、维护。

54.2　修缮一般保护区内文物遗产，整治二类建设控制地带内遗产所在环境，根据规划要求调整一般保护区、二类建设控制地带内相关用地性质。

54.3　整治二类建设控制地带内遗产所在环境。

54.4　完成灌区内传统村落的保护与整治工作。

54.5　协调当地城市建设与旅游发展，引导和鼓励灌区范围内村民在符合文物保护要求的条件下开展特色乡村旅游。

54.6　完成相关管线、道路调整工作。

第五十五条　远期（2021—2030 年）工作内容

55.1　配备完善的基础设施和参观服务设施。

55.2　完善管理机构，加强管理人员和研究人员力量，建立较为完善的管理体制和监测体系。

55.3　有较为成熟的研究成果发表、出版。

55.4　形成较为成熟的文化生态旅游产品，村民经济状况有较大改善，保护积极性高涨。

第五十六条　不定期工作内容

56.1　考古资料调查收集和保护技术研究，成果发表。

56.2　宣传普及文物保护知识，扩大社会影响力和知名度。

56.3　实施保护性征地和用地性质调整。

56.4　实施文物本体保护、保养，历史环境的保护、修复。

56.5　实施生态保护涵养、水土保持、绿化调整、防治自然灾害。

56.6　对灌区内各项水利设施进行保养、维护，确保通济堰水利灌溉体系的有效运行。

56.7　修编《保护规划》。

第十四章　投资估算与经费筹措

第五十七条　经费来源

57.1　保护经费来源主要由地方政府专项经费、上级主管部门专项补助经费、社会捐助经费和个人出资组成。鼓励建立多渠道资金投入的保护机制，积极争取中央财政设立的保护专项资金。各级财政分别按比例提取保护专项资金用于抢救保护。

57.2　经费来源有：申请各级政府专项补助经费，当地政府配套投入经费，参观开放收入、旅游相关产业收入，社会募集、捐赠，银行贷款，村民自筹，开展合作申请国内、国际研究机构资金。

第五十八条　投资估算

参考浙江省相关施工定额和国内相似工程案例，考虑通济堰具体特征、保护要求和施工条件，确定估算标准。环境整治和基础设施改造整治参考国家相关设计要求和本地、省内已实施项目的工程费用确定。估算费用总价约为198401.7万元。

第十五章　附　　则

第五十九条　本规划成果包括规划文本、规划图纸和规划附件（包括规划说明和基础资料汇编）三部分，规划文本和规划图纸同时具有法律效力。

第六十条　本规划一经批准，任何单位和个人不得擅自改变。如确需调整，必须报请原规划审批单位同意后，按原程序报批、公布。

第六十一条　本规划由国家文物局审批同意后，自浙江省人民政府批准公布之日起实行。

第六十二条　本规划最终解释权为国家文物局，由地方文物行政主管部门负责具体解释。

第六十三条　文本中有"×××"标记的条目为强制性内容，必须严格执行。

第十六章　相　关　表　格

表1　　　　　　　　　　　　　　　保护对象构成总表

类别	分项内容		量化	备注
水利设施	渠道	主干渠	约6.7千米	通济堰大坝至开拓概段主干渠长
		支干渠、支渠	约97.08千米	开拓概至下圳水碓坝之间灌区内支干渠、主要支渠总长
	湖塘	主干渠段	5处	与通济堰灌溉体系相连，仍具有灌溉、储水功能的湖塘
		中干渠段	18处	
		支渠段	37处	
	堰坝	通济堰大坝	1座	松荫溪接近大溪交汇口处
		下圳水碓坝	1座	下圳村外
	概闸	概闸	72座	灌区内概闸总数
	石函	石函（三洞桥）	1座	堰头村主干渠上
	水利设施遗址	叶穴	1座	位于堰头下约1100米
		下圳斗门	1座	位于下圳村外

续表

类别	分项内容		量化	备注
相关遗迹	古建筑	龙庙	建筑面积约600平方米	位于堰头村
		文昌阁	建筑面积约77.2平方米	位于堰头村
		官堰亭	建筑面积约107平方米	位于碧湖镇
		碧湖龙子庙	建筑面积约106.2平方米	位于碧湖镇
		路亭	7座	渠道与通济古道交接处
	石桥	传统石桥	33座	此数量为灌区内传统形式尚存的石桥大致数量
	传统民居	堰头村传统民居	13座传统民居院落，建筑面积约13406平方米	位于堰头村内
	碑刻	传统碑刻	18座	有16方集中存放于龙庙
	古树名木	古樟树群	10株	位于堰头村主干渠上
	其他遗迹	古驿道、凉亭	1项	现存周巷起，经义步街、保定段古道，较为完整
		石牛	1座	位于保定至周巷段"通济古道"旁
		概头村经幢	1座	位于概头村
		何澹家族墓及石雕	1处	位于碧湖镇保定村凤凰山
		保定窑遗址	1处	位于保定村外
非物质文化遗产	(1) 通济堰历代形成的管理制度：《通济堰规》《通济堰志》等。 (2) 与通济堰有关的祭祀礼仪、传统风俗等。 (3) 通济堰民间故事传说			
历史环境	(1) 通济堰水利灌溉体系相关的碧湖平原农田格局。 (2) 通济堰灌溉水利体系周边的自然山水环境。 (3) 与通济堰灌溉体系形成有机整体的传统村落，历史建筑，历史遗迹			
总表说明	水利设施、相关遗迹的具体内容详见规划说明中：保护对象构成分表			

表2　　　　　　　　　　　文物本体真实性、完整性评估等级说明表

等级	真实性、完整性	评估说明	备注
A	较好	历史格局明确，风貌形式保存尚好，水利功能发挥正常	通济堰的遗产价值不是固定的，是一个动态累积的过程，其真实性和完整性必然伴随着发展而变化
B	一般	历史格局尚存，风貌形式保存一般，水利功能发挥正常	
C	较差	历史格局保存较差，风貌形式较差，水利功能发挥较差	

表3　　　　　　　　　　　文物本体延续性评估等级说明表

等级	延续性	评估说明
A	较好	延续性评估依据稳定性风险、安防风险、建设风险三方面内容综合评定。
B	一般	稳定性风险：主要考虑淤积、植物滋生侵扰、坍塌等破坏因素的影响； 安防风险：主要考虑人防力度等；
C	较差	建设风险：依据文物本体所在区域的用地现状及相关规划分区判定，主要考虑乡镇建设的不利影响以及农田区域的有利影响

表 4　　　　　　　　　　　投 资 估 算 表

类别	分 项 内 容		工程量	单价/万元	经费/万元	实施分期
保护项目	01. 勘探调查费用		56.5 千米		10	近期
	02. 重点保护区内水利设施修缮、维护	堰坝	2 处	50	100	近期
		主干渠	约 6.7 千米	200	1340	
		支干渠、支渠	约 27.98 千米	150	4197	
		湖塘	1 项	5	5	
		概闸	6 处	8	48	
		石函	1 处	10	10	
		水利遗址	2 处	10	20	
	03. 一般保护区内水利设施修缮、维护	支干渠、支渠	约 69.1 千米	100	6910	中期
		概闸	约 66 处	5	330	
	04. 相关遗迹修缮、维护	龙庙	600 平方米	0.2	120	近期～中期
		文昌阁	77.2 平方米	0.2	15.4	
		官堰亭	107 平方米	0.2	21.4	
		碧湖龙子庙	106.2 平方米	0.2	21.2	
		石牛	1 座	5	5	
		石桥	33 座	1.5	49.5	
		古驿道	1 项	5	5	
		概头村经幢	1 座	5	5	
		何澹家族墓及石雕	1 处	20	20	
		保定窑遗址	1 处	20	20	
		传统民居	约 13406 平方米	0.18	2413	
		碑刻	18 座	2	36	
		护岸古樟	10 株	1	10	
	05. 其他水利设施维护		单项		300	不定期
	06. 道路、电力改线费		单项		1000	中期
	07. 通济堰博物馆建设		1 座		1000	近期
环境项目	08. 历史村落环境整治		1 项		200	不定期
	09. 环境整治	环境污染治理	1 项		500	不定期
		绿化景观植被改善	1 项		500	
管理项目	10. 保护标志的增补		1 项		200	近期
	11. 保护范围界桩		1 项		200	近期
	12. 巡查设备配备		2 套	3	6	近期
	13. 研究宣传经费		1 项		30	不定期
	14. 不可预见费用		工程全部投资估算的 10%		1964.7	
总计	198401.7 万元					

丽水通济堰文物保护总体规划说明

第一章 规划编制背景

"浙江"因水而得名。水的载浮载沉，对于浙江来说始终是一个久远的且挥之不去的情结。从传说中远古大禹治水后葬会稽之山，留下禹陵禹庙起，浙人治水用水的历史不仅大量记载于史料典籍，也于绵延至今的城乡结构和肌理中时或可见。

"兴水利，而后有农功；有农功，而后裕国。"在这种治国理念的支配下，先人们世世代代与水抗争，既努力避风涛之险，又使水安澜而适量。他们或择水而居，或疏川导滞，或修堰筑塘，或架桥开渠。历朝历代的地方政府，无不把治水作为施政的第一要务。有作为的地方官吏，也总是因治水有功而名垂青史。行进在浙江的土地上，不管是在水乡泽国，还是在丘陵山地，哪怕是在不经意间，你都可能在身边发现有各种各样的水利工程，它可能是一座小桥、一条小溪，也可能是一座堰坝。细究起来，有的甚至已经默默地为人类服务了 1000 多年，这种无处不在的水利活动，不仅造就了生命的历程，对文明的孕育和吐纳也产生了不小的影响。有了水这个命脉，于是"河开矣，桥筑矣，市聚矣"，经济上的集聚力急速增加。"家家尽枕河"，成为蒸汽机时代以前中国都市的一道风景线。

桥是最普通最常见的水利设施，浙江古桥确确实实是千姿百态，风情万种。据统计，新中国成立初期，全省有各种旧式桥梁 10 万余座，现在幸存下来的宋元时期的古桥梁尚有 30 余座。有上可行人、下可通舟的拱桥，有朴实简洁、长度不受限制的梁桥，有韵律有致、能遮风避雨的廊桥，有绵延百里、可步行拉纤的纤道桥，有造型简朴、多建于水流浅缓河面的丁步桥，更有堪称世界上最古老的立体交叉桥，多姿多彩，各臻其妙，无不体现了巧妙的构思和高超的工艺水平。这些或木构、或石筑、或木石并用营造的古桥，其线条有的像长虹卧波，有的像玉带垂腰，在水一方，构成了一道绮丽的天际线。桥上有雕有各种动物形象的望板望柱，桥下有莲花墩柱，这就使得桥梁不仅具有实用价值，而且极含美学和民俗学意义。形式上的多样性，本质上是生活本身的精彩性和丰富性的生动体现。可以说，大大小小的桥梁演绎了极为丰富的水乡人居环境的空间结构，充分反映了浙江人对环境、交通、理水、文化的综合整治能力。

浙江位于太平洋季风带，全年雨量极不均衡。古人认为水性至柔，但对水为害之甚烈也早有清醒的认识。从现存水利工程遗存情况来分析，先人们早就懂得水利工程的真谛，在于因地制宜，巧妙地掌握堵和导的关系。尽管古代的科学技术尚处在不发达阶段，但大大小小的水利专家却都用极其平淡朴实的原理制服了桀骜不驯的江河激流，让其为我所用。从东汉末年马臻治理鉴湖开始，一个又一个成功的范例在历代的文字记载中从未中断过。南朝梁天监年间，僻远的浙南山区丽水，就已建成了引灌为主、储泄兼顾的竹枝状水利灌溉设施——通济堰。李泌开 6 井、白居易整治西湖，为杭州城市的发展起了决定性的作用。而它山堰的开通，则为宁波市提供了充足的饮用水源。如果说，这些工程，是以四两拨千斤的手段，巧妙地利用自流原理，达到以柔克刚目的的成功范例，那么，历朝历代对钱塘江涌潮的治理则是一场又一场惊心动魄的大搏斗。从钱镠建捍海塘开始，通过无数次的溃决和修筑而完善起来的乾隆鱼鳞石塘，则是人们顽强地与自然抗争，以人的力量和智慧制服自然的胜利结晶。时至今日，这些水利工程迭经数百年风、暴、潮的侵袭，仍巍然屹立，继续发挥造福于民的巨大效益，成为我国水利史上的辉煌篇章。

可以说，浙江的历史，就是一部与水相依、与水抗争的历史。而丽水通济堰则是这部历史的最辉煌篇章，而作为现在仍在继续使用，仍在现实生产生活中发挥重要作用的水利灌溉设施更是显示了其强大的生命力，因此它的保护和利用、发展的矛盾显得尤为突出。2001 年通济堰被公布为第五批全国重点文物保护单位，据有关专家的分析通济堰还具有申请世界文化遗产的潜力，一个好的合理的规划无疑是规范和指导通济堰保护发展的首要需求。然而，通济堰保护规划的编制一波三折，由于种种原因，自 2006 年开始委托起迟迟未能完成，2011 年丽水市莲都区文广新局再次委托我院编制保护规划，在借鉴前面规划成果的基础上，我们进行了详细的现场踏勘，编制过程中加强与当地各职能部门之间的沟通和联系，充分征求其意见，同时研究目前水利类文化遗产的保护思路和经验。可以说，此稿的形成进行了大量的规划外的研究和调查工作，希望形成一个较为完善和切合实际的规划成果。

第二章　古代水利工程类文物保护的特殊性
第一节　我国的古代水利工程概况

古代最重要的生产部门是农业，农业受自然因素的影响极大。这在古代科学技术不发达，人们抵御自然灾害能力低下的情况下更是如此。因此中国历代王朝都十分重视农业基础建设，兴建公共水利工程。同时，兴修水利不仅直接关系到农业生产的发展，而且还可以扩大运输，加快物资流转，发展商业，推动整个社会经济繁荣。（另外水和土一样，又是作物生长的条件，在今天水又是最为重要的资源。）正是由于兴修水利具有如此的重要性，所以古代不仅在平定安世时期，就是在纷争动乱岁月，国家也往往不放弃水利事业的兴办。由于历代政府的重视，中国古代的水利事业处于向前发展的趋势。夏朝时我国人民就掌握了原始的水利灌溉技术。西周时期已构成了蓄、引、灌、排的初级农田水利体系。春秋战国时期，都江堰、郑国渠等一批大型水利工程的完成，促进了中原、川西农业的发展。其后，农田水利事业由中原逐渐向全国发展。两汉时期主要在北方有大量发展（如六辅渠、白渠），同时大的灌溉工程已跨过长江。魏晋以后水利事业继续向江南推进，到唐代基本上遍及全国。宋代更掀起了大办水利的热潮。元、明、清时期的大型水利工程虽不及宋代以前多，但仍有不少，且地方小型农田水利工程兴建的数量越来越多。各种形式的水利工程在全国几乎到处可见，发挥着显著的效益。目前现存的著名古典水利工程有：灵渠、都江堰、京杭大运河、坎儿井、郑国渠、芍陂等。

一、古代兴修的水利工程

（1）战国：秦国修建的都江堰、郑国渠。

（2）秦：开通了秦渠、灵渠和江南运河。

（3）两汉：农田水利地区特色明显。

1）黄河流域以营建灌溉渠系为主，著名工程有六辅渠、白渠、龙首渠等。

2）江淮、江汉之间以修治天然陂池为主，著名工程有六门陂。

3）东南以排水筑堤、变湿淤之地为良田为主，著名工程有鉴湖等。

4）西北主要利用雪水或地下水，修筑特殊的水利工程——坎儿井。

（4）三国两晋南北朝：曹魏兴复了芍陂、茹陂等许多渠堰堤塘；北魏孝文帝下令有水田之处，都要通渠灌溉。

（5）隋唐：开通大运河有利于农田灌溉。唐朝设专官管理水利事业，各地修建了不少水利工程，仅江南兴建和修复的水利工程，就大大超过了六朝的总和。

（6）五代十国：兴修水利工程，如安丰塘（南唐）、捍海塘（吴越）。

（7）元：开凿会通河（山东东平到临清）、通惠河（通州到大都）。

二、古代开挖的运河

（1）古江南河——开挖于春秋时期的吴国，沟通苏州和扬州间的水道，它是中国开挖最早的运河。

（2）邗沟——开挖于春秋时期的吴国，沟通长江与淮河水系。

（3）灵渠——开挖于秦朝，秦始皇伐南越时，由史禄负责兴修，沟通了湘水和漓水。这条运河连接了向北流的湘江和向南流的漓江，使长江水系和珠江水系之间沟通，以后历代又曾多次修缮利用。

（4）隋朝大运河——开挖于605年，分为永济渠、通济渠、邗沟和江南河四段，全长四五千里，以东都洛阳为中心，东北通到涿郡，东南到余杭，成为南北交通的大动脉。

（5）会通河——元朝开凿了从山东东平到临清的会通河。后来又开凿了从通州到大都的通惠河。这就使原有的运河连接起来。

三、古代对黄河的治理

（1）大禹用疏导的方法治理黄河。

（2）西汉武帝、东汉明帝都进行过大规模的黄河治理工程。

（3）元朝政府多次征发农民和兵士，治理黄河。

第二节 古代水利工程的保护实例

一、四川都江堰

（一）都江堰概况

都江堰水利工程在四川都江堰市城西，是全世界至今为止年代最久、唯一留存、以无坝引水为特征的宏大水利工程。这项工程主要有鱼嘴分水堤、飞沙堰溢洪道、宝瓶口进水口三大部分构成，科学地解决了江水自动分流、自动排沙、控制进水流量等问题，消除了水患，使川西平原成为"水旱从人"的"天府之国"。目前灌溉范围已达40余县，1998年灌溉面积超过1000万亩。都江堰附近景色秀丽，文物古迹众多，主要有伏龙观、二王庙、安澜索桥、玉垒关、离堆公园、玉垒山公园和灵岩寺等。

1. 鱼嘴分水堤

"鱼嘴"是都江堰的分水工程，因其形如鱼嘴而得名，它昂头于岷江江心，把岷江分成内外二江。西边叫外江，俗称"金马河"，是岷江正流，主要用于排洪；东边沿山脚的叫内江，是人工引水渠道，主要用于灌溉。

2. 飞沙堰溢洪道

"泄洪道"具有泄洪排沙的显著功能，故又叫它"飞沙堰"。飞沙堰是都江堰三大件之一，看上去十分平凡，其实它的功用非常之大，可以说是确保成都平原不受水灾的关键要害。飞沙堰的作用主要是当内江的水量超过宝瓶口流量上限时，多余的水便从飞沙堰自行溢出；如遇特大洪水的非常情况，它还会自行溃堤，让大量江水回归岷江正流。另一作用是"飞沙"，岷江从万山丛中急驰而来，挟着大量泥沙、石块，如果让它们顺内江而下，就会淤塞宝瓶口和灌区。古时，飞沙堰是用竹笼卵石堆砌的临时工程；如今，已改用混凝土浇筑，以保一劳永逸的功效。

3. 宝瓶口

宝瓶口起"节制闸"作用，能自动控制内江进水量，是前山（今名灌口山、玉垒山）伸向岷江的长脊上凿开的一个口子，它是人工凿成控制内江进水的咽喉，因它形似瓶口而功能奇特，故名宝瓶口。留在宝瓶口右边的山丘，因与其山体相离，故名离堆。离堆在开凿宝瓶口以前，是湔山虎头岩的一部分。由于宝瓶口自然景观瑰丽，有"离堆锁峡"之称，属历史上著名的"灌阳十景"之一。

都江堰——中华民族智慧文明、科学创造的结晶——世界水利史上的璀璨明珠。公元前256年秦昭襄工在位期间，郡守李冰率领蜀地各族人民创建了这项彪炳史册千古不朽的水利工程。

都江堰以其"历史跨度大、工程规模大、科技含量大、灌区范围大、社会经济效益大"的特点享誉中外、名播遐迩，在政治上、经济上、文化上，都有着极其重要的地位和作用。

（二）对都江堰保护的定位

都江堰具有2256年的悠久历史。都江堰市旁岷江河床中的都江堰渠首工程，积淀着历代"治水兴蜀"的文化；两岸草木葱茏，山川秀丽，其间二王庙、伏龙观、南桥等古建筑具有很高的文物价值。从历史、科学、艺术或自然角度审视，都江堰载誉"双遗产"的殊荣，应是理所当然的。都江堰不同于其他文化遗产和自然遗产。

（1）它是古代科学技术成就——水文化遗产，是中国农业文明遗产。

（2）它是古代水利工程遗址，供观赏，供研究；它也是当今四川的大型水利工程，是基础设施，防洪减灾离不了它，生活用水、农业用水、工业用水不能缺少它。古与今，历史与现实，继承与发扬，传统与现代化在都江堰水利工程上超时空地完美结合着、体现着。人类历史上，许多古代著名的水利工程早已湮废了，而都江堰2000多年来却历久不衰，不仅继续使用，而且所发挥的功能及社会效益远超往古。如此工程，世界上唯此一处！

都江堰渠首工程，最集中地体现着所蕴藏的综合开发水资源、总体规划工程设施与布局的科学思想，独特的水工建筑物昭示着高超的科技水平。通过一整套独特设施的相互有机配合，将分水（取水）、排沙、溢洪十分自然地解决，达到易行、节约、高效；它又是一个大型无坝水利工程。都江堰与同时代的国内水利工程比较，与古埃及、古代西亚两河流域、印度河流域水利工程相比较，许多方面都是领先的，所以被外国游人誉为"世界水利史上的奇观"。都江堰是中国的，也是世界的。

都江堰是科技含量极高的卓越的水利工程，生命力极强，正为着科技兴国、兴省、兴市发挥着巨大的作用，它不是停止在历史进程中的那种"遗产"。或许，这种认识应该成为今后科学地管理、保护、发展都江堰的一个必须把握的原则。

（三）科学地保护，都江堰方能经久不衰

都江堰能够经久不衰，是因为受到了历代的保护。历代的保护是多方面的：维护工程设施的完整性，使之不受损坏；遵照前人遗留下的"六字诀""八字格言""三字经"等经验进行着日常的管理与维修；凡遇洪水损坏，兵灾荒弃，事后立即修复或疏浚，使其恢复功能，或者进一步提高效能。

根据历史的经验，对都江堰的保护不是消极的，而是积极的。不同时代有不同的水平，使之更为合理，更为科学，因之能适应变化了的自然条件与社会需求，否则难以持久不衰。

都江古堰需要保护什么？主要是保护古堰的基本格局和科学思想，保护各种设施、布局和效能不被损毁或减弱。新中国成立 50 年❶来对都江堰的保护，比之于历代，更为得力，更为科学，因而更牢固和完善。

古人修建都江堰，注意"顺势利导""因地制宜"，其中之"势"，最为关键。这就是岷江水流之"势"。都江堰水利工程各设施皆因"势"而设，因地制宜，适合于岷江水量，一年中枯水期、洪水期的变化，以及砂石推移量。近几十年来，由于上游森林遭到滥伐，植被破坏，大气环境变化，从而使得岷江水量逐年趋减，而砂石日增。倘若如此恶化下去，都江堰就有报废的一天。幸好，都江堰市政府 1999 年已采取果断措施，在岷江上游封山育林，退耕还林。这就是当今科学保护都江堰的有力措施之一。在岷江上游建筑大型蓄水工程，也是为着维持都江堰需要的岷江水势和灌区扩大之后所需要的水量。

历史经验证明：何时放松对都江堰的保护，何时就会带来灾难；反过来，一旦灾难发生，及时对都江堰进行抢修、保护，人民就会早日脱离灾情；对都江堰保护的措施愈科学愈得力，人民的生命财产安全愈有保障，兴市、兴省就愈有希望。都江堰申请"双遗产"❷，这是接受最大荣誉和保护的大好机遇，我们应该欢迎与支持。

（四）科学发展都江堰，永葆古堰青春

2000 多年前的都江堰水利工程，至今仍然在使用，这不是一个简单的保护措施所能办到的。况且，现在的都江堰发挥着比之于历代更大的效益。古代"溉田万顷"，新中国成立之初达 280 余万亩，而今扩大到 1006 万亩，从原来的成都平原扩大到川中丘陵地区，供应 37 个县（市）3000 多万人生活与经济发展的用水。这是新中国对古代科学文化遗产继承和发展的丰硕成果。

自都江堰兴建后，历代都为经济发展而实行着"古为今用"的保护与发展。鱼嘴在江中的位置，曾多次上下移动，现在的位置是 1936 年定下的。鱼嘴建造的材料，也因时代条件和材料更新而不同：李冰时"雍江作堋"，以土石堆积，竹笼杩槎；1226 年李秉舞以石条建造；1335 年吉当普铸 6 万斤大铁龟；1550 年施千祥铸 7 万斤一首二身大铁牛；1877 年丁宝桢以大石、铁件、油灰造鱼嘴；1935 年张元主持用卵石混凝土浇砌成新型鱼

---

❶　本文献时限为 2006 年。
❷　"双遗产"是指世界文化与自然双遗产。

嘴。历代改变鱼嘴的位置，在于寻求更为合理的工程效益；改变构件材料，在于求得永固。历代数变，但始终有鱼嘴，其功能也未改变，而有所提高，体现古人设计的科学思想。

又如，飞沙堰的基本功能与形状，2000 多年来没有改变，但是它因洪水冲毁而修复过多次，因灌区面积扩大需水量增加而略有增高或增添附属设施。历史上，飞沙堰拦水进宝瓶口的水位为 9 划（3 米），后来变为 11 划，而今为 13 划；坝宽原为 210 米，今为240 米。为了当今成都工业用水，1992 年在飞沙堰尾端修建临时工业用水引水拦水闸。尽管历经岁月变迁，飞沙堰始终存在，功能未变，同样体现了古人设计的科学思想。

（此处省略一段无关文字）

都江堰保护什么，发展什么，历史已经昭示明白。为着当代的文明，我们不能走回头路。倘若今后连一草一木也不准动，岂不是扼杀了都江堰的生命力？当今对都江堰发展的规划灌溉面积为 1400 万亩，加上生活、工业、环保用水，渠首处的引水将从目前的300 立方米每秒增加到 530 立方米每秒，不发展又怎能实现？

（五）管理——"一堰两制"

要科学地保护和发展都江堰，必须设立专门的机构。历代管理都江堰，皆设有堰官、机构，公布一定的章法，有都水椽、都水长、堰官、节制使、水利签事（同知、知事），而今有四川省都江堰管理局。专事专权专责的好传统，一脉相承。都江堰水利工程是"古迹""文物""遗产"同时也是当今正使用着的水利工程，不同于其他"世界遗产"。设立专门技术的管理机构，任何时候都是不可少的。倘若申报"双遗产"成功，今后该如何管理？笔者认为，对专门技术的管理不能因此而削弱，相反，还应当加强，因为对成都平原的人民生命财产和经济发展关系重大。应根据新的情况，重新制定管理办法，使管理更为得力。

据《保护世界文化和自然遗产公约》，那种对"遗产"的保护与都江堰的现状，有许多需要协调的问题。不能将"活"的水利工程与"死"（静）的自然景观、寺庙、文物等同对待，一样管理。倘若如此，不仅会扼杀都江堰生命力，甚至由于管理不力不善而造成洪涝或干旱灾害。"都江堰文化和自然遗产"中涉及水利工程技术的设施与区域，应由内行组成的技术部门负责管理。因此，在都江堰遗产保护中，可否实行自然景观、寺庙、文物与水利工程设施相分离的两个管理机构，可谓"一堰两制"。两个机构相互协调，但不隶属、不交叉，确权划界，各尽其职，共同保护"世界文化遗产"。专职专责，方能使都江堰水利工程永葆青春，继续造福人类社会。

二、新疆坎儿井

坎儿井与万里长城、京杭大运河并称为中国古代三大工程。吐鲁番的坎儿井总数近千条，全长约 5000 千米。坎儿井的结构，大体上是由竖井、地下渠道、地面渠道和"涝坝"（小型蓄水池）四部分组成，吐鲁番盆地北部的博格达山和西部的喀拉乌成山，春夏时节有大量积雪和雨水流下山谷，潜入戈壁滩下。人们利用山的坡度，巧妙地创造了坎儿井，引地下潜流灌溉农田。坎儿井不因炎热、狂风而使水分大量蒸发，因而流量稳定，保证了自流灌溉。坎儿井，早在《史记》中便有记载，时称"井渠"。吐鲁番现存的坎儿井，多为清代以来陆续修建。如今，仍浇灌着大片绿洲良田。吐鲁番市郊五道林坎儿井、五星乡坎儿井，可供参观游览。坎儿井的名称，维吾尔语称为"坎儿孜"，波斯语称为"坎纳孜"（Kanatz），俄语称为"坎亚力孜"（k，lplItK）。从语音上来看，彼此虽有区分，但差别不大。

我国新疆汉语称为"坎儿井"或简称"坎"。我国内地各省叫法不一，如陕西叫作"井渠"，山西叫作"水巷"，甘肃叫作"百眼串井"，也有的地方称为"地下渠道"。坎儿井是开发利用地下水的一种很古老式的水平集水建筑物，适用于山麓、冲积扇缘地带，主要是用于截取地下潜水来进行农田灌溉和居民用水。

根据 1962 年统计资料，我国新疆共有坎儿井 1700 多条，总流量约为 26 立方米每秒，灌溉面积 50 多万亩。其中大多数坎儿井分布在吐鲁番和哈密盆地，如吐鲁番盆地共有坎儿井 1100 多条，总流量达 18 立方米每秒，灌溉面积 47 万亩，占该盆地总耕地面积 70 万亩的 67%，对发展当地农业生产和满足居民生活需要等都具有很重要的意义。

三、京杭大运河

1. 京杭运河概况

是世界上最长的人工河流，也是最古老的运河之一。它和万里长城并称为我国古代的两项伟大工程，闻名于全世界。京杭运河北起北京，南至杭州，经北京、天津两市及河北、山东、江苏、浙江四省，沟通海河、黄河、淮河、长江、钱塘江五大水系。全长 1794 千米。大运河北起北京，南达杭州，流经北京、河北、天津、山东、江苏、浙江六省（直辖市），沟通了海河、黄河、淮河、长江、钱塘江，共计五大水系，全长 1794 千米。京杭大运河可是由人工河道和部分河流、湖泊共同组成的，全程可分为七段：通惠河、北运河、南运河、鲁运河、中运河、里运河、江南运河。京杭大运河作为南北的交通大动脉，历史上曾起过巨大作用。运河的通航，促进了沿岸城市的迅速发展。目前，京杭运河的通航里程为 1442 千米，其中全年通航里程为 877 千米，主要分布在黄河以南的山东、江苏和浙江三省。

2. 大运河保护的标志文件——《关于中国大运河保护的无锡备忘录》

我们，"中国文化遗产保护无锡论坛——运河遗产保护"的全体与会者，通过研讨与交流，对大运河的科学保护形成一致意见：大运河是农业文明时期，中国人民适应自然、利用自然，并且至今仍发挥着航运、行洪、输水等重要作用的伟大工程，在历史、技术、经济、社会和景观等方面具有国际重要价值。在长达 2500 多年的历史中，运河的河道、走向、设计、建筑形态、使用功能、管理组织等都不断地发生变化，这一动态演变过程和不同时期的各种用途、技术变化都是大运河的典型特征，造就了大运河的独特价值。大运河不同时期的物质遗存都是其重要组成部分，为延续运河功能而进行的水工设施维护和建设，是维护大运河真实性和完整性的必要措施。

大运河历史延续 2500 余年，全程 3200 余千米，遗产类型丰富，地跨 8 个省级行政区域，涉及国土、环保、建设、交通、水利、文化遗产保护等多个部门，其保护和管理面临着压力与挑战。为了进一步保护大运河遗产，特提出以下建议：

（1）在准确界定大运河遗产组成、开展深入对比分析研究的基础上，对大运河的突出普遍价值进行更加深入的研究，以进一步明确大运河遗产内涵。

（2）对于大运河这样超大规模的在用遗产，考虑到发展演变是其重要特性之一，要准确认定其真实性和完整性。有关认识会丰富对运河遗产的认知。

（3）制订、发布不同位阶的法律规范，整体保护大运河。

（4）制定并实施大运河保护管理总体规划和其他各级规划，保护大运河的遗产价值，体现其真实性的遗产要素和体现完整性的各组成部分。这些规划应纳入城乡发展规划，同时注意与土地利用、水利、航运、环保等专项规划相协调。

（5）动员和鼓励与大运河相关的政府部门，在各自的职权范围内，共同为保护大运河遗产的本体及其环境景观的真实性和完整性付出努力。不同部门之间应加强沟通与合作，探索更加多样的形式，建立更加高效的协调机制和广泛的合作模式。

（6）进一步加强专业咨询，开展深入的理念和观点的交流，鼓励国内外专业机构和团体开展紧密的合作，加强大运河遗产保护管理机构能力建设，激励更多的利益相关者参与，以更好地保护、阐释和展示大运河的国际重要价值（大运河保护的5C战略，与世界遗产委员会的5C战略精神相一致）。

四、桂林兴安灵渠

灵渠位于桂林东北66千米处的兴安县境内，是现存世界上最完整的古代水利工程，与四川都江堰、郑国渠齐名，是最古老的运河之一。为秦始皇嬴政所建，至今有2200多年的历史，其设计之精巧，令人赞叹。灵渠由铧嘴、大小天平、泄水天平、陡门、南北渠、秦堤等主要工程组成。秦始皇为统一岭南，命史禄于公元前219—前214年兴修。历代有修建。初名秦凿渠，漓江上游为零水，亦称零渠，因在兴安境内，又称兴安运河，唐后改灵渠。灵渠设计科学灵巧，工艺十分完美，与都江堰、郑国渠被誉为"秦代三个伟大水利工程"，有"世界奇观"之称。灵渠的建成，保证秦军南征粮食和物资供应，完成了统一中国的大业，增设了桂林、象郡、南海3郡，扩大了中国版图，促进了中原和岭南经济文化的交流以及民族的融合。即使到了今天，对航运、农田灌溉，仍然起着重要作用。灵渠始建于秦始皇三十三年（公元前214年），至今已2200余年。是我国古代著名水利工程之一，也是世界最古老的运河之一。

第三节　古代水利工程保护的总结

一、要大力加强水文化遗产保护

水文化遗产是不可替代、不可再生的珍贵文化资源。要坚持保护优先的原则，依据水文化遗产普查结果，围绕水利改革发展战略，研究制订水文化遗产保护规划，依据保护对象性质、形态、价值进行科学分类，针对保护、管理与利用的实际需要，提出切实可行的保护措施，同时开展对各地相关规划、建设项目的水文化遗产保护评估和论证，注重对水文化遗产生存环境的保护。切实加强古代水利工程、遗址的科学保护，在保持原真性和整体性的基础上，充分运用现代科学技术修复、再现和展示古代水利工程、遗址，同时整理挖掘古代水利发明创造、工艺成果的历史和科学价值，继承和发展古代水利科学与传统河工技术。要开展水文化遗产非物质因素研究，努力寻找优秀传统水文化遗产与现实水利实践相联系的结合点，将其转化为服务于当代水利建设的文化资源，使已有的历史文化内容在当代水利实践中得到合理继承和发扬。

二、以无坝引水工程为代表的古代水利工程，为今人和后人提供了人与河流和谐生动范例

古代水利工程在规划方面的科学价值，水工建筑型式与构件方面的生态价值，应当是未来水利创新的智慧源泉。无坝引水是中国古代水利工程最基本的建筑型式，这类工程延续数百年乃至上千年，以其存在的历史证明了何谓科学的水利规划。无坝引水工程的主要特点是充分利用河流水文以及地形特点布置工程设施，使之既满足引水、防洪和通航的需求，又没有改变河流原有的自然特性。古代无坝引水工程型式，可以不用一处闸门将水分配到各级渠道直到田间。同时，与天然河道类似的渠系，集合了供水、防洪、水运、景观等多方面的效益。源于自然因地制宜的工程型式、就地取材的建筑材料和河工构件，使得工程与河流环境融为一体，体现出人类对自然利用与改造完美的结合。当现代水利走过 100 年之后，面对江河过度地索取而带来的河流断流、地下水枯竭。我们有理由反思现代水利从规划理念到工程实践的科学性，探索未来水利工程发展的方向，寻求与自然相融的规划思想和更为合适的工程型式。古代水利科学与技术所蕴含的科学内涵必然是未来水利创新的智慧源泉。

三、古代水利工程完善了自然环境，并对区域政治、经济、文化产生了深远的影响，具有无可替代的文化价值

古代在河流上建造了水利工程，随之也为该区域创造了质量较高的景观环境、人居环境和生态环境。水利由此成为区域文化历史的重要组成部分。运河沿岸的城市便是例证。苏州、无锡、扬州、淮安和北京由古代水利工程构成了城市街区的骨架和河湖水系。很多水利工程运用时间超过 500 年甚至数千年。工程的延续，实际是管理的延续。这种水利工程历史的传承表现了国家政治文明的某一侧面。因水利管理和水行政而构成了水与社会与文化之间血浓于水的联系。同时，它的历史价值还体现在它延续的历史时期，与区域民俗、宗教和建筑文化的融合与相互的影响。岷江的都江堰衍生出特有的灌溉节日——开水节，诞生出二王庙、伏龙观等美轮美奂的宗教建筑，特有的自然地理环境使得水利成为中华民族生存和发展中必须的选择。与国家历史同样悠久的中国水利，留给我们及后人丰富的水利遗产，无论是建筑风格迥异的水利工程建筑型式，还是具有生态价值的工程结构和水工构件，或是珍贵的治水文献和档案，都是世界上任何国家不能企及的。但是，20 世纪以来，在快速发展的现代技术面前，我们失去了对古代水利工程必要的重视，很多古代水利工程是在现代化建设中被破坏的。与其他的历史遗存不同的是，还有部分古代水利工程仍在发挥作用。建设一处水利工程，不仅耗资巨大，而且未必使用长久，可是仍在运用的古代工程，付出的只是维护的费用，同时还有极高的附加值。但是急功近利和短视行为使得一些地区急于从古代水利工程中获取所谓的工程效益。古代水利工程比其他的遗存更容易遭受自然灾害、人类活动的破坏，能够保留下来的十分难得。

第三章　通济堰概况

一、地理位置

通济堰位于浙江省丽水市莲都区西南碧湖平原，属莲都区碧湖镇辖区。碧湖平原坦荡丰沃，阡陌纵横，瓯江沿东缘而过，面积约 60 平方千米，是丽水市的三大平原之一。碧湖平原西南至东北长约 22.5 千米，东南至西北宽约 5 千米，呈狭长树叶状，地势西南高（海拔 73 米）、东北低（海拔 54 米），通济堰即根据其自然落差地理形势规划营建。

通济堰拱形堰坝位于碧湖平原西南端海拔最高处堰头村外，松荫溪入瓯江汇合口上游 1.2 千米处，距丽水市区约 25 千米，东经 119°45′、北纬 28°19′。堰坝上游入松阳县境，堰坝南北两岸山系称堰山，堰头村紧依堰坝北岸主渠道旁临渠分布。松荫溪从村南流过，堰坝横截松荫溪，引水入渠。堰渠纵贯碧湖平原，干渠迂回长达 23 千米，流经保定、碧湖、九龙等村镇。通济堰所处碧湖平原地理位置优越，是古代"通济古道"的要津和瓯江水运交通的动脉。现有五三省道线（丽水—龙泉）、丽龙线（丽水—龙游）公路贯穿境内。

二、自然与人文环境

丽水市莲都区位于浙江的西南部，区境处在括苍山、洞宫山、仙霞岭三山脉之间，地形属浙南中山区，地貌类型可分为河谷平原、丘陵、山地三种。瓯江（大溪）自西南入境，汇合松荫溪、宣平溪、好溪等水，形成沿江两岸的河谷平原。通济堰所在碧湖平原，地处莲都区的西南，属碧湖镇辖区。碧湖平原坦荡丰沃，阡陌纵横，瓯江沿东缘流过，总面积约 60 平方千米，占莲都区平原面积的 40% 以上，是丽水市三大平原之一，也是莲都区最大的河谷平原，为丽水的主要产粮区。整个平原大致可分为两大部分，谷线东侧临大溪（瓯江）称为前畈，谷线西侧沿山脉部分称为后畈，总耕地面积 4.82 万亩。碧湖平原西南至东北长约 22.5 千米，东南至西北宽约 5 千米，呈狭长树叶状，其地势西南高，东北低，落差约 20 米。通济堰即根据其地理形势规划营建，竹枝状堰渠纵贯碧湖平原。

碧湖平原属中亚热带季风性气候区，气候温和，温润多雨，年平均气温 18.10℃，系丽水热量最富足区。无霜期 240～256 天，多年平均年降雨量为 1483～1553 毫米，适宜连作稻三熟制和多种农作物生长。

境内植被属中亚热带常绿阔叶林地带甜槠荷林区。植被类型大体可分为山地草灌丛、针叶林、针阔叶混交林、常绿落叶阔叶林、常绿阔叶林、竹林等。樟树是碧湖平原上最为典型的树种，通济堰灌区内现有古樟数十株。

碧湖平原土地平坦，地面海拔高程在 73～53 米，由河漫滩和阶地组成。成土母质为全新纪（Q4）冲积和洪积物，其上部 1～2 米为河壤土、壤黏土，下部为结构松散的砂砾石层。旱地为潮土类，以清水砂和培泥砂土属为主。水田主要有潴育形水稻土亚类、培泥河田、泥质田土属。农田耕作层土壤有机质含量为 2.1%。种植业以水稻、果蔬为主。

碧湖平原水资源丰富，境内河流属瓯江水系。瓯江发源于庆元、龙泉两县交界的黄茅尖北麓，干流经龙泉、云和县进入丽水境内，至大港头镇（即碧湖平原西南端）与松荫溪汇合后称大溪，沿碧湖平原东缘流过。瓯江流域面积 1373.65 平方千米。松荫溪系瓯江主要支流，发源于遂昌县，流经松阳县后入境汇入大溪，流域面积 21 平方千米。

通济堰堰坝位于碧湖平原西南端松荫溪入大溪（瓯江）汇合口上游 1.2 千米处，堰坝上游集雨面积约 2150 平方千米，平均每天能将松荫溪拦入通济堰渠的水量约 20 万立方米，灌溉碧湖平原中部、南部约 3 万亩的农田，其中自流灌溉 10252 亩，提水灌溉 19565

亩。自古以来，碧湖平原灌溉用水主要依靠通济堰引水灌溉。新中国成立后，相继建成了以灌溉为主的高溪水库（兴利库容815万立方米）、郎奇水库（兴利库容192万立方米）以及排涝为主的新治河，从而形成了以蓄、引、提、排相结合的比较完善的碧湖平原水利灌溉排涝系统。

通济堰堰坝距丽水市区约25千米，堰坝上游入松阳县境，南、北两岸为堰山，堰头村紧依堰坝北岸主渠道旁临渠布列，村落历史格局和风貌保存较为完整，现存古民居20余幢。堰头村主渠道旁有一片护岸香樟，为丽水唯一保存的古樟群。堰头村周围青山环抱、翠竹簇拥、小桥流水、古樟弥盖，古朴的田园风光与巍巍古堰相映生辉，景色格外恬雅优美。

通济堰所处碧湖平原地理位置优越，是古代"通济古道"的必经之地和瓯江水运交通的动脉。现有五三省道线（丽水—龙泉）、丽龙线（丽水—龙游）公路贯穿境内，水陆交通非常便利。碧湖平原一带人口相对密集，碧湖、大港头、保定等村镇具有悠久的历史和深厚的文化底蕴：碧湖镇位于碧湖平原的中部，瓯江西北岸，是历代碧湖平原上的经济文化中心，系碧湖平原上的农副产品集散地，总人口约4万人，下辖50个行政村、3个居委会。镇内人民街历史街区保存较为完整；大港头位于松荫溪入大溪汇合口的东南岸，是瓯江最具代表性的航运古埠口，具有独特的历史环境和优美的自然景观；保定村位于碧湖平原西南松荫溪出口处，通济堰干渠穿村而过，是丽水历史上的一个名村。

通济堰灌区内民风淳朴，并保留了一些传统的生活、农耕习俗及礼仪、伦理等非物质形态内容。民间传统文化丰富多彩，有历史上传存的正月、端午、双龙庙会、农历三月三"设路祭、演社戏"、元宵彩灯等活动，唱鼓词、道词、演婺剧等也较为盛行。通济堰区域历史文化遗产丰富，保留了詹南二司马庙、文昌阁、官堰亭、通济古道、何澹墓、保定窑址、传统民居等文物古迹和碧湖、保定、大港头等历史地段。

长期以来，通济堰灌区碧湖平原的传统产业以粮食生产为主，耕作制度以绿肥—连作稻、春花作物—连作稻及蔬菜—连作稻为主体。从20世纪末期开始，在碧湖平原实施了粮食自给工程、中低产田改造、宜农荒地开发、现代农业示范区建设等农业工程，推进了碧湖平原的农田基本建设改善了农田利用效率，发展了柑橘、果蔬、食用菌等主导的经济特产产业，并形成了多处果蔬集散型农贸市场。进入21世纪，随着丽水市城市化进程的加快和工业化经济发展战略的实施，碧湖平原的产业功能将发生变化，新的农业、工业经济结构并存的格局也将逐步形成。

近年，碧湖平原四周山地原生植被破坏较为严重，现主要以再生林和人工经济林为主，植被将逐步得到恢复。瓯江和松荫溪上游通过水污染环境治理，原来污染严重的溪段、渠段绝大部分达到Ⅱ类水标准。当前，影响通济堰水流、水质及周边环境的主要环境问题是碧湖平原一带居民的生产、生活垃圾与污水。新的工业产业发展也将对这一区域带来新的环境问题。

三、历史沿革

（一）建置沿革

南朝萧梁天监年间（502—519年），詹、南二司马创建通济堰。自创建通济堰以来，历代官府都非常重视通济堰的使用管理工作，逐步建立了一整套较为完善的管理制度。

北宋元祐八年（1093年），处州太守关景晖、县尉姚希订有堰规，使通济堰初具管理章程。

南宋乾道五年（1169年），处州太守范成大订立通济堰规20条，详细规定了通济堰管理、维修、用水、堰务等制度，设立了管理机构。"范氏堰规"是现存最早的通济堰管理章程。

明万历三十六年（1608年），丽水县知县樊良枢将各源水利分散记载刻碑，同年他又制订了修堰"条例"四则。接着又制订新规八则。

清嘉庆十九年（1814年），处州知府涂以辀制定新规四条，称为"涂规"，主要内容是变更部分堰务，进一步完善用工、报酬制度。

清同治五年（1866年），处州知府清安制定堰规，十八段章程。"清规"多达二十四则，详细规定了通济堰各组成部分的规则、维修开支、派支及堰概首职责、用水制度等。

清光绪三十三年（1907年），处州知府萧文昭制订通济堰善后章程，迎合当时实际，制订新规条，并在詹南二司马庙后空地建立西圳公所三间，集中堰资专人管理。

新中国成立后，组织机构比较健全，保护管理制度比较完善、合理。通济堰水利管理机构：1949年为"有限责任通济堰灌溉利用合作社"；1951年为"丽水县碧湖通济堰水利委员会"；1968年为"通济堰灌区委员会"，隶属于碧湖区水利管理委员会，1983年委员会下设"通济堰管理站"；1987年为碧湖灌区水利管理委员会，隶属碧湖镇人民政府。1950—1997年通济堰水利管理组织已历经11届，相继制定了《管理和养护章程》《水利工程管理章程》《碧湖灌区章程》《碧湖灌区水利管理条例》《碧湖灌区组织章程》等有关通济堰的管理养护规章制度。

（二）修建沿革

南朝萧梁天监年间（502—519年）。詹南二司马创建通济堰。据史料记载：詹司马始谋为堰，又遣司马南氏共治其事（两位司马名佚无考），在松荫溪筑坝，障其水为渠，干渠长50余华里，于白桥村注入大溪。干渠上营建大闸6座，渠道分为上、中、下三源，计48派，并配以72概，灌溉良田3万余亩。堰坝初为木筱坝。

北宋明道元年（1032年）。重修了通济堰全部工程。主修人是丽水知县叶温叟，史书记载称叶知县，独能悉心修堰。

北宋元祐七年（1092年）冬。因溪水暴涨，渠道常被淤塞，是年在左右涵以下3华里之处，建筑叶穴1座，俗称"拔沙门"，与大溪相通，设有闸概，渠水暴涨时开闸以走砂砾，平时闸概紧闭，不得随便开启。主修为栝州守关景晖，监修为丽水县尉姚希。

北宋政和年间（1111—1117年）。丽水知县王褆根据邑人叶秉心之建议，设计建筑了一座立体交叉石函引水桥，即"三洞桥"，使横贯堰渠的泉坑水从桥上流入大溪，渠水从桥下穿越，避免了堰渠砂石淤塞，功绩卓著。史书称石函建成后"五十年民无工役之扰"。

南宋乾道四年（1168年）。丽水人进士刘嘉将石函两边木质栏板改建为石砌，并将整个石函空隙处用铁水浇固，避免了木板易烂和被水漂浮之害，进一步免除泥沙漏入渠道。

南宋乾道五年（1169年）冬。处州郡守范成大（字致能，平江人）主修了通济堰全部工程，并订立了通济堰20条堰规，"修复旧制，创立新规"，通济堰的管理制度从这年起以文字形式确立。监修为通判张澈。

南宋开禧元年（1205年）。参政何澹（浙江龙泉人）将大坝木筱结构改建成石砌大坝。一改每年春间都要进行大修之沿袭，免除每年大量夫役，功绩卓著。

元至顺二年（1331年）春。通济堰因久未修筑，渠道淤塞，石坝溃决，下源之民常因争升斗之水而屡发生殴打案。郡守虽有修筑之意，但堰首漫不加意。直至这一年春间始行修筑，渠道也加以疏浚。此次主修为部吏谦斋，赞修为郡长也先不花，协修为郡守三不都，监修为卞湄。

元至正二年（1342年）冬。因元至正元年（1341年）六月大水冲决石坝十之六七，平原土地干旱，稻谷颗粒无收。

元至正二年（1342年）。县尹梁顺倡议修筑，以巨松为基，压上大石，加宽坝基10尺，并疏浚渠道。直到至正三年（1343年）八月始修成。主修兼督修为丽水县尹梁顺，赞修为监郡礼禄，监修为郡守韩斐。

明嘉靖十一年（1532年）冬。是年七月廿八日大水冲决大坝，冬间进行了大修筑，并疏浚了渠道。主修为知府吴中，赞修为监郡李茂，协修为知县林性之，监修为主簿王伦。

明隆庆年间（1567—1572年）。监郡劳堪主修，知县孙烺督修，请官帑，修石坝并疏浚渠道。

明万历四年（1576年）秋。修石坝，疏浚渠口10余丈，开渠道淤塞200丈，建水仓25间以干坝。主修为知府熊子臣，协修为知县钱贡，监修为主簿方煜。

明万历十二年（1584年）春。因年久失修，堤坝被水冲决，渠道淤塞。这年春天开始修筑，先造水仓100余间，障其狂流，再下石作堤几百丈。创建坝壳门，以资启闭，便于舟船往来，疏浚渠道淤塞36处。主修为知县吴思学，赞修为监郡胡绪，协修为同知俞汝为，监修为主簿丁应辰，督修为典史罗文。

明万历二十六年（1598年）。主修为知县钟武瑞，赞修人知府任可容等拨寺租余银修筑石坝，疏浚渠道。

明万历三十七年（1609年）秋。拨寺租余银及库存、赃银修筑石坝和疏浚渠道，并修筑各闸概游枋概石。主修为知县樊良枢，赞修为监司车大任，协修为知府郑怀魁，监修为县丞王梦瑞，督修为主簿叶良风。

明万历四十七年（1619年）冬。明万历四十六年（1618年）夏秋间，因大水冲决石坝，主修人知府陈见龙在四十七年冬间重筑石坝，监修为主簿冷中武。

清顺治六年（1649年）春。因年久失修，堤坝被水冲决，渠水断流，这年春间由知县方享咸发动重修了石坝。

清康熙十九年（1680年）冬。由主修人黄秉义及监修人典史钱德基主持疏浚了渠道支流。

清康熙三十二年（1693年）冬。因康熙二十五年（1686年）的五月廿六、廿七两日洪水成灾，冲崩石坝47丈，有2个乡8年歉收。直至康熙三十二年冬天始行修筑；民夫砍树，木匠造水仓，铁匠打锤撬。每村公正备簟皮1条放围水仓之内，民夫挑砂石填满，拦住上流水，并雇用青田、景宁两县石匠开始分头砌坝，不日告成。主修为知府刘廷玑，监修为经厅赵锃，督修为绅董魏可元等。

清康熙三十九年（1700 年）冬。因康熙三十七年（1698 年）七月廿七、廿八两日大水又冲坏石坝 27 丈。康熙三十九年冬间仍雇青田、景宁两县石匠修筑而成。主修为温处道刘延玑，监修为经略徐大越，督修为绅董何元浚等。

清康熙五十八年（1719 年）。康熙五十三年（1714 年）洪水冲决石坝、叶穴，5 年来西乡成焦土，稻谷歉收。康熙五十八年冬间进行修筑，并重建叶穴。主修为知县万瑄，监修为典史王荆基，督修为绅董魏之陛。

清雍正七年（1729 年）。康熙六十年（1721 年）洪水冲决石坝，是年禾稻歉收。雍正三年（公元 1725 年）修筑，雍正六年（1728 年）又被洪水冲决石坝，雍正七年重修。主修为知县王钧，赞修为知府曹伦彬。

清乾隆三年（1738 年）。这年大坝被洪水冲决。知县王文修主持修筑而成，督修为绅董魏作高。

清乾隆十三年（1748 年）。乾隆八年（1743 年）大水冲决石坝，于乾隆十三年修筑。主修为知县冷模。

清乾隆十六年（1751 年）。乾隆十五年（1750 年）洪水冲决石坝及高路，乾隆十六修复。主修为知县梁卿材，督修为本县人林鹏举。

清乾隆三十七年（1772 年）。因堰久坏，按田亩派捐，于当年修复。主修为知县胡加粟。

清嘉庆十八年（1813 年）冬。嘉庆五年（1800 年）夏，大水冲决石坝，堰亦崩溃。10 多年来粮食无收成，嘉庆十八年冬开始修筑，至嘉庆十九年（1814 年）春修成，并订立新规 4 条。主修为知府涂以辀，协修为知县邓炳论，监修为绅董叶乳等，督修为县丞杜兆熊。

清道光四年（1824 年）重修坝堤，疏浚渠道，制定新规 8 条。主修为知府雷学海，协修为知县范中赵，监修为县丞崔进等。

清道光八年（1828 年）秋。道光七年（1827 年）春，堰堤被冲坍，堰水外流，农田失去灌溉。直至道光八年秋间进行修筑，计修筑朱村亭边堤岸 250 余丈。主修为知县黎应南，协修为知府李阴坼，监修为县丞龚振麟。

清道光二十四年（1844 年）春夏。道光二十三年（1843 年）夏秋洪水暴涨，石坝被冲决，叶穴、石函、闸概多数被淤塞。道光二十四年三月兴工修筑。各工程及疏浚渠道六月完成。主修为知府恒奎，协修为知县张铣，监修为绅董郑耀等。

清同治四年（1865 年）夏冬间。因咸丰八年（1858 年）和咸丰十一年（1861 年）战事影响，通济堰未能疏浚，渠道被砂石淤塞，堰水断流。同治四年夏天开始修建，并将石函、石板全部改为雌雄缝，再用铁水浇固。

同治五年（1866 年）春间修疏完成并订三源大概新规 10 条，以资共同遵守。主修为知府清安，赞修为知县陶鸿勋，监修为县丞金振声，督修为绅董叶文涛等。

清光绪二年（1876 年）。这年筹款重修陡门、叶穴等处，并疏浚渠道。主修为知府潘绍诒，赞修为知县彭润章，监修为县丞董任谷。

清光绪三十二年（1906 年）冬。因光绪二十六年（1900 年）和光绪三十年（1904

年）两次大水，石坝被冲决，陡门渠道被砂石淤塞，平原土地连年无收。直至光绪三十二年冬开始全面修筑、疏浚，光绪三十三年（1907年）春完成，共用民夫3万余工。主修为知府萧文昭，赞修为补用道常观宸，协修为知县黄融恩，监修为朱炳庆，督修为绅董林钟祥。

民国元年（1912年）。这年七月发大水，石坝中段被冲决30余丈，堰口被砂石淤塞，溪水不能归渠，三源民众请拨工赈，并派亩捐进行修复。又于堰头对岸山脚用石砌水障1座。发大水时，水势可由对岸冲过而闯出陡门口的泥沙。

民国二十七年（1938年）冬。因年久失修，渠道淤塞，堰水断流。一遇大旱，灾象立成。民国二十七年冬进行修疏，并改善渠道坡度，修筑全渠概闸。共用款2.7万元。主修为建设所长任廷，协修为专员杜伟，监修为县长朱章宝，督修为省农改所。

民国三十六年（1947年）春。因战事连绵，遍地烽火，通济堰又长期失修，渠道淤塞，进水量减少。民国三十五年（1946年）冬开始疏浚渠道，主修筑坝闸等工程，至民国三十六年春完成。主修为专员徐志道，协修为县长侯轩明，督修为县建设科。

1949年7月，是年5月丽水解放。7月组织全线清淤及渠道维修。

1950年6月，抢修被冲毁的石函前的桥石20余块，修复被冲坍的部分堤岸，调换堰口附近小陡门闸板10块。

1951年冬，修理"三洞桥"条石。

1952年冬至次年春，组织7个乡5907人上工地修复被毁堰堤多处，全线清淤。

1954年组织大修，新建通济闸1座，比原址更靠近大坝15.3米。新建排沙门1座，高4米、宽22米。维修"三洞桥"1座，倒水墙用条石、蛎灰加高16.5厘米。整修主体工程拦水大坝，全部采用混凝土砌块石结构，大坝增高0.45米，坝长增加45米，提高水位40厘米，最大流量达12.3立方米每秒，最枯流量为1.2立方米每秒。

1954年续修，修复是年6月中旬水毁堤岸（最长40米，短的7米）多处。修复老排沙门处水毁堤岸长3米、宽3米、高2.5米。修复概头三支概、城塘概、九龙长金坝。

1955年冬至次年春，年修筑全坝下坦水宽10米，坦水面高程17.5米。加高大坝南端，高程达19.6米。修复1955年6月中旬和1955年6月19日的两次特大洪水所冲毁的坝身43米的缺口。在排沙闸附近修建筏道。

1962年冬，修复"三洞桥"以下200米处水渠。对全线五大段渠道进行修理。堰道疏浚淤塞。

1963—1964年，修复水毁工程，清除淤积。对大坝及有关闸门进行小修。修补平整堰首大坝老筏道底及护坦嵌缝。拆修木樨花概，改建凤台概，修理西圳口概、河塘概、金丝概、竹园、彭头概等。修复1964年6月20日被冲毁的堰堤30米。

1968年冬至次年春，对大坝进水口至"三洞桥"段320米渠道两岸进行护坡，护坡高平均3米，计200平方米。修复界牌处堰堤被冲毁地段，对其他5段渠道进行整修和清淤。

1971—1973年，勘察设计丰收渠。维修通济堰塌方及堵塞大坝漏洞。增加机电灌溉设备达103台。

1980年，新合乡新建渠道900米。石中乡对2000米排水渠道和4000米灌水渠道进行修理、清淤。通济堰新建 1 个涵洞和 1 座渡桥。

1981 年冬至 1982 年春，修建开拓闸（即上概头分水闸），新开拓闸为水泥梁门机械启闭装置。广福寺概改建为水泥梁门机械启闭装置。

1988 年，通过整修开发通济堰的决定，确定开发整体规划。对自进水闸至上概头概和总支到广福寺全长 10 千米的渠道纵横断面进行测量。

四、文物保护单位基本情况

通济堰创建于南朝萧梁天监年间（502—519 年），由拱形大坝、通济闸、石函、叶穴、渠道、概闸及湖塘等组成。筑大坝横截松荫溪，建通济闸引水入渠，架石函从干渠上引走泉坑水，消除泉坑砂石冲积之虞，开叶穴直通瓯江，以排淤砂及泄洪浸。干渠长达 22.5 千米，分支渠 48 派，毛渠 321 条，建大小概闸 72 座，并开挖众多湖塘储水，形成以引灌为主、储泄兼顾的竹枝状水利灌溉体系。

1. 拱形大坝

通济堰所在碧湖平原，位于丽水市莲都区的西南部，是古处州的三大平原之一。碧湖平原坦荡丰沃，阡陌纵横，呈西南至东北长约 22.5 千米、东南至西北宽约 5 千米的狭长树叶状，是丽水的主要产粮区，面积约为 60 平方千米，占全区平原面积的 40％以上。其地势西南高（海拔 73 米）、东北低（海拔 53～54 米），落差约 20 米，通济堰即根据其地理形势而规划营建。通济堰的拱形拦水大坝位于碧湖平原的西南端堰头村外，松荫溪入瓯江汇合口上游 1200 米处，横截松荫溪，引水入渠。

自南朝萧梁天监年间始建至南宋开禧元年前的 700 多年间，大坝为木筱构筑的拱形坝，到了南宋开禧元年（1205 年），郡人参知政事何澹"为图久远，不费修筑"，将木筱坝改为块石砌筑的拱形大坝，克服了木筱坝易漂、易朽等缺点，同时保留了大坝原始特征。现存大坝虽然经过历代维修，但均以"复旧制"的原则，得以保留历史原貌。1954 年修整，坝顶局部进行了加高，采用块石暗灌浆修砌。现存大坝总弧度约 120°，坝长 275 米、底宽 25 米、高 2.5 米，大坝截面呈不等边梯形。坝体北端开设有通济闸、排沙门、过船闸各一座。

2. 通济闸

历史上称斗门、大陡门。原为二孔木叠梁门概闸，每孔宽 3.0 米，以概枋人工提放启闭。大水时关闭概闸，防止洪水及淤沙入渠；天旱时，大开闸门，让渠道有充足流量。原闸已废，1954 年在原址上游靠近大坝处新建通济闸 1 座。1989 年改进水闸木叠梁结构为混凝土平面闸门。

3. 过船闸

历史上称堰门、坝门。大坝初建期为木筱坝，没有过船缺口，只从稍低处以人力牵舟船而过。改石坝时，留有"船缺"，位于坝中部偏北侧，不利于拦水灌溉。明万历十二年（1584 年），修建了堰门，为木叠梁门结构，遇天旱时，紧闭闸门，每日定时过船，不得私自放行以泄漏水利。1954 年作了修整，现存过船闸宽 5 米、高 2.5 米，仍用概枋启闭。

4. 排沙门

历史上称堰口、小陡门，也是木叠梁结构概闸。为二孔，孔净宽 2.0 米、高 2.5 米。

大水时，进水闸关闭，排沙闸大开，利用拱坝形成的螺旋流将通济堰前的淤沙除去，防止淤沙进入渠道。

5. 堰渠

通济堰干渠自通济闸起，纵贯碧湖平原，至下圳村附近注入瓯江。干渠迂回长达22.5 千米，宽 12.0～4.5 米，深 3.0～1.5 米，卵石、块石驳坎。通济堰水系运用大小渠道呈竹枝状分布，以概闸调节，分成 48 派，并据地势而分上、中、下三源，实现自流灌溉与提灌结合，受益面积达 3 万余亩。其渠道概闸的布置，历史上采用干渠由概闸调节控制水量，分凿出众多支毛渠，配合湖塘水泊储水，形成了以引灌为主，储泄兼顾的水利网。这一整套水利网络，完全符合现代水利工程布局中的干、支、斗、农、毛五级渠道网，运用节制闸与分水闸，配合湖塘储水，实现"长藤结瓜"的布局理念。

6. 石函引水桥

俗称"三洞桥"。距大坝 300 米的主渠道上，有一条山坑水名泉坑（亦称谢坑）横贯堰渠，每当山洪暴发，坑水挟带大量砂砾淤塞渠道，每年都要动用上万民夫清淤。北宋政和初年（1111—1113 年），知县王褆采用叶秉心的建议，在此建造石函引水桥，将泉坑水引出，注入大溪，而渠水则从桥下流过。渠水和坑水各不相扰，避免了泉坑洪水暴发对渠道的淤塞。石函总长 18.26 米，净跨 10.42 米，桥墩高 4.75 米，三桥洞宽分别为 2.20 米、2.35 米、2.50 米，洞高约 1.85 米。12 世纪初通济堰灌渠石函的设计和完善，开创了水利立交分流的先声。

7. 叶穴

俗称拔沙门，位于堰首下约 1100 米，是一座直通瓯江的木叠梁门结构概闸。北宋元祐七年（1092 年），处州太守关景辉在县尉姚希的协助下，组织民夫，建了这座概闸，因在叶姓地上，故称"叶穴"。其作用是大水时打开闸门，泄洪的同时，排除渠道淤沙，防止内涝。清光绪二年（1876 年），进行了重建。现叶穴的排沙、泄洪功能已丧失，仅留遗址。

8. 概闸

通济堰堰渠上建有大小概闸 72 座，起引流、分流、调节水量等作用。主要概闸有开拓概、凤台概、石刺概、木槿花概、城塘概、陈章塘概、西圳口概、九思概、河塘概等。

开拓概为通济堰渠道的总调节闸，位于距堰首约 4 千米的概头村西北侧，有三道大闸门，原为木叠梁概闸。通济堰主渠道至此开始由三大闸分为中支、南支及北支。开拓概是通济堰三源分流的总控制闸，先人根据其所灌溉的面积，核定各闸门的宽度，并凿出三支大小不同的渠道，进行分流灌溉。又据各农田所处地理位置，分为上、中、下三源，进行三源轮灌制。据《通济堰志》记载："开拓概中支阔二丈八尺八寸，南支阔一丈一尺，北支阔一丈二尺八寸。开拓概遇天旱时，揭中支一渠，以三昼夜为限，至第四日即行封闸，即揭南、北支荫注三昼夜。讫，依前轮揭。"1981 年修建开拓概，为水泥梁门机械启闭装置。

9. 附属文物

通济堰附属文物有詹南二司马庙、通济堰历代碑刻、文昌阁、护岸古樟群、镇水石牛、何澹墓、官堰亭、泉坑石桥、通济古道、沿渠古建筑、古井及渠道上众多的石桥、取水踏跺、埠头等。此外，通济堰灌区内还有保定窑址、碧湖、保定、大港头历史地段等文物古迹。

（1）詹南二司马庙。位于堰头村通济堰大坝的北岸，俗称"龙庙"。始建年代不详，北宋明道年间的碑刻记述元祐七年栝州守关景辉命县尉姚希修理通济堰，最早提及"龙庙"，是为纪念詹南二司马创建通济堰而建造。历史上每年六月朔日，在此举行祭祀活动，原庙内有詹南二司马塑像，后又设龙王位。民国及至新中国成立前夕龙庙原构已严重破损，今存建筑为民国及 20 世纪 60 年代修建，现作为通济堰历代碑刻存放之所和通济堰管理用房。建筑占地面积约 600 平方米，坐北朝南，大门正对通济堰大坝，门前设条石垂带形踏跺。建筑结构较为混乱，大致可分为三进：一进门厅，三开间，穿斗式梁架，两坡顶，地面残留几何形鹅卵石地墁；二进正厅，为人字架砖木结构简易房，存放历史碑刻；三进为五开间穿斗式梁架，两坡顶，方椽、小青瓦合铺。

（2）通济堰碑刻。现存 18 方历代碑刻，有 16 方集中存放于詹南二司马庙内。共包含 21 篇碑刻图文内容，记录着通济堰历代修建情况以及堰规、堰图等。其中，南宋 2 方、清代 9 方、民国 4 方、1962 年 1 方。南宋范成大《重修通济堰规》碑，为南宋乾道五年（1169 年）处州太守范成大在修整通济堰后制定的通济堰管理章程，称堰规二十条，它是现存最早的通济堰管理文献。明洪武三年（1370 年）重刊南宋绍兴八年（1138 年）《通济堰图》（碑石上部刊刻），是现存最早的通济堰灌溉水系图像资料。明洪武三年重刊北宋元祐八年（1093 年）关景晖《丽水县通济堰詹南二司马庙记》（碑石下部约占 1/3 面积的右侧），为现存最早的通济堰文献资料（详见附表 5）。

（3）护岸古樟群。分布于渠首至三洞桥主渠道两岸，保存完整，林业部门登记在册古树名木 10 株。古樟群苍劲挺拔，遮天盖地，绿树浓荫，与古老的通济堰相维系，为保护堰渠、防止洪水决堤起到了很大作用。

（4）何澹墓。位于碧湖镇保定村凤凰山。何澹（1146—1221 年），字自然，世籍处州龙泉，徙居丽水，南宋开禧年间（1205—1207 年）任参知政事。开禧元年，何澹"为图久远，不费修筑"，将通济堰木筱坝改为石坝，为通济堰立下了不朽功勋。何澹于嘉定十二年腊月病殒后，"十四年闰月十二壬辰，葬于丽水凤凰山之东"。何澹许多家族墓坐落在堰山凤凰山、坪地、轿马郑等地，何澹及妻石氏、何澹长子何处仁及妻陈氏葬于堰山凤凰山。何澹墓园前现有石马、石将军、石狮等石雕造构。1959 年，瓯江水库文物工作组发掘清理该墓葬，清理前该墓曾被盗。

（5）通济古道。《丽水市志》记载："通济古道，自城西栝苍门外济川桥经石牛、碧湖、保定，过界牌入松阳县境，称西道；自保定渡大溪至大港头入云和县境，称南道。"现存周巷起经义步街、保定段古道较为完整。古道为卵石铺砌，宽 1.5～2.0 米。

（6）古石桥。通济堰渠道上建有众多的石桥梁，形式多样，规模不一，有折边石拱桥、多孔石梁桥、单孔石梁桥、单墩延臂桥等。其中渠首（堰头村）至开拓概（概头村）段主渠道上建有桥梁 24 座（详见附表 3）。

（7）镇水石牛。位于保定至周巷段"通济古道"旁，石牛北侧为通济堰主渠转弯处。石牛呈卧状，回首，带长方底座，为一整石雕刻而成。底座长 160 厘米、宽 67～73 厘米、厚 12 厘米，石牛通长 135 厘米、宽 60 厘米、高 36 厘米。四足自然弯曲，并刻出足蹄。雕刻简洁生动、自然古朴。《通济堰志》宋、元、明等时期的碑刻、文献均未提及石牛，初步认为是通济堰初建时遗物，为镇水护堤吉祥物。

通济堰大坝所在堰头村沿主渠道旁临渠分布，村落历史格局和周围自然环境风貌都得到了较好的保留，现存清代至民国时期的建筑 20 余幢，有店铺、民居、牌坊等。堰头村青山环抱、翠竹拥簇、小桥流水、古樟弥盖、古朴自然的田园风光与巍巍古堰交相辉映，具有独特的历史环境和优美的自然景观。

第四章　专　项　评　估
第一节　遗　产　构　成　内　容

一、遗产构成

通济堰的遗产构成包括通济堰古代水利灌溉体系的本体，即大坝、通济闸、石函、概闸、渠道及湖塘等；通济堰古代水利灌溉体系的相关遗迹，即古桥、河埠、官堰亭、龙庙、护岸古樟、石牛、古道等；通济堰古代水利灌溉体系的历代形成的管理制度、祭祀礼仪、传统风俗等；作为水利灌溉体系的灌溉对象，相关人类生产、生活环境（如农田、自然水系、地形地貌、传统村落等）。概括起来，通济堰遗产构成即文物的历史环境、文物本体、非物质文化遗产三部分。

二、保护对象

（一）文物本体

1. 水利设施

（1）渠道：主干渠、东干渠、中干渠、西干渠及具有重要保护价值的支渠、毛渠，其中主干渠长约 6.7 千米，支干渠、支渠长约 97.08 千米。

（2）湖塘：与通济堰灌溉体系相连，仍具有灌溉、储水功能的湖塘，共计 60 处。

（3）堰、概闸、坝、石函等：历史上通济堰水利灌溉体系中重要的堰、坝、石函、概闸，其中，堰坝 2 座、石函 1 座、概闸 72 座。

（4）重要的水利设施遗址：叶穴、下圳斗门。

2. 相关遗迹

（1）古桥梁：反映通济堰灌溉区农耕环境空间格局、承担交通作用的古桥梁。

（2）古建筑：詹南二司马庙（龙庙）、碧湖龙子庙、西堰公所、文昌阁、官堰亭、路亭。

（3）古驿道：通济古道。

（4）古树名木：堰头村主干渠两侧护堤古樟树群。

（5）历代碑刻：与通济堰相关的历代碑文铭刻。

（6）民居：堰头村 13 处传统民居。

（7）其他历史遗迹：概头村经幢、镇水石牛、何澹家族墓及石雕、保定窑遗址。

（二）非物质文化遗产

（1）通济堰历代形成的管理制度：《通济堰规》《通济堰志》等。

（2）与通济堰有关的祭祀礼仪、传统风俗等。

（3）通济堰民间故事传说。

（三）历史环境

（1）通济堰灌溉体系相关的碧湖平原农田格局。

（2）通济堰灌溉体系周边的自然山水环境。

（3）与通济堰灌溉体系形成有机整体的传统村落、历史建筑、历史遗迹。

第二节　现　状　评　估

一、文物本体评估依据说明

根据《实施保护世界文化与自然遗产公约操作指南》《中国文物古迹保护准则》中对真实性（原真性）、完整性的评价标准和释义。以"通济堰的遗产价值不是固定的，是一个动态累积的过程，其真实性和完整性必然伴随着发展而变化"为评估依据。

通济堰灌溉体系符合并代表了水利工程某一时期的外形设计、材料和设计、材料和实体、用途和功能、传统技术和管理体制的一贯延续，方位和位置不变，且符合水利系统的使用和发展要求。规划认为具有以上特征可以作为文物本体真实性判断依据，包括新中国成立以后实施的水利工程。能表现遗产价值的必要因素，能完整体现遗产价值的特色和过程因素，可以作为遗产完整性判断依据。能够更大程度地延续水利系统传统功能和抵抗外来因素，作为文物本体延续性的评价基础。文物本体的真实性、完整性、延续性具体评估内容详见规划说明附表1。

二、历史环境评估

1. 历史地形地貌

碧湖平原坦荡丰沃，阡陌纵横，是莲都区最大的河谷平原，为丽水的主要产粮区。碧湖平原西南至东北长约22.5千米，东南至西北宽约5千米，呈狭长树叶状，其地势西南高、东北低，落差约20米，通济堰水利灌溉体系即根据其地理形势规划营建。随着城镇化的进一步提高，碧湖城镇原有的历史地形地貌势必会有所变化，但通济堰所依附的地形地貌格局保存尚好。

2. 历史河网水系

碧湖平原水资源丰富，境内河流属瓯江水系。瓯江发源于庆元、龙泉两县交界的黄茅尖北麓，干流经龙泉、云和县进入丽水境内，至大港头镇（即碧湖平原西南端）与松荫溪汇合后称大溪，沿碧湖平原东缘流过。现主要历史河网水系格局保存尚好，新中国成立后，相继建成了以灌溉为主的高溪水库、郎奇水库、提水泵站，以及以排涝为主的新治河，从而形成了以蓄、引、提、排相结合的比较完善的碧湖平原水利灌溉排涝系统。

3. 历史人文环境

历史人文环境保存尚好，碧湖、大港头、保定等村镇具有悠久的历史和深厚的文化底蕴：碧湖镇是历代碧湖平原上的经济文化中心，镇内人民街历史街区保存较为完整；大港镇是瓯江最具代表性的航运古埠口，具有独特的历史环境和优美的自然景观。

通济堰灌区内民风淳朴，并保留了一些传统的生活、农耕习俗及礼仪、伦理等非物质文化遗产。民间传统文化丰富多彩，有历史上传统的正月、端午、双龙庙会、农历三月三"设路祭、演社戏"、元宵彩灯等活动，唱鼓词、道词、演婺剧等也较为盛行。

4. 历史格局关系

现存通济堰水利灌溉体系，完整地保持着历史格局关系；与周边地形、河网水系的依附关系保存尚好；与传统村落的格局关系保存尚好。

三、自然生态环境评估

碧湖平原整体自然生态环境保存较好，但近年碧湖平原四周山地原生植被破坏较为严重，现主要以再生林和人工经济林为主，植被正逐步得到恢复。瓯江和松荫溪上游溪段、渠段绝大部分达到Ⅱ类水标准，影响水流、水质及周边环境的主要问题是居民的生产生活垃圾与污水。新的工业产业发展也将对这一区域带来新的环境问题。

四、管理状况评估

1．管理机构和管理制度

（1）历代地方政府均对通济堰的管理非常重视，最早从北宋元祐年间就有专门的"堰规"，形成了一套比较完善和沿用数百年的管理体系。包括推选"堰头""监当"，设立"堰司""堰簿"，建立日常的管理、监修、巡查制度，对堰堤设施的修缮、渠道的疏浚、用水制度、经费的管理等都有详尽的规定。民国年间除了沿袭传统的管理模式，增设专门的水利专员负责统筹管理。

（2）新中国成立后，组织机构比较健全，保护管理制度比较完善。主要由水利部门负责管理，设有专门的管理机构，文物部门协管。目前设有碧湖灌区水利管理委员会、通济堰管理站。制订了《管理和养护章程》《水利工程管理章程》《碧湖灌区章程》《碧湖灌区水利管理条例》《碧湖灌区组织章程》《莲都区划定水利工程管理和保护范围规定》等规章制度。

（3）目前未建立通济堰文保所，无文物部门专职管理机构，现由莲都区文保所协助水利部门管理，隶属于莲都区文广新局，设专业人员3人。

2．现有保护区划评估

保护区划界限划分较为机械，未能充分考虑保护、管理和当地经济建设发展的要求，操作性不强，管理规定未能落实，不能有效控制村镇建设用地扩张及经济建设的干扰，不能有效协调地方发展与保护的关系。

3．档案及资料保存

通济堰文物的"四有"档案工作已于2004年完成，并经浙江省文物局验收通过。其他新中国成立后水利部门的相关管理、维护、疏浚等资料尚无系统整理。

4．安防与风险防范设备

2000年设立通济堰文物义务消防队，负责对通济堰的日常消防安全工作。有业余文保员4人，无安防设备。

5．保护标志

已按照全国重点文物保护单位标志设立的要求设置保护标志两处，但保护对象众多、分布面积广，文物保护标志明显不足。

6．资金保障

保护资金目前以国家拨付专项资金为主，地方政府具有一定的财务保障能力，但保护资金仍然较为匮乏。

五、利用状况评估

1．农田灌溉功能仍然延续，利用情况较好

通济堰水利系统从建成之时起，就一直是碧湖平原的主要灌溉体系，除部分支渠、湖塘荒废外，至今其水利灌溉系统仍旧发挥重要作用，是农业灌溉的生命线。通济堰水系是碧湖平原重要的防洪、排涝体系，一旦内涝泛滥，即能通过通济堰水系排涝、泄洪。进入村庄的渠道、湖塘供当地居民洗涤、取水，是居民重要的生活水资源。

2. 交通可达性较好

通济堰所处碧湖平原地理位置优越，是古代"通济古道"的必经之地和瓯江水运交通的动脉。现有五三省道线（丽水—龙泉）、丽龙线（丽水—龙游）公路贯穿境内，水陆交通非常便利。

3. 具有良好利用前景

通济堰水利系统仍将作为碧湖平原的主要灌溉体系和防洪、排涝设施，继续在生产、生活中发挥重要作用，将很好地延续其功能。通济堰古老的文化内涵与周围的山水风光是重要的旅游资源，伴随着"古堰画乡"旅游品牌的推进，必然会吸引许多游人来此参观、游览。

六、存在主要问题

1. 保护存在的问题

（1）建设性破坏较多，主要为村落住宅、道路、输变电线路等基础设施建设对文物保护造成较大影响。尤其是进入村庄的渠道部分，由于缺乏保护，渠道变窄、堵塞情况明显，一些新建农居挤占渠道，对渠道本体及风貌均有影响。

（2）日常保养维护不够，渠道中长满水草，有些成了茭白田、莲藕池，使渠道、湖塘淤塞、变浅。

（3）居民生活对保护造成一定影响，环境卫生较差。沿渠居民缺乏环卫意识，生活垃圾随意倾倒、丢弃在渠道中，造成渠道、湖塘堵塞，水质污染恶化。部分养猪场直接建在渠道边，污秽物排入渠道，严重影响了渠道水质与环境。

（4）居民生产方式改变使农田风貌有所改变。碧湖平原以前低处多为水田，高地处种植旱地作物，现多数水田被改，种植包括瓜果、莲藕、蔬菜类作物，传统的水田数量已大大减少。

（5）对历史环境的保护认识不足，对历史环境的构成和历史格局，缺乏系统、深入的研究和保护计划，现行的资源保护、景观生态保护、环境质量控制等相关环境措施尚需进一步统筹协调。

（6）文物保护理念有所欠缺，造成一些历史信息流失、水利遗址破坏。

2. 管理存在的问题

（1）多重、交叉管理导致对通济堰文物在保护理念、整治措施等方面存在差异，各部门之间责任不明确，造成问题积累，对通济堰安全性造成不利影响。

（2）运行管理能力尚待加强，遗产总体的运行管理和已开展的保护工作基本符合全国重点文物保护单位管理要求，但从遗产整体保护的要求来看，在管理经费和设施、管理条例、管理人员队伍建设等方面都尚需加强。

（3）文物修缮经费严重缺乏。通济堰文物体系庞大，文物内容丰富，需要整治修缮的项目众多，但历年来投入文物修缮的经费严重缺乏。

（4）当地村民缺乏文物保护意识，给保护工作的开展带来较大困难。

3．主要破坏因素

（1）人为因素。各类建设性破坏，管理不善、疏于维护、填埋、拆改、倾倒垃圾污物，文物保护意识薄弱，村民保护积极性低。

（2）自然因素。洪水、植物滋生侵扰、坍塌、滑坡、风雨侵蚀、自然酥碱、自然水流冲刷。

第三节　保护的价值评估

一、文物价值评估

1．科学价值

（1）通济堰较完整地保存有古代水利灌溉的整个系统，包括挡水的堰堤、进水的堰闸、分配调节各渠道水量的数十个概闸，输送水流的干渠、支渠、毛渠，储存、调节水量的众多湖塘，以及解决渠道与溪流立体交汇的石函（三洞桥）、用于排沙的叶穴、洪水内涝时用来排水的斗门等。从国内已发表资料看，整个古代水利系统能如此完整保存下来的，国内尚不多见。

（2）通济堰大坝选址科学合理。大坝建在碧湖平源西南端的地势最高处，从通济闸引水入渠，逐级分流，实现对碧湖平原的自流灌溉。拱形大坝位于松荫溪与瓯江的汇合处上方，在洪水期，大坝受到瓯江回流的自然顶托作用，减弱了洪水对大坝的压力，增强了大坝的抗洪能力。

（3）通济堰大坝造型科学，现存大坝造型呈拱形，据考证，初建时可能即为拱坝形状。有关专家根据相关资料认为，通济堰大坝可能是世界上目前已知最早的拱形大坝。拱坝减轻了水流对堰堤单位宽度的冲击力，具有较强的抗洪峰能力。流过坝顶的溢流又改变了水流的方向，减轻了对堰堤护坡的破坏，使堰堤增加稳定性。拱坝与排沙闸共同作用，利用螺旋流，使斗门上方淤沙经排沙门除去，保证了清水进入渠道。

（4）通济堰保留的石函立体水系分流系统是目前已知我国现存最早的实例。在渠道上顺山坑水流方向架设的石函，横跨主渠道，引走泉坑砂石，使溪水、渠水上下分流，互不干扰，从而妥善处理了山溪水暴涨时引发砂石淤塞渠道的难题。

（5）通济堰保留的竹枝状水利灌溉网系是古代灌溉体系的成功范例。通济堰堰渠纵贯碧湖平原，呈竹枝状分布，创建时就分 48 派，灌溉体系分上、中、下三源，实现三源自流轮灌，并结合众多的湖塘水泊储水，形成以引灌为主、储、泄兼顾的竹枝状水利网络。

2．历史价值

（1）通济堰创建于梁天监四年（505 年），距今已有 1500 余年，历史非常悠久。通济堰至今仍是当地农业灌溉的主要水利设施，延续使用时间长，时代跨度大，保存、记录了自南朝以来的水利灌溉发展历史，是中国古代水利科技的典范实例。

（2）通济堰有严格完善的管理体系，历代均订立有明确的堰规、堰制，并有专门的管理官员及人员，北宋元祐、南宋乾道、明万历及清同治、光绪年间均曾订立、修订堰规、堰制，并一直沿用下来。清同治、光绪年间编有《通济堰志》，保留了非常丰富、详尽的历史资料，是研究我国水利发展史和治水文化的重要史料。

（3）通济堰是中国古代劳动人民顺应自然、征服自然和利用自然的勤劳智慧结晶，体现了中国古代与自然和谐共生的水利规划设计思想的精髓。

（4）通济堰是综合反映古代南方农田水利、政治体制、社会经济发展、宗教信仰发展形成状况的标尺，是我国古代南方丘陵地区农业发展的缩影，是水利、农业、经济、政治等领域的重要史料，具有较高的研究价值。

3. 艺术价值

通济堰水利系统与自然环境相嵌结合而成独特人文自然景观，溪流两岸风光旖旎、古樟苍翠遒劲，传统村落意蕴悠长，既有优美的自然风光，又有沧桑的历史感，具有独特的审美艺术情趣和价值，是写生、摄影、取景的宝地。

二、社会价值评估

（1）通济堰水利系统 1500 多年来一直是碧湖平原的主要灌溉体系，至今其水利灌溉系统仍旧发挥重要作用，是农业灌溉的生命线，是重要的防洪、排涝设施。通济堰在以前、现在和未来均在当地的生产、生活中占有举足轻重的地位，具有极其重要的现实使用价值和意义。

（2）通济堰是丽水市境内最重要的文化资源，是历史、科学知识的教育场所和以山水、文化为主题的观光场所，可以广泛开展美学教育、爱国主义教育，弘扬传统民族文化精神，有效促进社会主义精神文明事业的发展。通过参观展示可以培育公众的审美情趣和文化修养，增强民族自豪感和自信心。通过有效保护和合理利用，通济堰水利系统将对于当地农业发展和文化、生态保护产生积极的推动作用。

（3）通济堰水利系统是人类征服自然和利用自然，与环境和谐共生的典型实例，是人类发展与生态环境之间长期相互作用的典型例证，充分地研究和解释此价值将为浙西南地区的生态环境保护、自然资源利用提供历史借鉴，有益于在经济发达、资源有限的条件下实现可持续发展目标。

第四节　管理与保护利用工作回顾

一、通济堰水利管理机构情况

自南朝萧梁天监年间创建通济堰以来，通济堰一直为碧湖平原农业、生活用水的主要来源，发挥着巨大的水利灌溉效能。历代官府和民众皆比较重视通济堰的整修和养护，有一套自成系统的管理方法。南宋乾道四年（1168 年）处州太守范成大订立堰规。继宋之后的元、明、清各代基本上沿袭"范氏堰规"之模式，并在此基础上针对时弊予以改进增补。新中国成立后，党和政府重视通济堰的养护管理，组织机构比较健全，堰规、条例等管理养护制度比较完善，分水、用水等灌溉方法不断提高改进。特别是 1954—1956 年大修、续修后，通济堰建设重点转移到立足于管理和养护工作上。通过一系列的管理制度和养护办法，辅之岁修等手段，来确保通济堰的灌溉功能。通济堰水利管理机构，1949 年新旧接转时期"为有限责任通济堰灌溉利用合作社"（董事制），1951 年为"丽水县碧湖通济堰水利委员会"，又在 1957 年更名为"丽水县碧湖通济堰管理委员会"。根据碧湖区域水利的变化和发展，1968 年已初步形成了通济堰和高溪水库两大水利灌溉网络。为适应和协调这两个灌区的灌溉，1968 年通济堰水利管理组织定名为"通济堰灌区委员会"，隶属于碧湖区水利管理委员会。1983 年碧湖区水利管理委员会下设通济堰管理站。1987 成立碧湖灌区水利管理委员会，负责通济堰及碧湖平原其他水利工程的使用管理。

2000 年 4 月，以碧政〔2000〕23 号文件批准碧湖灌区水利管理委员会领导成员由 17 位同志组成，林文金为主任委员，叶志军、雷坛根为副主任委员，水管会有专职水管员 3 名、兼职水管员 16 名。

二、通济堰文物保护机构情况

原由丽水市（县级市，现莲都区）文物部门负责保护管理，2000 年撤地设市后，原丽水市文物保护管理职能移交市级直管，现丽水市文化体育广播电视局为文物行政主管部门，内设文物处，为职能处室。丽水市政府另设市文物管理委员会，为非常设协调领导机构。2003 年 11 月，以丽政办〔2003〕151 号文件调整市文物管理委员会成员，主任庄志清，办公室主任刘程远（兼）、副主任王国平，共有成员 18 名。

1990 年成立通济堰文物保护管理小组，有业余文保员若干名。2004 年重新调整通济堰文保员队伍，落实业余文保员 4 名。

三、重大保护工作

1961 年 4 月 15 日，浙江省人民委员会以文化字 164 号文件公布通济堰为第一批浙江省重点文物保护单位。1981 年浙江省人民政府以浙政〔1981〕43 号文件重新核定公布通济堰为浙江省省级重点文物保护单位。

1986 年，浙江省文化厅、浙江省建设厅批复了通济堰的保护范围和建设控制地带。

1990 年，成立通济堰文物保护管理小组，落实业余文保员若干名。2004 年重新调整业余文保员队伍。

1991 年，丽水市文物管理委员会办公室与碧湖灌区水利管理委员会签订了《通济堰文物保护责任书》。2004 年又重新签订。

1999 年 11 月 24 日，丽水市编制委员会以丽编〔1999〕12 号文公布成立"丽水市通济堰文物保护管理所"。该机构事实上未建置。

2000 年 7 月，丽水市文物管理委员会办公室委托浙江省古建筑设计研究院编制《通济堰文物保护规划纲要》。11 月，浙江省文物局在丽水召开专家评审会。

2001 年 6 月 25 日，国务院以国发〔2001〕25 号文件公布通济堰为第五批全国重点文物保护单位。

2002 年 5 月，丽水市文物管理委员会办公室、中国美术学院风景建筑设计研究院编制《通济堰大坝、300 米主渠道及临渠道路保护设计施工方案》。

2004 年 4 月，丽水市文物管理委员会办公室、浙江匀碧古建筑设计有限公司编制《通济堰龙庙规划方案》。

2004 年，丽水市文物管理委员会办公室、浙江匀碧古建筑设计有限公司编制《通济堰文物保护规划》，并重新划定保护范围和建设控制地带。

四、保护区划

1986 年 8 月 15 日，浙文化厅文物〔1986〕17 号文、浙建设〔1986〕216 号文《关于审定萧山葛云飞墓等 18 处省级重点文物保护单位保护范围和建设控制地带的批复》第一次审定批准通济堰保护范围和建设控制地带。

保护范围：大坝、三洞桥（含附属建筑文昌阁）、护岸香樟、大坝至三洞桥段主渠道、通济堰水利碑刻。

建设控制地带：大坝及三洞桥两侧 20 米内。

2001 年通济堰公布为第五批全国重点文物保护单位后，根据《全国重点文物保护单位"四有"工作规范》要求和国家文物局、省文物局的审查意见，原划定的保护范围和建设控制地带范围不符合通济堰文物保护的实际需要，需重新予以划定通济堰保护范围和建设控制地带。2004 年丽水市文物部门编制了《通济堰文物保护规划》，并结合通济堰的规模、遗迹范围及周围环境的历史和现实情况，重新划定了保护范围和建设控制地带范围。保护范围、建设控制地带说明如下。

1. 重点保护区

保护范围：为通济堰主要组成部分，包括拱形堰坝、主渠道（大坝至开拓概段，以及渠道上的石桥、埠头、埠亭）、石函（三洞桥）、文昌阁、护岸古香樟、开拓概、通济堰水利碑刻及保定村镇水石牛、凤台概、石刺概、城塘概、陈章塘概等。

2. 一般保护区

保护范围：龙庙，堰头村古村落南山映秀，景星庆瑞，三星拱照，懋德勤学，光荣南极，玉叶流芳，佳气环居，堰头村 10 号、12 号、14-1 号、14 号、30 号、38 号、52 号、56 号等清代至民国的民居及卵石街道、保定沿渠古民居、开拓概以下的主支渠道、湖塘、河埠、石桥等。

3. 建设控制地带

建设控制地带范围：重点保护区四周 30 米，一般保护区四周 10 米。

五、保护标志情况

2003 年底，丽水市文物管理委员会办公室制作安装通济堰保护标志碑二块，分别立于通济堰大坝的北岸和三洞桥文昌阁处。标志碑形式为横匾式，设底座，东阳"大仁青"石质。底座高 80 厘米、宽 180 厘米，碑身高 100 厘米、宽 150 厘米。正面为保护标志，背面为通济堰简介。

第五章　保护的背景环境

一、丽水概况

丽水市地处浙江省西南浙江、福建两省接合部，在东经 118°41′～120°26′和北纬 27°25′～28°57′。东南与温州市接壤，西南与福建省宁德市、南平市毗邻，西北与衢州市相接，北部与金华市交界，东北与台州市相连。市政府驻莲都区。距温州 126 千米，距金华市 122 千米，距杭州 292 千米，距上海 512 千米。丽水市设莲都区 1 个市辖区，辖青田、缙云、遂昌、松阳、云和、庆元、景宁 7 县，代管辖龙泉 1 市。景宁是全国唯一的畲族自治县。共有 61 个镇（畲族镇 1 个）、109 个乡（畲族乡 13 个）、9 个街道、115 个居委会和 3453 个村民委员会。莲都区辖 6 个街道办事处、5 个镇、7 个乡、26 个居民区、368 个行政村，面积 1502 平方千米，人口 38 万人。2008 年全市生产总值 505.68 亿元，比 2007 年增长 11.8%。其中，第一产业增加值 55.26 亿元，第二产业增加值 245.84 亿元，第三产业增加值 204.57 亿元，分别增长 4.7%、15.5% 和 9.5%。人均生产总值 22053 元。丽水资源丰富、特产众多。森林、水能、农副产品、矿产、野生动植物等五大自然资源总量均占全省首位。全市有 3800 多种植物，是厚朴、元胡、茯苓、白芍等名贵中药的主要产区；有脊椎动物 505 种，属国家重点保护的动物有华南虎、梅花鹿等 60 种。矿产资源丰富，有矿产 57 种。其中，叶蜡石的储量占全国的 1/3，遂昌金矿是浙江省最大的金矿，缙云沸石矿是全国最大的具有工业利用价值的沸石矿。传统工艺品有驰名中外的青田石雕、龙泉宝剑和青瓷、云和木制玩具、遂昌黑陶等。各县（市）都形成了各具特色的区域优势，有 6 个县（市）分别被评为首届特产之乡——中国椪柑之乡、中国香菇之乡、中国青瓷之乡、中国宝剑之乡、中国石雕之乡、中国木制玩具之乡。

二、乡镇概况

碧湖镇位于莲都区西南部、瓯江中游，镇区依瓯江北岸而立，省道龙丽线和丽浦线在此交汇，距市区 20 千米，离金丽温高速公路入口处 15 千米，南通福建，北上衢州，东与青田县章村乡交界，南与大港头镇毗邻，西与高溪乡、松阳县裕溪乡相连，北与水阁街道相交，由原新合乡、石牛乡、平原乡、联合乡和原碧湖镇撤并而成，撤并后碧湖镇总面积 133.2 平方千米，耕地面积 2633.35 公顷，辖 5 个办事处，59 个行政村，3 个居委会，134 个自然村，462 个村民小组，成为莲都区第一大镇。1998 年碧湖镇曾被列入省级"小城镇综合改革试点镇"，2000 年被确定为浙江省 136 个省级中心镇之一，2005 年 11 月被浙江省政府列为省级人民防空重点镇。全镇人口 45386 人，其中农户 14660 户，农业人口 42412 人。全年实现工农业总产值 5.97 亿元，实现财政税收总收入 244.36 万元。全年粮食播种总面积 2440 公顷，总产量 12238 吨，实现农业产值 2.57 亿元，农民人均纯收入 3375 元。

有工业企业 289 家，企业职工 2320 人，主要产业有农副食品加工业、木材加工业、家具制造业、砖瓦及其他建筑材料制造业。全年工业产值 3.4 亿元，实现工业增加值 5850 万元，投入技改资金 1470 万元。效益农业和绿色农业建设完成了万亩无公害长豇豆基地和千亩嫁接西瓜基地建设，并建成了以休闲旅游为主的吊瓜、莴笋等 14 个农业专业村，目前全镇效益农业和绿色农业种植面积已占总耕地面积的 2/3，绿源、高山农夫、庄稼人等一批农业合作社组织得到健康发展，同时引进了区级农业龙头企业——浙闽山珍公司和丽水市禾意牧业有限公司，其中禾意牧业公司是无公害商品猪生产基地、莲都区的农业示范基地，年产优质肉猪可达 1 万头。目前全镇形成了以长豇豆、西瓜、茄子等无公害蔬菜为主体，名优水果、畜禽、苗木等产业基地稳步发展的农业产业结构。村镇设施建设完成总投资 460 万元的望江路道路工程建设，日供水达 2500 吨的碧湖新水厂建成并投入使用，完成了总投资为 580 万元，道路总长度为 29 千米的 12 个行政村的康庄公路建设，白河、新亭、堰头三个行政村的"十村示范、百村整治"工作顺利完成并通过考核验收，其中堰头村被考核为优秀。

三、相关规划的解读与衔接

（略）

第六章 规划理念和依据

第一节 规划技术路线和理念

一、科学认识遗产的价值，以价值为基础制定规划

通济堰水利体系的实际功能价值与遗产价值同等重要，历史功能的延续和发展也是其遗产的核心价值。通济堰自建设之初就是碧湖平原的水利命脉，至今仍是丽水市农田水利的重要设施,通济堰首先是一个水利工程,其次它承载了历代劳动人民改造自然、利用自然与自然和谐共生的水利文化,而具有重要的文物价值,两者共生缺一不可。因此通济堰的保护、利用与发展,其水利体系的实际功能价值与遗产价值同等重要,不可片面地强调某一方面的价值和意义,必须两者兼顾、和谐一致。通济堰的遗产价值不是固定的,是一个动态累积的过程,其真实性和完整性必然伴随着发展和变化。通济堰的保护不应该是标本式的、静态的。在长达1300多年的历史中,通济堰的大坝形式、结构体系、支(毛)渠走向、宽度、建筑形态、使用功能、治水理念、管理组织等都不断地发展变化,动态演变过程和不同时期的技术发展、完善都是其典型的特征,造就了通济堰水利体系的独特价值。通济堰不同时期的物质遗存都是其重要组成部分,为延续水利灌溉功能而进行的水工设施维护和建设,是维护其真实性和完整性的必要措施。历史功能的延续和发展是通济堰遗产的核心价值之一,因此符合这一价值要求的包括近、现代进行调整革新的水工设施维护和建设均具有其特殊的价值和意义,均应给予正确的评价和定位。

二、整体保护,加强历史环境的保护与控制

重视水利系统生态文明和正常运作关系的保护,将水利灌溉体系的灌溉对象、相关人类生产、生活环境(如农田、自然水系、地形地貌、传统村落等组成的环境)视为遗产文化价值的重要组成部分,将保护规划研究的空间范畴扩大到与水利系统相关的山形水系、地形地貌、大地肌理、地缘关系等历史环境因素,力求完整保护整体格局及其相关环境。不仅保护通济堰水利系统本身,也强调对古桥、河埠、龙庙、护岸古樟、石牛等相关遗迹保护,也包括通济堰古代水利灌溉体系的历代形成的管理制度、祭祀礼仪、传统风俗等非物质文化遗产。

三、协调好保护遗产价值与发挥遗产本身现实功能与水利发展的矛盾

基于遗产价值和现状评估,分层次予以保护和控制,以保证文物安全为基本的保护目标,遗址本体的安全包括保证文物本体不被人为破坏,不被自然灾害破坏和防止、延缓自然不可抗因素的破坏与侵蚀。结合遗址价值和分布区位,区分保护力度,划分不同等级保护力度,加强规划措施的可操作性和有效性,同时为策划不同层次的保护区划提供直接依据。保证文物历史环境的安全应以严格控制保护区划内各项基本建设,规范和引导正确的居民生产、生活活动为主要内容。保证安全的手段包括针对文物本体的直接干预,针对违法建设、破坏的严格执法等直接措施和落实人员管理巡查、监控设备监视报警、规范的管理程序和规章制度、灾害应急预案和设备等组成的安全防范措施。

四、协调保护遗产与地方村镇建设、社会经济发展的矛盾

必须正确协调好保护与发展的关系,协调好遗产所在地的村民生产、生活和社会发展,应该"控制"与"疏导"结合,调动当地居民参与保护的积极性,引导产业发展,做好产业结构调整。必须与遗产地的各项经济社会发展规划相衔接,纳入政府"十二五"工作计划,使保护规划的需求和地方社会发展规划的目标协调一致。必须在高速发展的城镇化建设和新农村建设中,使保护措施与农村经济结构调整相结合,与农业综合整治相结合,与提高农业综合生产能力相结合,谋求遗产保护与社会发展的

双赢目标。

第二节　规　划　依　据

一、国家法律、法规、规范

《中华人民共和国文物保护法》（2007 年）

《中华人民共和国城乡规划法》（2007 年）

《中华人民共和国文物保护法实施条例》（2003 年）

《中华人民共和国水法》（2002 年）

《中华人民共和国防洪法》（1997 年）

《中华人民共和国土地管理法》（2004 年）

《中华人民共和国防汛条例》（1991 年）

《中华人民共和国水文条例》（2007 年）

《文物保护工程管理办法》（2003 年）

《城市规划编制办法》（2006 年）

《全国重点文物保护单位保护规划编制审批管理办法》（2004 年）

《全国重点文物保护单位保护规划编制要求》（2004 年）

二、浙江省法规、规范

《浙江省城乡规划条例》（2010 年）

《浙江省文物保护管理条例》（2005 年）

《浙江省水资源管理条例》（2002 年）

《浙江省水利工程安全管理条例》（2008 年）

三、国际宪章文件

《国际古迹保护与修复宪章》（1964 年）

《保护世界文化和自然遗产公约》（1972 年）

《关于在国家一级保护文化和自然遗产的建议》（1972 年）

《中国文物古迹保护准则》（2002 年）

《关于保护景观和遗址的风貌与特征的建议》（1962 年）

《考古遗产保护与管理宪章》（1990 年）

《奈良真实性问题文件》（1994 年）

《国际文化旅游宪章》（2002 年）

四、相关文件、批复

国务院《关于加强文化遗产保护的通知》（2005 年）

《中共中央关于深化文化体制改革，推动社会主义文化大发展大繁荣若干重大问题的决定》（2011 年 10 月 18 日）

国务院《关于加快水利改革发展的决定》（2011 年）

国务院《关于推进社会主义新农村建设的若干意见》（2006 年）

《丽水市城市总体规划》（2003—2020 年）

《浙江省人民政府关于划定慈溪市龙山虞氏旧宅建筑群等 22 处文物保护单位保护范围和建设控制地带的批复》（浙政函〔2006〕57 号）

国务院《关于核定并公布第五批全国重点文物保护单位的通知》（国发〔2001〕25号）

《莲都区划定水利工程管理和保护范围规定》（2010年）

《丽水市莲都区碧湖平原（暨新治河流域）防洪排涝规划》（2009年）

五、相关规划成果

《丽水市城市总体规划（2004—2020）》（丽水市人民政府，2004年）

《浙江省丽水市市域村庄布局规划（2003—2020）》（浙江省丽水市建设局，2003年12月）

《丽水市生态产业集聚区发展规划》（丽水市人民政府，2010年10月）

《古堰画乡旅游发展总体规划》（2000年12月）

《丽水市碧湖镇总体规划》（碧湖镇人民政府，2006年）

《莲都区碧湖平原省级现代农业综合区建设规划》（2010年）

《莲都区低丘缓坡建设用地重点块开发建设规划》

《莲都区土地利用总体规划》（2006—2020年）

《莲都区村庄布局规划》

《浙江省统筹城乡发展推进城乡一体化纲要》（2005年1月）

第三节 规 划 框 架

一、规划的主要原则

（1）贯彻"保护为主，抢救第一，合理利用，加强管理"的文物工作方针，抢救破坏严重的、濒危的遗址区域，加强历史文化遗产的保护，努力保护好历史文化遗产，实现适度利用以充分发挥其特有的作用。

（2）坚持价值优先、整体保护原则，基于系统的评估，科学认识遗产价值，真实、完整地保存历史信息和蕴含价值，实现全面保护。

（3）坚持保护文物本体及其环境的真实性、完整性、延续性原则，坚持文物本体的原址保护和原状保护。

（4）坚持民生优先、统筹兼顾、人水和谐发展的原则，贯彻以人为本的科学发展观，正确协调好文物保护与水利、农业、地方社会经济、城镇建设发展的关系。

二、基本对策

（1）研究并重新审视遗产价值，动态认识遗产价值。

（2）详细评估遗产保存现状，保护、管理、利用与研究工作现状。

（3）制定遗产保护规划框架，制定规划原则、规划目标与基本策略。

（4）合理调整和划定保护区划，制定管理要求。

（5）保证遗址的安全和解决管理问题，制定本体与环境的保护、利用、管理、研究等分项规划措施。

（6）关注遗产保护与社会、区域的和谐发展，制定居民社会调控规划要求，做好规划、政策协调衔接。

（7）编制规划分期，制定实施计划，提出实施保障。

三、规划目标

1. 总体目标

实现通济堰水利系统及其历史环境的完整保护，尽可能多地保存历史信息，合理利用以充分体现其文化内涵与价值，统筹安排文化资源与地方各类资源，协调文物保护与地方发展的关系，实现遗产保护与地方社会、经济、文化可持续发展的和谐统一。

2. 保护目标

以保证文物安全为第一目标，建立人防、技防、物防结合的有效安防体系，杜绝建设性破坏活动，杜绝破坏文物活动。完成本体保护工程，实现历史环境整治和环境保护规划目标。

3. 利用目标

以延续和发挥通济堰水利功能，体现其社会价值为首要利用目标，在有效延续通济堰水利功能的同时，展示其古老而深厚的文化内涵，建成通济堰水利工程博物馆，与"古堰画乡"景区建设有机结合，形成完整的展陈体系。

4. 管理目标

由水利部门和文物部门共同管理，理顺管理权责，建立有效管理机制，管理队伍和设备建设达到规划要求，按照全国重点文物保护单位的保护标准和浙江省重要水利工程的要求管理。

第七章　文物保护单位的保护区划

第一节　调　整　理　由

2006 年 5 月，浙江省人民政府在《关于划定慈溪市龙山虞氏旧宅建筑群等 22 处文物保护单位保护范围和建设控制地带的批复》中，同意丽水市上报的保护范围及建设控制地带的划定建议。经本次现场勘查发现，原来划定保护区划时对于水利工程的特殊情况明显认识不足，区划方法较为机械。另外，原保护区划缺乏对历史环境的保护观念，建设控制地带仅在保护范围线外延若干米，缺乏对历史环境的有效保护和控制。原保护区划未按照自然地形地貌特征划定较难界定，遗址面积较大，情况复杂，原保护区划层次太少，可操作性也较差。依据《中华人民共和国文物保护法》保护遗址本体的安全性和完整性要求，以及保护遗址历史环境的真实性与完整性要求，参考《浙江省水利工程管理条例》《莲都区划定水利工程管理和保护范围规定》中保护水利设施安全的要求，调整遗址的保护范围和建设控制地带。根据《中华人民共和国文物保护法》保护遗址景观环境的完整性与和谐性要求，设立通济堰的环境控制区。

第二节　保　护　区　划　界　限

一、保护区划的调整

（1）依据《中华人民共和国文物保护法》保护遗址本体的安全性和完整性要求，以及保护遗址历史环境的真实性与完整性要求，参考《浙江省水利工程管理条例》《莲都区划定水利工程管理和保护范围规定》中保护水利设施安全的要求，调整遗址的保护范围和建设控制地带。

（2）根据《中华人民共和国文物保护法》保护遗址景观环境的完整性与和谐性的要求，设立遗址的环境控制区。

二、保护区划界限

保护范围分重点保护区与一般保护区；建设控制地带分一类建设控制地带与二类建设控制地带、环境控制区。具体分区详见规划说明附表1～附表4。

第三节 保护区划管理规定

一、保护范围管理规定

（1）保护范围内禁止损毁渠道、驳岸、闸坝等水利工程；禁止挖沙、围塘造田、围垦河流或填堵占用水域；禁止工业废水、生活污水排放入渠；禁止堆放物料、倾倒土石、矿渣、垃圾等。

（2）重点保护区内禁止一切与文物保护措施无关的建设工程或者爆破、钻探、挖掘等作业。

（3）重点保护区内应严格保护通济堰水利体系的构成、布局，保护措施实施应当严格按照《中华人民共和国文物保护法》、水利保护相关要求进行。

（4）一般保护区内原则上禁止一切与文物保护措施无关的建设工程或者爆破、钻探、挖掘等作业，如因特殊原因需要进行以上作业的，需报国家文物局同意后，由浙江省人民政府批准实施。

（5）一般保护区已建设的区域禁止扩大，已有建筑应逐步拆除，建筑拆除后的用地不得进行新的建设，应按本规划相关要求进行历史环境的保护和修复。

（6）保护范围内属于基本农田的区域，应严格保持原性质，按照相关法律法规进行控制。包括通济堰水利设施的日常保养维护、抢险加固、修缮工程。

（7）保护范围内渠道整治应当服从通济堰保护规划，符合国家和浙江省、丽水市规定的水利工程保护要求，维护渠道安全，保持通济堰水利灌溉体系的有效运行。

（8）保护范围内原则上各种工程管线、道路不得穿越渠道，如确需穿越必须采用桥、架形式，管线桥架下净空不得低于2米，桥架垂直构筑物必须位于保护范围以外，并应在形式上尽量考虑风貌协调。

二、建设控制地带管理规定

1. 统一规定

（1）本范围内发现新的文物遗迹，应实施原址保护。

（2）切实落实沿河环卫设施建设，解决村镇垃圾集中处理，禁止垃圾沿渠堆放、废水倾倒入渠，不得建设污染企业，控制用地性质，用地性质以绿化、道路广场、农业、居住为首选。

（3）通济堰灌溉区域内相关规划，应充分考虑当地的地形地貌，考虑通济堰灌溉体系的布局构成，应将通济堰灌溉体系作为影响规划布局、路网布置等内容的重要因素。

（4）建设控制地带范围内的溪流区域，禁止挖砂、取土，不得改变溪流走向、宽度，不得兴建水坝、电站。

2. 一类建设控制地带管理规定

（1）在一类建设控制地带内新建或改建的建设项目，应在批准前征得国家文物主管部门的同意，报城乡规划部门批准。

（2）本范围应严格控制建设行为对通济堰灌溉体系环境与景观可能造成的破坏。

（3）通济堰大坝一类建设控制地带范围内新建扩建改建活动控制为：市政基础设施、交通设施、文物保护利用设施、水利保护设施、南岸区域可适当增加旅游服务设施，除上述设施以外不得进行其他新建活动。

（4）一类建设控制地带范围内新建、改建建筑高度限制为9米（屋脊总高），建筑应为双坡顶，色彩以黑、白、灰及木本色为主，体量与风格应体现地方传统民居建筑特征。

（5）除通济堰大坝以外的一类建设控制地带范围内城镇建设用地以市政基础设施、交通设施、文物保护利用设施、水利保护为主，不得建设工厂、仓储设施及污染环境的建（构）筑物。

（6）保护通济堰灌溉区域传统村落特色，保护原有居民富于特色的传统生活方式。

（7）一类建设控制地带内，现有农田区域应继续保持田园景观。

3. 二类建设控制地带管理规定

（1）本范围应控制建设行为对通济堰灌溉体系环境与景观可能造成的破坏。

（2）一类建设控制地带范围内新建、改建建筑高度限制为12米（屋脊总高），建筑应为双坡顶，色彩以黑、白、灰及木本色为主，体量与风格应体现地方传统特征。

（3）本范围内不得建设污染环境的建（构）筑物。

（4）加快建设村（居）民居住地的生活污水收集工程的建设，切实解决乡镇污水管网和污水处理设施建设滞后问题，减少生活污水直接排入渠道所造成水环境的污染。

（5）加快村镇工业企业废水治理设施建设的步伐，解决区域内的内源污染问题。

三、环境控制区管理规定

（1）该区环境控制目标为保护生态环境，禁止一切破坏生态环境和天然地形地貌的活动，严格保护水源和自然生态，维持农村乡土田园环境风貌。

（2）该区不得进行任何有损遗址历史环境和空间景观的建设活动。村镇建设应贯彻土地集约使用要求，旅游项目建设须符合文物的文化价值，严格控制用地规模。

（3）大型建设项目必须按照《中华人民共和国环境影响评价法》要求编制环境影响评估报告，就建设项目对遗址及其环境的影响和干扰程度作出专项评估，并按照相关法规要求履行报批程序。

（4）对该范围内的基本建设活动实施监控，任何单位和个人在此范围内实施基本建设工程前均应通知当地文物主管部门，由其实施全程监控。

（5）尽快解决农业耕作大量使用农药、化肥，渠道沿岸家畜养殖场猪、鸡、鸭等粪便，及有机废水、众多农村生活污水直接入渠所造成的污染问题。

（6）控制城镇用地规模，尽量避免高能耗、高用水量等大型旅游、公共建筑和企业的建设。

四、空间管制规定

（1）通济堰灌区范围内的基本农田区域、一般农田区域和本规划划定的保护范围为禁止建设区域。

（2）通济堰灌区范围内已经确定为各级历史文化名镇、名村的范围内，应根据历史文化名镇、名村相关法律、法规要求编制保护规划，划定核心保护区和建设控制地带。核心保护区和建设控制地带建筑高度（至屋脊总高）应分别控制为小于9米和12米，建筑形态应与保护建筑形式尽量协调，体量宜小不宜大，屋顶形式必须为坡屋顶。建筑外立面应具有当地乡土特色。建筑色彩必须朴素和谐，以黑、白、土黄或原木色为主，建筑外立面禁止使用大面积鲜艳夺目的颜色。

（3）通济堰灌区范围内未列入历史文化村镇的建设区域，建筑高度（至屋脊总高）应控制在 18 米（含）以内，紧邻一类建设控制地带边界以外 30 米范围内建筑应不超过 12 米（含），建筑色彩应朴素，屋顶形式尽量采用坡屋顶，充分考虑风貌的协调要求。

第八章　文物的保护规划
第一节　保　护　措　施

一、保护措施制定原则和主要内容

1. 原址、原格局保护原则

按照《中华人民共和国文物保护法》关于"对不可移动文物进行修缮、保养、迁移，必须遵守不改变文物原状的原则"，尽量保持文物建筑的真实性。不可随意改变水利设施的位置，改变渠道走向、宽度，或去弯取直，不可改变原有水利系统的组成内容和格局体系。

2. 最少干预原则

尽量保证水利设施正常运行，尽量减少针对文物本体的直接干预；不可单纯为了提高水利运行能力而牺牲文物价值；对保护对象进行主动干预调整；通过制定有效的针对文物本体的保护措施，真实地保护和传递历史信息的同时，尽量保证水利功能的正常发挥。

3. 保证安全原则

以保证文物安全为基本的保护目标，文物本体的安全包括保证文物本体不被人为破坏，不被自然灾害破坏和防止或延缓自然不可抗因素的缓慢破坏与侵蚀。保证文物历史环境的安全，应以严格控制保护区划内各项基本建设，规范和引导正确的居民生产、生活活动为主要内容。

4. 防灾减灾原则

根据防洪专项规划和文物保护要求制定防洪措施、制定水资源保护措施。

5. 定期监测、保养为主原则

建立本体、环境监测体系，实施科学监测。建立并贯彻执行日常保养与维护制度，加强对文物本体及其保护设施的日常维护，对可能造成的损伤采取预防性措施。

6. 保护措施主要内容

（1）调整保护区划。

（2）设立保护标志、界桩。

（3）文物本体实行分级保护。

（4）实施保护工程。

（5）加强管理。

（6）实施历史环境保护整治。

二、总体层面的保护措施

（1）通济堰是丽水市最重要的文化资源和水利命脉，应该作为当地的水利和文化旅游产业的核心点予以保护和利用。《丽水市城市总体规划》《丽水市土地利用总体规划》等相关规划应充分考虑其有效保护和合理利用要求，贯彻本规划意图进行战略性调整。

（2）应将本规划制定的工程计划、资金要求、人员设备要求纳入政府工作计划，分轻重缓急予以支持和解决，提供有效的资金保障和政府政策的支持与扶持，并应保证政策计划的连续性。

（3）碧湖镇总体发展定位应以高效农业和生态文化旅游业为主，不宜过快发展工业等现代产业。应严格控制工业、仓储用地比例，用地性质调整和人口调控、村落居民点调整应纳入镇总体规划和新农村建设规划、农村康庄道路等规划。

（4）重视水利科学研究和技术革新，发展节水型农业，严格水资源保护和管理，将文物保护内容纳入农田水利和农村基础设施建设，注重科学治水、依法治水、科学用水，不可牺牲文物价值盲目提高灌区面积和增加用水强度。应保持水利可持续发展和文物保护可持续发展相协调。

（5）地方政府和文物部门应加强文物保护政策法规的宣讲，提高遗产所在地村民的保护意识，必须争取村民积极参与保护工作。

（6）加强暗线保护网建设，政府应出台政策奖励举报人员，定期开展保护工作先进个人评比奖励，推介典型，提高村民参与保护热情。

（7）加强管理，明确权责，增强执法力度，理顺管理机制，完善管理机构。根据国家文物保护相关的法律法规，按照本规划要求，完善通济堰已有的管理制度和规章。

（8）制订突发事件应急预案，遇到突发事件各部门快速联动反应及时处理。配备日常加固、支顶、覆盖保护设备，根据气象预报，及时根据灾害性天气发生状况采取相应的加固、支顶、覆盖措施，以减少自然灾害可能造成的损失。维护设备必须安排专人管理，数量登记在册，不得随意挪用。

（9）实施日常保养，开展日常监测。定期进行检查发现安全隐患，定期进行植物清除。在残损部位设置监测点，评估发展情况，提供监测数据依据。

（10）建立安全保卫巡查制度。指派专人负责日常安全巡视，做到"六早"，即早发现、早预防、早检查、早控制、早处理、早解决。文物主管部门应与产权人或使用人签订日常安全使用责任书。

三、保护工程实施要求

保护工程总体分为：保养维护工程、抢险加固工程、修缮工程、保护性设施建设工程。

（1）保养维护工程：对通济堰水利设施及其相关遗迹轻微损害所做的日常性、季节性养护，包括日常清淤、疏通、垃圾植物清理、驳岸的轻微损坏修补、归位等工程。

（2）抢险加固工程：通济堰水利设施及其相关遗迹突发严重危险时，由于时间、技术、经费等条件的限制，所实施具有可逆性的抢险加固措施。

（3）修缮工程：通济堰水利设施及其相关遗迹所必需的结构加固处理和维修，包括结合结构加固而进行的局部修复工程。

（4）保护性设施建设工程：为保护通济堰水利设施及其相关遗迹而附加安全防护设施的工程。

（5）在用水利设施必须加强日常维护和管理，主管机关为莲都区文物部门与水行政主管部门共同管理，日常管理、保养工作由碧湖镇人民政府负责。

（6）在用水利设施的保护工程应当服从通济堰保护总体规划，及时向文物部门备案，除日常保养维护工程、抢险加固工程以外的保护工程，均应事先征得国家文物局同意，方可实施。

（7）已不再发挥使用功能的水利设施遗址日常维护与管理，由当地文物主管部门负责，相关部门应当保护遗址，不得拆除和毁坏。

（8）其他相关遗迹的日常维护与管理均由当地文物主管部门负责，承担遗址、遗迹保护工程实施的勘察、设计、施工、监理单位必须具有相应的文物保护工程资质，并依法报批。

（9）《丽水通济堰保护总体规划》批准后，及时设立保护界桩，增加保护标志，所有保护内容均应分区、分段、分点设立保护标志。

（10）当地文物行政主管部门应当建立通济堰档案文献的收集、接收、鉴定、登记、编目和档案制度，库房管理制度，出入库、注销和统计制度，保养，修复和复制制度。对通济堰档案文献的保管和利用，应当严格遵照《中华人民共和国文物保护法》第四章"馆藏文物"的保护要求执行。

四、分级保护措施

1. 保护对象的分级

根据现状评估、文物价值分析，兼顾水利设施要求，将保护对象分为一级保护对象、二级保护对象和三级保护对象三级，对应不同的保护措施。

（1）一级保护对象为列入重点保护区内的保护对象。

（2）二级保护对象为列入一般保护区内的保护对象。

（3）三级保护对象为未列入一级、二级保护的毛渠、湖塘等。

2. 分级保护措施

（1）一级保护对象保护措施

一级保护对象的保护措施和保护工程必须严格按照全国重点文物保护单位的管理要求、行政管理程序执行。必须按照《中华人民共和国文物保护法》中关于"对不可移动文物进行修缮、保养、迁移，必须遵守不改变文物原状的原则"进行干预，尽量保持文物的真实性和完整性，尽可能多地保持历史信息。一级保护对象保护工程由文物和水利部门共同实施。

A. 堤坝保护措施

保护上、下游河道，在建设控制地带内树立明令标志，禁止进行一切挖砂、取土、爆破改变河道宽度等有损大坝稳定的生产、建设活动，保证大坝的基础稳定。调查大坝基础的构成情况，分析基础的稳定程度，并采取相应的保护措施。大坝在20世纪50年代水利部门对之加高，由原来的块石三合土砌筑改为水泥浆砌，规划不对大坝作比较大的修改，保持大坝的现有高度与格局、形式、材料；检查大坝的构筑情况，针对存在的问题编制相关的保护工程方案。保留通济闸后建的钢筋混凝土框架、机械装置及水泥预制闸门，进行适当整治和定期维护。定期检修船缺与排沙门，保持其传统功能。整治、清理河道两岸的环境，对保护范围内河道两侧存在的不利于生态环境的工厂、设施予以拆除整治。

B. 概闸保护措施

检查现存闸槽的保存情况，归纳传统概闸的形制、格局，根据材料、年代和保存情况分别编制保护方案；对已不再使用的概闸，可有选择地拆除部分水泥预制闸门，恢复原来的石质闸槽、木质概枋，恢复传统的概闸操作工艺。

C. 渠道保护措施

保护现有的渠道系统，对现存古渠道加以统计，逐条编号，并在现场定制界桩等定位措施；同时，在渠道疏浚工程中应注意发现和保护水下可能的文物遗存，根据渠道驳岸的修筑材料、年代和保存状况进行分别处理；保留现有干砌块石的驳岸整修方式；对尚存的卵石驳岸予以加固，剥除后期掩盖的土层并清理；对原来的卵石驳岸已经损坏的、仅存土岸的，适时加以修缮，主干渠上选择 3 处（每段不小于 5 米），恢复传统卵石干砌驳岸做法。

D. 护岸古樟

a. 划定古树名木保护范围：单株树满足外缘树冠垂直投影以外 5 米围合范围和距离树干基部外缘水平距离为胸径 20 倍以外范围。

b. 建立健全古树名木档案，全面调查，实行"一树一碑（牌）一卡"制度。订立古树名木保护的地方法规，依法保护，严禁砍伐或迁移。

c. 改善古树名木的生长环境，清理影响树木生长的杂草、杂物。

d. 加强维护和保护，设置保护围栏。对于年老根衰的树木增加支撑或拉索等辅助设施，即使做好排水、填土、修剪枯枝等工作。加强病虫害防治，定期对其进行情况调查，及时防治病虫害。

e. 制定专门避雷方案，设置避雷设施。

f. 其他相关遗迹。严格保护相关遗迹与通济堰水利设施的依附关系，按照《中华人民共和国文物保护法》关于"对不可移动文物进行修缮、保养、迁移，必须遵守不改变文物原状的原则"进行修缮，保持文物的真实性和完整性，尽可能多地保持历史信息。

（2）二级保护对象保护措施

A. 水利设施

保护好现有的灌溉体系，进一步对灌溉体系详细调查，明确各堰坝、概闸、渠道等水利设施名称、使用情况、保存现状等；仍在使用的堰坝、概闸、渠道等水利设施注意日常保养维护，及时修缮，确保水利功能的正常运行，水利设施的维修、维护需实用与美观兼备。二级保护对象的水利设施保护工程实施以水利部门为主，文物部门协助。

B. 其他相关遗迹

按照《中华人民共和国文物保护法》关于"对不可移动文物进行修缮、保养、迁移，必须遵守不改变文物原状的原则"进行修缮，保持文物的真实性和完整性，尽可能多地保持历史信息。

（3）三级保护对象保护措施

水利部门及时监管毛渠、湖塘的发展情况，保障在用毛渠、湖塘的使用功能正常，如有道路跨越毛渠时，必须保持水系畅通、便于清淤，如确因灌溉需要而新挖毛渠时，不得破坏通济堰灌溉体系的整体格局，不得影响通济堰灌溉体系的使用功效。保护工程的实施由水利部门负责，文物部门负责指导监督。

第二节　环　境　规　划

一、历史环境的保护措施

1. 历史地形地貌的保护与整治

（1）应立即停止侵占农田、土地平整、挖掘取土等破坏地形地貌活动，调整规划道路不合理线形走向，实施历史环境的完整保护。

（2）凡是规划范围内改变原始地形、地貌开荒种地和建设房屋的区域，严格按照本规划要求实施地形地貌还原或涵养。严格控制村镇建设用地范围，不得随意扩大或被侵占建房。

（3）在保障现农业灌溉、饮用水源功能的同时，保护自然水系、历史水系的格局，控制水体形态和水位的变化，局部修复历史景观。

（4）维护自然、人工库（驳）岸，保持丘陵水土，防治水质污染，加强文物、水利、城建部门在遗产保护与利用、水资源保护与建设等多方面的协作。

（5）严格保持溪流、渠道走向及宽度，保护范围内河岸护坡应以保持自然形态、绿化的自然垒石为主。渠道穿过村镇建设区段应考虑景观要求，借鉴传统水乡布局形式，将渠道有机地与道路桥梁结合，将渠道纳入村镇功能和景观体系，改善渠道两侧绿化景观，使其与文物的文化价值和传统环境风貌相符。

（6）调整《丽水市莲都区碧湖平原（暨新治河流域）防洪排涝规划》中对破坏通济堰灌溉格局的魏村排涝渠。

2. 历史人文环境的保护与整治

（1）保护和保持村落、渠道、古道、古树名木、农田、水系、地形地貌之间的地缘关系、空间格局关系和大地肌理景观。保护和修复大地人文景观斑块，反映真实的历史信息。对于传统村落、农田、菜地、溪流、古道、古树名木等组成的特色传统环境风貌要素予以保护、整治和利用。

（2）保护修缮文物建筑和历史建筑，对于近年新建风貌较差的新农居建筑予以整治，使之与传统风貌和遗址环境相协调，新建农居要求符合本规划相关规定，展示设施要求尽量弱化建筑形象，不与环境争奇斗艳。堰头村在贯彻本规划要求的前提下，应按照历史文化村镇保护要求编制专项保护整治规划，报批后实施综合整治。其他涉及保护范围内的村庄应在贯彻本规划要求的前提下，编制村落专项整治规划。

（3）渠道周围农田是通济堰古代水利系统的主要灌溉对象，应保持现有农田的基本格局，维护农田的基本风貌。保持农田及其周围的毛渠格局，维持毛渠的灌系流通。未经批准，不能随意改变农田、毛渠的格局。

（4）整治通济堰灌溉系统周边"脏乱"的卫生环境，对沿渠设置的养猪场要限期予以整改、拆除。建立居民的垃圾集中收集制度，改变现在的垃圾随意乱丢的现象，保持环境的干净、整洁。整治村落的排污体系，使农村居民的生活污水统一收集治理，改变村落污水排入渠道的现象。

（5）禁止在通济堰环境控制区、视线范围内的周边山林进行开山采石，以及对山林风貌有严重影响的建设活动。

3.空间景观的保护与控制

（1）挖掘特有的空间环境特色，强化自然山水、田园风光和历史人文景观主题，保护传统村落空间环境和人工水利设施依托的自然地形组成的景观框架，形成清晰的传统特色景观体系。对沿溪、沿渠特有的自然山水空间景观和村落景观进行重点保护。

（2）重点控制大坝视线可及范围内及堰头村主渠、干渠的山间谷地形态和景观视廊风貌的连续、完整、统一。此两段空间景观线路控制中，在村庄段应严格控制沿溪流立面效果，符合传统风貌要求；在其余段应严格保持自然风光和田园风光的优美统一，尽量减少建设开发强度。

（3）保护范围和一类建设控制地带内调整现有电力线路走向，禁止在保护范围和一类建设控制地带内架设架空线路，净化文物环境。

（4）对已破坏的空间景观进行修复。重点是主渠和干渠两侧，保护范围和一类建控地带范围内实施平地退宅、坡地退耕、废地复绿，消除渠道之间的视线遮挡，修复破碎的景观斑块。

（5）历史环境景观，特别是植被修复，均应以环境考古和历史气候研究成果为依据。按照传统的历史格局和空间环境，逐步整治建设控制地带和环境控制区内的建筑景观和绿化景观。修复视线通廊，大坝与周边近山、开拓概、凤台概、石刺概、城塘概、湖塘概等主要概闸与周围山川、古树之间的空间视廊要保持贯通。

（6）保护通济堰周边山林风貌。历史上周围的山林是堰坝建设的主要材料来源地，因此大坝周围的山林长期作为"堰山"加以保护。从通济堰生态环境景观的角度考虑，维护好周边山林的传统风貌，对通济堰周围景观具有重要意义。

二、生态环境保护原则与目标

1.保护原则

文物保护与地方生态保护相结合，根据划定的各级保护区划要求与自然生态资源状况，制定保护措施，遏制人为破坏，防治水土流失，保护水源、山形水系，维持生物多样性，防止污染，探索生态功能维护、经济发展和文物保护的协调途径。

2.保护目标

防治各级保护区内的环境污染，包括物质污染（大气、水体）和能量污染（噪声、热干扰、电磁波等），尽可能解决文物保护区划内生态破坏问题，实施水源保护，保持水土、水体涵养，提高植被覆盖率等。

三、生态环境控制标准

各级保护区根据要求分为禁止一切建设，禁止建设工厂和大型公共设施，禁止建设有污染项目。保护溪流水资源，生活污水和垃圾处理达标。文物保护区划内固体废物的处理严格按照《中华人民共和国固体废物污染环境防治法》的规定。空气质量达到《环境空气质量标准》（GB 3095—1996）要求，地面水环境质量达到《地面水环境质量标准》（GB 3838—88）中的Ⅱ类标准要求，放射物防护标准应符合《放射防护规定》（GBJ 8—74）中相关规定。

四、生态环境保护

1. 水体控制

在技术设施和现状条件均未具备的条件下，禁止盲目扩大灌区面积，水利部门应该建立合理的用水机制，统筹安排灌溉用水。大力发展节水型农业，研究提高农田水利灌溉技术。溪流水系均属山溪性河流，调洪能力较差，易发生洪灾。禁止向溪流内倾倒垃圾，保持水流顺畅，生活污水不得直接排入溪流。水质应达到Ⅱ类水标准，保持水质稳定。

2. 水土保持

水土流失整治以流域综合治理为突破口，增加植被覆盖度、改造坡耕地，采取措施防止自然和人为因素的破坏，减少水体泥沙含量，避免渠道淤塞。面向溪流的20°以上的坡耕地应逐步退耕还林，发展生态公益林。采取水土保持耕作法，增加植被覆盖率，改善森林结构，增加森林的水源涵养能力。坚持乔灌草相结合，下游治理与上游治理相结合，生物措施与工程措施相结合，结合通济堰灌溉系统保护区划，合理设置绿化，大力提高整个碧湖平原的绿化覆盖率。今后城镇建设的土地平整应充分考虑碧湖平原的基本高程分布规律，避免进行大面积的改变高程的平整活动。

3. 防灾减灾

（1）大溪防洪标准按照20年一遇设防，碧湖平原防山洪标准按照10年一遇设防，平原内部排涝标准按照20年一遇设防。通济堰灌溉渠系和新治河是主要的排涝河道，现状情况无法满足需要，应主要考虑增加新治河排涝能力，以新治河为主、通济堰为辅衔接排涝，减轻通济堰渠道的压力。局部低洼地区可直接排向大溪。

（2）防洪、防灾其他要求按照村镇总体规划、《浙江省水利工程管理条例》《莲都区划定水利工程管理和保护范围》之相关规定设置。

（3）堰头村传统村落的消防要求应在村落专项保护与整治规划中重点解决，应建立业余消防队，并配备机动、适用的消防设备。

4. 环境卫生及污染防治

（1）村庄生活污水应根据村镇总体规划的要求集中收集，禁止排入渠道、溪流。没有收集处理条件的，应建生态化粪池或通过土壤自净后排除。

（2）在保护区划内禁止建设污染型工厂企业，禁止开办大型牲畜养殖场，已有的必须限期搬迁、拆除。

（3）结合新农村建设和建设生态村庄要求，进行村庄环境卫生、村容村貌整治，改善环境卫生状况。

（4）实行垃圾袋装化，统一收集，加强环境卫生管理。在村民、游客频繁往来经过的场所设置垃圾箱，间距为30～50米设一处，位置应合理易找。

（5）结合村民点和参观展示布局，合理设置公厕，建筑周围可用绿化遮挡，位置应远离河道，建筑形式应与周围环境协调。

第三节 管 理 规 划

一、管理机构

（1）由莲都区水利局会同莲都区文广新局负责通济堰的管理工作，按本规划要求各司其职。

（2）调配通济堰文物保护管理所的职能配置和人员编制，加强职工队伍建设，完善专业构成，提高管理能力，满足遗产的保护管理需求。规划正式人员编制5人，配备必需的交通、通信、巡查记录和防护设备。

（3）管理机构办公用房与通济堰水利博物馆主体建筑一并设置。

（4）延续通济堰传统管理模式，保留碧湖灌区水利管理委员会，该机构负责通济堰的日常保养、维护和用水协调、矛盾协调工作，委员会组成为文物部门人员2人、水利部门人员2人、城建部门人员1人、乡镇政府代表1人、村民代表1人。

二、管理规章

（1）根据本规划相关要求修订通济堰水利管理相关规章制度。

（2）文物工程管理：

1）工程管理原则。严格执行文物保护工程管理工作程序。

2）工程管理规定。按照2003年中华人民共和国文化部令第26号《文物保护工程管理办法》，履行管理报批手续。按照国家文物局文物办发〔2003〕43号《文物保护工程勘察设计资质管理办法》《文物保护工程施工资质管理办法》，实施所有保护工程的勘察设计与施工管理。按照《中华人民共和国文物保护法实施条例》第十五条，执行文物保护工程的资质管理。

3）规划实施管理。落实规划报批与公布，推进保护、利用工作的全面协调开展。根据详细计划，结合体制改革，落实部门分工与全体工作人员的岗位责任。建立规划实施的评估衡量标准，监督实施进展与问题，及时向相关负责部门提交详细计划实施情况或总体规划实施监测报告。

三、日常文物管理工作

（1）完善文物保护单位的"四有"工作。包括报请浙江省人民政府重新公布保护区划边界。补充或更换相应保护等级的文物保护碑和说明牌，沿保护范围边界设置界桩。完善保护档案，重点补充、完善保护档案。实现记录档案的数字化存储，促进文物保护信息化。

（2）及时补充和更新管理设备，提高管理技术手段，充分发挥高新技术在保护管理工作中的作用，提高遗产保护管理工作的科技含量。

（3）日常管理工作内容：监控水利体系使用状况，实施灾害及灾情监测，实施日常巡查，控制开放容量，控制环境状况，协调周边关系，建立保护网络。提高展陈质量，广泛宣传文物价值，引起公众重视；延伸展陈内容，改进陈列手段，扩大社会效益。收集资料，记录保护事务，整理档案，从中提出研究课题进行研究。

四、加强引导村民参与保护

（1）提高村民文物保护意识，争取村民的理解和配合，是顺利开展保护工作的关键。通过宗族体系或村民委员会的统一组织，充分发挥村民的主观能动性。

（2）加大指导和技术支持力度，加强对文物保护法规和文物保护管理理念的宣讲，应通过灵活多样、通俗易懂的方式逐步向村民灌输文物保护的理念，逐步建立起村民依法保护、正确维护的意识。

（3）扩充业余文保员队伍，选择具有较高威信和良好文物保护意识的人员担任文保员，与村民委员会和村镇政府机构一起建立一个人员完善、结构合理、组织顺畅的日常管理网络。

（4）鼓励村民合理利用发挥文物的资源效益，使其切实感受到文物保护的意义和价值。

五、宣传培训计划

（1）将文物保护工作业绩纳入各级领导考核体系，基层主要领导和工作人员应积极参加文物保护培训，学习文物保护管理法律、法规和相关知识。

（2）基层文物管理部门应重视管理人员素质的提高，定期选送人员前往高水平科研院校学习进修，定期组织外出考察，借鉴和学习先进的保护理念和手段。

（3）加强文物保护基本知识的宣传和普及工作，应通过灵活多样、通俗易懂的方式逐步向村民灌输文物保护的理念。由镇政府组织，文物部门协助，对村民分期分批进行基础文物保护知识集中宣讲。

（4）重视对青壮年、少年儿童开展文化遗产保护教育与培训。在镇中、小学普遍开展宣传有关地方历史文化和历史文化遗产保护的课程。利用春节等外出务工人员集中返乡时间，组织他们参加宣传培训活动。

（5）外来人员及旅游从业人员应该进行专门的文物保护知识培训后方可上岗，并应定期组织进行文物保护知识学习。

（6）积极开展宣传工作，提高社会效益、经济效益和环境效益，促进当地经济、社会的协调和可持续发展。争取多方文化团体和机构、政府机构及教育机构的合作。

（7）通过展陈、出版、电子传播、文化旅游节等多种宣传方式，促进社会公众对遗产的价值认知。通过引导和规范参观行为，提升旅游者对于文化资源、生态资源的保护意识。

第四节　居民社会与城镇旅游发展调控

一、调控目标与策略

1. 调控目标

调整个别保护区划内居住人口数量，通过有计划地搬迁，调整至满足遗产保护要求和生态环境保护要求的环境容量，促进遗产地文化、生态、社会等各方面协调发展。

2. 调控措施

保护通济堰灌溉体系聚落的整体格局，尤其是与渠道临近的村落、地段，保护其与渠道的关系、依托渠道发展的脉络，对传统村落予以保护，防止建设或拆除对村落格局的破坏。严格保护堰头村传统村落格局，适量减少老村中的居住人口数量，对保定村、下概头、下圳村等村落尚存的传统村落格局予以严格保护，新村或新建改建项目不得破坏传统村落景观及格局。

二、与城镇建设和旅游发展的协调

（1）规划区内农村康庄工程建设及城镇道路建设应根据本规划要求实施，道路线位选择应特别慎重，道路线形布局应充分考虑渠道分部规律，借鉴传统水乡的道路布局形式，将道路体系与渠道、绿化有机地结合。必须避免简单的不考虑渠道分布因素的机械方格网状布局，应尽量减少路网与渠道的交叉。保护范围内禁止新的康庄道路建设。

（2）通济堰灌区范围内的村庄新农村建设的内容应该是调整产业结构、实现文化资源的有效利用、提高农业产出率、发展第三产业，改善生活条件。应充分延续和发扬其文化内涵，保持传统风貌的协调，不得焕然一新、大拆大建。

（3）市政府应充分重视就保护区划内农村居民新建房屋和改善居住条件要求，应根据本规划要求，调整新农村建设规划（计划），出台专门的政策予以协调解决。

（4）新农村建设中其他基础设施的改善和实施必须符合本规划相关要求，在实施过程中应考虑本规划展示设施、管理设施的建设需要，统筹考虑，一并实施。

（5）发展旅游产业应首先满足文物保护要求和生态环境保护要求，不可盲目地求大、求全，应严格控制内容和建设强度，严格控制上马大能耗、大用水量项目。"古堰画乡"旅游项目相关规划设计应根据本规划进行调整，减少新建建筑总量，大型高端度假村规划应予取消，旅游服务设施规模过大，应重点保护沿溪主要界面自然风光和历史环境，尽量减少建设。

三、城镇产业结构引导与调整

1. 社会经济发展战略

（1）建议将通济堰的保护作为最重要的文化资源纳入城镇体系发展战略和丽水市政府"五年计划"工作内容。

（2）建议碧湖镇社会经济发展战略应调整：以经济建设为中心，以文化、生态保护为重点，稳固第一产业基础地位，以文化事业和旅游业为新的增长点，大力发展第三产业；严格控制工业规模，协调村镇体系关系，提高乡镇建设质量。建成经济与文化并举、人与自然协调发展的现代化小城镇。

（3）调整《农业发展规划》和《旅游发展总体规划》，正确引导和鼓励灌区范围内村民在符合文物保护要求的条件下开展多种形式的增加经济收入、改善生活质量的活动。

2. 发展节水型农业，提高灌溉效率

（1）加强灌区技术改造，促进高产、优质、高效的农业发展。根据当地自然气候、水资源、农业生产和社会经济的特点，确定灌区发展方向，要提高输水效率，不断改进灌水技术，保证农作物适时适量灌溉，发展节水技术，提高单位水量的利用率和最大效益。

（2）重视改进地面灌水技术，重视对常规灌水方法的改进与发展，重视节水灌溉新技术的运用与推广。

（3）进一步加强灌溉用水管理，开拓节水的新途径，制定节水灌溉制度以提高水的有效利用率。重视田间水管理和农民参与，调动农民节水积极性。积极改进水利技术，促进灌溉管理向自动化发展，探索和发展污水灌溉，积极研究生活、生产污水循环利用的污水灌溉技术，实现开源节流双管齐下。

第五节 专 项 规 划

一、用地性质

重点保护区应全部调整为农田、绿化用地性质，一般保护区暂可以保留原有住宅用地，并逐步调整为农田或绿化用地。一类建设控制地带用地性质除现有村镇用地保留外，可划定部分文化娱乐用地用以建设通济堰博物馆，其余为水域和农林种植用地。二类建设控制地带用地全部划为耕地、村镇居住用地。

二、道路交通

（1）外部交通现有五三省道线（丽水—龙泉）、丽龙线（丽水—龙游）公路，通济堰大坝、堰头村区域内部为步行游览路线。

（2）沿主要游览渠道，以通济古道为主，修复原有路面形式，局部可补充与文物历史风貌相符的沿渠道路。

（3）安排由堰头村至下圳村的公交游览线路。

三、服务设施

（1）鼓励居民利用自有房屋开辟农家乐和小型家庭旅馆，灵活解决游客住宿、餐饮问题，不得集中设置大体量服务设施。

（2）通济堰博物馆承担景区游客服务中心功能，配置检测、解说、导游、简单购物等一般服务功能。

（3）根据展示路线和展示区域，布置解说牌、路标、知识牌等导游、导乘标志。

四、基础设施

（1）文物展示利用基础设施应与村镇基础设施建设统筹安排实施。以改善村民生活条件和保证文物安全、可持续发展为目标，充分协调保护改善村民生活的关系，做到市政工程设施的现代化功能与传统风貌特色相统一，市政工程设施建设严格服从文物保护和风貌协调要求。

（2）市政工程设施建设要服从保护历史环境风貌的总体要求。结合当地特点，因地制宜，寻找最有利的技术途径，节省用地、投资和运行费用。

（3）市政工程规划着眼于远期，预留设施和管线的空间和管位，以利于可持续发展；同时充分考虑近期建设的可能性，便于逐步改善。做到技术上安全可靠，维护管理方便，提高规划的可操作性，便于专业部门实施。

第九章 文物的展示与利用

一、利用前景评估、策略

1. 利用前景评估

通济堰灌溉区域历史文化底蕴深厚，自然条件优越，民俗活动多样，为文物的展示与利用提供了良好条件，目前堰头村、通济堰大坝区域已有一些景区景点投入运营，但尚未形成可以充分展示文物价值的良好体系，利用形式仍需进一步完善与提高。

2. 利用策略

（1）通济堰的利用需结合《丽水古堰画乡旅游区总体规划》，在符合《丽水通济堰保护规划》的各项规定与要求的基础上，开展通济堰水利工程实物展示，相关水利文化历史展示、堰头村、保定等传统村落古民居展示，开辟农家乐、家庭旅馆等小型休闲服务设施，沿渠古桥、历史建（构）筑物展示及周边生态农田、优美自然风光游览等参观游览内容。

（2）位于通济堰大坝保护范围以外，通济堰下游350米处选址新建通济堰博物馆，主要以水利文化展示为主，充分集合地方民俗文化，形成一处集保护水利文化遗存、展示通济堰水利文化与农耕文化、文化休闲旅游、民俗文化活动为一体的综合性场所。

二、展示与利用原则

（1）通济堰的利用以延续水利系统功能为主，在保护好文物的同时充分发挥其现实功能和社会功能，结合当地社会、经济发展需要，积极展示其丰厚的文化内涵。

（2）展示内容应注意历史的真实性和客观性、科学的趣味性和文化的特色性，让参观者得到知识和启迪，充分发挥文物古迹的教化作用。应围绕通济堰的文化价值和历史环境展开，不得设置违背遗产文化价值的展示项目。

（3）对文物本体及环境的利用，必须以满足文物保护的要求为标准，游客容量必须严格控制。展示区的游客容量应依据文物保护的要求，并经监测检验修正，保障利用的延续性。

（4）展示工程必须满足文物保护要求。用于展示的建筑物、构筑物和绿化方案设计必须在不破坏文物原状、不破坏历史环境、正确传达历史信息的前提下进行。展示设施在外形设计上要尽可能朴素乡土、缩小体量，同时具备可识别性、传统风貌与历史环境的和谐性。展示设施、游客服务设施的建设须符合保护区划管理规定相关要求，并依照《文物保护工程管理办法》要求，履行审批程序。

（5）展示内容和手段应不断深化和补充，寓以更多、更好、更丰富的文化内涵和知识趣味。展示方式应灵活多样，应注意展示过程的互动性和参与性。

三、展示内容

（1）文物本体。大坝、闸概、渠道、建筑、构筑物等水利系统的元素和附属文物。

（2）历史环境。历史水系、地形地貌、空间景观、自然生态景观、传统村落环境风貌、传统田园风貌。

（3）可移动文物。出土文物、碑刻、文献等实物及相关研究成果。

（4）非物质文化遗产。传统水利系统建造技术工艺过程展示、传统灌溉过程场景展示、传统民风民俗、传统信仰祭祀习俗、管理传统和社会组织状况研究成果等。

四、展示体系

（1）突出历史文化观光特色和自然生态休闲特色，完善展示设施建设、基础设施建设和环境整治工作。根据历史文化遗产保护的安全性、代表性、保存的完整性、可观赏性和交通服务条件等综合因素，确定展示点和展示内容。

（2）根据各个片区实际情况以及遗产工程、保护的要求，采取不同的展示与利用手段，由通济堰博物馆、通济堰水利体系现场展示点、堰头村传统民俗文化展示区三部分组成。

（3）展陈手段。陈列厅内展陈方式包括文物陈列、沙盘模拟、多媒体综合演播、资料陈列等；现场展陈方式包括大坝、渠道、概闸、遗址、建筑等开放展示点。

（4）原生状态自然展示，包括优美自然的生态环境、田园风光、传统村落居住生活状态、民俗习惯祭祀活动等。

五、主要参观线路

根据通济堰水利灌溉体系由南向北的走向安排游览路线。

游线一：詹南二司马庙→通济堰大坝→通济堰博物馆→堰头村传统民居→社公庙→文昌阁→泉坑桥→三洞桥→古樟树群→保定村传统民居→概头。

游线二：碧湖古镇→九龙传统民居→下圳村传统民居→下圳水碓坝。

第十章 规划实施建议

一、规划实施要求

（1）建立健全文物保护的地方法规和制度，把保护工作纳入法制管理轨道，保持保护政策措施、计划和工作的稳定性与连续性。

（2）大力宣传通济堰的历史、文化内涵，鼓励社会各界人士参与保护工作，扩大文物保护工作参与的广度与深度。

（3）贯彻国务院关于文物保护工作"五纳入"的决定，把保护工作和文物工作切实纳入当地经济和社会发展的计划，纳入城乡建设规划，纳入政府财政预算，纳入政府体制改革，纳入各级领导责任制。

（4）保护规划一经批准，当地人民政府应当予以公布，并应采取有效措施，有计划、有步骤地对保护规划确定的保护建筑物、构筑物进行维护和整治，改善基础设施。对于濒危遗址或遭到破坏的历史环境，政府应当及时保护和整治。对保护规划确定的保护内容，行政主管部门应与其产权人或相关人员签订保护责任书，明确保养、维修责任，切实地对保护规划组织实施。

（5）政府应将保护所需经费列入同级计划与财政预算，设立专项经费用于保护规划确定的保护工程。同时，应积极争取社会捐助，开辟多方面资金来源。

（6）各级文物部门应定期对保护工作进行检查或评估，向省文物主管部门汇报，并报上一级行政主管部门和文物主管部门备案。

（7）地方行政主管部门和文物行政主管部门应当建立健全档案制度，收集、整理、完善有关技术发展变迁、历史沿革等资料。

（8）本规划一经批准，必须严格执行，任何单位和个人不得擅自改变。如确因经济和社会发展需要，可由地方人民政府申请报省级文物行政主管部门进行局部调整，并上报原审批机关备案。如涉及重点保护区范围、界限、保护内容等重大事项调整的，必须按法律规定程序上报原审批机关审批。

（9）对于违反本规划规定或违反相关法律、法规的行为，行政主管部门应当严格执法，对于造成严重后果的，应当根据相关法律、法规追究当事人责任，并应及时组织采取相应的补救措施。

二、旅游发展原则

（1）旅游业发展应与旅游业发展总体规划相一致，与国民经济和社会发展计划和基本现代化总体规划相协调，和浙江省、丽水市的旅游业发展战略相衔接。

（2）以旅游客源市场为导向，以旅游资源为基础，设计、组合、制作、推销旅游产品。

（3）突出当地特色，注重发掘文化、生态内涵，与周边村镇合作互补，共同发展。

（4）坚持经济效益、社会效益和环境效益三者统一的原则，旅游业发展与社会经济、文物保护、生态环境相协调，在保护好文物的前提下，走旅游业可持续发展的道路。

（5）旅游资源开发与旅游客源市场开发、硬件建设与软件建设并重，行、住、食、游、购、娱六大要素同时兼顾、协调发展。

（6）在社会主义市场经济基础上，发挥政府的主导作用，调动各方面的积极性，内资、外资同时吸引，国家、集体、个人投资协同动作。

（7）把握全局，统一规划，分清主次，突出重点，分期开发留有弹性。将规划的科学性、前瞻性和实施的合理性、可操作性有机结合。

第十一章　附　表

附表 1 　　　　　　　　　　　　　　**重 点 保 护 区 列 表**

保护区划			分 区 名 称		范 围 描 述
区划类型	级别	分类	单项名称	分项名称	
保护范围	重点保护区	水利设施	堰坝	通济堰大坝	西侧沿松阴溪上游自通济闸外扩 500 米；东侧沿松荫溪下游自通济闸外 330 米，其中河道区域为自通济； 闸外扩 700 米，北至主干渠北侧民居，南至坝体南侧外扩 200 米山脚线
				下圳水碓坝	南、北边界自下圳水碓坝至大溪上、下游各 100 米，东、西自下圳水碓体本体两侧外扩各 20 米
			干渠	主干渠（通济堰大坝至开拓概）	城乡建设用地区域为渠道驳岸两侧外扩 3 米范围；农田区域为渠道驳岸两侧外扩 5 米范围，处于通济堰大坝保护范围内渠道遵循大坝保护范围
				西干渠（开拓概至涵头概）	城乡建设用地区域为渠道驳岸两侧外扩 3 米范围；农田区域为渠道驳岸两侧外扩 5 米范围
				中干渠：开拓概至凤台概；凤台概至木樨花概（凤台南支）；木樨花概至城塘概（石刺中支）；城塘概至九龙；九龙至泉庄；泉庄至下圳村	
			支渠	东干渠（开拓概至上汤村、开拓概至三峰村）	
				木樨花概至河东村（石刺北支）	
				木樨花概至上赵村（石刺南支）	
				南起产业区块边界，北至章塘村（河东西支）	
				南起产业区块边界，北至周村（河东中支）	

续表

保护区划			分　区　名　称		范　围　描　述
区划类型	级别	分类	单项名称	分项名称	
保护范围	重点保护区	水利设施	湖塘	保定、概头、下概头、章塘、里河、上赵村、九龙、泉庄、下圳村内与通济堰灌溉体系相连接、仍具有灌溉、储水功能的湖塘	湖塘边界外扩 3 米范围
			概闸	通济闸、开拓概、凤台概、木樨花概、城塘概、下概头概	保护范围边界同所属渠道
			石函	石函	保护范围边界同所属渠道
		水利遗址	叶穴		遗址四至范围外扩 5 米
			下圳斗门		
		相关遗迹	传统石桥	堰头村传统石桥	保护范围同所属渠道
				保定村传统石桥	
				前林村传统石桥	
				管庄桥	
				中街古迹桥	
				下圳水碓坝旁石桥	桥体四至边界外扩 20 米
			古建筑	龙庙	包含于通济堰大坝保护范围内
				文昌阁	
				官堰亭	建筑四至边界外扩 3 米
				碧湖龙子庙	

附表 2　　　　　　　　　　一　般　保　护　区　列　表

保护区划			分　区　名　称		范　围　描　述
区划类型	级别	分类	单项名称	分项名称	
保护范围	一般保护区	水利设施	干渠	西、中、东干渠（重点保护区以外）	渠道驳岸两侧外扩 3 米范围
			支渠	重点保护区以外支渠	
			概闸	重点保护区以外概闸	保护范围同所属渠道
		相关遗迹	传统石桥	传统石桥（重点保护区以外石桥）	保护范围同所属渠道
			民居	堰头村传统民居	围墙外 2 米范围，临渠一侧与主干渠保护范围边界重合
			其他历史遗迹	通济古道、路亭	道路、路亭边界外扩 3 米
				概头村经幢	经幢四至边界外扩 5 米
				何澹家族墓及石雕	文物四至边界外扩 20 米
				保定窑遗址	遗址四至边界外扩 10 米

附表 3　　　　　　　　　　　　　一类建设控制地带列表

保护区划				分区名称	范围描述
区划类型	级别	分类	单项名称	分项名称	
建设控制地带	一类建设控制地带	水利设施	堰坝	通济堰大坝	西侧沿松荫溪上游保护范围外扩 500 米；东侧沿松荫溪下游保护范围外扩 150 米；北侧至 50 省道，山体至 110 米等高线处；南侧至山体 115 米等高线处
				下圳水碓坝	南、北边界自下圳水碓坝至大溪上、下游保护范围外扩 200 米，东、西自下圳水碓坝本体两侧保护范围外扩 100 米
			干渠	主干渠（通济堰大坝至开拓概）	城乡建设用地区域为保护范围边界外扩 20 米，农田区域为保护范围边界外扩 30 米；处于通济堰大坝保护范围内渠道，遵循通济堰大坝建设控制地带
				西干渠（开拓概至涵头概）	城乡建设用地区域为保护范围边界外扩 10 米，农田区域为保护范围边界外扩 20 米
				中干渠：开拓概至凤台概（产业区块内渠道除外）；凤台概至木樨花概（凤台南支）；木樨花概至城塘概（石刺中支）；城塘概至九龙；九龙至泉庄；泉庄至下圳村	
				东干渠（开拓概至上汤村、开拓概至三峰村）	
			支渠	木樨花概至河东村（石刺北支）	城乡建设用地区域为保护范围边界外扩 5 米，农田区域保护范围外扩 10 米
				木樨花概至上赵村（石刺南支）	
				凤台概至河东概闸（凤台北支）	
			湖塘	保定、概头、下概头、章塘、里河、上赵村、九龙、泉庄、下圳村内，与通济堰灌溉体系相连接，仍具有灌溉、储水功能的湖塘	保护范围边界外扩 5 米
			概闸	通济闸、开拓概、凤台概、木樨花概、城塘概、下概头概	建设控制地带范围同所属渠道
			石函	石函	建设控制地带范围同所属渠道
			水利遗址	叶穴	保护范围边界外扩 50 米
				下圳斗门	
		相关遗迹	传统石桥	堰头村传统石桥	建设控制地带同所属渠道
				保定村传统石桥	
				前林村传统石桥	
				管庄桥	

续表

保护区划			分　区　名　称		范　围　描　述
区划类型	级别	分类	单项名称	分项名称	
建设控制地带	一类建设控制地带	相关遗迹	传统石桥	中街古迹桥	建设控制地带同所属渠道
				下圳水碓坝旁石桥	
				传统石桥（重点保护区以外石桥）	
			古建筑	龙庙	建设控制地带同通济堰大坝
				文昌阁	
				官堰亭	保护范围外扩 10 米
				碧湖龙子庙	
			其他历史遗迹	通济古道、路亭	保护范围边界外扩 5 米
				石牛	
				概头村经幢	
				何澹家族墓及石雕	保护范围边界外扩 50 米
				保定窑遗址	保护范围边界外扩 20 米

附表 4　　　　　　　　　　　二类建设控制地带、环境控制区表

保护区划			分　区　名　称		范　围　描　述
区划类型	级别	分类	单项名称	分项名称	
建设控制地带	二类建设控制地带	水利设施	干渠	西、中、东干渠（重点保护区以外）	保护范围边界外扩 5 米
			支渠	支渠（重点保护区以外）	
			概闸	重点保护区以外概闸	建设控制地带同所属渠道
环境控制区					北至松荫溪北向转弯处北侧山体 180 米等高线处，畲坑北至 140 米等高线处；南至山体 200 米等高线处；西至堰后圩山脚建筑西侧边界，东至大溪与松荫溪交界，至山塘水库东侧山脚

附表 5　　　　　　　　　　　通济堰历代碑刻一览表

时代	碑名	包含内容	高×宽/厘米
南宋乾道五年（1169 年）	重修通济堰规	1. 范成大《重修通济堰规》；2. 范成大《堰规跋语》	168×92
明洪武三年（1370 年）重刊	通济堰图	1. 南宋绍兴八年赵学老《丽西通济堰图》；2. 南宋绍兴八年赵学老"堰图碑碑阴"；3. 北宋元祐八年关景晖《丽水县通济堰詹南二司马庙记》；4. 背面为元代至顺辛未年叶现《丽水县重修通济堰记》碑	194×86

续表

时　代	碑　名	包　含　内　容	高×宽/厘米
清康熙三十三年（1694 年）	重修通济堰碑记		220×108
清嘉庆十九年（1814 年）	重修处州通济堰碑记		185×108
清道光九年（1829 年）	捐修堰堤碑记		188×88
清道光九年（1829 年）	修朱村亭堰堤乐助缘碑		186×88
清同治五年（1866 年）	重修通济堰记	清安《重修通济堰记》	188×89
清同治六年（1867 年）	开拓概碑		177×87
清同治六年（1867 年）	重修西堰颂	西乡土民《郡守清公大修通济堰颂》	174×84
清同治十三年（1874 年）	丽水县正堂示碑		98×58
清光绪二十四年（1898 年）	处州府正堂谕		138×87
清光绪二十六年（1900 年）	处州府禁示碑		100×62
清光绪三十三年（1907 年）	颁定通济西堰善后章程碑记		170×83
民国十年（1921 年）	丽水县公署堂谕		127×72
民国二十八年（1939 年）	大修通济堰纪念碑		长方体石柱高：280；截面：36×36
民国三十六年（1947 年）	重修通济堰记		157×80
民国三十六年（1947 年）	浙江第九专区专员兼保安司令公署告示		143×67
1962 年 12 月	文物标志（古代的水利建设工程——通济堰）		122×68

附表 6　　　　　　　　　　古　树　名　木　登　记　表

序号	编号	树名	学　名	树龄/年	位置	树高/米	冠幅/米	特　点
1	KA10011	樟树	*Cinnamomum Camphora*（Linn）	800	堰头村主渠道旁	26	39	一级古树名木。保护堰渠，防止洪水决堤
2	KA10012	樟树	*Cinnamomum Camphora*（Linn）	800	堰头村主渠道旁	26	39	一级古树名木。保护堰渠，防止洪水决堤
3	KA10013	樟树	*Cinnamomum Camphora*（Linn）	800	堰头村主渠道旁	26	50	一级古树名木。保护堰渠，防止洪水决堤
4	KA20039	樟树	*Cinnamomum Camphora*（Linn）	450	堰头村主渠道旁	18	40	二级古树名木。保护堰渠，防止洪水决堤
5	KA20040	樟树	*Cinnamomum Camphora*（Linn）	450	堰头村主渠道旁	26	40	二级古树名木。保护堰渠，防止洪水决堤
6	KA20041	樟树	*Cinnamomum Camphora*（Linn）	450	堰头村主渠道旁	13	17	二级古树名木。保护堰渠，防止洪水决堤
7	KA20042	樟树	*Cinnamomum Camphora*（Linn）	350	堰头村主渠道旁	15	19	二级古树名木。保护堰渠，防止洪水决堤

续表

序号	编号	树名	学　名	树龄/年	位置	树高/米	冠幅/米	特　点
8	KA20043	樟树	*Cinnamomum Camphora*（Linn）	350	堰头村主渠道旁	15	17	二级古树名木。保护堰渠，防止洪水决堤
9	KA20044	樟树	*Cinnamomum Camphora*（Linn）	350	堰头村主渠道旁	22	28	二级古树名木。保护堰渠，防止洪水决堤
10	KA20045	樟树	*Cinnamomum Camphora*（Linn）	350	堰头村主渠道旁	16	30	二级古树名木。保护堰渠，防止洪水决堤

附表 7　　　　　　　堰头村古建筑四至说明

方　向	四　至	备　注
1. "龙庙"（堰头村 71 号）		
东	卵石路	已墙
南	村路，西侧诸葛长友旧房一间	已墙
西	空地（田）、南侧诸葛长友新房	已墙
北	空地（田）、东侧叶秋莲新房	已墙
2. "南山映秀"（堰头村 55 号）		
东	村路	已墙
南	村街	已墙
西	余鉴泉兄弟（屋檐），北侧叶贵明	已墙
北	景星庆瑞门前路西侧叶谢圣	与叶谢圣共墙，其他已墙
3. "景星庆瑞"（堰头村 51 号）		
东	村路	已墙
南	村路，西侧叶谢圣	与叶谢圣共墙，其他已墙
西	叶丽荣，叶建忠	已墙
北	东"三星拱照"门前路，中部叶建楚猪圈，西侧方建荣	与方建荣共墙，其他已墙
4. "三星拱照"（堰头村 49 号）		
东	村路	已墙
南	村路，西侧叶建楚猪圈	已墙
西	菜园，南侧方建荣	已墙
北	中空地，东侧叶忠清新房，西侧张火友新房	已墙
5. "懋德勤学"（堰头村 36 号）		
东	南侧陈日升新房，中陈日高旧房，北侧光荣南极门前路	已墙
南	村街	已墙
西	冯金贵房	已墙
北	光荣南极	借光荣南极墙

方　　向	四　　至	备　　注
6."光荣南极"（堰头村 38 号）		
东	村路	已墙
南	村路，西侧"懋德勤学"	已墙
西	村路，南侧，冯金贵	已墙
北	村路，西角改建	已墙
7."玉叶流芳"（堰头村 40 号）		
东	村路，中部一矮房产权不清，北侧魏益武新房	已墙
南	村路	已墙
西	"佳气环居"，北侧王佃才	已墙
北	村路，东角江永清改新建房	已墙
8."佳气环居"（堰头村 26 号）		
东	"玉叶流芳"宅	已墙
南	门前路，东侧刘枝旺	与刘枝旺共墙，其他已墙
西	村路	已墙
北	走道，东侧王佃才	已墙
9."社公庙"（堰头村 56 号）		
东	空地，北半部黄志云	已墙
南	村街	已墙
西	原学校厕所空地现改建，北侧菜园地	已墙
北	公路	已墙
10."文昌阁"		
东	路，空地	已墙
南	空地，堰渠	已墙
西	路，空地	
北	空地，公路	已墙
11."贞节牌坊"		
东		
南	村街	
西		
北		
12.堰头村 34 号		
东	与"懋德勤学"为邻	已墙
南	村街	已墙
西	至叶荣成新房及村路	已墙

方　向	四　　至	备　注
北	空地	已墙
13. 堰头村 30 号		
东	村路	已墙
南	村街	已墙
西	村路	已墙
北	至叶荷香房	已墙
14. 堰头村 14 号		
东	村路	已墙
南	村街	已墙
西	至堰头村 12 号（住户王重机、吴树良等）	与堰头村 12 号共墙
北		已墙
15. 堰头村 12 号		
东	至堰头村 14 号（住户林攀土、项道富等）	与堰头村 14 号共墙
南	村街	已墙
西	至堰头村 10 号（住户张根华、叶荷香）	与堰头村 10 号共墙
北	空地	已墙
16. 堰头村 10 号		
东	至堰头村 12 号（住户王重机、吴树良等）	与堰头村 12 号共墙
南	村街	已墙
西	空地	已墙
北	小路	已墙

十五、邱旭平、郑闰《通济堰功臣詹司马姓詹名彪》《骠骑司马詹彪公专事筑堰建坝》

据邱旭平、郑闰所撰《通济堰功臣詹司马姓詹名彪》《骠骑司马詹彪公专事筑堰建坝》等考证文章来判读：詹司马名彪，字至彪，"梁时为大夫，迁处州"。这则资料是检索、查阅我国现存之六十九部《詹氏宗谱》后，所获得的确实史料。

《中华詹氏宗谱》记载云：晋朝大兴元年（318 年）九月十九日，第四十二世祖静川和他的三个儿子：康邦、敬邦、成邦随驾渡江南下，各立桑梓。江西婺源《庐源詹氏宗谱》记载：康邦公，生子良义。良义公生子兑公；兑公生子宣公；宣公生子宏公。"宏公，宋文帝元嘉中，累官至侍郎。夫人朱氏。子：欢、参、臻、和、俭、敬、瑞、尚、兰、彪、爱。"詹宏公生子十一人，彪为第十子，南渡始祖康邦公之第六代裔孙。上海图书馆家谱部所收藏婺源《庆源詹氏家谱》之《詹氏叙略》手抄残卷记载云：

第四十七代弘（宏）祖，生宋文帝元嘉时，好学多闻，屡官至侍郎。夫人朱氏生子十一人，曰：瑾、参、臻、和、俭、敬、端、尚、兰、彪、爱，散处江南各州。

《遂安詹氏宗谱》卷之一《旧谱古系失次考》记载确认："静川生康邦、成邦、敬邦。以东晋大兴元年，一时过江。"成为江南詹氏之始迁祖。《遂安詹氏宗谱》卷之三"过江分派"记曰：

康邦公、成邦公、敬邦公，晋大兴元年九月，渡江分居诸州。

一支至彪公居处州；一支至庆公居湖州……

《遂安詹氏宗谱》卷之十《处州至彪公派世系》中，明确记述云：

处州一支，康邦公六世孙骠骑、长史、南郡太守至彪公后：

第一世：元德公，娶□氏，生子曰：象先；

第二世：象先公，登祥符元年（1008年）姚燿榜进士……

遗憾的是：这部宗谱缺失了自南北朝梁代至北宋大中祥符元年间500年的"处州至彪公派世系"裔孙名录。

由此而知：詹司马者是詹氏"处州一支，康邦公六世孙，骠骑、长史、南郡太守至彪公后"。詹彪先以"骠骑司马"的官职，莅临松阳县境，始建通济古堰；而后，授为永嘉郡长史；又擢升为"南郡太守"。然而，詹彪因殉职于通济堰工程任上，而未能赴任南郡太守。

诚然，以上所获史料尚是一家之说，有待于全国专家学者们的认证，但毕竟这是"零"的开始……"通济古堰"历史研究，能实现"零"的突破，其具有重大之意义。

其一，1500年来，通济古堰一直发挥着蓄水、灌溉作用，堪与现代蓄水坝功效相媲美。因此，对这一文物胜迹，不能简单以"古迹"介绍了之。有关文物古迹是国家的"金色名片"，是民族的"精神结晶"。"金色名片"要擦亮；"精神结晶"要闪亮。为此，要将"通济古堰"的文物价值，提升到历史功绩的高度来宣讲：首先要宣讲，这处古堰造就碧湖粮仓的历史功绩；其次要宣讲，有了这处古堰才有括苍（后改名丽水）古县的历史渊源；最后要宣讲，历朝历代地方官员维修、重建这处古堰的历史意义：重建通济古堰，是每任地方官员"为民造福"政绩的"试金石"……水利是农业的命脉。因而，凡励志于通济堰修建工程的历朝历代官员，都彪炳史册。通济堰古迹先后立有12方刻铭石碑（一方唐碑湮没难寻）。这12方石碑，就是十余位官员的政绩丰碑，也就是通济古堰最有人文历史价值的纪念碑，也是旅游观光者肃立敬仰的处所、精神励志的平台。

其二，詹司马不仅是位"通济古堰"水利工程的创始功臣，更是位值得我们尊崇、敬仰的伟人。詹司马是南北朝萧梁时代的骠骑司马。骠骑司马的职责是征集军用粮草。然而，当詹彪莅临松阳古县，眼见的是恶溪水患，目睹的是瓯江暴洪……他的选择却是暂缓粮草征集，而立志筑堰立坝，以治水患，养农田，富乡民，强国力。这一决定，是一种对抗朝廷、对抗军令的行为，不仅仅是免官职，而是要掉人头的行为。而詹彪，却断然决然而行。因此，我们首先敬仰他，敬仰他的为官情怀。水利工程是一项耗时费力的艰苦工程。北宋处州太守关景晖《通济堰詹南二司马庙记》指出："谓梁有司马詹氏，始谋为堰，而请于朝；又遣司马南氏共治其事。是岁，溪水暴悍，功久不就。"果然，刚刚努力筑就的堰坝，就被一场暴洪冲毁。但是，詹彪毅然知难而进，坚持不懈，最终完成通济堰工程。这种励志精神，应该成为历任当官者的楷模！最后，令人感动倍至的是詹彪的献身精神。因为，詹彪在接到擢升为南郡太守诏命之际，想到的是通济堰的配套工程。于是他倾尽全力，相继完成金沟渠、白溪渠等工程，终因积劳成疾，卒殉于通济堰工程任上。詹司马区区一任地方小官，却能心系国家大事，一心为民造福，立志当好地方官的胸怀与抱负，值得我们宣讲弘扬。同时，詹司马为通济堰工程百折不挠、拼搏不息，直至鞠躬尽瘁的献身精神，更值得我们倍加敬仰。人要有点精神。作为地方官，更需要"献身"精神！据清人张诜总纂《丽水县志》卷六"冢墓"载记："梁詹司马墓，在县西30里，即始开通济渠者。""梁詹司马"墓地距处州城西30里，应在碧湖一带。由此推知，詹司马应是位不辞辛劳，鞠躬尽瘁，殉职于通济堰水利工程任上的好官。

其三，应注意到常被我们忽略的一个认识问题——人民群众才是真正的历史创造者。北宋处州太守关景晖《丽水县通济堰詹南二司马庙记》碑中所记述的一段话，值得我们深思：

谓梁有司马詹氏，始谋为堰，而请于朝；又遣司马南氏共治其事。是岁，溪水暴悍，功久不就。一日，有老人指之曰："过溪北，遇异物，即营其地。"果见白蛇自山南绝溪北，营之乃就。

我们深受这段话的启发，遂潜心去寻求这位"老人"。果然，这位"老人"显灵了。这位"老人"，就是卓太傅。《民国丽水县志》记载：

卓太傅庙，在县西五十里河川庄。祀东汉太傅卓茂。明万历年间，里人叶马端建。清康熙十二年，马端裔孙正春等重修。有县人薛茂育《卓太傅庙碑》志。

查阅河边村民保存之《文睦堂叶氏宗谱》，确有里人叶马端。河边村叶氏始祖为叶天生。叶天生字位育，明正德七年，由举人授任为江南上元县（在现今南京市区秦淮河以北地区）训导。叶天生遂购置涨里河北岸卓家地，建屋安家，而成为"河边始祖"。叶马端是河边叶氏的第四世裔孙，叶正春是河边叶氏第六世裔孙。《文睦堂叶氏宗谱》卷之三《世系支图》载录云：

马端，字肇基。万历廿三年州判。嘉靖四十一年壬戌三月十四辰时生，天启元年辛酉十月辛未日终，享年六十二岁。葬新坟，癸丁兼子午向。娶王氏白娘，嘉靖四十二年癸亥三月十四酉时生，万历四十七年己未十月廿三午时终，合墓。生一子：大蓁。正春，大蓁长子。邑庠生，字国芳。万历四十二年甲寅二月廿三卯时生，康熙廿五年丙寅九月廿八日卯时终，享寿七十五岁。葬东村东坑。娶玉溪何氏淑娘……

据此而知，叶马端曾任处州府州判，任职时间在明神宗万历廿三年（1595年）。如今，河边金村"金福寺"（原卓太傅庙遗址）中，尚保存着一方石制供桌残片，残片一端镌有"万历丁未年龙文舍茶"9字。万历丁未为万历三十五年（1607年）。这方石制供桌残片，即是叶马端万历年间所建"卓太傅庙"的遗存原物。河边金村"金福寺"（原卓太傅庙遗址）中，还保存着3只石香炉，和半方石碑。石香炉上均镌刻有"光绪二年"字迹。半方石碑，题为《太傅庙碑》。石碑断损严重，而且仅存半截。但尚可辨认刻字，如"窃思神之显灵""有卓公太傅侯""承后人之祭祀""佛像为一村之""至民国元年被""等目睹心伤""新建筑后先"等刻字，以及捐款人名单、"民国十四年"

等刻字。

太傅卓茂，实有其人。查阅《西河郡卓氏宗谱》，获知卓茂生卒年份，其人其事，德政功绩：

卓茂，字子康。生于西汉宣帝甘露二年（公元前52年），卒于东汉光武帝建武四年（公元28年），享年八十岁。西汉平帝时任高密令，京都丞。因王莽摄位弃官归家。后拥光武帝起兵讨伐恢复汉祚，于东汉光武帝建武元年升太傅，封褒德侯。时公与鲁恭二人，均以廉政爱民见称，史称"卓鲁"，为能吏之典范。汉明帝克承父志，追念茂公等功绩，刻公与三十二重臣名将图像，于云台之上，以彰其功德。

《后汉书》卷二十五《卓、鲁、魏、刘列传第十五》记载说："卓茂字子康，南阳宛人也。父祖皆至郡守。茂，元帝时学于长安，事博士江生，习《诗》《礼》及历算。"西汉末年，卓茂被荐举为密县县令。《后汉书》详细记载曰：

初，茂到县，有所废置，吏人笑之，邻城闻者皆蚩其不能。河南郡为置守令，茂不能嫌，理事自若。数年，教化大行，道不拾遗。平帝时，天下大蝗，河南二十余县皆被其灾，独不入密县界。督邮言之，太守不信，自出案行，见乃服焉。是时，王莽秉政，置大司农六部丞，劝课农桑。迁茂为京部丞，密人老少皆涕泣随送。及莽居摄，以病免归郡，常为门下掾祭酒，不肯作职吏。更始立，以茂为侍中祭酒，从至长安，知更始政乱，以年老乞骸骨归。时，光武初即位，先访求茂，茂诣河阳谒见。

乃下诏曰："前密令卓茂，束身自修，执节淳固，诚能为人所不能为。夫名冠天下，当受天下重赏，故武王诛纣，封比干之墓，表商容之间。今以茂为太傅，封褒德侯，食邑二千户，赐几杖、车马，衣一袭，絮五百斤。"

卓茂作为密县的地方父母官，力推汉礼"教化"，一心为民谋利。数年之治，使得密县一地，形成"道不拾遗"的良好民风。甚至，连蝗虫都不敢飞进密县地界。为此，卓茂的政绩，被奉为"廉政为民"的楷模、"地方能吏"的典范。卓太傅之所以受到历代历朝人士的敬重，体现了中国文人官吏所应有的"正心、修身、齐家、治国"的精神意识和家国情怀。

通济堰流域广大劳动人民世代口传詹、南二司马的创堰事迹，并逐渐演化成口传故事，具有传奇色彩，说：南朝萧梁天监四年，詹司马咨访民情，来到碧湖平原，看到了大片平坦的土地，可以扩大粮食生产，以便增强国力，防止北方各国的南侵。但是，这里的水利条件不好，农业生产完全靠天吃饭，只有在风调雨顺的年份，才能有较好的收成。为了改善这里的水利条件，詹司马遍访整个平原，最后发现在平原西南角的松荫溪上修筑拦水大坝，并以渠道将溪水引入平原，以资灌溉，可以解决用水问题，而使碧湖平原农业生产得到彻底改善，从而确保农业收成。于是詹司马把自己的设想报告了朝廷，得到了肯定。朝中又派遣南司马到碧湖，与詹司马共同筹划建堰事宜。

詹、南二司马勘踏地形，选择坝址，规划渠系，同时请调兵士（司马是将军府属官，承担如此大工程，必会请求调派兵士，以供调用）、征集民夫，择吉日奠基筑坝。建坝之初，偏偏遇上溪水暴涨，试用了各种办法筑坝，没有成功。正在大家一筹莫展之时，受到"白蛇示迹"的启发，二司马与民工们创造性地创建稍有不同弧度的拱形大坝，从而创建了通济堰水利工程。从这则民间传说，不难看出，拱形大坝的创建成功，绝非偶然，而是在遇到了多次失败之后，通过实践不断摸索，在观察总结中，得到启发，而获得了成功经验。

　　通济堰水利工程的创建成功，虽然凝聚着广大劳动人民的血汗，但是，詹、南二司马不仅主持创建了通济堰大坝，而且还规划了通济堰整个灌溉系统的框架，使通济堰初具了巨大的水利功能。丽水人民世世代代奉祀詹、南二司马为丽水的乡贤名士是不足为奇的。事实说明，历代当政者只要为人民做了好事，人民是不会忘记他们的。

附录三

新中国成立后通济堰大事记（1949—2006 年）

本节主要记载通济堰自 1949 年 5 月至 2006 年底，通济堰整修、保护、开发、利用等方面的大事，以便让大家对通济堰的现代情况有一个全面的了解，以利于今后更好地保护，继续发挥其巨大的功能。

本大事记按事件发生的先后顺序记录。

△1949 年 5 月，丽水解放，通济堰真正回到劳动人民手中。

丽水自 1949 年 5 月解放以后，当时的民主政府就开始重视恢复水利，发展农业生产，医治战争创伤，支援全国解放事业。7 月，碧湖区人民民主政府即报告丽水县人民民主政府，要求改选"有限责任丽水县通济堰灌溉利用合作社"，并请求举行岁修，以便恢复通济堰功能。8 月 12 日，碧湖区政府再次就岁修问题向丽水县县长请示。新任县长刘冠军立即就通济堰的组织机构、岁修、管理等问题作了批复。秋收之后，即发动通济堰流域人民进行全线清淤，并修复了堰渠，使通济堰渠水通畅。

△1949 年秋，改选"有限责任丽水县通济堰灌溉利用合作社"。

1949 年秋，沿用"有限责任丽水县通济堰灌溉利用合作社"，进行了改选，实行董事制形式管理堰务，由王王光出任理事会主席。

△1950 年春，洪灾侵袭。

1950 年春汛，洪水迅猛，冲毁石函前面的桥石，冲坍了部分堤岸。

△1950 年 6 月，修复水毁石函、堤岸。

1950 年 6 月 28 日，通济堰灌溉利用合作社监理事联席会议决定，抢修水毁工程。此次工程征用清运泥沙民夫达 500 名，开石匠 30 名，雇请泥石匠等技工，突击 4 天，将石函前函石修复，并抢修了严重倒塌的渠道堤岸。

△1950 年芒种至立夏，渠系全线打捞野荷，清淤通渠。

通济堰大部分渠道遍生野荷，并不断繁衍，渠水受阻，影响灌溉功能发挥。据通济堰灌溉利用合作社的勘查报告，丽水县县长批复"转知各乡打捞野荷"。在 1950 年夏季农事稍闲之际，各乡发动民众普遍开展以打捞根除野荷为主的清淤疏渠活动，使渠水畅通无阻。

△1950 年秋，调换斗门闸板。

堰口附近小斗门（进水闸）的闸板由于年久腐朽，不堪使用，发大水时造成封闸不严，而使砂石内冲，有淤积及破坏石函之虑。经丽水县县政府批准，通济堰灌溉利用合作社调换了斗门闸板 10 块。

△1951 年冬，通济堰岁修。

通济堰灌溉利用合作社利用冬季枯水期，报请丽水县县政府批准，修理了石函的条石，将大陡门（过船闸）上腐朽的枋木全部更换。

△1951 年，改选通济堰管理机构。

1951 年经丽水县县政府决定，改"有限责任丽水县通济堰灌溉利用合作社"为"丽水县通济堰水利委员会"，李级三当选为首届主任，并有委员 17 人，管理堰务。

△1952 年 7 月，特大洪水。

1957 年 7 月，松荫溪上游连日降暴雨，通济堰遭受特大洪水袭击，冲毁水利工程多处。

△1952 年 12 月，抢修水毁工程。

在特大洪灾过后，12 月，通济堰水利委员会召开水利代表大会，对修复水毁工程作了准备、部署。秋收后即发动民工，全堰区投入修复堰渠及清淤工程的民工达 5907 人。

△1954 年，大修通济堰。

通济堰工程自民国六年大修工程之后近半个世纪，虽有小修，但与大局无补。其拱形大坝、排沙门、通济闸、石函等受风雨侵蚀、山洪冲击，已经元气大伤，多处损坏。进水闸外（上游）砂石淤积严重，进水困难，造成灌区常出现严重旱情。县长吴佩芝亲率人员经过广泛深入的调查研究，找出了问题的症结，确定施行动"大手术"的方案，全面整修通济堰工程。这是新中国成立后第一次对通济堰的大修工程，施工前进行了详细的准备：经过专业技术人员详细考察和可行性调查研究，并对方案进行再三的讨论论证，报经温州专署等上级部门审查批准。其主要大修项目有：进水闸改建到大坝北端、整修排沙门及过水槽筏道、维修石函及整修部分渠道；最重要的是大坝修理加固，并将大坝加高了 45 厘米，采用浆砌块石结构，提高进水量，灌溉面积因此提高到 2.5 万亩。

这次大修工程曾因其规模大、设计到位、组织机构健全、宣传发动深入、工程进度快、质量好、效益高，而且工程费用少，受到温州专署（当时丽水属温州专署）的通报表扬。

△1954 年 6 月，受洪灾侵害。

通济堰大修工程竣工后，时过一个半月，丽水大范围连降暴雨，龙泉、松阳两水系之洪水汇集大溪。6 月 15 日晚，大溪洪水倒冲入通济堰，造成进水闸至排沙门（叶穴）这段堤岸倒坍严重，其他渠道也遭受不同程度损坏。

△1954 年 6 月，抢修洪灾水毁工程。

△1954 年 6 月 19 日，再次受洪灾冲击。

6 月 19 日，第二大特大洪水袭击通济堰，冲毁大坝 43 米，淤积砂石达 10000 立方米，坝面多处裂缝。

△1955 年冬至 1956 年春，大修水毁工程。

由于两次特大洪水的袭击，造成通济堰工程的严重损坏：大坝毁坏 43 米、坝面多处开裂，上、下坝脚也有不同程度损坏，叶穴被冲毁，淤积严重等。经报请上级批准，组织进行抢修。这次抢修的工程量略次于 1954 年大修，而投工总量则超过了上次大修。

△1956 年 1 月 4 日，通济堰水利委员会制定章程。

通济堰水利委员会制定了《丽水县碧湖区通济堰水利管理和养护暂行办法章程》。

△1956 年 4 月，通济堰水利委员会调整。

经上级同意，"丽水县通济堰水利委员会"更名为"碧湖区通济堰管理委员会"，第二届主任为李成富，设委员 25 名。

△1956 年，新开爱国圳、丰产圳。

为了改善碧湖平原的灌溉条件，更好地发挥通济堰的水利功能，于 1656 年挖成了一条长达 400 米的渠道，定名为"爱国圳"。此渠修成后，可使 40 亩水田不受旱，又可改 400 亩旱地为水田，年增产粮食 30000 余斤。同年还挖建了一条名为"丰产圳"的渠道。

　　△1961 年，浙江省人民委员会公布首批浙江省重点文物保护单位，通济堰被列入其中。

　　△1962 年，通济堰历代碑刻迁往温州江心屿保存。

　　由于在丽水计划拟建大型水库——瓯江水库，通济堰虽在淹没线以上，但为了更好保护通济堰文物，温州专署领导决定，通济堰历代水利碑刻 20 方均迁往温州的江心屿保存。

　　△1962 年冬，堰首整修、清淤。

　　1962 年冬季农闲期间，共组织民工 5000 余人，对通济堰自进水闸至开拓概的上游主渠道进行修理，并疏浚清淤。修复了石函引水桥下方 200 米处的水毁堤岸。清除堰口上游的淤积砂石，使进水顺畅。

　　△1962 年，"碧湖区通济堰管理委员会"召开水利代表大会。

　　1962 年底，"碧湖区通济堰管理委员会"召开水利代表大会，进行换届选举，产生了第三届通济堰管理委员会。

　　△1962 年至 1964 年春，整修渠道、概闸。

　　这次维修通济堰由下列工程组成：

　　（1）1963 年 3 月，小修大坝及损坏的闸门。

　　（2）1964 年 1 月下旬，对以下几部分进行整修：大坝过船闸（老筏道）底部、大坝护坦等的裂缝进行嵌缝修补，使之平整；疏通进水闸至周巷霓桥的渠道及龙子殿至木樨花概的渠道；拆修木樨花概，改建凤台概，修理西圳口概、河塘概、金丝概、城塘概、竹园蓬概、彭头概等。

　　（3）1964 年 6 月 20 日，溪水暴涨，淹没通济堰堤岸，在距堰首进水闸下游 5000 米处，即旧界牌附近冲毁堤岸 30 米、深 8 米，造成渠堤塌方；冲毁桥梁、堤岸，渠道内淤积严重。6 月 21 日，碧湖区通济堰管委会报经上级同意，立即组织民工抢修水毁工程，直至 7 月 10 日竣工。

　　△1968 年 6—7 月，洪灾侵袭。

　　1968 年 6 月 24 日、7 月 7 日，两次大洪水袭击，造成通济堰大坝、渠道、石函引水桥、概闸等多处损坏。

　　△1968 年冬至 1969 年春，抢修水毁工程。

　　1968 年两次大洪水袭击，造成通济堰多处损坏。是年冬，首先对大坝、进水口至石函引水桥的渠道两岸进行块卵石护坡修筑。1969 年春，又对界牌等处堤岸水毁段进行修复。并从界牌至保定石水牛段堰渠进行清底除淤。

　　△1968 年，碧湖区通济堰管理委员会换届，并更名为"碧湖区水利管理委员会"，选举产生了第四届水管会，下设"通济堰管理委员会"。

　　△1971—1973 年，勘察设计"丰收渠"，后因故未予实施。

　　△1973 年，"碧湖区水利管理委员会"换届，选举产生了第五届水管会。

　　△1976 年，"碧湖区水利管理委员会"换届，选举产生了第六届水管会。

　　△1979 年，"碧湖区水利管理委员会"换届，选举产生了第七届水管会。

　　△1979 年，下游清淤。

1979 年春季，对石牛乡 200 米的排水渠道和 4000 米灌溉渠道进行清理，排除淤积。在新合乡新建渠道 900 米，扩大灌溉范围。

△1981 年，浙江省人民政府重新公布首批省级重点文物保护单位，通济堰同样名列其中。

△1981 年秋至 1982 年春，建上概头新分水闸及广福寺概。

由于多年没有进行重点维修，通济堰各概闸有所损坏，需要重新维修。1981 年，在开拓概新建分水闸，改原来的枋木启闭结构概闸为半机械的混凝土闸门启闭概闸，改变了开拓概原貌；修建了广福寺概。工程于 1981 年 11 月动工，至 1982 年 4 月竣工。

△1983 年，"碧湖区水利管理委员会"换届，选举产生了第八届水管会，下设"通济堰管理站"。

△1983 年，竖立省级重点文物保护单位通济堰保护标志碑一方。

△1983 年，修整下朱村坝。

△1986 年，浙江省文化厅、浙江省城建厅批复公布通济堰保护范围与建设控制地带。

△1987 年，"碧湖区水利管理委员会"换届，选举产生了第九届水管会，下设"通济堰管理站"。

△1988 年，通济堰整修开发工程及部分实施。

通济堰自 1954—1956 年大修后，至 1988 年，已长达 30 多年没有大修，以后虽常有岁修，但都是小修小补。由于长年风雨侵袭，主体工程的拦水大坝、进水闸及全线渠道均有不同程度损坏，有的已不适宜现代农业用水。农业、水利部门认为主要问题有：①渠道两岸多为土质堤岸，开荒扩种现象普遍，造成渠道堤岸坍塌较多，而且多处人为设障，造成渠道严重淤积，有的地段水位仅有 20～30 厘米，直接影响灌溉效益。②进水闸和排沙门为 1953 年设计、1954 年修建，均采用木叠梁门人工启闭，劳动强度大，又不安全。洪水时如来不及闭闸，致使引洪水入渠，易造成内涝和淤积。③渠道上的分水节制设置均为概枋，且残损严重。④耕作制度变迁，农业需水量增大。

1988 年初，丽水市（县级市）市长办公会议决定整修开发通济堰，及时组织工程技术人员进行考察和可行性研究，并成立了工程指挥部。整修计划方案：①整修大坝，堵塞漏洞。②将进水闸改建成梁架机械启闭闸门。③修建干渠，用干砌石衬砌堤岸；拆建断面过小的桥涵；全线清淤。④建立通济堰纪念馆，修葺文昌阁及美化绿岛风光。

是年，进行了四方面的工作：①编制整修开发通济堰总体规划，并报上级水利、文物部门审批。②筹集资金，除争取国家补助外，开展社会募集活动。③拍摄电视专题资料片《通济堰》。④召开研讨会，确定通济堰整修开发中的保护原则，取得比较一致的意见。

△1988 年，保存在温州江心屿的通济堰历代水利碑刻运回丽水，只运回 16 方，其他 4 方碑已查无下落。

△1989 年，将运回的通济堰历代水利碑刻重新竖立于堰头村詹南二司马庙内，供人们参观、研读。

△1988—1991 年，水利部门实施通济堰整修开发一期工程。

丽水市水利部门根据其制订的整修开发通济堰总体规划，于 1988 年开始实施第一期工程：首先对石函引水桥以下的干渠进行整修、清淤、修建部分分水概闸。1989 年修建了进水闸（即通济闸），改木叠梁门人工启闭概闸为机械启闭概闸。但设计施工部门没有按《中华人民共和国文物保护法》规定办理，设计方案未经浙江省文物主管部门审查批准。而新建的通济闸在形式、色彩上不符合文物保护要求，体量过大，严重影响了观看大坝视线，破坏了通济堰淳朴自然的历史原貌，应予以拆除改建。直至 1991 年，第一期工程完成，总投资 120 万元。

△1990—1993 年，通济堰推荐第四批全国重点及文物保护单位。

1990 年，全国推荐第四批全国重点文物保护单位工作启动，根据浙江省文物局意见，通济堰列入推荐名单。丽水市文物部门投入了一定力量，准备申报材料，并按规定及时上报。但由于宣传工作不得力，基础工作欠扎实，在第四批全国重点文物保护单位申报中没有成功，通济堰作为"准国保"予以重点保护。

△1990 年，通济堰业余文物保护组成立。

为了更好地保护通济堰文物，落实保护责任，决定成立通济堰业余文物保护组，其成员由镇、乡、村相关领导组成，并聘请兼职文物保护员 3 名、业余文物保护通讯员 5 名。

△1991 年 1 月，邀请浙江省文物局文物处领导、专家考察、研讨通济堰堰首部分整修问题。

丽水市水利部门、碧湖镇邀请浙江省文物局文物处姚仲源处长及专家杨新平等来丽水，对通济堰堰首部分整修方案进行考察、研讨，召开了有省、市水利、文物部门领导、专家参加的座谈会，明确了通济堰堰首部分以文物保护为主的原则，形成了研讨会纪要。

△1992 年 7 月开始，编制规范化通济堰文物保护"四有"档案。

根据国家、浙江省文物保护部门的指示精神，通济堰文物保护"四有"档案编制工作首先启动，经过近两年努力，初步完成，形成规范的档案框架，充实了档案收录内容，在浙江省"四有"档案工作座谈会上得到领导和专家的肯定。

△1992 年，申请省级文物保护单位通济堰维修补助经费，1993 年浙江省文物局下拨 8 万元用以维修通济堰的文昌阁。

△1994 年，维修文昌阁。

通济堰三洞桥边的古建筑文昌阁年久失修，损坏严重，破烂不堪。在浙江省文物局专项资金的支持下，对其进行全面维修。工程由丽水市博物馆主持，经招标由临海古建筑工程公司承担维修工作任务，经过全面维修，恢复了文昌阁原貌。

△1997 年，通济堰被纳入全国"九五"抢修工程计划内，可争取国家文物局的专项补助经费，享受"准国保"待遇。

△1999 年，成立丽水市通济堰申报第五批全国重点文物保护单位（简称"国保"）工作领导小组。

根据上级指示，为了通济堰申报第五批全国重点文物保护单位工作有组织、有计划地开展，确保申报成功，成立了"丽水市通济堰申报第五批全国重点文物保护单位工作领导小组"，由任淑女副市长任组长，组成了有文化、水利、广电、碧湖镇等有关部门领导参加，组织协调"国保"申报工作。并由丽水市财政安排了通济堰申报"国保"专项经费。

　　△1999 年 1 月 11—13 日，国家文物局专家组组长罗哲文等考察通济堰。

　　国家文物局专家组组长罗哲文、中国文物保护研究所高级工程师傅清远一行，在浙江省古建筑设计研究院张书恒副院长陪同下，来丽水考察通济堰。考察专家在听取介绍、现场考察、文献考证的基础上，给予很高评价。罗哲文对通济堰的重大历史价值、科学价值给予了充分肯定；强调通济堰保护、研究工作的重要意义；提出了许多建设性的保护、研究意见。对通济堰流域自然环境的生态保护、建设控制、古樟保护等，均提出了具体的意见和要求，希望丽水做好通济堰保护工作，让这个重要的历史文化遗产得到更好的管理和应有的重视，让通济堰原汁原味地保留给子孙后代。

　　△1999 年 3 月，竖立规范的通济堰文物保护标志碑一方。

　　△1999 年，按文物保护要求拍摄通济堰专题电视资料片。

　　丽水市申报第五批全国重点文物保护单位工作领导小组决定拍摄《古代水利工程——通济堰》电视资料片。专题组成了创作班子，由丽水市文联、文化局、广电局、博物馆专业人员组成。经过创作组集体创作，并多次征求意见和修改，完成拍摄脚本的创作。吴东海任拍摄脚本主撰人，随后经过 5 个月的拍摄制作，于 1999 年 12 月完成拍摄任务，制作了 VCD 片。

　　△1999 年，经丽水市领导同意，市编制委员会发文，批准成立通济堰文物保护管理所。

　　△1999 年，拓制通济堰历代水利碑刻拓片。

　　因"国保"申报及建档需要，开展有计划的碑刻拓制工作，使通济堰资料更加完整全面。

　　△2000 年，通济堰申报第五批全国重点文物保护单位工作启动。

　　接浙江省文物局通知，通济堰列入浙江省申报第五批全国重点文物保护单位名单，申报工作正式启动。申报文字材料的撰写、图片音像资料的制作、相关专家的推荐评价等工作，要求在 2000 年 3—7 月底完成。丽水市文物部门在通济堰申报第五批全国重点文物保护单位工作领导小组协调指挥下，及时完成任务。

　　△2000 年 6 月，清华大学教授、水利史专家沈之良来丽水考察通济堰。

　　2000 年 6 月 22—24 日，沈之良教授应丽水市政府有关部门邀请，来到丽水，对通济堰及其灌溉系统进行了考察，并提出了价值评估意见（见附录二之十）。认为通济堰及其灌溉系统水工技术出类拔萃，具有很高的科技价值，建议国家文物局批准通济堰为国家级重点文物保护单位。

　　△2000 年，中国水利学会水利史研究会发文推荐通济堰为国家级重点文物保护单位。

　　中国水利学会水利史研究会通过其派出的专家现场考察和资料检索，认为：①通济堰拱形拦水大坝是已知世界上最早的拱坝；②通济堰工程配套设施保护良好，1500 年来仍在发挥巨大的水利功能；③其水工技术水平和历史科学价值不容低估。因此，决定向国家文物局推荐通济堰为国家级重点文物保护单位。

　　△2000 年，通济堰保护总体规划开始编制。

　　《通济堰保护总体规划》受丽水市政府委托，由浙江省古建筑设计研究院进行编制，为今后通济堰文物保护、维修管理提供科学依据。规划草案于 2000 年 11 月 1 日在丽水进行了审查讨论。

△2000 年 7 月 15 日，浙江省文物局发文，向国家文物局推荐通济堰为第五批全国重点文物保护单位。

△2001 年 7 月 16 日，国务院公布第五批全国重点文物保护单位名单，通济堰名列其中。

△2005 年，丽水市（地级）人民政府委托浙江省古建筑设计研究院编制《浙江丽水通济堰文物保护规划》。

撤地设市后，文物保护管理事权由地级市政府文物管理部门管理。丽水市（地级）人民政府重新委托浙江省古建筑设计研究院编制《浙江丽水通济堰文物保护规划》。

△2006 年 3 月，《浙江丽水通济堰文物保护规划》初稿完成。

△2006 年，丽水市人民政府重新划定、上报通济堰文物保护单位保护范围和建设控制地带，由浙江省人民政府批准公布。

附录四

现代通济堰相关文件资料目录

1. 国务院公布第五批全国重点文物保护单位的通知

2. 钱江电视台拍摄播出电视风光艺术片——《江南千古名堰——丽水通济堰》脚本

3. 文昌阁维修工程竣工报告

4. 浙江省文物局关于通济堰大坝维修方案的复函（浙文物〔1994〕174 号）

5. 通济堰堰坝修复工程鉴定意见

6. 通济堰水毁修复工程施工单位

7. 丽水市人民政府办公室关于成立市丽水市通济堰申报"国家级文保单位"筹备工作领导小组的通知（丽政发〔1999〕94 号）

8. 浙江省文物局关于通济堰整体保护开发利用规划的复函（浙文物〔1999〕165 号）

9. 对丽水通济堰保护规划的建议

10. 浙江省财政厅、省文物局关于补助省级重点文物保护单位专项经费的通知（浙财行〔1999〕103 号）

11. 浙江省文物局关于通济堰渠道首整修工程的批复（浙文物〔1999〕230 号）

12. 丽水市编制委员会关于同意建立丽水市通济堰文物保护管理所的批复（丽编〔1999〕12 号）

13. 电视资料片《古代水利工程——通济堰》脚本

14. 国家文物局古建筑专家组组长罗哲文等专家对通济堰保护维修和申报"国保"工作意见

15. 通济堰申报"国保"具体工作方案

16. 关于"丽水通济堰价值论证"任务委托书

17. 李梦卉主编、梁晓华副主编《通济堰》，浙江古籍出版社

18. 梁晓华主编《处州古堰》，浙江古籍出版社

19. 吴志标《从通济堰看古代水利工程的保护与利用》，《中国文物科学研究》（2009 年第 1 期）

20. 钱金明《通济堰》，浙江科学技术出版社

附录五

民间传说与诗词

一、民间传说

1. 汤丞相和何丞相

处州府碧湖上赵村有一个姓何的牧童，父母早亡，家境贫穷。在洪渡村的汤员外家当个放牛郎。汤员外家有个看风水的老先生，牧童对风水先生很是敬重，照顾得十分周到，风水先生很喜欢他。风水先生在汤员外家选择风水地，一直看了三年，才选中了一块风水好的坟地，他对牧童说："你回家去，把你娘的尸骨磨成粉，再用陶罐装起来，在棺材窟边搭葬。当员外母亲的尸体下葬时，我再推你一把，你把陶罐放到坟的正穴中葬下去。"牧童照风水先生的话办好了该办的事。事后，风水先生对牧童说："你明天来看，坟地肯定会有奇迹出现。"第二天一大早，他到坟地一看，果然看见一朵鲜艳的荷花，牧童觉得好玩，把荷花摘回，放在锅灶头。烧饭时，一不小心，荷花掉进了灶头的米汤里。厨师说："荷（何）见汤烂。"风水先生马上接口说："汤见荷（何）也烂。"

牧童自娘葬下后，因为有了好风水就发迹了，成了家立了业，生有一子，很聪明，后来考中进士，并做了丞相，就是著名的何丞相。

何丞相很爱家乡，他为处州府造了一座城，处州城造有城门6个，即丽阳门、大水门、小水门、左渠门、虎啸门、下河门。

当时，正值处州府的西乡畈一带连年遭旱，百姓生活极端贫困，流传着这样一首歌谣："西乡畈，阔洋洋，一年只种半年粮，番薯芋头凑凑一年粮。"何丞相看到这种情况，就一心要在此兴修水利，他亲自到松阳堰头巡视，设想从堰头向西乡畈造一条大坝，把水拦到田畈，可是这堰坝造成后，距堰稍远的田地照样吃不到水，这时女儿看他冥思苦索，就含笑着拿了一根竹篱枝放在他面前，这根篱枝按节分细枝，给了他很大启示，于是，他想法把石头用铁丝串起来，再用360个铁炉熔铁水，整条坝用铁水灌进固定，然后在坝下挖大渠套中渠又套小渠，使西乡畈田地都能吃到水，百姓十分感激，都很崇敬他。

后来，洪渡村汤员外的儿子经过京试也考中了状元，并做了丞相。他看到处州百姓这样崇敬何丞相，心生妒火，就向万岁谎奏，说何丞相用360个铁炉熔铁水，大做刀枪，图谋造反。万岁不问青红皂白，偏听谎言，当即下圣旨把何丞相问斩。何丞相自知在劫难逃，就说："我死而无憾，但求万岁开恩，让我走到处州，看处州城一眼。"万岁准奏，将何丞相押往处州，押到望城岭，何丞相看到处州城，哈哈哈大笑三声，头被斩下。

这时另一忠臣向万岁奏本：说汤丞相告何丞相谋反，无实情实据就杀，难作交待，应作查核后方可定罪。万岁听后认为有道理，随即派千里马追到处州，但何丞相已被杀害。

经查，何丞相是用铁水浇坝，为民造福并非打制刀枪，万岁得知这一情况后，认为何丞相不仅无罪而且有功，于是下了圣旨，用36口棺材陪葬，何丞相尸棺用金头陪葬，其他35口棺用石头装起和尸棺一样的重量，外人不辨真伪，从处州城6个城门同时抬出，每门6口，只有那口真尸棺被何丞相的女儿痛哭时咬了一口，所以只有何丞相女儿才认得哪一只是真棺。不论真棺假棺，下埋后每座坟前都有石马石将军。

后来，汤丞相因为谎言陷害忠良何丞相，也被皇帝下旨问斩了。

何汤结怨，都挨了杀头之祸，这正应了"荷（何）见汤烂，汤见荷（何）也烂"之说。

口述者：陈永汉，男，63 岁，初中，水阁乡白峰村

记录者：陈爱芬，女，26 岁，高中，水阁乡文化站

2．堰头与白龙庙

很早以前，堰头还只是一片沙滩，那时松荫溪水常常泛滥成灾，碧湖一带的平民百姓多灾多难，吃尽苦头。到了南朝天监年间，詹司马和南司马奉梁武帝之命，在松荫溪要建一大坝，拦住溪水。二司马奉命之后，观看了整条溪流，觉得在松荫溪下游最狭窄处筑坝最为适宜。于是二司马命民工们砍伐了许多大木头筑坝，但一次次都由于水流湍急而被冲垮，而不得不暂时停工。

一天，詹、南二司马正在溪旁商讨着，如何筑坝才能阻拦如野马奔腾的溪水，但他们绞尽脑汁还是没有办法。正在这时，从他们的脚边窜出一条白蛇，向溪对岸游去，詹司马开始一惊，转而即想："蛇怎么能在这湍急的水流中游向对岸，难道……"于是，他笑着对南司马说："兄弟，有办法了！刚才你看到了那白蛇游向对岸了吗？也许我们原来平直的筑坝办法就不对，按照白蛇游水那样弯曲筑坝，也许我们会成功。不管怎样，我们再试一次吧！"詹、南二司马互相商定后就立即动工。果然这次筑坝成功了。事后，二司马非常高兴，他们认为"白蛇"是"白龙"的化身，给予了他们启示。为了纪念白蛇的功劳，他们在坝边建了一座庙，起名"白龙庙"，并在庙里塑造了佛像，让后人供仰。

从此，溪水驯服得像一头绵羊，顺从地汇入瓯江流向大海，并在大坝的一端设了 4 个闸口，挖出一条堰，堰水灌溉着整个碧湖大平原的万亩良田。

后来，有一姓叶的平民放鸭到白龙坝，看到这里水好地肥，就在这里安居乐业。由于此处是在通济堰源头，这个村就定名"堰头村"。

记录者：叶凤花，女 24 岁，高中，新合乡篛口村

记录时间：1987 年 4 月

3．通济堰的故事

南宋年间，碧湖出了两个丞相，一个姓何，一个姓汤。何丞相忠君保国，体察下情。汤丞相奸诈阴险，专门陷害忠良。后来，何丞相不满汤丞相的所作所为，就借故告老还乡了。

何丞相回到了故乡——处州府丽水碧湖街，目睹西乡畈百姓吃尽旱涝灾害的苦头，就决心要在西乡畈兴修水利，旱灌涝排，变水患为水利，为民造福。何丞相经过初步勘察，就定在松坑口下面，畈岭堰头至碧湖横塘河之间的瓯江上，拦腰修筑一条石坝，以供引水灌溉碧湖畈。但由于此处地势低，瓯江上游水势大，大坝先后建了 3 次，都被洪水冲毁了。何丞相为此愁眉百结，有个老人说道："何丞相，依我所见，这里地势太低，不宜造坝，即使能把坝筑成，碧湖的前畈、后畈也不能全部受益，大人何不沿江视察，另选最有利的地形呢？"何丞相听他说得有理，当即带起了老民工，溯江上行，沿途仔细视察。

一路行来，不觉到了松阳港和龙泉港两股水汇合的地方。大家都说这里地势高，如能在此开堰引水，整个西畈乡就都可以受益了。正当大家议论纷纷时，突然一条丈八长的大白蛇窜入瓯江中，扭动身子急速进行，身后溅起了一排玉雕雪堆似的白浪花，奇怪的是，此处江水湍急，那白蛇激起的白浪花却在原地积聚汇旋。何丞相想：难道是神蛇指点，相告此处可筑坝拦水？于是忙叫人画下图形，决定就按大白蛇滑行路线筑坝。后来人们就把此处称为"白龙滩"，人们还在白龙滩对面山上建造了一座"白龙将军庙"，感谢那白蛇指点，并望它能护佑堰坝永固千秋。

筑坝工程开始了，何丞相体味了石坝不成功的原因，听取了许多民工的意见，决定用铁水浇坝。首先，大家忙着挖渠道，引开了江水，然后掘开数丈宽的坝基，将成千上万株大树木作桩把基打个坚实，再沿江筑起 32 座大铁炉，日夜不停赶炼铁水，把一炉炉炼成的铁水浇铸到堰坝基里。何丞相不顾年老体弱，日日亲上大坝工地和大家一起干，这对参加筑坝的民工们鼓动极大，所以工程进展很快。

筑坝工程进展顺利，何丞相心里也很喜欢，但水堰支流如何合理分布，才能使整个西乡碧湖畈的前畈和后畈都能吃到堰水？何丞相又为此日夜操心。一天早晨，何丞相站在门头正对着广阔的田畈沿思，忽见一个放牛娃手中拿着赶牛用的竹篱枝迎头走来，他心中不觉一动，"哎哟，这竹篱枝主枝分中枝，中枝又分出小杈，那水堰何不按此主渠分中渠，中渠又分小渠呢？"何丞相越想越有理，就去找民工们商议，定下了开堰分渠方案。大家按照这个方案把畈道开成了大渠套中渠，中渠分小渠的水利设施。整个堰水分上源，中源，下源，均匀地分布在整个碧湖畈上，最后千渠百堰又汇合在石牛白口处流入瓯江。

经过数年辛勤，大坝筑成，水堰开好，从此西乡碧湖成了涝能排洪、旱有江水的旱涝保收的米粮仓，人们多么感激这条水堰呀，就把这堰取名为"通济堰"。

再说那汤丞相，他和何丞相原本不和，如今听说何丞相在处州府碧湖修建了"通济堰"，为民造福，深得民心，就更怀恨在心。他仗着皇帝对他的信任，就奏了一本，诬告何丞相在家建造了 32 座炼铁炉，日夜炼铁私造兵器，企图谋反。昏庸的皇帝一听，不禁勃然大怒，立即下旨将何丞相捉拿归案，解押到京城。到京后，皇帝不问青红皂白，就叫刽子手把何丞相推出午门斩首。何丞相奏道："万岁是一国之君，君要臣死，臣不得不死，但老臣有一要求，臣本处州人民，只望万岁能让臣再看上我的故乡一眼，那就死也瞑目了！"皇帝心想，也罢，就让你多活几天，把老骨头埋在你的家乡，以示皇上恩泽吧！于是就传旨将何丞相押回处州，待他见着处州城之时，即斩讫复旨。当何丞相被押解到离处州城约十里的一个小山岭上时，何丞相见着了雄伟的处州府城，不觉仰天大笑三声，后来就被斩于此。后人为了纪念他，就把此地叫为"望城岭"。

何丞相被杀后，百姓甚为悲愤，纷纷联名上书为何丞相申冤，皇帝深知众怒难平，就杀了诬陷何丞相的汤宰相，又传旨做了 36 个金头为何丞相陪葬，并为何丞相造了 36 处真假坟墓。现在丽水的望城岭旁、碧湖行基、牛行、凤凰山等处，都留有何丞相的坟墓。

口述者：阙仲熙，男，70 多岁，高小，碧湖区碧湖镇

记录者：傅祖民，男，40 岁，高中，丽水地区烟草公司干部

4. 铁水坝

白龙坝建成后，碧湖平原五谷丰登，百姓安居。但到南宋开禧年间，因山洪暴发，松荫溪水位猛涨，白龙坝多处被溪水冲决。洪水过后，堰渠干涸，禾苗枯萎，碧湖平原灾情十分严重。龙泉人氏的当朝丞相何澹，奉旨返故里重建通济堰白龙坝。

何澹回乡后，召集民夫，调来洪州兵马，开采石料，砍伐木头，动工建坝。砌坝倒还顺利，可是快要合龙时，猛涨的溪水又把刚完成的石坝大段大段地冲垮了。返工重建，依然如故，想尽法子也无法把坝连接起来。民夫情绪低落，何丞相也愁眉苦脸，一筹莫展。

一天，一个肤色黝黑、体格强壮的年轻庄稼人跑到何丞相跟前，恭恭敬敬地说："何丞相，坝石多次被水冲了，依我看是坝基有潜水。"

何丞相问："你叫什么名字？你说坝基有潜水，有何依据？"

这个小伙子说："我叫穆龙，自幼在水边长大，有无潜水一看水势就知。"

何丞相沉思了一会，说道："哦！你说得有道理，不过怎样才能弄清楚呢？"

穆龙说："要弄清楚潜水在何处，还得人下去。"

何丞相皱着眉头说："这就难办了，寒冬腊月叫谁下去？"

穆龙毫不犹豫地说："我下去。我下去时带袋砻糠，我探清潜水所在就把砻糠漂浮上来，你就叫民夫顺砻糠上来的位置把石头沉下来。"

穆龙不顾数九寒冬、溪水刺骨，毅然跳入水中，头一钻就到水底。不一会他发现坝基有一个潜水洞穴。为了闭住泉流，他将身子缩成一团，钻进洞穴，塞住潜流，并撒把砻糠让其漂浮上来。民夫见了高兴极了，想倾倒大石，但没见穆龙上来，于是放大嗓门拼命嘶叫："穆龙上来，穆龙上来！"

穆龙在水底听到上面的喊声，但他想：人上去潜水洞又要漏水了，倾倒下去石头仍然没用，大坝建不成，碧湖百姓也难温饱安居。因此他决定牺牲自己。一炷香的时间过去了。岸上的人知道穆龙已决心为民捐躯，便一边流泪，一边顺着砻糠浮上来的位置把石块倾倒下去。石块落在穆龙头上身上，他不顾疼痛，紧紧地塞在潜水口，一动也不动。鲜血沿着石缝冒上来。民夫看到了，无不痛哭！这时有一个老头挤出人群，匆匆地跑到何丞相跟前叫道："何丞相！穆龙用血凝石功在第一；如将熔化的铁水，沿着石缝浇下去，只要铁水灌满石缝，石坝就可板结一体，坚固不拔了！"

何丞相感到老头讲得有道理，于是立刻叫民夫建起32座熔铁炉，将熔化的铁水，不断向石缝浇下去，果然，块块石坝凝成一体，任凭水冲浪打也不松散。

为了悼念穆龙的献身精神，人们在白龙庙前塑了一尊肤色黝黑、双目凝视、手指石坝的穆龙像，千秋万代，供人瞻仰。

（原载《龙泉水》，浙江人民出版社，1986年出版，有改动）

口述者：叶加庭，男，90岁，汉族，碧湖镇

记录者：吕绍泉

5. 篱枝渠

通济坝在樵夫和白龙启示下总算筑成了，并从堰头到白口村开了一条主渠，主渠长有45里，但只能灌溉主渠两岸田园，碧湖平原的大片田地仍吃不到堰水。为了解决这个

难题，詹、南二司马又多次在主渠上下步行，咨询了许多老农，还是想不出一个完美的法子。

有一天，他们来到保定凤凰山脚，只见一个牧牛女孩用赶牛的篙枝放在山上流下的小水道上，让水顺着篙枝流向一块块的小片韭菜地，使韭菜地得到均匀的滋润。二位司马见了心有所触，立即停下脚步，凝视着篙枝，然后问道："女娃子，你是在玩水吗？"

牧女答道："我是在引水浇韭菜。"

二司马又问："你为什么不用桶呢？桶大提水多，浇菜快呀！"

牧女说："水桶浇水多又快，但不如这样灌水均匀，看，这样引水，能使大片大片韭菜都可吃到水。"

二司马高兴地鼓掌说："对！对！这样四面八方都可以灌到，而且灌得均匀。"

说着，二司马又对着篙枝节凝视了一会，又问牧女："篙枝上节子很多，水到有节的地方流得慢了，如果把节子削平，不是可以让水流得快一点吗？"

牧女答道："节子可不能削平，流水太急会冲走肥土的，这节子一挡，水流才稳呀！"

二位司马连连点头，如获至宝地回到工地，立即召集做堰开渠的人，向大家讲述说牧女用篙枝引水的启发，并决定按此启发挖水渠。除主渠外再开挖 3 条干渠，48 派渠，72 支渠，321 小支渠，并在每条渠道适当的距离置闸门，共有大闸两座，中、小闸 70 处。水渠分"上概""下概"和上、中、下三源。这样，既可蓄水又可调节水流，从此堰水流通整个碧湖平原。人们称这些渠和堰沟为"篙枝渠"，有了篙枝渠，稻田用水就得到了及时的灌溉。从此，碧湖平原就成了稻菽丰饶、旱涝保收的"粮仓"了。

口述者：叶爱香，女，89 岁，汉族，碧湖镇
记录者：吕绍泉
记录时间：1984 年

6. 脚纱桥

篙枝渠建成后，碧湖平原总算能得水堰的水灌溉了。然而，渠水流经三洞桥处，却受到大源坑冲下的砂石淤塞，砂石抬高了这一带渠道的河床，使渠水难以畅流，造成灌溉用水不足。虽然年年要动用许多民工修渠排淤，可是暴雨一下，坑水猛泻，顿时又冲下砂石堵住了水渠。此事成了以桩难以解决的"结症"。

宋政和初年，王褆被委为丽水县令。他很重视农田水利。到任不久，就了解到通济堰渠道淤塞的情况。于是，请了一位办事认真又懂水利的农村老秀才叶秉心，叫他负责承办渠水淤塞的事。叶秉心承担这项治理任务，先后查阅大量古人关于水利建设的文献，什么"沟洫书""河渠书""李冰治水格言"等，都得不到借鉴与启示。叶秉心日虑夜焦，废寝忘食，也没能想出个完美法子，只是从早到晚徘徊在大源坑和堰水交汇处，望水长叹。

一天傍晚，叶秉心又在徘徊，见一个白发老婆婆在泉坑和堰水交汇处涤洗缠脚纱。她洗了又洗，口里还唠唠叨叨地念念有词。叶秉心感到奇怪，于是就上前问道："老婆婆，天快黑了，你还不回去？"

老婆婆答道："我要等一位为民操劳，但脑子尚像渠道被泥沙淤塞不开窍的治水先生。"

叶秉心十分奇怪，就说道："不瞒婆婆，我就是在这里修治水渠的叶秉心，您有何

指教？"

老婆婆看了叶秉心一眼，乐呵呵地说："心开窍，干事巧，万事都需动动脑！"说罢，把那长长的脚纱往水面一抛，然后随手抓把砂石抛在脚纱上，口中念念有词道："脚纱脚纱水面漂，水面水面成条桥。砂石在上泄，清水淌下面。"说也奇怪，那些泥沙随着流水顺着脚纱布潺潺地流了过去，对下面的流水毫无影响。叶秉心高兴极了，向老婆婆连连作揖致谢，老婆婆乐呵呵地收起脚纱，抬起小脚"得得得"走着，转眼不见了。

在"脚纱水面漂，砂石漂上桥"的启示下，叶秉心连夜设计了一座石函桥。然后，按此设计，在大源坑和渠道的汇合处，架造了一座供坑水流泄的桥涵，把坑水引向瓯江。这样，就是再大的山洪，冲下再多的砂石，也不会淤塞水渠了。自此，通济堰的主渠就不再受大源坑水冲下的砂石淤堵，可以畅流灌溉，不需年年清淤排堵了。

因为这条石函桥是老秀才叶秉心在老婆婆启示下设计建造的，人们就称它为"脚纱桥。"

口述者：叶加庭，男，90 岁，汉族，碧湖镇

记录者：吕绍泉

附记：通济堰为浙江省最悠久的水利工程设施，据记载，始建于南朝萧梁天监年间（502—519 年），至今仍为丽水碧湖平原的农田水利之命脉。在丽水民间，关于萧梁派詹南二司马建堰之传说极少，而广为流传的仍和何丞相（何澹）关联，许多传说都把建堰、开渠、遭害等集于何澹一身，这大概是百姓视何澹为"老乡"，而把一些风物故事"移植"在他身上之故，此类手法，在民间文学中亦屡有所见。

7. 护堰石犀牛

自从修建了通济堰后，碧湖平原就变成了旱涝保收的粮仓。但粮仓也有无粮的时候，原因是保定村那段称"高路"的堰渠年年修年年垮，渠水无法顺畅灌溉到整个碧湖平原。这段堰渠既是路又是坝，坝外就是百米深的瓯江，所谓高路万丈高，所以坝基老是筑不坚实。当时曾流传这么一首民谣："西乡（现今碧湖一带）阔洋洋，种种半年粮，十年种来九年荒，背朝高路眼望天。"

话说铁拐李等八位神仙，有一天聚会，闻知人间有一浩大的水利工程通济堰，便决定巡视一番。一行神仙兴致勃勃地来到堰头村，看到大坝气势磅礴、巍峨耸立，松荫溪水被拦到堰渠里，灌溉着广袤的碧湖平原。他们不免被人间的创造力深深感动。不过，令神仙们不解的是，有这么好的水利工程，为什么碧湖平原还十年种来九年荒呢？他们要探个究竟。神仙们顺着堰渠边走边看，来到保定村，远远就看到高路那里的渠水居然是浑浊的，再到近处一看，竟发现一头水牛精在作怪打塘，不但把渠水搅得浑浊不堪，还把堰坝糟蹋得千疮百孔，甚至把一段堰坝都搞垮了。

原来这水牛精是瓯江对岸山上的野牛，成了精后，就好吃懒做，常常跑到山脚下的连河村里偷吃麦子，每次被老百姓发现后追赶，就逃到江这边来，在高路这段堰渠上打塘嬉戏，所以高路这段堰渠就年年修年年垮。如此，碧湖平原就十年种来九年荒了。

神仙们见水牛精如此不通事理，便教训道：你作为牛，本应该安分守己地为百姓耕田犁地，任劳任怨，如今却好吃懒做出来作恶，成何体统？没有规矩不成方圆，从今以后，再不允许你胡作非为，你就在这里日夜护堤，将功折罪，为碧湖百姓谋福。说完，

神仙们就施展法力，消掉水牛精的野性，恢复它的憨厚本性了。

从此，保定村高路这段堰渠就再没有垮塌，人们为了纪念八仙驯牛的功劳，专门凿了一头石牛放在高路的堰渠边。

如今，那石牛仍在堰坝旁边，默默地护着这段叫"高路"的堰坝。

二、诗词

春日途中（五首选二）

[南宋] 项安世

微风急雪点微茫，渔浦江边上客航。

逆水趁潮如顺水，他乡送客似离乡。

一派清江两岸平，湿云将雨暗柴荆。

十年一觉荆州梦，通济江头①沌②里行。

【注释】

①通济江头：即通济堰源头松阴溪。

②沌，水势汹涌貌。

【作者简介】

项安世（？—1208），字平甫，一字平父，号平庵。浙江松阳人。宋淳熙二年（1175年）进士，文韬武略兼备，历官鄂州知府、户部员外郎，湖广总领、直龙图阁学士。弃官归隐后，潜心经文，著有《周易玩辞》《平庵悔稿》《项氏家说》《易书春秋传》《经史子传疑难》等。

往视通济堰过碧湖即事

[清] 刘廷玑

霜落深潭彻底清，年来鸡犬乐升平。

隆冬间里无寒色，卓午①鱼盐有市声。

乡长②指门求一额，染人③收布让双旌④。

为勤民事需民力，幸甚工夫不日成。

【注释】

①卓午：正午。

②乡长：乡中长官。

③染人：古代有"染人"官职，专司染料收获、监督官办染坊及安排各级官位的服饰色别染匠，此处指染匠。

④双旌：唐代节度领刺史者出行时的仪仗，借指高官，此处为自称。

大水渡堰头①

[清] 吴世涵

地险兼新涨，奔腾众派归。

舟穿千石去，水挟万山飞。

堰设灵蛇动②，江空度鸟稀。

乱流何□□，隔岸一灯微。

【注释】

①堰头：府城西 50 里堰头村，通济堰大坝之所在。

②灵蛇动：传说始修堰坝时屡被冲毁，后有白蛇婉曲横游江面，由是受启发，仿此曲线修堰乃成。

【作者简介】

吴世涵（1798—1855），字渊若，浙江遂昌人。清道光二十年（1840 年）进士，历任博陵、通海、太和知县。著有《又其次斋诗集》《平昌诗草》等。

主要参考资料

［1］　［明］何镗. 栝苍汇纪. 四库全书在线查询.

［2］　［清］同治庚午年重修. 通济堰志. 水利部水利研究院图书馆藏本扫描本.

［3］　［清］张铣，金学超撰. 丽水县志（丽水去稿合利点校本）. 北京：方志出版社. 出版年不详.

［4］　［清］光绪戊申年重修. 通济堰志（丽水县水利局打印本）.

［5］　［清］潘绍诒修. 处州府志（标点本）. 北京：方志出版社，2006.

［6］　［清］阮元. 两浙金石志. 杭州：浙江古籍出版社，2012.

［7］　［唐］姚察，姚思廉. 梁书.

［8］　［元］至正六年脱脱，阿鲁图，等. 宋史.

［9］　瓯江志编纂委员会编纂. 瓯江志. 北京：水利电力出版社，1995.

［10］　A. Bougin. 堰坝设计. 台湾，1979.

［11］　钱金明. 通济堰：公元 505—1999. 杭州：浙江科学技术出版社. 出版年不详.

［12］　邱旭平，等. 通济理. 北京：浙江古籍出版社，2008.

［13］　丽水市地图册.

［14］　［清］清源郡何氏宗谱.

后　记

在多年的文物工作中，笔者接待、陪同有关文物、历史等方面的专家学者和领导，在考察通济堰，并初步了解其历史科学价值之后，均为丽水能够保存有这么一处大型的古代水利工程，而且至今仍在发挥功能，感到由衷的高兴。保护好通济堰这样的珍贵历史文化遗产，让子孙后代能够看到我们祖先所创造的不朽杰作，是丽水各级领导和全市人民的共同责任！

本书从起草至出版已历时 20 多年，期间不断进行补充、修改，使之更趋完善。回顾本书编撰所走过的历程，不免感慨万千。本书得到水利部、中国水利博物馆等有关领导推荐，并由中国水利博物馆馆长陈永明先生作序，丽水市莲都区相关领导撰写序言。现由浙江丽水瓯江风情旅游度假区管理中心资助、中国水利水电出版社正式出版发行。

本书在后期整理中，广东珠海盛宝博物馆提供方便，并得到丽水市博物馆王成先生的帮助，同时章青霞、娄晗阳帮助实地拍摄照片，林亚俊绘制部分插图，在此一并致谢！

限于作者学识和水平，本书难免存在不足甚至谬误，祈望阅读本书的方家予以斧正，有待再版时更正，对此，作者致以深切的谢意！

作者

2022 年 10 月 16 日